G. Eisenbrand, M. Metzler, Frank J. Hennecke
Toxikologie

Toxikologie und Arbeitsplatzsicherheit bei Wiley-VCH

Herbert F. Bender
Sicherer Umgang mit Gefahrstoffen
3. Auflage
2005
ISBN 3-527-31254-4

Herbert F. Bender
Das Gefahrstoffbuch
2. Auflage
2002
ISBN 3-527-29992-0

Johannes F. Diehl
Chemie in Lebensmitteln
Rückstände, Verunreinigungen, Inhalts- und Zusatzstoffe
2000
ISBN 3-527-30233-6

MAK- und BAT-Werte-Liste
Deutsche Forschungsgemeinschaft (Hrsg.)
erscheint jährlich

In Zusammenarbeit mit der Deutschen Forschungsgemeinschaft (DFG) erscheinen folgende Reihen:

Greim, H., Lehnert, G. (Hrsg.)
Biologische Arbeitsstoff-Toleranzwerte (BAT-Werte) und Expositionsäquivalente für krebserzeugende Arbeitsstoffe (EKA)

Greim, H. (Hrsg.)
Gesundheitsschädliche Arbeitsstoffe
Toxikologisch-arbeitsmedizinische Begründungen von MAK-Werten

Toxikologie

für Naturwissenschaftler und Mediziner

Stoffe, Mechanismen, Prüfverfahren

*Gerhard Eisenbrand,
Manfred Metzler,
Frank J. Hennecke*

Dritte, aktualisierte Auflage

WILEY-VCH

WILEY-VCH Verlag GmbH & Co. KGaA

Anschriften

Prof. Dr. Gerhard Eisenbrand
Fachbereich Chemie der Universität Kaiserslautern
67663 Kaiserslautern

Prof. Dr. Manfred Metzler
Institut für Lebensmittelchemie und Toxikologie der
Universität Karlsruhe
76128 Karlsruhe

Dr. Frank Hennecke
Leitender Ministerialrat im Ministerium für Umwelt und
Forsten des Landes Rheinland-Pfalz
Kaiser-Friedrich-Straße 1
55116 Mainz

1. Auflage 1994
2. Auflage 2002
3. Auflage 2005

Alle Bücher von Wiley-VCH werden sorgfältig erarbeitet.
Dennoch übernehmen Autoren, Herausgeber und Verlag
in keinem Fall, einschließlich des vorliegenden Werkes, für
die Richtigkeit von Angaben, Hinweisen und Ratschlägen
sowie für eventuelle Druckfehler irgendeine Haftung.

**Bibliografische Information
der Deutschen Bibliothek**
Die Deutsche Bibliothek verzeichnet diese Publikation in
der Deutschen Nationalbibliografie; detaillierte
bibliografische Daten sind im Internet über
<http://dnb.ddb.de> abrufbar.

© 2005 WILEY-VCH Verlag GmbH & Co. KGaA,
Weinheim
Alle Rechte, insbesondere die der Übersetzung in andere
Sprachen vorbehalten. Kein Teil dieses Buches darf ohne
schriftliche Genehmigung des Verlages in irgendeiner
Form – durch Photokopie, Mikroverfilmung oder
irgendein anderes Verfahren – reproduziert oder in eine
von Maschinen, insbesondere von
Datenverarbeitungsmaschinen, verwendbare Sprache
übertragen oder übersetzt werden.

Printed in the Federal Republic of Germany
Gedruckt auf säurefreiem Papier

Satz Konrad Triltsch, Print und digitale Medien GmbH,
Ochsenfurt-Hohestadt
Druck betz-druck GmbH, Darmstadt
Bindung Litges & Dopf, Buchbinderei GmbH,
Heppenheim

ISBN-13: 978-3-527-30989-4
ISBN-10: 3-527-30989-6

Vorwort zur dritten Auflage

Zehn Jahre nach Erscheinen der ersten Auflage wird nun die dritte, verbesserte Auflage vorgelegt.

Das Anliegen des Buches, eine Einführung in die Toxikologie für einen breiten Interessentenkreis von Studierenden und anderen Interessenten als Begleitung bzw. Ergänzung zu Vorlesungen über Toxikologie und das einschlägige Recht anzubieten, gilt unverändert auch für diese dritte Auflage. Jedoch wurde insbesondere der Grundlagenteil überarbeitet und mit verbesserten Illustrationen versehen. Die Einführung in das Recht der Umweltchemikalien und Gefahrstoffe wurde unter Berücksichtigung der Rechtsentwicklung der europäischen Union auf den neuesten Stand gebracht.

Besonderer Dank gilt wieder Frau Dipl. Chem. I. Hemm für ihre Mithilfe bei der Überarbeitung.

Kaiserslautern im Mai 2005

Prof. Dr. Gerhard Eisenbrand

Vorwort zur ersten Auflage

Das vorliegende Buch vermittelt eine Einführung in die Toxikologie, die Lehre von den Schadwirkungen chemischer Stoffe auf lebendige Systeme. Es ist in erster Linie als Begleitung bzw. Ergänzung zu Vorlesungen über Toxikologie und Chemikalienrecht für Chemiker und andere Naturwissenschaftler gedacht. Bei der Konzeption wurden Vorschläge des Kernausschusses Chemiestudium der GDCh bezüglich des Kenntnisstandes von Chemiestudenten und Chemikern in Toxikologie und relevanten Rechtsgebieten berücksichtigt. Der Stoff, der zum Erwerb der „Sachkenntnis für das Inverkehrbringen von gefährlichen Stoffen und Zubereitungen nach Paragraph 5 der Chemikalien-Verbots-Verordnung" gefordert wird, ist enthalten.

Der Grundlagenteil führt in Bau und Funktion von Zellen, Geweben und Organen ein und gibt einen Überblick über die Grundzusammenhänge, die die Ausprägung toxischer Wirkungen bestimmen und für deren Erfassung von Bedeutung sind. Vertieft wird dies durch eine konzise Darstellung der Toxikologie wichtiger Organe und Organsysteme. Zur Erfassung und Bewertung der Toxizität eines Stoffes erforderliche Standarduntersuchungsverfahren werden detailliert geschildert, um das Verständnis der daraus resultierenden Aussagen zu erleichtern. Ein Abschnitt widmet sich Prinzipien der Risikoermittlung und Bewertung, wobei die Quantifizierung von Expositionen mit krebserregenden Stoffen wegen der damit potentiell verbundenen schwerwiegenden Folgen im Zentrum steht.

Das Stoffspektrum, das in Einzeldarstellung abgehandelt wird, reflektiert eine notwendigerweise subjektive Auswahl, jedoch mit dem Ziel, die wichtigsten Stoffe anzusprechen, mit denen Chemiker bzw. chemisch arbeitende Naturwissenschaftler in Ausbildung und Beruf umgehen. Ergänzend sind Stoffgruppen mitberücksichtigt, für die ein Expositionsrisiko, z. B. am Arbeitsplatz, nachgewiesen ist, auch wenn sie weder industriell noch in Verbraucherprodukten absichtlich eingesetzt werden.

Ein Abschnitt Umwelttoxikologie behandelt in komprimierter Form Grundbegriffe und Basisvorgänge, die für die Kenntnis des Verhaltens und der Wirkungen von Stoffen in der Umwelt unerläßlich sind. Das Verständnis bewertender Aussagen zum Umweltverhalten chemischer Stoffe wird durch eine knappe Darstellung der hierfür relevanten Standarduntersuchungsverfahren und Prüfkriterien erleichtert.

Das Schlußkapitel vermittelt eine Einführung in das Recht der Umweltchemikalien und Gefahrstoffe, wobei nicht das Detail, sondern die rechtssystematische Einordnung dieses komplizierten Gebietes in die übergeordneten rechtlichen Zusammenhänge im Vordergrund steht.

Die Hauptverfasser G. Eisenbrand und M. Metzler schulden Herrn Dr. Hennecke Dank für die Übernahme des juristischen Kapitels. Besonderer Dank gilt Frau Dr. Janzowski, Dr. J. Schuler und Prof. Dr. W. C. Tang, ohne deren Mithilfe das Buch nicht zustandegekommen wäre. Herzlich danken wir auch Dipl. Chem. I. Kölsch und Frau Dr. M. Stürm für ihre Sorgfalt beim Schreiben des Typoskripts und die Erstellung zahlreicher Abbildungen.

Kaiserslautern, im Februar 1994

Die Verfasser

Inhalt

Vorwort zur dritten Auflage V

Vorwort zur ersten Auflage VII

1 Einleitung 1
1.1 Aufgaben der Toxikologie 1
1.2 Rüstzeug 1
1.3 Bibliographie 2

2 Grundlagen 5
2.1 Aufbau von Zellen und Geweben 5
2.1.1 Struktur und Funktion der Zelle 5
2.1.2 Gewebearten 8
2.2 Toxikokinetik 9
2.2.1 Einführung und Übersicht 9
2.2.2 Resorption von Chemikalien 10
2.2.3 Verteilung im Organismus 16
2.2.4 Metabolismus 17
2.2.5 Ausscheidung 49
2.2.6 Quantitative Betrachtungen 51
2.3 Toxikodynamik 54
2.3.1 Arten und Charakteristika von Wirkungen 54
2.3.2 Dosis-Wirkungs-Kurven 55
2.4 Prinzipien der Vergiftungsbehandlung 57
2.4.1 Aufrechterhaltung der Vitalfunktionen 58
2.4.2 Verhinderung der Resorption 58
2.4.3 Beschleunigung der Ausscheidung 60

3 Toxikologie wichtiger Organe und Organsysteme 63
3.1 Leber 63
3.1.1 Anatomie und Physiologie 63
3.1.2 Lebernekrose 64
3.1.3 Fettleber 66
3.1.4 Intrahepatische Cholestase 66
3.1.5 Leberzirrhose 66

3.1.6	Leberkrebs	67
3.2	Niere	67
3.2.1	Anatomie und Physiologie	67
3.2.2	Mechanismen der Nierenschädigung	69
3.2.3	Nephrotoxische und nephrokanzerogene Substanzen	71
3.3	Lunge	73
3.3.1	Anatomie und Physiologie	73
3.3.2	Toxisches Lungenödem	75
3.3.3	Lungenfibrose und Lungenemphysem	76
3.3.4	Lungenkrebs	76
3.4	Blut und blutbildende Organe	79
3.4.1	Störungen der Blutbildung	79
3.4.2	Störung des Sauerstofftransports	82
3.4.3	Störung der Sauerstoffverwertung	85
3.4.4	Störung der Blutgerinnung	86
3.5	Auge	87
3.5.1	Schäden der Hornhaut	87
3.5.2	Schäden der Linse	89
3.5.3	Schäden der Netzhaut und des Sehnervs	89
3.6	Nervensystem	90
3.6.1	Anatomie und Physiologie	90
3.6.2	Schädigung der Neuronen und Gliazellen	92
3.6.3	Störung der Impulsübertragung	96
3.7	Haut	99
3.7.1	Anatomie und Physiologie	99
3.7.2	Toxische Effekte an der Haut	100
3.8	Immunsystem	102
3.8.1	Aufbau und Funktion des Immunsystems	102
3.8.2	Allergische Reaktion	103
3.8.3	Immunsuppression	105
3.9	Teratogenese	106
3.9.1	Ontogenese beim Säuger	106
3.9.2	Chemische Teratogene	108
3.10	Kanzerogenese	110
3.10.1	Eigenschaften von Tumoren	111
3.10.2	Häufigkeit und Ursachen von Krebs	112
3.10.3	Mechanismen der Krebsentstehung	114
3.10.3.3	Transplazentare Kanzerogenese	123
4	**Untersuchungsmethoden**	**128**
4.1	Toxizitätsprüfung	128
4.1.1	Prüfung auf akute Toxizität	128
4.1.2	Prüfung auf subakute Toxizität (28-Tage-Test)	132
4.1.3	Prüfung auf subchronische Toxizität (90-Tage-Test)	135
4.1.4	Prüfung auf chronische Toxizität (Langzeitversuch)	137

4.2	Prüfung der akuten Toxizität (Reizwirkung) auf Haut und Schleimhäute	138
4.2.1	Hautreizung	138
4.2.2	Augenreizung	139
4.2.3	Ersatzmethoden	141
4.3	Prüfung auf Sensibilisierung der Haut	142
4.4	Prüfung auf Reproduktionstoxizität	143
4.4.1	Prüfung auf Reproduktionstoxizität während einer Generation	144
4.4.2	Prüfung auf Reproduktionstoxizität während zweier Generationen	145
4.5	Prüfung auf Mutagenität und Kanzerogenität	145
4.5.1	Grundlagen	145
4.5.2	*In vitro* Methoden	147
4.5.3	*In vivo* Methoden	157
4.6	Einstufung gefährlicher Stoffe	163
4.6.1	Potentielle Gefahren bei Handhabung und Verwendung	163
4.6.2	Gesundheitsschädliche Arbeitsstoffe	163
5	**Prinzipien der Risikoermittlung**	**168**
5.1	Begriffsbestimmungen	168
5.2	Bestimmung der Exposition durch krebserzeugende Stoffe	169
5.2.1	Exposition, Umweltanalytik	169
5.2.2	Biomonitoring, molekulare Dosimetrie	172
5.2.3	Organotropie krebserzeugender Stoffe und individuelle Variabilität der Organismen	184
5.3	Schwellenwertproblem, Dosis-Wirkungsbeziehungen und Extrapolation auf niedrige Dosen	189
6	**Toxikologie ausgewählter Substanzgruppen**	**194**
6.1	Kohlenwasserstoffe	194
6.1.1	Aliphatische Kohlenwasserstoffe	194
6.1.2	Aromatische Kohlenwasserstoffe	196
6.2	Stickstoffverbindungen	198
6.2.1	Aromatische Amine und Nitro-Verbindungen	198
6.2.2	Azoverbindungen	205
6.2.3	Hydrazin, substituierte Hydrazine und Azoxyverbindungen	207
6.3	Halogenierte Substanzen	209
6.3.1	Halogenierte Aliphaten	209
6.3.2	Halogenierte Aromaten	214
6.4	Alkohole, Ether, Ester	220
6.4.1	Aliphatische Alkohole	220
6.4.2	Ether	234
6.4.3	Ester	240
6.5	Alkylantien	250
6.5.1	Alkylhalogenide, Bis(chlormethyl)ether, Monochlordimethylether und Alkylsulfate	250
6.5.2	*N*-Nitrosoverbindungen	257

6.5.3	Epoxide, Laktone und Sultone	*264*
6.5.4	Bis(2-chlorethyl)sulfid, *N,N*-Bis(2-chlorethyl)methylamin und Aziridin-Derivate	*268*
6.6	Metalle	*273*
6.6.1	Therapie von Metallvergiftungen	*273*
6.6.2	Schwermetalle	*276*
6.6.3	Leichtmetalle und Metalloide	*280*

7 Umweltverhalten von Chemikalien *287*

7.1	Umweltkompartimente	*288*
7.2	Eintrag in die Umwelt	*291*
7.3	Stoffbewegungen in der Umwelt	*295*
7.3.1	Ausbreitung in Luft, Wasser und Boden	*296*
7.3.2	Akkumulation	*297*
7.3.3	Persistenz	*298*
7.3.4	Abbau	*301*
7.3.5	Biotische Umwandlungen von Metallen	*307*
7.4	Verfahren zur ökotoxikologischen Bewertung von Umweltchemikalien	*309*
7.4.1	Bestimmung ökologischer Kenndaten von definierten Einzelstoffen im standardisierten Laborexperiment	*310*
7.4.2	Erfassung von Exposition und Wirkung von „Alten Stoffen" in der Umwelt	*315*

8 Einführung in das Recht der Umweltchemikalien und Gefahrstoffe *319*

8.1	Vorbemerkung	*319*
8.2	Risikobewertung durch das Recht	*319*
8.3	Das Recht als System der Zuordnung von Kompetenzen und Verantwortung	*321*
8.3.1	Grundrechte	*321*
8.3.2	Zivilrecht	*323*
8.3.3	Gesetzgebungskompetenzen	*323*
8.3.4	Kommunale Selbstverwaltung	*324*
8.3.5	Öffentliches Recht	*324*
8.4	Institutionen und Handlungsformen des Öffentlichen Rechtes	*325*
8.4.1	Recht der Umweltchemikalien und Gefahrstoffe	*325*
8.4.2	Die Gesetzmäßigkeit der Verwaltung	*326*
8.4.3	Rechtsquellen	*327*
8.4.4	Handlungsformen der öffentlichen Verwaltung	*328*
8.4.5	Rechtsschutz	*329*
8.5	Das Recht der Umweltchemikalien und Gefahrstoffe	*329*
8.5.1	Materien des Umweltrechtes	*329*
8.5.2	Instrumente des Umweltrechtes	*330*
8.5.3	Der Begriff der „Gefahr" im Umweltrecht	*331*
8.5.4	Regelungsansatz Wasserqualität: Wasserrecht	*332*
8.5.5	Regelungsansatz Abfälle: Abfallrecht	*333*

8.5.6 Regelungsansatz Luftqualität: Immissionsschutzrecht *333*
8.5.7 Regelungsansatz Transport: Gefahrgutrecht *333*
8.5.8 Regelungsansatz Stoffe I: Chemikalienrecht *333*
8.5.9 Regelungsansatz Stoffe II: Sonstiges Stoffrecht *337*
8.5.10 Ausblick *340*

Glossar *347*

Stichwortverzeichnis *363*

1
Einleitung

1.1
Aufgaben der Toxikologie

Die Toxikologie befaßt sich mit den schädlichen Wirkungen chemischer Stoffe auf Lebewesen. Ihre Aufgabe ist es zum einen, *Schadwirkungen* von Substanzen zu erkennen und zu beschreiben. Zum anderen strebt die moderne Toxikologie nach der Aufklärung der *Wirkungsmechanismen*, d.h. der Wechselwirkungen zwischen dem chemischen Stoff und den für die toxische Wirkung relevanten biologischen Strukturen auf molekularer Ebene. Das Verständnis des toxischen Wirkmechanismus ist eine wichtige Voraussetzung für die wissenschaftliche Beurteilung der Gefährdung, die von einer Substanz ausgeht. Außerdem bietet nur die Kenntnis des Wirkmechanismus die Möglichkeit, kausale, d.h. gegen die Ursache der Vergiftung gerichtete Behandlungsmethoden bzw. Präventionsmaßnahmen zu entwickeln. Schließlich ist nur über den Wirkungsmechanismus die Ableitung von Struktur-Wirkungs-Beziehungen und damit die Vorhersage toxischer Wirkungen bei neuen Substanzen möglich. Die Aufgabe der Toxikologie ist somit die Risikobeurteilung und die Vorhersage von Schadwirkungen, um Mensch und Umwelt vor den nachteiligen Folgen chemischer Stoffe zu schützen.

Die verschiedenen Bereiche der Toxikologie lassen sich nach unterschiedlichen Kriterien abgrenzen, z.B. nach dem Anwendungsbereich der chemischen Substanzen. Ihren Ursprung hat die moderne Toxikologie in der *Arzneimittel- und Gewerbetoxikologie*. Gesundheitliche Schäden durch synthetische oder natürliche Substanzen, die zum Zweck der Heilung eingenommen wurden oder am Arbeitsplatz einwirkten, waren nicht selten und konnten relativ leicht bestimmten Stoffen zugeordnet werden. Mit dem zunehmenden Einsatz von Chemikalien in anderen Lebensbereichen (Landwirtschaft, Nahrungsmittel, Kosmetika, usw.) eröffneten sich der Toxikologie neue Bereiche. Während in der *Humantoxikologie* lange Zeit allein der Mensch als Ziel toxischer Substanzen interessierte, befaßt sich die noch junge *Umwelttoxikologie* mit schädlichen Effekten chemischer Stoffe auf ökologische Systeme und den Rückwirkungen auf den Menschen.

Eine weiteres Prinzip der Unterteilung der Toxikologie ergibt sich aus der Arbeitsweise. Nach der fachlichen Orientierung des eingesetzten theoretischen und methodischen Rüstzeugs unterscheidet man z.B. klinische, biochemische, analytische und genetische Toxikologie.

1.2
Rüstzeug

Die Toxikologie ist ihrem Wesen nach interdisziplinär, weil sie das Wissen und die Me-

Toxikologie für Naturwissenschaftler und Mediziner, 3. Auflage.
G. Eisenbrand, M. Metzler und F. J. Hennecke
Copyright © 2005 WILEY-VCH Verlag GmbH & Co. KGaA, Weinheim
ISBN: 3-527-30989-6

thoden verschiedener medizinischer, biologischer und chemischer Fächer (→ Tab. 1.1) zur Lösung ihrer Problemstellungen nutzt. Sie ist in hohem Maße auf die Erkenntnis- und Methodenfortschritte in diesen Disziplinen angewiesen. So hat z. B. die stürmische Entwicklung der *Molekularbiologie* in den letzten Jahren zu wesentlichen neuen Ansätzen in der toxikologischen Forschung geführt.

Häufig wird die Toxikologie als Schwesterwissenschaft, gelegentlich als ein Teilgebiet der *Pharmakologie* betrachtet. Trotz der prinzipiell sehr ähnlichen Fragestellung (die Pharmakologie untersucht die Wechselwirkung von therapeutisch nützlichen Substanzen mit dem Organismus) und der teilweise gleichen Methodik gilt diese enge Beziehung eigentlich nur noch für die Arzneimitteltoxikologie. In vielen anderen Bereichen ist der Bezug der Toxikologie zur Pharmakologie nicht enger als zu anderen Fächern der Tab. 1.1. Die Entwicklung der Toxikologie zu einer eigenständigen Disziplin hat sich inzwischen in den meisten Ländern in der Gründung eigener wissenschaftlicher Gesellschaften und der Einrichtung von Studien- oder Aufbaustudiengängen niedergeschlagen. In Deutschland steht dieser Schritt noch aus.

Toxikologische Fragestellungen werden heute meist im Team bearbeitet, in das Spezialisten aus verschiedenen Fachrichtungen ihre Kenntnisse einbringen, da ein Einzelner das breite Wissen und methodische Spektrum so vieler Fächer (Tab. 1.1) nicht beherrschen kann. Wie bei jeder Teamarbeit, ist auch hier für den Einzelnen neben dem Spezialwissen des eigenen Faches ein Grundwissen der gemeinsamen Disziplin nötig.

1.3 Bibliographie

Toxikologische Information kann aus Lehrbüchern, Monographienreihen und aus zahlrei-

Tab. 1.1 Bezug der Toxikologie zu anderen Fächern

Fach	Beitrag des Faches zur Toxikologie
Pharmakologie	Gesetzmäßigkeiten und Mechanismen der Wechselwirkungen zwischen chemischen Stoffen und biologischen Strukturen
Physiologie	Kenntnis der Organfunktionen, ihrer Regulationsmechanismen und ihrer Störungen
Pathologie	Erkennung und Beschreibung krankhafter Zustände einzelner Organe oder Gewebe
Innere Medizin	Erkennung akuter und chronischer Vergiftungen, Therapie von Vergiftungen
Rechtsmedizin	Erkennung von Vergiftungsursachen, Nachweis von Giften
Genetik	Gesetzmäßigkeiten und Mechanismen der Weitergabe von Erbinformation und ihre Störung bei der chemischen Mutagenese und Kanzerogenese
Zellbiologie	Aufbau und Funktion der Zelle und ihrer Bestandteile
Molekularbiologie	Ablauf zellulärer Prozesse auf molekularer Ebene
Biochemie	chemische Vorgänge im lebenden Organismus, Intermediärstoffwechsel und Enzyme
Analytische Chemie	Nachweis von sehr kleinen Mengen chemischer Stoffe in komplexen Gemischen
Synthetische Chemie	Herstellung von Analogverbindungen und Metaboliten, Reaktionsmechanismen, radioaktive Markierung von Substanzen
Naturstoffchemie	Isolierung und Strukturaufklärung von natürlich vorkommenden Giften

chen Zeitschriften bezogen werden. Eine Auswahl ist im folgenden zusammengestellt. Weitere Literaturhinweise zu den einzelnen toxikologischen Themen werden am Ende jedes Kapitels angeführt. Eine komplette Auflistung toxikologischer Bücher und Zeitschriften findet sich bei Wexler, P. *Information Resources in Toxicology*, 2. Aufl., Elsevier: New York, 1988.

Lehrbücher der Toxikologie und einführende Texte

Handbook of Toxicology, Haley, T. J.; Berndt, W. O. Hrsg., Hemisphere, 1987.

Principles and Methods of Toxicology, Hayes, A. W. Hrsg, CRC-Press, 2001.

Hodgson, E.; Guthrie, F. E. *Introduction to Biochemical Toxicology*, 3ed. Wiley, 2001.

Hodgson, E.; Levi, P. E. *A Textbook of Modern Toxicology*, 3ed, Wiley, 2004.

Hodgson, E.; Mailman, R. B.; Chambers, J. E. *Dictionary of Toxicology*, Nature Publ. Group 1998.

Lu, F. C. *Basic Toxicology* CRC Press, 4th ed 2002.

Manahan, S. E. *Toxicological Chemistry and Biochemistry*, 3ed, Lewis, 2002.

Timbrell, J. A. *Introduction to Toxicology*, CRC-Press 1995.

Timbrell, J. A. *Principles of Biochemical Toxicology*, 2. Aufl., Taylor & Francis, 1991.

Lehrbücher der Pharmakologie und Toxikologie

Lehrbuch der Pharmakologie und Toxikologie, Bader, H. Hrsg. 2. Aufl., Edition Medizin, 1985.

Lehrbuch der allgemeinen und systematischen Pharmakologie und Toxikologie, Estler, C. J. Hrsg. Schattauer Verlag 5. Aufl., 2000.

Allgemeine und Spezielle Pharmakologie und Toxikologie, Forth, W.; Henschler, D.; Rummel, W. Hrsg., 8. Aufl., Urban & Fischer, 2005.

Oberdisse, E.; Hackenthal, E.; Kuschinsky, K. *Pharmakologie und Toxikologie*, 3. Aufl., Springer, 2002.

Mutschler, E. *Arzneimittelwirkungen. Lehrbuch der Pharmakologie und Toxikologie*, 8. Aufl., Wissenschaftliche Verlagsgesellschaft 2001.

Monographienreihen

Annual Reviews of Pharmacology and Toxicology (1961–), Annual Reviews Inc.: Palo Alto.

Reviews in Biochemical Toxicology (1979–), Elsevier: New York.

Reviews in Environmental Toxicology (1984–), Elsevier: Amsterdam.

Zeitschriften mit Übersichtsartikeln

CRC Critical Reviews in Toxicology (1971–), Chemical Rubber Co.: Boca Raton

Environmental Health Perspectives, National Institute of Environmental Health Sciences (1972–), Research Triangle Park.

Toxicology Annual (1974–), Dekker: New York.

Wissenschaftliche Zeitschriften mit Originalarbeiten

Adverse Drug Reactions and Toxicological Reviews

American Industrial Hygiene Association Journal

American Journal of Industrial Medicine

Aquatic Toxicology

Archives of Environmental Contamination and Toxicology

Archives of Environmental Health

Archives of Toxicology

Biochemical Pharmacology

Bulletin of Environmental Contamination

Cancer Research

Carcinogenesis

Cell Biology and Toxicology

Chemical Research in Toxicology

Chemico-Biological Interactions

Clinical Toxicology
Drug and Chemical Toxicology
Drug Metabolism and Disposition
Drug Metabolism Reviews
Environmental Mutagenesis
Environmental Toxicology and Chemistry
Food and Chemical Toxicoloyg
Fundamental and Applied Toxicology
Hazardous Materials Management Journal
Human Toxicology
International Archives of Occupational and Environmental Health
Journal of Analytical Toxicology
Journal of Applied Toxicology
Journal of Biochemical Toxicology
Journal of Environmental Pathology, Toxicology and Oncology
Journal of Environmental Sciences and Health, Part B: Pesticides, Food Contaminants, and Agricultural Wastes
Journal of the National Cancer Institute
Journal of Occupational Medicine
Journal of Pharmacology and Experimental Therapeutics
Journal of Toxicological Sciences
Journal of Toxicology and Environmental Health
Molecular Carcinogenesis
Molecular Pharmacology
Molecular Nutrition and Food Research
Mutation Research
Neurobehavioral Toxicology
Neurotoxicology
Pharmacology and Toxicology
Pesticide Biochemistry and Physiology
Regulatory Toxicology and Pharmacology
Risk Analysis
Teratogenesis, Carcinogenesis and Mutagenesis
Teratology
Toxicologic Pathology
Toxicology
Toxicology and Applied Pharmacology
Toxicology in vitro
Toxicology Letters
Toxicon
Veterinary and Human Toxicology
Umweltwissenschaften und Schadstoff-Forschung
Xenobiotica

2
Grundlagen

2.1
Aufbau von Zellen und Geweben

2.1.1
Struktur und Funktion der Zelle

Zellen stellen die kleinsten selbständigen Baueinheiten jedes lebenden Organismus dar. Sie spielen für die Wirkungsweise toxischer Substanzen in mehrfacher Hinsicht eine wichtige Rolle. Zellen bilden die erste „Barriere" für den Eintritt eines chemischen Stoffes in den Organismus, sie sind an der Speicherung, Metabolisierung und Ausscheidung der Substanz beteiligt, und sie werden zum Ziel der toxischen Wirkung. Jede Giftwirkung, die sich in einer funktionellen Organstörung äußert, hat ihre Ursache in einem Schaden auf zellulärer Ebene. Für das Verständnis der toxischen Wirkungen von Chemikalien ist daher ein Grundverständnis für den Aufbau und die wichtigsten Funktionen von Zellen unerläßlich.

Obwohl sich verschiedene Zellen des Organismus in ihren Formen und Eigenschaften sehr unterscheiden können, sind sie alle nach dem gleichen Prinzip aufgebaut (Abb. 2.1). Das Zellinnere (Cytoplasma) wird von einer Zellmembran umgeben und enthält neben dem Zellkern (Nukleus) eine Reihe von Strukturen (Zellorganellen), die für den Erhalt und die Vermehrung der Zelle essentiell sind.

Die *Zellmembran* (Plasmamembran) besteht wie jede biologische Membran aus einer ca. 10 nm dicken Doppelschicht von Lipiden (vor allem Phospholipide, daneben auch Glykolipide und Cholesterin), deren unpolare, lipophile Fettsäureketten das Innere der Membran bilden, während die polaren, hydrophilen Reste außen sitzen (Abb. 2.2). In diesem weitgehend flüssigen „Lipidfilm" sind verschiedene Proteine eingelagert, die die Lipiddoppelschicht zum Teil vollständig durchdringen, zum Teil ein- und angelagert sind. Da sie sich mosaikartig in der flüssigen Phase verteilen, spricht man auch vom *Fluid-Mosaik-Modell* der biologischen Membran (zu den Stoffbewegungen durch eine derartige Membran → 2.2.2.1). Durch die Zellmembran wird der intrazelluläre vom extrazellulären Raum getrennt. Auch viele der Unterstrukturen der Zelle sind durch Membranen von ihrer Umgebung abgetrennt, z. B. der Zellkern mit dem genetischen Material (DNA), das in Kapitel 3.10.3.1. näher besprochen wird. Bei manchen Zelltypen ist die Fläche der Zellmembran und damit die Oberfläche der Zelle durch Ausstülpungen (Mikrovilli) vergrößert.

Die wichtigsten Zellorganellen sind:

- die *Mitochondrien*, die als „Kraftwerke" der Zelle chemische Energie bereitstellen, meist in Form energiereicher Phosphate wie Adenosintriphosphat (ATP) und

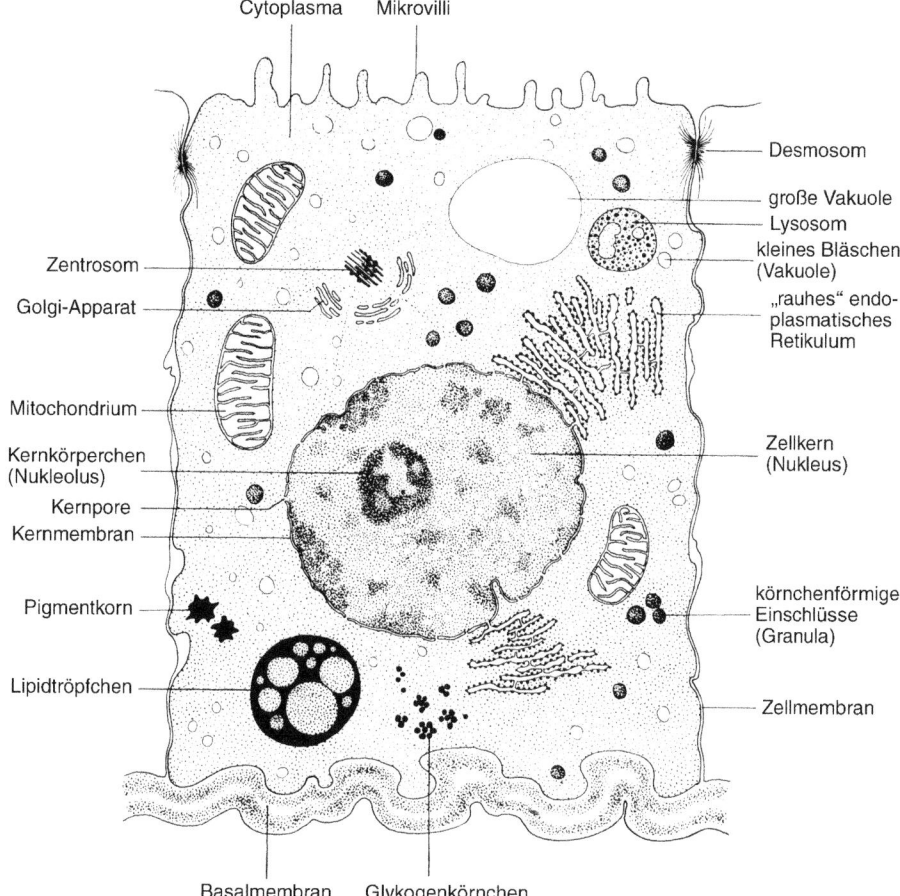

Abb. 2.1 Vereinfachte Darstellung einer Zelle

Uridintriphoshat (UTP) (→ Lehrbücher der Biochemie). Vereinfacht ausgedrückt, werden dazu Pyruvat (aus dem Abbau von Glucose), Aminosäuren (aus dem Abbau von Proteinen) und Fettsäuren (aus dem Abbau von Fetten) zu Acetyl-Coenzym A umgesetzt und dieses im Citratzyklus zu CO_2 „oxidiert". Der dabei abgegebene Wasserstoff wird in chemischer Bindung als NADH von den Enzymen der Atmungskette durch den Sauerstoff der Atemluft zu Wasser oxidiert und die Energie dieser Reaktion als ATP gespeichert („oxidative Phosphorylierung").

- die *Membranen* des *endoplasmatischen Retikulums* (ER), das ein mit dem Zellkern und der Zellmembran verbundenes System von Hohlräumen darstellt. Die Membranen des ER enthalten zahlreiche Enzyme und sind an vielen Synthesereaktionen der Zelle beteiligt. An dem mit Ribosomen besetzten („rauhen" oder granulierten) ER findet vor allem die Proteinsynthese statt, während das (nicht Ribosomen-haltige) „glatte" ER für den Metabolismus von Fremdstoffen sehr wichtig ist (→ 2.2.4).
- die *Membranen* des *Golgi-Apparates*, die stapelförmig übereinanderliegende Zisternen

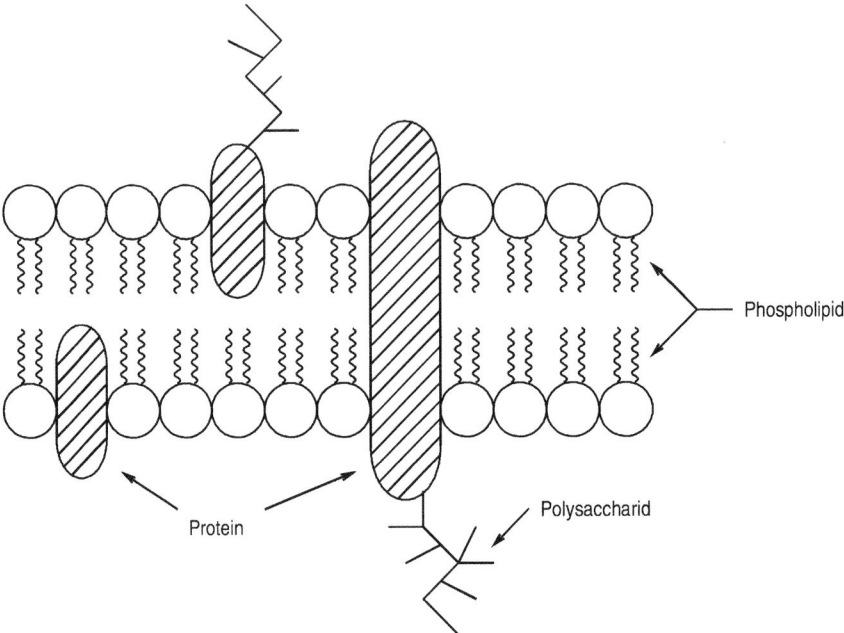

Abb. 2.2 Schematischer, stark vereinfachter Aufbau einer biologischen Membran

begrenzen. Im Golgi-Apparat werden Produkte der Zelle für den „Export" vorbereitet und in Bläschen (Golgi-Vesikel) abgepackt, die sich vom Rand der Doppelmembranen abschnüren, zur Zellmembran wandern und mit dieser verschmelzen, wobei der Vesikelinhalt in den Extrazellulärraum abgegeben wird (Exocytose, → 2.2.2.1).

- die *Lysosomen*, die als „Abfallbeseitigungsanlage" der Zelle betrachtet werden können. Sie enthalten vor allem hydrolysierende Enzyme (Proteasen, Nukleasen, Lipasen, Phosphatasen, Sulfatasen u.a.), die durch die Membran des Lysosoms vom Rest der Zelle abgetrennt sind. Zu beseitigendes Material der eigenen Zelle oder zellfremde Substanzen werden in die Lysosomen geschleust und dort durch Hydrolyse abgebaut. Dieser Prozess wird als *Autophagie* (bei zelleigenem Material) bzw. *Heterophagie* (zellfremdes Material) bezeichnet. Wenn die lysosomale Membran infolge bestimmter pathologischer Zustände oder durch toxische Stoffe gestört ist, werden die lysosomalen Enzyme in der Zelle freigesetzt und können zu schweren Schäden bis zum Tod der Zelle führen.
- die *Peroxisomen*, die den Lysosomen im Aussehen gleichen und ebenfalls enzymgefüllte und mit einer Membran begrenzte Organellen sind, jedoch vor allem verschiedene Oxidasen und Katalase enthalten. Die Oxidasen bilden aus verschiedenen Substraten und molekularem Sauerstoff Wasserstoffperoxid, das von der als Peroxidase wirkenden Katalase zur Oxidation verschiedener Verbindungen verwendet werden kann (für Peroxidasen → 2.2.4.1). In den Peroxisomen findet u.a. der Abbau langkettiger Fettsäuren statt.
- zwei *Zentrosomen*, die für die Teilung der Zelle wichtig sind (→ 3.10.3.1),
- *Ribosomen*, die als membranlose Teilchen aus Ribonukleinsäuren (RNA) und Protei-

nen bestehen und außer in der Bindung an das ER (s. oben) auch frei in der Zelle vorkommen. An den Ribosomen findet die Proteinsynthese statt.

Neben den genannten Organellen, die in jeder Zelle vorkommen (wenngleich in unterschiedlicher Menge), beinhalten bestimmte Zellen je nach ihrer Spezialisierung im Geweberband noch eine Reihe weiterer Strukturen, z. B. *Pigmente* (vor allem Melanin in bestimmten Hautzellen), *Lipidtröpfchen* (vor allem in Zellen des Fettgewebes) und *Glykogenkörnchen* (in Leberzellen).

Mit speziellen Methoden, z. B. durch Anfärben mit bestimmten Farbstoffen oder durch Bindung von Antikörpern, werden weitere Zellstrukturen erkennbar. Dazu gehört das *Cytoskelett*, das für die Gestalt und für Bewegungen der Zelle sowie für manche Transportprozesse in der Zelle wichtig ist. Es besteht aus Proteinen, die sich gerüstartig zusammenlagern, vor allem den *Mikrotubuli* (hauptsächlich aus Tubulin aufgebaut), den *Mikrofilamenten* (aus Aktin) und den *Intermediärfilamenten* (je nach Zelltyp aus Vimentin, Desmin, Keratin).

Im *Cytoplasma* sind schließlich noch eine Vielzahl von nieder- und auch höhermolekularen Substanzen (z. B. Enzyme) in gelöster Form vorhanden.

Wie bereits erwähnt, können Zellen trotz des gleichen Bauplans sehr unterschiedliche Größe, Form und Funktion haben. Die ca. 10^{14} Zellen des erwachsenen Menschen lassen sich in rund 200 verschiedene Zelltypen einteilen. Einige davon sind beweglich (z. B. die Blutzellen, → 3.4.1), die meisten jedoch in verschiedenen Geweben angeordnet. Aus mehreren Geweben wird schließlich ein Organ gebildet.

2.1.2
Gewebearten

Man unterscheidet die vier großen Gruppen *Epithelgewebe*, *Binde-* und *Stützgewebe*, *Muskelgewebe* und *Nervengewebe*. Ein Organ ist in der Regel aus Epithelgewebe, das meist die spezifische Organfunktion leistet, und Bindegewebe, das die mechanische Stabilität beiträgt, zusammengesetzt. Die Zellen, die die charakteristische Funktion eines Organs bedingen, werden auch als *Parenchym*, der bindegewebige Anteil als *Stroma* bezeichnet. Müssen von dem Organ Bewegungen durchgeführt werden, enthält es Muskelgewebe; Nervengewebe dient meist zur Steuerung des Organs. Epithelgewebe kann unterschiedliche Funktionen haben, vor allem

- die äußere und innere Oberfläche des Organs in ein- oder mehrschichtiger Lage bedecken (Oberflächen- oder Deckepithel). Die Zellen, die die Innenwand von Gefäßen auskleiden, werden als Endothel bezeichnet.
- Sekret produzieren und abgeben (Drüsenepithel),
- zur Aufnahme von Stoffen dienen (Resorptionsepithel),
- zur Aufnahme von Sinnesreizen dienen (Sinnesepithel).

Das Bindegewebe umfaßt das retikuläre (netzartige) und faserige Bindegewebe und das Fettgewebe, während zu den Stützgeweben vor allem das Knorpel- und das Knochengewebe zählen. Zellen des Bindegewebes produzieren verschiedene Proteine (z. B. Kollagen), die sich zu mechanisch festen Strukturen (Sehnen, Bänder, Knorpel usw.) vernetzen.

Das Muskelgewebe unterteilt sich in die zwei Gruppen der glatten und der quergestreiften Muskulatur. Spezifische Leistung ist die Kontraktion der Muskelzellen unter Energieverbrauch.

Das Nervengewebe ist aus den eigentlichen Nervenzellen (die zur Impulserzeugung und Weiterleitung befähigt sind, → 3.6) und der Neuroglia, einer Art Stützgewebe ohne eigene Erregbarkeit, aufgebaut und findet sich im Zentralnervensystem (ZNS, bestehend aus Gehirn und Rückenmark) und im peripheren Nervensystem (PNS).

Spezifische Funktionen einzelner Gewebe und Organe werden in Kapitel 3 bei der Organtoxikologie genannt.

2.2 Toxikokinetik

2.2.1 Einführung und Übersicht

Unter *Toxikokinetik* versteht man die Bewegung von toxischen Substanzen im Organismus. Da das kinetische Verhalten einer Substanz unabhängig von ihrer biologischen Wirkung ist, wird häufig auch der Begriff *Pharmakokinetik* gebraucht. Sprachlich ist dies in Ordnung, wenn unter Pharmakon jeder körperfremde Stoff verstanden wird, wie es dem ursprünglichen Sinn des Wortes entspricht. Da jedoch im Deutschen mit dem Wort Pharmakon die Vorstellung eines Arzneistoffes verbunden ist, erscheint die Verwendung des Begriffes Toxikokinetik für toxische Stoffe gerechtfertigt. Wie bei der Pharmakokinetik, wird auch bei der Toxikokinetik zwischen der engen und weiten Definition unterschieden. Im engeren Sinn beschreibt die Toxikokinetik die quantitativen Veränderungen der Stoffkonzentrationen in verschiedenen Bereichen des Organismus („Kompartimenten"), z. B. im Blut oder in bestimmten Geweben. Unter Toxikokinetik im weiteren Sinn versteht man alle Vorgänge, die das Schicksal des toxischen Stoffes im Körper betreffen.

Dies sind

- Aufnahme in den Organismus (Resorption),
- Verteilung in verschiedenen Organen/Geweben/Zellen,
- metabolische Umwandlung (Stoffwechsel, Biotransformation),
- Speicherung in bestimmten Kompartimenten,
- Ausscheidung aus dem Organismus (Exkretion).

Da durch Metabolismus, Speicherung und Exkretion die Konzentration der Substanz (und damit die Wirkung) verringert wird, werden die drei Vorgänge als Elimination zusammengefaßt.

Abb. 2.3 gibt einen Überblick über die für toxische Stoffe wichtigsten Wege der Resorption, Verteilung, Speicherung und Exkretion. Sie werden nachfolgend zusammen mit dem Metabolismus besprochen (→ 2.2.2–2.2.5).

Der Toxikokinetik im weiteren Sinn (auch als Wirkung des Organismus auf die Substanz bezeichnet) steht die *Toxikodynamik* gegenüber, die die Wirkungsart und die Wirkstärke (Potenz) des Giftstoffes auf den Organismus beschreibt (→ 2.3).

Toxikokinetik und Toxikodynamik zusammen bestimmen das Ausmaß der toxischen Wirkung einer Substanz. Die Toxikokinetik des Stoffes ist ausschlaggebend für seine Konzentration am Wirkort, die Toxikodynamik beschreibt die Empfindlichkeit des Organismus. Bei chemischen Substanzen mit reversibler Wirkung (→ 2.3.1) bedeutet die Anwesenheit des Stoffes im Organismus für sich allein noch nicht notwendigerweise einen biologischen oder gar toxischen Effekt. Täglich durchlaufen Hunderte oder Tausende von körperfremden Substanzen (Xenobiotika), die wir mit der Nahrung, der Luft, dem Trinkwasser oder durch Hautkontakt aufnehmen,

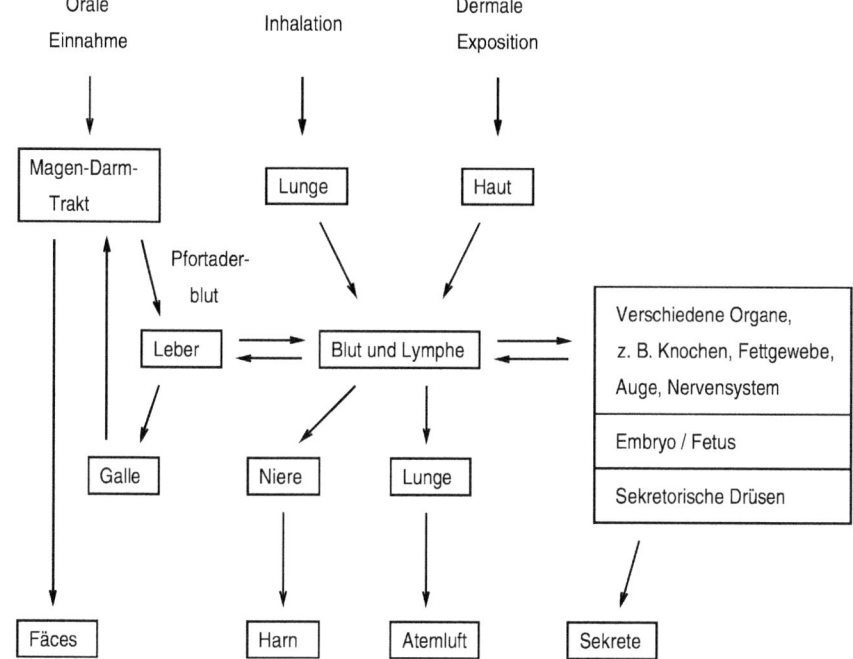

Abb. 2.3 Die wichtigsten Wege der Resorption, Verteilung und Ausscheidung von Fremdstoffen

unseren Körper ohne jede merkliche Wirkung. Nur wenn die Konzentration der Substanz, ihre Wirkstärke und die Empfindlichkeit des Organismus ausreichend hoch sind, kommt es zum biologischen Effekt, wie dies schematisch in Abb. 2.4 dargestellt ist.

2.2.2
Resorption von Chemikalien

Um eine toxische Wirkung zu entfalten, muß der Stoff seinen Wirkort erreichen, d.h. die Substanz muß in den Organismus aufgenommen werden. Das Innere des Magen-Darm-Traktes oder der Lunge zählt in diesem Sinn nicht als Körperinneres sondern als „innere Oberfläche", denn ein chemischer Stoff kann mit dem Darminhalt oder der Atemluft wieder ausgeschieden werden, ohne je in eine Zelle eingedrungen zu sein. Erst mit der Aufnahme in die Epithelschicht des Gastrointestinaltraktes, der Lunge oder der äußeren Haut beginnt die Resorption. Da die Zellen dieser Gewebe dicht aneinander liegen und die Spalten zwischen den Zellen durch besondere Strukturen der Zellwand, vor allem die „Zonula occludens" (tight junction) und die Desmosomen abgedichtet sind (Abb. 2.1), bleibt den Fremdstoffen nur der Weg durch die Zellmembran.

2.2.2.1
Stoffbewegungen durch biologische Membranen

Wie in Abb. 2.2 gezeigt, bestehen biologische Membranen aus einer Lipiddoppelschicht, in die Proteine eingelagert sind. Einige dieser Proteine durchspannen die Membran von einer Seite zur anderen. Da sie aufgrund ihrer Tertiärstruktur Hohlräume enthalten, bilden sie hydrophile Kanälchen in dem Lipidfilm, durch die sehr kleine polare Moleküle

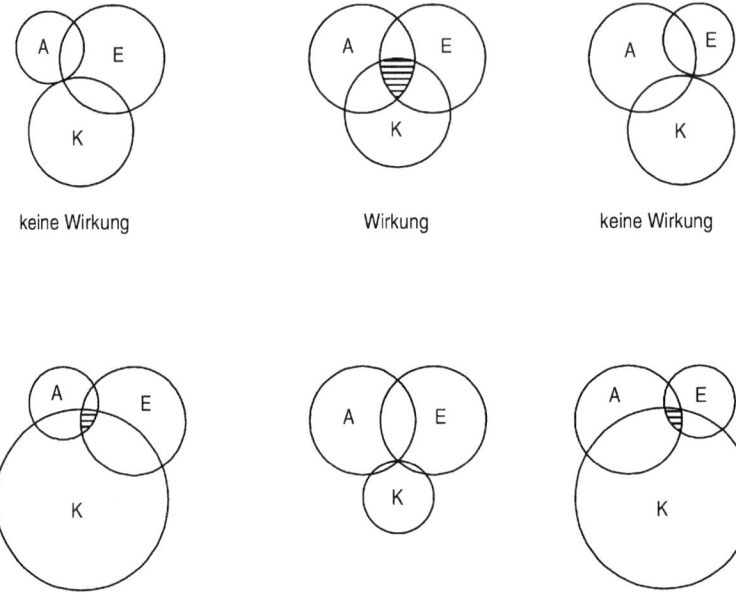

Abb. 2.4 Zusammenhang zwischen Wirkstärke (Potenz, Aktivität A), Empfindlichkeit des Organismus (E) und Substanzkonzentration (K) bei reversiblen toxischen Wirkungen von chemischen Stoffen. Geringe Aktivität (links oben) oder Empfindlichkeit (rechts oben) erfordern für eine Wirkung (schraffierte Fläche) hohe Substanzkonzentrationen (links und rechts unten). Bei hoher Aktivität und Empfindlichkeit (Mitte oben) bleibt die Wirkung aus, wenn die Substanzkonzentration hinreichend gering ist (Mitte unten).

(Molekulargewicht < 100–200) wie z. B. Wasser und kleine Ionen diffundieren können (Abb. 2.5). Außerdem haben einige Membranproteine die Funktion von „Carriern", d.h. sie transportieren bestimmte, von der Zelle benötigte Stoffe (z. B. Aminosäuren und Glucose) durch die Membran (Abb. 2.5). Geschieht dies unter Verbrauch von Energie, spricht man von „aktivem Transport"; dieser kann auch gegen einen Konzentrationsgradienten erfolgen. Ein Carrier-vermittelter Stofftransport ohne Energieaufwand („erleichterte Diffusion") ist dagegen nur in Richtung der niedrigeren Stoffkonzentration möglich. Stoffbewegungen durch Carrier sind sättigbar, d. h. bei hohen Substanzkonzentrationen (wenn alle Carriermoleküle benutzt werden) ist die Geschwindigkeit nicht mehr zu steigern. Außerdem können verschiedene Substanzen um den gleichen Carrier konkurrieren und sich damit in ihrem Transport gegenseitig beeinflussen.

Für die Resorption von Fremdstoffen spielen praktisch weder die Diffusion durch die Proteinporen noch die Beteiligung von Carriern eine Rolle, da die Substanzmoleküle meist zu groß und unpolar sind und keine Bindungsaffinität zu einem Carrierprotein besitzen. Den meisten organischen Stoffen bleibt als einziger Weg der Aufnahme in die Zelle die *passive Diffusion* durch die Lipidphase der Zellmembran (Abb. 2.5). Dabei wird eine Substanz um so besser in die Membran aufgenommen, je lipophiler sie ist. Das Mole-

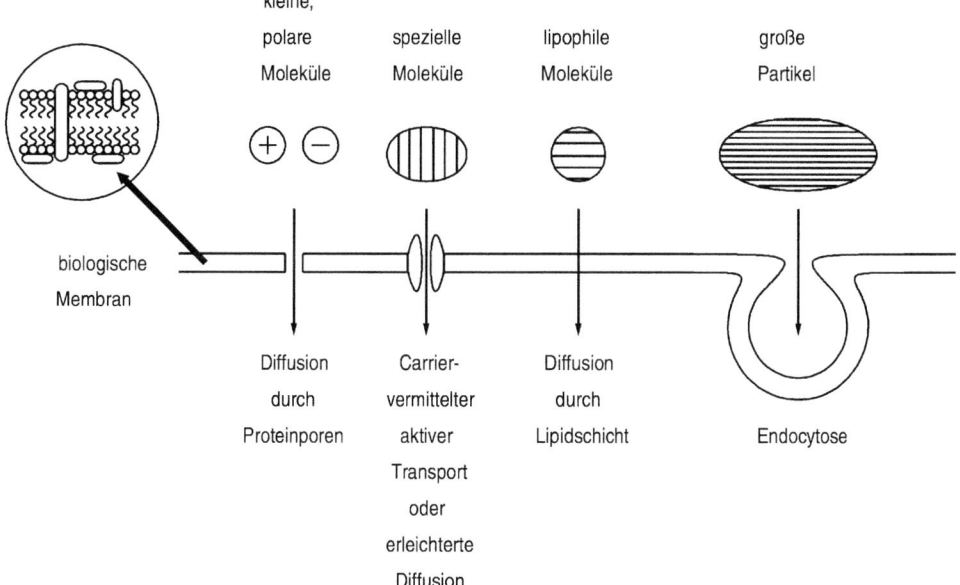

Abb. 2.5 Möglichkeiten des Durchtritts von chemischen Stoffen durch biologische Membranen

kulargewicht spielt dabei praktisch keine Rolle, solange es nicht zu hoch wird (<1000). Die Konzentrationen des Stoffes im Extrazellulärraum, in der Zellmembran und im Cytoplasma werden jedoch nie ein dem Verteilungskoeffizienten entsprechendes Verhältnis erreichen, da die Substanz aus dem Cytoplasma weiter durch die gegenüberliegende Zellmembran in die tieferliegenden Zellen diffundieren kann. Sobald der Stoff dem Konzentrationsgradienten folgend in Blutkapillaren gelangt, wird er mit dem Blut wegtransportiert und im Körper verteilt (→ 2.2.3). Aus dem Raum zwischen den Zellen (Interzellulärraum) kann die Substanz mit der Lymphe abfließen. Die passive Diffusion durch die Zellmembran geht umso schneller, je höher die Substanzkonzentration und je steiler damit der Konzentrationsgradient wird. Sie ist nicht sättigbar, verschiedene Stoffe beeinflussen sich nicht gegenseitig.

Polare, z. B. ionische Substanzen werden wegen ihrer geringen Löslichkeit in der Zellmembran nicht durch passive Diffusion aufgenommen. Makromoleküle und andere größere Partikel können durch *Endocytose* in die Zelle gelangen (Abb. 2.5). Dabei stülpt sich nach Anlagerung des Partikels die Zellmembran ein und schnürt ein Bläschen ab, das entweder in der Zelle abgebaut wird oder unversehrt das Cytoplasma durchquert und nach Verschmelzen mit der Membran an einer anderen Stelle das Teilchen durch *Exocytose* wieder freisetzt.

2.2.2.2
Resorption aus dem Magen-Darm-Trakt

Aus welchem Abschnitt des *Gastrointestinaltraktes* (Mund, Speiseröhre, Magen, Dünndarm, Dickdarm und Mastdarm) ein Fremdstoff nach oraler Einnahme bevorzugt resorbiert wird, hängt sowohl von der Substanz selbst als auch von den Eigenschaften der verschiedenen Teile des Magen-Darm-Traktes ab, vor allem von der Oberfläche und dem lokalen pH-Wert. Daneben sind die Verweildauer des Stoffes und die Durchblutung des Organs wichtig. Letztere sorgt dafür, daß die ins Blut gelangte Substanz wegtransportiert wird und der Konzentrationsgradient erhalten bleibt.

Weil Mund und Speiseröhre eine kleine innere Oberfläche besitzen und die Verweilzeit der Substanz in der Regel kurz ist, spielen sie für die Resorption der meisten Fremdstoffe praktisch keine Rolle. Auch der Magen hat eine relativ kleine Oberfläche, die Verweilzeit kann jedoch mehrere Stunden betragen. Besonders wichtig ist der im Vergleich zu anderen Organen erniedrigte pH-Wert; er kann im aktiven Zustand bis nahe pH 1 absinken (Tab. 2.1). Dies bedeutet, daß z. B. aliphatische und aromatische Amine im Magen weitgehend protoniert vorliegen (z. B. Anilin, → Tab. 2.2) und in dieser ionischen Form nicht resorbiert werden (Abb. 2.6). Schwache Säuren (z. B. Benzoesäure, → Tab. 2.2) liegen bei pH 1 weitgehend undissoziiert vor und werden deshalb gut resorbiert. Beim Übergang in den Dünndarm wird der pH-Wert wieder annähernd neutral. Anilin liegt dann weitgehend als lipophile freie Base, Benzoesäure dagegen zu einem hohen Anteil als polares Benzoat-Ion vor (Tab. 2.2). Im Dünndarm wird daher Anilin besser resorbiert als Benzoesäure (Abb. 2.6).

Für nichtionisierbare lipophile Fremdstoffe ist der Dünndarm im allgemeinen der bevorzugte Ort der Resorption, da die innere Oberfläche durch Auffaltung stark vergrößert (beim Menschen auf ca. 200 m^2) und die Verweildauer lang ist (mehrere Stunden). Demgegenüber haben Dickdarm und Mastdarm eine kleine Oberfläche und spielen für die Resorption der meisten Stoffe keine Rolle. Lediglich Substanzen, die durch die Tätigkeit der Darmbakterien erst lipophil werden (z. B. aromatische Amine, die durch Reduktion aus polaren Azofarbstoffen entstehen, → 2.2.4.1 und 6.2.2) werden in den unteren Darmabschnitten resorbiert.

Wird ein Fremdstoff aus Magen oder Dünndarm resorbiert, so kann es für sein weiteres toxikokinetisches Schicksal sehr wichtig

Tab. 2.2 Abhängigkeit des Ionsisationsgrades vom pH-Wert für Anilin (pK$_a$-Wert 5) und Benzoesäure (pK$_a$-Wert 4)

pH-Wert	Anilin in % nicht-ionisierter Form	Benzoesäure in % nicht-ionisierter Form
1	0,01	99,9
2	0,1	99
3	1	90
4	10	50
5	50	10
6	90	1
7	99	0,1

Tab. 2.1 pH-Werte in verschiedenen Abschnitten des Gastrointestinaltraktes und in anderen Organen und Körperflüssigkeiten

Bereich	pH-Wert	Bereich	pH-Wert
Mundhöhle	6,2–7,2	Blut	7,35–7,45
Magen		Rückenmark	7,3–8,0
aktiv	1,0–3,0	Schweiß	4,0–6,8
in Ruhe	bis 7,0	Milch	6,6–7,0
Dünndarmabschnitte		Harn	4,8–7,5
Duodenum	4,8–8,2		
Jejunum	6,3–7,3		
Ileum	7,6		
Dickdarm (Kolon)	7,9–8,0		
Mastdarm (Rektum)	7,3–7,4		

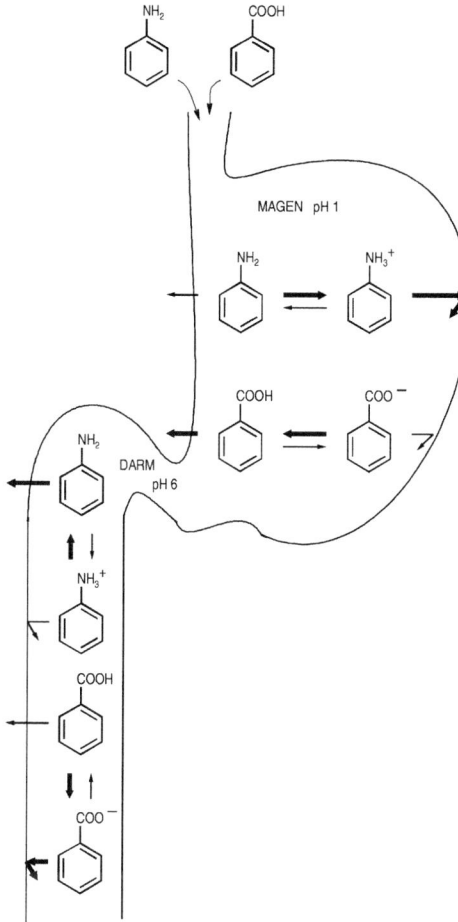

Abb. 2.6 Ionisationsgrad und Resorption von Anilin und Benzoesäure aus Magen und Darm

sein, daß die abführenden Blutgefäße dieser Organe sich zur *Pfortader* vereinigen, die das gesamte Blut direkt in die Leber führt (Abb. 2.7). Damit muß die Substanz erst die Leber passieren, ehe sie andere Organe erreicht. Für gut metabolisierbare Stoffe kann dies bedeuten, daß sie schon bei der ersten Leberpassage vollständig verstoffwechselt werden (→ 2.2.4.1).

Sehr polare Stoffe, z. B. quartäre Ammonium-Verbindungen oder Sulfonsäuren, werden im Gastrointestinaltrakt praktisch nicht resorbiert und verlassen nach oraler Einnahme den Körper mit den Feces (Abb. 2.3).

2.2.2.3
Resorption über die Lunge

In der Lunge wird Sauerstoff aus der Atemluft in das Blut aufgenommen und im Körper gebildetes Kohlendioxid abgegeben. Dieser Gasaustausch findet zwischen den Lungenbläschen (Alveolen) und den Blutkapillaren statt, die die Alveolen in einem dichten Netz überziehen. Die Anatomie der Lunge ist in Abschn. 3.3.1 beschrieben. Ihre Optimierung für den Gasaustausch besteht vor allem in der großen inneren Oberfläche (beim Menschen 80–100 m^2), der kurzen Diffusionsstrecke zwischen dem Lumen der Alveolen und dem der Blutkapillaren (ca. 1 µm), und der guten Durchblutung (ca. 5 l pro Minute bei körperlicher Ruhe). Bei körperlicher Anstrengung ist sowohl die Durchblutung der Lunge wie auch die inhalierte Luftmenge erhöht und der Gasaustausch gesteigert.

In der Lunge werden vor allem unpolare, gasförmige Stoffe resorbiert. Je höher die Polarität der Gase, desto schlechter ihr Durchtritt (passive Diffusion) durch das Alveolarepithel und das Kapillarendothel. Außerdem werden polare gasförmige Stoffe (z. B. Schwefeldioxid, Ammoniak oder Chlorwasserstoff) wegen ihrer Wasserlöslichkeit auf den feuchten Schleimhäuten der Luftröhre und Bronchien niedergeschlagen und erreichen die Alveolen nicht. Die Reizung von Nervenzellen in den oberen Abschnitten des Atemtraktes durch wasserlösliche Gase führt meist dazu, daß keine größeren Mengen inhaliert werden; häufig wird durch den Hustenreflex Schleim und mit ihm gelöstes Gas ausgeworfen. Dagegen dringen Gase mit geringer Wasserlöslichkeit (z. B. Kohlenmonoxid, Ozon, nitrose Gase, Phosgen, Cyanwasserstoff) bis in die Alveolen vor. Sie werden nicht durch sofortige Reizwirkung angezeigt und können des-

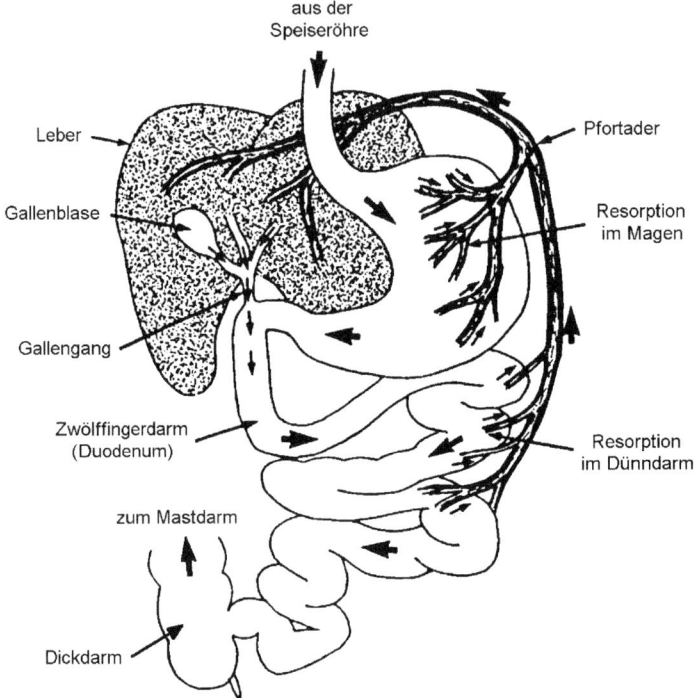

Abb. 2.7 Resorption von Substanzen aus Magen und Dünndarm. Die abführenden Blutgefäße vereinigen sich zur Pfortader und bringen den Stoff zunächst in die Leber

halb unbemerkt in größerer Menge aufgenommen werden. Sind sie chemisch reaktiv, kann sich nach Stunden ein toxisches Lungenödem entwickeln (→ 3.3.2). Wie die unpolaren Gase verhalten sich Dämpfe zahlreicher lipophiler organischer Lösemittel (z. B. Chloroform) und anderer Chemikalien mit hohem Dampfdruck (z. B. Styrol). Die Resorption von Stoffen über die Lunge ist daher beim Umgang mit Chemikalien am Arbeitsplatz der häufigste Weg der Substanzaufnahme.

Neben gasförmigen Stoffen werden auch Aerosole, also Suspensionen sehr kleiner fester oder flüssiger Partikel in der Luft, inhaliert. Sind die Teilchen genügend klein (< 5 µm), gelangen sie bis in die Alveolen. Tröpfchen werden resorbiert, während Stäube von Makrophagen durch Endocytose aufgenommen werden (→ 3.3.1).

Da die passive Diffusion von Stoffen durch Lipidmembranen dem Konzentrationsgradienten folgt, können unpolare Gase auch vom Blut in die Lunge übertreten, wenn die Konzentration in der Atemluft niedriger ist als im Blut. Die Lunge ist damit das Hauptausscheidungsorgan für viele gasförmige und leichtflüchtige Substanzen. Wie schnell der Aufnahme- und Ausscheidungsprozeß ist, wird bei der Anwendung von Narkosegasen deutlich, die in weniger als einer Minute zur Bewußtlosigkeit führen und deren Wirkung bereits wenige Minuten nach Absetzen beendet sein kann.

2.2.2.4
Resorption durch die Haut

Die Haut soll den Organismus gegen Einflüsse von außen schützen (→ 3.7.1 zur Anatomie und Physiologie). Dieser Schutz funktioniert gut für polare Stoffe, die die zahlreichen Zellmembranen der Epidermis nicht durchdringen können. Dagegen stellt die Haut für lipophile Substanzen keine wirksame Barriere dar. Unpolare Lösungsmittel wie Tetrachlorkohlenstoff (→ 6.3.1) und Benzol (→ 6.1.2), Insektizide wie Alkylphosphate (z. B. Parathion, → 3.6.3 u. 6.4.3) und Dieldrin (→ 6.3.1), sowie zahlreiche andere lipophile Chemikalien diffundieren durch die Hornschicht der Oberhaut und erreichen die in der Lederhaut liegenden Blutkapillaren. Die Permeabilität für diese Stoffe ist besonders hoch, wenn sich der Wassergehalt der Haut erhöht, z. B. bei längerem Arbeiten mit Gummi- oder Kunststoffhandschuhen. Manche Lösungsmittel, vor allem Dimethylsulfoxid, begünstigen die Hautresorption anderer Substanzen. Deshalb dürfen Chemikalien auf der Haut nicht mit organischen Lösemitteln, sondern nur mit fließendem Wasser entfernt werden (Vergiftungsbehandlung 2.4.2). Neben einer Diffusion durch die Lipidmembranen ist im Prinzip auch eine Stoffaufnahme über Schweißdrüsen, Haarbälge und Talgdrüsen möglich; diese Strukturen machen jedoch weniger als 1% der Hautoberfläche aus und spielen praktisch keine Rolle für die Resorption.

2.2.3
Verteilung im Organismus

Sobald ein resorbierter Fremdstoff die Blutkapillaren erreicht hat, wird er mit dem Blut im ganzen Organismus verteilt (Abb. 2.3). Für die Aufteilung der Substanz auf die verschiedenen Organe sind vor allem deren Durchblutung und Kapillartypen von Bedeutung. Die Verteilung wird auch von der Bindung der Substanz an Plasmaproteine beeinflußt.

2.2.3.1
Durchblutung verschiedener Organe

Wie in Tab. 2.3 gezeigt, unterscheiden sich verschiedene Organe und Gewebe deutlich in ihrer Blutversorgung. Die resorbierte Substanz strömt im kleinen Kreislauf vollständig durch die Lunge und wird im großen Kreislauf zunächst bevorzugt in die gut durchbluteten Organe wie Niere, Leber und Hirn gelangen. Ob sie dort in das Gewebe aufgenommen wird und über längere Zeit verweilt, hängt zum einen von den Kapillartypen ab (→ 2.2.3.2), zum anderen davon, ob das Gewebe eine „Affinität" zu der Substanz hat. Fehlt diese Affinität, diffundiert der Stoff nach Absinken der Blutkonzentration ins Blut zurück und wird allmählich auf die schlechter durch-

Tab. 2.3 Durchblutung verschiedener Organe und Gewebe

Organ	ml Blut/min × kg	% Gesamtblut	Organgewicht (% des KG)
Lunge	5000	100	1
Nieren	4500	22	0,3
Herzmuskel	800	5	0,4
Magen, Darm, Leber	750	20	3,5
Gehirn	550	15	2
Haut	50	5	7
Skelettmuskel	30	15	43
Fettgewebe	5	2	15[a]
Bindegewebe	10	1	7

[a] bei Fettleibigkeit bis zu 50% des KG (Körpergewichts)

bluteten Gewebe umverteilt. Parallel zur Umverteilung laufen Vorgänge des Metabolismus (→ 2.2.4) und der Ausscheidung (→ 2.2.5) ab. Für einige Substanzen wurde eine deutliche Affinität zu bestimmten Geweben beobachtet, z. B. für sehr lipophile Stoffe zum Fettgewebe, für Blei-, Strontium- und Fluorid-Ionen zum Knochengewebe, für TCDD zur Leber. Stoffe werden aus ihren affinen Geweben oft verzögert abgegeben, bei wiederholter Exposition gegenüber der Substanz kann es zur Kumulation in diesen Geweben kommen (→ 2.2.6.2).

2.2.3.2
Kapillartypen

Für den Übertritt aus der Blutkapillare in den Interzellulärraum des Gewebes muß die Substanz die Endothelzellen und die Basalmembran des Blutgefäßes passieren. In manchen Geweben (z. B. Herz- und Skelettmuskel, glatter Muskel) bilden die Endothelzellen und Basalmembran eine lückenlose Schicht und sind nur für einigermaßen lipophile Stoffe gut permeabel. Im Gehirn und Rückenmark sind auf diese „kontinuierlichen" Kapillaren von außen Gliazellen (→ 3.6.2) aufgelagert. Dadurch werden zusätzliche Diffusionsbarrieren geschaffen, die nur von hochlipophilen Substanzen gut durchwandert werden können. Diese sogenannte „Blut-Hirn-Schranke" ist der Grund, warum zahlreiche weniger lipophile Stoffe nicht ins Zentralnervensystem gelangen. Andererseits gibt es Gewebe (z. B. die Schleimhaut des Magen-Darm-Traktes, die Niere und manche Drüsen), in denen die Blutkapillaren „fenestriert" sind. Hier weisen die Endothelzellen Öffnungen auf, die nur durch eine Membran verschlossen sind; diese Kapillaren sind auch für weniger lipophile Substanzen gut durchlässig. In den „diskontinuierlichen" Blutkapillaren von Leber, Milz und rotem Knochenmark schließlich weisen sowohl die Endothelzellen als auch die Basalmembran offene Lücken auf, durch die auch polare Stoffe leicht durchtreten können.

Im Gegensatz zur obengenannten Blut-Hirn-Schranke stellt die sogenannte Plazenta-Schranke, die das mütterliche Blut vom fetalen Blutkreislauf trennt, für Fremdstoffe keine sehr wirksame Barriere dar. Alle unpolaren und auch zahlreiche polare Substanzen können aus dem mütterlichen ins fetale Blut übergehen, wobei letztere wahrscheinlich die zahlreichen Carrier mitbenutzen, die in der Plazenta für die Versorgung des Feten mit polaren Nährstoffen, Antikörpern u.a. vorhanden sind.

2.2.3.3
Bindung an Plasmaproteine

Unpolare Stoffe sind in der wässrigen Phase des Blutplasmas nicht gut löslich. Häufig werden diese Substanzen reversibel an Plasmaproteine, vor allem Albumin, gebunden und in dieser Form transportiert. Durch die Membranen der Blutkapillaren kann (mit Ausnahme der oben genannten diskontinuierlichen Kapillaren) nur die frei im Plasma gelöste Substanz diffundieren. Durch die Proteinbindung wird die freie Konzentration des Stoffes erniedrigt und die Diffusion verlangsamt. Man kann die Plasmaproteine als Depot auffassen, das einen großen Teil des resorbierten Fremdstoffes aufnimmt und über einen längeren Zeitraum wieder abgibt. Für toxische Stoffe stellt die Plasmaprotein-Bindung einen Schutzmechanismus dar, da die Spitzenkonzentration im Blut und in den kritischen Geweben gesenkt wird. Zur Bedeutung der Proteinbindung für den Metabolismus und die Ausscheidung des Fremdstoffes → 2.2.4.3 und 2.2.5.1.

2.2.4
Metabolismus

Zahlreiche chemische Stoffe, vor allem organische Substanzen, werden im Organismus metabolisiert, d.h. ihre chemische Struktur wird verändert. Dieser Stoffwechsel wird von Enzymen katalysiert und deshalb auch Biotransformation genannt. Sinn der metabolischen Umwandlung von Fremdstoffen ist eine Erhöhung ihrer Polarität, weil dadurch die Ausscheidung mit dem Harn oder der Galle erleichtert wird (→ 2.2.5). Gerade bei toxischen Substanzen entstehen jedoch im Zuge der Biotransformation häufig reaktionsfähige Metaboliten, die als Elektrophile mit den nukleophilen Stellen von Zellbestandteilen reagieren und diese dabei schädigen. Wenn eine Substanz zu Produkten mit höherer biologischer Aktivität verstoffwechselt wird, spricht man von „metabolischer Aktivierung". Ist der Metabolit toxischer als die Ausgangssubstanz, wird dieser Vorgang auch als „Giftung" bezeichnet (→ 2.2.4.4).

Für viele Fremdstoffe kann der Metabolismus in zwei Phasen unterteilt werden. In der Phase I-Reaktion („Funktionalisierungsreaktion") wird durch Oxidation, Reduktion oder Hydrolyse eine funktionelle Gruppe in die Substanz eingeführt, an die dann in der Phase II-Reaktion („Konjugationsreaktion") ein polares Molekül aus dem Intermediärstoffwechsel der Zelle angehängt wird. Dies ist in Abb. 2.8 am Beispiel von Benzol gezeigt. Der Metabolit der Funktionalisierungsreakti-

on, das Phenol, ist zwar polarer als Benzol, für die Ausscheidung über die Nieren aber immer noch zu lipophil ($pK_a = 10$). Erst durch Konjugation mit Glucuronsäure entsteht ein gut wasserlösliches und ausscheidbares Stoffwechselprodukt des Benzols. Für Substanzen, die ähnlich lipophil wie Benzol sind, aber nicht oder nur schlecht metabolisiert werden (z. B. viele hochchlorierte Verbindungen, → 6.3.2), findet man sehr lange Halbwertszeiten für die Ausscheidung, und die Stoffe reichern sich bei wiederholter Exposition im Fettgewebe an. Der Metabolismus von Benzol verhindert eine derartige Speicherung und stellt insofern einen Entgiftungsmechanismus dar; andererseits entstehen bei der oxidativen Biotransformation von Benzol, die wesentlich komplexer ist als in Abb. 2.8 gezeigt, weitere reaktive Metaboliten, die auch für die Knochenmarkstoxizität verantwortlich gemacht werden (→ 3.4.1 und 6.1.2).

2.2.4.1
Funktionalisierungsreaktionen und ihre Enzyme

Oxidationen

Die meisten lipophilen Fremdstoffe, die in den Organismus gelangen, werden zunächst durch die sogenannte Cytochrom P-450-halti-

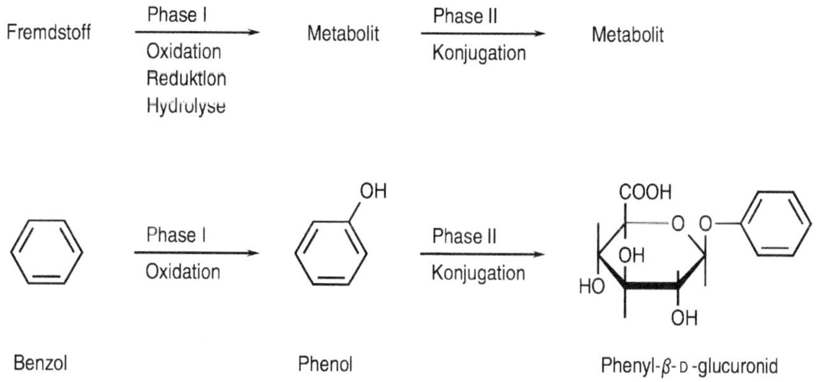

Abb. 2.8 Prinzip des Fremstoffmetabolismus am Beispiel des Benzols

ge Monooxigenase metabolisiert. Dieses Enzymsystem ist in der Lage, molekularen Sauerstoff, der ja in jeder lebenden Zelle vorhanden ist, so zu aktivieren, daß ein Atom in den Fremdstoff eingebaut (daher *Mon*ooxigenase), das andere zu Wasser reduziert wird. Der Mechanismus dieser Reaktion wird später betrachtet. Zunächst sollen die Grundreaktionen der Cytochrom P-450-katalysierten Oxigenierungen besprochen werden, deren Vielfalt aus Abb. 2.9 deutlich wird.

Oxidationsreaktionen des Cytochrom P-450. Die *Hydroxylierungen* von Aliphaten (Alkane, Alkene und Alkine) führt zu Alkoholen. Bei längeren Ketten können alle C-Atome betroffen sein. Bei Alkanen und gesättigten Fettsäuren sind meist die (ω-1)- und die ω-Positionen, bei Alkenen, Alkinen und aromatischen Alkanen die Allyl- bzw. Benzyl-Positionen bevorzugt (Abb. 2.10). Die Hydroxylierung kann auch zu einem instabilen Produkt führen, z. B. bei Dichlormethan (Abb. 2.10).

Auch bei der *oxidativen Desalkylierung* von Alkylaminen (Abb. 2.11) und von Alkylethern und Alkylthioethern (Abb. 2.12) entstehen zunächst instabile Intermediate (*N*-Alkylole bzw. Halbacetale), die nicht-enzymatisch (d.h. ohne Beteiligung eines Enzyms) zum Amin bzw. Alkohol oder Thiol zerfallen. Der Alkylrest wird als Aldehyd freigesetzt. Diese Reaktion wird häufig benutzt, um die Aktivität des Cytochrom P-450 zu bestimmen, da sich bei geeigneter Wahl des Substrates (z. B. *p*-Nitroanisol, Abb. 2.12) die Produkte leicht messen lassen (im Beispiel Formaldehyd oder *p*-Nitrophenol). Wie in Abb. 2.11 gezeigt, können Dialkylamine (etwa *N,N*-Dimethylanilin, R = Phenyl) stufenweise zum primären Amin (z. B. Anilin) desalkyliert werden. Ist der alipathische Rest R über eine Methylengruppe mit einer Aminofunktion verknüpft (Abb. 2.11, 1. Zeile), kann der Abbau unter α-Hydroxylierung und Abspaltung von Ammoniak weitergehen (oxidative Desaminierung).

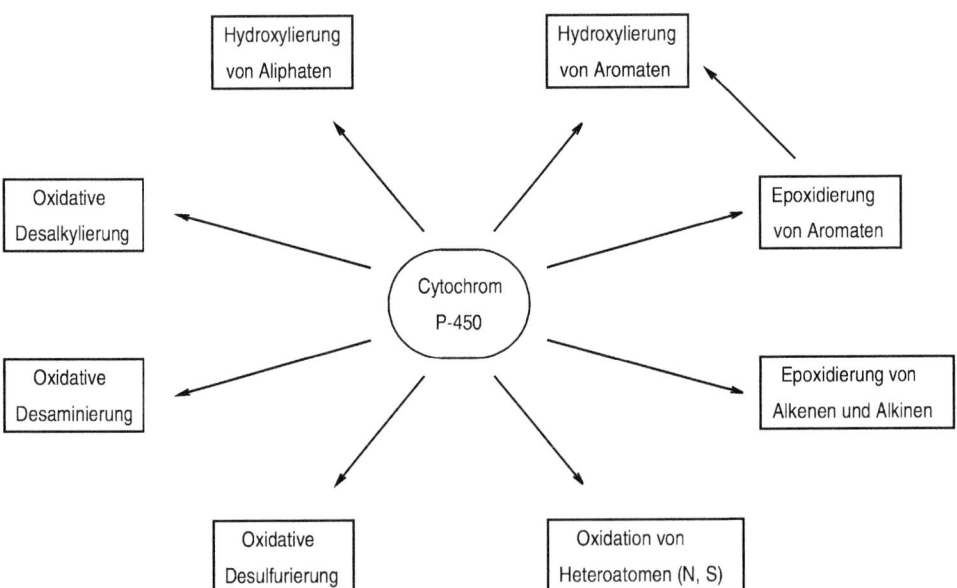

Abb. 2.9 Cytochrom P-450 katalysierte Oxidationen

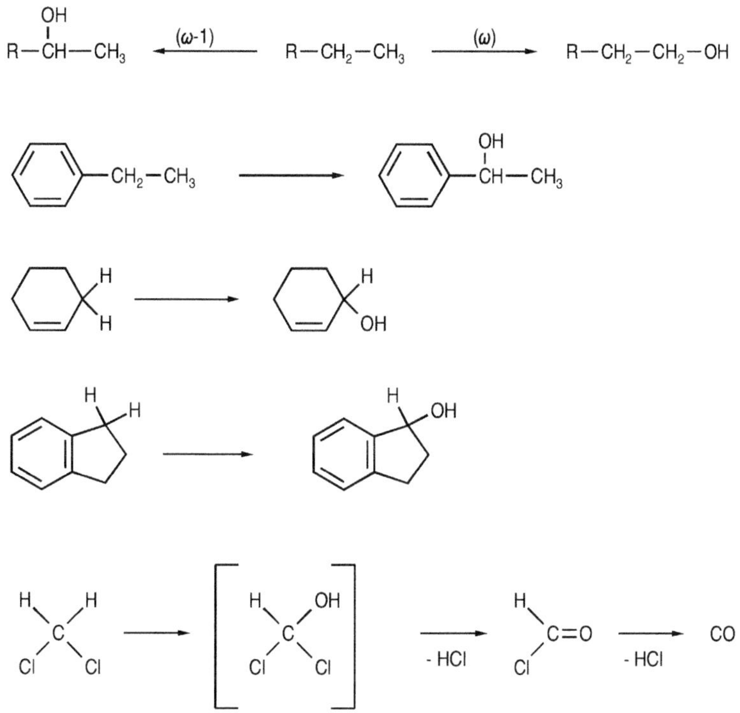

Abb. 2.10 Hydroxylierungsreaktionen von Alkanen

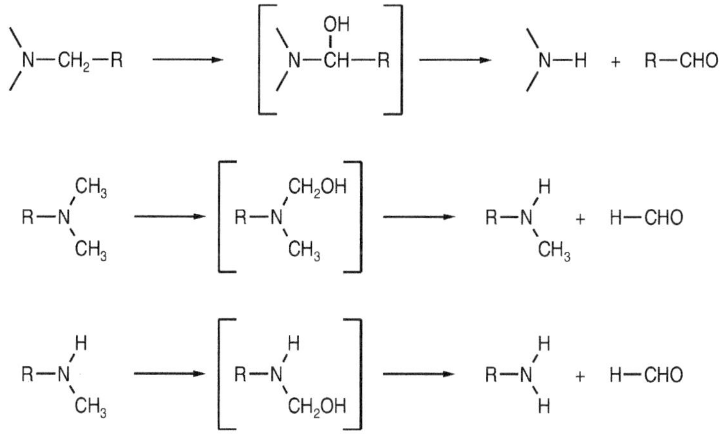

Abb. 2.11 Oxidative Desalkylierung von Alkylaminen

Hydroxylierungen können auch an aromatischen Systemen ablaufen und führen dann zu Phenolen. Meist verläuft die Reaktion über ein Epoxid (Arenoxid), das sich nicht-enzymatisch zum Phenol umlagert (Abb. 2.13). Als Konkurrenzreaktion für die Umlagerung

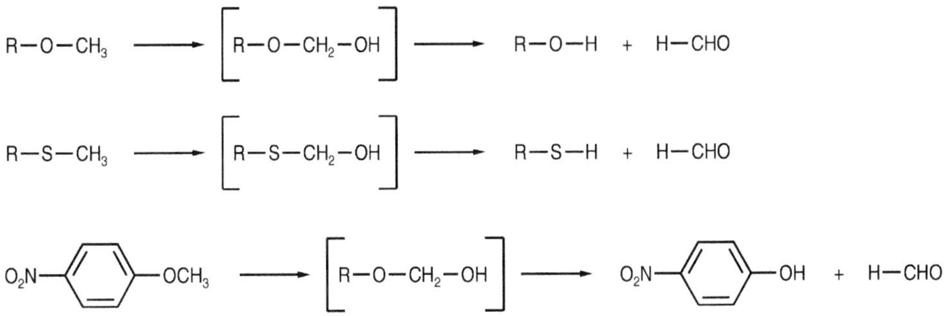

$$R-O-CH_3 \longrightarrow [R-O-CH_2-OH] \longrightarrow R-O-H + H-CHO$$

$$R-S-CH_3 \longrightarrow [R-S-CH_2-OH] \longrightarrow R-S-H + H-CHO$$

$$O_2N-\langle\!\!\!\bigcirc\!\!\!\rangle-OCH_3 \longrightarrow [R-O-CH_2-OH] \longrightarrow O_2N-\langle\!\!\!\bigcirc\!\!\!\rangle-OH + H-CHO$$

Abb. 2.12 Oxidative Desalkylierung von Alkylethern und Alkylthioethern

ist vor allem die (enzymatische) Hydrolyse zum *trans*-Dihydrodiol (s. unten) wichtig, während die Isomerisierung zum Oxepin meist keine Rolle spielt. Die Umlagerung zum Phenol verläuft über eine Carbonyl-Zwischenform (sogenannter NIH-Shift, da am National Institute of Health der USA erforscht).

Alkene werden ebenfalls häufig epoxidiert. Nur in wenigen Fällen sind die primären Produkte stabil genug für eine Ausscheidung im Harn; meist lagert sich der Epoxid-Ring zur Carbonylverbindung um oder/und wird durch Hydrolasen zum 1,2-Diol geöffnet (Abb. 2.14). Bei cyclischen Alkenen entsteht bevorzugt das *trans*-Diol. Besonders leicht geht die Umlagerung bei chlorierten Alkenen, dabei können reaktive Acylchloride entstehen (z. B. beim Perchlorethen, Abb. 2.14). Auch Alkine können epoxidiert werden, die gebildeten Epoxide sind aber sehr unbeständig und lagern sofort zu Ketenen um, die sich durch Wasseranlagerung stabilisieren. So entsteht z. B. aus 4-Ethinylbibenzyl die entsprechende Arylessigsäure, die teilweise noch zusätzlich am aromatischen Ring hydroxyliert ist (Abb. 2.14).

Bei der *oxidativen Desulfurierung* von Thioketonen und Thiophosphor-Verbindungen wird der Schwefel gegen Sauerstoff ausgetauscht (Abb. 2.15), wahrscheinlich nach Addition eines Sauerstoffatoms an die C=S- bzw. P=S-Doppelbindung zu einem instabilen Dreiring-Heterocyclus. Auf diese Weise wird z. B. Schwefelkohlenstoff metabolisiert und aus dem Alkylphosphat Parathion (E-605) das Paraoxon gebildet (Abb. 2.15), das die toxische Wirkform von E-605 darstellt (→ 3.6.3 und 6.4.3)

Bei der Oxidation von Stickstoff- und Schwefelverbindungen kann sich ein Sauerstoffatom an ein freies Elektronenpaar des Heteroatoms anlagern. Bei den Aminen hängt der weitere Metabolismus davon ab, ob es sich um primäre, sekundäre oder tertiäre aliphatische oder aromatische Amine handelt (Abb. 2.16). Sulfide werden über Sulfoxide bis zu Sulfonen oxidiert.

Eigenschaften der Cytochrom P-450-haltigen Monooxygenase. Die Cytochrom P-450-haltige Mono-oxygenase kann nicht nur wegen der Vielfalt der Reaktionsmöglichkeiten als das wichtigste Enzym des Fremdstoffmetabolismus bezeichnet werden, sondern auch, weil sie praktisch in allen Organen und Geweben vorkommt. Allerdings können die enzymatischen Aktivitäten verschiedener Zellen sehr unterschiedlich sein. Die höchste P-450-Aktivität findet sich in Leberzellen (Hepatocyten), wobei sich hier bereits unterschiedlich gelegene Zellen in der Leber unterschei-

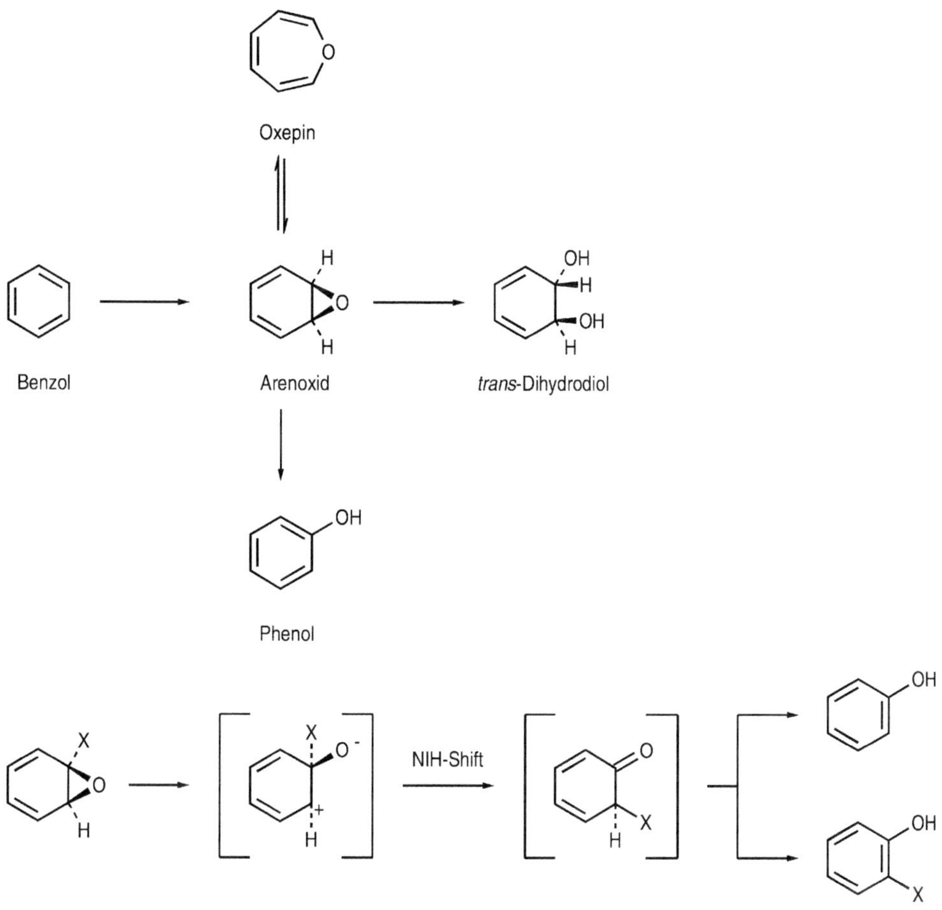

Abb. 2.13 Hydroxylierung von Aromaten

den (centrilobuläre und periportale Hepatocyten, → 3.1.1). In Niere, Lunge, Darm, Bauchspeicheldrüse, Hoden usw. variiert die P-450-Aktivität besonders stark zwischen verschiedenen Zellen des gleichen Organs. Zudem wird die enzymatische Aktivität des P-450-Systems von einer Reihe von Faktoren bestimmt, die später besprochen werden (→ 2.2.4.3).

Die Cytochrom P-450-haltige Monooxigenase aktiviert molekularen Sauerstoff unter Verbrauch von Reduktionsäquivalenten in Form von NADPH, das in jeder Zelle verfügbar ist (s. Lehrbücher der Biochemie). Dabei wird ein Sauerstoffatom in das Substrat eingebaut, das andere zu Wasser reduziert. Die Bruttogleichung der Reaktion ist demnach

Substrat + O_2 + NADPH + H^+ → oxigeniertes Substrat + H_2O + $NADP^+$

Synonym mit Monooxigenase werden auch die Begriffe „mischfunktionelle Oxidase" oder „mischfunktionelle Oxigenase" gebraucht, manchmal auch die Bezeichnung „Hydroxylase".

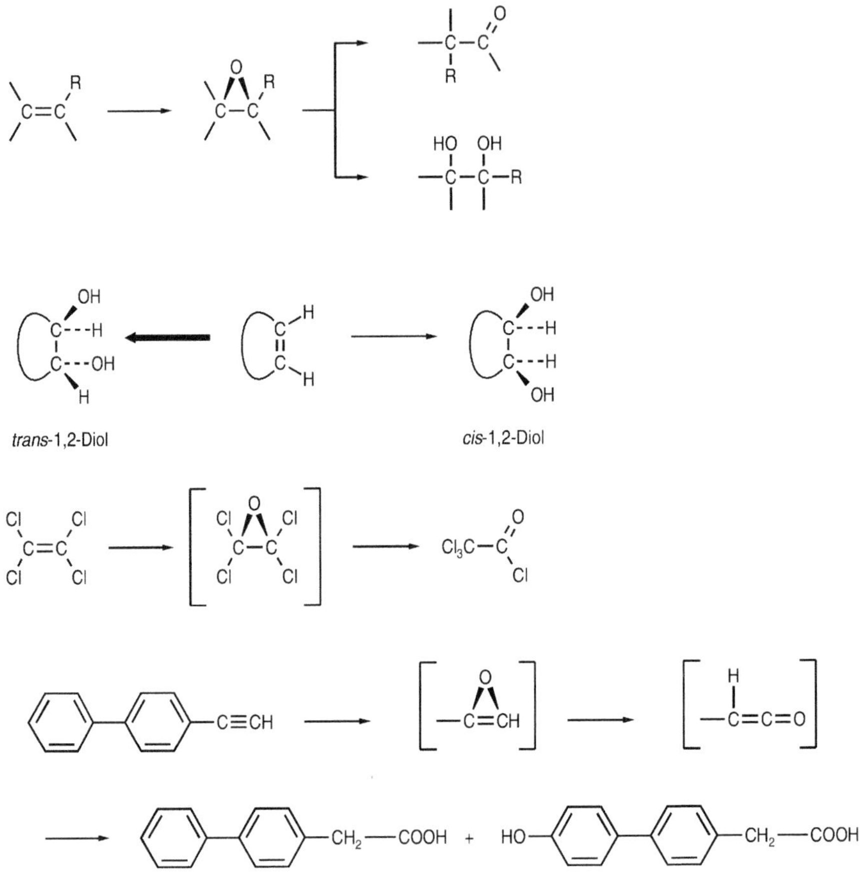

Abb. 2.14 Epoxidierung von Alkenen und Alkinen

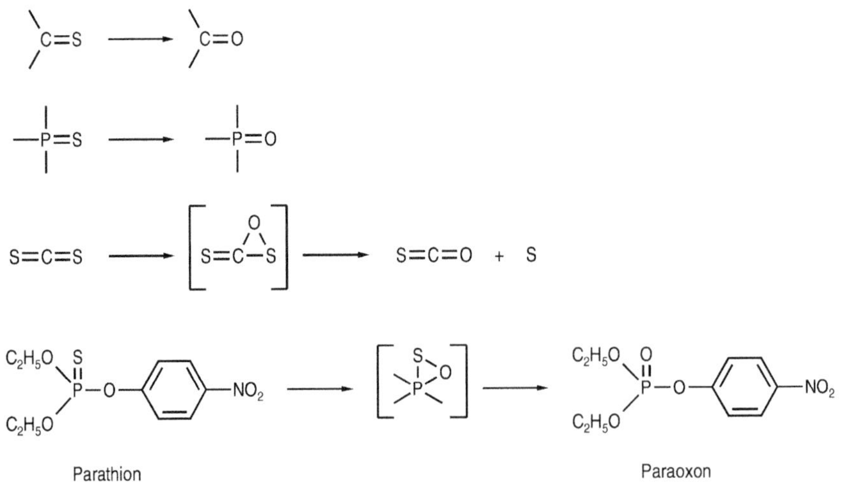

Abb. 2.15 Oxidative Desulfurierung

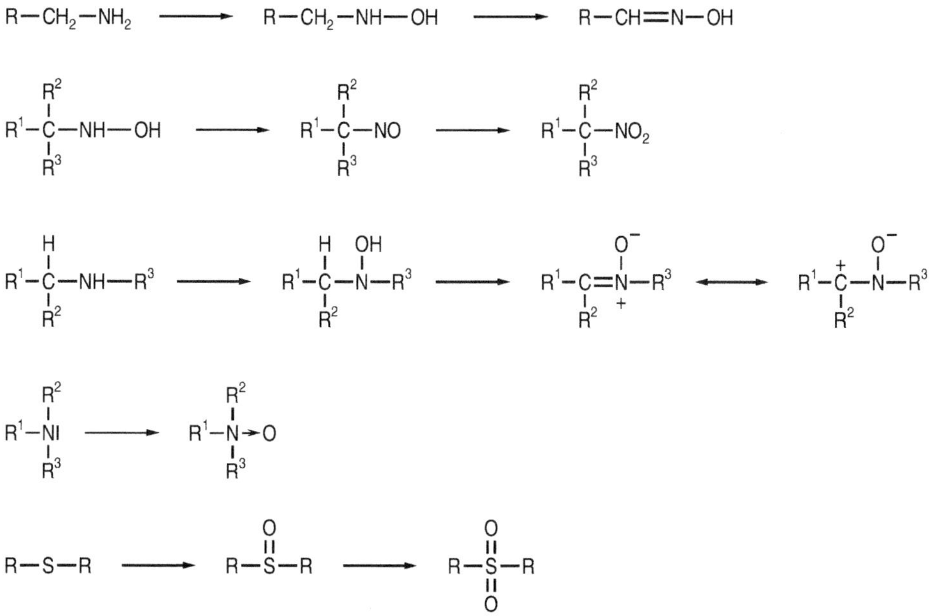

Abb. 2.16 Oxidation der Heteroatome N und S

Das Enzymsystem besteht aus den Komponenten Cytochrom P-450 und NADPH-Cytochrom P-450-Reduktase, die in die Membranen vor allem des endoplasmatischen Retikulums, des Zellkerns und der Mitochondrien (→ 2.1.1) eingebettet sind. Cytochrom P-450 ist ein Hämprotein und enthält als prosthetische Gruppe ein Häm B, also ein Protoporphyrin IX mit einem komplex gebundenen Eisen-Ion (Abb. 2.17), wie es auch im Hämoglobin der roten Blutkörperchen (→ 3.4) vorliegt.

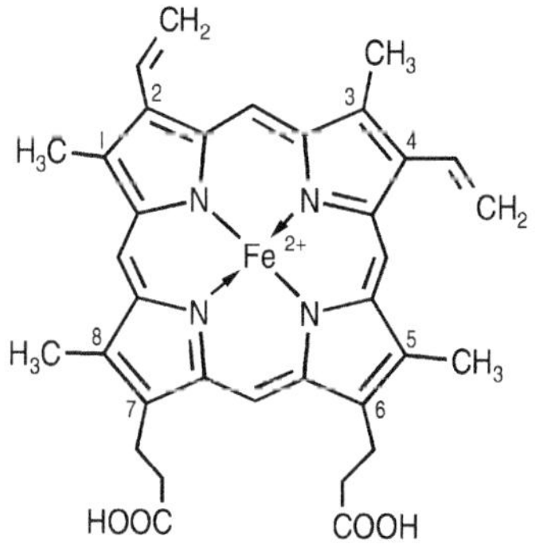

Die Stickstoffatome des Porphyrinringes besetzen die vier äquatorialen Koordinationsstellen des oktaedrischen Eisenkomplexes. Während die fünfte, axiale Position vom Schwefel eines Cysteins der Proteinkomponente eingenommen wird, ist die Besetzung der sechsten Koordinationsstelle variabel: Im nicht substratgebundenen Zustand sitzt hier der Sauerstoff eines Wassermoleküls oder Hydroxyl-Ions, nach Substratbindung wird an dieser Stelle der für die Monooxigenierung verwendete Sauerstoff gebunden (s. unten). Ohne gebundenes Substrat liegt das Eisen-Ion des P-450 als Fe^{3+} und wegen des starken Ligandenfeldes überwiegend im low spin-Zustand vor. Die Absorption des Eisenkomplexes im Soret-Band hat ein Maximum bei ca. 420 nm. Bindet ein Substrat an die hydrophobe Bindungsstelle des Proteins, verdrängt es das Wasser oder Hydroxyl-Ion aus der sechsten Koordinationsstelle des Eisens und verändert damit das Ligandenfeld.

Abb. 2.17 Struktur von Häm B

Meist wird es schwächer, der Spinzustand des Fe^{3+} verschiebt sich Richtung high spin und das Absorptionsmaximum etwas nach kürzeren Wellenlängen. Substanzen mit diesem Verhalten werden als echte Typ I-Substrate bezeichnet (Abb. 2.18). Daneben gibt es Stoffe, die ebenfalls an das Protein binden, aber die Ausbildung des low spin Zustandes begünstigen und reverse Typ I-Substrate (Typ rI) heißen. Typ I und rI werden vom Cytochrom P-450 monooxigeniert. Andere Stoffe, vor allem viele Stickstoffverbindungen, binden dagegen direkt an die sechste Koordinationsstelle des Eisens, verschieben das Spin-Gleichgewicht Richtung low spin und das Absorptionsmaximum im Soret-Bereich etwas längerwellig. Diese Typ II-Substanzen verhindern die Anlagerung von Sauerstoff und werden deshalb nicht monooxigeniert. Die meisten Typ II-Stoffe binden aber auch zu einem geringen Teil an die hydrophobe Stelle des Proteins und können dadurch metabolisiert werden. Die Unterscheidung von Typ I- und Typ II-Substanzen ist durch Messung der Bindungsspektren möglich (Abb. 2.18).

Wird das Fe^{3+} im Cytochrom P-450 zu Fe^{2+} reduziert (z. B. durch Natriumdithionit) und dessen Kohlenmonoxid-Komplex gebildet, verschiebt sich das Absorptionsmaximum des Soret-Bereichs zu 450 nm. Diese für Cytochrom-haltige Monoxigenase charakteristische Absorption hat dem Enzym seinen Namen gegeben und wird zu seiner Bestimmung verwendet.

Die Cytochrom P-450-Reduktase gehört zu den Flavoproteinen und enthält als prosthetische Gruppen ein Flavin-Adenin-Dinukleotid und ein Flavin-Mononukleotid (→ Lehrbü-

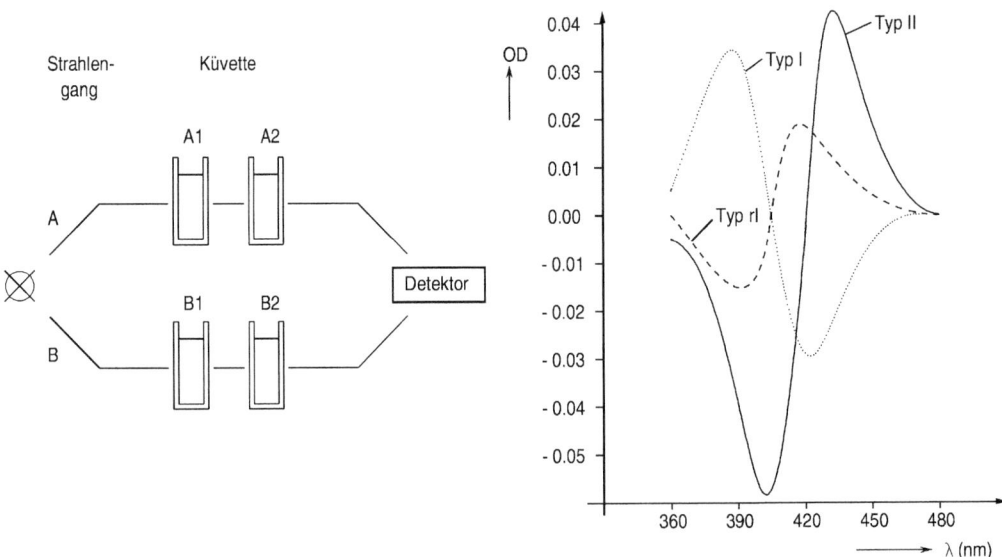

Abb. 2.18 Bindungsspektren von Substanzen des Typs I, rI und II. Die Spektren werden als Differenzspektren mit der links gezeigten Anordnung aufgenommen, um die Hintergrundabsorption der Enzymsuspension und die Eigenabsorption der Substanz zu eliminieren: In einem Doppelstrahlphotometer mit Tandem-Küvetten enthalten die Küvetten A1 und B1 die Monooxigenase, die Küvetten A2 und B1 die Substanz. In beiden Strahlengängen befinden sich gleiche Konzentrationen aller Stoffe, aber nur in der Küvette B1 kann die Substanz an das Cytochrom P-450 binden. Durch die Bindung verschiebt sich je nach Substanz das Absorptionsmaximum der Soret-Bande im Vergleich zum P-450 ohne Substanz (s. Text), wodurch sich als Differenz die gezeigten Spektren ergeben.

cher der Biochemie). Die Reduktase überträgt die beiden Elektronen des NADPH in Einelektronenschritten auf das Cytochrom P-450 (s. unten). Im endoplasmatischen Retikulum kann in die Elektronentransportkette zwischen die Reduktase und das P-450 noch Cytochrom b_5 eingeschaltet sein, in Mitochondrien verläuft der Elektronenfluß über ein Nichthäm-Eisenprotein („non-heme iron", NHI).

Der Mechanismus der Sauerstoffaktivierung und der Monooxigenierung von Fremdstoffen durch P-450 ist vereinfacht in Abb. 2.19 gezeigt. Sie läuft nicht nur in der intakten Zelle ab, sondern kann auch mit der Zellfraktion der Mikrosomen (s. unten), die das endoplasmatische Retikulum enthält, *in vitro* durchgeführt werden. Im ersten Schritt wird an das aktive Zentrum des P-450 das lipophile Substrat RH angelagert. Die Substratbindung kann durch Differenzspektroskopie festgestellt werden (Abb. 2.18). Im nächsten Schritt wird der Enzym-Substrat-Komplex durch ein Elektron der P-450-Reduktase reduziert, wobei das vorher dreiwertige Eisen-Ion der Hämgruppe zweiwertig wird. An dieses Fe^{2+} im Hämverband bindet der molekulare Sauerstoff mit hoher Affinität (Schritt 3 in Abb. 2.19). Der entstandene Komplex übernimmt anschließend nochmal ein Elektron von der Reduktase, das ebenso wie das erste Elektron vom NADPH stammt. Im aktiven Komplex liegt nach der Aufnahme des zweiten Elektrons der Sauerstoff formal in der Oxidationsstufe des Peroxids vor, aus dem durch Disproportionierung – nach Aufnahme von zwei Protonen – Wasser abgespalten wird (Schritt 5). Das am Fe verbleibende Sauerstoffatom wird an eine Doppelbindung des Substrates angelagert oder in eine C–H-Bindung eingeschoben (Schritt 6 und 7). Im letzten Schritt löst sich das oxygenierte Substrat ab, das Enzym ist für den nächsten Cyclus bereit.

Es wird angenommen, daß die eigentliche Sauerstoffübertragung auf das Substrat (Oxigenierung) über das Perferryl-Ion $[Fe-O]^{3+}$

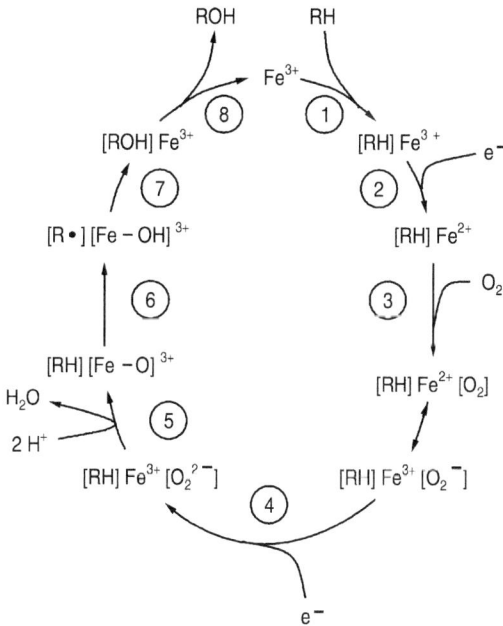

Abb. 2.19 Mechanismus der Cytochrom P-450-katalysierten Monooxigenierung

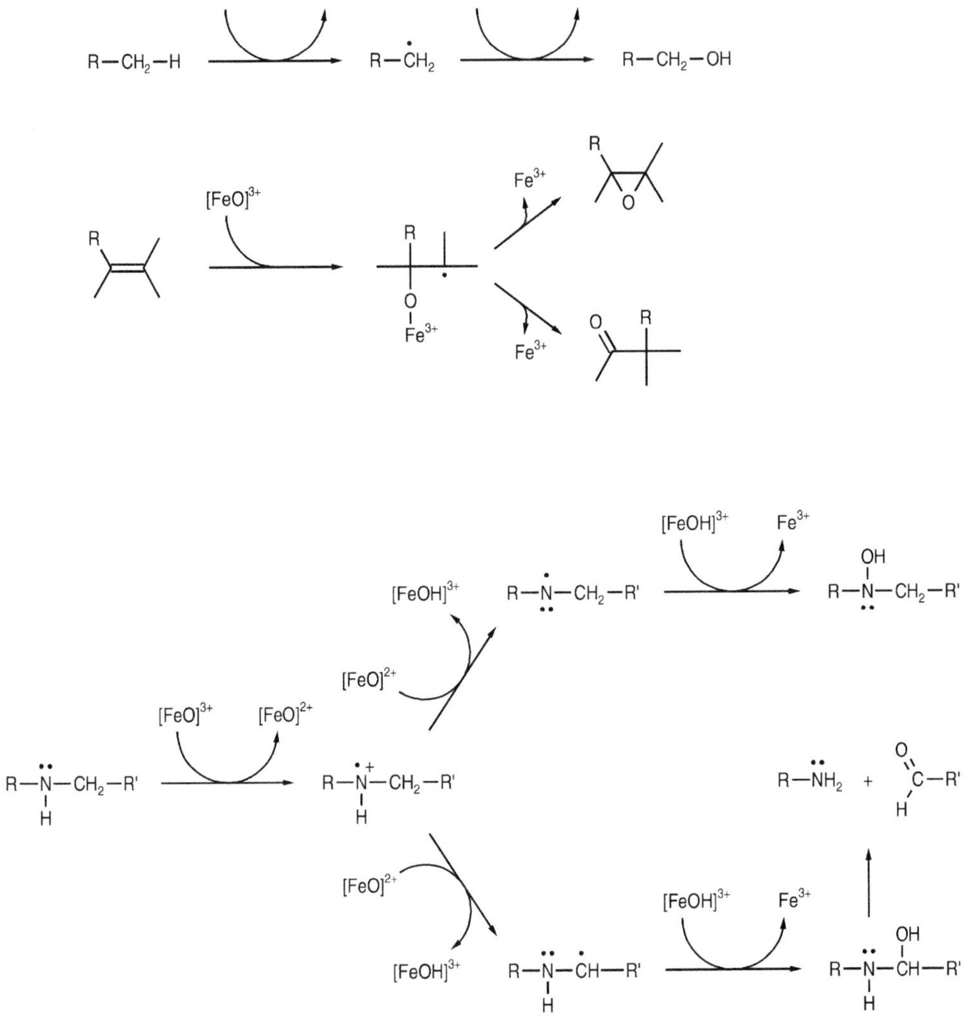

Abb. 2.20 Reaktionen des Perferryl-Ions mit Alkanen, Alkenen und Aminen

verläuft. In Abb. 2.20 sind die Reaktionen des Perferryl-Ions mit Alkanen, Alkenen und Aminen gezeigt. In allen Fällen werden Radikale als Zwischenformen angenommen. Amine können am Stickstoff oder (wenn ein α-H-Atom vorhanden ist) am α-ständigen Kohlenstoff hydroxyliert werden. Der erste Schritt besteht bei beiden Reaktionen in der Übertragung eines Elektrons des Stickstoffs auf das Perferryl-Ion. Das gebildete Ammonium-Radikal-Kation gibt ein Proton an die $[Fe-O]^{2+}$-Zwischenstufe ab, das entstehende ungeladene Radikal rekombiniert mit dem vom $[Fe-OH]^{3+}$ gelieferten Hydroxyl-Radikal unter Bildung des hydroxylierten Produktes. Bei Vorhandensein eines α-Wasserstoffs ist die Bildung eines α-C-zentrierten Radikals und damit die Hydroxylierung in der α-Position gegenüber der N-Hydroxylierung bevorzugt. Letztere kommt nur zum Zug, wenn kein α-H-Atom vorhanden ist, z. B. bei aromatischen Aminen.

Die Reaktionsweise von Sauerstoff bei der Monooxigenierung weist große Ähnlichkeit mit der von Carbenen und Nitrenen auf. Das Perferryl-Ion kann daher als Oxenoid aufgefaßt werden. Analogien zwischen Carben und Oxenoid bestehen z. B. bei der Einschiebung in C–H Bindungen und bei der Addition an C–C Doppelbindungen.

Das Cytochrom P-450-haltige Monooxigenasesystem unterscheidet sich von den Enzymen des Intermediärstoffwechsels durch seine langsame Umsatzrate und seine geringe Substratspezifität. Letztere ist vorteilhaft für den Organismus, der damit fast alle Fremdstoffe metabolisieren und für die Ausscheidung vorbereiten kann. Inzwischen ist geklärt, woher diese Unspezifität kommt: In den Membranen des endoplasmatischen Retikulums liegt nicht eine Form des P-450 vor, sondern es existiert eine ganze Familie von *Isoenzymen*, die sich in ihrer Substratspezifität durchaus unterscheiden, zusammen aber einen breiten Bereich der Spezifität abdecken. Seit man in der Lage ist, die P-450-Isoenzyme unversehrt aus den Membranen zu lösen und wieder zu rekonstituieren, d.h. mit der Reduktase und mit Phospholipiden zu einem enzymatisch aktiven Komplex zu vereinigen, hat man zahlreiche dieser Isoenzyme charakterisiert. Bis heute sind mehr als 70 P-450-Isoenzyme bekannt. Sie haben Molekulargewichte zwischen 45 000 und 60 000, besitzen alle die Hämgruppe, unterscheiden sich aber in der Aminosäuresequenz des Proteinanteils. Nach dem Grad der Sequenzübereinstimmung ordnet man heute die P-450-Isoenzyme in mindestens acht Familien (mit römischen Ziffern bezeichnet) mit unterschiedlich vielen Unterfamilien (mit Großbuchstaben bezeichnet). Mitglieder der gleichen Familie weisen mindestens 36% Sequenzhomologie auf, Mitglieder der gleichen Unterfamilie mindestens 65%. Die unterschiedlichen Isoenzyme können durch bestimmte Substrate in ihrer Aktivität erfaßt werden. Sie kommen zum Teil „konstitutiv" in den Zellen vor, zum Teil treten sie erst nach Vorbehandlung des Organismus mit bestimmten Stoffen auf. Als derartige Enzyminduktoren sind vor allem bestimmte Barbiturate wie Phenobarbital und aromatische Kohlenwasserstoffe vom Typ des 3-Methylcholanthrens seit langem bekannt. Die verschiedenen Isoenzyme werden durch unterschiedliche Stoffe induziert. In Tab. 2.4 sind für einige der am Fremdstoffmetabolismus beteiligten Isoenzyme die heutige und eine frühere Nomenklatur, geeignete Induktoren und typische Reaktionen zusammengefaßt. Die für den Menschen besonders relevanten Isoenzyme werden später behandelt (→ 5.2.3.2)

Die Induktion wird als *Adaptationsmechanismus* verstanden, durch den bei wiederholter Zufuhr größerer Mengen eines Fremdstoffes die Aktivität des für den Metabolismus der Substanz zuständigen Isoenzyms gesteigert wird (meist um einen Faktor zwischen 5 und 25). Nicht selten werden durch einen Stoff mehrere Isoenzyme induziert. Deshalb und wegen der geringen Spezifität der Isoenzyme wird durch die Induktion mit einer bestimmten Substanz häufig auch der Metabolismus anderer Stoffe gesteigert. Der Mechanismus der Induktion beruht meist auf einer erhöhten Syntheserate des Isoenzyms durch gesteigerte Transkription des betreffenden Gens (z. B. bei Phenobarbital und 3-Methylcholanthren) oder durch Stabilisierung der m-RNA (bei Ethanol). Hinzu kommt manchmal eine Stabilisierung und damit längere Lebensdauer des Proteins (z. B. bei Ethanol).

Für eine zunehmende Zahl der P-450-Isoenzyme sind heute Antikörper verfügbar, die eine immunchemische Quantifizierung erlauben. Die verschiedenen Isoenzyme kommen in verschiedenen Geweben und Zellen in unterschiedlicher Menge vor, die zudem von der Tierart (Spezies), vom Alter, vom Er-

Tab. 2.4 Einige Isoenzyme des Cytochrom P-450

Familie und Unterfamilie	Isoenzym	Früherer Name[a]	Induktor	Reaktion
P-450IA	A1[b]	P-450c	aromatische Kohlenwasserstoffe	Hydroxylierung v. Benzo[a]pyren
	A2[b]	P-450d	Isosafrol	N-Oxidation
P-450IIA	A1	P-450a	Phenobarbital u. Methylcholanthren	Hydroxylierung v. Steroiden
P-450IIB	B1	P-450b	Phenobarbital	Demethylierung v. Benzphetamin
	B2	P-450e		
P-450IIE	E1	P-450j	Ethanol	Oxidation von Ethanol
P-450IIIA	A1	P-450p	Steroide	Hydroxylie v. Steroiden
P-450IV	A1	P-452	Clofibrat	Hydroxylie v. Laurinsäure

[a] Bezeichnung der aus Rattenleber isolierten Isoenzyme
[b] P-450IA1 und IA2 sind in dem von aromatischen Kohlenwasserstoffen induzierten „Cytochrom P-448" enthalten

nährungs- und vom Induktionszustand abhängt.

Im Gegensatz zu den zahlreichen Isoenzymen des Cytochrom P-450 ist für die Cytochrom P-450-Reduktase nur eine Form bekannt. Das Mengenverhältnis von Cytochrom P-450 zu seiner Reduktase in den Membranen des ER liegt bei ca. 10. Schon in der nicht-induzierten Leber stellt P-450 das Protein dar, das in der größten Menge vorkommt; es gibt der Leber ihre typische braune Farbe.

Die Leber dient auch meist als Quelle für die Gewinnung der Cytochrom P-450-haltigen Monooxigenasen. Für zahlreiche Zwecke, z. B. für die metabolische Aktivierung von Fremdstoffen in bakteriellen oder zellulären in vitro-Testsystemen (→ 4.5.2) genügt es, ein Leberzellhomogenat durch Zentrifugation zu fraktionieren. Bei 9000 g werden Zellkerne und Mitochondrien sedimentiert, der „S-9"-Überstand enthält neben dem Cytoplasma auch die sogenannten Mikrosomen, die Bruchstücke des endoplasmatischen Retikulums darstellen. Durch Zentrifugation des S-9-Überstandes bei 100 000 g können die Mikrosomen als Sediment erhalten werden. Ihr Gehalt an verschiedenen 450-Isoenzymen kann durch Vorbehandlung der Tiere mit bestimmten Induktoren moduliert werden. Häufig wird mit Aroclor, einem Gemisch zahlreicher polychlorierter Biphenyle (→ 6.3.2), ein breites Spektrum von Isoenzymen induziert.

Andere oxidierende Enzyme. Cytochrom P450-haltige Monooxigenasen sind zwar von großer Bedeutung für den Metabolismus zahlreicher chemischer Substanzen, sie stellen aber nicht die einzigen Enzyme zur Oxidation von Fremdstoffen dar. Zunehmend wird erkannt, daß gerade in extrahepatischen Geweben und Zellen, die teilweise sehr niedrige Aktivität an P-450 aufweisen, andere Oxidasen vorkommen. Außerdem gibt es Stoffe (z. B. Ethanol), die von anderen Oxidasen besser metabolisiert werden als von P-450.

In extrahepatischen Geweben spielen besonders die Flavin-abhängige Monooxigenase und verschiedene Peroxidasen eine Rolle für den Metabolismus von Xenobiotika. Die Flavin-abhängige Monooxigenase ist im endoplasmatischen Retikulum lokalisiert, enthält als prosthetische Gruppe ein Flavin-Adenin-Dinukleotid, ist frei von Häm und Metallen, kommt in mehreren Isoenzym-Formen mit breiter Substratspezifität vor und oxidiert unter Verbrauch von molekularem Sauerstoff und NADPH vor allem Stickstoff-, Schwefel- und Phosphor-Verbindungen. Der katalytische Mechanismus ist bekannt.

Peroxidasen sind Enzyme, die als Sauerstoffquelle Wasserstoffperoxid oder organische Hydroperoxide nach folgender Bruttoreaktionsgleichung benutzen:

Substrat + ROOH → oxidiertes Substrat + ROH

Das Substrat kann dabei monooxigeniert werden oder zwei Wasserstoffe in Form von Wasser abgeben. Im Gegensatz zu den Cytochrom P-450- und den Flavin-abhängigen Monooxygenierungen verläuft die Peroxidation von Fremdstoffen über Einelektronschritte und kann zur Bildung von Radikalen führen. Peroxidasen enthalten Häm als prosthetische Gruppe. Als Beispiel sei die Prostaglandin-Synthase (PGS) genannt, die Prostaglandin G_2 zur Oxidation von Fremdstoffen verwenden kann. Eine vereinfachte Darstellung dieser Reaktion ist in Abb. 2.21 gezeigt. Da bei der PGS-katalysierten Oxidation von Fremdstoffen häufig die gleichen Produkte entstehen wie mit Cytochrom P-450, ist der Beitrag der unterschiedlichen Enzyme zum Metabolismus einer Substanz nicht immer klar abzutrennen.

Als Beispiele für Enzyme, die für bestimmte Substanzklassen zuständig sind, sollen die *Monoaminoxidase* (MAO) und die *Alkoholdehydrogenase* (ADH) genannt werden. Die

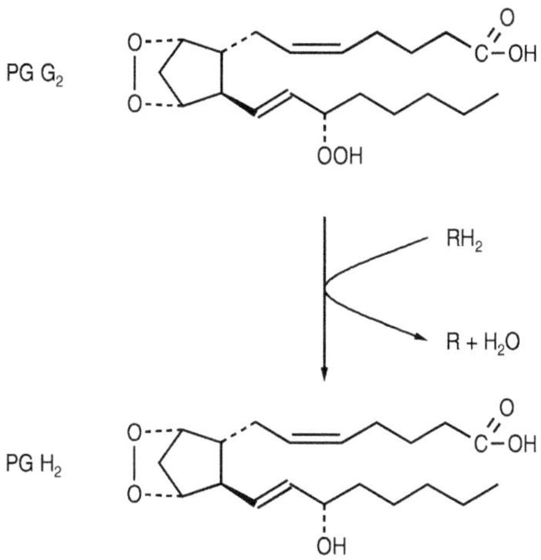

Abb. 2.21 Teilmechanismus der Oxidation von Fremstoffen durch Prostaglandin-Synthase

MAO ist ein Flavin-haltiges Enzym, das vor allem primäre aliphatische Amine zu Iminen dehydriert, die dann nicht-enzymatisch zu Ammoniak und dem entsprechenden Aldehyd hydrolysieren. MAO ist physiologisch wichtig für den Abbau von Noradrenalin und anderen Transmittern im Nervengewebe (→ 3.6.1) und von biogenen Aminen. Für den Metabolismus von xenobiotischen Aminen spielen die mitochondriale und cytoplasmatische MAO von Leber und Darm eine gewisse Rolle.

ADH dehydriert primäre und sekundäre Alkohole zu Aldehyden bzw. Ketonen, der Wasserstoff wird auf NAD^+ übertragen (Abb. 2.22). ADH ist ein im Cytoplasma vor allem der Leberzelle gelöstes Enzym mit einem Zink-Ion im aktiven Zentrum. Mit NADH als Cofaktor kann ADH auch Aldehyde und Ketone zu den Alkoholen reduzieren. In der intakten Zelle werden Aldehyde und 1,2-Dicarbonyl-Verbindungen jedoch zu Carbonsäuren und manchmal bis zu Kohlendioxid weiteroxidiert. Diese Reaktionen werden von anderen löslichen Enzymen katalysiert, vor allem von Aldehyddehydrogenasen und Aldehydoxidasen.

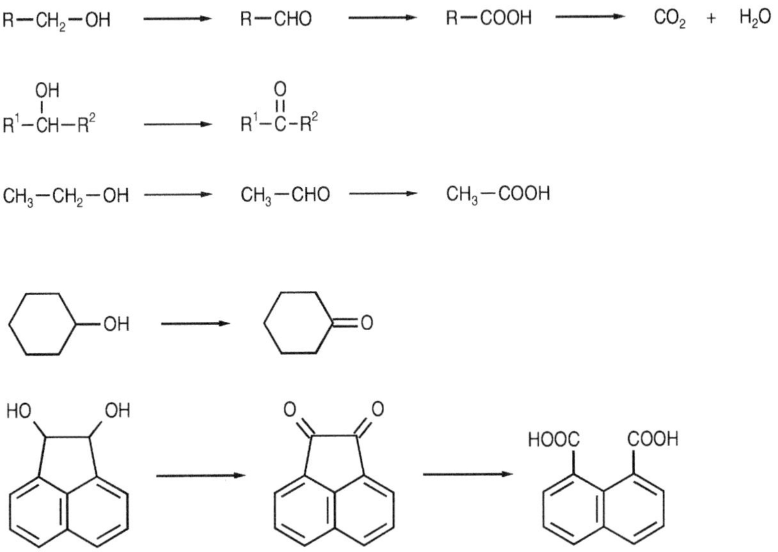

Abb. 2.22 Alkoholdehydrogenase-katalysierte Oxidationen

Reduktionen

Reduktionen sind außer für Ketone und Aldehyde vor allem für Nitroverbindungen und Azoverbindungen wichtig (→ 6.2). Nitroverbindungen werden unter Durchlaufen der verschiedenen Oxidationsstufen (Nitrosoverbindung, Hydroxylamin) bis zum Amin reduziert, Azoverbindungen über die Hydrazo-Zwischenstufe zu Aminen gespalten (Abb. 2.23).

Diese metabolischen Prozesse kommen vor allem bei Darmbakterien zum Tragen, die unter teilweise anaeroben Bedingungen leben und meist keine Enzymaktivitäten für oxidative Biotransformationsreaktionen besitzen. Durch Reduktion im Darm kann beispielsweise aus dem sehr polaren und nicht resorbierbaren Azofarbstoff Kongorot das lipophile (und kanzerogene, → 6.2.1) Benzidin freigesetzt werden. Reduktionsreaktionen können aber auch in Säugerzellen ablaufen, wie z. B. die nach Inhalation von Nitrobenzol-Dämpfen auftretende Methämoglobinämie zeigt, die durch das Phenylhydroxylamin ausgelöst wird (→ 3.4.2). Als weitere Substrate für metabolische Reduktionen sind Alkene (Abb. 2.24), Epoxide (Abb. 2.25) und halogenierte Substanzen, z. B. Tetrachlorkohlenstoff (Abb. 2.26) bekannt. Das metabolisch gebildete Trichlormethylradikal gilt als Ursache der durch CCl_4 ausgelösten Lebernekrosen (→ 3.1.2). Enzyme für die in Säugerzellen ablaufenden Reduktionen von Carbonylverbindungen sind die bereits genannte ADH und eigene Ketonreduktasen, während an der Reduktion der anderen Substrate neben Cytochrom P-450 mehrere bisher ungenügend charakterisierte mikrosomale und lösliche Reduktasen beteiligt sind.

Hydrolysen

Als dritte Gruppe von Funktionalisierungsreaktionen sind Hydrolysen wichtig, die vor allem bei Epoxiden (Abb. 2.27), Carbonsäureestern und -amiden (Abb. 2.28) und Phosphorsäureestern (Abb. 2.28) zur Einführung bzw. Freisetzung von Hydroxylgruppen führen. Da viele aromatische und olefinische Xenobiotika zu Epoxiden metabolisiert werden (s. oben) und diese meist hochreaktive

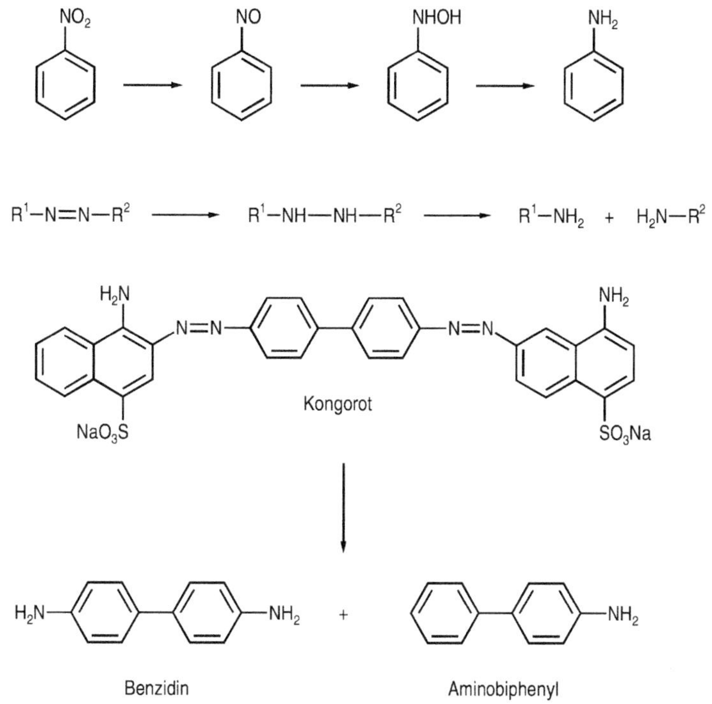

Abb. 2.23 Metabolische Reduktion von N-Verbindungen

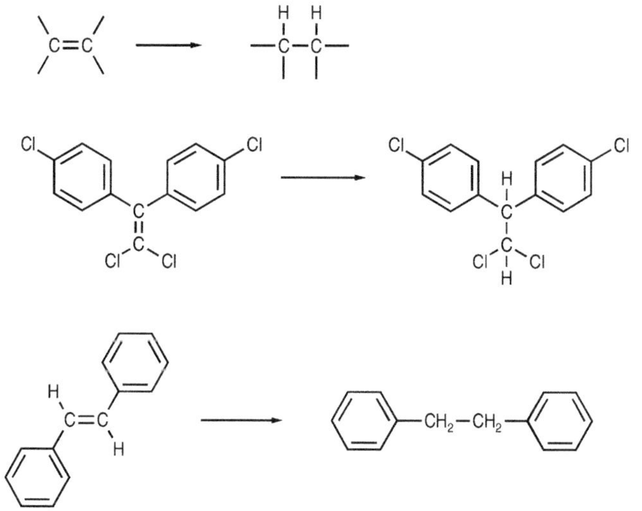

Abb. 2.24 Reduktion von Alkenen

Elektrophile darstellen, kommt der Hydrolyse von Epoxiden als Entgiftungsreaktion große Bedeutung zu. Für die Epoxide von Aromaten und Alkenen ist eine mikrosomale Epoxidhydrolase zuständig, die durch ihre Nachbarschaft zu den ebenfalls in endoplasmatischen

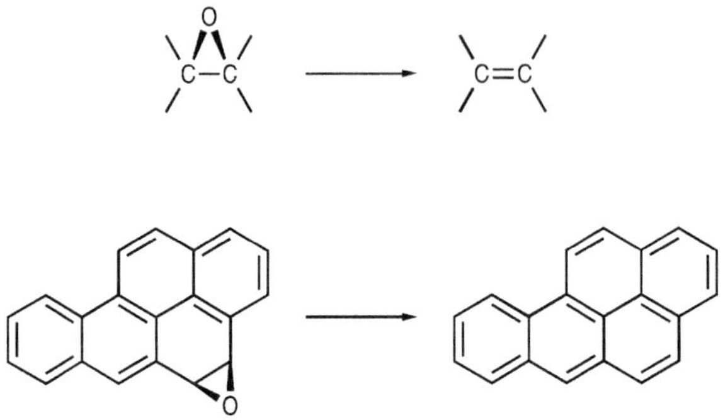

Abb. 2.25 Reduktion von Epoxiden

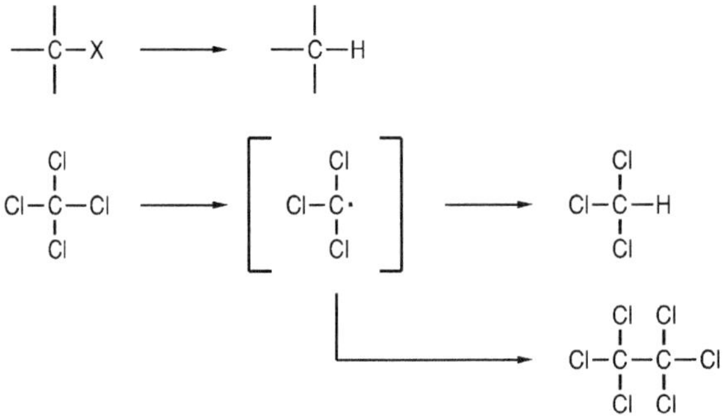

Abb. 2.26 Reduktion von Halogenverbindungen

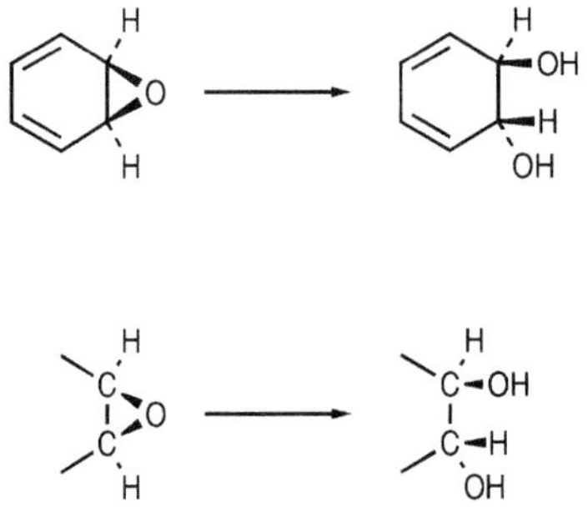

Abb. 2.27 Hydrolyse von Epoxiden

Retikulum lokalisierten Cytochrom P-450-haltigen Monooxigenasen dafür sorgt, daß die meist noch lipophilen Epoxide gleich nach ihrer Bildung zu *trans*-Dihydrodiolen geöffnet und damit entgiftet werden. Die mikrosomale Epoxidhydrolase hat eine Molmasse von ca. 50 000, kommt in zahlreichen Geweben vor, enthält keine prosthetischen Gruppen oder Metall-Ionen, ist durch verschiedene Stoffe induzierbar und besitzt eine breite Substratspezifität. Für die Hydrolyse von Estern und Amiden existieren in den Geweben und im Blut zahlreiche Esterasen, Amidasen, Sulfatasen und Phosphatasen. In den Zellen sind die hydrolytischen Enzyme teilweise in Lysosomen verpackt (→ 2.1.1). Praktisch sehr wichtig ist die ß-Glucuronidaseaktivität der Darmbakterien, die zur Spaltung von Glucuroniden (→ 2.2.4.2) und zum enterohepatischen Kreislauf (→ 2.2.5.3) mancher Xenobiotika führt.

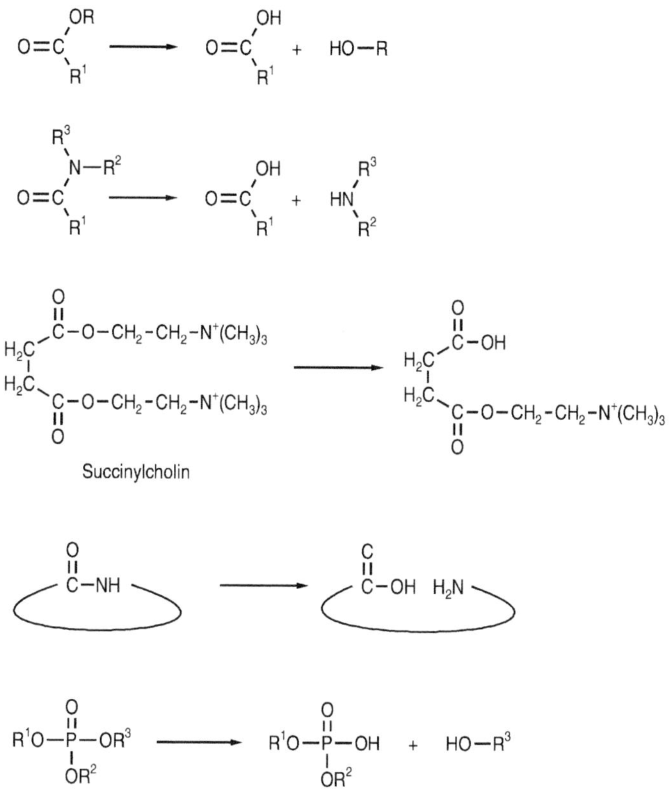

Abb. 2.28 Hydrolyse von Estern und Amiden

2.2.4.2
Konjugationsreaktionen und ihre Enzyme

Wenngleich Funktionalisierungsreaktionen für viele Xenobiotika wichtige Schritte im Stoffwechsel darstellen, werden meist erst durch die nachfolgenden Konjugationen gut ausscheidbare Metaboliten gebildet. Wie wichtig die Konjugation von Xenobiotika für den Organismus ist, wird auch daraus ersichtlich, daß diese Reaktionen unter Energieaufwand und unter Verlust wertvoller zellulärer Substanzen wie Aminosäuren und Glucose durchgeführt werden (s. unten). Die Notwendigkeit zur Konjugation entstand im Lauf der Evolution mit dem Schritt der Lebewesen vom Wasser auf das Land und der Entwicklung der Ausscheidungsorgane Niere und Leber. Ohne effiziente Ausscheidung für die zahlreichen im Intermediärstoffwechsel anfallenden und als endogene Inhaltsstoffe mit der Nahrung aufgenommenen Substanzen würden schnell toxische Konzentrationen erreicht, wie bei Menschen mit gestörter Nierenfunktion deutlich wird.

Einen Überblick über die wichtigsten Konjugationsreaktionen, die dafür benötigten endogenen Agentien und die beteiligten funktionellen Gruppen des Fremdstoffes gibt Tab. 2.5. Weitere im Organismus ablaufende, hier nicht besprochene Reaktionen sind z. B. die Konjugation mit Phosphat, Taurin und Thiosulfat.

Tab. 2.5 Typische Konjugationsreaktionen von Xenobiotika

Reaktion	Konjugationsagens	Funktionelle Gruppen
Glucuronidierung	aktivierte Glucuronsäure (UDPGA)	OH (Phenole, Alkohole) CO$_2$H (arom. u. aliph. Säuren) NH$_2$ (arom. Amine u. Amide) SH (Mercaptane)
Sulfatierung	aktiviertes Sulfat (PAPS)	OH (Phenole, Alkohole) NH$_2$ (aromatische Amine)
Glutathionkonjugation	Glutathion (GSH)	elektrophile Zentren (Epoxide, Alkyl-, Allyl- u. Benzylhalogenide, Chinone)
Acetylierung	aktiviertes Acetat (Acetyl-CoA)	NH$_2$ (Amine, Hydrazine, Aminosäuren)
Methylierung	aktiviertes Methionin (SAM)	OH (Phenole, Catechole) NH$_2$ (aliph. u. arom. Amine)
Aminosäurenkonjugation	verschiedene Aminosäuren	CO$_2$H (arom. u. aliph. Carbonsäuren)

Die *Glucuronidierung* kann als die wichtigste Konjugationsart bezeichnet werden, weil sie

- mit vielen funktionellen Gruppen möglich ist (–OH, –CO$_2$H, –NH$_2$, –SH),
- durch die Anwesenheit der benötigten Enzyme (Glucuronyltransferasen) in den meisten Geweben ablaufen kann,
- auch durch hohe Dosen an Xenobiotika kaum zu erschöpfen ist.

Das benötigte Cosubstrat, UDP-α-Glucuronsäure (UDPGA) wird aus Glucose gebildet (Abb. 2.29) und steht (außer im Hungerzustand) immer in ausreichendem Maß zur Verfügung. Bei der Übertragung des Glucuronylrestes auf alkoholische und phenolische Hydroxylgruppen entstehen Ether-Glucuronide, aus Carbonsäuren Ester-Glucuronide (Abb. 2.29). Durch den stark hydrophilen Glucuronyl-Rest sind alle Glucuronide gut wasserlöslich, allerdings nicht immer chemisch stabil (vor allem bei niedrigem pH-Wert) und anfällig gegen enzymatische Hydrolyse durch β-Glucuronidasen im Darm (→ 2.2.5.3). Die Glucuronidierung wird auch zur Ausscheidung einiger körpereigener Stoffwechselprodukte genutzt, z. B. von Bilirubin aus dem Häm-Abbau und von hydroxylierten Steroidhormonen. Die Glucuronyltransferasen sind im endoplasmatischen Retikulum lokalisiert. Sie kommen in praktisch allen Geweben vor, die höchsten Konzentrationen werden in der Leber, in der Nierenrinde und im Darmepithel gefunden. Ähnlich wie das Cytochrom P-450 treten die Glucuronyltransferasen als verschiedene Isoenzyme (bisher mindestens vier Familien) mit überlappender Substratspezifität auf und werden durch eine Reihe von Substanzen induziert, z. B. aromatische Kohlenwasserstoffe, Phenobarbital und 2,3,7,8-Tetrachlordibenzo-1,4-dioxin (TCDD).

Bei der *Sulfatierung* (Abb. 2.30) wird „aktives Sulfat" (PAPS) durch Sulfotransferasen auf alkoholische oder phenolische Hydroxylgruppen übertragen. Der Sulfatrest des PAPS stammt v.a. aus schwefelhaltigen Aminosäuren und steht in der Zelle nur beschränkt zur Verfügung, wodurch auch die Menge von PAPS limitiert ist und die Sulfatierung als Konjugationsreaktion bei höheren Dosen von Xenobiotika erschöpft werden kann.

Da auch körpereigene Substanzen (z. B. bestimmte Steroidhormone und Polysacchari-

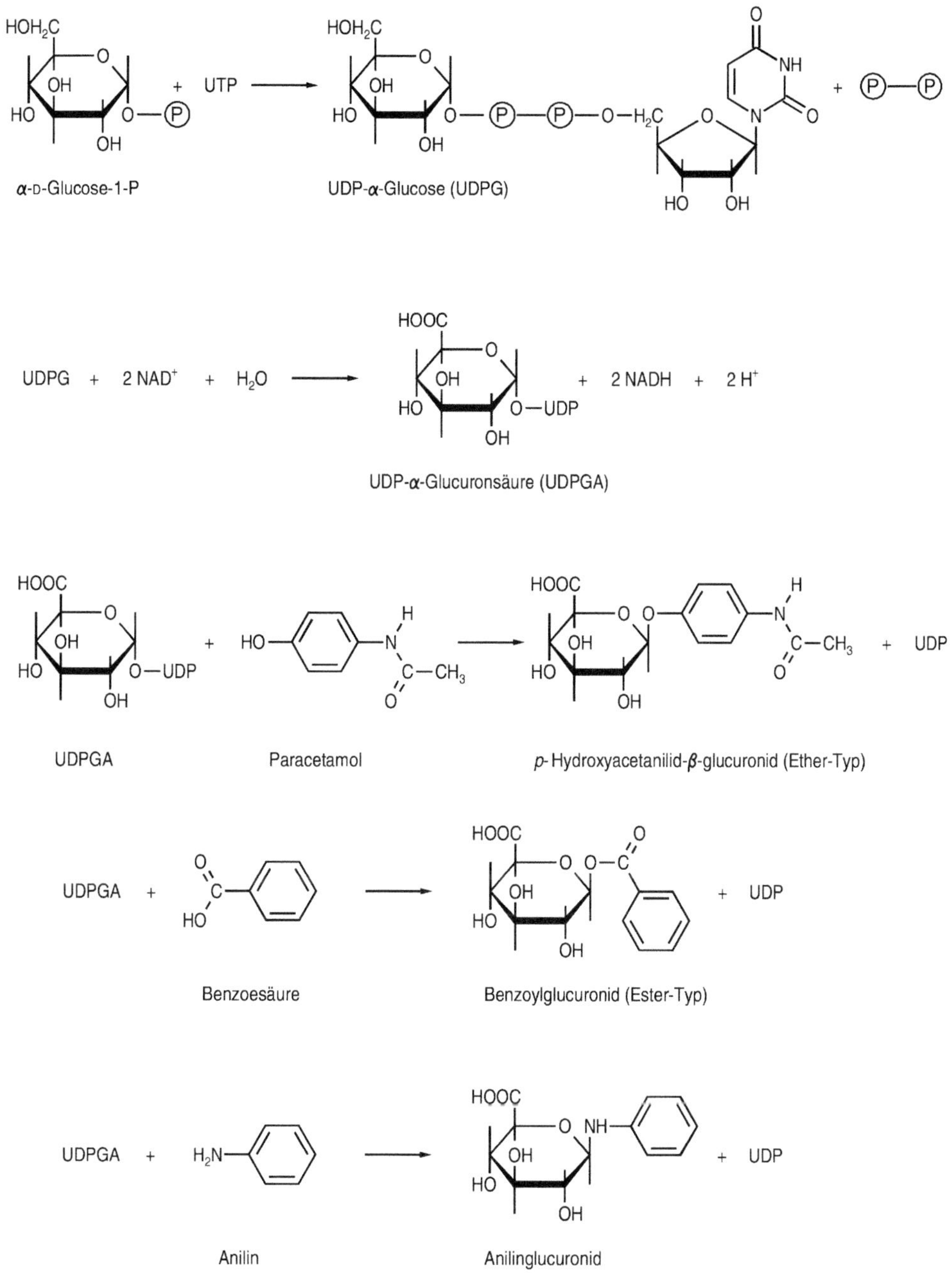

Abb. 2.29 Bildung der aktivierten Glucuronsäure (UDPGA) und Glucuronidierung von Phenolen, Carbonsäuren und Aminen

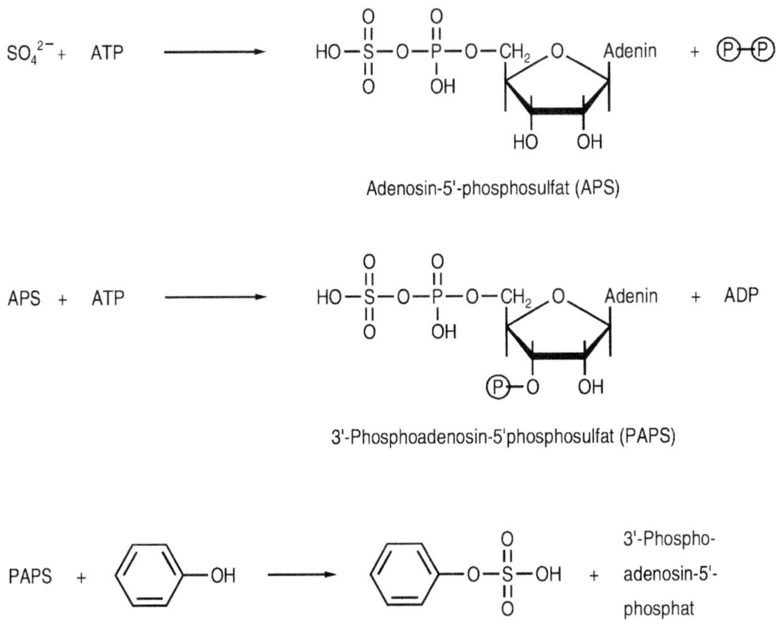

Abb. 2.30 Bildung von aktiviertem Sulfat (PAPS) und Sulfatierung von Phenolen

de) sulfatiert werden, können Fremdstoffe über die Konkurrenz um das PAPS in den Intermediärstoffwechsel eingreifen. Oft ist bei Fremdstoffen in niedriger Dosierung die Sulfatierung bevorzugt, während bei höheren Dosen die Glucuronidierung überwiegt. Dies kann zu einer Veränderung der Ausscheidungsgeschwindigkeit führen, da die polaren und stabilen Sulfate weder in der Niere noch im Darm rückresorbiert werden, Glucuronide dagegen häufig einem enterohepatischen Kreislauf unterliegen und nicht selten durch den niedrigeren pH-Wert in der Niere und Harnblase teilweise hydrolysieren und ins Blut zurückdiffundieren. Die für Xenobiotika zuständigen Sulfotransferasen sind in der Zelle im Cytoplasma gelöst und treten als (mindestens drei) Isoenzyme mit unterschiedlicher Substratspezifität auf. Sie sind nicht induzierbar.

Die Konjugation mit dem Tripeptid Glutathion (GSH) gilt als universelle Entgiftungsreaktion, weil neben der Bildung wasserlöslicher Metaboliten gleichzeitig elektrophile Substanzen entschärft werden, die sonst mit zellulären Makromolekülen reagieren und diese schädigen könnten. Die *GSH-Konjugation* ist in Abb. 2.31 am Beispiel des Naphthalin-Epoxids gezeigt. Die meisten Elektrophile reagieren bereits nicht-enzymatisch mit GSH, doch wird die Reaktion häufig durch Glutathion-*S*-transferasen beschleunigt. Das GSH-Addukt kann entweder als solches ausgeschieden werden (meist in die Galle), doch in der Regel findet vor der Exkretion ein Abbau zum entsprechenden Cystein-Addukt statt, das nach Acetylierung als Mercaptursäure im Harn erscheint. Durch den Abbau spart der Organismus die Aminosäuren Glycin und Glutaminsäure ein. Bei einigen Substanzen, z. B. Hexachlorbutadien ($\rightarrow$ 2.2.4.4) können die Cystein-Addukte durch β-Lyase zu hochreaktiven Intermediaten abgebaut und damit gegiftet werden, bei anderen Verbindungen, z. B. dem 1,2-Dichlorethan, stellen schon die GSH-Addukte reaktive Produkte dar ($\rightarrow$

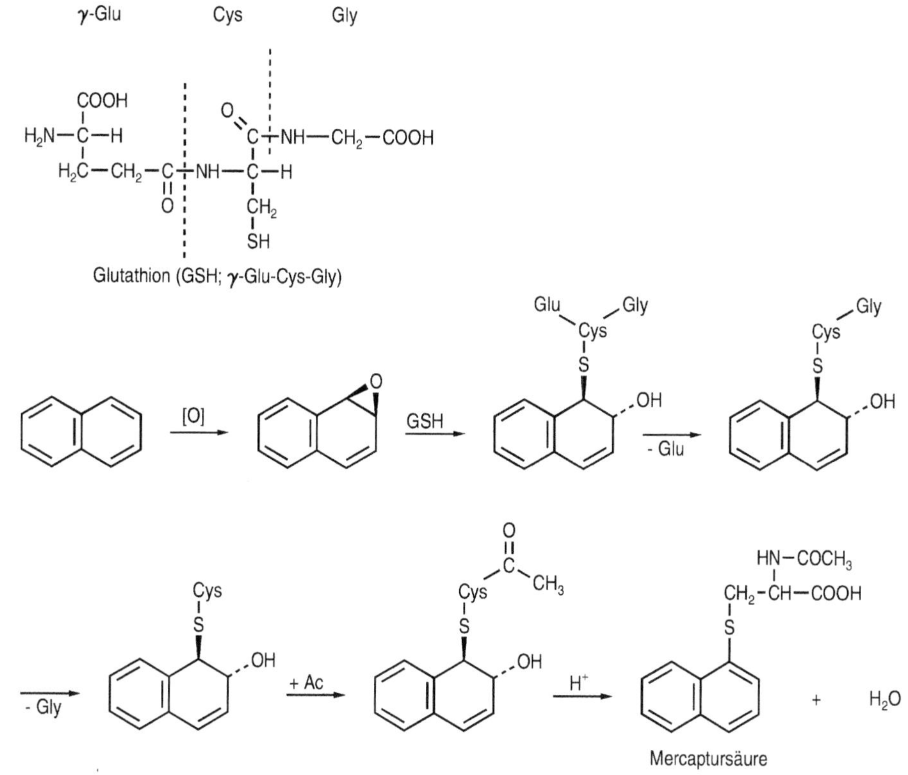

Abb. 2.31 Konjugation mit Glutathion (GSH) und Abbau zur Mercaptursäure

2.2.4.4 und 6.3.1). Damit kann die GSH-Konjugation bei bestimmten Xenobiotika eine metabolische Aktivierung bewirken.

Die Glutathion-*S*-transferasen kommen in vielen Geweben sowohl membrangebunden im ER als auch gelöst im Cytoplasma vor. Von den löslichen GSH-Transferasen sind mindestens 10 Isoformen bekannt, die jeweils aus 2 Untereinheiten bestehen und überlappende Substratspezifität haben. Cytosolische und mikrosomale GSH-Transferasen sind induzierbar.

Die *Acetylierung* stellt eine vor allem für aromatische Amine (→ 6.2.1) sehr häufige Konjugation dar, bei der die Acetylgruppe vom Acetyl-Coenzym A durch *N*-Acetyltransferasen auf die Aminogruppe übertragen wird (Abb. 2.32). Dies führt zwar meist zu keiner Erhöhung der Polarität, manchmal aber zu einem Verlust der toxischen Wirkung, z. B. der Bildung von Methämoglobin (→ 3.4.2). Die gebildeten Amide können durch Amidasen wieder gespalten werden, meist liegen in den Zellen freies Amin und Acetylamid nebeneinander im Gleichgewicht vor. Die *N*-Acetyltransferasen existieren in verschiedenen Formen und sind im Cytosol, im endoplasmatischen Retikulum und in Mitochondrien anzutreffen.

Bei der *Methylierung* von körperfremden und auch körpereigenen Substanzen wird die Methylgruppe der Aminosäure L-Methionin aus der aktivierten Form *S*-Adenosyl-L-methionin (SAM) auf Hydroxyl- und Aminogruppen übertragen (Abb. 2.33). Die Polarität wird dadurch nicht erhöht, bei einigen Sub-

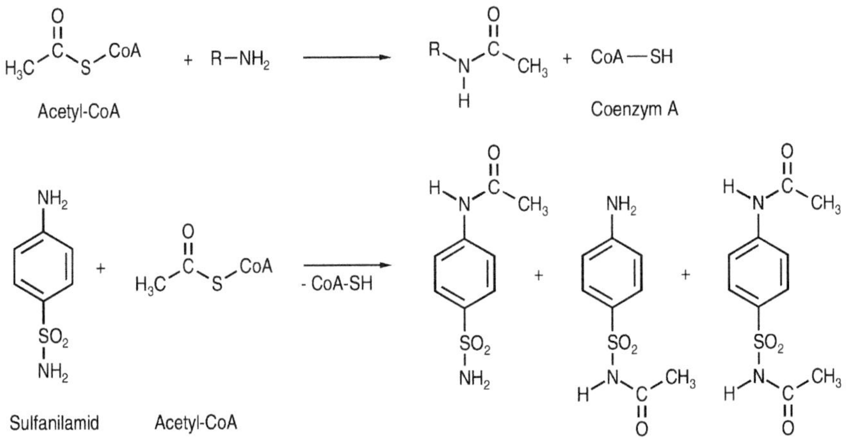

Abb. 2.32 Acetylierung von Aminen und Amiden

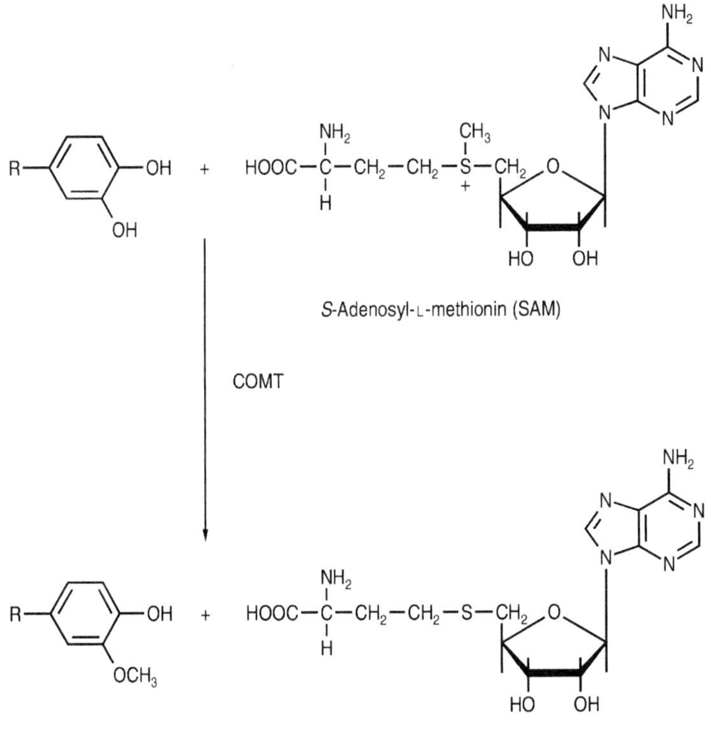

Abb. 2.33 Methylierung von Catecholen durch Catechol-O-methyltransferase (COMT)

stanzen (z. B. Catecholen und Catecholaminen) aber die biologische Aktivität und die chemische Instabilität gesenkt. Die Transferasen werden nach ihrer Substratklasse unterschieden (z. B. Catechol-O-methyltransferase, Phenol-O-methyltransferase, N-Methyltransferasen) und sind teils lösliche, teils membrangebundene Enzyme mit verschiedenen Isoformen.

Bei der Konjugation von Carbonsäuren mit Aminosäuren wird im Gegensatz zu allen vorher besprochenen Reaktionen nicht das Konjugationsagens, sondern der Fremdstoff aktiviert (Abb. 2.34). Die Carbonsäure wird zunächst mit Hilfe von ATP und bestimmten Enzymen in ein AMP-Derivat übergeführt und dann auf Coenzym A übertragen. Eine N-Acyltransferase konjugiert anschließend den Acyl-Rest mit der Amino-Gruppe einer Aminosäure. Einfachstes Beispiel ist die Bildung von Hippursäure aus Benzoesäure (Abb. 2.34). Bei Nagern wird als Aminosäure häufig Glycin, beim Menschen und anderen Primaten Glutamin, bei Vögeln Ornithin ver-

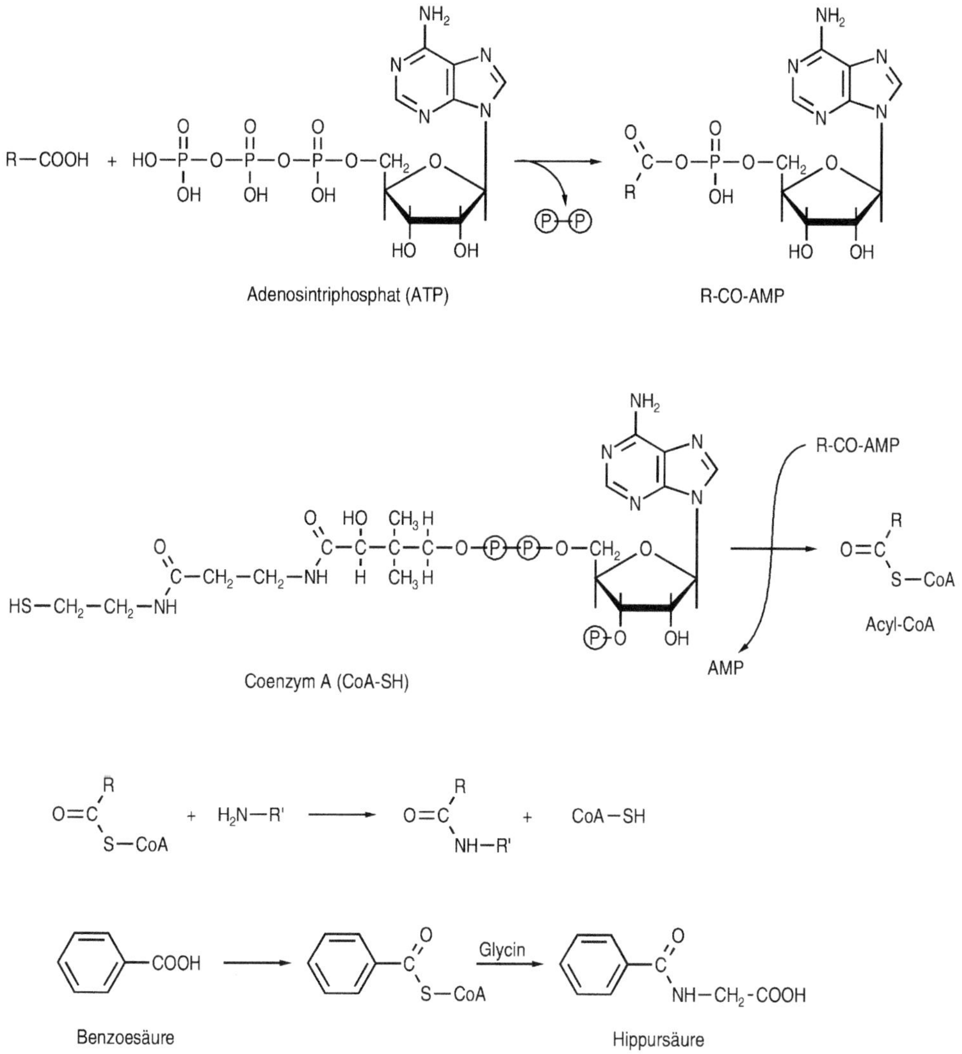

Abb. 2.34 Konjugation von Carbonsäuren mit Aminosäuren

wendet; die benötigten Enzyme kommen in mehreren Formen im Cytoplasma und in Mitochondrien vor. Die *Aminosäurekonjugation* von Carbonsäuren konkurriert mit der Glucuronidierung, das Verhältnis dieser beiden Konjugate ist bei verschiedenen Spezies oft unterschiedlich.

2.2.4.3
Einflußgrößen auf den Metabolismus

Die Vielzahl von möglichen Biotransformationsreaktionen führt dazu, daß das Muster der Metaboliten bei vielen Substanzen recht komplex ist. Während die Art der Stoffwechselprodukte eines Fremdstoffes, also ihre chemischen Strukturen, heute ganz gut vorhergesagt werden können, sind Aussagen über die zu erwartenden Mengen nur sehr begrenzt möglich. Dies hängt mit den vielen Faktoren zusammen, die die Aktivitäten der verschiedenen Enzyme des Fremdstoffmetabolismus modulieren können. Die wichtigsten Einflußgrößen sollen nachfolgend kurz zusammengefaßt werden.

Als stoffabhängige Größen gelten die Dosis, die Art der Zufuhr und das Ausmaß der Proteinbindung. Bei hohen Dosen können bestimmte Metabolismuswege durch Enzymsättigung oder durch Depletion von Cosubstraten gegenüber anderen Wegen benachteiligt sein. Manche Substanzen erreichen nach oraler Gabe überhaupt nicht unverändert den großen Kreislauf und damit andere Organe, weil sie beim ersten Durchgang mit dem Pfortaderblut durch die Leber bereits vollständig verstoffwechselt werden („liver first pass effect"). Nach Aufnahme der gleichen Substanz etwa durch die Haut kann der Metabolismus in anderen Organen zum Zug kommen und ein anderes Metabolitenmuster bewirken. Die Bindung an Plasmaproteine schließlich hindert den Fremdstoff an der Aufnahme in viele Organe (→ 2.2.3.3) und benachteiligt den extrahepatischen Metabolismus im Vergleich zum hepatischen, denn in die Leber können wegen der lückenhaften Blutkapillaren (→ 2.2.3.2) auch proteingebundene Stoffe gelangen.

Vielfältiger als die stoffabhängigen Faktoren stellen sich die Einflußgrößen auf die Enzymaktivitäten dar. Für viele der unter 2.2.4.1. und 2.2.4.2. genannten Enzyme oder Isoenzyme sind genetisch bedingte Unterschiede zwischen verschiedenen Spezies, Stämmen und Individuen bekannt. Auch das Geschlecht beeinflußt manche Enzymaktivitäten. Tab. 2.6 enthält einige Beispiele für Stoffwechselwege, die bei bestimmten Spezies „defekt" sind.

Individuelle Unterschiede spielen bei Labortieren wegen ihrer genetischen Einheitlichkeit (meist liegen Inzuchtstämme vor) praktisch keine Rolle, sind aber für den Menschen sehr wichtig (→ 5.2.3.2). Daneben hängen die enzymatischen Aktivitäten vom Lebensalter ab. Bei Nagern sind die meisten En-

Tab. 2.6 Spezies mit niedriger oder fehlender Enzymaktivität für bestimmte Stoffwechselwege

Metabolische Reaktion	Defekte Spezies
N-Hydroxylierung aromatischer Amine	Meerschweinchen
N-Hydroxylierung aliphatischer Amine	Ratte, Totenkopfaffe
Glucuronidierung[a]	Katze, Löwe
Sulfatierung	Schwein, Opossum
Acetylierung aromatischer Amine	Hund
Acetylierung von Cysteinkonjugaten (Mercaptursäurebildung)	Meerschweinchen

[a] nur Fremdstoffe werden schlecht glucuronidiert, körpereigene Substanzen dagegen normal

zyme des Fremdstoffmetabolismus vor und kurz nach der Geburt nicht oder kaum aktiv, während der menschliche Fetus schon im dritten Schwangerschaftsmonat Xenobiotika metabolisieren kann.

Weitere Faktoren mit Einfluß auf die Enzymaktivitäten sind Organstörungen (z. B. Leberzirrhose), Ernährung (z. B. Mangel an Proteinen oder Spurenelementen) sowie vor allem die Induktion oder Hemmung der Enzyme durch andere Substanzen. Beispiele für induzierende Stoffe wurden bereits bei den verschiedenen Enzymen genannt. Charakteristisch für Enzyminduktionen ist, daß der Induktor in der Regel über mehrere Tage gegeben werden muß, daß die Induktion nach Absetzen der Substanz meist innerhalb weniger Tage abklingt, daß die Induktionswirkung von der Tierart abhängen kann und daß nicht alle Gewebe oder Zellen ansprechen müssen. Ein bestimmter Stoff kann spezifisch einzelne Isoenzyme oder unspezifisch mehrere unterschiedliche Enzymsysteme, z. B. Cytochrom P-450 und Glutathiontransferasen, induzieren.

Die Hemmung von fremdstoffmetabolisierenden Enzymen kann durch verschiedene Mechanismen erfolgen, z. B. Störung der Biosynthese des Proteins oder der prosthetischen Gruppe, Mangel an Cosubstraten, oder Inaktivierung des Enzyms durch reaktive Metaboliten. Bei einigen Substanzen, z. B. bestimmten Pyrrolizidinalkaloiden oder ethinylierten Verbindungen, sind die Metaboliten so reaktiv, daß sie sofort nach ihrer Bildung noch am aktiven Zentrum des Enzyms kovalent binden und die enzymatische Aktivität dadurch erniedrigen oder löschen. Stoffe dieser Art werden als *„Suizidal-Substrate"* bezeichnet.

2.2.4.4
Metabolische Aktivierung

Bei vielen chemischen Substanzen ist nicht die Verbindung selbst toxisch, sondern ein Metabolit. Meist handelt es sich dabei um Produkte des Phase I Metabolismus, doch können manche Stoffe auch durch eine Konjugationsreaktion gegiftet werden. Obwohl im weiteren Sinn auch Stoffwechselreaktionen, die zu chemisch stabilen Metaboliten führen, als metabolische Aktivierung oder Bioaktivierung bezeichnet werden müßten, wenn der Metabolit eine höhere biologische Aktivität besitzt als die Ausgangssubstanz, hat sich dieser Begriff weitgehend für die Bildung chemisch reaktiver, elektrophiler Metaboliten eingebürgert. Abb. 2.35 zeigt das Schicksal von elektrophilen Metaboliten. Sie können durch weitere enzymatische Reaktionen zu stabilen Produkten metabolisiert werden (z. B. ein Epoxid durch Hydrolyse zum Diol), oder nichtenzymatisch mit zellulären Nukleophilen reagieren.

Ihre direkte Ausscheidung mit Harn oder Feces ist in der Regel zu vernachlässigen. Geschieht die Reaktion mit unkritischen Nukleophilen (d. h. Zellbestandteilen, deren Veränderung durch die Reaktion keine Nachteile für die Zelle bedingt, z. B. Glutathion), ist sie ebenso wie die enzymatische Inaktivierung als Entgiftung aufzufassen. Dagegen kann die Reaktion mit einem kritischen Nukleophil (z. B. DNA) die biochemische Läsion darstellen, die zu einem beobachtbaren toxischen Effekt (z. B. Tumorbildung) führt. Die Konzentration des elektrophilen Metaboliten hängt von den Geschwindigkeiten seiner Bildung, seiner enzymatischen Inaktivierung und seiner Reaktion mit unkritischen Zellbestandteilen ab (Abb. 2.35).

Der aktivierte Metabolit kann entweder (formal) als elektrophiles Kation oder als Radikal reagieren (Abb. 2.36). Daneben besteht die Möglichkeit, durch Aktivierung von Sauerstoff indirekte Schäden an Zellbestandteilen auszulösen. Einige der biochemischen Läsionen und ihre Folgen sind in Abb. 2.36 genannt.

Beispiele für eine metabolische Aktivierung zu reaktiven Epoxiden sind in Abb.

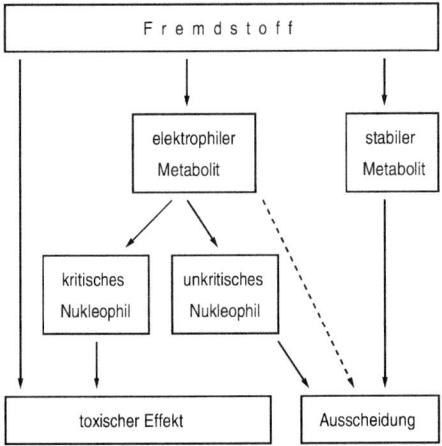

Abb. 2.35 Reaktionsmöglichkeiten elektrophiler Metaboliten

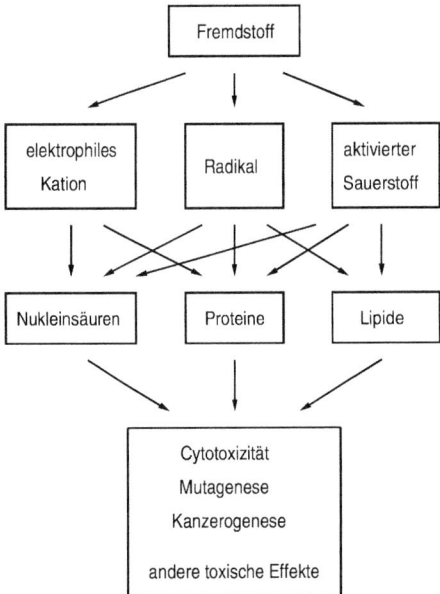

Abb. 2.36 Möglichkeiten der metabolischen Aktivierung, zelluläre Zielmoleküle der reaktiven Intermediate, und einige mögliche toxische Effekte

2.37 und 2.38 aufgeführt. Das Mykotoxin Aflatoxin B_1 ist ein starkes Leberkanzerogen in verschiedenen Spezies. Es wird in der Leber zum 8,9-Epoxid gegiftet, das entweder durch Reaktion mit Glutathion inaktiviert wird oder kovalent an DNA-Basen, z. B. Guanin, bindet (Abb. 2.37). Das Epoxid selbst konnte in biologischen Systemen bisher weder *in vivo* noch *in vitro* (z. B. in mikrosomalen Ansätzen) nachgewiesen werden. Seine Rolle als reaktives Intermediat wurde aus der Struktur der DNA- und Proteinaddukte geschlossen. In jüngerer Zeit gelang es, die *exo-* und *endo-*Form des AFB_1-8,9-oxids chemisch zu synthetisieren. Das in kristalliner Form erhaltene *exo*-AFB_1-8,9-oxid ist sehr reaktiv gegenüber Nukleophilen wie DNA und Glutathion, während das *endo*-AFB_1-8,9-oxid nicht mit DNA reagiert und kein Mutagen ist. Die metabolische Aktivierung von AFB_1 überwiegend zum *exo*-Epoxid scheint in der Leber des Menschen durch das Cytochrom P 450 Isoenzym 3A4 katalysiert zu werden. Zusätzlich zu DNA-Addukten entstehen auch Proteinaddukte, die zum „Biomonitoring" beim Menschen verwendet werden (→ 5.2.2.4).

Vinylchlorid ist ebenfalls kanzerogen, es erzeugt Hämangiosarkome (bösartige Tumoren der Blutgefäße) in der Leber. Das Epoxid lagert sich zu Chloracetaldehyd um. Beide Intermediate sind elektrophil. Das Epoxid besitzt die höhere Reaktivität und ist vor allem an der Reaktion mit DNA beteiligt, während der Chloracetaldehyd für die Alkylierung von Proteinen verantwortlich ist. Als kritische DNA-Addukte des Vinylchlorids gelten die sog. Etheno-Addukte, vor allem 1,N^6-Ethenoadenosin (Abb. 2.38).

Ethenoadenosin wird als Addukt auch bei der Reaktion des kanzerogenen Ethylcarbamats (Urethans) mit DNA gebildet (Abb. 2.39). Die metabolische Aktivierung verläuft über die Vinyl-Zwischenstufe mit anschließender Epoxidierung.

Eine komplexere metabolische Aktivierung liegt bei den aromatischen Kohlenwasserstoffen vom Typ des Benzo[a]pyrens (BaP) vor. Zahlreiche Vertreter dieser Substanzklasse sind krebserzeugend (→ 6.1.2). Als die eigent-

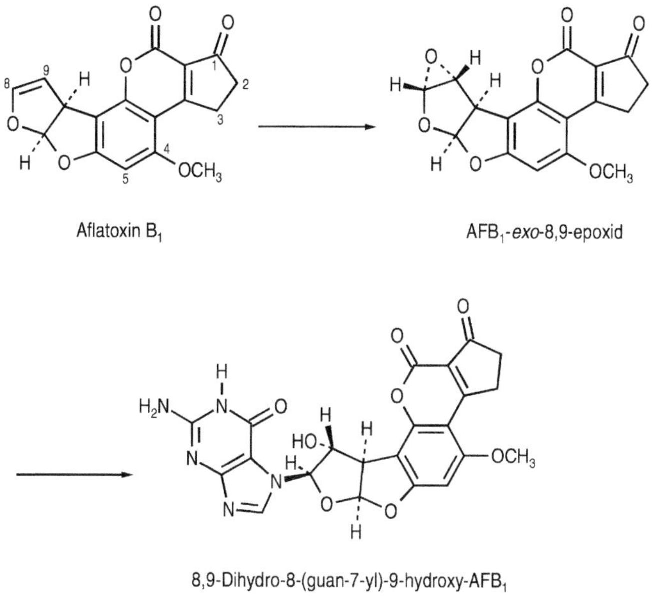

Aflatoxin B₁

AFB₁-*exo*-8,9-epoxid

8,9-Dihydro-8-(guan-7-yl)-9-hydroxy-AFB$_1$

Abb. 2.37 Metabolische Aktivierung und DNA-Basenaddukt von Aflatoxin B$_1$

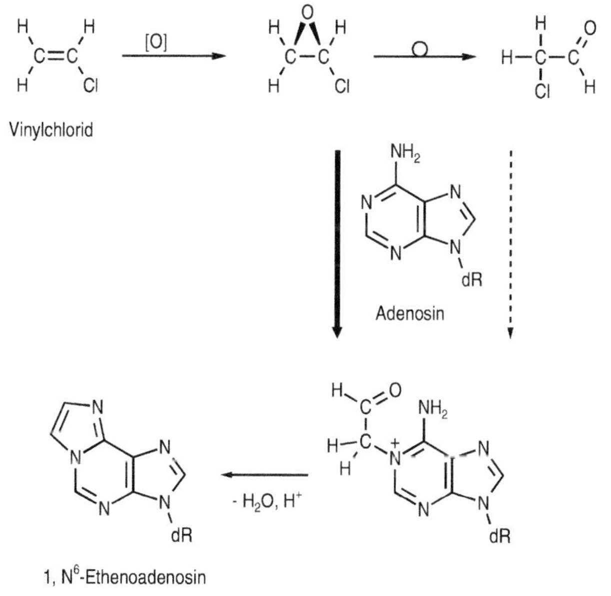

Vinylchlorid

Adenosin

1,N⁶-Ethenoadenosin

Abb. 2.38 Metabolische Aktivierung und DNA-Basenaddukt von Vinylchlorid

lich wirksamen Metaboliten werden vor allem die sogenannten Diolepoxide betrachtet, die beim BaP durch Epoxidierung in 7,8-Position mit anschließender enzymatischer Hydrolyse zum 7,8-Dihydrodiol und nochmaliger Epoxidierung in 9,10-Position gebildet werden

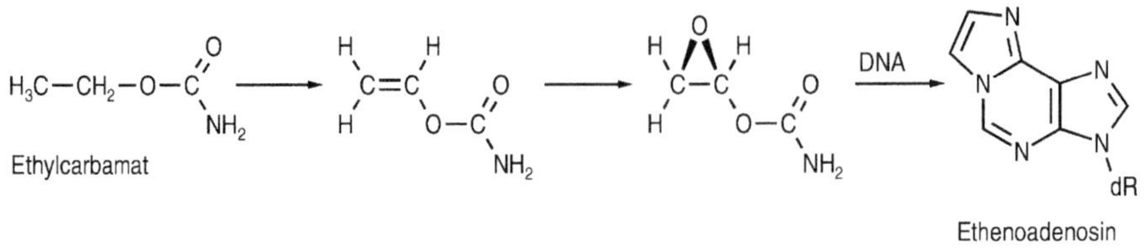

Abb. 2.39 Metabolische Aktivierung und DNA-Basenaddukt von Ethylcarbamat (Urethan)

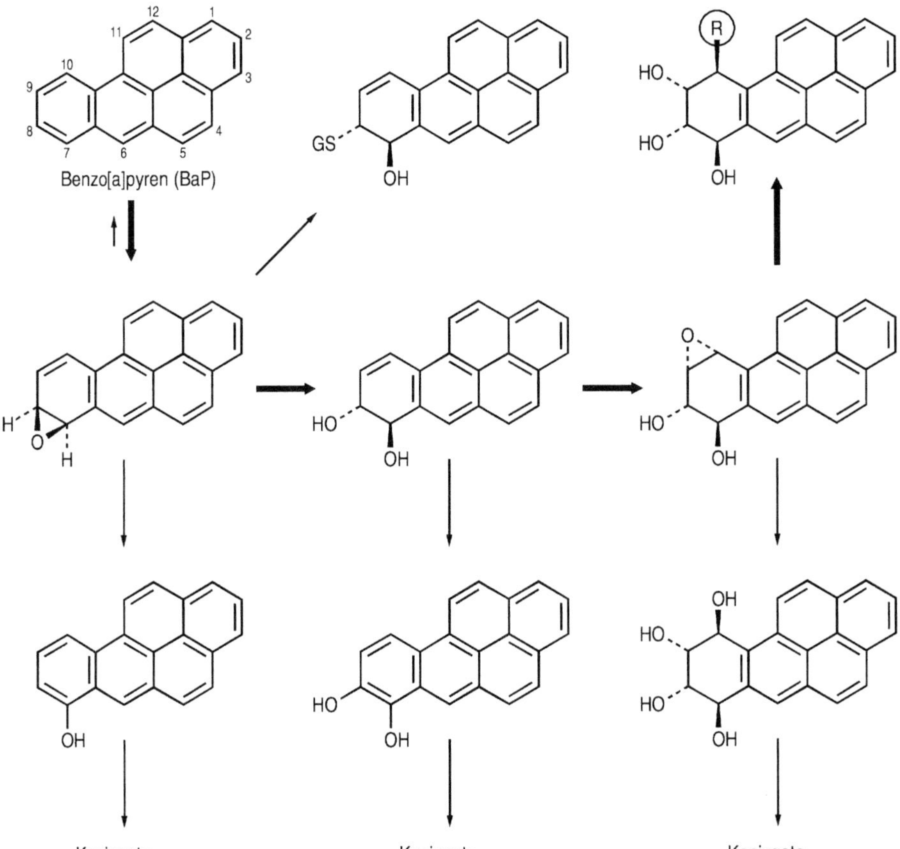

Abb. 2.40 Metabolische Aktivierung und konkurrierende Inaktivierungswege von Benzo[a]pyren

(Abb. 2.40). Von vier möglichen stereoisomeren 7,8-Dihydrodiol-9,10-epoxiden gilt das in Abb. 2.40 gezeigte als die eigentliche ultimale Wirkform des BaP. Bei der Reaktion dieses Diolepoxids mit DNA wird vor allem ein Addukt mit Guanin gebildet (Abb. 2.41).

Zahlreiche weitere metabolische Aktivierungen sind bei den aromatischen Aminen (→ 6.2.1) und den N-Nitrosoverbindungen (→ 6.5.2) beschrieben.

Als Beispiele für die Beteiligung von Konjugationsreaktionen an der metabolischen Akti-

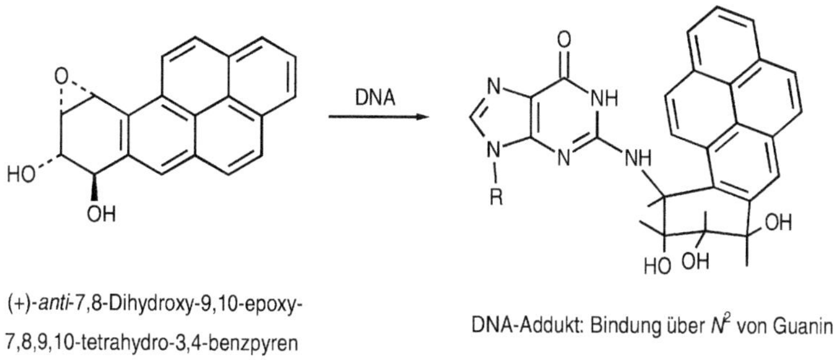
DNA
O
N
NH
N
N
NH
R
HO
OH
OH
HO OH
(+)-anti-7,8-Dihydroxy-9,10-epoxy-
7,8,9,10-tetrahydro-3,4-benzpyren
DNA-Addukt: Bindung über N^2 von Guanin

Abb. 2.41 DNA-Addukt-Bildung des ultimalen BaP-Diolepoxids

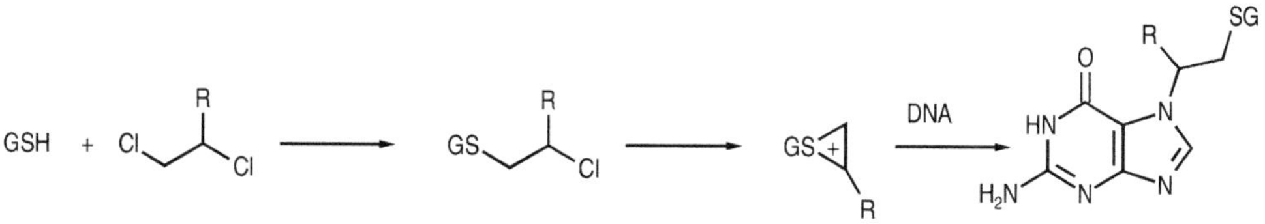
GSH + Cl
R
Cl
GS
R
Cl
GS+
R
DNA
O
HN
H_2N
N
N
N
R
SG

Abb. 2.42 Metabolische Aktivierung von 1,2-Dichloralkanen durch Konjugation mit Glutathion

vierung sollen zwei Glutathion-abhängige Bioaktivierungen genannt werden. 1,2-Dihalogenierte Alkane (z. B. die im Tierversuch kanzerogenen 1,2-Dichlorethan oder 1,2-Dibromethan, → 6.3.1) bilden mit GSH ein Monokonjugat, das das typische Strukturelement des stark alkylierenden Schwefel-Losts besitzt (Abb. 2.42). Wenn das Episulfonium-Ion nicht durch ein weiteres GSH abgefangen wird, kann es mit DNA z. B. unter Bildung des gezeigten Guanin-Adduktes reagieren (→ 6.5.4).

Die Konjugation mit GSH stellt auch den ersten Schritt der metabolischen Aktivierung zahlreicher nephrotoxischer chlorierter Alkene dar (→ 6.3.1). Trichlorethen zum Beispiel addiert GSH mit anschließender Elimination von HCl (Abb. 2.43). Der für GSH-Konjugate typische Abbau (→ 2.2.4.2) führt über das Cysteinkonjugat zur Mercaptursäure. In der Niere kann jedoch durch die hohe β-Lyase-Aktivität (→ 3.2.2) aus dem Cysteinkonjugat ein reaktives Thioketen gebildet werden. Der gleiche Aktivierungsmechanismus wird für die stark nephrokanzerogenen Substanzen Hexachlorbutadien (HCBD) und Di-chloracetylen angenommen (Abb. 2.43).

Oxidations- und Reduktionsreaktionen des Stoffwechsels können auch in Einelektronenschritten ablaufen und führen dann zu radikalischen Zwischenstufen. Einelektronenoxidationen werden von verschiedenen Peroxidasen, z. B. Prostaglandinsynthase (→ 2.2.4.1), Einelektronenreduktionen z. B. von Cytochrom P-450 Reduktase, Nitroreduktase und Xanthinoxidase katalysiert. Die gebildeten Radikale können dimerisieren, an zelluläre Makromoleküle binden, durch Wasserstoffabstraktion neue Radikale bilden oder ein Elektron auf das Sauerstoffmolekül unter Bildung des Superoxid Anion Radikal (s. unten) übertragen.

Häufig erfolgt die Wasserstoffabstraktion durch Radikale an den ungesättigten Fettsäuren der Phospholipide, die die verschiedenen Membranen der Zelle bilden (→ 2.1.1). Diese sogenannte Lipidperoxidation, deren Mechanismus in Abb. 2.44 gezeigt ist, führt zu mas-

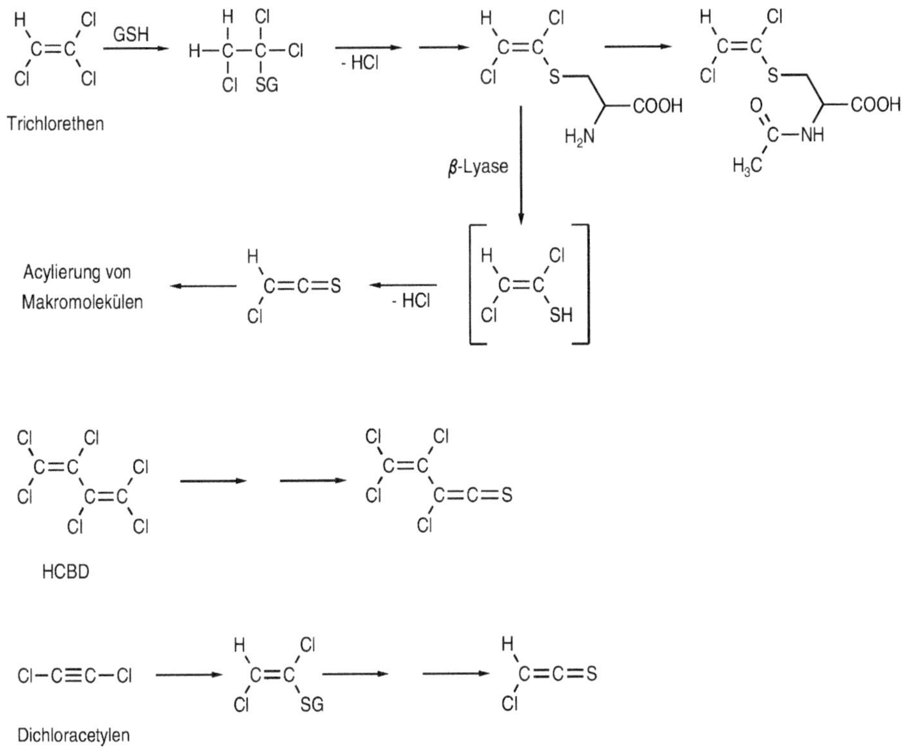

Abb. 2.43 Metabolische Aktivierung von chlorierten Alkenen und Alkinen durch Konjugation mit Glutathion

siven Schäden in der Zelle und meist zum Zelltod. In der Leber löst Tetrachlorkohlenstoff nach Reduktion zum Trichlormethylradikal eine derartige Reaktion aus. Der Nachweis einer Lipidperoxidation kann über die Produkte Ethan und Pentan in der Atemluft und Malondialdehyd im Harn erfolgen.

Die radikalischen Metaboliten mancher Xenobiotika, die enzymatische Reduktions- und Oxidationsreaktionen eingehen können, übertragen ihr freies Elektron auf das Sauerstoffmolekül, d. h. sie reduzieren O_2 zum Superoxid-Radikal-Anion. Das Fremdstoffradikal wird dabei oxidiert, anschließend aber durch die obenerwähnten Reduktasen wieder reduziert und kann erneut Sauerstoff reduzieren. Dieses sogenannte Redox-Cycling tritt vor allem bei Semichinon-, Azo- und Nitro-Anion-Radikalen auf und ist in Abb. 2.45 für Menadion (2-Methylnaphthochinon) dargestellt.

Letztlich wirken diese Substanzen als Katalysatoren für die Übertragung von Elektronen aus zellulären Reduktionsäquivalenten (NADPH und NADH) auf molekularen Sauerstoff. Das Superoxid-Radikal-Anion selbst ist nicht besonders reaktiv, doch dismutiert es mit Hilfe des Enzyms Superoxid-Dismutase (SOD) in Wasserstoffperoxid, aus dem unter der katalytischen Wirkung von Fe^{2+} das hochreaktive Hydroxylradikal gebildet wird (Fenton-Reaktion, → Abb. 2.46). Hydroxylradikale können u.a. an der DNA (→ 3.10.3.1) Strangbrüche und modifizierte Basen erzeugen. Zur Beseitigung von Wasserstoffperoxid in der Zelle dienen vor allem die Enzyme Katalase und Glutathion-Peroxidase (Abb. 2.46). Zu den reaktiven Sauerstoffspe-

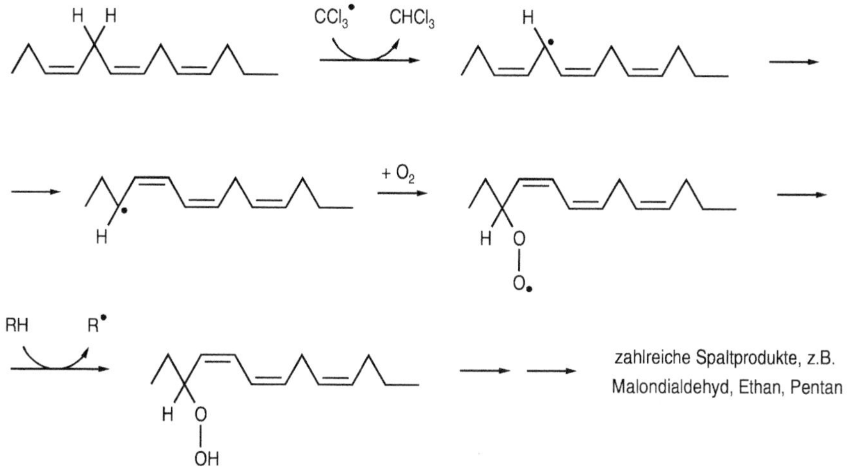

Abb. 2.44 Mechanismus der Lipidperoxidation

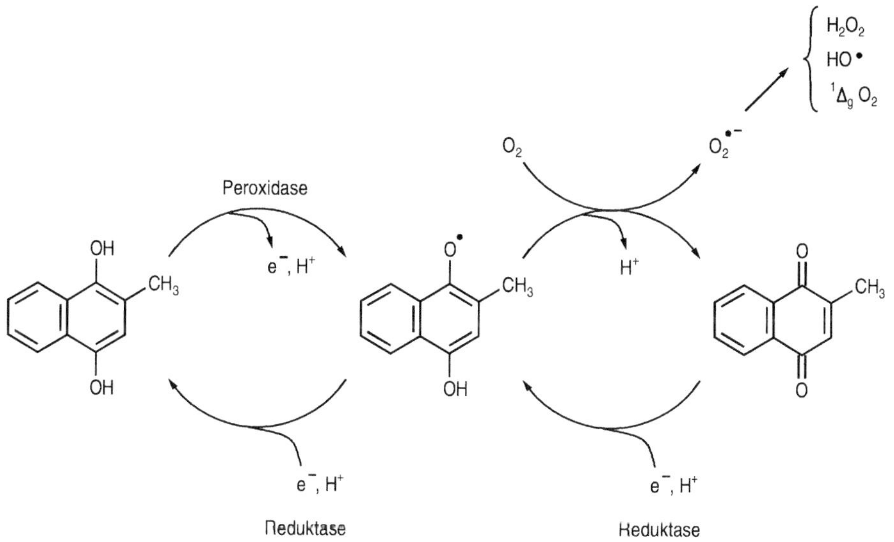

Abb. 2.45 Redox Cycling von Menadion

zies, die für die Zelle einen „oxidativen Stress" darstellen, wird neben dem Hydroxylradikal und dem Superoxid-Radikal-Anion auch Singulett-Sauerstoff gerechnet. Redox-Cycling mit oxidativem Stress wird z. B. durch das stark lungenotoxische Herbizid Paraquat ausgelöst (→ 3.3.2). Physiologisch wird die Aktivierung von Sauerstoff durch bestimmte weiße Blutzellen (polymorphkernige Leukocyten, Monocyten und Makrophagen, → 3.4.1) zum Abtöten und Verdauen von Bakterien und abgestorbenen Zellen bei entzündlichen Reaktionen eingesetzt. Chronische Belastung mit Stäuben in der Lunge (→ 3.3.3) und mit Kanzerogenen in verschiedenen Geweben führt häufig zu Entzündungen. Der

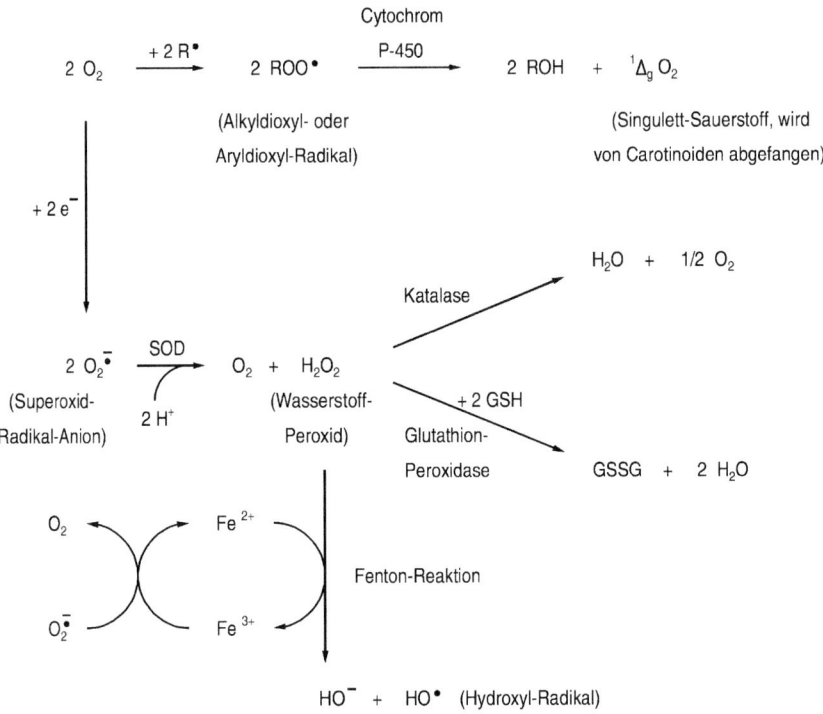

Abb. 2.46 Bildung und Weiterreaktion verschiedener reaktiver Sauerstoffspezies

dadurch ausgelöste oxidative Streß kann an der Initiation und Promotion der Tumorbildung beteiligt sein (→ 3.10.3.3).

2.2.5
Ausscheidung

Die Exkretion von Xenobiotika und ihren Metaboliten kann in Abhängigkeit von den physikalisch-chemischen Eigenschaften der Substanzen über die Lunge, Niere, Leber oder durch bestimmte Körpersekrete erfolgen (Abb. 2.3). Abatmen über die Lunge kommt nur für unpolare und flüchtige Substanzen in Betracht (→ 2.2.2.3. und 3.3.1), die Ausscheidung mit Schweiß, Talg, Speichel, Sperma und anderen Sekreten fällt quantitativ nicht ins Gewicht. Als wichtigste Organe für die Exkretion der meist polaren Metaboliten bleiben die Niere und die Leber. Für die Ausscheidung lipophiler Stoffe spielt während der Stillzeit die Muttermilch wegen ihres Fettgehaltes eine Rolle, auch aus toxikologischer Sicht, weil über die Milch eine Exposition des Säuglings mit Schadstoffen, z. B. Insektiziden, möglich ist.

2.2.5.1
Exkretion über die Niere

In der Niere wird das Blutplasma filtriert, das Filtrat (Primärharn) anschließend auf ca. 1% seines Volumens konzentriert und als Harn in die Blase abgegeben. Anatomie und Physiologie der Niere sind in Abschnitt 3.2.1 beschrieben.

Bei der Filtration des Blutplasmas in den Glomeruli gelangen alle frei im Plasma gelösten Substanzen bis zu einem Molekulargewicht von ca. 15000 ohne Einschränkung in den Primärharn, während die an Plasmaproteine gebundenen Stoffe (→ 2.2.3.3) im Blut zurückgehalten werden. Bindung eines Fremdstoffes oder seines Metaboliten an Plasmaproteine verhindert also die Exkretion über die Niere. Bei der Konzentrierung des Primärharns hängt das Schicksal der auszuscheidenden Substanz in erster Linie von ihrer Polarität ab. Lipophile Stoffe werden dem sich aufbauenden Konzentrationsgradienten zwischen Harn und Blut folgend ins Blut zurückdiffundieren, während polare Stoffe die Zellmembranen der Epithelien in den Nierentubuli nicht passieren können und im Harn bleiben. Hier zeigt sich der Wert von Konjugationsreaktionen wie Sulfatierung und Glucuronidierung, durch die ja die Polarität der Metaboliten stark erhöht wird. Für zahlreiche im Intermediärstoffwechsel benötigte Stoffe (z. B. Aminosäuren, Glucose) oder als Abfallprodukte anfallende Substanzen (z. B. Harnsäure, p-Aminohippursäure) existieren in den proximalen Tubuli der Nephronen Carriersysteme für aktiven und passiven Transport in beide Richtungen, die von Fremdstoffen oder ihren Metaboliten mitbenutzt werden können, wenn zufällig eine Affinität zu den Carriern gegeben ist. So wurde für einige Glucuronide und Sulfate eine aktive Sezernierung über einen Anionen-Carrier vom Blut in den Harn gefunden.

Bei schwachen Elektrolyten, wie Carbonsäuren oder aromatischen Aminen, hängt das Ausmaß der renalen Ausscheidung vom Ionisiationsgrad und dieser wiederum vom pH-Wert ab. Der Abfall des Harn-pH im Vergleich zum Blut-pH begünstigt die Ausscheidung von basischen Stoffen, während schwache Säuren aus dem Nierentubulus leicht ins Blut zurückdiffundieren. Durch Alkalisieren des Blutes wird der Harn-pH erhöht und die Exkretion von schwachen Säuren gefördert, während sich „Ansäuern" von Blut und Harn günstig auf die Ausscheidung von basischen Stoffen auswirkt (→ 2.4.3). Da bei verschiedenen Tierarten der pH-Wert des Harns recht unterschiedlich sein kann, treten bei der renalen Exkretion von schwachen Elektrolyten oft beträchtliche Speziesunterschiede auf.

2.2.5.2
Exkretion über die Leber

In der Leber wird Galle produziert und über den Gallengang in den Zwölffingerdarm abgegeben (→ Abb. 2.7 und Abschn. 3.1.1). Xenobiotika und ihre Metaboliten können in die Galle gelangen, wenn bestimmte Voraussetzungen erfüllt sind. Da der Übergang von Stoffen aus der Leberzelle in die Gallekanälchen keine Filtration, sondern ein aktiver Transportvorgang ist, muß der zu transportierende Stoff Affinität zum Carrier haben. Man hat herausgefunden, daß Fremdstoffe nur dann biliär ausgeschieden werden, wenn sie ein bestimmtes Mindestmolekulargewicht überschreiten und polare Gruppen haben. Die Molekulargewichts-Schwelle ist speziesspezifisch und liegt bei der Ratte bei ca. 320, beim Meerschweinchen bei ca. 400 und bei Kaninchen und Mensch bei ca. 470. Das bedeutet, daß z. B. ein Stoff mit einem Molekulargewicht von 400 bei der Ratte gut und beim Menschen schlecht in die Galle übergeht. Die Molekulargewichts-Schwelle ist nicht scharf, und hängt auch von dem auszuscheidenden Stoff ab.

Metabolische Veränderungen von Xenobiotika, vor allem durch Konjugationsreaktionen, begünstigen die biliäre Ausscheidung, indem die Polarität und das Molekulargewicht erhöht werden. So bedeutet die Glucuronidierung eines Substanz einen Anstieg des Molekulargewichtes um 177, wodurch häufig die obengenannte Schwelle überschritten und der Metabolit „gallegängig" wird.

Die Eignung eines Fremdstoffes für den Übergang in die Galle entscheidet über seinen Ausscheidungsweg. Gut gallegängige Metaboliten werden schon bei ihrer Bildung in der Leber an die Galle abgegeben und mit den Feces ausgeschieden, schlecht gallegängige dagegen gelangen aus der Leber ins Blut, werden in der Niere filtriert und mit dem Harn ausgeschieden.

2.2.5.3
Enterohepatischer Kreislauf

Gelangen Glucuronide mit der Galle in den Darm, wird ihre quantitative Exkretion mit den Feces häufig durch die Darmbakterien verhindert, deren β-Glucuronidase-Aktivität zu einer Hydrolyse des Glucuronids führt. Das freigesetzte Aglykon ist oft so unpolar, daß es weitgehend aus dem Darm ins Pfortaderblut zurückdiffundieren kann. Es gelangt mit dem Blut wieder in die Leber, wird dort erneut glucuronidiert und an die Galle abgegeben, um im Darm wieder gespalten zu werden usw. Dieses als „enterohepatischer Kreislauf" bezeichnete Pendeln einer Substanz zwischen Darm und Leber verzögert die Ausscheidung, hat aber meist keine toxikologischen Konsequenzen, weil die Substanz ja nicht in höherer Konzentration in andere Gewebe gelangt.

2.2.6
Quantitative Betrachtungen

Da die Stoffbewegungen im Organismus bei den meisten chemischen Substanzen durch passive Diffusion nach dem Fickschen Diffusionsgesetz verlaufen, gehorchen diese Prozesse einer Kinetik erster Ordnung. Die Geschwindigkeit der Stoffbewegung, beispielsweise beim Übergang des Stoffes vom Darmlumen ins Blut, hängt von der Stoffkonzentration ab, und die Richtung folgt einem Konzentrationsgradienten von hoher Konzentration in einem Kompartiment zu niedriger im anderen. In der Regel sind diese Prozesse nicht sättigbar. Wenn der Transport aber Carriervermittelt bzw. auf andere Weise als aktiver Transport abläuft, kann Sättigung beobachtet werden, beispielsweise bei voller Auslastung eines Carriers oder eines Enzyms. Im Sättigungsbereich ist die Geschwindigkeit des Vorganges konstant und unabhängig von der Konzentration des Stoffes, es liegt damit eine Kinetik nullter Ordnung vor. Beim Verlassen des Sättigungsbereiches, d. h. bei niedrigeren Stoffkonzentrationen, gehen die Vorgänge nullter Ordnung in Prozesse 1. Ordnung über. Im folgenden sollen kurz einige Gesetzmäßigkeiten zum zeitlichen Verlauf der Stoffkonzentrationen im Organismus nach einmaliger und wiederholter Aufnahme betrachtet werden.

2.2.6.1
Einmalige Aufnahme einer Substanz

Die Konzentration eines Stoffes an einem beliebigen Ort im Organismus (also z. B. im Blut oder am Wirkort der Substanz in einem Organ) ist bestimmt durch die Geschwindigkeiten, mit denen der Stoff in das betrachtete Kompartiment einströmt (Invasion) und wieder ausströmt (Evasion). Unter Evasion sind alle Eliminationsvorgänge zu verstehen, die die Konzentration der Substanz verringern, also neben Wegdiffusion auch metabolische Veränderung oder (nicht-kovalente und kovalente) Bindung an Makromoleküle. Invasion und Evasion laufen immer gleichzeitig ab. Folgen beide Prozesse einer Kinetik 1. Ordnung, ergibt sich für die Konzentration des Stoffes an irgendeiner Stelle des Organismus, also auch z. B. im Blutplasma, die in Abb. 2.47 links dargestellte Abhängigkeit von der Zeit. Die gezeigte Funktion ist die Resultierende aus einer exponentiell verlaufenden Invasion und einer gleichzeitig und exponentiell verlaufenden Evasion und wird als Bateman-Funktion bezeichnet. Sie wurde entwickelt, um die Menge eines radioaktiven Isotops zu berechnen, das durch Zerfall eines anderen Radioisotops gebildet wird und selbst weiter zerfällt (beides ebenfalls Prozesse 1. Ordnung). Invasions- und Evasionsgeschwindigkeit können sehr unterschiedlich sein, sie be-

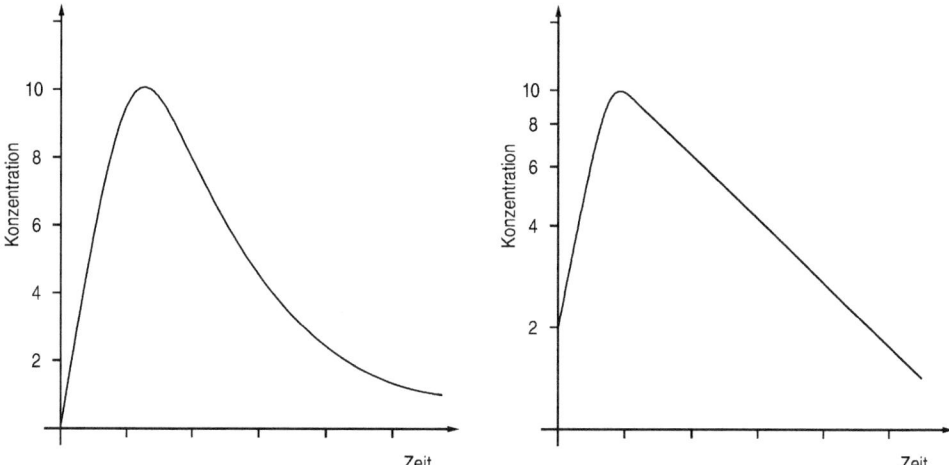

Abb. 2.47 Konzentrationsverlauf eines Stoffes an einem beliebigen Ort im Organismus bei einer Invasions- und Evasionskinetik 1. Ordnung. Links: Konzentration linear. Rechts: Konzentration logarithmisch.

stimmen die Höhe und zeitliche Lage des Konzentrationsmaximums. Ist die Evasionsgeschwindigkeit konstant und variiert die Invasionsgeschwindigkeit (z. B. Plasmakonzentrationsverlauf eines Stoffes nach unterschiedlicher Applikation, etwa Inhalation und Aufbringen auf die Haut), bleibt bei gleicher Resorptionsquote die Fläche unter der Plasmakurve konstant und hängt nur von der Dosis ab („Gesetz der korrespondierenden Flächen" nach Dost, das zur Bestimmung der Resorptionsquote, der sog. Bioverfügbarkeit, genutzt werden kann). Bei veränderter Evasionsgeschwindigkeit (z. B. nach Enzyminduktion oder -hemmung) und bei konstanter Invasionsrate und Dosis dagegen ändert sich die Fläche unter der Kurve und damit das Konzentrationsmaximum.

In diesem Zusammenhang ist der toxikokinetische Begriff des *Verteilungsraumes* von Bedeutung für die erreichbare Konzentration eines Stoffes in verschiedenen Kompartimenten des Organismus. Unter Verteilungsraum werden alle für den Stoff zugänglichen Kompartimente verstanden. Substanzen, die sich ungehindert durch Diffusion im Körper ausbreiten können, werden sich nach abgeschlossener Verteilung (→ 2.2.3) im gesamten Körperwasserraum finden, also im Blut (intravasaler Raum, ca. 5% des Körpergewichts), zwischen den Zellen (interstitieller Raum, ca. 15%) und in den Zellen (intrazellulärer Raum, 43%). Der für lipophile Stoffe maximal verfügbare Körperwasserraum beträgt demnach ca. 63% des Körpergewichtes, die restlichen 37% bestehen aus Trockenmasse und nicht zugänglichem Wasser. Für polare Stoffe, die Zellmembranen nicht durchdringen können, stehen nur der intravasale und der interstitielle Raum, für Substanzen, die das Gefäßsystem nicht verlassen können, nur der intravasale Raum zur Verfügung. Das Verteilungsvolumen eines Stoffes in einem Organismus kann aus der gegebenen Dosis und der erreichten Konzentration im Blutplasma im Prinzip ermittelt werden. Findet man (scheinbare) Verteilungsvolumina, die deutlich über dem Körperwasserraum liegen, deutet dies auf eine Anreicherung des Stoffes in einem Gewebe hin. Das *Verteilungsvolumen* ist eine für den Stoff in dem betreffenden Organismus charakteristische Größe.

Als weitere charakteristische pharmakokinetische Größe gilt die (biologische) *Halbwertszeit* einer Substanz. Praktisch wichtig, weil leicht meßbar, ist vor allem die Plasmahalbwertszeit $t_{1/2}$, d.h. die Zeit, die benötigt wird, um die Plasmakonzentration auf die Hälfte abzusenken. Bei reversiblen Wirkungen hat die Konzentration eines Stoffes am Wirkort meist die gleiche Halbwertszeit wie im Blut. Wie aus Abb. 2.47 (linker Teil) ersichtlich, sinkt die Menge oder Konzentration eines einmal in den Körper aufgenommenen Stoffes wegen des exponentiellen Abfalls zunächst rasch (nach 7 Halbwertszeiten auf unter 1% des Ausgangswertes) und dann immer langsamer. Aus der exponentiellen Kurve der Abb. 2.47 links kann die Halbwertszeit nur ungenau abgelesen werden. Deshalb trägt man Plasmakonzentrationskurven meist halblogarithmisch auf (Zeit linear, Konzentration logarithmisch), wodurch der Abfall zu einer Geraden wird, aus deren Steigung die Halbwertszeit leicht ermittelt werden kann (Abb. 2.47 rechts). Die Halbwertszeit kann sich im Lauf der Elimination ändern, wenn unterschiedliche Vorgänge geschwindigkeitsbestimmend werden. Beispielsweise erfolgt nach i.v. Applikation durch rasches Auswandern der Substanz aus dem Blut in die Gewebe ein sehr steiler initialer Konzentrationsabfall mit in der Regel kurzer Halbwertszeit. Der sich anschließende flachere Kurvenverlauf reflektiert langsamere Eliminationsvorgänge wie Metabolismus und Ausscheidung.

2.2.6.2
Wiederholte Aufnahme einer Substanz

In der Praxis liegt häufig eine wiederholte, oft regelmäßige Exposition gegenüber einem chemischen Stoff vor, z.B. am Arbeitsplatz oder aus der Luft oder Nahrung. Da eine in den Körper aufgenommene Substanz niemals vollständig ausgeschieden wird (s. oben). wird bei der zweiten Exposition immer eine Restkonzentration von der ersten Stoffaufnahme im Plasma angetroffen, deren Größe von der Halbwertszeit der Substanz und vom Zeitraum zwischen 1. und 2. Exposition abhängt. In jedem Fall wird die nach der zweiten Exposition erreichte Konzentration im Plasma höher sein als nach der ersten. Jede folgende Exposition führt zu einer weiteren Erhöhung der Plasmakonzentration, die allerdings nicht linear ansteigt, sondern einem Plateau zustrebt (Abb. 2.48).

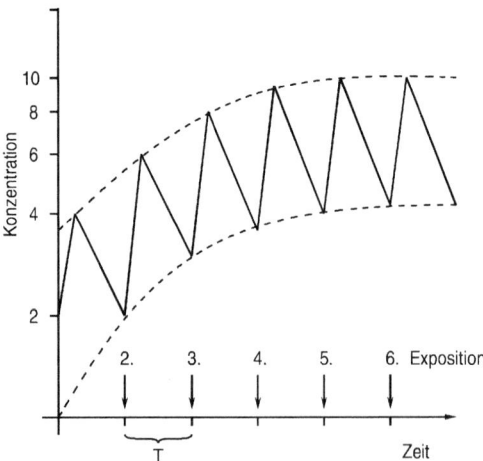

Abb. 2.48 Konzentrationsverlauf nach wiederholter Aufnahme

Durch die höhere Substanzkonzentration wird nach der Kinetik 1. Ordnung pro Zeiteinheit immer mehr Substanz ausgeschieden, bis schließlich Zufuhr und Ausscheidung im (Fließ-)Gleichgewicht sind. Nach Erreichen des Gleichgewichtszustandes (→ Abb. 2.48) steht die durchschnittliche Plasmakonzentration c_g mit der Halbwertszeit $t_{1/2}$ der Substanz, der bei jeder Exposition aufgenommenen „Dosis" D, dem Verteilungsvolumen der Substanz V_s (→ 2.2.6.1) und dem Zeitabstand T zwischen den Expositionen in folgender Beziehung:

$$c_g = (1{,}44 \times t_{1/2} \times D)/(V_s \times T)$$

Die Gesamtmenge der Substanz im Körper im Gleichgewichtszustand, S_g, ergibt sich aus der Plasmakonzentration c_g und dem Verteilungsvolumen V_s als

$$S_g = c_g \times V_s$$

Die Gefahr einer Anhäufung (Kumulation) im Organismus ist vor allem bei Substanzen gegeben, deren Halbwertszeit $t_{1/2}$ im Vergleich zum Abstand T der Exposition lang ist. Kann der Expositionsabstand T nicht verlängert werden (z. B. durch längere Abwesenheit vom Arbeitsplatz), muß die bei jeder Exposition aufgenommene Dosis D verringert werden, um hohe Substanzkonzentrationen im Organismus und damit toxische Wirkungen zu vermeiden.

2.3
Toxikodynamik

Unter Toxikodynamik versteht man die Wirkung toxischer Stoffe auf den Organismus. Da sich Gifte in den Gesetzmäßigkeiten ihrer Wirkung nicht von Substanzen mit anderen biologischen Effekten, z. B. physiologischen Substanzen oder Arzneimitteln, unterscheiden, wird auch für die Wirkungsbeschreibung toxischer Stoffe häufig der Begriff „*Pharmakodynamik*" benutzt.

2.3.1
Arten und Charakteristika von Wirkungen

Nach dem zeitlichen oder räumlichen Zusammenhang zwischen der Einwirkung des toxischen Stoffes und dem Auftreten der Wirkung unterscheidet man:

- *Akute und chronische Wirkungen*: akute Wirkungen treten innerhalb weniger Tage (z. B. ein toxisches Lungenödem, → 3.3.2), chronische erst mit einer Verzögerung (Latenz) von Monaten bis Jahren auf (z. B. Lungenfibrose, → 3.3.3, oder Krebs, → 3.10.1),
- *Lokale und systemische Wirkungen*: eine lokale Wirkung zeigt sich an der Stelle des Organismus, die den ersten Kontakt mit dem Giftstoff hatte (z. B.: toxisches Lungenödem nach Inhalation von Phosgen oder Verätzung der Mundschleimhaut nach dem Trinken von konzentrierter Salzsäure), die systemische Wirkung tritt entfernt vom Eintrittsort der Substanz in den Organismus auf. Sie setzt die Resorption des Stoffes voraus und wird deshalb manchmal auch *resorptive Wirkung* genannt. (z. B.: toxisches Lungenödem nach oraler Aufnahme von Paraquat, Lähmung nach Hautkontakt mit Parathion).

Nach dem Mechanismus der Wirkung unterscheidet man weiterhin:

- *Reversible und irreversible Wirkung*: bei einer reversiblen Wirkung kehrt der Organismus nach der Entfernung des Wirkstoffes auf den Ausgangszustand zurück (z. B. nach einer Kohlenmonoxid-Vergiftung, → 3.4.2), bei einer irreversiblen Wirkung bleibt eine Veränderung des Organismus bestehen (z. B. nach der Einwirkung eines mutagenen Stoffes, → 3.10.3),

- *Primäre und sekundäre Wirkung*: die primäre Wirkung ist an die Anwesenheit des Stoffes gebunden (z. B. Cyanid-Vergiftung, → 3.4.3), die sekundäre nicht, sie kann als Folge der Wirkung des Stoffes an einer anderen Stelle auftreten (z. B. erhöhte Gewebekonzentrationen von Bilirubin (Gelbsucht) nach Schädigung der Leber durch Ethanol).

Zur qualitativen und quantitativen Beschreibung der Wirkung werden die Begriffe *Wirkungsqualität* (oder Wirkungsart), *Wirkungsstärke* (Ausmaß der Abweichung vom Ausgangszustand) und *Wirkungsdauer* (Zeit zwischen Beginn und Ende der Wirkung) benutzt. Für eine primäre und reversible Wirkung besteht ein direkter Zusammenhang von Wirkungsdauer und Wirkungsstärke mit der Konzentration des Wirkstoffes am Wirkort, wie in Abb. 2.49 gezeigt.

2.3.2
Dosis-Wirkungs-Kurven

Für die quantitative Erfassung der Wirkung eines Stoffes auf einen Organismus dient die Dosis-Wirkungs-Kurve. Für die meisten Substanzen mit reversibler Wirkung hat diese Funktion den in Abb. 2.50 (linker Teil) gezeigten Verlauf. Bei sehr niedrigen Substanzmengen ist keine Wirkung zu beobachten (wirkungsfreier Bereich). Bei Erhöhung der Dosis steigt die Wirkung zunächst steil an und strebt dann asymptotisch der maximalen Wirkung zu. Zur Charakterisierung der Wirkungsstärke der Substanz wird meist diejenige Dosis angegeben, die eine halbmaximale Wirkung erzielt (ED_{50} = effektive Dosis für 50% Wirkung). Zur genaueren Ermittlung dieses Wertes wird die Dosis-Wirkungs-Kurve halblogarithmisch aufgetragen (Dosis logarithmisch, Wirkung linear); es ergibt sich dann eine sigmoide Kurve, deren mittlerer Teil annähernd linear verläuft (Abb. 2.50 rechter Teil). Die Angabe der Dosis erfolgt immer

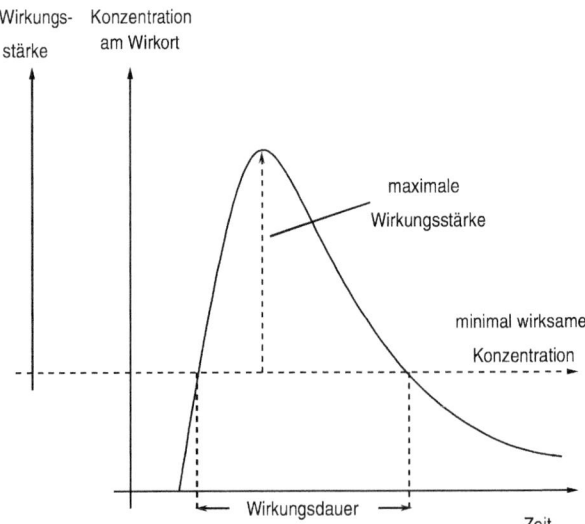

Abb. 2.49 Abhängigkeit einer reversiblen und primären Substanzwirkung von der Konzentration des Stoffes am Wirkort

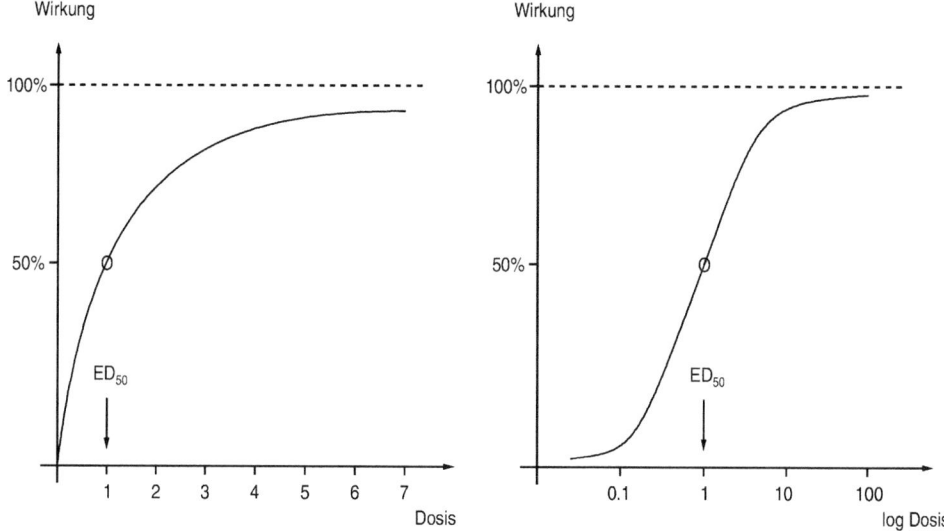

Abb. 2.50 Dosis-Wirkungs-Kurven in doppelt-linearer (links) und halblogarithmischer (rechts) Darstellung

auf das Körpergewicht bezogen (meist in mg/kg Körpergewicht).

Die Wirkungsstärke einer Substanz auf einen Organismus wird nicht nur von der Lage der Dosis-Wirkungs-Kurve, also z.B. dem ED_{50}-Wert beschrieben, sondern auch von ihrer Steilheit, die sehr unterschiedlich sein kann. Steiler Kurvenverlauf bedeutet, daß der Organismus empfindlich auf Veränderungen der Dosis anspricht, flacher Verlauf zeigt eine eher träge Reaktion des Organismus an. Die Steilheit der Kurve kann durch die Angabe z.B. des ED_{20}- und ED_{80}-Wertes beschrieben werden. Die Form von Dosis-Wirkungs-Kurven für reversible Wirkungen kann theoretisch aus der Wechselwirkung der Substanz mit denjenigen Strukturen des Organismus, die für die Wirkung verantwortlich sind (den sog. „Rezeptoren"), unter Anwendung des Massenwirkungsgesetzes abgeleitet werden (→ Lehrbücher der Pharmakologie). Toxische Stoffe, die dieser Dosis-Wirkungs-Beziehung gehorchen, werden auch als „Konzentrationsgifte" bezeichnet. Das klassische Beispiel eines Konzentrationsgiftes ist Kohlenmonoxid (→ 3.4.2).

Neben Konzentrationsgiften gibt es die sogenannten „Summationsgifte", d.h. Substanzen, die eine irreversible Veränderung am Rezeptor bewirken. Diese Veränderung bleibt bestehen, auch wenn der Stoff den Organismus bereits verlassen hat. Bei erneuter Einwirkung des Giftstoffes addiert sich seine Wirkung zu der bereits bestehenden. Das typische Verhalten eines Summationsgiftes findet man bei bestimmten chemischen Kanzerogenen, die einen Schaden an der DNA setzen (→ 3.10.3). Die Wirkung zeigt sich bei diesen Substanzen in der Regel nicht nach einmaliger Dosis, sondern erst nach mehrfacher Gabe. Sie läßt sich daher nicht als Dosis-Wirkungs-Beziehung, sondern als Dosis-Zeit-Beziehung beschreiben: Die Wirkung ist dem Produkt aus Einzeldosis und Einwirkungszeit proportional, wobei eine hohe Dosis mit kürzerer Einwirkungszeit zur gleichen Schadwirkung führt wie eine niedrige Dosis mit längerer Einwirkungszeit.

Viele toxische Wirkungen werden als „Alles-oder-Nichts-Effekt" an Kollektiven ermittelt, z.B. Tod oder Nicht-Tod, Tumor oder Nicht-Tumor, Entzündung oder Nicht-Entzündung,

Krampf oder Nicht-Krampf usw. In einem Kollektiv ist die Empfindlichkeit der einzelnen Individuen gegenüber der toxischen Substanz nicht einheitlich, sondern folgt einer Normalverteilung. Wenn ein Kollektiv mit steigenden Dosen eines Stoffes behandelt und die Anzahl der reagierenden Individuen kumulativ (als „Wirkung") aufgetragen wird, ergibt sich der gleiche Kurvenverlauf wie bei der Messung der abgestuften Wirkung an einem Individuum. Dosis-Wirkungs-Kurven am Kollektiv werden vor allem zur Ermittlung der LD_{50} (Dosis, bei der 50% der Individuen eines Kollektivs getötet werden, → 4.1.1) oder der ED_{50} für eine bestimmte Wirkung benutzt. Auch hier sollte die Steilheit der Kurve durch Angaben über die effektiven Dosen für niedrigere und höhere Ansprechraten im Kollektiv charakterisiert werden.

Neben der halblogarithmischen Auftragung der Dosis-Wirkungs-Kurve wird häufig die Auftragung im sogenannten Wahrscheinlichkeitsnetz („log-Probit-Skala") bevorzugt, die eine Angabe des Vertrauensbereichs erlaubt (→ 4.1.1, näheres s. Lehrbücher der Pharmakologie oder der Statistik).

2.4
Prinzipien der Vergiftungsbehandlung

Bei Kontakt mit einer toxischen Chemikalie ist immer die Gefahr einer Vergiftung gegeben. Das Zustandekommen und der Verlauf einer Intoxikation hängen wesentlich von folgenden Faktoren ab

- Art des Kontaktes,
- Menge des toxischen Stoffes,
- Wirkungsstärke („Giftigkeit") des Toxins,
- Behandlung der Vergiftung.

Die Behandlung einer Vergiftung muß möglichst früh einsetzen, am besten ehe der toxische Stoff in das Blut aufgenommen wurde. Maßnahmen, die die Resorption verhindern, werden in der Notfallmedizin unter dem Begriff „primäre Giftentfernung" zusammengefaßt. Für den Anteil der giftigen Substanz, der sich im Blut und in anderen Kompartimenten des Körpers befindet, sollte durch geeignete Maßnahmen die Exkretion beschleunigt werden („sekundäre Giftentfernung"). Oberste Priorität bei der Vergiftungsbehandlung hat jedoch die Erhaltung der Vitalfunktionen, also Atmung und Kreislauf. Zur Beherrschung der Vergiftungssymptome steht nur in seltenen Fällen eine kausale, d. h. die Ursachen der Vergiftung beseitigende Therapie zur Verfügung. Beispiele sind die Inhalation von reinem Sauerstoff bei der Kohlenmonoxidvergiftung (→ 3.4.2) oder die Reaktivierung der Acetylcholinesterase durch Pralidoxim bei der Vergiftung mit dem Insektizid Parathion (→ 3.6.3). Meist können nur die Symptome der Vergiftung behandelt werden. Beispiele für symptomatische Therapien sind die Inhalation von reinem Sauerstoff beim fortgeschrittenen toxischen Lungenödem (→ 3.3.2) oder die Gabe von krampflösenden Arzneimitteln bei der Vergiftung mit dem Insektizid Dieldrin (→ 6.3.1).

Da die Resorption und Exkretion nicht von der biologischen Wirkung, sondern von der chemischen Struktur des toxischen Stoffes und seiner Metaboliten abhängen, können für die primäre und sekundäre Giftentfernung einige allgemeine Regeln aufgestellt werden. Das gleiche gilt für die Aufrechterhaltung der Vitalfunktionen („Elementarhilfe"), die sich nicht von der Erstversorgung anderer Notfälle (z. B. Verkehrsunfall) unterscheidet und vom entsprechend ausgebildeten Laien durchgeführt werden kann, bis der Arzt zur Stelle ist. Da die Elementarhilfe bei lebensbedrohlicher Situation Vorrang vor den anderen Maßnahmen hat, soll sie zuerst kurz besprochen werden.

2.4.1
Aufrechterhaltung der Vitalfunktionen

Da der Ausfall der Atmung schon in weniger als 5 Minuten zu irreversiblen Hirnschäden führen kann, gilt der Sicherstellung der Atmung erstrangige Aufmerksamkeit. Bei Bewußtlosen sind die Atemwege häufig durch Erbrochenes, bei Rückenlage durch die eigene Zunge, gelegentlich auch durch Zahnprothesen verlegt. Wenn der Vergiftete auch nach Beseitigung dieser Störungen nicht atmet, ist künstliche Beatmung (Mund-zu-Nase oder Mund-zu-Mund) erforderlich. Dabei muß der Helfer vermeiden, die ausgeatmete Luft des Patienten einzuatmen, vor allem wenn Vergiftung mit einem flüchtigen Stoff vorliegt. Besteht die Gefahr eines toxischen Lungenödems (→ 3.3.2), muß der Vergiftete sofort körperlich völlig ruhiggestellt werden und darf nichts trinken, auch wenn er symptomfrei ist. Der möglichst schnelle Transport in die Klinik muß in halbsitzender Stellung erfolgen. Der Arzt verabfolgt sofort hohe Dosen von Glucocorticoiden (→ 3.3.2). Da beim toxischen Lungenödem eine Latenzzeit von zwei bis drei Tagen möglich ist, muß der Vergiftete mehrere Tage nachbeobachtet werden.

Häufig entwickelt sich bei schweren Vergiftungen ein Schockzustand, meist durch starke Gefäßerweiterung und Blutdruckabfall. Dadurch erfolgt eine Mangeldurchblutung der Organe. Kritisch sind das Hirn wegen seines hohen Sauerstoffbedarfs und die Nieren. Sauerstoffmangel (Hypoxie) im Gehirn führt zu Bewußtlosigkeit, zu geringe Durchblutung der Nieren zur Abnahme der Harnausscheidung und schließlich zum Nierenversagen. Durch flache Lagerung des Schockpatienten mit Hochlegen der Beine kann bis zum Eintreffen des Arztes geholfen werden. Die ärztlichen Sofortmaßnahmen bestehen im Auffüllen des Gefäßvolumens durch Plasmaersatzmittel und gegebenenfalls in einer medikamentösen Steigerung des Blutdrucks und des Harnflusses. Häufig entwickelt sich infolge der Hypoxie eine Übersäuerung der Gewebe und des Blutes (Acidose), die durch Infusion einer isotonen Natriumbicarbonatlösung bekämpft wird. Weitere häufig auftretende, lebensbedrohliche Vergiftungserscheinungen sind Herzrythmusstörungen und Krämpfe, die vom Arzt im Rahmen der Elementarhilfe therapiert werden müssen. Für den Laienhelfer kann bei Herzstillstand die Notwendigkeit einer externen Herzmassage notwendig werden.

2.4.2
Verhinderung der Resorption

Sofort nach Sicherung der Vitalfunktionen sollen Maßnahmen zur primären Giftentfernung durchgeführt werden. Wird der Patient kurz nach der Einwirkung des Giftstoffes angetroffen und befindet er sich nicht in einem lebensbedrohlichen Zustand, stehen diese Maßnahmen an erster Stelle der Behandlung. Für Vergiftungen mit Substanzen, deren Ausscheidung nicht gut beeinflußt werden kann und deren Giftwirkung nicht durch eine kausale Therapie verhindert werden kann (z. B. Paraquat oder Thallium, → 3.3.2 bzw. 6.6.2), stellt die Verhinderung der Resorption die wirksamste Form der Therapie dar.

Von der äußeren Haut werden nach Entfernen kontaminierter Kleidungsstücke alle anorganischen und organischen Substanzen durch reichliches Spülen mit fließendem lauwarmen Wasser beseitigt, bei unlöslichen Stoffen mit etwas Seife und unter sanftem Abbürsten. Selbst konzentrierte Säuren, die sich beim Verdünnen erwärmen, werden am besten mit viel kaltem Wasser weggespült. Entscheidend ist es, diese Maßnahme möglichst schnell durchzuführen, um die Aufnahme in die Haut bzw. bei ätzenden Stoffen die Schädigung der Haut zu vermeiden. Organische Lösungsmittel sollen nicht verwendet werden, da sie durch Lösen der Stoffe die Resorption erhöhen. Säuren auf der Haut dürfen nicht durch Basen oder umgekehrt „neutralisiert" werden (Gefahr der zusätzlichen Schädigung, Zeitverlust). Heißes Wasser fördert die Durchblutung der Haut und damit die Resorption. Bei organischen Stoffen kann die kontaminierte Haut zunächst mit Polyethylenglykol 400 (Lutrol®) abgetupft und dann mit Seife gewaschen werden. Lutrol® wird selbst nicht resorbiert, ist aber etwas hygroskopisch und entzieht der Haut Wasser; damit kann ein Teil des resorbierten Giftstoffes aus der Haut zurückgeholt werden.

Aus dem Auge werden Giftstoffe ebenfalls so schnell wie möglich (nächster Wasserhahn) mit einem schwachen Strahl fließenden lauwarmen Wassers für mehrere Minuten ausgespült. Dabei sollten Helfer den Kopf des Patienten halten und die Augenlider spreizen; anschließend so schnell wie möglich zum Augenarzt.

Bei Inhalation von Giften ist als einzige Maßnahme die Entfernung des Patienten aus der Giftatmosphäre an die frische Luft möglich. Dabei darf der Selbstschutz des Retters (Gasmaske) nicht vergessen werden.

Die Maßnahmen zur Verhinderung der Resorption nach oraler Aufnahme von toxischen Chemikalien hängen von der Art der Gifte ab und sind weitgehend Sache des Arztes. Lediglich das Auslösen von Erbrechen durch mechanische Reizung des Rachens (Finger oder Löffelstiel) kann vom Laien unterstützt werden. Das Erbrechen wird durch vorheriges Trinken von reichlich lauwarmem Wasser erleichtert. Bei allen Giften außer Säuren und Laugen ist die Einnahme von Aktivkohle vor dem Erbrechen sinnvoll, da die meisten Substanzen an Aktivkohle adsorbiert und damit an der Resorption gehindert werden. Der Arzt kann Erbrechen durch Gabe von entsprechenden Medikamenten provozieren. Bei Vergiftungen mit organischen Lösemitteln, Schaumbildnern und Ätzgiften darf kein Erbrechen ausgelöst werden, weil die Gefahr der Aspiration besteht, d. h. das Erbrochene kann zum Teil in die Lunge geraten und dort zu schwerwiegenden Schädigungen führen. Aus dem gleichen Grund dürfen Bewußtlose oder Benommene nicht erbrechen. Liegt das Verschlucken des Giftes mehr als 8 Stunden zurück, ist Erbrechen zwecklos, da sich das Gift nach dieser Zeit nicht mehr im Magen befindet.

Zuverlässiger als Erbrechen wirkt eine Magenspülung, möglichst nach vorhergehender Gabe von Aktivkohle (außer bei Säuren und Laugen). Zur Spülung wird durch den Mund ein Schlauch bis in den Magen geführt und der Mageninhalt abgesaugt. Anschließend werden beim Erwachsenen jeweils 200–300 ml körperwarmes Wasser durch den Schlauch in den Magen einlaufen und wieder auslaufen lassen. Die Spülung wird solange fortgesetzt, bis die Spülflüssigkeit klar ist (in der Regel 10–20 mal). Zum Schluß wird eine Aufschlämmung von Aktivkohle (50–100 g) und eine 10%ige Lösung von Natriumsulfat (20 g) in den Magen gefüllt und dort belassen. Die Aktivkohle bindet den Giftstoff, das Natriumsulfat bewirkt einen Durchfall. Rizinusöl darf nicht als Abführmittel genommen werden, da es die Resorption beschleunigt. Die Magenspülung ist angezeigt bei bewußtlosen oder stark benommenen Patienten, bei denen kein Erbrechen mehr ausgelöst werden kann, ferner als zusätzliche Maßnahme nach dem Erbrechen, besonders bei hochgiftigen Substanzen, die nach der Resorption nur langsam ausgeschieden werden (z. B. Paraquat, insektizide Organophosphate). Sie soll in diesen Fällen ausnahmsweise am Unfallort durch den Notarzt erfolgen, während sie sonst in der Regel erst in der Klinik durchgeführt wird. Magenspülung ist nicht angezeigt bei Krämpfen, bei Schockpatienten oder nach Laugen- und Säurenvergiftung, weil hier die Gefahr eines Magendurchbruchs erhöht wird. Bei diesen Vergiftungsfällen muß man am besten möglichst schnell viel Wasser trinken, um eine Verdünnung zu erreichen. Die Magenspülung ist sinnlos bei parenteraler Giftaufnahme oder wenn die orale Aufnahme mehr als 8 Stunden zurückliegt.

Anstelle von Aktivkohle wird bei Vergiftungen mit unpolaren Lösungsmitteln (Benzin, aliphatische Halogenkohlenwasserstoffe) Paraffinöl (beim Erwachsenen 50–200 ml) gegeben, das selbst nicht resorbiert wird, aber die Giftstoffe gut löst und bei einen induzierten Durchfall mit ausscheidet.

2.4.3
Beschleunigung der Ausscheidung

Bei flüchtigen Stoffen, die weitgehend über die Lunge ausgeschieden werden, hilft eine Beschleunigung der Atmung (Hyperventilation), die z. B. durch Einatmen von Carbogen (Luft mit 5% Kohlendioxid) induziert werden kann.

Bei Giften, die über die Niere ausgeschieden werden, kann die Halbwertszeit im Blut durch eine Steigerung des Harnflusses (forcierte Diurese) verkürzt werden. Bei diesem Verfahren wird unter intensivmedizinischer Überwachung eine isotone Glucoselösung infundiert und der Harnfluß auf über 10 l pro Tag erhöht. Die forcierte Diurese kann zu gefährlichen Elektrolytverlusten sowie zu Hirn- und Lungenödem führen. Außerdem erreicht sie nicht die Wirksamkeit der Hämodialyse (s. unten) und setzt eine gute Nierenfunktion voraus, die bei vielen Vergiftungen nicht mehr gegeben ist. Aus diesen Gründen ist die forcierte Diurese bei den meisten Giften sinnlos und bei Vergiftungen mit unbekannten Substanzen nicht zu vertreten. Als gut wirksam hat sich die forcierte Diurese nur bei schwachen organischen Säuren (z. B. Salicylsäure, 2,4-Dichlorphenoxyessigsäure, Barbituraten) und Basen (z. B. Phencyclidin) erwiesen, wenn gleichzeitig eine Alkalisierung (bei den Säuren) bzw. Ansäuerung (bei den Basen) des Blutes (durch Infusion von Natriumbicarbonatlösung bzw. Ammoniumchloridlösung) erfolgte. Durch die pH-Verschiebung erhöht sich der Anteil der dissoziierten Form des Giftstoffes im Blut, wodurch die Rückdiffusion in der Niere erschwert und die ausgeschiedene Menge gesteigert wird.

Bei der *Hämodialyse*, die unter intensivmedizinischer Überwachung durchgeführt wird, wird das Blut aus einer Arterie abgeleitet, durch einen Dialysator gepumpt und in eine Vene zurückgeführt. Im Dialysator diffundieren die im Blutplasma gelösten niedermolekularen Stoffe durch eine semipermeable Membran in eine Dialysierflüssigkeit. Das Verfahren ist durch seine Anwendung zur „Blutwäsche" bei Patienten mit gestörter Nierenfunktion bekannt. Entfernt werden nur polare, nicht an Plasmaproteine gebundene, „nierengängige" Substanzen. Da die meisten dieser Verbindungen durch Hämoperfusion (s. unten) noch effektiver aus dem Blut eliminiert werden, ist die Hämodialyse heute nur noch bei Giften angezeigt, die schlecht an die bei der Hämoperfusion verwendeten Adsorbentien binden (z. B. Methanol, Ethanol, Ethylenglykol, Lithiumsalze), oder wenn eine Hämoperfusion wegen Thrombocytopenie nicht durchgeführt werden kann.

Bei der *Hämoperfusion* wird das Blut durch eine Säule (Fertigpatrone) mit adsorbierendem Material (meist Aktivkohle, manchmal auch neutrale Harze wie XAD-4 oder andere Adsorbentien) geleitet, wobei vor allem die lipophilen, aber auch die meisten polaren Gifte durch Bindung an das Adsorbens entfernt werden. Die Hämoperfusion, die meist über 4–6 Stunden durchgeführt wird, ist für die meisten Vergiftungen die effektivste Behandlungsmethode. Ihr Nachteil besteht darin, daß auch endogene Blutbestandteile entfernt werden, vor allem Thrombocyten (mindestens 30%), Leukocyten (bis 10%), Antikörper und Blutgerinnungsfaktoren. Hauptgefahr

Tab. 2.7 Beispiele für Vergiftungen mit längerer Latenzzeit

Gift	Symptome	Latenzzeit
Ethylenglykol	Anurie („Oxalatniere")	12 h
Methanol	Sehstörung, Acidose	8 h–4 d
Nitrose Gase, Phosgen	toxisches Lungenödem	6–48 h
Tetrachlormethan	Gastroenteritis, Anstieg der Transaminase	24 h
Thallium(I)salz	Gastroenteritis,	8 h–4 d
	Haarausfall	2–3 Wochen

ist das Auftreten von Blutungen, das durch die zur Beginn der Perfusion notwendige Gabe von Heparin zur Vermeidung einer Blutgerinnung noch verstärkt wird. Bei Patienten mit Gerinnungsstörung oder Schock darf keine Hämoperfusion durchgeführt werden.

Liegt eine lebensbedrohliche Vergiftung mit einer Substanz vor, die in die Erythrocyten aufgenommen oder diese irreversibel geschädigt hat (z. B. Arsenwasserstoff, → 6.6.3, oder eine schwere Methämoglobinämie, → 3.4.2), muß eine Blutaustauschtransfusion vorgenommen werden.

Parallel zu den Maßnahmen der primären und sekundären Giftentfernung ist, wenn möglich, die Gabe eines *Antidots* angezeigt. Als Antidot („Gegengift") wird ein Stoff bezeichnet, der entweder den Giftstoff selbst inaktiviert oder seine Wirkungen aufhebt oder zumindest verringert. Beispiele für inaktivierende Antidote sind Chelatbildner bei Metall-Vergiftungen (→ 6.6.1) oder Methämoglobinbildner bei der Cyanidvergiftung (→ 3.4.3), für antagonistische Antidote Atropin bei der Parathion-Vergiftung (→ 3.6.3) oder Vitamin K bei Vergiftung mit Warfarin (→ 3.4.4). Bei den meisten Chemikalienvergiftungen wird kein Antidot bekannt sein.

Ein wichtiger Aspekt einer Vergiftung, vor allem mit einer unbekannten Chemikalie, ist die Latenzzeit. Nicht selten vergehen auch bei akuten Vergiftungen zwischen der ersten Einwirkung des Stoffes und dem Auftreten von Vergiftungserscheinungen viele Stunden oder sogar wenige Tage. Beispiele dafür sind in Tab. 2.7 aufgeführt. Das bedeutet, daß bei jedem intensiveren Kontakt (Inhalation, Verschlucken, längerer Hautkontakt) mit einer Chemikalie eine Nachbeobachtung des Exponierten notwendig ist.

Literatur

Zellen und Gewebe

Thews, G.; Mutschler, E.; Vaupel, P. *Anatomie, Physiologie und Pathophysiologie des Menschen*, 3. Aufl., Wissenschaftliche Verlagsgesellschaft mbH: Stuttgart, 1989.

Alberts, B.; Bray, D.; Lewis, J.; Raff, M.; Roberts, K.; Watson, J. D. *Molekularbiologie der Zelle*, 2. Aufl., VCH Verlagsgesellschaft mbH: Weinheim, 1990.

Toxikokinetik

Gibaldi, M.; Perrier, D. *Pharmacokinetics*, 2. Aufl., Marcel Dekker Inc.: New York, 1982.

Aungst, B.; Shen, D. D. *Gastrointestinal absorption of toxic agents*, In *Gastrointestinal Toxicology*, Rozman, K.; Hänninen, O. Hrsg., Elsevier: Amsterdam, 1986; S. 29–56.

Klaassen, C. D.; Rozman, K. *Absorption, Distribution and Excretion of Toxicants*, In *Casarett and Doull's Toxicology*, Amdur, M. O. Doull, J. C. Klaassen, D. Hrsg., 4. Aufl., Pergamon Press: New York 1991; S. 50–87.

Klaassen, C. D.; Watkins, J. B. Mechanisms of bile formation, hepatic uptake, and biliary excretion, Pharmacol. Rev. **1984**, *36*, 1–67.

Rozman, K. *Fecal excretion of toxic substances* In *Gastrointestinal Toxicology* Rozman, K.; Hänninen, O. Hrsg., Elsevier: Amsterdam, 1986; S. 119–145.

Sipes, I. G.; Gandolfi, A. J. *Biotransformation of Toxicants*, In *Casarett and Doull's Toxicology*, Amdur, M. O. Doull, J. C. Klaassen, D. Hrsg., 4. Aufl., Pergamon Press: New York 1991; S. 88–126.

Xenobiotic Metabolism and Disposition, Kato, R.; Estabrook, R. W.; Cayen, M. N. Hrsg. Taylor and Francis: London, 1989.

Biotransformations, Vol. 1: A Survey of the Biotransformations of Drugs and Chemicals in Animals, Hawkins, D. R. Hrsg. Royal Society of Chemistry: London, 1988.

Bioactivation of Foreign Compounds, Anders, M. W. Hrsg. Academic Press Inc.: New York, 1985.

Caldwell, J.; Jacoby, W. B. *Biological Basis of Detoxification*, Academic Press Inc.: New York, 1983.

Enzymatic Basis of Detoxication, Jacoby, W. B. Hrsg. Vol. 1–2, Academic Press Inc.: New York, 1980.

Gonzales, F. J. The molecular biology of cytochroms P450s, Pharmacol. Rev. **1989**, *40*, 243–288.

Guengerich, F. P.; Liebler, D. C. Enzymatic activation of chemicals to toxic metabolites, CRC Crit. Rev. Toxicol. **1985**, *14*, 259–307.

Guengerich, F. P.; Shimada, T. Oxidation of toxic and carcinogenic chemicals by human cytochrome P-450 enzymes, Chem. Res. Toxicol. **1991**, *4*, 391–407.

Marnett, L. J.; Eling, T. E. Cooxidation during prostaglandin biosynthesis: a pathway for the metabolic activation of xenobiotics In Reviews in Biochemical Toxicology, Hodgson, E.; Bend, J.; Philpot, R. M. Hrsg., Vol. 5, Elsevier: New York, 1983; S. 135–172.

Ziegler, D. M. Flavin-containing monooxygenase: Catalytic mechanisms and substrate specificities, Drug Metab. Rev. **1988**, 19, S. 1–32.

Goldstein, J. A.; Faletto, M. B. Advances in mechanisms of activation and deactivation of environmental chemicals, Environ. Health Perspect. **1993**, 100, 169–176.

Enzyme Induction in Man, Sotaniemi, E. A.; Pelkonen, R. O. Hrsg. Taylor and Francis: London, 1987.

Dutton, G. J. *Glucuronidation of Drugs and Other Compounds*, CRC Press Inc.: Boca Raton, 1980.

Molecular and Cellular Aspects of Glucuronidation, Siest, G.; Magdalou, J.; Burchell, B. Hrsg. John Libbey Eurotex: London, 1989.

Sulfation of Drugs and Related Compounds, Mulder, G. J. Hrsg. CRC Press Inc.: Boca Raton, 1981.

Glutathione Conjugation: Mechanisms and Biological Significance, Sies, H.; Ketterer B. Hrsg. Academic Press: London, 1988.

Coles, B.; Ketterer, B. The role of glutathione and glutathione transferases in chemical carcinogenesis, Crit. Rev. Biochem. Mol. Biol. **1990**, *25*, 47–70.

Weber, W. W.; Hein, D. W. *N-Acetylation pharmacogenetics*, Pharmacol. Rev. **1985**, *37*, 25–79.

Toxikodynamik

Goldstein, A.; Aronow, L.; Kalman, S. M. *Principles of Drug Action*, John Wiley & Sons Inc.: New York, 1974.

Levine, R. R. *Pharmacology: Drug Actions and Reactions*, 2. Aufl., Little, Brown & Co.: Boston, 1978.

Vergiftungsbehandlung

Seeger, R.; Neumann, H.-G. *Giftlexikon*, Deutscher Apotheker Verlag: Stuttgart, 1990.

Späth, G. *Vergiftungen und aktuelle Arzneimittelüberdosierungen*, 2. Aufl., Walter de Gruyter: Berlin, 1982.

3
Toxikologie wichtiger Organe und Organsysteme

Bei der Einwirkung einer toxischen Chemikalie auf den Organismus zeigt sich in der Regel eine unterschiedliche Empfindlichkeit der verschiedenen Organe, d.h. meist reagieren nur ein oder einige wenige Gewebe auf die Substanz. Die Gründe für diese *Organotropie* der toxischen Wirkung können sehr verschieden sein, z.B. Anreicherung des Stoffes in dem betreffenden Gewebe, bevorzugte metabolische Aktivierung, fehlende Inaktivierung, Anwesenheit bestimmter Rezeptoren, hohe Zellteilungsaktivität (Proliferation) oder fehlende Möglichkeit zur Reparatur des biochemischen Schadens usw.

Im folgenden sollen einige Organe hinsichtlich der für sie charakteristischen Schäden und die Mechanismen dieser Intoxikationen für typische chemische Noxen vorgestellt werden. Zum besseren Verständnis ist jeweils eine kurze und meist vereinfachte Darstellung der anatomischen und physiologischen Zusammenhänge vorangestellt.

3.1
Leber

3.1.1
Anatomie und Physiologie

Die Leber liegt beim Menschen zum größten Teil unter der rechten Zwerchfellkuppel und wiegt beim Erwachsenen ca. 1500 g. An ihrer Rückseite (→ Abb. 3.1) treten durch die sog. Leberpforte zwei Blutgefäße ein: die *Leberarterie* (Arteria hepatica) und die *Pfortader* (Vena portae). Die Pfortader führt das venöse Blut aus dem Magen, dem Dünn- und Dickdarm sowie der Bauchspeicheldrüse und Milz ab und bestreitet ca. 75% der Blutversorgung der Leber (beim Erwachsenen etwa 1200 ml/min). Das Pfortaderblut enthält demnach außer zahlreichen Nährstoffen auch alle aus dem Gastrointestinaltrakt resorbierten Fremdstoffe (→ 2.2.2). An der Leberpforte tritt die in der Leber gebildete Galle aus und wird der Gallenblase zugeführt, aus der sie bei Bedarf in den Dünndarm abgegeben wird. Im Gegensatz zu den meisten Säugetieren einschließlich Mensch fehlt bei der Ratte die Gallenblase; die Galle fließt hier direkt in den Dünndarm.

Die drei Gefäße des Pfortaderbereiches bleiben auch im Inneren der Leber benachbart. Die Kapillaren von Leberarterie, Pfortader und Gallengang verlaufen in den sog. *periportalen Feldern*, die sich im Querschnitt durch das Lebergewebe in sechseckiger Anordnung darstellen (Abb. 3.2). Das von den periportalen Feldern eingeschlossene Sechseck ist das sog. *Leberläppchen*, in dessen Mitte die Zentralvene liegt. Von der Zentralvene aus verlaufen Stränge von Leberzellen (Hepatocyten) radiär nach außen. Diese Stränge verzweigen sich und bilden ein dreidimensionales Netzwerk von sog. *Leberbalken* und *Leberplatten*. Sie sind von feinsten Kapillaren

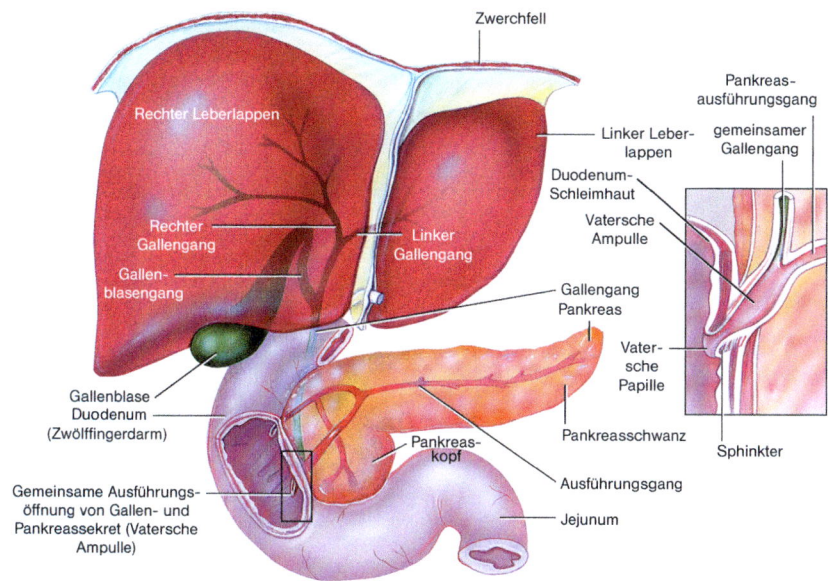

Abb. 3.1 Vorderseite der menschlichen Leber und der Bauchspeicheldrüse mit Zwölffingerdarm

der zu- und abführenden Blutgefäße umgeben, den sog. *Lebersinusoiden*. Die Zellwand der Lebersinusoide besteht aus gefensterten Endothelzellen und von-Kupffer-Sternzellen. Letztere gehören als sessile Makrophagen zu den Abwehrzellen des retikuloendothelialen Systems und sind u.a. am Abbau von Bakterien und roten Blutkörperchen beteiligt. In den Hepatocyten dagegen findet der Metabolismus von Fremdstoffen (→ 2.2.4) und auch von körpereigenen Substanzen statt, wobei sich die periportal gelegenen Hepatocyten eines Leberläppchens in ihren enzymatischen Aktivitäten durchaus von centrilobulär, also in der Mitte des Leberläppchens gelegenen Hepatocyten unterscheiden können. Erfüllen die Stoffwechselprodukte bestimmte Voraussetzungen (→ 2.2.5.2), werden sie in die zwischen den Hepatocyten ausgebildeten Gallenkapillaren (Gallenkanälchen) abgegeben.

Als wesentliche toxische Effekte von chemischen Noxen auf die Leber gelten Zelltod (Nekrose), Ansammlung von Lipiden (Fettleber), verminderte Galleproduktion (intrahepatische Cholestase), bindegewebige Einlagerungen (Leberzirrhose) und Leberkrebs. Daneben wird mit bestimmten Substanzen, z. B. Halothan oder Isoniazid, beim Menschen eine Leberentzündung beobachtet, die klinisch nicht von einer viralen Hepatitis zu unterscheiden ist und die sich im Tierversuch nicht erzeugen läßt. Wahrscheinlich liegt ihr eine immunologische Reaktion zugrunde.

3.1.2
Lebernekrose

Bei der Lebernekrose sterben Hepatocyten ab. Dies kann fokal (z. B. centrilobulär oder periportal) oder generalisiert geschehen. In der Regel treten Lebernekrosen als akuter Effekt innerhalb von Stunden nach Einwirken der chemischen Noxe auf. Dem Zelltod gehen häufig morphologische Veränderungen wie Zellvergrößerung, Zerreißen der Plasmamembran, Dilatation des endoplasmatischen Retikulums, Anschwellen der Mitochondrien, Auflösung von Zellorganellen und des

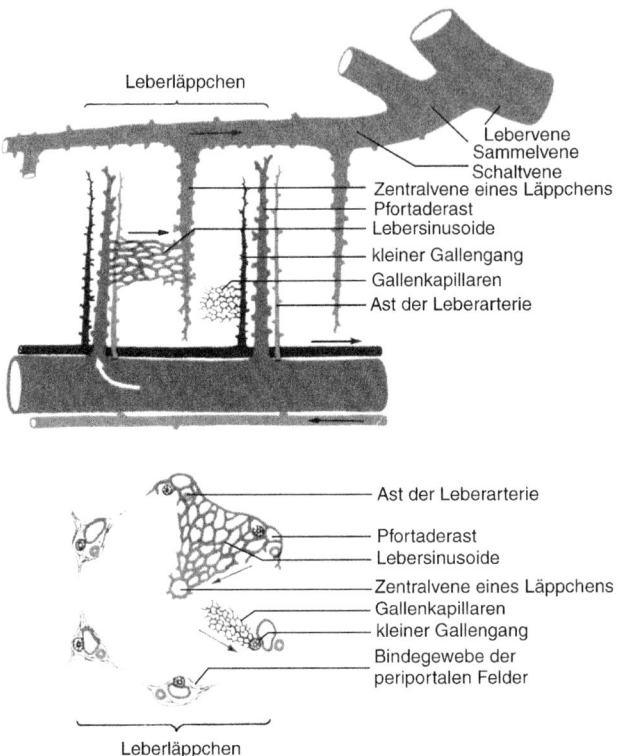

Abb. 3.2 Vereinfachter Längs- und Querschnitt durch Leberläppchen

Zellkerns voraus. Die Leber hat eine hohe Regenerationsfähigkeit. Die abgestorbenen Zellen werden umgehend durch vermehrte Zellteilung ersetzt.

Zahlreiche chemische Substanzen, die in der Leber metabolisch aktiviert werden, lösen bei entsprechend hoher Dosierung Lebernekrose aus. Am bekanntesten sind Tetrachlorkohlenstoff, Brombenzol, Allylalkohol, Aflatoxin B_1 und Dimethylnitrosamin. Bei Tetrachlorkohlenstoff wird als aktiver Metabolit vor allem das Trichlormethylradikal angesehen, doch auch Phosgen wird diskutiert. Angriffsorte dieser reaktiven Metaboliten sind die Lipide und Proteine intrazellulärer Membranen, die durch Lipidperoxidation und Alkylierung (→ 2.2.4.4) geschädigt werden. Dadurch kommt es u.a. zu einer Hemmung der Proteinsynthese und einem Anstieg des intrazellulären Calciumspiegels. Die durch Brombenzol induzierte Nekrose bildet sich bevorzugt centrilobulär aus, da die dort gelegenen Hepatocyten die höchste Aktivität des aktivierenden Cytochrom P-450 aufweisen. Umgekehrt ist die Alkoholdehydrogenase in den periportalen Hepatocyten aktiver als in den centrilobulären, und entsprechend tritt Nekrose durch Allylalkohol vor allem periportal auf. Generell ist Nekrose bei allen in der Leber metabolisch aktivierten Substanzen zu erwarten, wenn die Konzentration der reaktiven Metaboliten durch Erschöpfen der Schutzmechanismen (z. B. Glutathionspiegel) höhere Werte erreicht. Dementsprechend findet sich Lebernekrose auch bei einer Reihe von metabolisch aktivierbaren Arzneistoffen nach hohen Dosen. Beispiele dafür sind Acetaminophen, Isoniazid und Iproniazid (→ 6.2.1).

3.1.3
Fettleber

Enthält die Leber mehr als 5 Gewichtsprozent Fett, liegt eine Fettleber (Steatose) vor. Die Ausbildung einer Fettleber kommt durch die vermehrte Ablagerung von Triglyceriden in Form von Liposomen in den Hepatocyten zustande. Dies kann auf einer abnormal gesteigerten Triglyceridsynthese oder auf einer Störung der für die Ausschleusung der Lipide aus der Leberzelle ins Blutplasma wichtigen Lipoproteine (der „Very Low Density Lipoproteins", VLDL) beruhen. Für einige Fettleber-induzierende Stoffe sind die biochemischen Mechanismen bekannt:

- *Nicotin*: über Ausschüttung von Catecholaminen erhöhter Anfall von Fettsäuren durch Mobilisierung der Depotlipide,
- *Ethanol*: verminderte Oxidation der Fettsäuren in den Mitochondrien,
- *Tetrachlorkohlenstoff, Ethionin*: Hemmung der Synthese der Protein-Komponente der VLDL,
- *Orotsäure*: Hemmung der Synthese der Phospholipid-Komponente der VLDL.

Die Ausbildung einer Fettleber kann akut (z. B. bei Ethionin oder Tetrazyklin) oder chronisch (z. B. bei Ethanol) verlaufen und sich in der Ablagerung zahlreicher kleiner (z. B. bei Tetrazyklin) oder weniger großer Liposomen (z. B. bei Ethanol) äußern. Eine Steatose führt nicht notwendigerweise zum Absterben des Hepatocyten.

3.1.4
Intrahepatische Cholestase

Bei der intrahepatischen Cholestase ist die Bildung von Galle in der Leber gestört, während bei der extrahepatischen Cholestase die Abgabe der normal gebildeten Galle in den Zwölffingerdarm reduziert ist (z. B. durch einen Gallenstein im Gallengang).

Intrahepatische Cholestase kann im Tierversuch durch bestimmte Gallensäuren (z. B. Lithochol- und Taurolithocholsäure), durch verschiedene anabole und kontrazeptive Steroide (z. B. Ethinylöstradiol) und durch α-Naphthylisothiocyanat (ANIT) erzeugt werden. Als biochemische Mechanismen sind u.a. die Herabsetzung der sekretorischen Leistung der Membran der Gallenkanälchen (Taurolithocholat, ANIT), die Verschlechterung des Gallensäure-unabhängigen Gallenflusses in den Gallenkanälchen (Ethinylöstradiol, Chlorpromazin), die Verstopfung der Gallenkanälchen durch Ausfallen von Substanzen (Taurocholat), sowie eine Veränderung der Durchlässigkeit der Gallengangszellen (ANIT) bekannt.

Begleiterscheinung einer intrahepatischen Cholestase, die sich meist akut ausbildet, ist das erhöhte Auftreten des Hämoglobin-Abbauproduktes Bilirubin im Blut (Hyperbilirubinämie), das in der gesunden Leber ganz überwiegend nach Glucuronidierung mit der Galle in den Darm abgegeben wird. Auch die biliäre Ausscheidung von Fremdstoffen (→ 2.2.5.2) ist in der cholestatischen Leber gestört.

3.1.5
Leberzirrhose

Die zirrhotische Leber wird von Lagen von Bindegewebe durchzogen, durch die Gruppen von Hepatocyten gegeneinander abgegrenzt werden. Während im Tierversuch Leberzirrhose durch chronische Gabe von Aflatoxin oder Tetrachlorkohlenstoff erzeugt werden kann, gilt für den Menschen chronischer Alkoholkonsum als Hauptursache. Neben der direkten Wirkung des Ethanols spielt möglicherweise Mangelernährung eine Rolle, da bei den meisten Tieren eine Leberzirrhose durch Ethanol nur bei gleichzeitiger Reduktion von Cholin, Methionin, Vitamin B_{12} u.a. in der Nahrung ausgelöst werden kann. Beim Pavian tritt allerdings Zirrhose nach alleiniger Ethanolgabe auf.

Der Ausbildung einer Zirrhose scheinen Einzel-Zellnekrosen vorauszugehen. Durch ungenügende Beseitigung der nekrotischen Zellen kommt es zur Bildung von Bindegewebe („Vernarbung" dieser Zellen), wobei eine Veränderung der Blutgefäßstrukturen eine wichtige Rolle spielen könnte.

3.1.6
Leberkrebs

Durch chemische Kanzerogene kann in der Leber die Bildung gutartiger und bösartiger Tumoren ausgelöst werden. Die Mechanismen der chemischen Kanzerogenese werden in Abschn. 3.10.3 besprochen. Typische Leberkanzerogene für Ratte und/oder Maus sind z.B. Aflatoxin B_1 und verschiedene andere Mycotoxine, Cycasin, Safrol, einige Pyrrolizidinalkaloide, bestimmte Dialkylnitrosamine, 2-Acetylaminofluoren, 4-Dimethylaminoazobenzol, Dimethylbenzanthracen, Thioacetamid, Urethan und Ethionin. Die meisten dieser Substanzen führen zu hepatozellulären Karzinomen. Unter den halogenierten Substanzen sind vor allem Vinylchlorid, Chloroform, Tetrachlorkohlenstoff, sowie bestimmte polychlorierte Biphenyle und Organochlor-Pestizide (z.B. DDT) zu nennen. Letztere wirken nur in höheren Dosen und vermutlich als Promotoren (→ 3.10.3.2). Vinylchlorid induziert Hämangiosarkome, d.h. bösartige Tumoren der Blutgefäße.

Für die meisten der im Tierversuch leberkanzerogenen Substanzen ist eine krebserzeugende Wirkung beim Menschen nicht sicher nachgewiesen. Ausnahmen sind Aflatoxin B_1, das für die hohe Leberkrebsrate in tropischen afrikanischen und asiatischen Ländern (verschimmelte Nahrung) verantwortlich gemacht wird, und Vinylchlorid, dem die bei exponierten Chemiearbeitern in niedriger, aber signifikanter Inzidenz auftretenden Hämangiosarkome zugeschrieben werden. Gutartige Tumoren der Leber (Leberadenome) wurden in niedriger Inzidenz bei Frauen beobachtet, die über mehrere Jahre orale Kontrazeptiva mit hohem Östrogengehalt ohne Progesteron-Komponente einnahmen.

3.2
Niere

3.2.1
Anatomie und Physiologie

Die beiden Nieren des Menschen stellen bohnenförmige Organe mit einer Länge von 10–12 cm, einem Querdurchmesser von 5–6 cm, einer Dicke von 3 cm und einem Gewicht von je 120–200 g dar. Bei einer Masse von nur 0,4% des Körpergewichts erhalten die beiden Nieren ca. 25% des arteriellen Blutes, sie bilden damit nach der Lunge das am besten durchblutete Organ. Die Hauptfunktionen der Niere bestehen in der Ausscheidung von Abbauprodukten des Organismus und von Fremdstoffen, in der Aufrechterhaltung der Homöostase durch Regulation des Wasser- und Elektrolythaushaltes, sowie in der Synthese mancher Hormone (z.B. Erythropoetin, aktives Vitamin D, Renin, Prostaglandine).

Im Frontalschnitt einer Niere (Abb. 3.3) erkennt man die außenliegende hellere Rindenschicht (Cortex) und die dunklere innere Markschicht (Medulla) mit einer feinen Längsstreifung. Durch die dunkle Markschicht treten Säulen von heller Rindensubstanz (Nierensäulen). Dazwischen liegen die Nierenpyramiden, deren Spitzen, die Nierenpapillen, in die Hohlräume der Nierenkelche münden. Letztere vereinen sich zum Nierenbecken, aus dem der Harnleiter zur Blase wegführt.

Toxikologie wichtiger Organe und Organsysteme

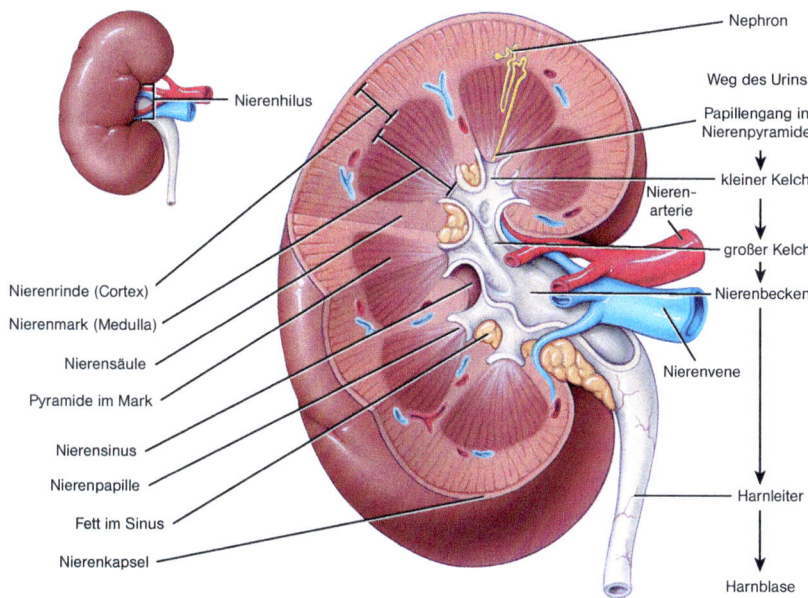

Abb. 3.3 Frontalschnitt der rechten Niere

Mikroskopisch erkennbare Bau- und Funktionseinheit der Niere ist das *Nierenkörperchen* (Nephron, beim Menschen ca. 1 Million pro Niere), in dem die Harnbildung erfolgt (Abb. 3.4). Dazu werden im Glomerulus aus den Arteriolen durch den Blutdruck pro Minute ca. 120 ml eines Filtrats in die Bowmansche Kapsel abgepreßt, das praktisch frei von Blutzellen und Proteinen ist (Primärharn). Kleinere Moleküle (bis zu einem Molekulargewicht von ca. 5000), werden von den Poren des Glomerulus ungehindert durchgelassen, für Stoffe im Molekulargewichtsbereich von 15000–50000 besteht eine eingeschränkte Filtrierbarkeit. Der Primärharn wird bei der anschließenden Passage durch den proximalen Tubulus, die Henle'sche Schleife und den distalen Tubulus auf ca. 1% seines anfänglichen Volumens konzentriert und über das Sammelrohr in den Nierenkelch abgegeben.

Im Zug der Harnkonzentrierung diffundieren lipophile Stoffe dem Konzentrationsgefälle folgend aus dem Lumen des Tubulussystems in die umgebenden Blutkapillaren. Polaren Substanzen, wie z. B. den Konjugationsprodukten des Intermediär- und Fremdstoffmetabolismus (→ 2.2.4.2), ist die passive Rückdiffusion durch die Zellmembranen der Tubuluszellen und der Kapillarendothelzellen nicht möglich, sie bleiben trotz des Konzentrationsgradienten im Harn und werden ausgeschieden. Für physiologisch wichtige polare Stoffe wie Glucose und Aminosäuren existieren im Tubulus des Nephrons Transportsysteme zur Rückresorption. Umgekehrt können manche Substanzen im Tubulussystem gegen einen Konzentrationsgradienten aus dem Blut in den Harn sezerniert werden. Diese Sekretion stellt einen aktiven, energieverbrauchenden Transportprozeß dar und ist z. B. für Ammoniak, Protonen, Harnsäure und manche organischen Säuren und Basen bekannt.

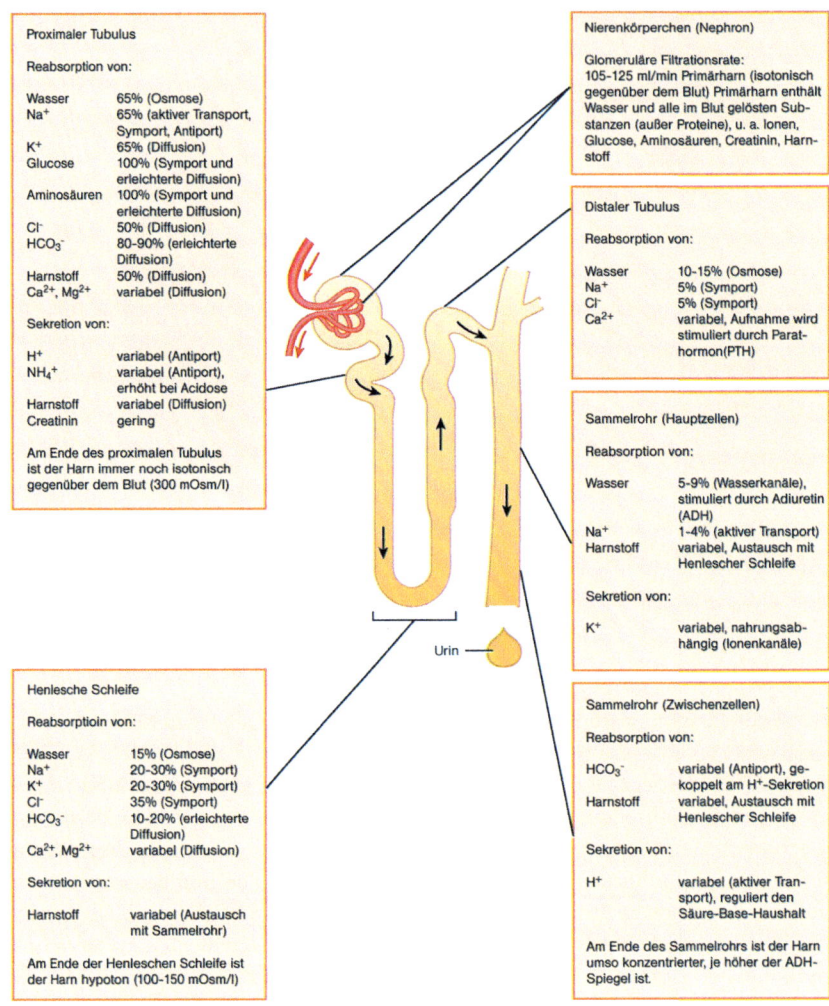

Abb. 3.4 Schematische Darstellung eines Nephrons

3.2.2
Mechanismen der Nierenschädigung

Für zahlreiche chemische Substanzen ist die Niere das bevorzugte, manchmal sogar das einzige Zielorgan einer toxischen Wirkung. Die häufig höhere Empfindlichkeit der Niere im Vergleich zu anderen Organen wird vor allem auf folgende Faktoren zurückgeführt:

- wegen der guten Blutversorgung ist die Exposition der Niere durch die Substanz hoch,
- wegen der Harnkonzentrierung im Nephron können in den Zellen des Tubulussystems viel höhere Konzentrationen erreicht werden als in anderen Organen,
- wegen der Aktivität verschiedener Enzyme des Fremstoffmetabolismus können Substanzen in der Niere metabolisch aktiviert werden.

Die Enzymaktivitäten sind in den verschiedenen Zelltypen der Niere durchaus unterschiedlich. Verschiedene Isoenzyme des Cytochrom P-450, Glutathion-S-transferasen, γ-Glutamyltranspeptidase und Cysteinkonjugat-β-lyase sind bevorzugt in den Zellen des proximalen Tubulus und damit in der Nierenrinde lokalisiert, während für Prostaglandinsynthase hohe Aktivität in den Epithelien der Sammelrohre und in anderen in der Medulla gelegenen Zellen gefunden wurde.

Die Enzymaktivität korreliert häufig mit der Lokalisation und Schwere des Schadens. Zum Beispiel führt Chloroform, das durch Cytochrom P-450 zu Phosgen aktiviert wird (→ 6.3.1), bei verschiedenen Tierarten zu Nekrosen der proximalen Tubuli. Besonders schwere Nekrosen induziert Chloroform in der Niere der männlichen Maus. Dort wird die höchste P-450-Aktivität und mit ^{14}C-markiertem Chloroform die höchste kovalente Bindung von Radioaktivität an das Nierengewebe gemessen. Kastration der männlichen Mäuse senkt die P-450-Aktivität, das Ausmaß der kovalenten Bindung und die Schwere der Nekrose auf die niedrigen Werte weiblicher Mäuse, während durch Gabe des männlichen Sexualhormons Testosteron an die kastrierten Mäusemännchen Enzymaktivität, Bindung und Nierenschaden wieder auf die hohen Werte intakter Männchen gebracht werden.

Eine metabolische Aktivierung durch Prostaglandinsynthase wird als Ursache der Nekrosen angesehen, die bei chronischer Einnahme hoher Dosen der Schmerzmittel Phenacetin und Acetaminophen in der Markzone der Niere auftreten. Der Stoffwechsel von Acetaminophen zu dem elektrophilen N-Acetyl-p-benzochinonimin wird durch Prostaglandinsynthase katalysiert (→ 2.2.4.1).

Eine Besonderheit der Niere im Vergleich zu anderen Organen ist die hohe Aktivität an Cysteinkonjugat-β-lyase in den proximalen Tubuluszellen. „β-Lyasen" gehören zu den Transaminasen (→ Lehrbücher der Biochemie); sie spalten unter Mitwirkung von Pyridoxalphosphat die Aminogruppe von Cysteinkonjugaten ab, wodurch eine α-Ketosäure entsteht und gleichzeitig der Thiolatrest am β-Kohlenstoff des Cysteins eliminiert wird. Entsteht dabei ein instabiles Thiol, wie es vor allem bei den Cysteinkonjugaten verschiedener halogenierter Alkene und Alkane der Fall ist (→ 6.3.1), stellt die β-Lyase-Reaktion eine metabolische Aktivierung dar. Das Cysteinkonjugat von Trichlorethylen, S-(1,2-Dichlorvinyl)-L-cystein, ist z. B. selbst nephrotoxisch und liefert nach β-Lyasespaltung das reaktive Chlorthioketen (→ Abb. 2.43 in 2.2.4.4), das zur Acylierung von Proteinen und DNA führt. Inhibition der β-Lyase durch Aminooxyessigsäure verhindert die makromolekulare Bindung und die Tubuluszellnekrose durch S-(1,2-Dichlorvinyl)-L-cystein.

Außer der metabolischen Aktivierung durch β-Lyase spielt die Anreicherung der toxischen Haloalken-Cysteinkonjugate in den Zellen des proximalen Tubulus durch die obengenannten Transportsysteme für Aminosäuren eine wichtige Rolle; Hemmung des Transports (durch Probenecid) vermindert die Toxizität des Cysteinkonjugates. Da proximale Tubuluszellen außerdem aktive γ-Glutamyltranspeptidase und Cysteinylglycindipeptidase besitzen, können sie selbst Glutathionkonjugate zu toxischen Cysteinkonjugaten abbauen.

Neben den Cystein- und Glutathionkonjugaten halogenierter Alkene sind auch die entsprechenden Konjugate von Hydrochinon, Bromhydrochinon und Aminophenol nephrotoxisch. Hier scheint die Empfindlichkeit überwiegend auf der Anreicherung von Cysteinkonjugaten in den Epithelzellen des proximalen Tubulus zu beruhen und keine Spaltung durch β-Lyase beteiligt zu sein. Es wird angenommen, daß der Hydrochinonteil der Konjugate zum Chinon oxidiert wird und als solches an Makromoleküle bindet oder zur

Aktivierung von Sauerstoff durch Redox-Cycling führen kann (→ Abb. 2.45 in 2.2.4.4).

Neben der Bildung reaktiver Metaboliten sind weitere, zum Teil indirekte Mechanismen der Nephrotoxizität bekannt, von denen einige nachfolgend bei der Besprechung einzelner Substanzen erwähnt werden.

3.2.3
Nephrotoxische und nephrokanzerogene Substanzen

Eine Vielzahl von chemischen Stoffen, darunter zahlreiche Medikamente und Umweltsubstanzen, führen zu Nekrosen der Niere. Nicht selten wirken diese Substanzen auch als Nephrokanzerogene. Neben einer Schädigung der DNA und damit einer direkten genotoxischen Wirkung wird der durch die Nekrosen ausgelösten regenerativen Zellproliferation eine wichtige Rolle zugeschrieben, durch die die Genotoxizität verstärkt wird. In nekrotische Gewebebereiche der Niere infiltrieren außerdem polymorphkernige neutrophile Lymphocyten und andere Zellen der körpereigenen Abwehr ein, die durch die Erzeugung reaktiver Sauerstoffspezies zur DNA-Schädigung führen können (→ 2.2.4.4).

Einige nephrotoxische Substanzen aus verschiedenen chemischen Stoffklassen und Anwendungsbereichen sind in Tab. 3.1 aufgelistet.

Die meisten *Schwermetallsalze*, z. B. von Blei, Cadmium, Quecksilber, Wismuth und Wolfram, sind für die proximalen Tubuli der Niere toxisch (→ 6.6.2). Eine direkte Zellschädigung scheint durch die Mangeldurchblutung verstärkt zu werden, die auf einer durch die Metalle ausgelösten Vasokonstriktion (Gefäßverengung) beruht. Kupfersalze greifen dagegen bevorzugt in der Henle'schen Schleife und im distalen Tubulus, Goldverbindungen im Glomerulus an.

Neben den bereits diskutierten *halogenierten Aliphaten* Chloroform und Trichlorethen sind zahlreiche andere Chlor-, Brom- und Fluoralkane, -alkene und auch -alkine nephrotoxisch (→ 6.3.1). Für Hexachlorbutadien und Dichloracetylen, die bei Ratten stark nephrotoxisch und nephrokanzerogen wirken, wird der für Trichlorethen beschriebene Mechanismus der Konjugation mit Glutathion in der

Tab. 3.1 Beispiele für verschiedene nephrotoxische Stoffe

Substanzklasse	Einzelsubstanzen
Metalle	Cadmium, Blei, Quecksilber, Nickel, Chrom, Uran, Gold
Halogenierte aliphatische Kohlenwasserstoffe	Chloroform, Bromdichlormethan, Tetrachlorkohlenstoff, 1,2-Dibromethan, Trichlorethen, Tetrachlorethen, Tetrafluorethen, Hexachlorbutadien, Dichloracetylen
Aliphatische Kohlenwasserstoffe	2,2,4-Trimethylpentan, Decalin, bleifreies Benzin, D-Limonen
Herbizide	Paraquat, Diquat, chlorierte Phenoxyessigsäuren
Mycotoxine	Aflatoxin B_1, Rubratoxin B, Sterigmatocystin, Ochratoxin A, Citrinin
Antibiotika	Aminoglykoside, Cephalosporine, Penicilline, Sulfonamide
Antineoplastische Substanzen	Cisplatin, Nitrosoharnstoffe, Methotrexat, Mitomycin C
Immunsuppressiva	Cyclosporin A, D-Penicillamin

Leber, Abbau zum Cysteinkonjugat und dessen Transport zur Niere, sowie Aufnahme und β-Lyase-katalysierter Abbau des Cysteinkonjugats durch die proximalen Tubuluszellen als wesentlich für die Nierenschädigung angenommen. Vicinale Dihalogenverbindung wie 1,2-Dibromethan werden durch Konjugation mit einem Molekül Glutathion direkt zu elektrophilen Metaboliten aktiviert (→ 2.2.4.4 und 6.3.1).

Ein Spezies- und Geschlechts-spezifischer Mechanismus scheint der Nephropathie durch *aliphatische Kohlenwasserstoffe* (Tab. 3.1) zugrundezuliegen. Diese und verschiedene andere Substanzen (1,4-Di-chlorbenzol, Pentachlorethan, Dimethylmethylphosphonat) führen bei der männlichen Ratte, nicht aber bei weiblichen Ratten oder in anderen Tierarten beiderlei Geschlechts zu Nekrosen der proximalen Tubuli und zu Tumoren. Eine entscheidende Rolle spielt dabei das α_2-Mikroglobulin, ein in der Leber der männlichen Ratte synthetisiertes Protein mit einem MG von 18700. α_2-Mikroglobulin gelangt in das Blut und wegen seines niedrigen MG auch in den Primärharn. Bei der Harnkonzentrierung wird α_2-Mikroglobulin durch Endocytose in die Zellen der proximalen Tubuli aufgenommen und dort durch Lysosomen abgebaut. Aliphatische Kohlenwasserstoffe oder ihre Metaboliten binden an α_2-Mikroglobulin und verlangsamen dessen lysosomalen Abbau, wodurch es zur Anhäufung von Protein (Hyalintröpfchen) und schließlich Nekrose der Tubuluszellen kommt. Die regenerative Proliferation begünstigt das Wachstum von spontan oder durch Einwirkung anderer Kanzerogene entstandenen Tumorzellen. Da weibliche Ratten oder andere Spezies wie Maus, Hund, Kaninchen oder Mensch kein oder nur sehr wenig α_2-Mikroglobulin synthetisieren, sind sie gegen die Nephropathie durch aliphatische Kohlenwasserstoffe resistent.

Die in Tab. 3.1 aufgeführten *Herbizide* benutzen als ionische Verbindungen die sekretorischen Transportsysteme der Niere. Niedrige Konzentrationen von Paraquat und Diquat (Abb. 3.6) werden aktiv sezerniert, durch höhere Konzentrationen werden die Tubuluszellen geschädigt und damit die Exkretion von Paraquat und anderen organischen Kationen verlangsamt. Dies führt auch zu einer Erhöhung der Lungentoxizität von Paraquat (→ 3.3.2). 2,4,5-Trichlorphenoxyessigsäure wirkt nicht direkt toxisch für die Tubuluszellen, hemmt aber in höheren Konzentrationen das Transportsystem für organische Anionen und stört dadurch die Nierenphysiologie.

Verschiedenen *Mycotoxine* (Tab. 3.1) führen im Tierversuch zu Schäden des proximalen Tubulus. Ochratoxin A und eventuell Citrinin sind wahrscheinlich die Ursache der endemischen Balkan Nephropathie (EBN), die in ländlichen Gebieten Bulgariens, Rumäniens und des ehemaligen Yugoslawiens auftritt und auf den Verzehr von verschimmelten Lebensmitteln zurückgeführt wird.

Für eine Reihe von *Medikamenten* (Tab. 3.1) sind Nierenschäden eine häufig beobachtete Nebenwirkung, vor allem bei Einnahme höherer Dosen über längere Zeiträume. So wird die Krebs-Chemotherapie mit Cisplatin oder die Unterdrückung der Immunabwehr bei Organtransplantationen durch Cyclosporin A durch die Nephropathie dieser Substanzen kompliziert und eingeschränkt. Die Diskussion der Mechanismen übersteigt den Rahmen dieses Buches. Die Nierenschäden durch Schmerzmittel vom Phenacetintyp wurden oben beschrieben. Weitere Medikamente, die im Verdacht nephrotoxischer Wirkungen stehen, sind Narkosemittel vom Typ der halogenierten Kohlenwasserstoffe. Für Methoxyfluran (CH_3-O-CF_2CHCl_2) ist bekannt, daß es den Konzentrierungsmechanismus der Niere schädigt. Verantwortlich dafür ist das Fluorid-Ion, das beim oxidativen Metabolismus von Methoxyfluran entsteht; es

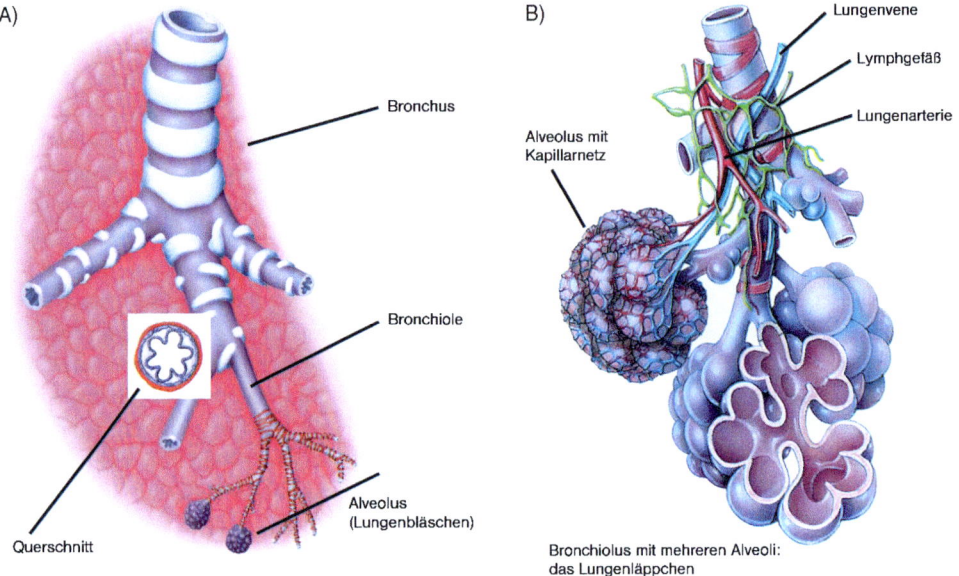
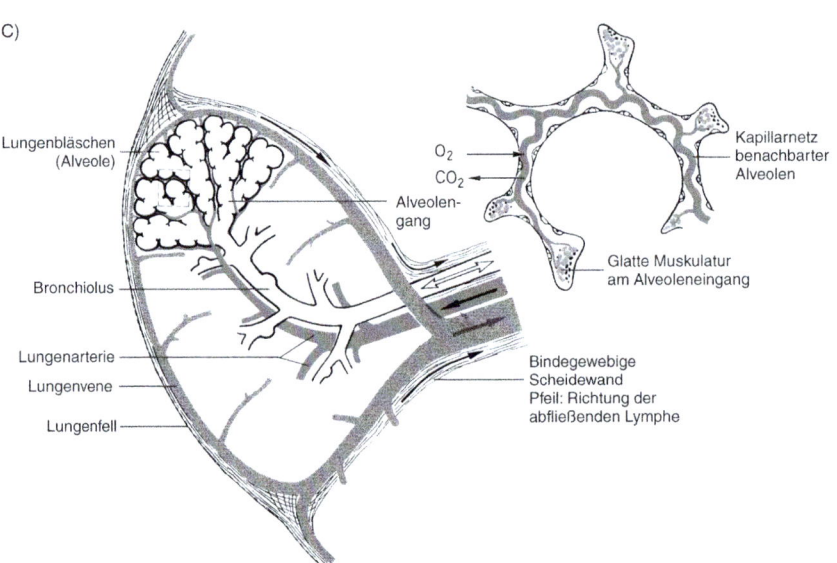

Abb. 3.5 Anatomie des unteren Atemtraktes (A) und der Funktionellen Einheit, des Lungenläppchens (B), vereinfachte Darstellung eines Lungenläppchens mit vergrößerter Darstellung eines Lungenbläschens (C).

greift im aufsteigenden Ast der Henle'schen Schleife und im Sammelrohr an und macht diese Strukturen unempfindlich gegen die Wirkung des antidiuretischen Hormons, das physiologischerweise für die Harnkonzentrierung in diesem Bereich des Nephrons sorgt.

Neben der direkten Schädigung von Nierenzellen, die dosisabhängig ist und die (falls toxische Substanzkonzentrationen erreicht werden) bei der ersten Substanzeinwirkung abläuft, sind immunologische Mechanismen (→ 3.8) bekannt, die eine Latenzzeit von Monaten oder Jahren benötigen. Immunologische Reaktionen der Niere werden z. B. durch Penicilline, Penicillamin und Goldverbindungen ausgelöst.

3.3
Lunge

3.3.1
Anatomie und Physiologie

Beim Einatmen gelangt die Luft aus dem Nasen-Rachen-Raum (Nasopharynx) durch den Kehlkopf (Larynx) und die Luftröhre (Trachea) in die beiden Hauptbronchien, die in die zwei Lungenflügel eintreten und sich immer mehr in Bronchiolen verzweigen. Die feinsten Verzweigungen bilden schließlich die Alveolengänge, die dicht mit Lungenbläschen (Alveolen) besetzt sind. Sämtliche Alveolen, die von einem Bronchiolus abhängen, bilden ein Lungenläppchen von ca. 1 cm Durchmesser (Abb. 3.5, S. 73). In den Alveolen (in der menschlichen Lunge ca. 300 Millionen mit einen Durchmesser von ca. 0,2 mm) findet der Gasaustausch mit dem Blut der Lungenkapillaren statt, die die Alveolen in einem dichten Netz überziehen. Die Lunge ist durch ihre große innere Oberfläche (ca. 80 m^2), die kurze Diffusionsstrecke zwischen Alveolarraum und Blutkapillaren (ca. 1 µm) und die hohe Durchblutung (ca. 5 l/min. im Ruhezustand) für den Gasaustausch optimiert.

Diese Eigenschaften machen die Lunge aber auch zum Zielorgan für toxische Gase, Aerosole und Stäube, oder zum Aufnahmeorgan für Atem- und Blutgifte (z. B. Kohlenmonoxid oder Blausäure). Daneben üben bestimmte Stoffe (z. B. Paraquat oder Ipomeanol) eine systemischtoxische Wirkung in der Lunge aus.

An welcher Stelle des Atemtraktes eine inhalierte Noxe angreift, hängt bei gasförmigen Substanzen vor allem von der Wasserlöslichkeit, bei festen oder flüssigen Aerosolen von der Partikelgröße ab. Gase mit guter Wasserlöslichkeit, wie z. B. Ammoniak, Chlorwasserstoff oder Formaldehyd lösen sich in dem Feuchtigkeitsfilm der Schleimhäute von Nasopharynx und Trachea. Ihre Reaktivität gegenüber Proteinen führt dort zur Reizung der Epithelien, in höheren Konzentrationen und bei längerer Einwirkung zu Verätzungen, Entzündungen und Ödemen. Gase mit mittlerer Wasserlöslichkeit, wie z. B. Schwefeldioxid, Chlor, Brom, organische Säurechloride und organische Isocyanate werden in den oberen Abschnitten der Atemwege nicht vollständig abgefangen und entfalten ihre Reizwirkung auch im Bereich der Bronchien und Bronchiolen. Es können Bronchitis und eine Engstellung der Bronchien (Bronchospasmus) resultieren, die Lunge reagiert mit Schleimabsonderung und Hustenreiz. Gase mit sehr geringer Wasserlöslichkeit, wie Stickstoffdioxid, Phosgen und Ozon, gelangen ebenso wie Sauerstoff selbst bis in die Alveolen. Die wichtigsten dort ausgelösten Schäden sind das toxische Lungenödem, die Lungenfibrose und der Lungenkrebs, die nachfolgend beschrieben werden.

Eingeatmete Stäube oder Flüssigkeitströpfchen gelangen umso tiefer in die Lunge, je kleiner die Partikel sind. So werden sich Staubkörner mit einem Durchmesser von mehr als 5 µm auf den Epithelien von Trachea und Bronchien niederschlagen, während Feinstaub (Durchmesser < 5 µm) bis in die

Bronchiolen und Alveolen vordringt. Während das Epithel von Trachea, Bronchien und Bronchiolen feine Flimmerhaare (Zilien) besitzt, die Fremdkörper zusammen mit dem Bronchialschleim in den Mund transportieren, fehlt die Flimmerschicht in den Alveolen. Dort abgelagerte Fremdkörper müssen durch Freßzellen (Makrophagen) beseitigt werden.

3.3.2
Toxisches Lungenödem

Gelangen chemisch reaktive Gase mit geringer Wasserlöslichkeit, wie z. B. Phosgen oder Ozon, in den Alveolarraum, können sie wegen ihrer niedrigen Polarität gut durch die Membranen der Alveolen und Blutkapillaren durchtreten und diese dabei schädigen. Durch die geschädigten Wände der Blutkapillaren kann nun vermehrt Blutplasma in den Raum zwischen Blutkapillare und Alveole (interstitieller Raum) austreten und durch die geschädigte Alveolarwand in die Alveolen gelangen, es kommt zum Lungenödem. Aus dem interstitiellen Raum wird die Flüssigkeit über die Lymphbahnen abgeführt. Ist diese Drainage durch den vermehrten Austritt von Blutplasma überfordert, führt der Rückstau zu einer Aufweitung des interstitiellen Raumes und einer Erschwerung des Austausches von CO_2 und O_2. Die in die geschädigten Alveolen eingetretene Flüssigkeit bildet dort stabile Schäume und verschlechtert zusätzlich den Gasaustausch. Durch den CO_2-Anstieg im Blut wird die Atmung beschleunigt. Dies begünstigt die Schaumbildung und verstärkt das toxische Lungenödem, bis es schließlich zum Tod durch Erstickung kommt.

Die Behandlung des toxischen Lungenödems ist schwierig. Frühzeitige Gabe von Glucocorticoiden als Aerosol dämpft die entzündliche Reaktion der Alveolar- und Kapillarwand. Wichtig im Vergiftungsfall ist Ruhigstellen, um die Atmung möglichst niedrig zu halten, und sitzende Haltung, damit die oberen Lungenbereiche möglichst frei von dem Ödem gehalten werden. Zwischen der Substanzeinwirkung und der Ausbildung des Ödems kann eine beschwerdefreie Zeit von 24 bis 48 h liegen. Dies macht es unbedingt erforderlich, exponierte Personen nachzubeobachten.

Neben den bereits genannten Stoffen kann ein toxisches Lungenödem u.a. auch durch so verschiedene Substanzen wie Nickeltetracarbonyl, Cadmiumoxid-Staub, Tetrachlorethylen und Toluol (hier vielleicht physikalische Membranschädigung durch Einlagerung dieser hochlipophilen Stoffe), und Sauerstoff im Überdruck oder in höherer Konzentration ausgelöst werden. Im letzteren Fall dürfte die Bildung reaktiver Sauerstoffspezies ($\rightarrow$ 2.2.4.4) zugrunde liegen.

Unter den Substanzen, die nach systemischer Einwirkung zum toxischen Lungenödem führen, ist das Herbizid Paraquat (Abb. 3.6) am bekanntesten. Nach oraler Aufnahme von Paraquat vergehen 7 bis 14 Tage bis zur Ausbildung des Ödems. Paraquat reichert sich in der Lunge an und schädigt die Membranen durch Aktivierung von Sauerstoff. Das strukturell sehr ähnliche Herbizid

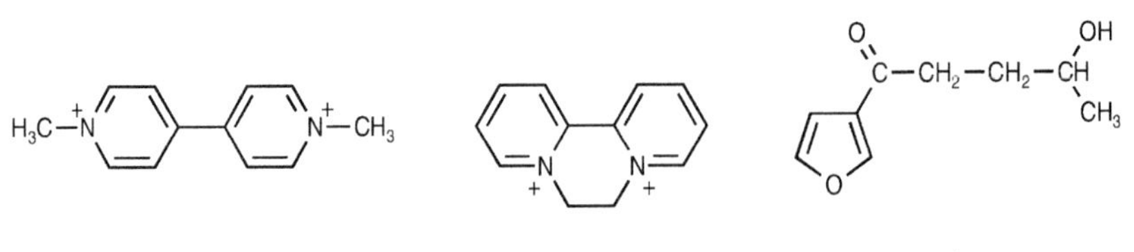

Paraquat   Diquat   4-Ipomeanol

Abb. 3.6 Chemische Strukturen einiger lungentoxischer Substanzen

Diquat, das in isolierten Lungenzellen die gleiche toxische Wirkung wie Paraquat hat, reichert sich nicht in der Lunge an und bleibt deshalb nach oraler Aufnahme ohne lungentoxische Wirkung.

Eine weitere Substanz mit Ödembildung in der Lunge nach systemischer Aufnahme stellt das Mykotoxin 4-Ipomeanol dar, das von dem auf Süßkartoffeln wachsenden Schimmelpilz *Fusarium solani* produziert wird. 4-Ipomeanol führt zu Nekrosen vor allem der Clara-Zellen, die am Übergang der Bronchiolen in die Alveolargänge liegen. Clara-Zellen haben relativ hohe Monooxigenase-Aktivitäten und können 4-Ipomeanol an der Doppelbindung des Furanringes metabolisch aktivieren.

3.3.3
Lungenfibrose und Lungenemphysem

Eine vermehrte Einlagerung von Kollagen, die zur fortschreitenden Einschränkung von Gasaustausch und Blutfluß führen, tritt vor allem bei chronischer Belastung mit bestimmten Stäuben wie Quarz („Silikose"), Asbest („Asbestose"), Kohle, Talk, Kaolin, Aluminium und verschiedenen Carbiden auf. Wie bereits erwähnt, können diese Partikel aus dem Alveolarbereich nur durch Makrophagen beseitigt werden. Wenn die vom Makrophagen aufgenommenen Partikel in der Lage sind, die Membranen von Lysosomen (→ 2.1.1) zu zerstören, kommt es zur Freisetzung lysosomaler Enzyme, die den Makrophagen verdauen und das Partikel wieder freisetzen. Der Prozeß wiederholt sich mit weiteren Makrophagen. Beim Absterben dieser Zellen werden auch Substanzen freigesetzt, die das Wachstum von Fibroblasten und damit die Bildung und Ablagerung von Kollagen stimulieren. Für die fibrogene Wirkung von Stäuben sind daher Größe und Form der Partikel sehr wichtig.

Beim Lungenemphysem liegt dagegen ein Abbau von Kollagen vor, durch den das Bindegewebe geschwächt wird, das die Alveolen und Bronchiolen stützt. Es kommt zu einer Überblähung der Alveolen und einer Verkleinerung der inneren Oberfläche der Lunge. Biochemische Ursache ist vermutlich die Freisetzung des kollagenabbauenden Enzyms Elastase aus polymorphkernigen Lymphocyten (→ 3.4.1), die durch verschiedene Faktoren wie Zigarettenrauch oder Cadmiumoxid-Staub, aber auch durch Ozon oder Stickstoffdioxid ausgelöst werden kann.

Sowohl Lungenfibrose als auch Lungenemphysem führen zu einer fortschreitenden Einschränkung der Lungenfunktion und können tödlich enden.

Weitere, in der Regel nicht tödliche Beeinträchtigungen der Atemwege liegen beim allergischen Bronchialasthma und bei der chronischen Bronchitis vor. Beim allergischen Bronchialasthma sind die Bronchien und Bronchiolen durch Kontraktur der Bronchialmuskulatur verengt, die Atmung wird zusätzlich durch die übermäßige Bildung eines zähen Schleims erschwert. Auslöser sind neben natürlichen Allergenen wie Pollenstaub und Bakterien auch bestimmte Chemikalien (z. B. Isocyanate), die wahrscheinlich erst in der Lunge durch Reaktion mit Proteinen zum Allergen werden (→ 3.8). Bei der chronischen Bronchitis ist die Schleimproduktion der Bronchien gesteigert und das Flimmerepithel durch Nekrose der Zilien weitgehend verloren. Dadurch kann der Schleim nur durch Aushusten entfernt werden. Häufig kommt es zu einer Infektion durch eingeatmete Bakterien. Auslöser der chronischen Bronchitis ist vor allem Zigarettenrauch.

3.3.4
Lungenkrebs

Bösartige Tumoren der Lunge stehen in den meisten westlichen Industrienationen unter den krebsbedingten Todesursachen bei Männern und Frauen an erster Stelle. Die Häufigkeit von Lungenkrebs hat bei Männern seit 1930 und bei Frauen seit 1960 dramatisch zugenommen. Dies ist allerdings nicht auf die allgemeine Luftverschmutzung, sondern in erster Linie auf die Exposition gegenüber Tabakrauch zurückzuführen, die heute für 80–90% der Bronchialkrebse verantwortlich gemacht wird. Zahlreiche epidemiologische Studien belegen einen eindeutigen Zusammenhang zwischen Zigarettenrauchen und Lungenkrebs. So ist z. B. das Risiko, einen Tumor der Lunge zu entwickeln, schon beim mäßigen Raucher (10–20 Zigaretten/Tag) ca. 15-fach, beim starken Raucher (20–40 Zigaretten/Tag) ca. 40-fach höher als beim Nichtraucher. Der Lungentumor des Rauchers ist fast ausschließlich ein Plattenepithelkarzinom der Bronchialschleimhaut.

Der Umstand, daß bei Rauchern bestimmte Veränderungen dieser Schleimhaut, die als Vorstufen des Tumors gelten (z. B. ein vermehrtes Wachstum der Basalzellen, eine Metaplasie der Epithelzellen und die Ausbildung von mikroskopisch kleinen Herden neoplastischer Zellen, sog. *carcinoma in situ*), ebenfalls eine Dosisabhängigkeit zum Zigarettenkonsum zeigen, spricht für einen kausalen Zusammenhang von inhaliertem Tabakrauch und Lungenkrebs. In den letzten Jahren ist deutlich geworden, daß auch die Inhalation von Tabakrauch aus der Umgebungsluft (sog. „environmental tobacco smoke", ETS), wie er z. B. durch „Passivrauchen" in geschlossenen Räumen aufgenommen wird, ein erhöhtes Risiko für Lungenkrebs darstellt. Tabakrauch ist nicht nur ein Lungenkanzerogen, sondern erhöht auch das Risiko für Krebs der Mundhöhle, des Kehlkopfes, der Speiseröhre, der Harnblase, der Nieren und der Bauchspeicheldrüse bei Rauchern. Außerdem besteht ein klarer Zusammenhang zwischen Zigarettenrauchen und Gefäßschäden, Herz-Kreislauf-Erkrankungen und nichtkrebsartigen Erkrankungen der Atemwege, wie chronische Bronchitis und Lungenemphysem.

Die kanzerogene Wirkung von Tabakrauch ist nicht erstaunlich, da unter den mehr als 6000 bisher nachgewiesenen Inhaltsstoffen mindestens 50 Substanzen enthalten sind, die als krebserzeugend für den Menschen (aus Erfahrungen am Arbeitsplatz) oder im Tierversuch ausgewiesen wurden (Tab. 3.2). Diese Substanzen liegen je nach ihrer Flüchtigkeit gasförmig vor oder sind an feine Partikel des Rauches adsorbiert. Durch Filter kann der Partikelanteil verringert, aber nicht völlig eliminiert werden, vor allem nicht für die kleinen Teilchen.

Unter den *N*-Nitrosoverbindungen gelten einige als „tabak-spezifisch", z. B. *N'*-Nitroso-

Tab. 3.2 Einige im Tabakrauch vorkommende kanzerogene Substanzen.

Acrolein	5-Methylchrysol
Arsen[a]	β-Naphthylamin[a]
Benz[a]anthracen[a]	Nickelverbindungen[a]
Benz[a]pyren[a]	N-Nitrosodiethylamin[a]
Benz[b]fluoranthen[a]	N-Nitrosodimethylamin[a]
Benzol[a]	$N<M'>$-Nitrosonornicotin[a]
Cadmium	$N<M'>$-Nitrosoanabasin[a]
Dibenz[a,h]acridin	N-Nitrosopiperidin[a]
Dibenz[a,c]anthracen[a]	N-Nitrosopyrrolidin[a]
N-Dibutylnitrosamin	Polonium-210[a]

[a] Humankanzerogene oder als Humankanzerogene verdächtige Substanzen (Einstufung in Liste IIIA1 und Liste IIIA2 der MAK-Kommission)

nornicotin (NNN), 4-Methylnitrosamino-1-(3-pyridyl)-1-butanon (NNK) und N'-Nitrosoanabasin (→ Abb. 5.1).

Neben den zahlreichen chemischen Kanzerogenen werden mit dem Tabakrauch verschiedene radioaktive Metalle inhaliert, die über ihre Strahlenwirkung zur Tumorbildung beitragen können, z.B. die α-Strahler Thorium-228, Radium-226 und Polonium-210.

Zusätzlich zur direkten kanzerogenen Wirkung von Rauchinhaltsstoffen auf die Zellen des Bronchialepithels tragen indirekte Effekte des Tabakrauchs zum Lungenkrebs bei. Durch die bereits erwähnte Reduktion des Flimmerepithels bei Rauchern ist der Reinigungsproßeß für Staubpartikel deutlich verlangsamt (bis zu fünffach gegenüber Nichtrauchern), d.h. die an die Partikel adsorbierten Kanzerogene verweilen länger in der Lunge und haben mehr Zeit zur Einwirkung. Außerdem ist bei Rauchern das Immunsystem geschwächt und damit die Abwehr des Körpers gegen Krebszellen vermindert.

Tabakrauch wirkt außerdem eindeutig synergistisch mit einigen anderen krebserzeugenden Faktoren im Atemtrakt. So liegt die Rate an Lungenkrebs bei rauchenden Asbestarbeitern bis zu 50-fach höher als bei Vergleichsgruppen, die nur rauchen oder nur gegen Asbest exponiert sind. Ebenso ist die Häufigkeit für Krebs des Kehlkopfes und der Speiseröhre bei Rauchern, die zusätzlich starke Trinker sind, deutlich erhöht gegenüber „Nur-Rauchern" oder „Nur-Trinkern".

Neben Tabakrauch sind einige andere chemische Faktoren vor allem aus dem Arbeitsleben bekannt, die beim Menschen eindeutig zu Lungenkrebs führen. Unter den organischen Substanzen sind vor allem die Alkylantien Mono- und Bis(chlormethyl)ether (→ 6.5.1) und Schwefel-Lost (→ 6.5.4) zu nennen, unter den anorganischen Stoffen verschiedene Metallverbindungen (des Arsens, Berylliums, Cadmiums, Chroms, Nickels, → 6.6) sowie Asbest. Für die kanzerogene Wirkung von Asbestfasern, die ja im Gegensatz zu den meisten chemischen Kanzerogenen (→ 3.10.3.2) nicht kovalent an DNA binden, werden mehrere Mechanismen diskutiert:

- Asbestfasern adsorbieren organische Kanzerogene, z.B. ubiquitäre aromatische Kohlenwasserstoffe (→ 6.1.2) und transportieren sie in die Lunge. Diese Vehikelfunktion wäre eine mögliche Erklärung für den auffallenden Synergismus zwischen Tabakrauchen und Asbestexposition (s. oben).
- Asbestfasern können aus den tieferen Bereichen der Lunge nicht durch das Flimmerepithel entfernt werden und werden in Makrophagen aufgenommen (s. bei Lungenfibrose → 3.3.3). Zum Abbau phagozytierter Fremdkörper werden von den Makrophagen reaktive Sauerstoffspezies (→ 2.2.4.4) und Hypochlorit produziert, die gegen Asbest natürlich wirkungslos sind, aber genotoxische Effekte in den umliegenden Zellen auslösen.
- Asbestfasern dringen in Epithelzellen ein und stören dort bei der Zellteilung die geregelte Aufteilung der Chromosomen. Als Folge kommt es zur Ausbildung von Zellen, die ein oder mehrere Chromosomen zu viel oder zu wenig besitzen, also aneuploid sind. Induktion von Aneuploidie kann ein Schritt auf dem Weg der neoplastischen Zelltransformation sein (→ 3.10.3.2). Tatsächlich gelang mit Asbestfasern die Transformation von normalen diploiden Zellen zu Krebszellen in Zellkultur.

Wahrscheinlich wirken alle drei Mechanismen beim Lungenkrebs durch Asbest zusammen.

Neben Lungentumoren erzeugt Asbest auch das sonst sehr seltene Mesotheliom des Brust- und Bauchfelles. Dabei sind lange (>8 µm) und dünne (Durchmesser >1,5 µm) Fasern am wirksamsten. Wenn das Verhältnis von Länge zu Durchmesser größer/gleich 5 beträgt, gilt die Faser als kanzerogen. Asbestfasern erreichen das Brust- und Bauchfell, indem sie von der Lunge aus durch viele Zellschichten „wandern". Für die Entstehung der Mesotheliome dürften vor allem die beiden letztgenannten Mechanismen verantwortlich sein, da für diese Tumorart kein Synergismus mit Tabakrauch besteht, wie er nach dem ersten Mechanismus zu erwarten wäre.

Beim Einatmen durch die Nase wird auch der Nasenraum Teil des Atemtraktes. Am feuchten Flimmerepithel der Nasenhöhlen bleiben gut wasserlösliche Gase und größere Staubpartikel hängen. Diese Filterwirkung trägt wahrscheinlich dazu bei, daß verschiedene chemische Faktoren Tumoren der Nasenhöhlen und Nebenhöhlen beim Menschen erzeugen können, z. B. Chromate (→ 6.6.2) und Stäube von Holz und Leder. Es ist anzunehmen, daß aus den an den Flimmerhaaren festgehaltenen Holz- oder Lederpartikeln kanzerogene Stoffe in die Zellen des Nasenepithels übertreten können. Derartige krebserzeugende Inhaltsstoffe konnten allerdings bisher noch nicht eindeutig identifiziert werden. Unter den gasförmigen Stoffen mit kanzerogener Wirkung auf das Nasenepithel wurde neben alkylierenden Substanzen wie Bis(chlormethyl)ether im Tierversuch auch Formaldehyd entdeckt, der im Kanzerisierungsversuch bei Ratten in Konzentrationen ab 6 ppm und bei Mäusen ab 14 ppm dosisabhängig zu Tumoren des Nasenepithels führt. Beim Menschen liegen bisher keine überzeugenden epidemiologischen Daten für eine kanzerogene Wirkung von Formaldehyd vor. Die Empfindlichkeit der Rattennase gegenüber Formaldehyd könnte auf anatomischen und physiologischen Unterschieden zur menschlichen Nase beruhen: Die Nasengänge der Ratte sind viel länger, und der Mensch benutzt viel stärker seine Mundatmung (vor allem bei unangenehmen Stoffen in der Atemluft). Aus diesen Gründen wäre beim Menschen für Formaldehyd eher eine kanzerogene Wirkung für die Lunge als für die Nase zu erwarten, die aber wegen des hohen Anteils an Tabakrauch-bedingten Lungentumoren epidemiologisch sehr schwer zu erfassen ist.

3.4
Blut und blutbildende Organe

Das Blut stellt beim Menschen 7–8% des Körpergewichts dar und dient vor allem als Transportmittel für verschiedene Substanzen (Sauerstoff, Kohlendioxid, Nährstoffe, Produkte des Intermediärstoffwechsels, Hormone und Enzyme, sowie stickstoffhaltige Ausscheidungsprodukte des Protein- und Purinstoffwechsels wie z. B. Harnstoff, Kreatinin und Harnsäure). Weitere wichtige Funktionen sind die Aufrechterhaltung eines konstanten inneren Milieus (Homöostase) und die Erkennung und Abwehr von körperfremden Stoffen und Mikroorganismen (Immunabwehr, → 3.8). Zum Schutz gegen Verluste bei Verletzungen des Gefäßsystems hat Blut außerdem die Fähigkeit zu gerinnen.

3.4.1
Störungen der Blutbildung

Blut besteht aus dem *Blutplasma* und verschiedenen Arten von *Blutzellen*. Das Plasma enthält pro Liter ca. 0,9 l Wasser, 9 g Elektrolyte und 70–80 g Proteine. Etwa die Hälfte der Proteinmenge entfällt auf Albumin, die andere Hälfte auf ca. 100 andere Proteine, die unterschiedliche Anteile und Funktionen haben (→ Lehrbücher der Physiologie und Biochemie). Der flüssige Überstand von geronnenem Blut wird als *Blutserum* bezeichnet. Serum unterscheidet sich von Plasma vor allem durch das Fehlen des Gerinnungsfaktors Fibrinogen. Die meisten Plasmaproteine werden in der Leber synthetisiert.

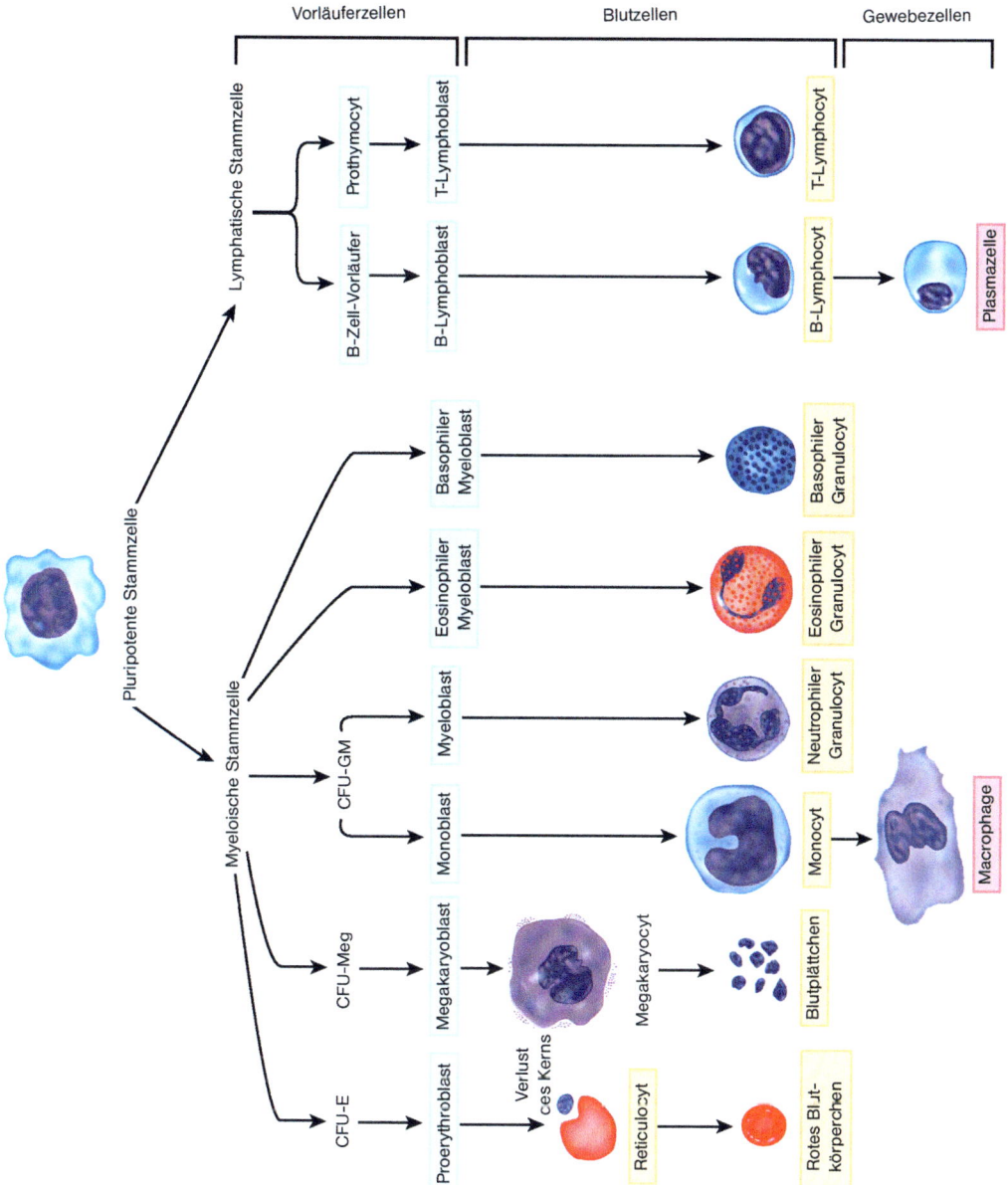

Abb. 3.7 Blutzellen des Knochenmarks (myeolisch) und des lymphatischen Systems. CFU = Kolonie bildende Einheit.

Die Hauptmasse der Blutzellen (Abb. 3.7) bilden die *roten Blutkörperchen* (Erythrocyten) mit ca. 5 Millionen pro Mikroliter Blut. Der Volumenanteil der Erythrocyten am Gesamtblutvolumen, der sog. Hämatokrit, beträgt beim Mann 47% und bei der Frau 42%. Erythrocyten sind runde, scheibenförmige Zellen ohne Zellkern. Sie enthalten vor allem den roten Blutfarbstoff Hämoglobin, der für den Transport von Sauerstoff benötigt wird (→ 3.4.2).

Die *weißen Blutkörperchen* (Leukocyten), die einen Zellkern besitzen, kommen in einer Zahl von 4000–10 000 pro Mikroliter Blut vor. Sie stellen keine einheitliche Zellgruppe dar, sondern werden in die Gruppe der Lymphocyten, Monocyten und Granulocyten unterteilt (Abb. 3.7). Die Granulocyten (Zellen mit „Körnchen"-haltigem Cytoplasma) werden wegen ihres vielgestaltigen Zellkerns auch als polymorphkernige Leukocyten bezeichnet. Nach der Anfärbbarkeit ihrer Granula unterscheidet man neutrophile, eosinophile und basophile Granulocyten. Die verschiedenen Leukocyten haben unterschiedliche Funktionen, meist bei der Immunabwehr und der Beseitigung von Zelltrümmern. Nur ca. 5% der im Körper befindlichen Leukocyten zirkulieren mit dem Blut, der Rest erfüllt in verschiedenen Organen seine Aufgaben. Die *Blutplättchen* (Thrombocyten) schließlich, von denen der gesunde Mensch ca. 150 000 bis 350 000 pro Mikroliter Blut besitzt, sind einheitliche, scheibchenförmige, kernlose Zellen, die vor allem Blutgerinnungsfaktoren enthalten (→ 3.4.4).

Mit Ausnahme der Lymphocyten, die in den lymphatischen Geweben Lymphknoten, Milz, Thymusdrüse und Mandeln entstehen, werden alle Blutzellen des Menschen nach der Geburt im roten Knochenmark gebildet, während der Fetalzeit dagegen in der Leber. Die schließlich vom Knochenmark an das Blut abgegebenen ausgereiften Blutzellen entwickeln sich aus einer pluripotenten Stammzelle über mehrere Zwischenformen (→ Lehrbücher der Physiologie). Eine zu niedrige Anzahl von Blutzellen wird bei Erythrocyten als *Anämie*, bei Leukocyten als *Leukopenie*, bei Thrombocyten als *Thrombocytopenie* bezeichnet. Sind alle Arten von Blutzellen erniedrigt, spricht man von *Pancytopenie*.

Pancytopenie kann von ionisierender Strahlung und verschiedenen chemischen Substanzen verursacht werden, z. B. von Benzol. Die toxische Wirkung des Benzols auf das Knochenmark ist schon lange bekannt, wird in ihrem biochemischen Mechanismus aber noch immer nicht verstanden. Wichtig scheint die Bildung bestimmter Metabolite zu sein, wobei vor allem Benzochinon und Muconaldehyd als ultimale reaktive Formen diskutiert werden (zum Metabolismus von Benzol → 6.1.2). Bisher ist umstritten, ob die metabolische Aktivierung im Knochenmark selbst oder in der Leber stattfindet. Der sehr reaktive Muconaldehyd bildet DNA-Addukte *in vitro*, während Benzochinon nicht direkt mit DNA reagieren, aber über Redox-Cycling DNA-Schäden erzeugen kann. Außerdem stört Benzochinon über seine Reaktion mit Proteinen der Mitosespindel die Zellteilung und führt zu Aneuploidie.

Pancytopenie wird auch bei genügend hoher Exposition durch Antimetabolite, die anstelle von Nukleinsäurebasen in die DNA eingebaut werden und die Synthese dadurch hemmen, durch Stickstoff- oder Schwefel-Lost die DNA durch Alkylierung quervernetzen, durch Arsen- und Goldverbindungen sowie die Arzneistoffe Phenylbutazon und Chloramphenicol verursacht. Letzteres scheint über eine immunologische Reaktion des Knochenmarks zu wirken.

Eine spezifische Störung der Erythrocytenreifung und damit eine Anämie ist zu erwarten, wenn die Bildung des Hämoglobins reduziert ist, wie z. B. bei der Vergiftung mit Bleisalzen (→ 6.6.2). Blei greift an mindestens drei Stellen in den Biosyntheseweg des Häm ein (Abb. 3.8), indem es die entsprechenden Enzyme hemmt. Ergebnis ist die verminderte Bildung von Häm und ein erhöhter Spiegel von δ-Aminolävulinsäure in Blut und Harn, der als empfindliches diagnostisches Zeichen einer Bleivergiftung gilt. Durch die gestörte Umsetzung von Koproporphyrinogen III zu

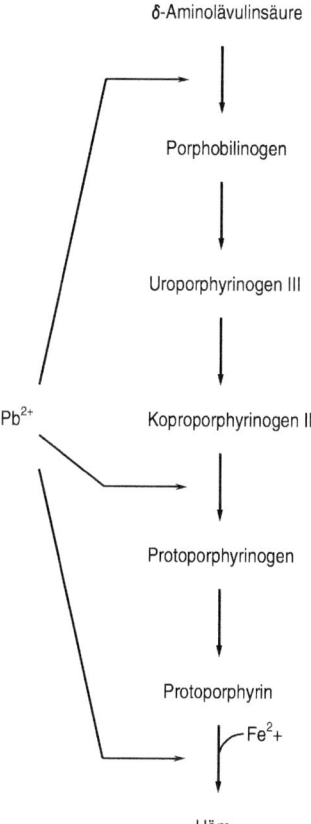

Abb. 3.8 Störungen der Hämsynthese durch Blei(II)ionen (für Formeln s. Lehrbücher der Biochemie)

Protoporphyrinogen wird vermehrt Koproporphyrin III gebildet und als brauner Farbstoff in die Haut eingelagert.

Zu einer Anämie kommt es auch, wenn die normale durchschnittliche Lebensdauer der Erythrocyten (beim Menschen ca. 120 Tage) durch Schädigung stark verkürzt wird. Geschädigte Erythrocyten werden vor allem in der Milz aus dem Blut herausfiltriert und abgebaut. Verschiedene Schlangen- und Pilzgifte, aber auch Arsenwasserstoff, Schwefelwasserstoff, aromatische Amine und aromatische Nitro-Verbindungen führen zur hämolytischen Anämie.

Mangel an Erythrocyten und damit eine Unterversorgung der Gewebe mit Sauerstoff äußert sich in einer blassen Farbe der Haut und vor allem der Schleimhäute, starker Zunahme der Herzfrequenz bei körperlicher Anstrengung, Kurzatmigkeit, rascher Ermüdbarkeit und Schwindelgefühle bei Muskelarbeit.

3.4.2
Störung des Sauerstofftransports

Eine Unterversorgung mit Sauerstoff kann auch bei normaler Erythrocytenzahl eintreten, wenn der Transport von der Lunge in die Gewebe gestört ist, z. B. bei der Vergiftung mit Kohlenmonoxid oder bei der Methämoglobinämie.

Bei der Kohlenmonoxidvergiftung wird Sauerstoff aus seiner reversiblen Bindung an das zweiwertige Eisen im Hämoglobin verdrängt. Jedes Hämoglobinmolekül besteht aus vier Proteinketten, von denen je zwei identisch sind. Jede Kette enthält eine Hämgruppe (→ Abb. 2.17), die über die 5. Koordinationsstelle des Fe^{2+} an ein Histidin im Globin gebunden ist. Im O_2-beladenen Hämoglobin, dem Oxyhämoglobin (HbO_2), ist die 6. Koordinationsstelle mit dem Sauerstoffmolekül belegt, die Wertigkeit des Eisens ändert sich nicht. Kohlenmonoxid hat eine ca. 300-fach höhere Affinität zu dieser Bindungsstelle und kann daher sehr erfolgreich mit Sauerstoff konkurrieren (Abb. 3.9). Wie aus dem

$$Hb\ Fe^{2+}\ O_2 \underset{O_2}{\overset{CO}{\rightleftarrows}} Hb\ Fe^{2+}\ CO$$

Abb. 3.9 Konkurrenz von O_2 und CO um die Bindung an Hb

Massenwirkungsgesetz zu berechnen ist, genügen in Luft mit ca. 20 Volumen-% O_2 schon 0,066 Volumen-% CO, um die Hälfte des Hb in HbCO zu überführen und damit für den O$_2$-Transport auszuschalten. Da CO farblos, geruchlos und ohne Geschmack ist, übt es keine Warnwirkung aus. Wegen der hellroten Farbe des HbCO kündigt sich der Sauerstoffmangel auch nicht durch eine Blässe der Haut an.

Als Symptome der CO-Vergiftung treten bei 10–20% HbCO Mattigkeit, Herzklopfen und Kurzatmigkeit, bei 20–30% Schwindel und Gliederschlaffheit, bei 30–40% Bewußtseinsschwund und verflachte Atmung, bei 40–60% tiefe Bewußtlosigkeit und Absinken der Körpertemperatur ein. 60–70% HbCO sind in der Regel innerhalb einer Stunde, > 70% innerhalb weniger Minuten tödlich. Da bei hohem HbCO-Anteil nicht nur der Transport von Sauerstoff in die Gewebe, sondern auch der Abtransport von Kohlendioxid aus den Geweben zur Lunge eingeschränkt ist, kommt es zu einer metabolischen Acidose, die zum Tod beitragen kann.

Wichtig für die Geschwindigkeit, mit der sich die CO-Vergiftung ausbildet, ist vor allem die CO-Konzentration in der Atemluft und die Häufigkeit und Tiefe der Atmung. Wegen der geringen Wasserlöslichkeit des CO wird die Aufsättigung des Hb bis zum Gleichgewichtszustand nicht schnell erfolgen. Bei Ruheatmung sind dazu ca. 10 Stunden erforderlich.

Die Therapie einer CO-Vergiftung besteht wegen der reversiblen Bindung an das Hb in der Beatmung mit Sauerstoff, bei Bedarf im Überdruck. Die bei 2×10^5 Pa physikalisch im Blutplasma gelösten 4 Volumen-% O$_2$ reichen zur Versorgung der Gewebe aus, bis das HbCO wieder in HbO$_2$ übergeführt ist. Mit reinem Sauerstoff ohne Überdruck sinkt der HbCO-Blutspiegel in 1 Stunde von 60 auf 20%. Wird eine akute CO-Vergiftung überlebt, können als Spätschäden u.a. Nekrosen des Herzmuskels, periphere Lähmungen, Epilepsie und Parkinsonismus zurückbleiben. Es gilt als unwahrscheinlich, daß die chronische Einwirkung niedriger CO-Konzentrationen zu Schäden führt. Der MAK-Wert von CO liegt z. Zt. bei 30 ml/m^3, im Straßenverkehr treten Konzentrationen bis zu 70 ml/m^3 auf. Die HbCO-Spiegel bei Verkehrspolizisten in Ballungsgebieten liegen bei maximal 10%. Bei starken Rauchern steigen die Werte auf bis zu 15%.

CO bindet auch an das Fe^{2+} in anderen Hämproteinen, z.B. in den Cytochrom P-450-haltigen Mono-oxigenasen (→ 2.2.4.1) oder im Myoglobin des Muskels, doch sind diese Bindungen deutlich weniger stark als die an Hb und spielen bei der CO-Vergiftung keine Rolle.

Wird das Fe^{2+} des Hb zu Fe^{3+} oxidiert, entsteht Methämoglobin (Met-Hb), auch Ferrihämoglobin genannt. Met-Hb hat die Fähigkeit zur reversiblen Bindung von Sauerstoff verloren und fällt damit für den Sauerstofftransport aus. Als direkte Met-Hb-Bildner wirken Oxidationsmittel, wie z.B. Chlorate und Perchlorate sowie anorganische und organische Nitrite (NaNO$_2$, Amylnitrit, Nitroglycerin). Auch Nitrate sind Met-Hb-Bildner, da sie im Organismus zu Nitriten reduziert werden. Die größte Gruppe stellen jedoch aromatische Amine und Nitroverbindungen dar (→ 6.2.1).

Gemeinsame Wirkform dieser Substanzen ist die Hydroxylamin-Stufe, die im Metabolismus durch Hydroxylierung des Amins oder Reduktion der Nitrogruppe entsteht (Abb. 3.10). Substanzen, die erst metabolisch aktiviert werden müssen, werden als indirekte Met-Hb-Bildner bezeichnet. Da der Metabolismus Zeit benötigt, setzt der Anstieg des Met-Hb-Spiegels bei den indirekten Met-Hb-Bildnern im allgemeinen später ein als bei den direkten. Bei den aromatischen Aminen und Nitroverbindungen hält die Wirkung länger an als bei Nitrit, da ihre Ausscheidungsgeschwindigkeit geringer ist und die Wirkform immer wieder im Stoffwechsel nachgebildet wird (Abb. 3.10). Sowohl Nitrit als auch Arylhydroxylamin wirken nicht als Oxidationsmittel für das Fe^{2+} des Hb, sondern werden bei

84 | Toxikologie wichtiger Organe und Organsysteme

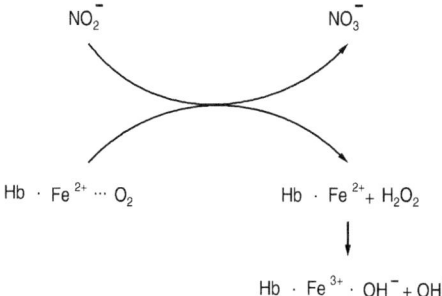

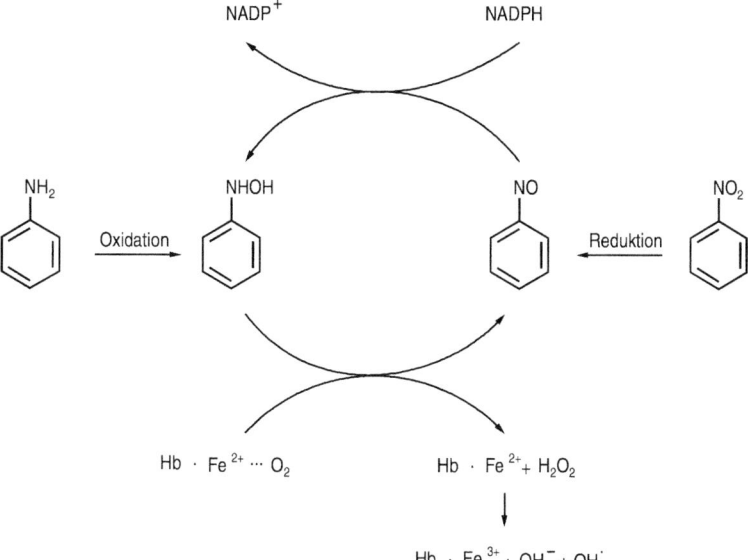

Abb. 3.10 Met-Hb-Bildung durch Nitrit und aromatische Amine/Nitroverbindungen

der Met-Hb-Bildung selbst oxidiert. Eigentliches Oxidationsmittel ist der Sauerstoff des Oxy-Hb, weshalb man die Met-Hb-Bildung durch diese Substanzen auch als gekoppelte Oxidation bezeichnet. Der Sauerstoff wird dabei zunächst zu H_2O_2 reduziert. Das Wasserstoffperoxid oxidiert das Fe^{2+} zu Fe^{3+}, wobei Hydroxylradikale entstehen (→ Abb. 2.46). Letztere sind vermutlich für die zu beobachtenden Schädigungen der roten Blutkörperchen verantwortlich. Zusätzlich wird der Gehalt des Erythrocyten an Glutathion (GSH) stark vermindert, was den Schutz des Hb vor oxidativer Schädigung beeinträchtigt. Derart geschädigte Erythrocyten weisen häufig dunkle Einschlüsse, sog. „Heinzsche Körperchen" auf und neigen verstärkt zu Hämolyse.

Da auch molekularer Sauerstoff allein Met-Hb erzeugt, liegt immer ein Teil des in den

Erythrocyten vorhandenen Hb als Met-Hb vor. Beim normalen Erwachsenen beträgt dieser Teil weniger als 1%. Grund dafür ist die Fähigkeit des Erythrocyten, Met-Hb zu Hb zu reduzieren, so daß sich ein Fließgleichgewicht zwischen Bildung und Reduktion einstellt. Das Met-Hb-Reduktasesystem sorgt natürlich auch dafür, daß die durch einen exogen zugeführten Met-Hb-Bildner verursachten erhöhten Spiegel an Met-Hb meist im Verlauf von Stunden wieder auf das Ausgangsniveau sinken. Sind jedoch bestimmte Enzyme dieses Reduktionssystems nicht voll aktiv, wie z. B. bei Neu- und Frühgeborenen oder bei einigen vererbbaren Krankheiten, so steigt die Empfindlichkeit gegen Met-Hb-Bildner. Lebensmittel und Trinkwasser mit höheren Gehalten an Nitrat bzw. Nitrit werden deshalb vom Säugling schlechter vertragen als vom Erwachsenen.

Typische Symptome einer Methämoglobinämie sind Blässe der Haut und besonders die Blaufärbung (Cyanose) der Lippen, die ab ca. 20% Met-Hb auftritt. Die übrigen Erscheinungen entsprechen qualitativ und quantitativ denen der Vergiftung mit Kohlenmonoxid, da ja gemeinsamer Mechanismus der Ausfall des Hb für die Sauerstoffversorgung der Gewebe ist. Lebensbedrohlich ist bei normaler Erythrocytenzahl ein Met-Hb-Spiegel des Blutes von 60–80%, bei Anämie entsprechend weniger.

Zur Therapie einer Methämoglobinämie sind bestimmte Redoxfarbstoffe wie Methylenblau oder Thionin geeignet, die die enzymatische Reduktion des Met-Hb in den Erythrocyten beschleunigen. Sie werden intravenös injiziert und senken hohe Met-Hb-Spiegel in kurzer Zeit auf Werte um 10% und damit in einen nicht mehr bedrohlichen Bereich.

3.4.3
Störung der Sauerstoffverwertung

Neben Kohlenmonoxid und Met-Hb-Bildnern führt auch Cyanid zur inneren Erstickung, d. h. einem Tod durch Sauerstoffmangel bei ausreichendem Sauerstoffangebot in der Atemluft. Ursache der Erstickung durch Cyanid ist aber nicht eine Störung des O_2-Transportes zu den Geweben, sondern der O_2-Verwertung in den Zellen. Cyanid ist kein Blutgift sondern ein Zellgift. Wegen seiner hohen Affinität zu dreiwertigem Eisen im Hämverband bindet das Cyanid-Ion vor allem an die Cytochrom-haltigen Enzyme der Atmungskette, die in den Mitochondrien die Reduktion des molekularen Sauerstoffs zu Wasser katalysieren (→ Lehrbücher der Biochemie). Die Blockade dieser Enzyme bringt die Atmungskette zum Erliegen, es erfolgt der Zelltod trotz ausreichenden Sauerstoffangebots. Die meisten Gewebe sind in der Lage, Cyanid mit Hilfe des Enzyms Rhodanese durch Ankopplung von Schwefel in das wenig toxische Rhodanid umzuwandeln. Beim Menschen beträgt die Entgiftungsrate 0,1 mg Cyanid pro kg Körpergewicht pro Stunde.

Gefährlich ist demnach nicht die Aufnahme kleiner Cyanidmengen über längere Zeiträume, sondern die Stoßaufnahme. Für den Menschen gilt als minimal letale Dosis ca. 1 mg/kg Körpergewicht. Da Cyanid im Magen weitgehend in Form der undissoziierten Blausäure vorliegt, wird es nach oraler Zufuhr sehr schnell resorbiert. Auch die Aufnahme in die Zellen und in die Mitochondrien erfolgt wegen der geringen Dissoziation sehr rasch, so daß Vergiftungserscheinungen nach Verschlucken von Cyanid bereits nach wenigen Minuten auftreten. Einatmen von Blausäure führt sogar schon nach Sekunden zu Vergiftungssymptomen. Muß Cyanid erst aus anderen Bindungen freigesetzt werden (z. B. aus organischen Nitrilen oder cyanogenen Glykosiden in manchen Pflanzen), liegen die Latenzzeiten der Vergiftung meist im Bereich von 0,5–1 Stunde. Erstes Symptom ist eine Steigerung der Atmung, gefolgt von Erbrechen und Krämpfen. Der Tod tritt durch zentrale und periphere Atemlähmung ein. Zur kombinierten Therapie eignet sich die Injektion von Natriumthiosulfat, wodurch die Entgiftung durch die Rhodanese gesteigert wird, und die Erzeugung einer mäßigen Methämoglobinämie durch Inhalation von Amylnitrit oder i.v. Injektion einer Natriumnitrit- oder Dimethylaminophenol-Lösung. Met-Hb enthält Häm mit Fe^{3+} und bindet ebenfalls Cyanid. 20–30% Met-Hb, die problemlos vertragen werden, bilden einen im Vergleich zu den Cytochromen der Atmungskette riesigen Überschuß und führen zu einer schnellen Entlastung der Cytochromoxidasen.

Eine der Cyanidvergiftung in Symptomatik und Mechanismus sehr ähnliche toxische Wirkung zeigen inhalierter Schwefelwasserstoff und oral aufgenommene lösliche Sulfide. Das Hydrogensulfid-Ion HS^- blockt ebenfalls die Cytochromoxidase der Atmungskette. Da HS^- auch durch Met-Hb gebunden wird, kann eine Methämoglobinämie als therapeutische Maßnahme dienen. Als Antidot wirkt auch oxidiertes Glutathion (GSSG), das mit HS^- schnell unter Spaltung der Disulfidbrücke reagiert. Im Stoffwechsel wird HS^- zu Sulfit und Sulfat oxidiert.

3.4.4
Störung der Blutgerinnung

Werden Blutgefäße verletzt, muß die Blutung durch Abdichten des Lecks gestillt werden. Der Prozeß der Blutstillung (Hämostase) umfaßt die schnelle Anlagerung von Thrombocyten an die defekte Stelle und ihre Aggregation zu einem Wundpfropf. Dieser primären Hämostase folgt mit geringerer Geschwindigkeit als sekundäre Hämostase die Blutgerinnung, d.h. die Ausbildung von Fibrinfäden, die den Wundpfropf verdichten. Die Gerinnung ist nach 5–7 min abgeschlossen. An der kaskadenartigen Aktivierung der Blutgerinnung sind zahlreiche sog. Gerinnungsfaktoren beteiligt, die vor allem aus den Thrombocyten und dem Blutplasma stammen (→ Lehrbücher der Physiologie und Biochemie). Meist handelt es sich um Proteine, bei einem Gerinnungsfaktor um freie Ca^{2+}-Ionen. In der Endphase der Blutgerinnung wird ein im Blutplasma gelöstes Protein, das Fibrinogen, durch die Protease Thrombin in das unlösliche Fibrin übergeführt. Thrombin selbst wird unter der Wirkung von Ca^{2+} und anderen Faktoren aus dem inaktiven Prothrombin gebildet, das wie mehrere andere Gerinnungsfaktoren unter Mitwirkung von Vitamin K in der Leber synthetisiert wird.

Die Blutgerinnung kann z.B. durch Stoffe verhindert werden, die Ca^{2+}-Ionen als schwerlösliches Salz ausfällen (z.B. Oxalsäure) oder in einen Komplex überführen (z.B. der Chelatbildner Ethylendiamintetraacetat, EDTA). Da Ca^{2+} für zahlreiche andere physiologische Funktionen sehr wichtig ist (z.B. Muskelkontraktion), führt ein abgesenkter Ca^{2+}-Blutspiegel zwar zu einer Herabsetzung der Blutgerinnung, hat aber u.U. lebensbedrohliche Folgen, z.B. eine starke Tetanie.

Zu einer lebensbedrohlichen Hemmung der Blutgerinnung kann es dagegen durch bestimmte Cumarinderivate kommen. So wurde z.B. Viehsterben durch faulenden Süßklee ausgelöst, der wegen seines hohen Gehaltes an Dicumarol (Bishydroxycumarin) (Abb. 3.11) zu starken Blutungen der Tiere führte. Das synthetische Cumarinderivat Warfarin wird als Gift gegen Nager eingesetzt. Antikoagulantien vom Cumarintyp werden auch therapeutisch zur Herabsenkung der Blutgerinnung, z.B. nach Thromboembolien der Lunge und des Gehirns, eingesetzt. Wirkungsmechanismus der Cumarine ist die Vitamin K-antagonistische Hemmung der Bio-

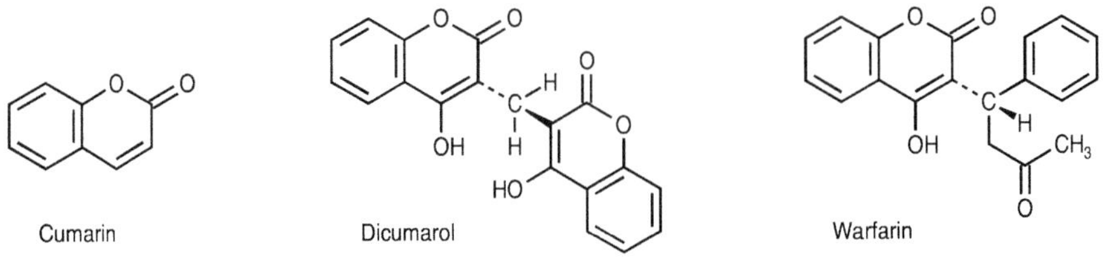

Abb. 3.11 Substanzen mit hemmender Wikrung auf die Blutgerinnung

synthese von Prothrombin und einigen anderen Gerinnungsfaktoren (II, VII, IX und X, sog. Prothrombinkomplex) in der Leber. Zur vollen Wirkung der Cumarine kommt es allerdings erst zwei bis drei Tage nach Aufnahme dieser Substanzen, wenn der Vorrat an vorhandenem Prothrombinkomplex aufgebraucht ist. Todesursache ist innere Verblutung durch Sickerblutung (Hämorrhagie) aus den Verletzungen von Blutkapillaren, die im lebenden Organismus unvermeidlich sind. Durch Gabe von Vitamin K kann eine Vergiftung mit Cumarinen sehr wirkungsvoll behandelt werden.

3.5
Auge

Entsprechend dem anatomischen Aufbau des Auges (Abb. 3.12) existieren für toxische Stoffe vor allem vier Angriffsorte, deren Schädigung zu Funktionseinschränkungen des Auges bis hin zur Erblindung führen kann: die Hornhaut (Cornea), die Augenlinse, die Netzhaut und der Sehnerv.

3.5.1
Schäden der Hornhaut

Während an anderen Stellen der Haut eine Vernarbung als Folge einer Gewebeschädigung keine gravierenden Folgen hat, führt Narbenbildung an der Cornea zu einer Verminderung der Lichtdurchlässigkeit. Dies erklärt die Empfindlichkeit der Hornhaut gegen ätzende Stoffe wie Säuren, Laugen, organische Lösungsmittel und Detergentien. Bei Kontakt der Cornea mit diesen Stoffen muß das Auge möglichst schnell bei offenem Lidspalt mit viel fließendem Wasser ausgespült (→ 2.4.2) und durch den Arzt nachversorgt werden. Vor allem Alkalispritzer verursachen als Spätschäden nicht selten schwere Hornhauttrübungen und sogar Perforation. Tückisch sind auch Verätzungen mit gebranntem Kalk, dessen feine Partikel sich selbst bei gründlichem Spülen meist nicht ganz entfernen lassen. Nur der Arzt kann die Hornhaut des Auges vollständig reinigen. Bei Detergentien sind nichtionische im allgemeinen weniger gefährlich als ionische.

Zu schweren Schäden der Cornea führt der Kontakt mit den Kampfgasen von Typ des Schwefel-Lost oder Stickstoff-Lost (→ 6.5.4). Durch die leichte Bildung von Episulfonium-Ionen sind diese lipophilen und leicht in die Zellen aufgenommenen Substanzen sehr starke Alkylantien für Proteine und Nukleinsäuren, sie zerstören jedes Gewebe. Ihre Wirkung am Auge setzt nicht plötzlich, sondern je nach einwirkender Konzentration mit einer Latenzzeit von Stunden bis Tagen ein. Stoffe vom Lost-Typ werden auch zur Krebs-Chemotherapie und als Zwischenprodukte für andere Substanzen (z. B. von Meperidin) benutzt und können somit Bedeutung als Arbeitsstoffe erlangen.

Eine Reihe von chemisch reaktiven Substanzen reizt schon in sehr niedriger Konzentration sensorische Nervenendigungen in der Cornea und führt zu reflektorischem Tränenfluß. Manche dieser Stoffe werden als Tränen-

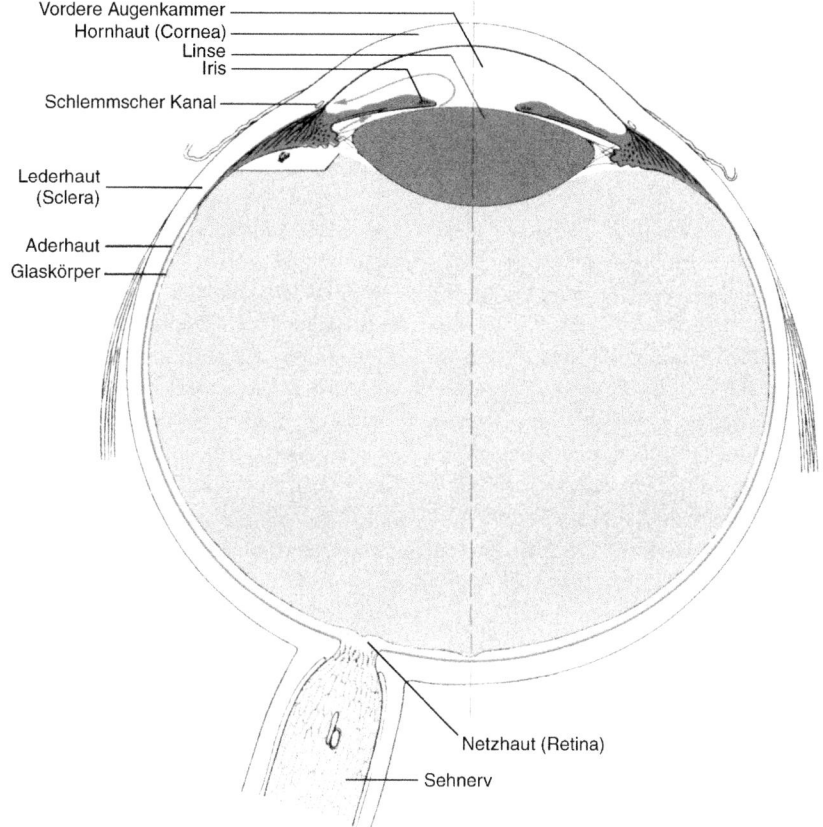

Abb. 3.12 Schnitt durch ein menschliches Auge

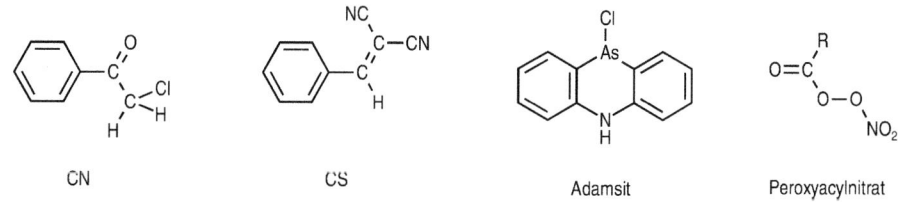

Abb. 3.13 Tränenreizstoffe

reizstoffe zu polizeilichen und militärischen Zwecken als „chemische Keule" eingesetzt, z. B. ω-Chloracetophenon („CN"), 2-Chlorbenzylidenmalonitril („CS") und Chlorphenarsazin („Adamsit", Abb. 3.13). Während die niedrigen Konzentrationen eine sofortige tränenreizende Wirkung ohne Gewebeschädigung haben, können hohe Konzentrationen zu Verätzungen und bleibenden Hornhauttrübungen führen. Auch eine Schädigung des genetischen Materials wurde für bestimmte Tränenreizstoffe nachgewiesen, z. B. die Induktion von Mikrokernen durch CS.

Als Tränenreizstoffe wirken auch Bestandteile des „photochemischen Smogs", der durch Einwirkung von Sonnenlicht auf Abgase von Automobilen und anderen Emittenten entsteht. Unter den zahlreichen Reaktionsprodukten aus emittierten Alkenen, Alkanen und Aromaten mit Sauerstoff, Stickoxiden und UV-Licht sind u.a. Peroxyacylnitrate (Abb. 3.13) als Lakrimatoren wirksam. Bisher ist nicht bekannt, ob photochemischer Smog Langzeitschäden am Auge verursacht.

Weitere lokal wirkende Hornhautgifte sind Metallsalzlösungen und Hydrochinonstaub, während einige Arzneistoffe wie z. B. die Antimalariamittel Chinacrin und Chloroquin nach systemischer Einnahme zu Ödemen und anderen Schäden der Cornea führen.

Für die Testung chemischer Substanzen auf irritierende, hornhautschädigende und glaukomauslösende Wirkung dient der sog. „Draize-Test" am Kaninchenauge bzw. entsprechende Ersatzmethoden ($\rightarrow$ 4.2.2).

3.5.2
Schäden der Linse

Zur Aufrechterhaltung ihrer Transparenz synthetisiert die Augenlinse u.a. organspezifische Proteine und reguliert den Wassergehalt sehr genau über die Ionengleichgewichte. Dazu werden energiereiche Phosphate benötigt, die in der menschlichen Augenlinse durch Abbau von Glucose über den Zitronensäurecyclus und durch anaerobe Glykolyse ($\rightarrow$ Lehrbücher der Biochemie) bereitgestellt werden. Wichtig für die Transparenz der Linse ist außerdem der Glutathiongehalt, der die Proteine gegen Oxidation schützt.

2,4-Dinitrophenol entkoppelt die oxidative Phosphorylierung, d. h. es verhindert die Synthese energiereicher Phosphate. In den USA, wo 2,4-Dinitrophenol von 1935 bis 1937 als Schlankheitsmittel zugelassen war, kam es durch diese Substanz zu mehreren Hundert Katarakten (grauer Star).

Kataraktbildung wird auch durch hohe Dosen der Glucocorticoide Cortison, Prednison und Dexamethason bei der Behandlung rheumatischer Erkrankungen ausgelöst. Als mögliche Mechanismen werden die Akkumulation in der Linse, die Bindung an die linsenspezifischen Proteine α-Cristallin und β-Cristallin, Veränderungen des Na^+/K^+-Transports und damit des Wassergehaltes der Linse, sowie Hemmung der Proteinsynthese diskutiert.

Weitere kataraktogene Substanzen sind das zur Behandlung bestimmter Leukämieformen eingesetzte Alkylans Busulfan, der aromatische Kohlenwasserstoff Naphthalin und Thallium(I)salze. Als Wirkform des Naphthalins gilt 1,2-Naphthochinon, das in der Linse durch Oxidation aus dem in der Leber gebildeten 1,2-Dihydrodiol entsteht. 1,2-Naphthochinon reagiert mit Proteinen und mit Glutathion und senkt dadurch und durch Hemmung der Glutathionreduktase den Glutathionspiegel in der Linse. Das Tl(I)-Ion gleicht in Ionenradius und Ladung dem Kaliumion ($\rightarrow$ 6.6.2); es reichert sich in der Linse an und hemmt möglicherweise die für die Einstellung der Ionengleichgewichte essentielle Na^+/K^+-ATPase.

3.5.3
Schäden der Netzhaut und des Sehnervs

Die Netzhaut (Retina) stellt eine sehr komplexe neuronale Struktur dar, deren Aufgabe in der Umsetzung von Lichteindrücken in Nervenimpulse besteht, die durch den Sehnerv dem Gehirn zugeleitet werden. Über die Mechanismen der Schädigung dieser Strukturen durch chemische Substanzen ist bisher wenig bekannt. Erfahrungen für Netzhautschäden unterschiedlicher Art beim Menschen liegen vor allem mit verschiedenen Medikamenten vor, z. B. dem Antimalariamittel Chloroquin, dem Entzündungshemmer Indometacin, Beruhigungsmitteln vom Phenazintyp, dem Antiöstrogen Tamoxifen und den gegen Hauterkrankungen eingesetzten Retinoiden. Tierexperimentell kann eine Retinopathie beim Kaninchen z. B. durch Iodacetat oder Dithizon (Diphenylthiocarbazon) erzeugt werden.

Unter den Substanzen, die zu Schäden am Sehnerv führen, ist Methanol (→ 6.4.1) die bekannteste und wichtigste. In Zeiten des beschränkten Zugangs zu Ethanol-haltigen Getränken, wie in Kriegssituationen oder während der Prohibition in den USA, traten regelmäßig und in größerem Umfang Methanolvergiftungen auf. Diese umfassen neben der Schädigung des Sehnervs auch toxische Effekte in anderen Teilen des Zentralnervensystems sowie vor allem Acidose, d.h. eine Absenkung des pH-Wertes im Blut und anderen Körperflüssigkeiten. Die Methanolvergiftung manifestiert sich nur bei Primaten und nicht bei Nagern oder anderen Spezies. Von entscheidender Bedeutung dafür ist der Stoffwechsel des Methanol, der beim Primaten durch Alkoholdehydrogenase katalysiert wird und über Formaldehyd zu Ameisensäure führt, während bei anderen Spezies der Abbau durch Katalase bevorzugt abläuft.

Die Oxidation von Methanol zu Formaldehyd ist deutlich langsamer als die von Ethanol zu Acetaldehyd. Während Formaldehyd sehr schnell (Halbwertszeit ca. 1 min) zu Ameisensäure weiteroxidiert wird, wird diese bei Primaten nur langsam zu Kohlendioxid abgebaut und akkumuliert daher im Organismus. Ameisensäure stellt wahrscheinlich den für die neurotoxischen Effekte und die Acidose verantwortlichen ultimalen Metaboliten dar, wobei der biochemische Mechanismus der Sehnervschädigung bisher unbekannt ist. Der zeitliche Verlauf einer akuten Methanolvergiftung ist unter 6.4.1 beschrieben. Die metabolische Acidose kann mehrere Tage anhalten und in schweren Fällen ohne Behandlung zum Tod führen. Schon 30–100 ml Methanol können tödlich sein. Die Sehstörungen verlaufen zweiphasig. Einem Ödem der Retina, das die Sehleistung beeinträchtigt aber nicht aufhebt und das sich zurückbilden kann, folgt die irreversible und zur Erblindung führende Degeneration des Sehnerven. Die Empfindlichkeit des Sehnerven gegenüber Methanol ist individuell unterschiedlich und hängt auch von der Ernährungslage ab.

Zur Behandlung einer Methanolvergiftung wird die höhere Affinität der Alkoholdehydrogenase zu Ethanol genutzt. Bei Blutethanolspiegeln von 1 Promille wird Methanol praktisch nicht mehr oxidiert, sondern unverändert durch Abatmen und mit dem Harn ausgeschieden. Die Hemmwirkung von Ethanol auf die Methanoloxidation ist auch der Grund, daß kleine Mengen von Methanol in alkoholischen Getränken (aus Pektin gebildet) ohne toxische Wirkung bleiben. Methanol kann auch durch Hämodialyse aus dem Blut entfernt werden. Bei schon fortgeschrittener Methanoloxidation muß die Acidose durch Infusion von alkalischen Pufferlösungen (Natriumbicarbonat oder Tris-Puffer) behandelt werden.

Weitere Substanzen mit Wirkung an Retina und Sehnerv sind Thallium(I)-Ionen, Arsen(V)-Verbindungen, Schwefelkohlenstoff, das Antimalariamittel Chinin und das gegen Diarrhoe eingesetzte Clioquinol, das vor allem in Japan für ein als „subakute myelooptische Neuropathie" (SMON) bezeichnetes Syndrom verantwortlich gemacht wird, das u.a. zu einer Demyelinisierung des Sehnerven führt. Dieser toxische Effekt kann mit Clioquinol experimentell bei Hunden und Katzen ausgelöst werden.

3.6
Nervensystem

3.6.1
Anatomie und Physiologie

Unser Nervensystem (NS) dient neben der Verarbeitung der von den Sinnesorganen gelieferten Informationen in erster Linie der Steuerung und Koordination von Organfunktionen. Dies kann zum einen direkt an dem gesteuerten Organ durch elektrische Erregung (Nervenimpulse), zum andern indirekt durch Freisetzung von Hormonen aus endokrinen Zellen geschehen, die dann auf das zu steuernde Organ einwirken. Nervenimpulse müssen im Körper zum Teil über größere Strecken in den Zellausläufern von Nervenzellen (Neuronen) „elektrisch" geleitet werden (durch Änderungen des Membranpotentials) und zwischen verschiedenen Neuronen oder von einem Neuron auf das Erfolgsorgan „chemisch" übertragen werden (durch Neurotransmitter wie z. B. Acetylcholin und Noradrenalin).

Anatomisch wird das Nervensystem in das Zentralnervensystem (ZNS, bestehend aus Gehirn und Rückenmark), und das periphere Nervensystem (PNS) unterteilt (Abb. 3.14). Funktionell unterscheidet man das somatische (willkürliche, unserem Willen unterworfene) NS vom vegetativen (unwillkürlichen, autonomen) NS.

Das autonome NS besteht aus einem sympathischen und parasympathischen Anteil, deren Erregung meist entgegengesetzte Effekte am Erfolgsorgan auslöst. Durch diese „zweizügelige" Anlage wird eine besonders feine Regulation ermöglicht. Nervenbahnen verlaufen entweder *efferent*, d. h. vom ZNS in die Peripherie, oder *afferent*, d. h. von der Peripherie zum ZNS hin.

Bei efferenten Bahnen wird der Impuls in den sog. Ganglien von einem Neuron auf ein nachgeschaltetes Neuron übertragen. Die eigentliche Übertragung in einem Ganglion oder am Erfolgsorgan geschieht an den Synapsen (s. Abb. 3.15), wo durch den ankommenden Nervenreiz Neurotransmitter aus der präsynaptischen Faser freigesetzt werden, die an der postsynaptischen Membran einen neuen Nervenimpuls auslösen. Je nach freigesetztem Neurotransmitter spricht man von cholinergen (Neurotransmitter Acetylcholin), adrenergen (Noradrenalin), dopaminergen (Dopamin) usw. Neuronen. Im PNS spielen nur cholinerge und adrenerge Neuronen eine Rolle, im ZNS werden noch mehrere andere Transmitter verwendet.

Der Aufbau einer Nervenzelle ist in Abb. 3.16 am Beispiel eines motorischen (d. h. eine Muskelzelle steuernden) Neurons gezeigt. Der Zellkörper (Zelleib, Perikaryon) enthält den Zellkern und die anderen üblichen Organellen (Mitochondrien usw., → 2.1.1), wobei für Neuronen eine besonders starke Ausbildung des rauhen endoplasmatischen Retikulums (Nissl-Schollen) und des Cytoskeletts (Neurofibrillen) charakteristisch ist. Besonders typisch für Neuronen sind auch die Zellausläufer. Der lange Ausläufer, mit dem die Zelle Nervenimpulse zu anderen Zellen leitet, heißt Nervenfaser oder *Neurit*, während die kurzen, baumartigen Fortsätze, an denen oft die Ausläufer anderer Nervenzellen enden, als *Dendrite* bezeichnet werden. Bei Neuriten des PNS ist der eigentliche Fortsatz des Perikaryons, der Achsenzylinder (Axon) von sog. Schwannschen Zellen umhüllt, die Lamellen aus Myelin enthalten können. Myelinhaltige Fasern werden auch als markhaltige oder weiße, myelinfreie Fasern als marklose oder graue Nervenfasern bezeichnet. Die Myelin- oder Markscheiden sind von Einschnürungen (Ranviersche Schnürringe) der Schwann-Zellen unterbrochen.

Neuronen sind gekennzeichnet durch ihren hohen Bedarf an Sauerstoff und Glucose und durch ihre fehlende Teilungsfähigkeit im erwachsenen Organismus. Abgestorbene Nervenzellen können daher im Gegensatz zu den Zellen der meisten anderen Organe nicht durch Proliferation ersetzt werden. Wie in Abschnitt 2.2.3 besprochen, können Neuronen, besonders im Gehirn, nur durch unpolare Substanzen erreicht werden (Blut-Hirn-Schranke).

Eine Funktionsstörung des Nervensystems durch chemische Substanzen kann entweder

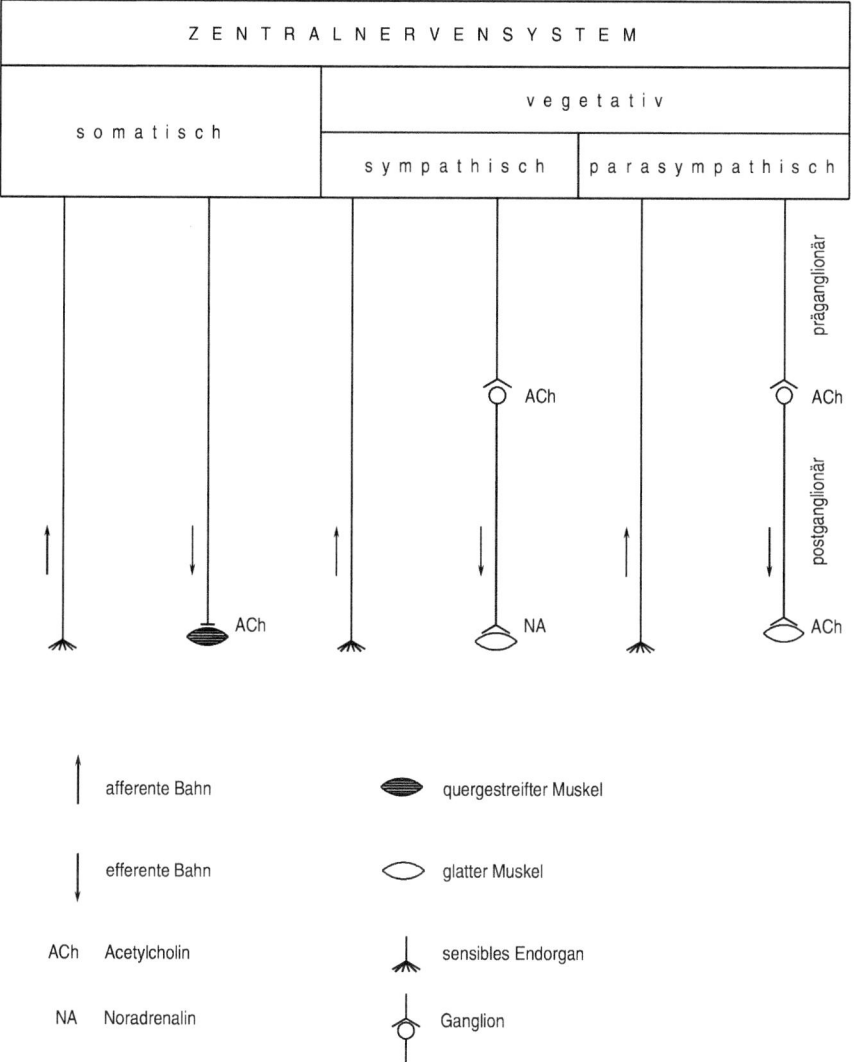

Abb. 3.14 Aufbau des Nervensystems (schematisch)

durch direkte oder indirekte Schädigung der Neuronen oder der Myelin-produzierenden Zellen (Gliazellen), oder durch Störung der Impulsübertragung an den Synapsen ausgelöst werden.

3.6.2
Schädigung der Neuronen und Gliazellen

Neuronenschädigende Substanzen können entweder am Perikaryon oder am Axon angreifen. Eine direkte Läsion der Perikarya wird z. B. von Methylquecksilber (→ 6.6.2), Trimethylzinn, Thallium, Blei, Aluminium,

Methylbromid, Methanol, Thiophen, Streptomycin, Kanamycin, Doxorubicin, Diphenylhydantoin und Chloramphenicol ausgelöst. Die ganze Nervenzelle einschließlich der Ausläufer degeneriert und stirbt schließlich ab. Dabei können Neuronen im ZNS oder im PNS bevorzugt geschädigt werden. Die biochemischen Mechanismen, die zum Tod der Neuronen führen, sind noch weitgehend unbekannt, die Symptome dieser Neurotoxizität hängen von der Lokalisation und Funktion der geschädigten Neuronen ab (z. B. Ausfall des Sehnervs im ZNS bei Methanol oder bestimmter Ganglien im PNS bei Doxorubicin).

Eine indirekte Schädigung der Perikarya von Neuronen kann durch Substanzen ausgelöst werden, die mit der Sauerstoff- und Nährstoffversorgung dieser Zellen interferieren. Ein Sauerstoffmangel (Anoxie) der Neuronen kann wegen einer Minderdurchblutung des Gehirns („ischämische Anoxie") oder wegen einer Verringerung des Sauerstoffgehaltes im Blut („anoxische Anoxie", z. B. durch Kohlenmonoxid oder Methämoglobinbildner, → 3.4.2) oder wegen einer Störung der intrazellulären Sauerstoffverwertung („cytotoxische Anoxie", z. B. durch Cyanide oder Azide, → 3.4.3) entstehen.

Eine große Anzahl von Substanzen unterschiedlicher chemischer Struktur schädigen primär das Axon, wenn sie über längere Zeit und meist in höheren Dosen aufgenommen werden. Vereinfacht kann ihre Wirkung als „chemisches Durchschneiden" des Axons beschrieben werden, wobei der abgeschnittene Teil des Axons abstirbt, während das Perikaryon selbst weiterleben kann. Zu den Substanzen, die eine „Axonopathie" auslösen, gehören z. B. Acrylamid, Schwefelkohlenstoff, Disulfiram, Ethanol, n-Hexan, Isoniazid, Blei- und Lithiumverbindungen, Methyl-n-butylketon, Trichlorethylen und Tri-ortho-kresylphosphat, sowie die Naturstoffe Colchicin, Vincristin und Taxol. Letztere stören den geregelten Aufbau der Mikrotubuli, die zu den Neurofibrillen (s. oben) zählen und wichtige Transportfunktionen im Axon haben. Die biochemischen Mechanismen der Axonopathie durch die anderen aufgeführten Substanzen sind noch nicht völlig geklärt. Für n-Hexan ist bekannt, daß es im Metabolismus über mehrere oxidative Zwischenstufen, darunter Methyl-n-butylketon (2-Hexanon, → Abb. 3.17) schließlich zu dem γ-Diketon 2,5-Hexandion aktiviert wird. Die toxische Wirkung dieses und anderer γ-Diketone beruht vermutlich auf der Reaktion mit Proteinen der Neurofilamente, wobei einer reversiblen Imin-Bildung mit Amino-Gruppen die irreversible Cyclisierung zu Pyrrolen folgt. Anschließend wird das Pyrrol oxidiert und führt durch weitere Reaktionen mit nukleophilen Gruppen der Neurofilament-Proteine zu Quervernetzungen. α- und β-Diketone, die die Cyclisierung zum Pyrrol nicht eingehen können, sind nicht neurotoxisch.

Schwefelkohlenstoff bindet ebenfalls an Aminogruppen, vor allem von Lysin, unter Bildung eines Dithiocarbamats, das durch nachgeschaltete, noch nicht sicher bekannte Reaktionen zu Quervernetzungen führt.

Die Axonopathie von Phosphorsäureestern des Tri-ortho-kresylphosphat-Typs („Triarylphosphat") wird auch als „verzögerte Neurotoxizität" bezeichnet, um sie von der rasch einsetzenden, auf Hemmung der Acetylcholinesterase beruhenden Wirkung der Organophosphate vom Typ des Paraoxons („Alkylphosphat", → 3.6.3) zu unterscheiden. Triarylphosphate werden z. B. als Hydraulikflüssigkeiten und als Zusätze zu Lacken und Kunststoffen verwendet. Durch Zumengung zu Speisen oder Getränken wurden mehrere Vergiftungsepidemien mit zum Teil Tausenden von Geschädigten ausgelöst, z. B. in Marokko 1960 durch Verfälschen von Olivenöl (ca. 10 000 Opfer) und in den USA während der Prohibition durch Zusatz zu Ingwerschnaps. Als Symptome der Vergiftung mit Triaryl-

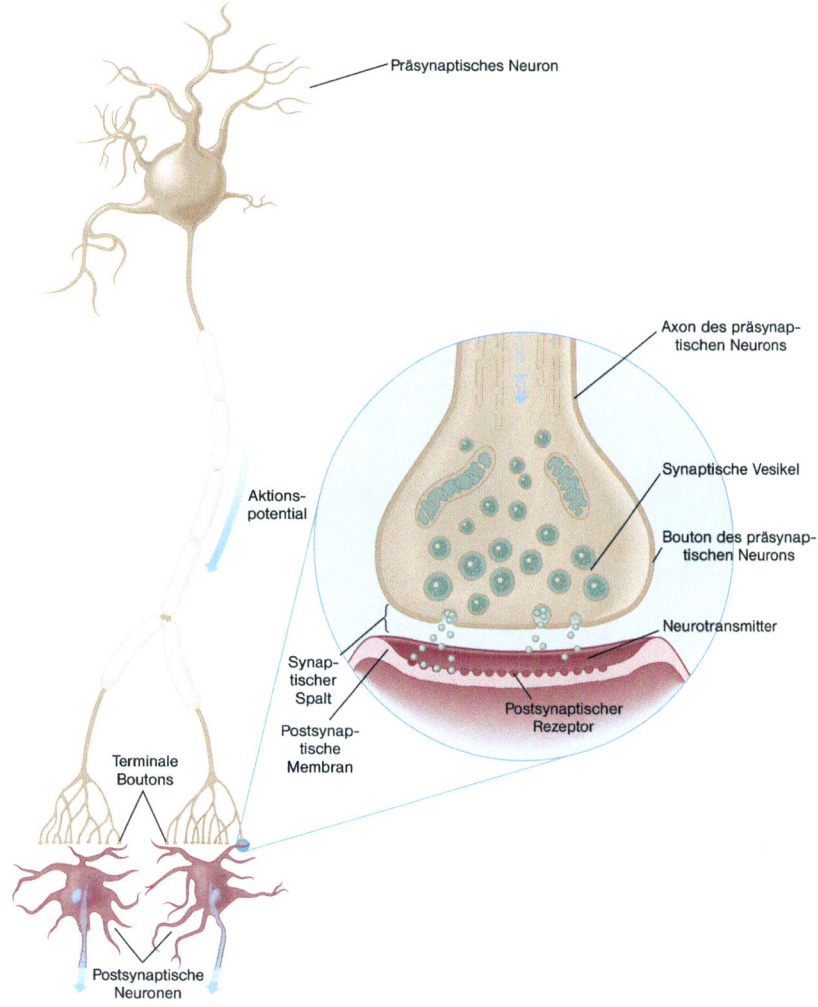

Abb. 3.15 Neuron mit Synapse

phosphaten treten mit einer Latenzzeit von 7 bis 20 Tagen vor allem bleibende Lähmungserscheinungen an Füßen, Beinen, Händen und Armen auf. Der biochemische Mechanismus ist noch teilweise unklar, ein wichtiger Schritt scheint die Hemmung einer bestimmten Esterase (der „neurotoxischen" Esterase) im ZNS durch einen aktivierten Metaboliten zu sein (→ 6.4.3).

Die Myelinscheiden der Nervenfasern tragen zur „elektrischen Isolierung" der Nervenprozesse bei, ihr Fehlen oder ihre Beschädigung führt zu einer Erniedrigung der Leitungsgeschwindigkeit und fehlerhafter Leitung. Schädigung des Myelins oder der Myelin-produzierenden Zelle („Myelinopathie") werden z. B. nach Einwirkung hoher Dosen von Hexachlorophen, Isoniazid, Triehylzinn, sowie durch Blei- und Tellur-Verbindungen beobachtet. Die Symptome sind meist diffus und bestehen aus allgemeiner Schwäche, Verwirrung und Krampfanfällen; Koma und Tod

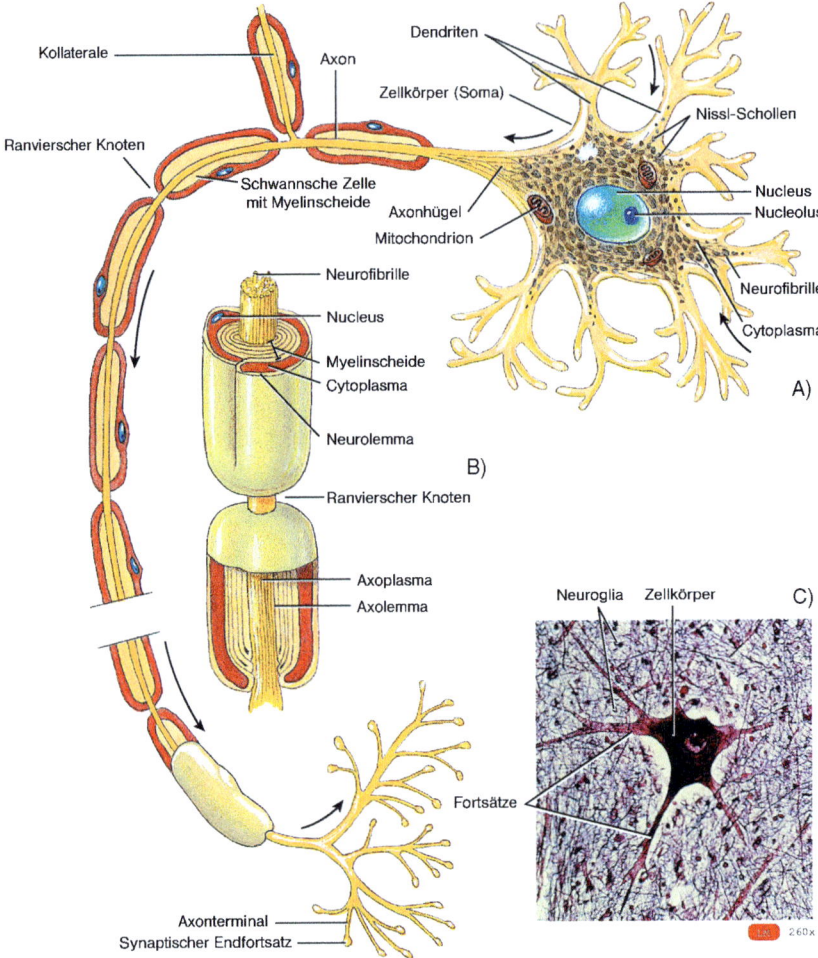

Abb. 3.16 Schematischer Aufbau eines Motorischen Neurons. (A) Längsschnitt, schematisch; (B) Schnitte durch das Axon; (C) mikroskopische Aufname des Zellkörpers. Die Pfeile symbolisieren den Reizverlauf

sind möglich, die Mechanismen der Myelinopathie weitgehend unbekannt.

3.6.3
Störung der Impulsübertragung

Zur Übertragung eines Nervenimpulses an Synapsen (→ 3.6.1) muß nicht nur der Neurotransmitter aus den Speicherbläschen der präsynaptischen Faser in den synaptischen Spalt abgegeben werden, sondern der Neurotransmitter muß auch freie Rezeptoren an der postsynaptischen Membran vorfinden, an die er binden und damit eine nervöse Erregung auslösen kann. Wichtig ist auch, daß nach Durchgang eines Impulses die Konzentration des Neurotransmitters im synaptischen Spalt sehr schnell wieder abnimmt, damit der nächste Impuls eine erregbare postsynaptische Membran antrifft.

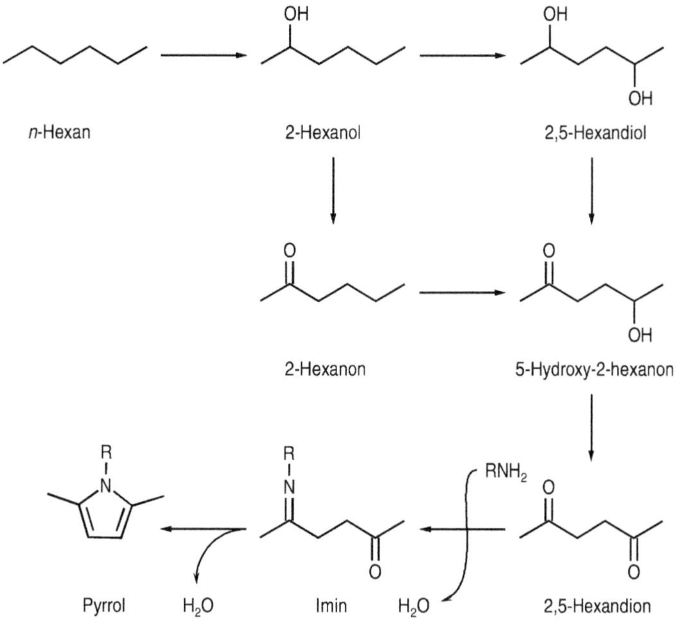

Abb. 3.17 Metabolische Aktivierung von n-Hexan und Pyrrol-Bildung

Das aus cholinergen Nervenenden freigesetzte Acetylcholin wird innerhalb von Millisekunden durch eine spezifische Esterase, die in der prä- und postsynaptischen Membran lokalisierte Acetylcholinesterase (AChE), zu Cholin und Acetat gespalten (Abb. 3.18) und damit inaktiviert. Catecholamine wie Noradrenalin oder Dopamin werden nach Freisetzung in den synaptischen Spalt sehr rasch in die postsynaptische und präsynaptische Zelle aufgenommen. In der postsynaptischen Zelle erfolgt Inaktivierung durch zwei enzymatische Prozesse, die Bildung von O-Methylethern durch Catechol-O-methyltransferase (COMT) und die Abspaltung der Aminogruppe durch Monoaminoxidase (MAO). Im präsynaptischen Axon wird das aufgenommene Catecholamin teils wieder in Bläschen für die nächste Freisetzung gespeichert, teils durch MAO abgebaut.

Störungen dieser Prozesse durch chemische Stoffe sind an verschiedenen Punkten möglich, z. B.

- Hemmung der Freisetzung der Neurotransmitter
- Blockierung der Rezeptoren für ACh und Catecholamine
- Hemmung des Rücktransports von Catecholaminen
- Blockierung der abbauenden Enzyme AChE, COMT und MAO.

Zwei wichtige Gruppen von Insektiziden, nämlich die organischen Phosphorsäureester vom Paraoxon-Typ („Alkylphosphate") und die Carbamate, wirken als Hemmer der AChE. Der Mechanismus dieser praktisch wichtigen Vergiftung ist gut bekannt und soll am Beispiel des Paraoxons dargestellt werden. Zum besseren Verständnis wird zuvor kurz der Mechanismus der ACh-Spaltung beschrieben (Abb. 3.18). ACh bindet über seine positiv geladene quartäre Ammoniumstruktur im aktiven Zentrum der AChE an eine negativ geladene Gruppe (Carboxylatgruppe einer Glutaminsäure). In einer Umesterungs-

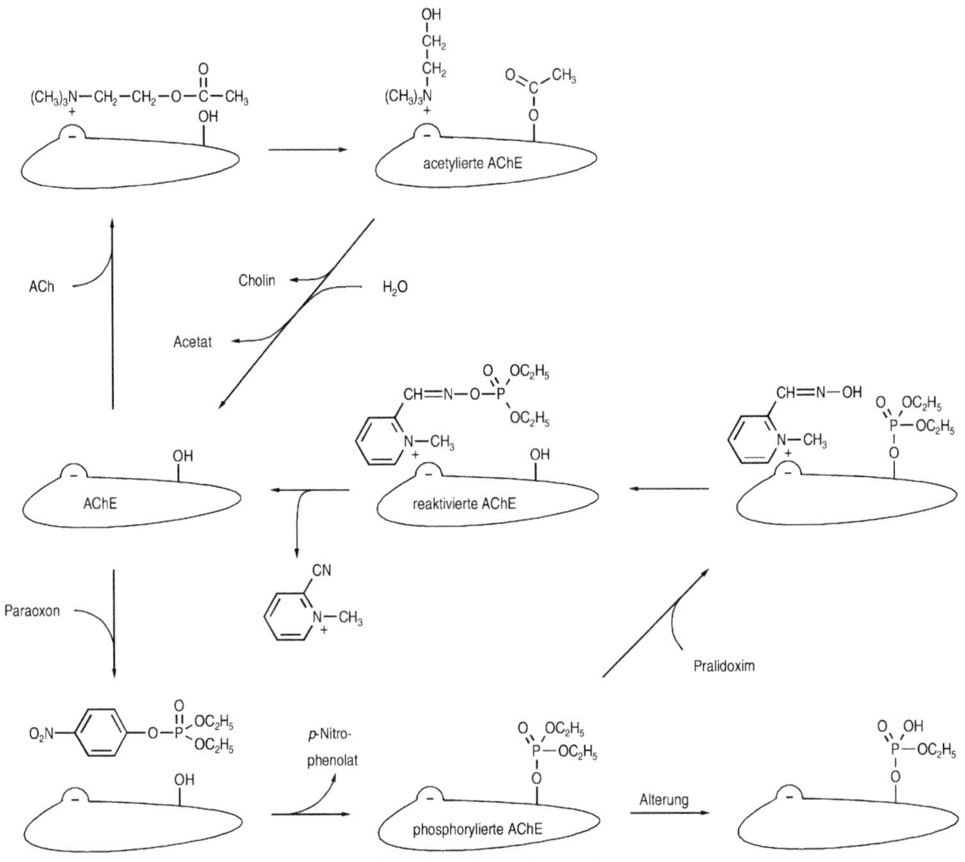

Abb. 3.18 Acetylcholinesterase (AChE): Physiologische Funktion, Hemmung durch Alkylphosphate und Reaktivierung durch Oxime

reaktion wird der Acetylrest des ACh auf die Hydroxylgruppe eines Serins übertragen. Der gebildete Ester ist sehr instabil und kurzlebig. Innerhalb von Millisekunden erfolgt spontane Hydrolyse, wobei Acetat abgespalten und Serin wieder freigesetzt wird. Außerdem wird sehr schnell das Cholin abgelöst. Die AChE ist somit regeneriert und kann erneut ACh binden.

Paraoxon hat wie alle als AChE-Hemmstoffe wirkenden Alkylphosphate eine gute Abgangsgruppe und bindet unter Abspaltung von Nitrophenol an die Hydroxylgruppe des Serins im aktiven Zentrum (Abb. 3.18). Die phosphorylierte AChE ist im Gegensatz zur acetylierten sehr stabil gegen Hydrolyse und steht daher nicht mehr für die ACh-Spaltung zur Verfügung; es kommt zum Anstieg von ACh im synaptischen Spalt. Da Paraoxon als lipophile Substanz gut über Magen-Darm-Trakt, Lunge oder Haut resorbiert wird, kann es schon innerhalb von Minuten nach Expositionsbeginn zu Vergiftungserscheinungen kommen, die alle durch die überhöhten ACh-Spiegel im synaptischen Spalt erklärbar sind, wie Engstellung der Pupillen, Speichelfluß, gesteigerte Produktion von Magen-, Darm- und Bronchialsekret, Bronchospasmus mit Atemnot, erhöhte Peristaltik des Darms, Absenkung der Herzfrequenz und des Blutdrucks, Muskelsteife, Muskelkrämpfe, Sprachstörungen und andere psychische Effekte, wie z. B. Bewußtseinsstörungen. Todesursache ist meist eine Lähmung der Atemmuskulatur.

Ester der Thiophosphorsäure, z. B. Parathion (E 605), sind als solche keine Hemmstoffe der AChE, werden aber im Metabolismus durch oxidative Schwefelabspaltung zu den Sauerstoffanalogen aktiviert (→ 2.2.4.1).

Zur Therapie der akuten Alkylphosphat-Vergiftung werden Atropin und bestimmte Oxime, z. B. Pralidoxim, rasch intravenös injiziert. Atropin wirkt durch Blockierung des ACh-Rezeptors. Es bindet an den Rezeptor ohne ihn zu aktivieren und damit einen neuen Nervenreiz auszulösen. Durch dieses Besetzen der Rezeptoren werden die überhöhten ACh-Spiegel an ihrer Wirkung gehindert. Pralidoxim dagegen greift an der phosphorylierten AChE an und beschleunigt die Regenerierung des Enzyms durch Übernahme des Phosphatrestes (Abb. 3.18). Die „Oxim-Therapie" ist jedoch nur in einem frühen Stadium der Vergiftung sinnvoll, weil später die phosphorylierte AChE durch Abspaltung eines weiteren Restes „gealtert" und nicht mehr durch Oxime regenerierbar ist.

Als Hemmstoffe der AChE wirken auch bestimmte chemische Kampfstoffe auf Alkylphosphatbasis, z. B. Sarin und Tabun (Abb. 3.19). AChE, die mit diesen Stoffe phosphoryliert ist, altert besonders schnell.

Die als Insektizide eingesetzten Carbamate, z. B. Carbaryl (Abb. 3.19), hemmen die AChE durch Carbamylierung der Hydroxylgruppe im aktiven Zentrum. Da die carbamylierte AChE eine wesentlich schnellere spontane Regeneration als das phosphorylierte Enzym erfährt, ist hier die Oximtherapie nicht sinnvoll. Die Anfangsphase der Vergiftung wird durch i.v. Gabe von Atropin beherrscht.

Das bei der Alkylphosphat- und Carbamatvergiftung als Antidot so nützliche Atropin, ein in bestimmten Pflanzen vorkommendes Alkaloid, wirkt auf den Gesunden als Gift, weil es durch seine Bindung an die ACh-Rezeptoren die Nervenleitung hemmt. Die gleiche Wirkung haben das Alkaloid Nicotin und das im roten Fliegenpilz vorkommende Muskarin. Dagegen stört das von bestimmten Bakterien gebildete Botulinustoxin die ACh-vermittelte Nervenübertragung, indem es die Freisetzung von ACh an der präsynaptischen Membran hemmt. Gemessen an der für eine tödliche Wirkung erforderlichen Menge ist Botulinustoxin das stärkste bekannte Gift (mindestens um den Faktor 10^6 toxischer als E 605).

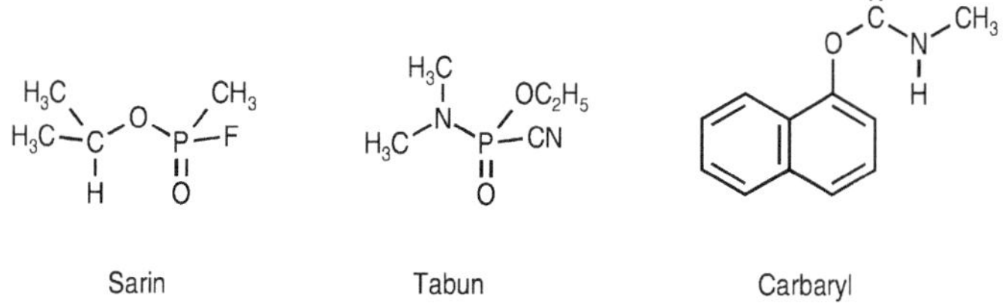

Abb. 3.19 Weitere Hemmstoffe der Acetylcholin-Esterase

3.7 Haut

3.7.1 Anatomie und Physiologie

Als äußere Oberfläche des Organismus verhindert die Haut den Verlust von Körperflüssigkeiten und damit das Austrocknen. Sie bildet eine Barriere gegen das Eindringen von chemischen, physikalischen (z. B. Strahlung) und biologischen (z. B. Mikroorganismen) Noxen. Sie wirkt weiterhin als Wärmeregulator (durch Veränderung der Durchblutung und die Verdunstung von Schweiß) und als Sinnesorgan für Temperatur, Druck und Schmerzen.

Die Haut besteht aus zwei Schichten, der außen liegenden Oberhaut (Epidermis) und der darunterliegenden Lederhaut (Corium). Darunter folgt das Unterhautgewebe (Subkutis) (Abb. 3.20). Die Epidermis läßt sich wiederum in verschiedene Schichten unterteilen, von denen hier nur die Hornschicht als äußerste und die Keimschicht als innerste genannt werden sollen. Durch Teilung der Keimschichtzellen gebildete Keratinocyten (d. h. Keratin-bildende Zellen) wandern im Verlauf von ca. 2 Wochen unter zunehmender Keratinisierung in die Hornschicht und sterben dort ab. Nach weiteren zwei Wochen werden sie als Hautschuppen abgestoßen. Die aus mehreren Lagen abgestorbener, abgeplatteter, kernloser und vollständig verhornter Keratinocyten bestehende Hornschicht ist die eigentliche Diffusionsbarriere für Wasser und polare Substanzen. Sie kann aber von lipophilen Stoffen leicht überwunden werden (→ 2.2.2.4). Die Epidermis enthält keine Blutgefäße, aber verschiedene andere Zellarten, z. B. Melanocyten (die für die Melaninbildung und damit Dunkelfärbung der Haut verantwortlich sind) und Langerhans Zellen (die für die Erkennung von Antigenen zuständig sind). Die Keratinocyten der Keimschicht sind auch zum Metabolismus von Fremdstoffen fähig. Zum Beispiel beträgt die Cytochrom P-450-Aktivität der Epidermis zur Hydroxylierung von Benzo[a]pyren ca. 2% der Aktivität der Leber.

Die Lederhaut wird in die Schicht der bindegewebigen Papillen (Stratum papillare) und die netzförmige Schicht (Stratum reticulare) unterteilt. Das Stratum papillare ist aus feinen Kollagenfibrillen aufgebaut, während das Stratum reticulare vor allem netzartig miteinander verflochtene Bündel von Kollagenfasern und elastischen Fasern enthält. Die Lederhaut, aus der bei Tieren durch Gerben Leder hergestellt wird, gibt der Haut die mechanische Stabilität. Sie ist gut durchblutet und enthält neben Fibroblasten (die das Kolla-

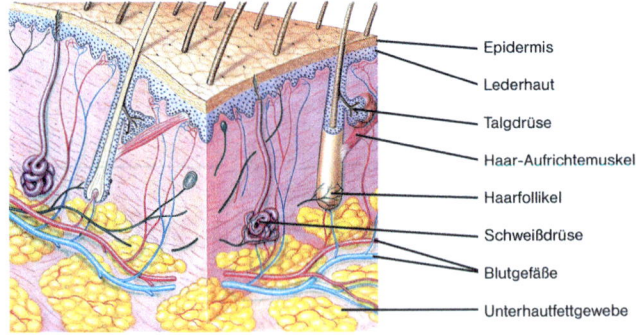

Abb. 3.20 Schnitt durch die Haut

gen und die anderen Bindegewebsfasern herstellen), eine Reihe von Zellen (Makrophagen, Lymphocyten, Mastzellen), die mit der Abwehr von körperfremden Stoffen und Mikroorganismen befaßt sind. In der lockeren, bindegewebigen Unterhautschicht schließlich finden sich vor allem Fettzellen. Diese Schicht dient als Wärmeschutz und Energiespeicher.

Als sog. Anhangorgane der Haut sollen nur die Haare, Talgdrüsen und Schweißdrüsen genannt werden. Haare werden in Einstülpungen der Epidermis gebildet, in die auch die Talgdrüsen ihr Produkt abgeben. Der fettreiche Talg überzieht Haare und Haut mit einer wasserabweisenden Schicht. Die Schweißdrüsen liegen in der Subkutis, ihre Ausführungsgänge durchstoßen die Lederhaut und Epidermis. Haare und vor allem Schweiß können für körperfremde Stoffe ein Weg der Ausscheidung sein. Zum Beispiel enthalten Haare Blei, Arsen und Cadmium, und im Schweiß wurden Blei, Cadmium und Nickel in den gleichen Konzentrationen wie im Harn gefunden. Auch verschiedene wasserlösliche Arzneimittel (Aminopyrin, Sulfadiazin) werden im Schweiß in beträchtlichen Konzentrationen ausgeschieden.

3.7.2
Toxische Effekte an der Haut

Die Effekte von Chemikalien auf die Haut können von leichten und reversiblen Wirkungen (wie Jucken und Brennen) bis zu schweren und irreversiblen (wie Hautkrebs) reichen. Obwohl die meisten Substanzen durch direkten Kontakt mit der Haut, also lokal wirken, sind auch systemische Hauteffekte, z. B. nach oraler Aufnahme eines Stoffes, bekannt. Weiterhin muß wegen der exponierten Lage der Haut damit gerechnet werden, daß Licht neben seiner direkten Wirkung auf die Haut auch Einfluß auf die Effekte von chemischen Substanzen nehmen kann. Die Präsenz immunkompetenter Zellen in der Haut eröffnet außerdem die Möglichkeit allergischer Hautreaktionen. Schließlich können auch Anhangorgane der Haut, wie z. B. Haare und Talgdrüsen, zum Ziel toxischer Wirkungen von chemischen Stoffen werden.

Hautreizungen, die zu Entzündungsreaktionen wie Rötungen der Haut (Erythem-Bildung) und Ödemen führen, werden von zahlreichen organischen Lösungsmitteln, Oxidations- und Reduktionsmitteln und anderen Substanzen ausgelöst. Die biochemischen Mechanismen sind weitgehend unklar. Zur Erkennung einer direkten, d. h. nicht-allergischen Reizwirkung dient vor allem der Draize-Test an der rasierten Kaninchenhaut ($\rightarrow$ 4.2.1).

Als Steigerung der Hautreizung kann die Verätzung der Haut aufgefaßt werden, die vor allem durch starke Säuren und Basen, Phenole und Alkylantien (z. B. Schwefel- und Stickstoff-Lost) verursacht wird. Auch verschiedene Metallhalogenide wie Zinn- und Titantetrachlorid, die beim Kontakt mit Wasser durch Hydrolyse Chlorwasserstoffsäure freisetzen, sind starke Ätzgifte. Da bei verätzter Haut die Hornschicht verloren oder stark geschädigt ist, muß mit einem Verlust der Barrierefunktion und mit systemischer Aufnahme des Ätzgiftes gerechnet werden.

Die Mitwirkung von Licht führt bei bestimmten Substanzen zu sog. phototoxischen Reaktionen. Am bekanntesten und besten untersucht sind Psoralene, die z. B. in Wiesenpflanzen (vor allem Wiesenbärenklau) vorkommen und beim Liegen auf einer frisch gemähten Wiese in die Haut aufgenommen werden können. Ohne Lichteinwirkung bleiben sie ohne sichtbaren Effekt, bei Einstrahlung von langwelligem UV-Licht (UV-A, 320–400 nm) treten Eryrtheme und Ödeme mit Blasenbildung auf. Ursache ist die Lichtinduzierte Bindung von Psoralen an Basen der DNA unter Bildung von Monoaddukten und Bisaddukten, die zur Quervernetzung von DNA-Strängen führt. Aufgrund dieser DNA-Schädigung sind Psoralene in Kombination mit UV-A-Licht cytotoxisch und auch mutagen und kanzerogen. Die cytotoxische Wirkung wird zur Behandlung der Hautkrankheit Psoriasis (Schuppenflechte) ausgenutzt. Phototoxische Reaktionen sind auch für polycyclische aromatische Kohlenwasserstoffe (Anthracen, Phenanthren, Fluoranthen u.a.), Sulfonamide, Tetracycline und verschiedene Farbstoffe (Acridinorange, Eosin u.a.) bekannt.

UV-Licht, vor allem aus dem kürzerwelligen UV-B-Bereich (280–320 nm), kann die Haut auch direkt unter Rötung und Blasenbildung schädigen (Sonnenbrand). Bei noch energiereicherer Strahlung, z. B. UV-C (220–280 nm) steigt die Gefahr von Hautkrebs.

Zahlreiche Substanzen können zu einer allergischen Hautreaktion führen, d. h. sie reagieren nicht direkt mit den epidermalen Zellen sondern wirken als Antigene. Beispiele sind die Metalle Nickel, Chrom und Cobalt und ihre Salze, Formaldehyd, manche Kunststoff-Monomere (Methacrylate und Diisothiocyanate), Zusätze für Gummi (Thiuramdisulfid, Mercaptobenzthiazol) und für Haarfärbemittel (Derivate des p-Phenylendiamins). Auch Pflanzen und Tiere enthalten sensibilisierende Substanzen. Die meisten dieser Stoffe haben ein niedriges Molekulargewicht und können nicht direkt als Antigen wirken, sondern binden als Hapten (→ 3.8) an Proteine der Haut. Gegen die so gebildeten Antigene werden dann unter Mitwirkung verschiedener Zellen (vor allem epidermale Langerhans-Zellen, Makrophagen und T-Lymphocyten) in den Lymphknoten Effektor-T-Lymphocyten gebildet, die bei erneutem Kontakt mit dem Allergen zu einer Zell-vermittelten oder Typ IV-Immunreaktion (→ 3.8) unter Rötung und Ödembildung führen. Die Sensibilisierung mit einer Substanz (z. B. p-Aminophenylsulfonamid) kann zu einer Kreuzallergie gegen strukturell verwandte Verbindungen (z. B. p-Aminobenzoesäure) führen.

Auch an der Ausbildung von Antigenen kann Licht beteiligt sein. Es begünstigt entweder die Bindung des Haptens an das Protein oder erzeugt durch eine photochemische Reaktion ein Produkt mit stärkerer allergener Wirkung. Beispiele für Photoallergene sind verschiedene Cumarine, 4,6-Dichlorphenylphenol, bestimmte Sulfonamide und Phenothiazide sowie halogenierte Salicylsäureanilide.

Für einige Substanzen sind auch Wirkungen auf die Melanocyten der Epidermis bekannt. Über- oder Unterproduktion des Farbstoffes Melanin führt zu Hyper- bzw. Hypopigmentierung. Viele Phenole und Hydrochinone scheinen eine spezifische Melanotoxizität zu haben und verursachen Ausbleiben der Pigmentierung. Arsenverbindungen ergeben „Pigmentverschiebungen", d. h. neben Zonen verringerter Pigmentierung treten Bereiche verstärkter Färbung auf. Hyperpigmentierung wird z. B. durch verschiedene Acridine, Aminochinoline und Tetracycline sowie durch Alkylantien und die Metalle Silber, Quecksilber und Wismuth verursacht.

Schädigung der Haarbildung ist vor allem von den starken Zellgiften bekannt, die zur Krebs-Chemotherapie eingesetzt werden, wie z. B. Alkylantien und Antimetabolite. Da die Epithelzellen in den Haarfollikeln sehr hohe Teilungsaktivität aufweisen, sind sie besonders anfällig gegen cytotoxische Substanzen. Auch Thallium(I)-Salze und verschiedene Arzneimittel führen zu Haarausfall. Nach Wegbleiben der Substanzen wächst das Haar wieder nach.

Störungen der Talgdrüsenfunktion durch chemische Substanzen sind charakteristisch für viele halogenierte aromatische Verbindungen und in der chemischen Industrie als „Chlorakne" seit langem bekannt. Als stärkster Induktor von Chlorakne gilt 2,3,7,8-Tetrachlordibenzo-1,4-dioxin (TCDD, → 6.3.2).

Weitere „Chloraknogene" sind polychlorierte Dibenzofurane, Naphthaline, Biphenyle, Azobenzole und Azoxybenzole. Gemeinsamer Mechanismus scheint eine Hyperplasie und Metaplasie der Talg-produzierenden Zellen zu sein, die auf eine Differenzierungsänderung der Zelle zurückgeht. Von den genannten Substanzen ist bekannt, daß sie nach Bindung an einen intrazellulären Rezeptor (Ah-Rezeptor, → 6.3.2) die Expression einer ganzen Reihe von Genen und damit den Differenzierungsgrad beeinflussen können. Die Keratinisierung der Zellen führt zur Bildung eines Keratin-haltigen, harten Talgs, der die ausführenden Gänge der Talgdrüsen verstopft. Es kommt zum Platzen der Drüsen und dem Auftreten von Mitessern und Pusteln, die entzündlich und eitrig (Abszesse) werden können. Besonders bevorzugt tritt Chlorakne an den Hautpartien unter und neben den Augen und hinter den Ohren auf. Nach Beendigung der Exposition heilt Chlorakne nur langsam ab, möglicherweise wegen der Nachlieferung der sehr lipophilen Chloraromaten aus dem Fettgewebe oder anderen Speichern. Außer beim Menschen kann Chlorakne bei Rhesusaffen, nicht aber bei Nagern induziert werden.

3.8
Immunsystem

Eine ausführliche Darstellung des Immunsystems und der möglichen Störungen durch chemische Substanzen übersteigt den Rahmen dieses Buches. Im folgenden sollen daher nur eine kurze und vereinfachte Einführung in die Immunologie gegeben sowie die zwei wichtigsten Effekte von Chemikalien auf das Immunsystem beschrieben werden, nämlich die Auslösung einer Immunantwort (allergische Reaktion) und die Unterdrückung der Immunreaktion (Immunsuppression).

3.8.1
Aufbau und Funktion des Immunsystems

Das Immunsystem dient der Verteidigung des Organismus gegen fremde Zellen und Makromoleküle (Proteine, Polysaccharide, Nukleinsäuren und Lipide). Kleine Moleküle (Molekulargewicht < 3000) werden als solche nicht vom Immunsystem als fremd erkannt. Erst nach kovalenter Bindung an ein Makromolekül können sie eine Reaktion des Immunsystems auslösen. Charakteristisch für das Immunsystem ist einerseits die Spezifität der Abwehr, d.h. die Immunantwort richtet sich gegen ein bestimmtes Fremdmolekül, und andererseits die Latenzzeit zwischen dem erstmaligen Kontakt mit dem Fremdmolekül und der Ausbildung der Immunantwort („immunologische Lücke", 2–3 Wochen).

Wegen des verzögerten „Greifens" der immunologischen (spezifischen) Abwehr ist es vorteilhaft, daß der Organismus zusätzlich über *unspezifische Abwehrmechanismen*, z.B. in Form von Mikro- und Makrophagen verfügt. Dies sind bestimmte weiße Blutkörperchen (→ 3.4.1), die im Blut und im Gewebe fremde Zellen oder Makromoleküle durch Endocytose vernichten. Zu den Mikrophagen zählen die neutrophilen und eosinophilen Granulocyten, während Makrophagen aus den im Blut zirkulierenden Monocyten („Blut-Makrophagen") nach deren Einwanderung in die Gewebe heranreifen. Bei der Endocytose, zu der die Phagocytose (Aufnahme fester Teilchen) und die Pinocytose (Aufnahme flüssiger Teilchen) gehört, lagert sich die Abwehrzelle zunächst an das Fremdteilchen an, umschließt es mit ihrer Zellmembran und nimmt es als Bläschen in ihr Cytoplasma auf (→ Abb. 2.5). Das Bläschen verschmilzt dann mit Lysosomen (→ 2.1.1) und wird durch deren hydrolytische Enzyme abgebaut. Neben dieser unspezifischen zellulären Abwehr gibt es auch eine unspezifische nichtzelluläre, sog. humorale Abwehr, z.B. durch das Interferonsystem und Lysozym (→ Lehrbücher der Immunologie oder Biochemie).

Auch die *spezifischen Abwehrmechanismen* des Immunsystems werden in eine zelluläre und in eine humorale Abwehr unterteilt. Die *humorale Abwehr* besteht in der Bildung von Antikörpern, d. h. von Proteinen, die selektiv mit dem Fremdteilchen zu unlöslichen Immunkomplexen reagieren. Die Synthese dieser Antikörper findet in sog. Plasmazellen (Effektorzellen) statt, die aus immunologisch kompetenten B-Lymphocyten von Milz und Lymphknoten gebildet werden. Stoffe, die die Synthese von Antikörpern auslösen, heißen Antigene. Da Antigene stets größere Moleküle sind (s. oben), werden immer mehrere Antikörper gebildet, die gegen unterschiedliche Stellen (Determinanten, Epitope) des Antigen-Moleküls gerichtet sind. Jeder dieser Antikörper wird von einem eigenen Klon von B-Lymphocyten gebildet, die bei der Immunisierung entstehenden Antikörper sind daher polyklonal. Durch molekularbiologische *in vitro*-Techniken (Verschmelzung einzelner B-Lymphocyten mit Tumorzellen) lassen sich heute auch monoklonale, d. h. gegen ein einziges Epitop des Antigens gerichtete Antikörper herstellen. Neben den antikörperproduzierenden Plasmazellen entstehen beim Kontakt eines Antigens mit einem B-Lymphocyt auch langlebige B-Gedächtniszellen, die im Blut kreisen. Sie können ein bestimmtes Antigen noch nach Jahren wiedererkennen und dann sehr schnell zur Bildung der entsprechenden Plasmazellen führen. Die Antikörperproduktion durch die Plasmazellen wird durch sog. Helfer-T-Zellen unterstützt. Beim Menschen werden die Antikörper, die auch Immunglobuline (Ig) genannt werden, durch Immunelektrophorese in fünf Klassen (IgG, IgA, IgM, IgD und IgE) unterteilt (zum Bau dieser Antikörper und ihrem Vorkommen im Organismus s. Lehrbücher der Biochemie und Immunologie).

Die *zelluläre Immunabwehr* wird von den T-Lymphocyten gebildet. Die T-Lymphocyten besitzen an ihrer Oberfläche strukturspezifische Proteine, die als sog. T-Zell-Rezeptoren Antigene erkennen und binden können. T-Zell-Rezeptoren ähneln in ihrem Bau und Verhalten den löslichen Immunglobulinen. Neben einigen langlebigen T-Gedächtniszellen entstehen beim Antigenkontakt auch bei der zellulären Immunabwehr vor allem Effektor-T-Zellen. Neben cytotoxischen Effektor-T-Zellen, die andere Zellen vernichten können (den sog. Killer-T-Zellen), gibt es Suppressor-T-Zellen, die die Funktion der B- und der anderen T-Lymphocyten unterdrückt. Suppressor- und die weiter oben genannten Helfer-T-Zellen werden als Regulatorzellen bezeichnet. Eine weitere Subpopulation von T-Lymphocyten setzt verschiedene lösliche Mediatorsubstanzen frei, die als Lymphokine zusammengefaßt werden, z. B. α-Interferon, Interleukin-2, Lymphotoxine, Makrophagen-aktivierender Faktor usw. (über die Rolle dieser Faktoren und das Zusammenwirken der Immunabwehr mit der unspezifischen Abwehr s. Lehrbücher der Immunologie).

Ob der erste Antigenkontakt des Organismus zur zellulären Immunabwehr oder zur Produktion von Antikörpern führt, hängt u.a. von der Art der Aufnahme und von den physikalisch-chemischen Eigenschaften des Antigens ab.

3.8.2
Allergische Reaktion

Zahlreiche Chemikalien am Arbeitsplatz, in Gebrauchsgegenständen, in Pflanzen, in der Nahrung, in Arzneimitteln und in der Umwelt lösen eine Reaktion des Immunsystems aus. Reagiert der Organismus auf eine Substanz mit einer immunologisch bedingten Überempfindlichkeit, spricht man von einer allergischen Reaktion, die als Antigen wirkende Substanz wird auch als Allergen bezeichnet. Verbindungen mit einem Molekulargewicht < 3000 müssen, wie bereits erwähnt, als Hapten kovalent an ein größeres Molekül, meist ein Protein, binden. Voraussetzung für eine allergene Wirkung ist demzufolge eine chemische Reaktivität des Allergens, die auch durch Metabolisierung erworben werden kann. Nach der Sensibilisierung des Organismus, d. h. der Bildung von Antikörpern und/oder T-Lymphocyten, wird bei erneutem Kontakt mit dem Allergen die Immunantwort ausgelöst, d. h. die Reaktion zwischen Antigen und humoraler oder zellulärer Abwehr ablaufen. Dabei unterscheidet man vier Reaktionstypen:

- Die *Typ I-Reaktion*, auch als „Sofortreaktion" oder „Anaphylaxie" bezeichnet, wird durch IgE-Antikörper vermittelt und führt zu einer Aktivierung von Mastzellen. Dies sind große Zellen, die weitverbreitet im Bindegewebe vorkommen und in ihren Granula zahlreiche Mediatorstoffe speichern, z. B. Histamin, Heparin, Serotonin und Bradykinin. Auf der Oberfläche der Mastzelle sitzen die IgE-Antikörper, bei Bindung des Allergen werden die gespeicherten Mediatoren freigesetzt und die Bildung von Leukotrienen stimuliert. Innerhalb weniger Minuten kommt es zu schweren Funktionsstörungen, vor allem Erweiterung der Blutgefäße (Blutdruckabfall), Verengung der Bronchien (asthmatischer Anfall), Durchlässigkeit der Blutkapillaren (Wasseraustritt ins Gewebe, Ödeme) und Entzündungsreaktionen. Ein massiver Blutdruckabfall (anaphylaktischer Schock), Ödeme im Atemtrakt und Krämpfe der Bronchialmuskulatur (Bronchospasmus) können zum Tod führen.
- Bei der *Typ II-Reaktion* reagieren frei im Blut gelöste Antikörper (IgA, IgG, IgM) mit den an Blutzellen (Leukocyten, Erythrocyten und Thrombocyten) gebundenen Antigenen. Dabei verklumpen (agglutinieren) die Zellen und werden in der Milz abgebaut. Zusätzlich kann das „Komplementsystem", eine Kaskade physiologisch aktiver Proteine, aktiviert werden, wodurch Histamin, Kinine und lysosomale Enzyme freigesetzt und Blutzellen lysiert werden. Folge dieser Reaktionen ist ein massiver Abfall von Blutzellen (allergische Leukocytopenie, immunhämolytische Anämie und allergische Thrombocytopenie).
- An der *Typ III-Reaktion* sind frei gelöste Antikörper (meist IgG) und frei gelöstes Antigen beteiligt, die in Blutgefäßen zum Immunkomplex (Antigen-Antikörper-Komplex) zusammentreten und dort ausfallen. Zusätzlich kann das Komplementsystem aktiviert werden. Es kommt zu Gefäßverschlüssen mit Entzündungen, z. B. in der Niere (Glomerulonephritis), in Blutgefäßwänden (Vaskulitis), in Gelenken, in der Haut und in der Lunge.
- Die *Typ IV-Reaktion* (allergische Spätreaktion, verzögerte Überempfindlichkeitsreaktion) besteht in der Zerstörung von Zellen, deren Zellmembran durch das Allergen verändert wurde, durch aktivierte T-Lymphocyten. Bei dieser zellulären Immunreaktion, die in jedem Gewebe ablaufen kann, werden wiederum Mediatoren, vor allem die Lymphokine, freigesetzt, die zur Aggregation von Lymphocyten, Makrophagen und basophilen Granulocyten führt. Der Höhepunkt der Typ IV-Reaktion ist nach frühestens einem Tag erreicht.

In Tab. 3.3 sind für die einzelnen Reaktionstypen einige chemische Substanzen aufgeführt. Es fällt auf, daß viele Substanzen zu mehr als einem Reaktionstyp führen und der Reaktionstyp sich nicht mit der chemischen Struktur des Allergens korrelieren läßt. Chemisch sehr verschiedene Substanzen führen zum gleichen Reaktionstyp und chemisch ähnliche Substanzen ergeben unterschiedliche Reaktionstypen.

Tab. 3.3 Chemikalien, die zu allergischen Reaktionen führen

Reaktionstyp	Substanz
I	Ethylendiamin, Ethylenoxid, Formaldehyd, Phthalsäureanhydrid, Chloramin, verschiedene Diisocyanate, Beryllium-, Nickel- und Platinverbindungen, Penicillin, Tetracycline
II	Anhydrid der Trimellitinsäure, Aminopyrin, Gold- und Quecksilberverbindungen
III	Anhydrid der Trimellitinsäure, Hydralazin, Gold- und Quecksilberverbindungen
IV	Ethylendiamin, Ethylenoxid, Formaldehyd, Mercaptobenzothiazol, Phthalsäureanhydrid, *p*-Phenylendiamin, Chloramin, verschiedene Diisocyanate, Beryllium-, Chrom-, Nickel- und Platinverbindungen, Penicillin, Tetracycline, Halothan, Neomycin

Charakteristisch für die Immunreaktion ist das praktische Fehlen einer Dosis-Wirkungskurve, da bei vorliegender Sensibilisierung schon kleinste Mengen des Allergens zu einer vollen Immunantwort führen können. Die Länge der Exposition, die zu einer Sensibilisierung erforderlich ist, kann stark variieren. Das Organ, in dem sich die Immunreaktion zeigt, hängt mehr vom Reaktionstyp als von der Expositionsart ab: Typ I-Reaktion führt häufig zu Bronchialasthma, auch wenn die Exposition mit der Substanz nicht über die Lunge stattfand. Die Immunreaktion kann lokal oder systemisch sein, und chemisch ähnliche Verbindungen können kreuzreagieren (d. h. nach Sensibilisierung durch die eine Substanz führt auch die andere Verbindung zu einer Immunreaktion) oder völlig verschiedenes Verhalten zeigen. Kleine strukturelle Veränderungen am Molekül eines Allergens können zum Verlust der allergisierenden Wirkung führen, und nicht alle kovalent gebundenen Substanzen führen zu einer Sensibilisierung.

3.8.3
Immunsuppression

Eine funktionierende Immunabwehr setzt die Bildung von Lymphocyten und anderen Zellen im Knochenmark und ihre Reifung zu immunkompetenten und aktivierten B- und T-Lymphocyten voraus (→ 3.8.1). Störungen dieser Prozesse, z. B. durch toxische Effekte von chemischen Substanzen auf das Knochenmark oder die Thymusdrüse, führen zu einer Verminderung der Immunantwort auf allergene Reize und damit zu einer erhöhten Anfälligkeit gegen Infekte. Eine derartige immunsuppressive Wirkung ist für zahlreiche Stoffe aus Erfahrungen am Menschen oder aus Tierversuchen bekannt.

Benzol ist toxisch für das Knochenmark und führt zur verringerten Bildung aller Blutzellen (Pancytopenie). Verantwortlich sind ein oder mehrere oxidative Metaboliten, die vermutlich erst im Knochenmark entstehen; diskutiert werden vor allem *p*-Benzochinon und *trans,trans*-Muconaldehyd (→ 6.1.2).

Polycyclische aromatische Kohlenwasserstoffe wie Benzo[*a*]pyren, 3-Methylcholanthren und 7,12-Dimethylbenz[*a*]anthracen (→ 6.1.2) scheinen ihre bei Nagern beobachtete Immunsuppression vor allem durch Störungen der Antigenerkennung durch die T-Zellen zu bewirken.

Eine Reihe von halogenierten aromatischen Kohlenwasserstoffen führt zur Rückbildung (Atrophie) von primären (Knochenmark, Thymus) und sekundären (Lymphknoten, Milz) lymphatischen Organen, erniedrigten Blutspiegeln von Immunglobulinen und abgeschwächter Immunantwort auf Antigene. Nach Kontamination von Reisöl durch polychlorierte Biphenyle (→ 6.3.2) in Japan („Yusho-Vorfall") und China zeigte die betroffene Bevölkerung eine deutlich erhöhte Anfälligkeit gegen Infekte. Eindeutige Störungen des Immunsystems wurden auch bei Menschen beobachtet, die 1973 in Michigan/USA monatelang durch kontaminierte Nahrungsmittel mit polybromierten Biphenylen (PBB) belastet waren. PBB wurden in Feuerlöschern verwendet und gelangten durch eine Verwechslung mit Magnesiumoxid in Tiernahrung und damit in die Nahrungskette. Polychlorierte Dibenzo-1,4-dioxine (PCDD) und Dibenzofurane (PCDF), die bei vielen Verbrennungsprozessen und als Nebenprodukte bei der Synthese von Chlorphenolen entstehen (→ 6.3.2), erwiesen sich im Tierversuch als Modulatoren des Immunsystems, wobei in Abhängigkeit von der Dosis neben einer Suppression auch eine Stimulierung beobachtet wurde. Berichte über Effekte von PCDD und PCDF auf das Immunsystem des Menschen sind widersprüchlich. Organochlorverbindungen wie DDT und Dieldrin, die als Insektizide eingesetzt werden, beeinflussen im Tierversuch ebenfalls das Immunsystem.

Weitere chemische Substanzen mit Wirkung auf das Immunsystem sind die insektiziden Carbamate und Organophosphate, Urethan, Asbest, Tabakrauch, Ozon, nitrose Gase und verschiedene Metallverbindungen, vor allem von Blei, Cadmium, Quecksilber und Zinn. Die Effekte sind komplex und meist nur im Tierversuch nachgewiesen. Dagegen wurde für einige alkylierende Substanzen auch beim Menschen eine eindeutige Knochenmarkstoxizität festgestellt. Die Empfindlichkeit des Knochengewebes gegen Alkylantien, die ja als Mitosegifte wirken (→ 6.5), erklärt sich aus seiner hohen Proliferationsrate. Sie wird genutzt zur Unterdrückung der Immunabwehr bei Gewebetransplantationen.

3.9
Teratogenese

Unter Teratogenese versteht man die Erzeugung von strukturellen oder funktionellen Anomalien während der Entstehung eines Lebewesens. Diese Definition umfaßt also nicht nur anatomische Mißbildungen, sondern auch gestörte Organfunktionen, z. B. verminderte Lernleistung. Dagegen werden Effekte, die zum Absterben des werdenden Organismus oder zu einer vorübergehenden Wachstumsverzögerung führen, nicht als teratogen sondern als embryoletal bzw. embryotoxisch bezeichnet. Teratogenese kann durch physikalische (z. B. energiereiche Strahlung), biologische (z. B. Röteln-Viren beim Menschen) und chemische Faktoren ausgelöst werden, wobei das Teratogen je nach seinem Wirkungsmechanismus auf einen Elternteil vor der Zeugung, auf die Mutter während der Schwangerschaft, oder direkt auf den werdenden Organismus während der Entwicklung (Ontogenese) einwirken kann.

3.9.1
Ontogenese beim Säuger

Die sehr komplexen Vorgänge bei der Entwicklung einer befruchteten Eizelle zum fertigen Lebewesen laufen in mehreren Phasen ab. Bei der Einwirkung einer chemischen Noxe ist die gerade angetroffene Entwicklungsphase von entscheidender Bedeutung für den toxischen oder teratogenen Effekt. Beim Menschen und bei anderen Säugern werden die gleichen Schritte der Ontogenese durchlaufen, wobei aber zum Teil erhebliche Unterschiede in der Länge der einzelnen Phasen existieren. Wichtige Schritte der Ontogenese und ihre zeitliche Abfolge sind für verschiedene Säuger in Tab. 3.4 gegenübergestellt.

Die Ontogenese des Menschen läßt sich vereinfacht wie folgt skizzieren: Der Befruch-

3.9 Teratogenese

Tab. 3.4 Zeitliche Reihenfolge einzelner Ereignisse in der Ontogenese des Menschen und verschiedener Labortiere (angegeben in Tagen der Schwangerschaft)

	Mensch	Rhesusaffe	Ratte	Kaninchen
Blastocystenbildung	5–8	5–7	3–4	3–4
Einnistung	7	9	6	7
Organogenese	21–56	20–45	6–17	6–18
Neuralplatte	18–20	19–20	9	–
Obere Extremitätenknospen	28	27–29	11	10–11
Untere Extremitätenknospen	31–32	29–31	12	11
Hodendifferenzierung	43–48	37–39	14–15	16–17
Herzklappen	46–47	36	16	17
Gaumenschluß	56–58	45–47	16–17	19–20
Länge der Schwangerschaft	267	165	22	32

tung der weiblichen Keimzelle (Eizelle) im Eileiter durch die männlichen Spermien folgt bei der Wanderung durch den Eileiter in die Gebärmutter (Uterus) eine mehrfache Zellteilung und erste Differenzierung zur sog. Blastocyste, die sich am 7. Tag nach der Befruchtung in die Uterusschleimhaut einnistet (Nidation) und damit zum Embryo wird. Im Zug der weiteren Entwicklung erfolgt neben der Ausbildung der Plazenta (s. unten) zunächst die Anlage der verschiedenen Organe. Die Organogenese des Embryo und damit die Embryonalzeit ist gegen Ende der 8. Schwangerschaftswoche abgeschlossen. In der nun folgenden fetalen Periode von der 9. bis zur 38. Woche werden zunächst die Gewebe angelegt (Histogenese, ca. von Tag 50–90), die dann bei gleichzeitigem Wachstum des Feten bis zur Geburt reifen. Die Versorgung des Embryo und Feten mit Sauerstoff und Nährstoffen erfolgt durch die Mutter über die Plazenta, deren Ausbildung nach dem 3. Schwangerschaftsmonat abgeschlossen ist. Wie bereits unter 2.2.3.2. besprochen, stellt die Plazenta zu keinem Zeitpunkt eine Barriere für lipophile Substanzen dar. Zwar sind der mütterliche und der fetale Blutkreislauf getrennt, doch können wegen der großen Austauschfläche (die mütterlichen Blutgefäße münden in der Plazenta in einen „Blutsee", in den die fetalen Gefäße eintauchen) und der kurzen Wege (wenige Zellmembranen) zwischen mütterlichem und fetalem Blut lipophile Substanzen schnell in beide Richtungen diffundieren. Polare Stoffe dagegen können durch einfache Diffusion weder in den Feten hinein noch heraus; sie müssen aktiv transportiert werden.

Störungen der Ontogenese durch lipophile chemische Noxen sind zu jedem Zeitpunkt möglich. Wird die Blastocyste oder der frühe Embryo vor Beginn der Organogenese geschädigt, kann es zum Absterben der Frucht oder zu einer Wachstumsverzögerung kommen: die Chemikalie wirkt embryoletal oder embryotoxisch. Teratogene Schäden dagegen sind erst mit Einsetzen der Organogenese möglich. Entsprechend ihrem unterschiedlichen Anlagezeitpunkt weisen die verschiedenen Organe unterschiedliche Zeiträume der Empfindlichkeit auf (Tab. 3.5).

Die Einwirkung eines Teratogens während der Anlagephase eines Organs führt meist zu gravierenden Mißbildungen, während die gleiche Substanz zu einem späteren Zeitpunkt möglicherweise gar keine oder nur geringe teratogene Schäden setzt. Da die Anlagezeiten der Organe unterschiedlich sind,

Tab. 3.5 Zeiten maximaler und geringerer Empfindlichkeiten verschiedener Organe gegenüber teratogenen Effekten beim Menschen (angegeben ist die Schwangerschaftswoche)

Organ	Hohe Empfindlichkeit	Geringere Empfindlichkeit
Zentralnervensystem	3,0–5,5	5,5–38
Herz	0,5–5,5	5,5–10
Arme	4,5–7	8–10
Beine	4,5–7	8–10
Ohren	4,0–12	13–20
Zähne	6,5–10	11–20
Gaumen	6,5–10	11–14
äußere Genitalien	7,5–12	13–38

kann die gleiche Substanz je nach Einwirkungszeitpunkt Mißbildungen verschiedener Organe bewirken. Dies gilt natürlich auch für Versuchstiere. In Abb. 3.21 sind die gegen Teratogene empfindlichen Phasen für verschiedene Organe der Ratte gezeigt.

Einige der biochemischen Mechanismen der Teratogenese werden zusammen mit typischen chemischen Teratogenen unter 3.9.2 besprochen.

Während die Phasen der Histiogenese und des fetalen Wachstums gegen teratogene Wirkungen weniger anfällig sind, erweisen sich diese Zeiträume der Ontogenese als besonders empfindlich gegen transplazentare Kanzerogene (→ 3.10.3.3). Gründe dafür sind die hohe Proliferationsrate der fetalen Gewebe, die teilweise vorhandene Fähigkeit zur metabolischen Aktivierung, und die niedrige Immunabwehr.

3.9.2
Chemische Teratogene

Nach Statistiken der USA liegen bei 7% aller Lebendgeborenen Defekte vor, die schon bei

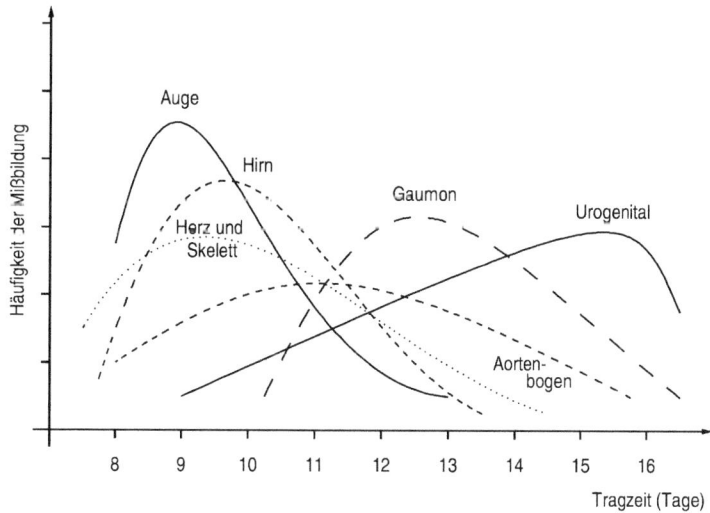

Abb. 3.21 Phasen der Empfindlichkeit gegenüber teratogenen Faktoren bei der Ratte

der Geburt oder innerhalb des 1. Lebensjahres auftreten. Addiert man die erst später im Leben erkennbaren teratogenen Schäden, erhöht sich diese Zahl auf 15%. Zusätzlich enden viele Schwangerschaften, bei denen die Embryonalentwicklung gestört ist, durch frühzeitigen spontanen Abort, oder Kleinkinder sterben an ihren teratogenen Schäden. Die Zahl dieser Fälle wird auf ca. 15% der Lebendgeburten geschätzt. Als Ursache der Teratogenität entfallen nach gängigen Schätzungen 25–35% auf genetische Faktoren (z. B. Chromosomenanomalien) und ca. 10% auf äußere Faktoren (Strahlung, Arzneimittel, Chemikalien, Infektionen, mütterliche Stoffwechselstörung u.a.), für den Rest gibt es z. Zt. noch keine plausible Erklärung. Auf die Einwirkung von Chemikalien werden 1–5% der teratogenen Schäden zurückgeführt.

Von den über 4 Millionen in den Chemical Abstracts erfassten chemischen Substanzen wurden bisher ca. 3000 im Tierversuch auf teratogene Wirkung getestet (→ 4.4), ca. 900 waren positiv. Als Teratogene für den Menschen gelten bisher 30 Substanzen.

Entsprechend der komplexen Natur der Organogenese sind verschiedene Mechanismen teratogener Wirkungen möglich. Soweit bekannt, sollen sie für einige typische chemische Teratogene kurz besprochen werden.

Alkylierende Substanzen reagieren chemisch mit DNA, Proteinen und anderen zellulären Makromolekülen. Sie verursachen damit Mutationen und eine direkte Schädigung der Zellen, die zu Zelltod und Nekrosen führen kann. Sie wirken vor der Organogenese embryolethal und verursachen später Wachstumsverzögerungen und Mißbildungen, wie im Tierversuch z. B. mit der Modellsubstanz *N*-Methyl-*N'*-nitro-*N*-nitrosoguanidin (MNNG) gezeigt wurde. Für den Menschen sind teratogene Wirkungen von Cyclophosphamid und Busulfan, die zur Krebschemotherapie eingesetzt werden, bekannt.

Substanzen, die mit der Zellteilung interferieren ohne für die Zelle selbst cytotoxisch zu sein, wirken während der Organogenese mit ihrer hohen Proliferationsrate ebenfalls als Teratogene. Beispiele sind die Mitosespindelgifte Colchicin und Vinblastin, der DNA-Polymerasehemmstoff Cytosinarabinosid, die Antimetabolite 6-Mercaptopurin und 8-Azaguanin und der DNA-Quervernetzer Mitomycin C.

Selektiver als bei Alkylantien und Mitosehemmern äußert sich der teratogene Effekt von Substanzen, die über einen Rezeptor-vermittelten Vorgang wirken. Beispiele dafür sind Glucocorticoide sowie männliche und weibliche Sexualhormone. Diese Substanzen sind in sehr niedrigen Konzentrationen an Wachstum und Differenzierung beteiligt, werden aber zum Teratogen, wenn sie in zu hoher Konzentration oder zum falschen Zeitpunkt einwirken. Unter diesen Bedingungen verursachen Glucocorticoide z. B. Gaumenspalten, während Androgene (Substanzen mit der Wirkung des männlichen Sexualhormons, z. B. Anabolika) bei weiblichen Embryonen zu Vermännlichungseffekten führen. Bei männlichen und weiblichen Embryonen, die dem synthetischen Östrogen Diethylstilbestrol ausgesetzt waren, wurden Anomalien der Genitalien beobachtet. Da von der teratogenen Wirkung nur Gewebe betroffen sind, in denen diese Hormone auch physiologisch über einen spezifischen Rezeptor wirken, wird die Beteiligung dieses Rezeptors am Mechanismus des teratogenen Effektes angenommen.

Über einen Rezeptor wirkt wahrscheinlich auch 2,3,7,8-Tetrachlorodibenzo-1,4-dioxin (TCDD) teratogen, das bei der Maus Gaumenspalten und andere Skelettmißbildungen hervorruft. Wie bei anderen toxischen Wirkungen des TCDD dürfte der sog. Ah-Rezeptor beteiligt sein (→ 6.3.2). Auffallend ist die Speziesspezifität der TCDD-Teratogenität, denn bei Ratten, Rhesusaffen und Totenkopf-

Affen (Marmosets) konnten mit TCDD keine Mißbildungen erzeugt werden.

Eine ausgeprägte Speziesspezifität liegt auch bei dem bekanntesten chemischen Teratogen vor, dem Thalidomid (Abb. 3.22). Thali-

Thalidomid

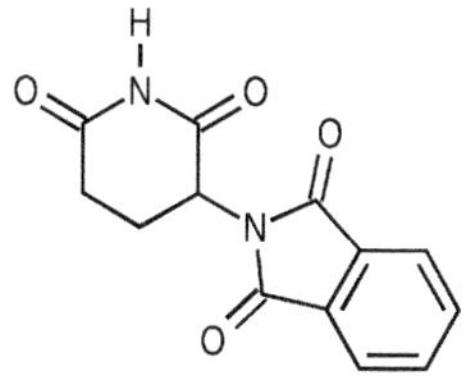

Abb. 3.22 Thalidomid, (RS)-N-(2,6-Dioxo-3-piperidyl)phthalimid

domid wurde 1956 als Schlaf- und Beruhigungsmittel vor allem in Westdeutschland („Contergan"), England, Wales und Japan auf den Markt gebracht. 1960 stieg schlagartig die Häufigkeit einer sonst seltenen Mißbildung, der Amelie (Fehlen der Gliedmaßen) und Phokomelie (stark verkürzte Gliedmaßen). Bis heute sind ca. 8000 Fälle dieser schweren Mißbildung bekanntgeworden. Neben den Extremitäten werden von Thalidomid auch die Augen, das Herz-Kreislaufsystem, der Darm und die Niere mit Harnsystem geschädigt. Als teratogene Dosis für den Menschen gilt 0,5–1 mg Thalidomid/kg Körpergewicht. In trächtigen Ratten bleibt Thalidomid selbst bei 4 000 mg/kg ohne teratogene und toxische Wirkung. Die beim Menschen gefundenen Mißbildungen konnten nur bei anderen Primaten und bei einem bestimmten Kaninchenstamm, den weißen neuseeländischen Kaninchen, erzeugt werden. Diese starke Speziesabhängigkeit ist beunruhigend, denn sie bedeutet, daß durch die routinemäßige Prüfung am Versuchstier nicht jedes Teratogen erkannt wird. Die Gründe der Speziesspezifität wurden ebenso wie der Mechanismus der Thalidomid-Teratogenität bisher nicht eindeutig geklärt. Im Tierversuch konnte gezeigt werden, daß beide Enantiomere gleiche sedative Wirkung haben, aber nur das $S(-)$-Thalidomid teratogen ist.

Der hohe Bedarf an Zellbausteinen und Energie während der Organogenese macht verständlich, daß z. B. Mangel an Folsäure, die essentiell für die Synthese von Nukleinsäurebasen ist, oder Gabe von Chloramphenicol, das die Atmungskette in den Mitochondrien stört und zur Depletion von Adenosintriphosphat führt (→ Lehrbücher der Biochemie), teratogen wirken.

Ein praktisch wichtiges Teratogen für den Menschen schließlich ist chronischer Alkoholkonsum während der Schwangerschaft, der zum fetalen Alkoholsyndrom führt, zu dem reduziertes Geburtsgewicht und psychomotorische Störungen zählen. Auch Cocain und hohe Dosen von Vitamin A oder synthetischen Retinoiden wirken beim Menschen teratogen.

3.10
Kanzerogenese

Kaum eine andere Erkrankung wird so sehr gefürchtet wie Krebs und keine andere toxische Wirkung belastet eine chemische Substanz so sehr wie das Stigma „krebserzeugend". Dies hängt zum einen mit der (insgesamt gesehen) schlechten Heilbarkeit und dem hohen Leidensdruck der Krebserkrankung zusammen, zum anderen mit dem Gefühl, daß krebserzeugende Substanzen besonders heimtückisch sind, da ihre Wirkung beim Menschen frühestens nach einem, meist sogar erst nach zwei bis drei Jahrzehnten in Form eines Tumors sichtbar wird. Schließlich wird die Angst vor diesen Stoffen durch den Umstand erhöht, daß einerseits die meisten der heute bekannten Krebsrisikofaktoren keinen wirkungsfreien Konzentrationsbereich („Schwellenwert") besitzen und somit auch kleinste Dosen sich in ihrer Wirkung summieren (→ 3.10.3.2), und andererseits nur ein Bruchteil der im Umlauf befindlichen chemischen Stoffe im Tierversuch auf kanzerogene Wirkung getestet wurde.

Im folgenden soll kurz auf die wichtigsten Eigenschaften von Tumoren und auf neuere Daten über die Häufigkeit verschiedener Krebsarten eingegangen werden, ehe die heutigen Vorstellungen zu den Mechanismen der Krebsentstehung zusammengefaßt werden. Die Testmöglichkeiten für krebserzeugendes Potential von Chemikalien werden im Kapitel 4.5 abgehandelt.

3.10.1
Eigenschaften von Tumoren

Es steht heute fest, daß jeder Tumor letztlich aus einer einzigen Zelle hervorgeht, deren Wachstumskontrolle gestört ist und die als Krebszelle oder neoplastische Zelle bezeichnet wird. Derartige Krebszellen können durch neoplastische Transformation gesunder Zellen in praktisch jedem Gewebe entstehen. Das klonale und ungehemmte Wachstum führt zu einem gutartigen (benignen) oder einem bösartigen (malignen) Tumor, die sich in wichtigen Eigenschaften unterscheiden (Tab. 3.6).

Der Pathologe klassifiziert Tumoren nach ihrem Ausgangsgewebe (→ 2.1.2) und ihrem Malignitätsgrad. Nach ihrer Abstammung unterscheidet man epitheliale (von Epithelien ausgehende), mesenchymale (von Binde-, Stütz- und Muskelgewebe ausgehende) und neurogene (von Nervengewebe ausgehende) Geschwülste. Die Endung -om am Gewebenamen bedeutet einen gutartigen Tumor, z. B. Adenom (des Drüsenepithels), Lipom (des Fettgewebes), Osteom (des Knochens), Myom (des Muskelgewebes) oder Gliom (des Gliagewebes). Bösartige Tumoren heißen „Karzinome", wenn sie von Epithelien ausgehen, „Sarkome", wenn sie ihren Ursprung im mesenchymalen Gewebe haben, und „Blastome" bei neurogenem Ursprung, z. B. Adenokarzinom, Liposarkom, Osteosarkom, Myosarkom und Glioblastom. Auf die Bestimmung des Malignitätsgrades (das „Grading") soll hier nicht eingegangen werden.

Die wohl gefährlichste Eigenschaft des malignen Tumors ist sein infiltratives Wachstum, d. h. er hält sich nicht an Gewebegrenzen und wächst in andere Organe und vor allem auch Blutgefäße hinein. Damit können neoplastische Zellen mit dem Blut im Körper verteilt werden, sich in gesunden Geweben ansiedeln und dort Tochtergeschwülste (Metastasen) ausbilden. Die Ausbreitung von Metastasen des Primärtumors über den ganzen Organismus, die in der Regel schon lange vor der Erkennung der Krebserkrankung geschieht, macht die Therapie oft sehr schwierig.

Tab. 3.6 Hauptunterschiede zwischen benignen und malignen Tumoren

	Gutartig	*Bösartig*
Abgrenzung zum umgebenden Gewebe	abgekapselt nicht invasiv	nicht abgekapselt invasiv wachsend
Differenzierungsgrad[a]	hoch	niedrig
Häufigkeit von Mitosen	niedrig	hoch
Wachstumsgeschwindigkeit	langsam	schnell
Dysplasie-Grad[b]	niedrig	hoch
Metastasierung	keine	metastasierend

[a] Differenzierung = Ausbildung spezialisierter Zellfunktionen
[b] Dysplasie = zelluläre und gewebliche Abweichung von der Norm

Obwohl sich gutartige Tumoren nicht in andere Organe hinein ausbreiten, können sie bei Nichtbehandlung lebensbedrohend sein, z. B. wenn sie durch ihr Wachstum benachbarte Gewebe verdrängen (besonders gefährlich bei benignen Hirntumoren) oder wenn bei mechanischer Belastung Gefäße einreißen und massive innere Blutungen auftreten (z. B. Leberadenom).

Die Verwendung des Begriffs Karzinom für maligne epitheliale Tumoren bringt Nomenklaturprobleme mit sich. Streng genommen bedeutet „Karzinogenese" die Entstehung von Karzinomen. Im Angelsächsischen hat sich der Begriff „carcinogenesis" aber für jede Tumorbildung (also auch gutartige) eingebürgert. Im Deutschen wäre es konsequenter, dafür den Ausdruck „Kanzerogenese" zu verwenden. In der Literatur ist die Nomenklatur bisher nicht einheitlich, wobei zusätzlich noch unterschiedliche Schreibweisen benutzt werden (Carcinogenese, Cancerogenese).

3.10.2
Häufigkeit und Ursachen von Krebs

Krebs war als Krankheit schon in frühen Kulturen bekannt, als Todesursache aber unbedeutend. Erst mit dem Zurückdrängen anderer Krankheiten und mit der zunehmenden Lebensdauer stieg die Häufigkeit von Krebs. Heute stellen Tumorerkrankungen in den westlichen Industrienationen nach Herz-Kreislauf-Problemen die zweithäufigste Todesursache. Jeder 4. erkrankt an Krebs, jeder 5. stirbt daran. Die Verteilung von Tumoren auf die Organe („Tumorspektrum") ist bei Mann und Frau unterschiedlich. Da die Heilungschancen für die verschiedenen Tumorarten ebenfalls unterschiedlich sein können, ist die Häufigkeit von Krankheitsfällen und von Todesfällen nicht identisch. In Tab. 3.7, in der die entsprechenden Zahlen für die USA im Jahre 1986 zusammengestellt sind, wird dies deutlich.

Die Ursachen für die Entstehung von Krebs beim Menschen werden heute ganz überwiegend in der Einwirkung äußerer Faktoren, der sog. Krebsrisikofaktoren, gesehen. Dazu ge-

Tab. 3.7 Anteil von verschiedenen Tumorarten (in %) an der Gesamtzahl von Krankheits- und Todesfällen durch Krebs in den USA 1986

Art des Tumors	Krankheitsfälle		Todesfälle	
	Männer	Frauen	Männer	Frauen
Haut	3	2	2	1
Mundhöhle	4	2	3	1
Brust	–	26	–	18
Lunge	22	11	35	19
Magen	3	2	3	3
Dickdarm, Enddarm	14	16	11	14
Bauchspeicheldrüse	3	3	5	5
Eierstöcke	–	4	–	5
Gebärmutter	–	11	–	4
Prostata	19	–	10	–
Harnsystem	9	4	5	3
Leukämien, Lymphome	8	7	9	9
alle anderen Krebsformen	15	12	17	18

hören krebserzeugende Chemikalien, energiereiche Strahlung und bestimmte Viren. Eine rein genetische Ursache haben nur wenige Tumoren, die meist bei Kleinkindern auftreten (z. B. Wilms Tumor, Retinoblastom). Allerdings spielt die Genetik auch bei der Tumorentstehung durch exogene Noxen mit, denn die Empfindlichkeit gegenüber den Krebsrisikofaktoren kann bei verschiedenen Personen aufgrund ihrer genetischen Disposition sehr unterschiedlich sein. Auslöser des Krebses bleiben aber auch bei empfindlichen Personen die äußeren Faktoren.

Für die große Bedeutung von Krebsrisikofaktoren in der Etiologie menschlicher Tumoren gibt es einige überzeugende Hinweise, z. B.:

- die sog. Migrationsstudien, bei denen die Entwicklung des Tumorspektrums bei Einwanderern über mehrere Generationen verfolgt und mit dem typischen Muster im Ursprungsland verglichen wurde. Dabei fand man, daß sich schon bei den Einwanderern selbst und noch mehr bei ihren Kindern und Enkeln das charakteristische Tumormuster ihres Heimatlandes dem des Gastlandes angleicht.
- die Erfahrung, daß der berufliche Umgang mit bestimmten Stoffen zu Krebs führt (Tab. 3.8),
- der klare epidemiologische Zusammenhang zwischen inhalativem Tabakrauchen und Lungenkrebs (→ 3.3.4),
- die steigende Zahl von chemischen Substanzen (z. Zt. über 2000), die im Tierversuch als krebserzeugend erkannt werden.

Durch die lange Latenzzeit von Krebs beim Menschen und die Vielzahl von Faktoren, denen jeder Mensch während seines Lebens ausgesetzt ist, wird die eindeutige Zuordnung einer Tumorerkrankung zu einem bestimmten etiologischen Faktor sehr erschwert. Der Beitrag verschiedener Faktoren zu den vermeidbaren Krebserkrankungen des Menschen wird heute folgendermaßen abgeschätzt:

Ernährung	35%
Tabak	30%
Fortpflanzung, Sexualverhalten	7%
Beruf	4%
Alkohol	2%
Luft- u. Wasserverunreinigungen	2%
UV-Strahlung	2%
Medikamente	1%

Im Gegensatz zum Tabakrauch, der Hauptursache des Lungenkrebses beim Menschen (→ 3.3.4), ist die Rolle, die die Ernährung für die Krebsentstehung spielen kann, sehr komplex. Beteiligt sind endogene Nahrungsbestandteile, von Mikroorganismen produ-

Tab. 3.8 Beispiele für „Berufskrebs"

Beruf	Lokalisation des Tumors	Ursache	Beobachter
Kaminkehrer	Skrotum	Ruß (arom. KW)	Pott 1779
Teerarbeiter	Haut	Teer (arom. KW)	Volkmann 1873
Anilinarbeiter	Blase	Arom. Amine	Rehn 1895
Asbestgewinnung u. -verarbeitung	Lunge, Brust- u. Bauchfell	Asbest	verschiedene
Kunststoffproduktion	Leber	Vinylchlorid	verschiedene
Holzarbeiter	Nase	unbekannt	mehrere

zierte Kanzerogene (z. B. Aflatoxine), bei der Zubereitung entstehende Pyrolyseprodukte (z. B. aromatische Kohlenwasserstoffe, → 6.1.2 und heterocyclische Amine, → 6.2.1) sowie die Zusammensetzung der Nahrung (Anteil von Fett, Fleisch, Ballaststoffen, pflanzlichen Nahrungsmitteln).

3.10.3
Mechanismen der Krebsentstehung

Bei Krebs ist die Kontrolle des Wachstums von Körperzellen (Somazellen) gestört, die Zellen teilen sich ohne Rücksicht auf die Bedürfnisse des Gesamtorganismus und führen schließlich zu dessen Tod. Das klonale Wachstum von Tumoren deutet darauf hin, daß in Krebszellen eine Veränderung des genetischen Materials, also eine Mutation im weitesten Sinn, vorliegt, die bei jeder Zellteilung an die Tochterzellen weitergegeben wird. Die somatische Mutationstheorie des Krebses erlaubt es, einen gemeinsamen Mechanismus für die Wirkungsweise der chemischen, physikalischen (Strahlung) und biologischen (Tumorviren) Krebsrisikofaktoren zu formulieren.

3.10.3.1
Genetisches Material und seine Vermehrung

Die gesamte genetische Information für einen Organismus (sein „Bauplan") ist im Kern jeder Zelle dieses Organismus enthalten (zum Zellaufbau → 2.1.1). Träger der Erbinformation ist die Desoxyribonukleinsäure (DNA), die in der Säugerzelle in Form von Chromosomen vorliegt. Vor jeder Zellteilung muß von der DNA eine Kopie angefertigt werden, damit die identische Erbinformation auf die beiden Tochterzellen weitergegeben werden kann. Fehler beim Kopieren oder bei der Weitergabe der Kopie führen zu Mutationen.

In Säugerzellen liegt die DNA als „Doppelstrang" von zwei sehr langen Ketten aus Desoxyribosemolekülen vor, die über ihre 3'- und 5'-Hydroxylgruppen mit Phosphorsäure verestert sind (Abb. 3.23). Jede Desoxyribose trägt in glykosidischer Bindung eine der vier Basen Guanin (G), Adenin (A), Cytosin (C) oder Thymin (T). Im Doppelstrang ist jede Base des einen Strangs über Wasserstoffbrücken mit einer Base des anderen Strangs verknüpft, wobei sich Guanin nur mit Cytosin und Adenin nur mit Thymin „paart" (Abb. 3.24). Bei der Verdopplung (Reduplikation oder Replikation) der DNA wird der Doppelstrang in die beiden Einzelstränge getrennt. An der einsträngigen DNA wird durch bestimmte Enzyme neue DNA synthetisiert, wobei aus jedem Einzelstrang wieder ein Doppelstrang entsteht. Da bei der Synthese der neuen DNA der „alte" Einzelstrang als Matrize dient und die Basenpaarungsregel (G mit C und A mit T) streng beachtet wird, entsteht ein dem Mutterstrang hinsichtlich seiner Basensequenz komplementärer neuer Strang, der eine genaue Kopie des zweiten Mutterstranges darstellt. Insgesamt werden zwei identische Doppelstränge gebildet. Die Fehlerrate bei der Replikation der DNA ist sehr gering: Von den ca. 6×10^9 Basenpaaren der Gesamt-DNA in jeder menschlichen Zelle wird pro Zellteilung nur eines durch den Einbau einer falschen Base mutiert.

Die Replikation der DNA erfolgt in der sog. S-Phase (DNA-Synthese-Phase) des Zellzyklus. Der Zellzyklus beschreibt die verschiedenen Stadien, die bei der Zellteilung durchlaufen werden, und wird in G_1-, S-, G_2- und M-Phase unterteilt (Abb. 3.25). Während der G_1- und G_2-Phase bereitet sich die Zelle im wesentlichen durch Synthese von Proteinen (s. unten) auf die folgende Phase oder auf ihre sonstigen Funktionen vor, in der M-Phase erfolgt die eigentliche Trennung (Mitose) in zwei Tochterzellen. Zellen können auch den Teilungszyklus verlassen und damit in die Ruhephase G_0 eintreten, aus der sie bei Bedarf wieder in den Zellzyklus zurückkehren. Die zeitliche Länge des Zellzyklus wird vor allem von der G_1-Phase bestimmt, die zwischen we-

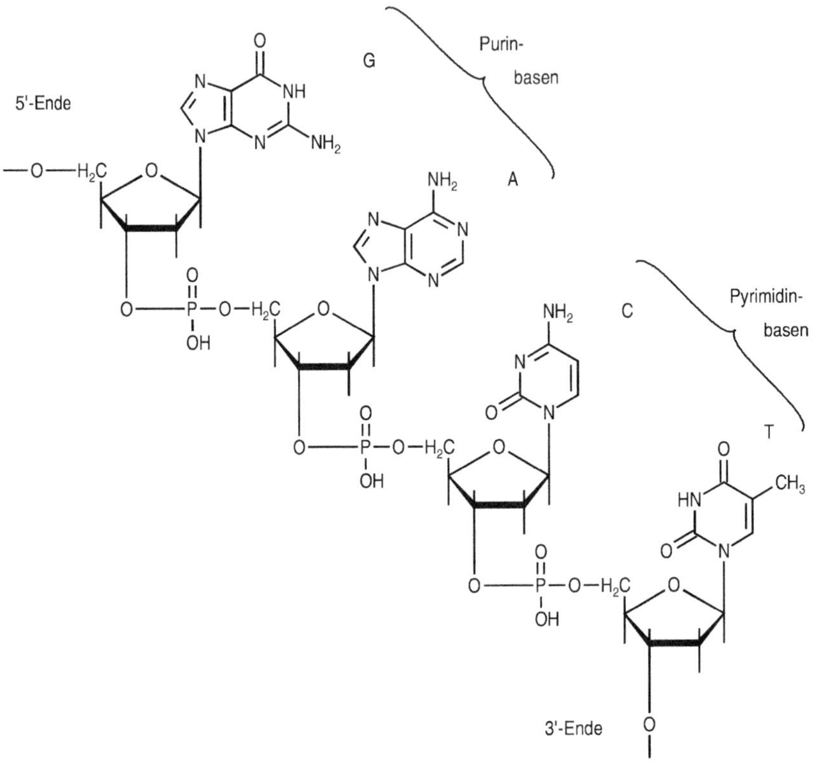

Abb. 3.23 Chemische Struktur der DNA

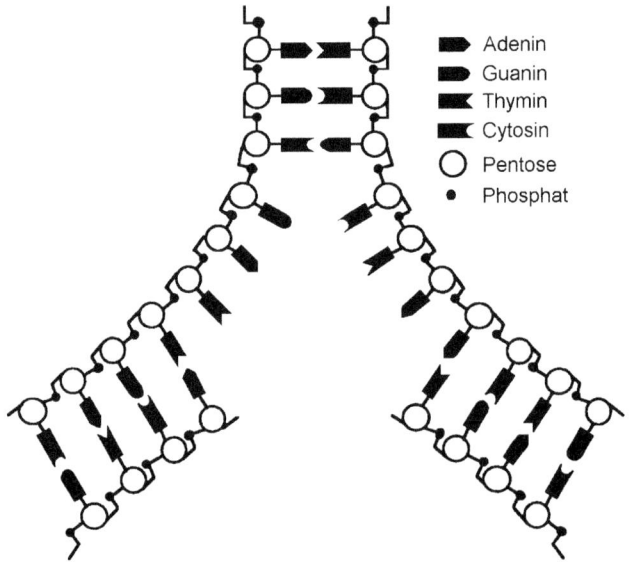

Abb. 3.24 Schematische Darstellung der Basenpaarung der DNA-Replikation

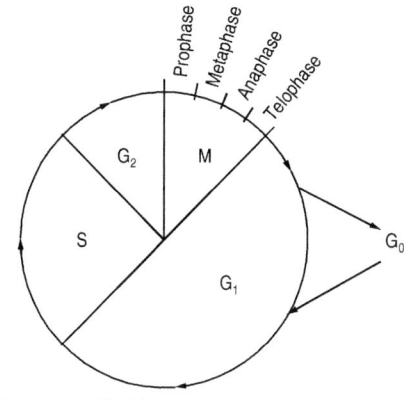

Abb. 3.25 Zellzyklus

nigen Stunden und Hunderten von Tagen liegen kann, während S-, G_2- und M-Phase wenige Stunden dauern (die genaue Zeit hängt vom Zelltyp ab). Die Wachstumsgeschwindigkeit (Proliferationsrate) eines Gewebes hängt neben der Länge der G_1-Phase vor allem von der Zahl der Zellen ab, die sich im Zellzyklus und in der Ruhe-Phase G_0 befinden: je mehr Zellen in G_0 sind, desto langsamer wächst das Gewebe. Bei Tumoren ist im Vergleich zum Normalgewebe meist nicht die G_1-Phase verkürzt, sondern der Anteil der Zellen in der G_0-Phase verringert.

Zurück zum Schicksal der DNA bei der Zellteilung. Nach erfolgter Replikation werden die zwei DNA-Doppelstränge, die oft mehrere cm lang sind, zunächst unter Beteiligung verschiedener Proteine (Histone und Nicht-Histone-Proteine) durch Aufwickeln, Falten usw. auf eine Länge von ca. 10^{-4} cm verkürzt. Sie bilden damit die beiden Chromatiden, die noch über die sog. Centromer-Region zusammenhängen. Vor der eigentlichen Zellteilung (Mitose) liegen zu Beginn der M-Phase in jeder Zelle eine für die jeweilige Spezies charakteristische Anzahl solcher Chromatidenpaare im Zellkern vor (beim Menschen 46). Nachdem sich die Membran des Zellkerns aufgelöst und die Chromatidenpaare in einer Ebene angeordnet haben (Metaphase), greifen von zwei Seiten die Fasern der eigens ausgebildeten Mitosespindel an der Centromer-Region an und ziehen die sich trennenden Chromatiden auseinander (Anaphase, Abb. 3.26). Anschließend bildet sich um jeden der beiden identischen Chromatidenhaufen eine Kernmembran aus (Telophase), ehe sich die Zellmembran zwischen den beiden neuen Zellkernen unter Bildung von zwei Tochterzellen abschnürt (Cytokinese).

Die Chromatiden sind nur während der Mitosephase als definierte Strukturen nach Anfärben unter dem Mikroskop sichtbar; vor und nach der Mitose, in der sog. Interphase, liegt das Chromatin, d.h. die DNA mit den obengenannten assoziierten Proteinen, im Zellkern in diffuser, dekondensierter Form vor.

Diese Beschreibung der DNA-Replikation und der Zellteilung stellt eine starke Vereinfachung dar. Für ausführlichere Darstellungen wird auf Lehrbücher der Biochemie, Molekularbiologie und Genetik verwiesen.

3.10.3.2
Wirkungsweise chemischer Kanzerogene

Der Übergang einer Normalzelle in eine Krebszelle und deren klonales Auswachsen zu einem Tumor ist nach heutiger Auffassung ein Mehrstufenprozeß, der Zeit benötigt. Viele der durchlaufenen Schritte werden noch nicht gut verstanden. Der Gesamtprozeß von der Normalzelle zum Tumor wird in die drei Phasen Initiation, Promotion und Progression eingeteilt. Charakteristische Merkmale der einzelnen Phasen sind:

- für die *Initiation*: eine irreversible Veränderung des genetischen Materials, die an die Tochterzellen weitergegeben wird. Sie besteht meist in mehreren Mutationen des Genoms, die in kurzer Zeit (Stunden bis Tage) vollzogen sind. Initiation allein reicht jedoch für die Tumorentstehung nicht aus.

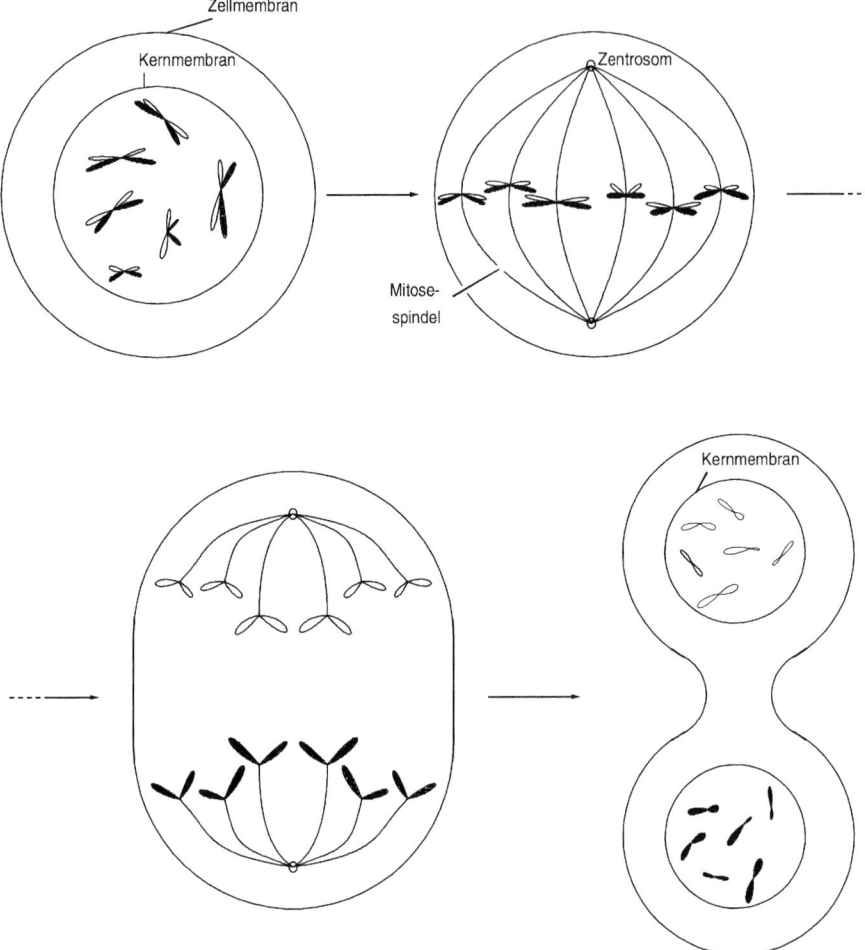

Abb. 3.26 Vereinfachte und schematisierte Darstellung der Chromatidentrennung bei der Mitose

- für die *Promotion*: Stimulierung des Zellwachstums, z. B. durch Eingriffe in Signalketten (zur Signaltransduktion → Lehrbücher der Biochemie und Molekularbiologie), wobei sich initiierte Zellen bevorzugt vermehren. Der Promotor selbst bewirkt keine bleibenden Veränderungen der Zelle, d.h. seine Wirkung ist weitgehend reversibel; sie muß meist über Wochen oder Monate anhalten, um aus initiierten Zellen im Gewebe einen Mikrotumor (präneoplastischen Herd) heranwachsen zu lassen.
- für die *Progression*: Zunahme der Wachstumsautonomie und Malignität des Mikrotumors und Tumors durch weitere Mutationen und andere Prozesse über einen Zeitraum von Monaten oder (beim Menschen) sogar Jahren.

Chemische Substanzen können als Initiatoren, als Promotoren oder als „komplette Kanzerogene" (Solitärkanzerogene mit initiierendem und promovierendem Effekt) wirken. Nach einer Definition der WHO gelten alle Stoffe als Kanzerogene, die im Tierversuch (→ 4.5.3.3)

- Tumoren erzeugen, die nicht spontan (d. h. ohne Einwirkung des Stoffes) auftreten,
- die Inzidenz von Tumoren (auch von Spontantumoren), d. h. die Anzahl der tumortragenden Tiere, erhöhen,
- die Latenzzeit bei der Tumorbildung verkürzen,
- die Anzahl der Tumoren pro Tier erhöhen.

Nach dieser Definition sind auch reine Initiatoren oder Promotoren als Kanzerogene zu betrachten. Ob es reine Initiatoren überhaupt gibt, erscheint fraglich, da alle zur Initiation befähigten Kanzerogene bei genügend hoher Dosierung als komplette Kanzerogene wirken, d. h. auch promovierende Eigenschaften besitzen. Eine mögliche Erklärung dafür ist, daß Initiatoren neben ihren Veränderungen des genetischen Materials, die zur Krebszelle führen, immer auch Zellen zum Absterben bringen und damit ein regeneratives Zellwachstum auslösen.

Die promovierende Wirkung eines chemischen Kanzerogens kann in einem sog. Initiations-Promotions-Experiment, dessen Prinzip in Abb. 3.27 dargestellt ist, von der initiierenden Eigenschaft unterschieden werden. Während ein Initiator oder komplettes Kanzerogen in genügend hoher Dosierung zu Tumoren führt (Abb. 3.27, Fall 1–3), löst ein Promotor alleine keine Tumoren aus (Fall 4). Wird jedoch vor dem Promotor eine subkanzerogene Dosis eines Initiators gegeben, kommt es zur Tumorbildung (Fall 5). Bei Umkehrung der Reihenfolge, also bei Gabe des

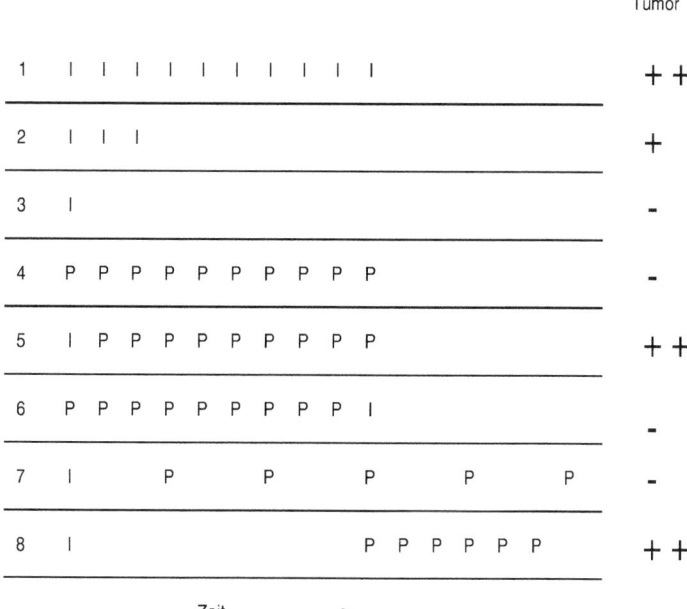

Abb. 3.27 Anlage eines Initiations-Promotions-Experimentes

Initiators nach dem Promotor, bleibt die Tumoren aus (Fall 6); ebenso, wenn bei „richtiger" Reihenfolge die Abstände zwischen den Dosen des Promotors zu groß werden (Fall 7). Dagegen kann eine intensive Promotoreinwirkung auch längere Zeit nach der Gabe des Initiators Tumorbildung bewirken (Fall 8), was die Irreversibilität der Initiation demonstriert.

Derartige Initiations-Promotions-Experimente können auf der rasierten Mäusehaut, aber auch in Leber, Niere und Blase durchgeführt werden. Typische Promotoren sind das von einem Pflanzeninhaltsstoff abgeleitete 12-O-Tetradecanoyl-phorbol-13-acetat (TPA) für die Haut, Phenobarbital und TCDD (→ 6.3.2) für die Leber, Ethinylöstradiol für Leber und Niere, Lithocholsäure für den Dickdarm, und Saccharin für die Blase (Abb. 3.28). Die Promotorwirkung ist meist organspezifisch. Für die TPA-Wirkung an der Haut gibt es Hinweise auf einen zweistufigen Verlauf der Promotion („Konversion" und „Propagation").

Ein häufig, aber fälschlich mit Promotor synonym verwendeter Begriff ist der des Cokanzerogens. Als Cokanzerogene sollten Substanzen bezeichnet werden, die fördernd in die Vorgänge der Initiation eingreifen, z.B. durch Steigerung der metabolischen Aktivierung des Initiators über eine Enzyminduktion. Cokanzerogene müssen zur Entfaltung ihrer Wirkung vor oder mit dem Initiator gegeben werden.

Am besten werden bisher die Vorgänge bei der Tumorinitiation verstanden, die zu einer Veränderung der genetischen Information der Zellen führen. Die meisten Initiatoren wirken durch Angriff an der DNA. Substanzen, die dazu aufgrund ihrer elektrophilen Reaktivität in der Lage sind, werden als „direkte" Mutagene und Kanzerogene bezeichnet. Beispiele sind Dimethylsulfat, Bis(chlormethyl)ether und β-Propiolakton. Die meisten chemischen Kanzerogene aber werden erst durch metabolische Aktivierung zu Elektrophilen. Man bezeichnet einen solchen Stoff als „Präkanzerogen" (z.B. Benzo[a]pyren, BaP), der über ein „proximales" (z.B. das BaP-7,8-dihydrodiol) zum „ultimalen" Kanzerogen (z.B. BaP-7,8-dihydrodiol-9,10-epoxid) metabolisiert wird (→ Abb. 2.40 in 2.2.4.4 u.

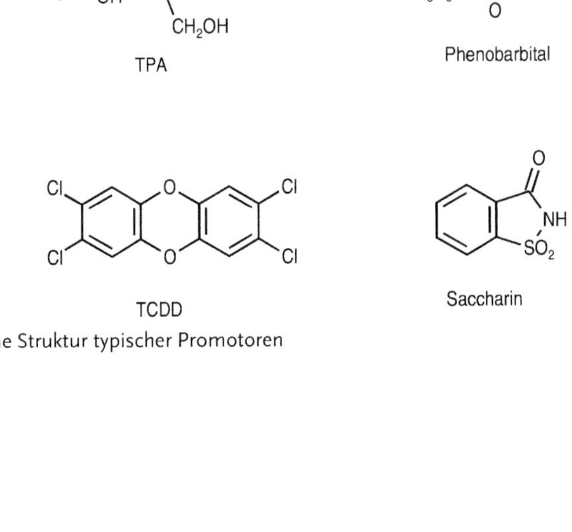

Abb. 3.28 Chemische Struktur typischer Promotoren

5.2.2.4). Der ultimate Metabolit reagiert mit der DNA und anderen Makromolekülen, sofern er nicht durch inaktivierende Enzyme abgefangen wird. Eine dritte Kategorie von Kanzerogenen sind solche, die beim chemischen Zerfall Elektrophile bilden, z. B. Nitrosoharnstoffe (→ 6.5.2). Solche Stoffe stehen, da sie enzymatisch nicht aktiviert werden müssen, den direkten Kanzerogenen näher als den metabolisch zu aktivierenden Präkanzerogenen.

Die elektrophilen Wirkformen von chemischen Kanzerogenen können mit praktisch jeder nukleophilen Stelle der DNA reagieren. Das quantitative Ausmaß der verschiedenen Reaktionen wird von der Zugänglichkeit des Nukleophils und auch von Gesetzmäßigkeiten der chemischen Reaktivitäten (harte/weiche Elektrophile und Nukleophile) bestimmt. Neben einer direkten Reaktion zwischen dem ultimalen Kanzerogen und der DNA können bestimmte Substanzen auch den molekularen Sauerstoff der Zelle zu DNA-reaktiven Formen aktivieren (→ 2.2.4.4) und damit indirekt DNA-Schäden auslösen.

Die häufigsten von kanzerogenen Substanzen ausgelösten DNA-Schäden sind

- die Bildung kovalenter Addukte mit DNA-Basen,
- die Eliminierung einer Purin- oder Pyrimidin-Base unter Bildung einer „AP-Stelle" (apurinische bzw. apyrimidinische Stelle),
- der Bruch eines DNA-Stranges durch Lösen einer Desoxyribose-Phosphat-Bindung („Einzelstrangbruch"),
- der Bruch beider DNA-Stränge („Doppelstrangbruch"),
- die Verknüpfung zweier benachbarter Basen im selben DNA-Strang,
- die Verknüpfung zweier gegenüberliegender Basen im Doppelstrang,
- die Verknüpfung einer Base mit einem Protein.

Bestimmte flache Moleküle wie Ethidiumbromid oder polycyclische aromatische Kohlenwasserstoffe können sich außerdem nicht-kovalent in den Doppelstrang einlagern (Interkalation) und die Struktur der Doppelhelix stören.

Die genannten DNA-Veränderungen können von der Zelle meist sehr schnell und vollständig repariert werden, z. B. durch Herauslösen der beschädigten Base oder eines längeren DNA-Abschnittes und Wiederauffüllen der Lücke. Die DNA-Reparatursynthese wird als „unplanmäßige DNA-Synthese" bezeichnet und kann zum Nachweis von DNA-Schäden genutzt werden (→ 4.5.2.5). Da die DNA sowohl endogenen Schadeinflüssen als auch solchen aus der Umwelt ausgesetzt ist, war die Entwicklung effizienter Reparatursysteme eine Notwendigkeit der Evolution (zur näheren Beschreibung der DNA-Reparatursysteme → Lehrbücher der molekularen Genetik und der Molekularbiologie).

Gefährlich wird ein DNA-Schaden durch ein chemisches Kanzerogen, wenn die DNA vor der Reparatur repliziert wird, weil dann die DNA-Veränderung in Form einer Mutation fixiert werden kann. Dies ist in Abb. 3.29 beispielhaft für O^6-Methylguanin gezeigt, ein nach Einwirkung von methylierenden Substanzen (z. B. Dimethylsulfat, Nitrosomethylharnstoff) auf DNA auftretendes Basenaddukt. Während Guanin, wie unter 3.10.3.1. beschrieben, bei der DNA-Replikation mit Cytosin paart, wird durch die Methylierung am O^6 die Wasserstoffbrückendonor- und Wasserstoffbrückenakzeptor-Eigenschaft des Guanin der von Adenin sehr ähnlich, so daß O^6-Methylguanin nun mit Thymin paart (Abb. 3.29). Bei der Replikation der Adduktragenden DNA wird also im komplementären Strang eine „falsche" Base eingebaut und damit eine Veränderung der DNA bewirkt, die von Reparaturenzymen nicht mehr erkannt werden kann und die als Mutation bestehen bleibt. Die Adduktbildung

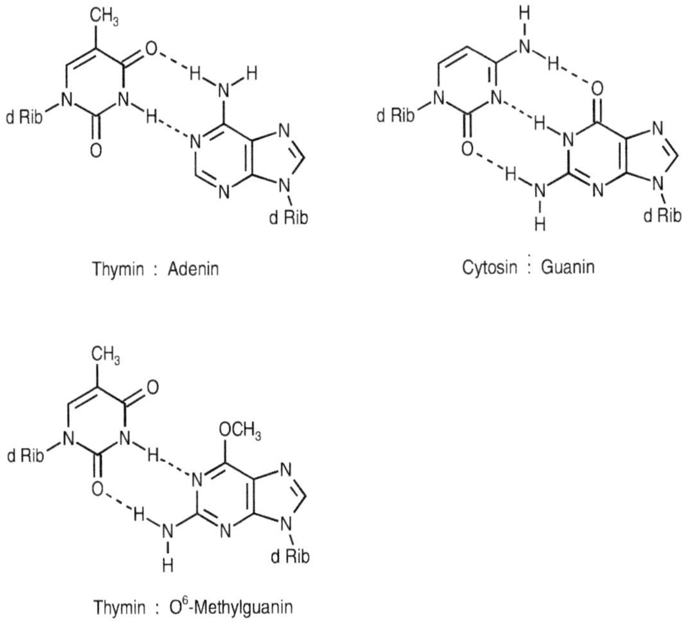

Thymin : Adenin

Cytosin : Guanin

Thymin : O⁶-Methylguanin

Abb. 3.29 Einfluß der O^6-Methylierung von Guanin auf die Basenpaarung

selbst stellt noch keine Mutation, sondern eine „prämutagene" Veränderung der DNA dar.

Welche Konsequenzen der Austausch einer Base haben kann, wird exemplarisch in Abb. 3.30 gezeigt. Die Reihenfolge der Basen der DNA bestimmt letztlich die Reihenfolge der Aminosäuren in dem Protein, für das der betreffende DNA-Abschnitt als Gen fungiert, wobei immer drei Basen für eine Aminosäure kodieren. Bei der Proteinsynthese wird zunächst im Zellkern an der DNA des Gens ein komplementärer Strang an Boten-Ribonukleinsäure (messenger-RNA) synthetisiert (Transkription der genetischen Information von der DNA auf die RNA), die ins Cytoplasma wandert und an den Ribosomen des rauhen endoplasmatischen Retikulums als Matrize für die Synthese des Proteins dient (Translation der genetischen Information von der RNA in das Protein).

Die RNA unterscheidet sich von der DNA durch den Zuckerbaustein Ribose anstelle von Desoxyribose und die Verwendung von Uracil (U) anstelle von Thymin (T). So paart zum Beispiel das Basentriplett AGA der DNA bei der Replikation mit TCT, bei der Transkription mit UCU. Das Triplett UCU kodiert bei der Translation (Proteinsynthese) für den Einbau der Aminosäure Serin. Ist nun in der DNA das Guanin des Tripletts AGA am O^6 methyliert, paart es bei der Replikation mit TTT. Wird dieses mutierte Triplett noch einmal repliziert, paart es nun mit AAA. Damit sind beide DNA-Stränge an der gleichen Stelle gegenüber der Ausgangs-DNA durch den Austausch eines Basenpaares mutiert. Das Triplett AAA wird in UUU transkribiert, das bei der Translation für die Aminosäure Phenylalanin kodiert. Damit wird durch ein einziges Adduktan der DNA der Einbau einer falschen Aminosäure bewirkt. Erfolgt eine derartige Änderung bei einem für die Wachstumskontrolle der Zelle zuständigen Protein an einer für die Funktion kritischen Stelle,

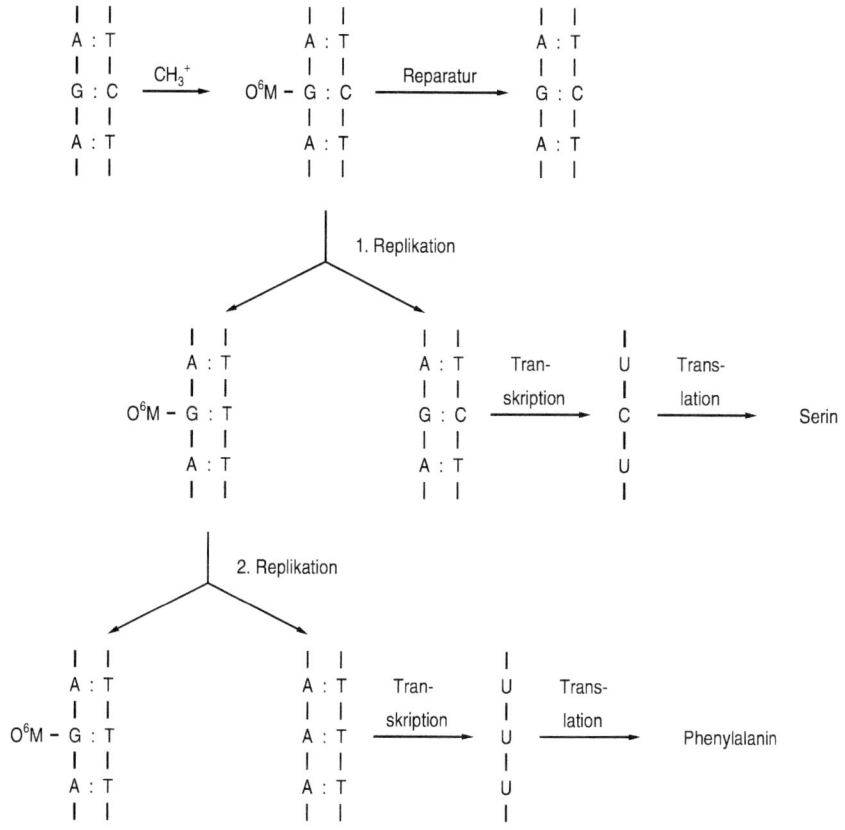

Abb. 3.30 Replikation einer DNA mit einem O^6-Methylguanin (O^6-M)

kann dies Konsequenzen für das Zellwachstum haben.

Neben der Mutation durch Basenpaarsubstitution wird durch Kanzerogene häufig ein weiterer Mutationstyp erzeugt, die sog. Rasterverschiebungs-Mutation (Rasterschub- oder Frameshift-Mutation). Für das korrekte Ablesen der genetischen Information ist das richtige Leseraster essentiell, d.h. der genaue Beginn der Tripletts. Kommt es durch eine Veränderung der DNA (z.B. Alkylierung einer Base mit einem sperrigen Rest, Interkalation eines Mutagens, Entstehung einer AP-Stelle) zu Veränderungen im Abstand der Basen, kann bei der DNA-Replikation oder Transkription eine Verschiebung des Leserasters eintreten, wobei im allgemeinen ein größerer Bereich des Gens und damit des davon kodierten Proteins betroffen ist. Die Konsequenz einer Frameshift-Mutation soll im Vergleich zur Punktmutation an einem Sprachbeispiel verdeutlicht werden:

richtiges Leseraster:	DIE	KUH	KAM	AUF	DAS	EIS
Verschiebung durch Insertion:	DIE	KUH	KA*A*	MAU	FDA	SEI
Verschiebung durch Deletion:	DIE	KUH	KMA	UFD	ASE	ISX
Basenpaarsubstitution:	DIE	KU*R*	KAM	AUF	DAS	EIS

Für weitere Arten der Mutation von DNA und von Chromosomen wird auf Lehrbücher der Genetik verwiesen.

Besonders empfindlich gegen DNA-schädigende Substanzen sind Gewebe mit hoher Proliferationsrate, da hier eine prämutagene Läsion, z. B. in Form eines DNA-Adduktes, mit größerer Wahrscheinlichkeit als Mutation fixiert wird als bei einem nicht-proliferierenden Gewebe.

Da eine einmal erzeugte Mutation bestehen bleibt, addieren sich auch die Effekte kleinster Dosen von DNA-schädigenden Substanzen während der Lebenszeit einer Zelle. Für DNA-mutagene Stoffe existieren daher keine „Schwellenwerte", d. h. Konzentrationen, unterhalb derer sie ohne jede Wirkung bleiben. Für den Umgang mit DNA-schädigenden Substanzen gilt das Minimierungsgebot, d. h. die einwirkenden Stoffmengen müssen so klein wie möglich gehalten werden. MAK-Werte werden an diese Stoffe nicht vergeben, der Umgang wird durch TRK-Werte (technische Richtkonzentrationen) geregelt (→ 4.6.2).

Wie kann die Mutation von Genen zur Entstehung von Krebs führen? In den letzten Jahren wurde entdeckt, daß alle gesunden Zellen sog. Proto-Onkogene (oder zelluläre Onkogene, c-Onkogene) enthalten, deren Produkte (Proteine) wichtige Funktionen im Wachstum und bei der Differenzierung von Zellen haben, z. B. als Wachstumsfaktoren, Rezeptoren von Wachstumsfaktoren, Transkriptionsfaktoren oder bei der intrazellulären Signalübertragung. Werden Proto-Onkogene zu Onkogenen mutiert, kann es zur Bildung eines veränderten Proteins mit höherer Aktivität kommen. Auch eine verstärkte Genexpression (also vermehrte Bildung des „normalen" Proteins) als Folge einer Mutation kann zur Störung des normalen Zellwachstums führen. Bisher wurden über 100 derartige Proto-Onkogene entdeckt. Daneben existieren in Zellen sog. Anti-Onkogene oder Tumorsupressor-Gene, deren Produkte verhindern, daß gestörte Wachtumsprozesse ablaufen. Wird nach der Mutation eines Tumorsupressor-Gens ein inaktives Genprodukt gebildet oder die Genexpression vermindert, wird ebenfalls das unkontrollierte Zellwachstum begünstigt.

Substanzen, die zu DNA-Schäden und Gen-Mutationen führen, werden als genotoxisch oder gentoxisch bezeichnet. Die meisten heute bekannten Kanzerogene wirken genotoxisch. Daneben gibt es aber eine steigende Zahl von Substanzen, die ohne Genmutationen als komplette Kanzerogene wirken. Diese „nicht-genotoxischen" oder manchmal auch „epigenetisch" genannten Kanzerogene greifen auf andere Weise in die Wachstumskontrolle der Zelle ein.

3.10.3.3
Transplazentare Kanzerogenese

Schon vor der Geburt kann ein Organismus durch krebserzeugende Stoffe gefährdet sein. Experimentelle Untersuchungen haben gezeigt, daß zahlreiche Kanzerogene bei Applikation an trächtige Tiere zu Tumoren bei den Nachkommen führen (Tab. 3.9). Dies betrifft nicht nur direkt wirkende Kanzerogene, sondern auch Präkanzerogene, die metabolisch aktiviert werden müssen. Bestimmte direkt wirkende krebserzeugende Stoffe (z. B. Nitrosoharnstoffe) sind transplazentar außerordentlich wirksam. Beispielsweise induziert Ethylnitrosoharnstoff, einmalig an trächtige Ratten gegeben, in allen Nachkommen Tumoren des zentralen und peripheren Nervensystems, und zwar schon bei Dosierungen, die bei den Muttertieren keine Tumorbildung auslösen. Dies verdeutlicht, daß der Fet wesentlich empfindlicher gegenüber Kanzerogenen sein kann als der erwachsene Organismus. Zwar ist bei Nagerfeten die enzymatische Aktivität für oxidativen Fremdstoffmetabolismus sehr niedrig und steigt erst unmittelbar vor der Geburt an, doch kann die gerin-

Tab. 3.9 Chemische Kanzerogene, die im Tierversuch transplazentar Tumoren induzierten

Substanz	Tierart	Zielorgan
Dimethylsulfat	Ratte	Nervensystem
Methylnitrosoharnstoff	Ratte	Nervensystem
Ethylnitrosoharnstoff	Ratte	Nervensystem
Ethylnitrosoharnstoff	Maus	Lunge, Leber
Ethylnitrosoharnstoff	Hamster	Nervensystem
Ethylnitrosoharnstoff	Kaninchen	Niere
Diethylnitrosamin	Ratte	Niere
Diethylnitrosamin	Maus	Lunge, Leber
Diethylnitrosamin	Hamster	Trachea
Benz[a]pyren	Maus	Lunge, Haut
7,12-Dimethylbenz[a]anthracen	Maus	Lunge
7,12-Dimethylbenz[a]anthracen	Ratte	Niere, Nervensystem
Cycasin	Ratte	verschiedene
Aflatoxin B_1	Ratte	Leber

gere metabolische Aktivierung durch die hohe Proliferationsrate fetaler Gewebe und die damit verbundene Empfindlichkeit teilweise wettgemacht werden. Außerdem sind Schutzmechanismen wie die Reparatur der geschädigten DNA und die Immunabwehr von Krebszellen im Feten noch nicht voll entwickelt.

Es besteht der Verdacht, daß die Einwirkung von krebserzeugenden Stoffen während der Schwangerschaft auch für den Menschen ein kanzerogenes Risiko darstellt. Im Kindesalter stellen bösartige Tumoren in westlichen Ländern die zweithäufigste Todesursache nach Unfällen dar. Angesichts der Vielzahl von Substanzen, denen der menschliche Fet über den mütterlichen Organismus ausgesetzt sein kann (Nahrung, Rauchen, Arzneimittelkonsum usw.), ist es außerordentlich schwierig, einen Kausalzusammenhang zwischen einer malignen Erkrankung des Kindes und bestimmten Expositionen der Mutter zu sichern. Eine Ausnahme stellt das synthetische Östrogen Diethylstilbestrol dar, das in den Jahren zwischen 1950 und 1970 in den USA an ca. 2 bis 4 Millionen schwangerer Frauen zur Verhinderung von Fehlgeburten (Abort-Prophylaxe) in hohen Dosen verschrieben wurde. Bei Töchtern dieser Frauen trat während der Pubertät in sehr niedriger Inzidenz (1 pro > 1000) ein spezifischer Tumor im Genital-Trakt auf, der sonst bei jungen Frauen praktisch nicht vorkommt. Die transplazentare kanzerogene Wirkung von Diethylstilbestrol wurde auch im Tierversuch gezeigt.

Als vorbeugende Maßnahme gegen eine Gefährdung des Feten durch Kanzerogene sollte während der Schwangerschaft die Exposition gegenüber Kanzerogenen so gering wie möglich gehalten werden. Vor allem sollte auf das Rauchen verzichtet werden. Eine Beschränkung des Medikamentenverbrauchs auf das absolut notwendige ist ebenso ratsam wie die Vermeidung unnötigen Kontaktes mit Chemikalien.

Literatur

Leber

Plaa, G. L. Toxic *Responses of the Liver*. In *Casarett and Doull's Toxicology*; M. O. Amdur, J. Doull, C. D. Klaassen Hrsg., 4. Aufl., Pergamon Press: New York, 1991, S. 334–353.

The Liver: Biology and Pathobiology, Arias, I. M.; Jacoby, W. B.; Popper, H.; Schachter, D.; Shafritz, D. A. Hrsg., 2. Aufl., Raven Press: New York, 1988.

Plaa, G. L.; Hewitt, W. R. *Toxicology of the Liver. Target Organ Toxicology Series*; Dixon, R. J., Hrsg., Raven Press: New York, 1982.

Comporti, M. *Lab. Invest.* **1985**, *53*, 599–623.

Target Organ Toxicity: Liver and Kidney., Environ. Health Perspect. **1976**, 15.

Niere

Renal Disposition and Nephrotoxicity of Xenobiotics, Anders, M. W.; Dekant, W.; Henschler, D.; Oberleithner, H.; Silbernagl, S. Hrsg., Academic Press: New York, 1993.

Hewitt, W. R.; Goldstein, R. S.; Hook, J. B., *Toxic Responses of the Kidney*, In *Casarett and Doull's Toxicology*, Amdur, M. O.; Doull, J.; Klaassen, C. D. Hrsg., 4. Aufl., Pergamon Press: New York, 1991; S. 354–382.

Nephrotoxicity: In vitro to In Vivo Animals to Man, Bach, P. H.; Lock, E. A. Hrsg., Plenum Press: New York, 1989.

The Kidney: Physiology and Pathophysiology, Seldin, D. W. Giebisch, G. Hrsg., Raven Press: New York, 1985; Vol. 1.

Nephrotoxic Mechanisms of Drugs and Environmental Toxins, G. A. Porter, Hrsg., Plenum Publishing Corp.: New York, 1982.

Dekant, W. *Toxicology Letters* **1993**, 67, 151–160.

Rush, G. F.; Smith, J. J.; Newton, J. F; Hook, J. B. *Crit. Rev. Toxicol.* **1984**, *13*, 99–160.

Lunge

Gordon, T.; Amdur, M. O *Responses of the respiratory system to toxic agents*, In *Casarett and Doull's Toxicology*, Amdur, M. O.; Doull, J.; Klaassen, C. D. Hrsg., 4. Aufl., Pergamon Press: New York, 1991; S. 383–406.

Concepts in Inhalation Toxicology, McClellan, R. O.; Henderson, R. F. Hrsg., Hemisphere: New York, 1989.

Methods in Pulmonary Toxicology, Environ. Health Perspect. **1984**, *56*.

Chemicals and Lung Toxicity, Environ. Health Perspect. **1990**, *85*.

Schlesinger, R. B. *Crit. Rev. Toxicol.* **1990**, *20*, 257–286.

Brody A. R. *Environ. Health Perspect.* **1993**, *100*, 21–30.

Barrett, J. C.; Lamb, P. W.; Wiseman, R. W. *Environ. Health Perspect.* **1989**, *81*, 81–89.

Purchase, I. F.H.; Paddle, G. M.; *Cancer Lett.* **1989**, *46*, 79–85.

Blut und blutbildende Organe

Smith, R. P. *Toxic responses of the blood*, In *Casarett and Doull's Toxicology*, Amdur, M. O.; Doull, J.; Klaassen, C. D.; Hrsg., 4. Aufl., Pergamon Press: New York, 1991, S. 257–281.

Target Organ Toxicity: Blood, Environ. Health Perspect. **1981**, *39*.

Snyder, R.; Witz, G.; Goldstein, B. D. *Environ. Health Perspect.* **1993**, *100*, 293–306.

Advances in Lead Research., Environ. Health Perspect. **1981**, *39*.

Penny, D. G. *Environ. Health Perspect.* **1988**, *77*, 121–134.

Kiese, M. *Methemoglobinemia: a comprehensive treatise*, CRC Press: Cleveland, 1974.

Way, J. L. *Annual Rev. Pharmacol. Toxicol.* **1984**, *24*, 451–481.

Auge

Grant, W. M. *Toxicology of the Eye*, 3. Aufl., Charles C. Thomas Pub.: Springfield, 1986.

Potts, A. M. *Toxic responses of the eye*, In *Casarett and Doull's Toxicology*, Amdur, M. O.; Doull, J.; Klaassen, C.D Hrsg., 4. Aufl., Pergamon Press: New York, 1991, S. 521–562.

Target Organ Toxicity: Eye, Ear and Other Special Senses, Environ. Health Perspect. **1982**, *44*.

Henze, T.; Scheidt, P.; Prange, H. W. *Nervenarzt* **57**, 658–661.

Levine, R. A.; Stahl, C. J. *Am. J. Ophthalmol.* **1968**, *65*, 497–508.

Pfister, R. R.; Koski, J. *South. Med. J.* **1982**, *75*, 417–422.

Nervensystem

Anthony, D. C.; Graham, D. G. *Toxic responses of the nervous system* In *Casarett and Doull's Toxicology*, Amdur, M. O.; Doull, J.; Klaassen, C. D. Hrsg., 4. Aufl., Pergamon Press: New York, 1991, S. 407–429.

Recent Advances in Nervous System Toxicology, Galli, C. L.; Manzo, L.; Spencer, P. S. Hrsg., Plenum Press: New York, 1984.

Experimental and Clinical Neurotoxicology, Spencer, P. S.; Schaumburg, H. H. Hrsg., Williams & Wilkins: Baltimore, 1980.
Neurotoxins and Their Pharmacological Implications, Jenner, P. Hrsg., Raven Press: New York, 1987.
Spencer, P. S.; Schaumburg, H. H.; Sabri, M. I.; Veronesi, B. Crit. Rev. Toxicol. **1980**, *7*, 279–356.
Abou-Donia, M. B.; Lapadula, D. M *Annual Rev. Pharmacol. Toxicol.* **1990**, *30*, 405–440.

Haut

Emmett, E. A. *Toxic responses of the skin,* In *Casarett and Doull's Toxicology,* Amdur, M. O.; Doull, J.; Klaassen, C. D. Hrsg., 4. Aufl, Pergamon Press: New York, 1991, S. 463–483.
Adams, R. M. *Occupational Skin Diseas,* Grune & Stratton Inc.: New York, 1983.
Dermatotoxicology, Marzulli, F. N.; Maibach, H. I. Hrsg., 2. Aufl., Hemisphere Publishing Corp.: Washington, D. C., 1983
Bickers, D. R. *Ann. N. Y. Acad. Sci.* **1988**, *548*, 102–107.
Krutmann, J.; Elmets, C. A. *Photochem. Photobiol.* **1988**, *48*, 787–798.

Immunsystem

Roitt, I. M.; Brostoff, J.; Male, D. K. *Kurzes Lehrbuch der Immunologie,* 2. Aufl., Georg Thieme Verlag: Stuttgart, 1991.
Luster, M. I.; Rosenthal, G. J. *Chemical agents and the immune response, Environ. Health Perspect.* **1993**, *100*, 219–236.
Dean, J. H.; Luster, M. J. *Toxic Responses of the Immune System,* In *Casarett and Doull's Toxicology,* Amdur, M. O. Doull, J. C. Klaassen, D. Hrsg., 4. Aufl., Pergamon Press: New York 1991; S. 282–333.
Berlin, A.; Dean, J. H.; Draper, M. H.; Smith, E. M.B., Spreafico, F. Hrsg. *Immunotoxicology,* Martinus Nijhoff Publishers: Dordrecht, 1987.
Bigazzi, P. E. *Autoimmunity induced by chemicals, J. Clin. Toxicol.* **1988**, *26*, 125–156.
Ehrke, M. J.; Mihich, E. *Effects of anticancer agents on immune responses, Trends Pharmacol.* **1985**, *6*, 412–417.
Luster, M. I.; Wierda, D.; Rosenthal, G. J. *Environmentally related disorders of the hematologic and immune systems, Med. Clin. N. Am.* **1990**, *74(2),* 425–440.

Teratogenese

Schardein, J. L. *Chemically Induced Birth Defects,* Marcel Dekker: New York, 1985.
Manson, J. M.; Wise, L. D. *Teratogens,* In *Casarett and Doull's Toxicology,* Amdur, M. O. Doull, J. C. Klaassen, D. Hrsg., 4. Aufl., Pergamon Press: New York 1991; S. 226-254.
Schwetz, B. A.; Morrissey, R. E.; Welsch, F.; Kavlock, R. A. *In vitro teratology, Environ. Health Perspect.* **1991**, *94*, 265–268.
Juchau, M. R. Hrsg. *The Biochemical Basis of Chemical Teratogenesis,* Elsevier/North Holland: New York, 1981.

Kanzerogenese

Chemical Carcinogens, Searle, C. E. Hrsg., Bd. 1 und 2 ACS Monographs 182, American Chemical Society: Washington D. C., 1984.
Prescott, D. M.; Flexer, A. S. *Krebs. Fehlsteuerung von Zellen. Ursachen und Konsequenzen,* Spektrum der Wissenschaft Verlagsgesellschaft mbH: Heidelberg, 1990.
Barrett, J. C. *Mechanisms of multistep carcinogenesis and carcinogen risk assessment, Environ. Health Perspect.* **1993**, *100*, 9–20.
Williams, G. M.; Weisburger, J. H. *Chemical Carcinogenesis,* In *Casarett and Doull's Toxicology,* Amdur, M. O. Doull, J. C. Klaassen, D. Hrsg., 4. Aufl., Pergamon Press: New York 1991; S. 127–200.
Lutz, W. K.; Mayer, P. *Genotoxic and epigenetic chemical carcinogenesis: one process, different mechanisms, Trends in Pharmacol. Sci.* **1988**, *9*, 322–326.
Guengerich, F. P. *Roles of cytochrome P-450 enzymes in chemical carcinogenesis and cancer chemotherapy, Cancer Res.* **1988**, *48*, 2946–2954.
Living in a chemical world: occupational and environmental significance of industrial carcinogens, Maltoni, C.; Selikoff I. J. Hrsg., *Ann. NY Acad. Sci.* **1988**, *534*, 1–1045.
Miller, E. C.; Miller, J. A. *Mechanisms of chemical carcinogenesis, Cancer* **1981**, *47*, 1055–1064.
Chemical, mutagenic and tumor pattern characteristics of human and rodent carcinogens, Sobel F. H. Hrsg. *Mutat. Res.* **1988**, *204*, 1–115.
Carcinogens in Industry and the Environment, Sontag, M. J. Hrsg., Marcel Dekker: New York, 1981.
Tomatis, L.; Aitto, A.; Wilbourn, J.; Shuker, L. *Human carcinogens so far identified, Jpn. J. Cancer Res.* **1989**, *80*, 795–807.

Weinberg, R. A. *Oncogenes, antioncogenes, and the molecular basis of multistep carcinogenesis*, Cancer Res. **1989**, *49*, 3713–3721.

Weinstein, I. B. *The origins of human cancer: molecular mechanisms of carcinogenesis and their implications for cancer prevention and treatment*, Cancer Res. **1988**, *48*, 4135–4143.

Weisburger, J. H.; Horn, C. L. *Causes of cancer* In American Cancer Society Textbook on Clinical Oncology, Holleb, A.; Fink, D. Hrsg., 6. Ausg., Kapitel 7, American Cancer Society: Atlanta, 1990.

Yuspa, S. H.; Poirier, M. C. *Chemical carcinogenesis: from animal models to molecular models in one decade*, Adv. Cancer Res. **1988**, *50*, 25–70.

4 Untersuchungsmethoden

4.1 Toxizitätsprüfung

4.1.1 Prüfung auf akute Toxizität

„Alle Dinge sind Gift und nichts ohne Gift; allein die Dosis macht, daß ein Ding kein Gift ist"
Paracelsus (1493–1541)

Paracelsus war vermutlich der erste, der erkannt hatte, daß Giftwirkung ein relatives Phänomen ist, das nicht nur von der Substanz, sondern auch von der Dosis abhängt. Diese Abhängigkeit der Wirkung von der Dosis bzw. Konzentration eines Stoffes läßt sich in einer *Dosis-Wirkungskurve* darstellen, bei der in der Regel der prozentuale Wirkungsteil (Häufigkeit), der in einem Organismus oder einer Population beobachtet wird, gegen den log der Dosis aufgetragen wird. Die Giftwirkung, die am einfachsten zu beobachten ist, ist die *letale Wirkung*, also der Tod der Versuchstiere. Sie ist zwar ein relativ grober Parameter, der wenig Aufschluß über zugrunde liegende Mechanismen gibt, aber nach wie vor von praktischer Bedeutung.

Eine typische Dosis-Wirkungskurve zeigt Abb. 2.50 (Abschnitt 2.3.2) in halblogarithmischer Darstellung. Der Abschnitt zwischen 16 und 84% prozentualer Wirkung ist annähernd linear und läßt sich zur Bestimmung des LD_{50}-Wertes benutzen.

Dieser Wert, die mittlere letale Dosis, wird jedoch meist statistisch abgeleitet und ist definiert als die statistisch errechnete Einzeldosis einer Substanz, die in einem Experiment zur Bestimmung der *akuten Toxizität* voraussichtlich den Tod von 50% der behandelten Tiere verursacht. Der LD_{50}-Wert wird als Gewicht der Testsubstanz pro Gewichtseinheit des Versuchstieres angegeben (mg/kg Körpergewicht).

Die akute Toxizität beschreibt all jene Wirkungen, die innerhalb eines kurzen Zeitraumes nach einmaliger Gabe (bis max. 14 Tage) beobachtet werden. Die Verabreichung erfolgt dabei am häufigsten *peroral* (p.o., z. B. mit Schlundsonde), kann aber auch durch Injektion in die Vene (intravenös, i.v.) oder Bauchhöhle (*intraperitoneal*, i.p.), in das Unterhautgewebe (*subcutan*, s.c.), in das Muskelgewebe (*intramuskulär*, i.m.) oder über die Atemluft (*inhalativ*, inhal.) vorgenommen werden. Im letzteren Fall soll die Exposition nicht länger als über 24 Stunden erfolgen. Der dabei ermittelte Meßwert ist der sog. LC_{50}-*Wert*, die *mittlere letale Konzentration* in der Atemluft (mg/m^3), bzw. bei Bestimmung aquatischer Toxizität im Wasser (mg/l), die voraussichtlich bei 50% der exponierten Tiere den Tod innerhalb eines bestimmten Zeitraumes verursacht. Der *NOEL-Wert* (engl.: no observed effect level; auch als *NEL*: no effect level verwendet) ist die höchste Dosis oder maximale Expositionskonzentration, die noch keine feststellbaren Anzeichen einer Wirkung verursacht. Als *NOAEL* gilt die höchste Dosis, die noch keine feststellbaren nachteiligen Wirkungen verursacht (engl.: no observed adverse effect level).

Die sigmoide Dosis-Wirkungskurve für die akute Toxizität läßt sich durch Probit-Transformation linearisieren, wobei die Ordinatenskalierung nach Mehrfachen der Standardabweichung (Probit-Einheiten) der medianen Dosis (LD_{50}, Probit-Einheit 5) vorgenommen wird. Innerhalb einer Standardabweichung von der medianen Dosis ist die Kurve linear und umfaßt 68% der Werte; das Zweifache der Standardabweichung vom Median umfaßt 95,4% der Werte. Die Steigung der Geraden vermittelt eine wichtige zusätzliche Information (Abb. 4.1). So ist die Verbindung A toxischer als Verbindung B, obwohl sie den gleichen LD_{50}-Wert aufweist wie Verbindung B. Aus der Steigung läßt sich u.U. ein Hinweis auf die Natur bzw. den Mechanismus der Giftwirkung entnehmen. Beispielsweise ergibt sich bei einer auf eine einzelne zelluläre Struktur oder einen vitalen Stoffwechselweg gerichteten potenten Wirkung (wie bei der HCN-Vergiftung, → 3.4.3) eine sehr steile, d.h. mit großer Steigung verlaufende Dosis-Wirkungsgerade, während bei weniger spezifisch wirkenden Verbindungen, die mehrere Funktionen (u.U. bei unterschiedlichen Dosen) beeinflussen, die Steigung flacher und die Standardabweichung größer wird.

Ganz analog wie die Mortalität kann auch, beispielsweise bei Arzneimitteln, eine bestimmte pharmakologische Wirkung zur Auswertung herangezogen werden oder eine bestimmte Giftwirkung, die einen meßbaren schädigenden Effekt, aber noch keine Letalität verursacht. Die dem LD_{50}-Wert für diese Wirkungen entsprechenden Werte werden als *mittlere wirksame (effektive) Dosis*, ED_{50}, bzw. als *mittlere toxische Dosis*, TD_{50}, bezeichnet. Die Angabe bei 50% Häufigkeit für diese Wirkqualitäten wird deshalb verwendet, weil hier der Meßwertebereich der Dosis-Wirkungskurven enger ist als in den Extrembereichen niedriger oder hoher Dosierung. Das Verhältnis der Werte TD_{50}/ED_{50} bzw. $LD_{50}/$

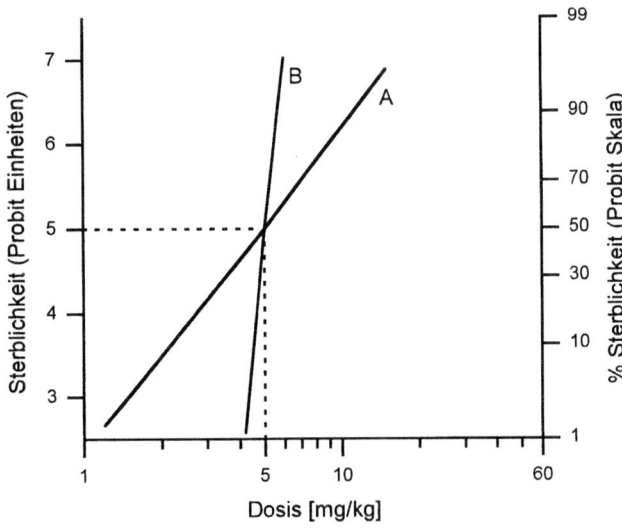

Abb. 4.1 Vergleich der Toxizität von 2 Substanzen A und B

ED$_{50}$, das z. B. bei Arzneimitteln die toxische bzw. letale Dosis mit der wirksamen Dosis in Beziehung setzt, wird als *therapeutischer Index* (TI) bezeichnet. Je größer der TI, umso günstiger ist die Substanz zu bewerten. Allerdings geht in den klassischen TI-Wert nicht die Steigung der Dosis-Wirkungsgeraden ein, was, wie am Beispiel (Abb. 4.1) erläutert, leicht zu Fehlinterpretationen über die Sicherheit einer Substanz führen kann. Aus diesem Grunde wird heute bevorzugt das errechnete Verhältnis aus TD$_{10}$/ED$_{90}$ und LD$_{10}$/ED$_{90}$, bzw. aus TD$_1$/ED$_{99}$ und LD$_1$/ED$_{99}$, zur Bestimmung des sog. *Sicherheitsabstandes* (engl. „margin of safety") herangezogen.

Es ist wesentlich, sich klarzumachen, daß die Erfassung der *akuten Toxizität* nicht identisch mit der Bestimmung des LD$_{50}$-Wertes ist. Die Beschreibung des gesamten Vergiftungsbildes nach einmaliger Exposition geht viel weiter als die Angabe nur des LD$_{50}$-Wertes, der statistisch aus der Anzahl der Todesfälle abgeleitet wird, aber keine absolute Stoffkonstante ist und von vielen Einflußgrößen abhängt. So beeinflußt schon die Wahl des Mediums, in welchem ein Stoff appliziert wird, also beispielsweise ein Löse- oder Suspensionsmittel, das sog. *Vehikel* oder die sog. *Formulierung*, ganz wesentlich die Bioverfügbarkeit und damit die Wirkung. Das gleiche gilt für den *Applikationsweg*: zwischen p.o.-Verabreichung und z. B. i.v.-Gabe können beträchtliche Unterschiede in der Wirkungsstärke beobachtet werden. Ebenso können sich ganz erhebliche Unterschiede der LD$_{50}$-Werte bei verschiedenen Versuchstierspezies ergeben, wie Tab. 4.1 am Beispiel der Speziesunterschiede für 2,3,7,8-Tetrachlordibenzo-1,4-dioxin (TCDD) zeigt.

Aus der sorgfältigen Prüfung der akuten Toxizität lassen sich folgende wesentliche Informationen erhalten:

- Vergiftungssymptome,

Tab. 4.1 LD$_{50}$-Werte von TCDD bei verschiedenen Tierspezies

Tierspezies	LD$_{50}$ [g/kg Körpergewicht]
Meerschweinchen	0,6–2,0
Ratte	20–45
Küken	25–50
Affe	~ 70
Kaninchen	115
Maus	110–280
Hund	200–300
Goldhamster	1000–3000

- Zeitverlauf (Beginn, Abklingen, Reversibilität, verzögerter Verlauf),
- Dosis/Wirkungsbeziehung,
- geschlechtsspezifische Unterschiede,
- etroffene Organe, Gewebe und Funktionen,
- Wirkungsweise (bei bekanntem Vergiftungsbild),
- höchste nicht toxische, niedrigste toxische und niedrigste tödliche Dosis,
- mittlere tödliche Dosis (Konzentration) mit Vertrauensbereich (LD$_{50}$, LC$_{50}$).

Die Ermittlung eines „exakten" LD$_{50}$ (LC$_{50}$)-Wertes wird in der modernen Toxikologie jedoch für wissenschaftlich kaum noch begründbar gehalten. Gleichwohl ist der LD$_{50}$-Wert weltweit immer noch ein wesentlicher Bestandteil bzw. die Basis von gesetzlichen Regelungen und dient vielfach der Klassifizierung von Substanzen hinsichtlich ihrer Giftigkeit. Eine Änderung dieser Situation beginnt sich aber abzuzeichnen. Die Vorgehensweise für die Bestimmung der akuten Toxizität ist in Leitlinien bzw. Rechtsvorschriften festgelegt[1,2].

Ansätze, den *in vivo*-Tierversuch am Warmblüter durch *in vitro*-Ansätze zu ersetzen, z. B. in Zell- oder Gewebekulturen oder durch Untersuchungen an niederen Organismen (Invertebraten) sind vielfach unternommen worden. Diese können sich als wertvolle ergänzende Untersuchungen erweisen, aber den Tierversuch nicht ersetzen.

Orale Gabe. Ratten werden als Versuchstiere bevorzugt. Pro Dosisgruppe sollen mindestens 5 Tiere gleichen Geschlechts verwendet werden, mindestens 3 Dosierungen sind zu prüfen. Sie müssen ausreichen, um nach entsprechenden Abstufungen Versuchsgruppen mit toxischen Wirkungen und Mortalitätsraten zu erhalten. Die Daten sollen eine Dosis-Wirkungsbeziehung aufzeigen und – soweit möglich – eine Bestimmung der LD_{50} erlauben. Nach dem sog. *Limit-Test*-Konzept ist eine ausreichende Abschätzung der akuten oralen Toxizität dann gegeben, wenn in einer behandelten Gruppe von 5 männlichen und 5 weiblichen Tieren innerhalb von 14 Tagen nach Gabe von 2000 mg/kg Körpergewicht keine substanzbedingte Mortalität festgestellt wird.

Vor der Untersuchung werden die Tiere über mindestens 5 Tage unter experimentellen Haltungs- und Fütterungsbedingungen eingewöhnt. Vor Versuchsbeginn werden gesunde junge erwachsene Tiere *randomisiert* (nach dem Zufallsprinzip verteilt) und den einzelnen Behandlungsgruppen zugeordnet. Die Prüfsubstanz wird in einer einmaligen Dosis mit der Schlundsonde verabreicht, falls erforderlich, in einem geeigneten Lösemittel (Vehikel) gelöst oder suspendiert.

Die Tiere werden vor der Verabreichung der Prüfsubstanz nüchtern gesetzt, in der Regel über Nacht, und bleiben nach Verabreichung noch für 3–4 Stunden ohne Futter. Während des Versuchszeitraumes werden die Tiere individuell beobachtet und alle Beobachtungen schriftlich festgehalten. Während des Versuchs gestorbene und bis zum Abschluß überlebende Tiere werden seziert und pathologische Veränderungen protokolliert. Wo erforderlich, werden feingewebliche Untersuchungen (Histopathologie) durchgeführt.

Die Versuchsdaten enthalten in zusammengefaßter Form das komplette Protokoll des Versuchsverlaufs mit der Beschreibung von Vergiftungssymptomatik und Todeszeitpunkt für jedes einzelne Tier sowie der Sektionsbefunde, Körpergewichtsveränderungen, evtl. Verhaltensänderungen, klinischen Symptomen sowie sonstiger toxizitätsbedingter Veränderungen und die Angaben der berechneten LD_{50}.

Nach Beendigung des Versuches mit Tieren eines bestimmten Geschlechts wird die Prüfsubstanz mindestens **e**iner Gruppe von 5 Tieren des anderen Geschlechts verabreicht, um festzustellen, ob Tiere dieses Geschlechts empfindlicher auf die Substanz reagieren. Wenn ausreichend Hinweise dafür vorliegen, daß die Tiere des geprüften Geschlechts deutlich empfindlicher reagieren, kann auf eine Prüfung der Tiere des jeweils anderen Geschlechts verzichtet werden.

In gleicher Weise wie für die orale Applikation ist die Vorgehensweise für die Bestimmung der akuten inhalativen bzw. dermalen Toxizität festgelegt, wobei die Tiere durch Einatmen über die Atemluft bzw. durch Auftragen der Prüfsubstanz auf die Haut exponiert werden[1,2].

Alternativen zu den Standardversuchsprotokollen sind entwickelt worden, um Tiere einzusparen. Hierzu zählt beispielsweise ein Bereichsfindungstest, bei welchem die Prüfsubstanz in *Standarddosierungsintervallen* (z. B.: 40, 200, 1000, 5000 mg/kg Körpergewicht) an je 1 weibliches und 1 männliches Tier gegeben wird. In der Regel werden bei dieser weiten Dosisspreizung beide Tiere bei einer bestimmten Dosis sterben (z. B.: 1000 mg/kg Körpergewicht), alle niedriger dosierten Tiere überleben. Eine solche Studie erlaubt mit 8–10 Tieren die Festlegung der Größenordnung der Letaldosis (im Beispiel: 200–1000 mg/kg Körpergewicht).

Modifizierte Verfahrensweisen, die z. B. weniger Tiere pro Dosisgruppe, jedoch mehr

Dosisgruppen verwenden, erlauben die Bestimmung der LD_{50} mit weniger Tieren, aber vergleichbarer Präzision wie das Standardprotokoll. Andere ermöglichen zumindest die Abschätzung der letalen Dosis mit einer Genauigkeit, die für eine Einordnung nach Toxizitätsklassen ausreichend ist[3].

Bei der sog. *Fest-Dosis-Methode*, die in zwei Stufen durchgeführt wird, werden zunächst in einem Dosisfindungstest mit der Schlundsonde verabreichte steigende Einzeldosierungen sequentiell an einzelnen Tieren eines Geschlechts geprüft. Hieraus werden Angaben über die *Dosis-Toxizitätsbeziehung* ermittelt und die minimale Letaldosis abgeschätzt, was in der Regel nicht mehr als 5 Tiere erforderlich macht. Im anschließenden Haupttest werden je 5 männliche und 5 weibliche Tiere mit einer festgelegten Dosierung (5, 50, 500 oder 2000 mg/kg) per Schlundsonde behandelt. Die geprüfte Dosierung ist zuvor aus dem Dosisfindungstest ermittelt worden und entspricht der Dosierung, die voraussichtlich Toxizität, aber keinen Todesfall erbringt. Ist dies der Fall, ist eine weitere Prüfung nicht erforderlich. Ruft die geprüfte Dosierung keine offensichtlich toxische Wirkung hervor, sollte die nächsthöhere Dosierung geprüft werden; bei starken toxischen Wirkungen, die ein vorzeitiges Töten der Tiere erfordern oder Todesfälle verursachen, die nächstniedrigere. Das Verfahren gestattet die Ermittlung der höchsten Dosierung, die ohne Todesfolge verabreicht werden kann (höchste nichtletale Dosis). Die so gewonnenen Daten erlauben eine Einstufung der Prüfsubstanz nach Giftigkeitskategorien von „sehr giftig" bis „ohne signifikante akut toxische Wirkung" (Tab. 4.2).

Inhalation. Die Bestimmung der akuten Toxizität per Inhalation geschieht nach im Prinzip gleicher Vorgehensweise wie bei oraler Applikation. Exposition der Tiere erfolgt in einer Inhalationsanlage, die einen dynamischen Luftwechsel (mindestens 12 mal pro Stunde), einen adäquaten Sauerstoffgehalt und eine gleichmäßig verteilte *Expositionsatmosphäre* gewährleistet. Die Tiere werden der Prüfsubstanz über einen Zeitraum von vier Stunden ausgesetzt, wobei leichter Unterdruck (≤ 50 Pa) das Entweichen der Prüfsubstanz in die Umgebung verhindert. Während der Exposition werden weder Futter noch Wasser verabreicht; Temperatur und Luftfeuchtigkeit sollen innerhalb bestimmter Grenzen gehalten werden.

Applikation auf die Haut (dermale Applikation). Die Bestimmung der *akuten dermalen Toxizität* wird durch Auftragen auf die geschorene Rückenhaut der Tiere durchgeführt. Hierbei wird den Tieren nach dem Randomisieren etwa 24 Stunden vor Versuchsbeginn das Fell durch Scheren oder Rasieren entfernt, wobei die Haut nicht verletzt werden darf. Mindestens 10% der Körperoberfläche werden so für die Applikation der Substanz vorbereitet. Für diese Versuche werden in der Regel erwachsene Ratten oder Kaninchen verwendet. Die Prüfsubstanz wird nach einheitlichem Auftragen auf etwa 10% der Körperfläche für 24 Stunden auf der Haut belassen, wobei die Versuchsfläche abzudecken ist (poröser Mullverband, nicht reizendes Pflaster). Dabei muß verhindert werden, daß die Tiere, z. B. durch Ablecken, die Prüfsubstanz oral aufnehmen. Nach Ablauf der Expositionszeit werden die Reste der Prüfsubstanz durch ein geeignetes Hautreinigungsverfahren entfernt.

4.1.2
Prüfung auf subakute Toxizität (28-Tage-Test)

Die Prüfung auf subakute Toxizität erfaßt schädigende Auswirkungen, die bei Versuchstieren als Folge wiederholter *täglicher Verabreichung* oder *Exposition* beobachtet werden. Der Test vermittelt Informationen über Zielorgane und wesentliche toxische Wirkun-

Tab. 4.2 Bewertung und Einstufung von Prüfsubstanzen nach der Fest-Dosis-Methode[2]

Dosis [mg/kg Körpergewicht]	Ergebnisse	Einstufung
5	< 100% Überlebensrate	**sehr giftige** Substanzen
	100% Überlebensrate, jedoch offensichtliche Vergiftungserscheinungen	**giftige** Substanzen
	100% Überlebensrate, keine offensichtlichen Vergiftungserscheinungen	vgl. Ergebnisse bei 50 mg/kg
50	< 100% Überlebensrate	**giftige** oder **sehr giftige** Substanzen, vgl. Ergebnisse bei 5 mg/kg
	100% Überlebensrate, jedoch offensichtliche Vergiftungserscheinungen mindergiftige Substanzen	
	100% Überlebensrate, keine offensichtlichen Vergiftungserscheinungen	vgl. Ergebnisse bei 500 mg/kg
500	< 100% Überlebensrate	giftige oder mindergiftige Substanzen, vgl. Ergebnisse bei 50 mg/kg
	100% Überlebensrate, jedoch offensichtliche Vergiftungserscheinungen	Substanzen mit vermutlich keiner signifikanten akuten toxischen Wirkung
	100% Überlebensrate, keine offensichtlichen Vergiftungserscheinungen	vgl. Ergebnisse bei 2000 mg/kg
2000	< 100% Überlebensrate	vgl. Ergebnisse mit 500 mg/kg
	100% Überlebensrate mit oder ohne offensichtliche Vergiftungserscheinungen	Substanzen **ohne signifikante akute toxische Wirkung**

gen, wobei auch verzögert einsetzende Wirkungen, die Reversibilität von Effekten und adaptive Wirkungen (z. B. infolge Enzyminduktion) erfaßbar sind. Analytische Erfassung der Prüfverbindung und ihrer *Metaboliten* (→ 2.2.4) kann weitere wichtige Information liefern, die mit beobachteten Wirkungen in Beziehung gesetzt werden können.

Orale Gabe. Die Prüfsubstanz wird in abgestuften Dosen mehreren Versuchstiergruppen täglich oral verabreicht, wobei jeweils eine Dosierung je Gruppe über einen Zeitraum von 28 Tagen gegeben wird.

Sofern nicht besondere Gründe vorliegen, werden Ratten (gesunde Tiere bekannter Versuchsstämme) verwendet, die bei Versuchsbeginn vorzugsweise weniger als 6 Wochen, keinesfalls jedoch über 8 Wochen alt sein dürfen. Die Tiere werden, wie bei der Bestimmung der akuten Toxizität beschrieben, über 5 Tage eingewöhnt und dann randomisiert. Die Prüfsubstanz kann bei oraler Verabreichung im Futter, im Trinkwasser, in Kapseln oder mit der Schlundsonde gegeben werden.

Mindestens 5 weibliche und 5 männliche Tiere werden für jede Dosierung verwendet. Mindestens drei Dosierungs- und eine Kontrollgruppe sind zu wählen. Eine zusätzliche Satellitengruppe von je 5 Tieren pro Geschlecht wird über 28 Tage mit der höchsten Dosierung behandelt. Wird zur Verabreichung, z. B. per Schlundsonde, ein Vehikel (Löse- oder Suspensionsmittel, Formulierung) benutzt, so wird der Kontrollgruppe das Vehikel ebenso wie den behandelten Tieren in der Menge verabreicht, die die Gruppe mit der höchsten Dosierung erhält. Die höchste Dosierung soll so gewählt werden, daß auf jeden Fall toxische Effekte, aber keine oder nur wenige Todesfälle auftreten. Die niedrigste Dosierung darf keine Anzeichen von Toxizität hervorrufen, soll aber die Expositionshöhe beim Menschen überschreiten, sofern hierfür brauchbare Schätzungen vorliegen.

Tiere, die während des Versuchs sterben, werden ebenso seziert wie die bei Versuchsende Überlebenden. Die Tiere erhalten die Prüfsubstanz normalerweise an 7 Tagen pro Woche über den Versuchszeitraum von 28 Tagen. Tiere der Satellitengruppe, die für eine Nachfolgebeobachtung vorgesehen sind, sollten für weitere 14 Tage ohne Behandlung gehalten werden, um die *Reversibilität* beobachteter Effekte zu erfassen. Die Beobachtung der Tiere umfaßt potentielle Veränderungen an Haut, Fell, Augen, Schleimhäuten, Atmung, Kreislauf, Nervensystem, Motorik und Verhaltensmuster. Futter- und Wasseraufnahme sowie Tiergewicht werden mindestens wöchentlich bestimmt. Am Versuchsende erfolgt bei allen Tieren, einschließlich der Kontrolltiere eine *hämatologische* Untersuchung, die zumindest die Bestimmung von Hämatokrit und Hämoglobin-Konzentration, ein Differentialblutbild und die Messung der Gerinnungsfähigkeit umfaßt. Klinisch-biochemische Analysen des Blutes unter Einschluß von Leber- und Nierenfunktionsparametern sind erforderlich; ihr Umfang ist gegebenenfalls zu erweitern, wenn die Art der beobachteten Effekte dies notwendig macht.

Bei allen Tieren wird eine vollständige *Autopsie* mit Erfassung des Organgewichtes und etwaiger makroskopisch erkennbarer Veränderungen vorgenommen. *Histopathologische* Untersuchungen werden zunächst bei den Tieren der höchsten Dosierung und der Kontrollgruppe durchgeführt. Organe und Gewebe, die in der höchsten Dosisgruppe prüfsubstanzbedingte Schädigungen aufweisen, müssen auch bei den niedrigeren Dosisgruppen untersucht werden, um dosisbezogene Effekte zu erfassen. Bei den Tieren der Satellitengruppe sind solche Organe und Gewebe eingehend zu untersuchen, bei denen in den behandelten Gruppen toxische Effekte beobachtet worden sind.

Hat die Verabreichung einer Dosis von 1000 mg/kg Körpergewicht pro Tag bzw. einer höheren Dosis, die einer möglichen Exposition beim Menschen entspricht, keine toxischen Effekte verursacht, so kann nach dem Limit-Test-Konzept auf eine weitere Prüfung verzichtet werden.

Inhalation. Die Bestimmung der Toxizität nach 28-tägiger Inhalation erfolgt nach im Prinzip gleicher Vorgehensweise wie bei oraler Applikation. Die Exposition der Tiere erfolgt in einer Inhalationsanlage wie bei der Bestimmung der akuten inhalativen Toxizität beschrieben. Die Tiere werden der Prüfsubstanz täglich über 6 Stunden ausgesetzt, ggf. können sich verkürzte/verlängerte Expositionszeiten als notwendig erweisen. Um die Stabilität der Atmosphäre in der Inhalationskammer sicherzustellen, sollte grundsätzlich das Gesamtvolumen der Versuchstiere 5% des Kammervolumens nicht überschreiten. Die Tiere werden täglich an 5—7 Tagen pro Woche über einen Zeitraum von 28 Tagen behandelt. Tiere der Satellitengruppe sollen für weitere 14 Tage ohne Exposition gehalten werden, um Reversibilität bzw. Persistenz toxischer Effekte festzustellen.

Zur Überprüfung konstanter Expositionsbedingungen ist ein geeignetes analytisches Verfahren zur Messung der Konzentration der Prüfsubstanz in der Gasphase einzusetzen. Weitere methodische Details folgen der Vorgehensweise wie bei der Bestimmung der akuten inhalativen Toxizität. Die Auswertung verläuft analog dem beim oralen 28-Tage-Test beschriebenen Verfahren.

Applikation auf die Haut (dermale Toxizität). Die Versuchsvorbereitung und -durchführung erfolgt prinzipiell in gleicher Weise wie bei der Bestimmung der akuten dermalen Toxizität, mit dem Unterschied, daß das Scheren bzw. Rasieren der Haut in der Regel wöchentlich wiederholt werden muß. Die Applikation erfolgt an geschlechtsreife Ratten oder Kaninchen an 5–7 Tagen pro Woche; Tierzahlen und Dosisgruppen werden analog dem oralen 28-Tage-Test gewählt. Nach Ablauf der Expositionszeit werden etwaige Prüfsubstanzreste, soweit möglich, mit einem geeigneten Hautreinigungsverfahren entfernt.

Verursacht bei Durchführung einer Vorstudie die Verabreichung von 1000 mg/kg bzw. einer höheren Dosis, die einer möglichen Exposition beim Menschen entspricht, keine toxischen Auswirkungen, so ist eine weitere Prüfung nicht erforderlich. Das weitere Vorgehen und die Auswertung folgen dem beim oralen 28-Tage-Test beschriebenen Verfahren.

4.1.3
Prüfung auf subchronische Toxizität (90-Tage-Test)

Subchronische Toxizitätsstudien liefern Informationen über Zielorgane, Kumulationswirkungen, Adaptionseffekte, maximal tolerierte Dosen (MTD) und die höchste schädigungslos vertragene Dosierung (NEL, NOEL) unter den Bedingungen der täglichen Applikation über insgesamt 90 Tage.

Orale Gabe. Die Vorgehensweise erfolgt analog der Bestimmung der subakuten Toxizität (28-Tage-Test), mit dem Unterschied, daß mindestens 10 weibliche und 10 männliche Tiere (vorzugsweise Ratten bekannter Versuchstierstämme) pro Dosisgruppe verwendet werden. Eine zusätzliche Satellitengruppe von je 10 Tieren pro Geschlecht wird über 90 Tage mit der höchsten Dosierung behandelt und anschließend für weitere 28 Tage ohne Behandlung gehalten, um Reversibilität, Fortbestehen oder verzögertes Auftreten toxischer Wirkungen zu erfassen. Auch bei diesem Versuch werden mindestens drei Dosisgruppen und eine Kontrollgruppe gewählt, wobei die höchste Dosierung auf jeden Fall toxische Wirkungen, aber keine oder nur eine geringe Anzahl von Todesfällen verursachen, die niedrigste keine Anzeichen von Toxizität hervorrufen soll. Auch hier kann nach dem Limit-Test-Konzept auf weitere Prüfungen verzichtet werden, wenn eine Dosis von 1000 mg/kg pro Tag oder eine höhere Dosis, die einer bekannten Exposition beim Menschen entspricht, keine toxischen Effekte verursacht.

Die Beobachtung der Tiere während des Versuches erfolgt wie beim 28-Tage-Test beschrieben. Futter- und Wasserverbrauch, sowie Tiergewichte werden mindestens wöchentlich bestimmt. Nach Abschluß des Versuches werden die überlebenden Tiere getötet und seziert.

Üblicherweise werden folgende Untersuchungen durchgeführt:

- eine *ophthalmologische* Untersuchung vor Verabreichung der Prüfsubstanz und nach Beendigung der Studie, zumindest in der höchsten Dosisgruppe und bei den Kontroll-Tieren. Ergeben sich bei Versuchsende Anzeichen für Veränderungen an den Augen, sind alle Tiere zu untersuchen.
- die *hämatologischen* Untersuchungen am Ende des Versuches erfolgen wie beim 28-Tage-Test beschrieben.

- *Klinisch-biochemische* Untersuchungen umfassen Elektrolytbilanz, Kohlenhydrat-Stoffwechsel sowie Leber- und Nierenfunktionsparameter, deren Umfang sich nach der Wirkungsweise der Prüfsubstanz richtet.

Zusätzliche Analysen können erforderlich sein, wie z. B. Untersuchung von Lipid- und Hormonstatus, des Säure/Basen-Gleichgewichtes, der Cholinesterase-Aktivität, der Methämoglobin-Bildung u.a. Eine Urinanalyse kann erforderlich werden, wenn toxische Wirkungen dieses angezeigt sein lassen. Auch hier wird eine vollständige Autopsie aller Tiere vorgenommen, der Mindestumfang an Organen, die für die histopathologische Untersuchung zu asservieren sind, ist festgelegt[4]. Bei allen Tieren der Kontrollgruppe und den Tieren mit der höchsten Dosis ist eine vollständige histopathologische Untersuchung der Organe und Gewebe durchzuführen. Zielorgane von Tieren der anderen Dosisgruppen sind ebenfalls zu untersuchen. Zur Feststellung möglicher Infektionen sind außerdem die Lungen der Tiere in der niedrigsten und mittleren Dosisgruppe so zu untersuchen, daß der Gesundheitszustand der Tiere beurteilt werden kann; eine histopathologische Prüfung von Leber und Nieren dieser Tiere kann notwendig sein. Bei den Tieren der Satellitengruppe wird wie im 28-Tage-Test verfahren.

Ist ein subchronischer Toxizitätstest an *Nichtnagern* erforderlich, so wird in der Regel der Hund, vorzugsweise aus einer bestimmten Zucht (meistens Beagle-Hunde) verwendet. Dabei werden Tiere eingesetzt, die zwischen 4 und 6 Monate alt sind, aber nicht älter als 9 Monate sein sollen. Pro Dosisgruppe werden hierbei je 4 männliche und weibliche Tiere verwendet, wobei mindestens 3 Dosisgruppen und eine Kontrollgruppe gefordert werden. Die Prüfsubstanz wird meist im Futter oder in Kapseln verabreicht und zwar vorzugsweise an 7 Tagen pro Woche über den Zeitraum von 90 Tagen. Versuchsdurchführung und -auswertung folgen der Vorgehensweise beim 90-Tage-Test an Nagern.

Inhalation. Die Prüfung auf subchronische Toxizität nach Inhalation im 90-Tage-Test erfolgt analog der inhalativen 28-Tage-Exposition, jedoch mit Gruppengrößen von je 10 männlichen und weiblichen Tieren sowie einer gleichgroßen Satellitengruppe, die 90 Tage mit der höchsten Dosierung behandelt und anschließend weitere 28 Tage ohne Behandlung gehalten wird, um Reversibilität, Fortbestehen oder verzögertes Auftreten toxischer Wirkungen zu erfassen. Alle weiteren Versuchsparameter entsprechen jenen des inhalativen 28-Tage-Tests bzw. des oralen 90-Tage-Tests, ebenso das Ausmaß an geforderten Untersuchungen.

Während des gesamten Expositionszeitraumes ist die Luftdurchflußrate kontinuierlich zu überwachen; die Konzentration an Prüfsubstanz im Atembereich darf um nicht mehr als ±15% vom Mittelwert variieren. Bei Stäuben und einigen Aerosolen, wo dieser Wert u.U. nicht zu erreichen ist, wird ein größerer Streubereich akzeptiert.

Applikation auf die Haut (dermale Toxizität). Die Prüfsubstanz wird mehreren Versuchstiergruppen täglich in abgestufter Dosierung auf die Haut aufgetragen, und zwar eine Dosierung je Gruppe über 90 Tage; es werden erwachsene Ratten, Kaninchen oder Meerschweinchen verwendet. Sie werden in beschriebener Weise eingewöhnt und randomisiert; kurz vor Versuchsbeginn wird das Rückenfell geschoren bzw. rasiert. Mindestens 10% der Körperoberfläche wird auf diese Weise vorbereitet, die Haut darf dabei nicht verletzt werden. Die Applikation erfolgt an 5–7 Tagen pro Woche in mindestens 3 Dosierungen an Gruppen von je 10 männlichen und weiblichen Tieren. Das Scheren bzw. Rasieren der Rückenhaut ist in der Regel wöchentlich zu wiederholen. Eine Satellitengruppe von 20 Tieren beiderlei Geschlechts wird über 90 Tage mit der höchsten Dosierung behandelt und anschließend 28 Tage unbehandelt gehalten, um Reversibilität oder Fortbestehen bzw. evtl. verzögertes Auftreten toxischer Wirkungen beobachten zu können. Zusätzlich ist eine Kontrollgruppe und, falls ein Vehikel benutzt wird, eine Vehikel-Kontrollgruppe erforderlich. Die Applikation sollte täglich zur gleichen Zeit und in festgesetzten Intervallen (wöchentlich oder vierzehntägig) vorgenommen werden. Die höchste Dosierung ist so zu wählen, daß auf jeden Fall toxische Wirkungen eintreten, die Tiere aber nicht oder nur in geringer Zahl sterben. Die niedrigste Dosierung darf keine Anzeichen von Toxizität hervorrufen und sollte die Höhe der Exposition beim Menschen nicht überschreiten, wenn brauchbare Schätzwerte hierfür vorliegen. Führt die Applikation zu schweren Hautreizungen, sollten die Konzentrationen herabgesetzt werden. Auch hier wird nach dem Limit-Test-Konzept verfahren: Wenn in einer Vorstudie eine Dosis von 1000 mg/kg bzw. eine höhere Dosis, die einer bekannten Exposition beim Menschen entspricht, keine toxischen Wirkungen hatte, ist eine weitere Prüfung nicht erforderlich.

Die Prüfsubstanz ist während der Expositionszeit, z.B. mittels eines porösen Mullverbandes und eines hautschonenden Pflasters, in Kontakt mit der Haut zu halten und es ist sicherzustellen, daß die Tiere die Substanz nicht oral aufnehmen (z.B. durch Lecken). Nach Ablauf der Expositionszeit werden Prüfsubstanzreste mit einem geeigneten Hautreinigungsverfahren entfernt.

Der Umfang der durchzuführenden Untersuchungen entspricht jenen des 90-Tage-Tests nach oraler Applikation.

4.1.4
Prüfung auf chronische Toxizität (Langzeitversuch)

Die Prüfung auf chronische Toxizität beinhaltet in der Regel die Gabe der Substanz 7 Tage pro Woche, an Versuchstiere über einen größeren Teil ihrer Lebensdauer. Daten zur chronischen Toxizität sind beispielsweise bei Arzneimitteln, die typischerweise über lange Zeitperioden eingenommen werden oder bei Lebensmittelzusatzstoffen und manchen Umwelt- bzw. Industriechemikalien erforderlich, denen der Mensch u.U. lebenslang in geringer Expositionshöhe ausgesetzt ist. Wesentliche Informationen aus solchen Langzeitstudien betreffen Zielorgane toxischer Wirkungen, kumulative und adaptive Effekte, die MTD und den NOEL bzw. NEL. Häufig werden diese Langzeitstudien in Verbindung mit Kanzerogenitätsstudien durchgeführt.

Die Vorgehensweise erfolgt wie bei der Durchführung des 90-Tage-Tests, mit dem Unterschied, daß mindestens 20 männliche und 20 weibliche Tiere (vorzugsweise Ratten bekannter Versuchstierstämme) pro Dosisgruppe eingesetzt werden und der Versuch in möglichst jungem Lebensalter nach der Entwöhnung vom Muttertier begonnen werden sollte. Für Nichtnager ist eine geringere Anzahl an Tieren, mindestens aber vier pro Geschlecht- und Dosisgruppe, zulässig. Die Kontrollgruppe muß, abgesehen von der Expositon mit der Prüfsubstanz, in jeder Hinsicht den Versuchstiergruppen entsprechen.

Die Verabreichung erfolgt vor allem *peroral* oder *inhalativ* und hängt in erster Linie von den physikalisch-chemischen Eigenschaften und der voraussichtlichen oder bekannten Art der Exposition beim Menschen ab. In den meisten Fällen wird die Prüfsubstanz im Futter oder Trinkwasser täglich appliziert, wobei 7 Tage pro Woche als wünschenswert, ein fünftägiger Verabreichungsrhythmus als annehmbar gilt.

Die inhalative Exposition erfolgt entweder 5 Tage lang täglich über 6 Stunden oder, wenn von einer potentiellen Umweltexposition auszugehen ist, an 7 Tagen jeweils über 22 bis 24 Stunden, wobei eine Stunde pro Tag (jeweils zur gleichen Zeit) für Fütterung und Kammerwartung vorgesehen ist. Die Expositionsbedingungen und die Auslegung der Kammern entsprechen jenen der inhalativen 28-Tage- bzw. 90-Tage-Tests.

Der Verabreichungszeitraum sollte mindestens 12 Monate betragen. Während des gesamten Versuchs sind die Tiere sorgfältig zu beobachten und täglich klinisch auf Auffälligkeiten, einschließlich neurologischer, und Augenveränderungen, Beginn und Entwicklung von Vergiftungserscheinungen sowie Mortalität zu untersuchen.

Das Körpergewicht jedes Einzeltieres ist während der ersten 13 Wochen einmal wöchentlich, anschließend mindestens einmal pro Monat zu registrieren. Die Nahrungsaufnahme wird während der ersten 13 Wochen wöchentlich, anschließend in etwa dreimonatigem Abstand bestimmt, sofern nicht Gesundheitszustand und/oder Körpergewicht andere Maßnahmen erfordern. Hämatologische Untersuchungen ohne Differentialblutbild werden nach 3 und 6 Monaten, danach in sechsmonatigen Abständen und nach Versuchsabschluß bei 10 Ratten pro Geschlecht und Dosisgruppe sowie bei allen Nichtnagern durchgeführt. Nach Möglichkeit sollen die Blutproben immer von den gleichen Ratten stammen, Nichtnagern ist zusätzlich vor Versuchsbeginn eine Blutprobe zu entnehmen. Bei Verschlechterung des Gesundheitszustandes im Studienverlauf kann ein Differentialblutbild erkrankter Tiere erstellt werden. Das Differentialblutbild wird in der Regel aus Blutproben der höchsten Dosisgruppe und der Kontrollen erstellt. Zu den gleichen Abständen wie bei der hämatologischen Untersuchung sollen von allen Nichtnagern und von je 10 Ratten pro Geschlecht und Dosisgruppe auch Urin-Untersuchungen durchgeführt werden. Klinisch-chemische Untersuchungen erfolgen bei allen Nichtnagern und je 10 Ratten pro Geschlecht und Dosisgruppe im Halbjahresabstand und bei Versuchsabschluß. Alle Tiere, einschließlich der während des Versuchszeitraumes Verstorbenen oder Getöteten, werden vollständig autopsiert, alle Organe und Gewebe für histopathologische Untersuchungen fixiert und der histopathologischen Untersuchung zugeführt.

4.2
Prüfung der akuten Toxizität (Reizwirkung) auf Haut und Schleimhäute

4.2.1
Hautreizung

Unter Hautreizung versteht man das Auslösen von reversiblen Entzündungserscheinungen nach Auftragen einer Prüfsubstanz auf die Haut (epikutane Applikation). Die Prüfsubstanz wird dabei in einer einmaligen Dosierung auf die Haut mehrerer Versuchstiere aufgetragen, wobei jedes Tier als seine eigene Kontrolle dient. Um das Prüfen von Substanzen unter Bedingungen, die voraussichtlich zu starken Reaktionen führen, auf ein Minimum zu beschränken, sind Vorkenntnisse über physikalisch-chemische Eigenschaften und chemische Reaktivität wesentlich. So brauchen stark saure (pH ≤ 2) oder alkalische (pH ≥ 11,5) Stoffe nicht geprüft zu werden, da ätzende Wirkungen zu erwarten sind. Auch wenn klare Hinweise auf starke Wirkung aus validierten *in vitro* Tests vorliegen (→ 4.2.3), kann auf eine vollständige Prüfung verzichtet werden. Schließlich ist eine weitere Prüfung in der Regel auch dann nicht erforderlich, wenn die akute dermale Toxizitätsprüfung mit der Limit-Testdosis (2000 mg/kg) keinen Hinweis auf Hautreizung erbracht hat oder wenn andererseits sich ein Stoff als hochtoxisch bei dermaler Applikation erwiesen hat.

Als Versuchstier dient in der Regel das *Albino-Kaninchen*, es können aber auch andere Säugerarten eingesetzt werden. Etwa 24 Stunden vor Versuchsbeginn wird das Rückenfell geschoren bzw. rasiert, wobei die Haut nicht verletzt werden darf. Flüssige Prüfsubstanzen werden normalerweise unverdünnt eingesetzt, feste Substanzen nach Anfeuchten mit Wasser oder einem geeigneten Vehikel, um guten Hautkontakt sicherzustellen. Für einen vollständigen Versuch sind mindestens 3 Tiere erforderlich. Wenn zu vermuten ist, daß die Substanz ätzend sein könnte, ist ein Versuch mit zunächst nur einem Tier zu erwägen, der bei negativem Ausfall mit mindestens 2 weiteren Tieren abgeschlossen werden kann.

In der Regel werden 0,5 ml Flüssigkeit bzw. 0,5 g Feststoff auf eine kleine Hautfläche (etwa 6 cm^2) aufgetragen und mit einem Mulläppchen, das durch ein nichtreizendes Pflaster gehalten wird, fixiert. Das Läppchen wird für die Dauer der Exposition (normalerweise 4 Stunden) mit einem Okklusivverband lose auf der Haut fixiert, wobei darauf zu achten ist, daß das Tier die Prüfsubstanz nicht oral aufnehmen oder inhalieren kann. Nach Ablauf der Expositionszeit wird die restliche Prüfsubstanz auf geeignete Weise entfernt. Wenn angenommen werden muß, daß die Substanz ätzend wirkt, also Hautnekrosen verursacht, wird die Expositionszeit verkürzt, u.U. auf nur 3 Minuten. Ein solcher Versuch kann auch parallel mit 3 Läppchen, die zu unterschiedlichen Zeiten (3 Minuten, 1 Stunde, 4 Stunden) entfernt werden, an nur einem Tier durchgeführt werden, wenn dies auf tierschutzgerechte Art möglich ist. Tritt beispielsweise nach 3 Minuten schon eine schwere Hautreaktion auf, so ist der Versuch abzubrechen.

Die Bewertung der Hautreaktion wird in Abständen von 1, 24, 48 und 72 Stunden nach Entfernen des Läppchens vorgenommen, wobei vor allem auf Anzeichen und Schwere von *Erythem* und *Ödem* zu achten ist. Ein längerer Beobachtungszeitraum kann erforderlich werden, wenn die Reaktion innerhalb von 72 Stunden nicht vollständig reversibel ist. Schwerwiegende Veränderungen (Läsionen, Verätzungen) und andere toxische Wirkungen sind sorgfältig zu registrieren. Wenn die Prüfsubstanz die Haut stark anfärbt, kann dies die Auswertung zweifelhaft werden lassen. In einem solchen Fall muß u.U. die histopathologische Untersuchung, evtl. auch die Messung der Hautfaltendicke herangezogen werden. Die Bewertung der Hautreaktion erfolgt nach einer Werteskala[2] (Tab. 4.3).

Studien am Menschen. Produkte mit weit verbreiteter Anwendung oder solche, bei denen eine Exposition des Menschen unvermeidbar ist, sind u.U. in Tests an Freiwilligen zu prüfen, bevor sie auf den Markt kommen. In einigen Fällen sollten weitere klinische Studien oder Verbrauchertests vorgenommen werden. Dabei sollten Studien am Menschen immer schrittweise vollzogen werden, so daß sich nach und nach ein umfassendes Datenmaterial zur menschlichen Exposition aufbaut. So kann die Exposition jederzeit beendet werden, wenn nachteilige Effekte am Menschen auftreten.

Auch wenn solche Tests gezeigt haben, daß eine neue Substanz nicht hautreizend ist, besteht nach dem Markteintritt des Produktes das Erfordernis, exponierte Menschen zu beobachten, um möglicherweise unvorhergesehene Effekte zu entdecken bzw. die bisherige Einschätzung abzusichern[5].

4.2.2
Augenreizung

Unter Augenreizung versteht man das Auslösen von reversiblen Änderungen am Auge

Tab. 4.3 Hautreaktionsskala

Bildung von Erythem und Schorf	Wert
kein Erythem	0
sehr leichtes Erythem (kaum wahrnehmbar)	1
klar umschriebenes Erythem	2
mäßiges bis starkes Erythem	3
starkes Erythem (starke Rötung) oder Schorf-Bildung (tiefgehende Verletzungen), die eine Bewertung des Erythems nicht erlauben	4
Ödem-Bildung	
kein Ödem	0
sehr leichtes Ödem (kaum wahrnehmbar)	1
leichtes Ödem (Ränder der Stelle sind durch eine deutliche Schwellung klar umschrieben)	2
mäßiges Ödem (Schwellung etwa 1 mm)	3
starkes Ödem (Schwellung mehr als 1 mm und über den Expositionsbereich hinaus)	4

nach Verabreichung einer Prüfsubstanz auf die Oberfläche des Auges. Hierbei sind Vorinformationen über die Substanz in gleicher Weise wie beim Test auf Hautreizung zu berücksichtigen, um das Prüfen unter Bedingungen, die voraussichtlich zu starken Reaktionen führen, auf ein Minimum zu beschränken. Wenn Ergebnisse aus validierten alternativen Tests (→ 4.2.3.) auf mögliche ätzende oder stark reizende Wirkungen hinweisen, soll nicht weiter auf Augenreizung geprüft werden. Auch Prüfsubstanzen, die in der Untersuchung auf Hautreizung ätzende oder stark hautreizende Wirkungen gezeigt haben, brauchen nicht noch zusätzlich auf Augenreizung getestet werden. Die Prüfsubstanz wird in einer einmaligen Dosierung in eines der Augen eingebracht, das andere dient als Kontrolle. Der Test auf augenreizende Wirkung kann an verschiedenen Tierarten durchgeführt werden, jedoch ist das Albino-Kaninchen die bevorzugte Spezies.

Die Methode wurde erstmals 1944 veröffentlicht[6] und seitdem als sog. „Draize-Test" am Kaninchenauge vielfach verwendet. Der Test ist aus Tierschutzerwägungen stark kritisiert und in der Folge modifiziert worden, um den Versuchstieren möglichst Leiden und Schmerzen zu ersparen. Validierte Alternativ-Methoden stehen heute zur Verfügung (→ 4.2.3). Das in einer EG-Richtlinie[2] festgelegte Verfahren wird in der Folge zusammengefaßt beschrieben.

Die Substanz sollte an nur einem Tier geprüft werden, wenn deutliche Wirkungen vorhersehbar sind. Zeigt das Versuchsergebnis stark reizende (reversible) oder gar ätzende (irreversible) Wirkung, kann auf weitere Prüfung verzichtet werden. Im übrigen sind mindestens 3 Tiere zu verwenden. Flüssigkeiten (0,1 ml), aber auch Feststoffe, Pasten und partikelförmige Substanzen in feingemahlener Form (0,1 ml bzw. 0,1 g), werden in den Bindehautsack eines Auges appliziert, indem man das untere Lid leicht vom Augapfel abhebt. Die Lider werden dann etwa eine Sekunde lang leicht zusammengedrückt, damit keine Substanz verloren geht. Ist anzunehmen, daß die Substanz unverhältnismäßig starke Schmerzen verursachen könnte, kann vor Applikation ein Lokalanaesthetikum verwendet werden. Das unbehandelte Auge sollte dann ebenso anästhesiert werden. Die Augen sollten nicht vor Ablauf von 24 Stunden nach Applikation ausgewaschen oder ausgespült werden. Falls Reizungen beobachtet werden, können zusätzliche Tests mit kürzerer Verweilzeit angezeigt sein, bei denen den

Tieren eine halbe Minute nach dem Einträufeln der Substanz die Augen je eine halbe Minute lang ausgewaschen werden.

Nach 1, 24, 48 und 72 Stunden werden die Augen durch Beobachtungen der Hornhaut (*Cornea*), Iris und Bindehaut untersucht. Sind nach 72 Stunden keine Anzeichen einer Augenschädigung zu beobachten, kann der Versuch beendet werden. Ist jedoch die Cornea in Mitleidenschaft gezogen bzw. sind weitere Reizungen zu beobachten, ist eine längerdauernde Beobachtung erforderlich, um die Entwicklung der Veränderungen, sowie deren Reversibilität bzw. Irreversibilität zu bestimmen. Die Stärke der Augenreaktion wird entsprechend einer Tabelle bewertet, die Veränderungen an Cornea, Iris, Bindehaut, Lidern und Nickhaut nach ihrem Schweregrad einteilt[2].

4.2.3
Ersatzmethoden

Die Prüfung einer Substanz auf lokale Verträglichkeit für Haut und Schleimhäute vermittelt Informationen, die für den Schutz des Verbrauchers, aber auch für die Sicherheit der Beschäftigten am Arbeitsplatz, unerläßlich sind. Tests auf Haut- und Schleimhautreizung wurden bislang fast ausschließlich am Kaninchen vorgenommen.

Die Prüfung auf akute augenreizende Wirkung, der sog. Draize-Test am Kaninchenauge, ist aufgrund der damit verbundenen oft starken Belastung für die Tiere jedoch sehr umstritten. Der Ersatz dieses Testverfahrens durch geeignete Verfahren an nicht schmerzfähigen biologischen Modellen ist deshalb besonders intensiv untersucht worden. Seit einiger Zeit liegen hier durch Ringversuche validierte Alternativ-Verfahren vor. Die Einführung dieser Ersatzmethoden ist gegenwärtig allerdings noch langwierig, weil die OECD bisher die vorherige weltweite Validierung fordert, jedoch soll sich das Verfahren in Zukunft vereinfachen[7].

Als Alternative zum Draize-Test am Kaninchenauge ist ein Zellkultur-Test an einer Permanent-Zellkultur von sog. *Balb/c3T3-Fibroblasten* aus Mäuseembryonen entwickelt und validiert worden. Dieser sog. Neutralrot-Test (**NR-Test**) beruht auf der Messung von Änderungen in der Fähigkeit dieser Zellen, nach Behandlung mit einer Prüfsubstanz einen Vitalfarbstoff aufzunehmen. Die Abnahme in der Aufnahmerate des Vitalfarbstoffes *Neutralrot* ist ein Maß für die zellschädigende (cytotoxische) Wirkung. Als Kenngröße wird der NR_{50}-Wert angegeben. Dies ist die mittlere Konzentration an Testsubstanz, die die Anzahl neutralrotaufnehmender, d.h. intakter (vitaler) Zellen auf 50% der Kontrolle reduziert. Ein ergänzender Test, der auch mit dem Neutralrot-Test in Kombination durchgeführt werden kann, verwendet einen anderen Farbstoff, *Kenacid Blue* (KB-Test).

Im Prinzip werden bei diesen Tests Zellen in einer bestimmten Dichte in 96-Loch-Zellkulturplatten ausgesät und nach 24 Stunden mit der Prüfsubstanz behandelt. Nach weiteren 24 Stunden erfolgt die Messung der Aufnahmefähigkeit für den Vitalfarbstoff durch 3stündige Inhalation mit Neutralrot[8].

Beim Draize-Test am Kaninchenauge stehen Rötung und Schwellung der Bindehäute, bedingt durch die Erweiterung der Blutkapillaren und kleinen Gefäße, sowie das Einsprossen neuer Kapillaren im Vordergrund der Beobachtungen. Die *Chorionallantois-Membran* (CAM) befruchteter und ausgebrüteter Hühnereier (Hühnerei-Test, HET) ist aufgrund eines intakten, funktionierenden Gefäßsystems ein besonders günstiges *in vitro*-Modell. Bei diesem sog. *HET-CAM-Test*[9] wird am neunten Tag der Bebrütung oberhalb der Luftkammer vorsichtig (z.B. mit rotierender Zahnarzt-Säge) die Schale entfernt und die innere Eimembran sorgfältig abgehoben, um die Chorionallantois-Membran freizulegen.

Jede Prüfsubstanz wird in der Regel in mindestens drei Konzentrationen an jeweils drei Eiern geprüft. Die Substanz wird als Lösung oder Suspension auf die CAM aufgebracht. Während der folgenden fünf Minuten werden Membran, Blutgefäße und Kapillaren sowie das Albumin auf Hämorrhagien, Lysis und Koagulation geprüft. Die Zeit bis zum ersten Auftreten wird jeweils getrennt für die drei Reaktionstypen gemessen. Diese Zeitwerte gehen in eine Gleichung ein, aus der ein sog. *Irritation-score* (IS) für jedes Ei berechnet wird. Die Klassifizierung nach IS wird nach folgender Einteilung vorgenommen:

0–0,9 = nicht reizend
1–4,9 = leicht reizend
5–9,9 = mäßig reizend
10–21 = stark reizend[9].

Die Ergebnisse von Validierungsstudien zeigen, daß beide Verfahren, der Zellkultur-Test *(NR/KB-Test)* und der Chorionallantois-Membran-Test *(HET-CAM-Test)* zur Erfassung haut- und schleimhautreizender Wirkungen und als Ersatzverfahren für den Draize-Test am Kaninchenauge eingesetzt werden können. Allerdings hat sich auch gezeigt, daß bei Prüfung eines breiten Spektrums sehr unterschiedlicher Substanzklassen durch verschiedene Labors ein beachtlicher Prozentsatz nicht korrekt klassifiziert wird[10]. Jedoch können beide Verfahren zuverlässige Voraussagen bei chemisch nahe verwandten Verbindungsklassen machen. Aus diesem Grunde wird eine Vorgehensweise empfohlen, die die Untersuchung eines Stoffes mit unbekannter Wirkung im Vergleich mit Referenzsubstanzen aus der gleichen Klasse, aber bekannten haut- und schleimhautreizenden Eigenschaften, vorsieht[8].

4.3
Prüfung auf Sensibilisierung der Haut

Die Induktion einer *allergischen Kontaktdermatitis*, die auch als Sensibilisierung der Haut bezeichnet wird, ist eine immunologisch vermittelte Hautreaktion, die durch eine Prüfsubstanz ausgelöst wird. Im Prinzip wird bei der Prüfung auf sensibilisierendes Potential zunächst eine Anfangsexposition mit einer Prüfsubstanz während einer sog. Induktionsphase durchgeführt. Etwa 2 Wochen nach der letzten Induktionsbehandlung werden die Versuchstiere einer Auslösebehandlung (challenge) ausgesetzt, um zu prüfen, ob eine Überempfindlichkeit (delayed hypersensitivity) induziert worden ist. Dieser Typ der Auslösung einer Immunantwort ist in der Regel zellvermittelt und wird als *Typ IV-Reaktion* bezeichnet. Da für die anderen Reaktionstypen, nämlich vom *Typ II* (Cytolytische Reaktion) und *Typ III* (Precipitin-Reaktion) keine standardisierten Tiermodelle zur Verfügung stehen, können diese in der Regel nur durch Studien am Menschen geprüft werden (→ 3.8.2). Beispielsweise wird der *Läppchen-Test* (Patch-Test) verwendet, wenn arbeitsplatzbezogene Ekzeme beobachtet wurden, um verdächtige Substanzen nach epikutaner Applikation auf kleine Hautareale auf allergenes Potential anhand der Auslösung lokaler Hautreaktionen zu prüfen. Allerdings muß angemerkt werden, daß der Patch-Test am Menschen den Nachteil hat, daß er u.U. bislang nicht-sensibilisierte Personen sensibilisieren kann.

Die Prüfung auf sensibilisierendes Potential wird am Albino-Meerschweinchen durchgeführt. Zwei Vorgehensweisen werden unterschieden:

- der sog. *Adjuvans-Test*, bei dem durch Auflösung oder Aufschwemmung der Prüfsubstanz in einem *Adjuvans* (Hilfsstoff, von dem alleine keine Wirkung ausgeht) eine

verstärkte Allergisierungsreaktion erreicht werden soll. In der Regel wird das sog. komplette *Freund'sche Adjuvans* (FCA= Freund complete adjuvans) benutzt, wobei die Zubereitung intradermal injiziert wird. Dieser Test wird als Meerschweinchen-Maximierungstest (GPMT= guinea pig maximization test) bezeichnet.
- der sog. Bühler Test, der ohne Adjuvans arbeitet. Die Prüfsubstanz wird äußerlich, also nicht durch intradermale Applikation aufgebracht[2].

Der Adjuvans-Test hat jedoch eine größere Vorhersagewahrscheinlichkeit für den Menschen und gilt im Vergleich zu Tests ohne Adjuvans als empfindlicher.

Die Empfindlichkeit des Meerschweinchenstammes, der für die Sensibilisierung der Haut eingesetzt wird, wird anhand von Bezugssubstanzen geprüft, die als schwache bis mäßige Sensibilisatoren eingestuft sind. Folgende Substanzen werden hierzu empfohlen:

- *p*-Phenylendiamin CAS-Nr [106-50-3]
- 2,4-Dinitrochlorbenzol CAS-Nr [97-00-7]
- Kaliumdichromat CAS-Nr [7778-50-9]
- Neomycinsulfat CAS-Nr [1405-10-3]
- Nickelsulfat CAS-Nr [7786-81-4]

Normalerweise besteht die Versuchsgruppe aus mindestens 10 Tieren; die Kontrollgruppe aus 5 Tieren. Die Konzentration an Prüfsubstanz ist so einzustellen, daß sich Anzeichen einer Hautreizung zeigen, die aber gut vertragen werden muß. Auslösekonzentration ist die höchste Konzentration, die bei nicht sensibilisierten Tieren noch keine Anzeichen einer Hautreizung hervorruft. Beide Konzentrationen werden über eine Pilotstudie an 2–3 Tieren vorher bestimmt.

Beim *GPMT-Test* werden Prüfsubstanz und FCA in einer festgelegten Anordnung (je 0,1 ml) intradermal rechts und links von der Mittellinie der zuvor geschorenen bzw. rasierten Schulterregion injiziert, die Kontrollen werden in gleicher Weise, jedoch ohne Prüfsubstanz (nur Injektion von Vehikel und FCA) behandelt. Falls am Tag 6 keine Hautreizung erkennbar ist, werden Versuchs- und Kontrolltiere nach Scheren/Rasieren im Applikationsbereich zur Erzielung einer örtlichen Reizung mit 0,5 ml einer 10%igen Lösung von Natriumlaurylsulfat in Vaseline behandelt. Am Tag 7 wird den Versuchstieren die Substanz epicutan mit Hilfe eines Okklusivverbandes (2×4 cm) appliziert, die Kontrolltiere erhalten das Vehikel. Nach weiteren 48 Stunden wird der Okklusivverband entfernt. Die Auslösung erfolgt am 21. Tag. Hierzu werden die Flanken der Tiere vom Fell befreit und den Versuchstieren eine dicht schließende Kammer oder ein Läppchen mit dicht schließendem Verband appliziert, wobei auf eine Flanke die Prüfsubstanz, auf die andere das Vehikel aufgebracht wird. Die Kontrolltiere werden in gleicher Weise behandelt. Nach 24 Stunden werden die Läppchen/Kammern entfernt. Weitere 21 Stunden nach Entfernung werden die behandelten Hautflächen gesäubert und ggf. erneut von Haaren befreit. Die erste Bewertung der beobachteten Hautreaktion erfolgt weitere 3 Stunden später, insgesamt also 48 Stunden nach Beginn der Auslösung, eine zweite Bewertung wird nach weiteren 24 Stunden vorgenommen. Alle Hautreaktionen und ungewöhnlichen Befunde sind zu verzeichnen.

Der Bühler-Test wird im Prinzip in gleicher Weise durchgeführt, wobei die Prüfsubstanz aber, im Gegensatz zum GPMT-Test, nur epicutan appliziert wird.

4.4 Prüfung auf Reproduktionstoxizität

Unter dem Begriff *Reproduktionstoxizität* werden alle nachteiligen Effekte auf den Reproduktionszyklus männlicher und weiblicher

Individuen, den reproduktiven Apparat, sowie auf Embryo und Fetus unter Einschluß toxischer Effekte auf den schwangeren mütterlichen Organismus verstanden.

Aufgrund ihres Designs ermöglichen solche Studien, die während einer oder zweier Generationen durchgeführt werden, nur eine Gesamtantwort. Dagegen wird keine detaillierte Information über spezifische Effekte auf bestimmte Phasen des Reproduktionszyklus wie Gametogenese, Befruchtung, Blastogenese und Implantation, Embryogenese und Fetogenese erhalten. Hierzu sind spezifische Studien erforderlich, die in einer Reihe unterschiedlicher Varianten durchgeführt werden können. Spezielle Untersuchungen können, z. B. zur Unterscheidung von *paternal-* und *maternal-toxischen* Effekten, herangezogen oder zur Ermittlung der Zeitperioden hoher Empfindlichkeit für bestimmte Organmißbildungen während der Embryogenese eingesetzt werden (→ 3.9). Gegenwärtig sind etwa 20 Substanzen bekannt, die nachweislich Mißbildungen beim Menschen auslösen.

Dagegen gibt es Hunderte von Stoffen mit nachgewiesenen teratogenen Wirkungen am Tier. Während für den Tierversuch Dosis-Wirkungs-Studien vorliegen, sind Angaben über Dosen, die beim Menschen reproduktionstoxische Wirkungen haben, häufig nicht gesichert. Dies erschwert die Validierung experimenteller Aussagen hinsichtlich ihrer Aussagefähigkeit für den Menschen[11]. Das im Folgenden beschriebene Vorgehen zur Prüfung auf Reproduktionstoxizität während einer bzw. zweier Generationen entspricht der EG-Richtlinie[4].

4.4.1
Prüfung auf Reproduktionstoxizität während einer Generation

Bevorzugte Tiere sind Ratten und Mäuse. Männlichen Tieren wird die Prüfsubstanz während der Wachstumsperiode und mindestens eines vollständigen Spermatogenesezyklusses (etwa 56 Tage bei der Maus und 70 Tage bei der Ratte) verabreicht. Den weiblichen Tieren der *Parental-Generation* (P-Generation) wird die Prüfsubstanz während mindestens zweier vollständiger Östruszyklen verabreicht. Anschließend werden die Tiere verpaart. Während der Paarungszeit wird die Substanz beiden Geschlechtern weiter appliziert, während Gravidität und Laktation jedoch nur den weiblichen Tieren. Vor Versuchsbeginn werden die Tiere in üblicher Weise randomisiert und mindestens 5 Tage unter Testbedingungen eingewöhnt. Die Prüfsubstanz wird vorzugsweise im Futter oder Trinkwasser appliziert und zwar täglich an 7 Tagen pro Woche. Versuchstier- und Kontrollgruppen müssen jeweils mit so vielen Tieren besetzt sein, daß darin etwa 20 trächtige Weibchen enthalten sind. Dieses Vorgehen gewährleistet die Bewertung der Wirkungen der Prüfsubstanz sowohl auf die Gametogenese der Parental-Generation als auch auf Fertilität, Schwangerschaft, Verhalten des Muttertieres, Laktation, sowie Wachstum und Entwicklung der ersten *Filial-Generation* (F_1-Generation) von der Konzeption bis zum Absetzen vom Muttertier. Mindestens 3 Behandlungs- und eine Kontrollgruppe werden eingesetzt, bei Verwendung eines Vehikels erhält die Kontrollgruppe das in der höchsten Dosierung applizierte Volumen. Die höchste Dosierung sollte bei den P-Tieren Vergiftungserscheinungen, aber keine Mortalität auslösen, die niedrigste Dosierung weder bei der P noch bei der F_1-Generation negative Auswirkungen zeigen.

Falls in einem Limit-Test eine Prüfsubstanz mit geringer Toxizität bei einer Dosierung von ≥1000 mg/kg Körpergewicht keinen nachweisbaren Einfluß auf die Reproduktionsfähigkeit hat, sind weitere Untersuchungen nicht notwendig. Dies gilt auch für den Fall, daß in einer Vorstudie mit hoher Dosierung substanzbedingte Vergiftungserscheinungen beim Muttertier, aber keine nachteiligen Auswirkungen auf die Fertilität beobachtet werden.

Zur Verpaarung werden weibliche und männliche Tiere bis zum Eintritt der Gravidität oder bis nach Ablauf von 3 Wochen zusammengebracht. Die weiblichen Tiere werden jeden Morgen auf Sperma oder Vaginalpfröpfe untersucht. Als Tag 0 der Gravidität gilt der Tag, an dem Vaginalpfröpfe oder Sperma festgestellt werden können.

Während der gesamten Testperiode werden die Tiere auf Verhaltensstörungen, Anzeichen einer schweren oder verzögerten Geburt und Vergiftungserscheinungen beobachtet. Körpergewicht sowie Futter- und Wasseraufnahme werden wöchentlich, während der Laktations-Phase vorzugsweise täglich, registriert. Jeder Wurf ist sobald als möglich nach der Geburt auf Anzahl und Geschlecht der Nachkommen, Lebend- und Totgeburten sowie auffallende Anomalien zu untersuchen. Der gesamte Wurf und die Einzeltiere sind am Morgen nach der Geburt, an den Tagen 4 und 7, danach in wöchentlichen Abständen zu wiegen. Tote, bzw. am Tag 4 evtl. getötete, Jungtiere werden asserviert und auf mögliche Fehlbildungen untersucht. Die Tiere der P-Generation werden nach Eintritt des Todes bzw. nach Tötung autopsiert, alle reproduktiven Organe werden für die histopathologische Untersuchung asserviert.

4.4.2
Prüfung auf Reproduktionstoxizität während zweier Generationen

Die Durchführung dieser Studie erfolgt zunächst in gleicher Weise wie die vorher beschriebene Ein-Generationsstudie. Jedoch wird die Verabreichung der Prüfsubstanz auch während der Entwöhnungsphase der F_1-Nachkommenschaft, während deren gesamter Wachstumsperiode, Paarungszeit und Erzeugung der F_2-Nachkommen fortgesetzt.

Die Beobachtung der Tiere und die Kontrolle der Futter- und Trinkwasseraufnahme sowie der Körpergewichte der P-, F_1- und F_2-Generation erfolgt wie beschrieben. Alle erwachsenen Tiere der P- und F_1-Generation werden getötet, wenn die Beurteilung der Reproduktionsfähigkeit abgeschlossen ist. Die nicht für die Paarung ausgewählten F_1-Nachkommen und alle F_2-Nachkommen werden nach der Entwöhnung getötet. P- und F_1-Generationstiere sollten zum Zeitpunkt der Tötung bzw. bei Eintritt des Todes auf Anomalien oder pathologische Veränderungen besonders der Fortpflanzungsorgane untersucht werden. Alle reproduktiven Organe werden für die histopathologische Untersuchung asserviert. Auch bei allen Tieren mit Verdacht auf Unfruchtbarkeit sollten die Fortpflanzungsorgane mikroskopisch bzw. histopathologisch untersucht werden.

4.5
Prüfung auf Mutagenität und Kanzerogenität

4.5.1
Grundlagen

Mutationen in Körperzellen, die sog. somatischen Mutationen, können Krebs oder andere degenerative Erkrankungen auslösen. Mutationen in Keimzellen (Keimbahnmutationen) können an die Folgegeneration vererbt werden und genetisch bedingte Erkrankungen verursachen.

Zum Schutz vor Belastung durch mutagene physikalische Einflüsse (z. B. Strahlen) bzw. chemische Stoffe ist die Erkennung genotoxischer Eigenschaften notwendig. Hierzu sind eine Reihe von Mutagenitäts- bzw. Genotoxizitätstests entwickelt worden. Da ein einzelnes Testsystem keine ausreichend sichere Aussage über genotoxische Wirkungen am Menschen machen kann, werden zur Prüfung von Stoffen auf mögliche genotoxische Wirkungen sog. *Testbatterien* eingesetzt.

Dabei richten sich Umfang und Methodenspektrum der jeweiligen Testbatterie nach den Eigenschaften des zu prüfenden Stoffes. Neben physikalisch-chemischen Eigenschaften, Struktur-Wirkungs-Beziehungen und Analogie-Betrachtungen zu bekannten Mutagenen bzw. Nichtmutagenen sind evtl. schon vorliegende Befunde zur Genotoxizität sowie andere toxikologische Daten, aber auch Daten zur Verwendung des Stoffes und zum Ausmaß potentieller Exposition, sowie, wenn möglich, zur Toxikokinetik und zur Biotransformation einzubeziehen.

Eine Testbatterie besteht häufig aus folgenden Einzelprüfungen:

- Genmutationstests an Bakterien,
- Genmutationstests an Säugerzellen in Kultur,
- Chromosomenaberrationstests an Säugerzellen in Kultur,
- Zelltransformationstests an Säugerzellen in Kultur.

In weiterführenden Untersuchungen werden vor allem Tests eingesetzt, die DNA-Schädigung und -Reparatur erfassen und sowohl *in vitro*, als auch *in vivo* eingesetzt werden können. Neben dem sog. *UDS-Test* (→4.5.2.5) an Rattenhepatocyten *in vitro* oder *in vivo/in vitro* werden zunehmend auch sog. Indikatortests an nicht-proliferierenden Säugerzellen eingesetzt. Diese Indikatortests ermöglichen die Erfassung genotoxischer Wirkungen, die in kausalem Zusammenhang mit der Auslösung von Mutationen stehen. Hierbei werden direkte DNA-Schäden und deren Folgen, wie die Bildung kovalent gebundener Addukte, die Induktion von Einzelstrang- und Doppelstrangbrüchen, die Entstehung von DNA-DNA- und DNA-Protein-Quervernetzungen und die DNA-Reparatursynthese erfaßt. Auf diese Weise wird die Detektion mutativer Schadereignisse auch in solchen Zellen möglich, bei denen infolge mangelnder Proliferation Mutationen nicht erfaßbar sind.

In vivo-Prüfungen sollten durchgeführt werden, wenn angenommen werden kann, daß der zu prüfende Stoff und seine Metaboliten die Zielzellen in relevanter Konzentration erreichen. Hierbei sind schon vorliegende Daten über physikalisch-chemische Eigenschaften der Substanz, besonders aber zur Toxikokinetik (Resorption, Verteilung, Metabolisierung, Exkretion) in Betracht zu ziehen.

Bei geringer systemischer Verfügbarkeit eines Stoffes ist die Auswahl geeigneter Tests häufig schwierig, weil meist davon auszugehen ist, daß *in vivo* zu erwartende Gewebskonzentrationen erheblich niedriger sind als jene, die *in vitro* zu genotoxischen Wirkungen führen. Hier kann es notwendig werden, abzuklären, ob der Stoff in primär exponierten Zellen, z. B. bei oraler Aufnahme in Zellen der Mundschleimhaut und des Magen-Darmtraktes sowie der ableitenden Harnwege genotoxische Wirkungen hervorrufen kann. Stoffe mit geringer systemischer Verfügbarkeit stellen in der Regel nur ein unbedeutendes Risiko für die Keimbahn dar. Bei guter systemischer Verfügbarkeit jedoch ist ein Stoff, der *in vitro* mutagen wirkt, mit hoher Wahrscheinlichkeit auch *in vivo*, z. B. an Knochenmark-, Leber- und Embryonalzellen wirksam und, da in der Regel auch die Gonaden erreicht werden, wird er auch Keimzellmutationen auslösen. Solche Stoffe sind mit hoher Wahrscheinlichkeit auch beim Menschen genotoxisch wirksam und krebsauslösend. Nach einer EG-Richtlinie[12] werden 3 Kategorien von erbgutverändernden Stoffen unterschieden: Stoffe, die bekanntermaßen auf den Menschen erbgutverändernd wirken (Kategorie 1); Stoffe, bei denen Tierversuchsergebnisse und sonstige relevante Informationen die Annahme einer erbgutverändernden Wirkung beim Menschen begründen (Kategorie 2); und Stoffe, für die aus Ergebnissen geeigneter Mutagenitätsversuchen der Verdacht auf erbgutverändernde Wirkung beim Menschen besteht (Kategorie 3).

Von der Komission zur Prüfung gesundheitsschädlicher Arbeitsstoffe der Deutschen Forschungsgemeinschaft wurde eine entsprechende Klassifizierung vorgeschlagen[13]. Hier wird der Begriff Mutation als „Änderungen der genetischen Information, die eine Erkrankung der Nachkommen zur Folge haben" definiert und erbgutverändernde Arbeitsstoffe eingeteilt in

- Stoffe, für die beim Menschen eine erbgutverändernde Wirkung nachgewiesen wurde,
- Stoffe, für die im Tierversuch mit Säugern eine erbgutverändernde Wirkung nachgewiesen wurde,
- Stoffe, für die eine Schädigung des genetischen Materials der Keimzellen beim Menschen oder im Tierversuch nachgewiesen wurde.

4.5.2
In vitro Methoden

4.5.2.1
Genmutationstests in Bakterien: Rückwärtsmutation

Für diese Tests werden vor allem Stämme von *Salmonella typhimurium*, *Escherichia coli*, daneben auch *Bacillus subtilis* eingesetzt. Durch Zusatz eines metabolisierenden Systems (Leber-S9; Mikrosomen, → 2.2.4.1) sollen Aktivierungsprozesse im Säugerorganismus mitberücksichtigt werden. Im Folgenden wird das Prinzip des bakteriellen Mutagenitätstests am Beispiel des *Salmonella typhimurium*-Rückmutations-Tests nach Bruce Ames, dem sog. „Ames-Test", erläutert.

Die für den Test verwendeten Stämme (Tab. 4.4) können die Aminosäure Histidin (His) nicht mehr selbst synthetisieren, da durch Mutationen von Genen des Histidin-Operons das erste, fünfte und neunte Enzym des His-Biosyntheseweges ausgeschaltet sind. Man bezeichnet diese Bakterien, da sie für ihr Wachstum auf His-Zufuhr angewiesen sind, als *His-auxotroph* (his⁻). Durch Behandlung mit einem mutagenen Stoff können diese Mangelmutanten als Folge einer Punktmutation (Basenpaarsubstitution; engl.: base pair substitution) oder Leserastermutation (Rasterschub; engl.: frame shift, → 3.10.3.2) zur His-unabhängigen, prototrophen Form zurückmutieren. Diese Rückmutation wird auch als Reversion bezeichnet. Zusätzlich zu den beschriebenen Mutationen im His-Operon (*his*G46, *his*C3076 und *his*D3052) enthalten die Stämme Deletionen im Ausschneide-Reparatursystem (*uvrB*-Gen), so daß sie nicht mehr in der Lage sind, durch Mutagene lädierte DNA-Bereiche zu reparie-

Tab. 4.4 Genetische Merkmale von *Salmonella thyphimurium*-Teststämmen

Stamm	Histidin-Mutation	Zellwand	Reparatur	Plasmid
TA 1535	*his*G46	*rfa*	ΔuvrB	–
TA 100	*his*G46	*rfa*	ΔuvrB	pKM101
TA 1538	*his*D3052	*rfa*	ΔuvrB	–
TA 98	*his*D3052	*rfa*	ΔuvrB	pKM101
TA 1537	*his*C3076	*rfa*	ΔuvrB	–
TA 97	*his*D6610	*rfa*	ΔuvrB	pKM101
TA 102	*his*G428 (pAQ1)	*rfa*	+	pKM101 pAQ1

ren. Dies führt zu einer erhöhten Empfindlichkeit gegenüber mutagenen Substanzen. Eine weitere Mutation (*rfa* = deep rough factor) führt zu fehlerhaftem Aufbau der Zellwand, wodurch diese leichter permeabel wird und die Stämme ihre Pathogenität verlieren.

Durch Einbau des sog. pKM101-Plasmids, das Gene für Ampicillinresistenz und für ein besonders fehleranfälliges Reparatursystem enthält („SOS"-Reparatur), konnte die Empfindlichkeit der Stämme weiter erhöht werden[14]. Die Stämme TA 1535 und TA 100 enthalten die sog. Missense-Mutation *his*G46, bei der das Leucin-Codon (-CTC-) des Wildtyps zum Prolin-Codon (-CCC-) mutiert ist. Basensubstitution (Transition bzw. Transversion) revertiert als Folge einer Punktmutation das mutierte Gen wieder zur His-Unabhängigkeit. Stämme mit Leserastermutation wie TA 1538 und TA 98 tragen die *his*D3052-Mutation (-CGCGCG-), andere die *his*C3076- (-CCCC-) bzw. *his*D6610-Mutation (-CCCCCC-). Der Stamm TA 102 (*his*G428) enthält ein AT-Basenpaar auf dem Plasmid pAQ1, wobei der Codon des Wildtyps -CAA- für Glutamin durch den Nonsense Codon -TAA- ausgetauscht ist. Hier erfolgt die Rückmutation durch Basensubstitution oder Deletion von 3 bzw. 6 Basenpaaren.

Beim *Platten-Inkorporations-Test* werden his⁻-Bakterien mit Weich-Agar vermischt und nach Zugabe von Testsubstanz und gegebenenfalls metabolisierendem System (S9-Mix) als sog. Top-Agar auf Selektiv-Nährböden (Minimal-Glucose-Agar) verteilt. Nach Festwerden des Top-Agars werden die Platten bei 37 °C über 48 bis 72 Stunden inkubiert. Ein geringer Zusatz von Histidin zum Top-Agar erlaubt allen Bakterien einige Zellteilungen, so daß mikroskopisch kleine Kolonien entstehen, die einen leicht milchigen Hintergrundschleier bilden. Nach Verbrauch des Histidins wachsen jedoch nur noch revertierte Bakterien zu sichtbaren Kolonien. Diese werden ausgezählt. Eine mutagene Wirkung wird durch reproduzierbare und konzentrationsabhängige Zunahme der Revertiertenzahl im Vergleich zur unbehandelten Kontrolle (Negativ-Kontrolle) angezeigt. Um sicher zu gehen, daß die Teststämme die geforderten Eigenschaften aufweisen, werden zusätzlich sog. Positiv-Kontrollen durchgeführt. Für die Induktion von Punktmutationen (bei den Stämmen TA 1535, TA 100) wird als direkt wirkendes Standardmutagen Natriumazid verwendet, für die Rasterschub-anzeigenden Stämme (TA 1538, TA 98, TA 97) 2-Nitrofluoren, für die beiden übrigen Stämme (TA 1537, TA 102) 9-Aminoacridin bzw. Cumolhydroperoxid. Details des Prüfverfahrens sind in einer EG-Richtlinie[2] zu finden. Abb. 4.2 zeigt den Arbeitsablauf.

4.5.2.2
Genmutationstests in Säugerzellen: Vorwärtsmutation

Von den verschiedenen Möglichkeiten, Mutationen nachzuweisen, eignen sich verhältnismäßig wenige für Routinetests. In kultivierten Säugerzellinien werden in erster Linie zum Nachweis von Genmutationen die Genloci für Thymidin-Kinase (TK), Hypoxanthin-Guanin-Phosphoribosyltransferase (HPRT, früher HGPRT) sowie Na^+/K^+-ATPase verwendet. Häufig verwendete Zellinien sind Maus-Lymphomazellen 5178Y sowie die Zellinien CHO (engl.: chinese hamster ovary) und V 79 des chinesischen Hamsters. Mit den TK- und HPRT-Mutationssystemen können Basenpaar- und Rasterschubmutationen sowie kleine Deletionen erfaßt werden, mit dem Na^+/K^+-ATPase-System nur Basenpaarsubstitutionen. Als Mutationsmarker dient der Erwerb von Resistenz gegenüber Wirkstoffen, die für die Ausgangszellen toxisch sind. Durch Selektion können die Mutanten leicht erfaßt werden.

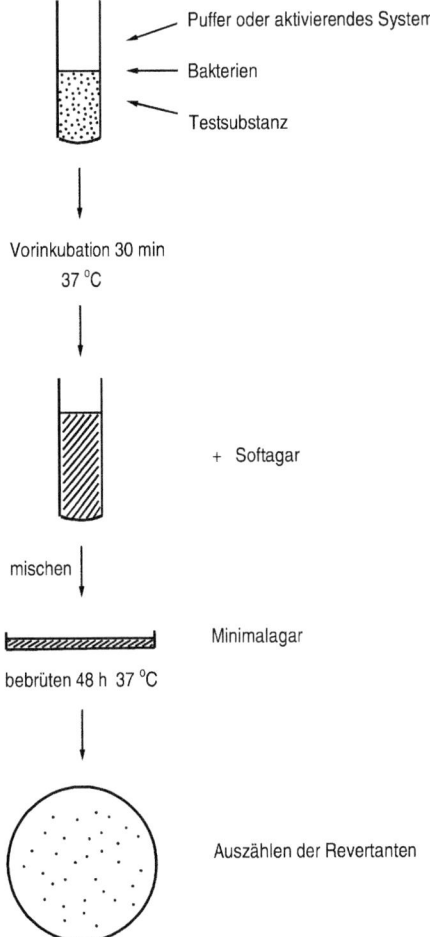

Abb. 4.2 Arbeitsablauf beim *Salmonella*-Mutagenitätstest ("Ames-Test")

Thymidin-Kinase (TK) und Resistenz gegen Thymidin-Analoge. Thymidin-Analoge wie Trifluorthymidin (TFT) werden durch Thymidin-Kinase zu toxischen Metaboliten aktiviert. Eine Resistenz gegen Thymidin-Analoge wie TFT geht in der Regel mit einem Thymidin-Kinase-Defekt einher. Für Mutagenitäts-Tests eignen sich nur speziell konstruierte heterozygote Zellen, die über nur ein tk^+-Gen verfügen, wie die Mauslymphomlinie TK 6, eine $tk^{+/-}$-Mutante von CHO-Zellen und einige wenige davon abgeleitete Unterlinien[15].

Resistenz gegenüber Guanin-Analogen. Guanin-Analoge wie 6-Thioguanin (TG) oder 8-Azaguanin (AG) werden durch das Enzym Hypoxanthin-Phosphoribosyltransferase (HPRT) zu toxischen Metaboliten aktiviert, die unter anderem auch in Nucleinsäuren eingebaut werden. Resistenz gegen diese Guanin-Analoge geht mit Verlust oder starker Abnahme der HPRT-Aktivität einher, was in Einzelfällen auf Verlust oder Strukturveränderung des HPRT-Proteins zurückgeführt werden konnte. Als Ursache hierfür kommen Mutationen im Struktur-Gen (*hprt*), evtl. auch in Regulator-Genen in Frage. Die HPRT-Proteine von Maus, Ratte, chinesischem Hamster und Mensch bestehen aus 218 Aminosäuren und unterscheiden sich in maximal zehn davon. Für das *hprt*-Gen sind zahllose Mutationen beschrieben, die mit TG-Resistenz und damit Funktionsverlust einhergehen, wobei weit über 700 unabhängige Einzelbasen-Substitutionen im Gen und mehr als 150 Aminosäuren-Austausche im Protein beobachtet wurden. Zusätzlich wurden zahlreiche Mutanten gefunden, die auf weiteren mutativen Ereignissen (Tandem-Substitutionen, Rasterschübe, Deletionen u.a.) beruhen[15].

Ouabain-Resistenz. Ouabain (g-Strophantin) hemmt die ATP-abhängige Na^+/K^+-Pumpe der Plasmamembran und führt so über die massive Störung des Elektrolythaushaltes zum Zelltod. Resistenz gegen Ouabain wird durch Veränderung der Aminosäure-Sequenz des Proteins induziert, wobei als Ursache geringfügige Sequenzänderungen, verursacht durch Basenpaar-Substitutionen, angenommen werden. Die Ouabain-Resistenz ist dominant und wird in gängigen Zelllinien wie V 79-, CHO-, Balb 3T3-, BHK 21-, L 5178Y-Zellen und humanen Fibroblasten bereits 2–3 Tage nach Mutagenbehandlung exprimiert.

Besonders häufig wird zur Prüfung auf Gen-Mutationen in Säugerzellen der HPRT-

Test in V 79-Zellen durchgeführt. Diese Zellen entstammen ursprünglich dem Lungengewebe eines männlichen chinesischen Hamsters und zeichnen sich durch einen relativ stabilen und homogenen Karyotyp bei kurzer Populationsverdopplungszeit (10–12 h) aus. Da sie unter üblichen Kulturbedingungen praktisch keine Cytochrome P-450 exprimieren, wirken viele Substanzen erst mutagen, wenn ein aktivierendes System (z. B. Lebermikrosomen plus Cofaktoren) zusätzlich eingesetzt wird. Da V 79-Zellen in unterschiedlichen Labors sich erheblich in ihrer Mutierbarkeit unterscheiden können, empfiehlt es sich, zur Sicherung der Vergleichbarkeit von Daten bekannte Referenzmutagene mitzutesten. Als sog. Positivkontrollen dienen direkt wirkende Mutagene wie Ethylmethansulfonat und Hycanthon sowie als Vertreter von Mutagenen, die metabolische Aktivierung benötigen und bei denen der Zusatz eines aktivierenden Systems erforderlich ist, 2-Acetylaminofluoren, 7,12-Dimethylbenzanthracen und N-Nitrosodimethylamin[4]. Der Arbeitsablauf beim V 79/HPRT-Test ist schematisch in Abb. 4.3 wiedergegeben.

In den beschriebenen Genmutationstests werden vererbbare Funktionsveränderungen erfaßt. Angesichts des großen Mutationsspektrums, das vom HPRT-Test erfaßt wird, kann angenommen werden, daß dieses weitgehend repräsentativ für Vorwärtsmutationen, d. h. Funktionsausfälle, auch in anderen Genen ist.

4.5.2.3
Chromosomenschäden

Chromosomenmutationstests an Säugerzellen

Chromosomenmutationen sind strukturelle Veränderungen von Chromosomen, die im Lichtmikroskop erkennbar sind. Stoffe, die Chromosomenmutationen induzieren, werden als *Klastogene* bezeichnet.

Im Prinzip wird bei der Prüfung auf Chromosomenmutationen eine Analyse auf Veränderungen der Chromosomenstruktur in ersten mitotischen Zellen nach der Behandlung durchgeführt. Genau betrachtet, werden mit dieser Methode eigentlich nicht Chromosomenmutationen nachgewiesen, sondern *Chromosomenaberrationen*, die zu Mutationen führen können, wenn nach Durchlaufen der Mitose aus den betroffenen Zellen lebensfähige Tochterzellen entstehen. Neben strukturellen Chromosomenaberrationen, die durch klastogene Substanzen hervorgerufen werden, werden häufig auch numerische Aberrationen beobachtet. Diese entstehen meist als Folge einer Schädigung des mitotischen Apparates (der Mitosespindel), wodurch die Chromosomen bei der Zellteilung nicht gleichmäßig auf die Tochterzellen verteilt werden. Substanzen, die zu Chromosomenfehlverteilungen führen, bezeichnet man als *Aneuploidogene* oder *Aneugene*, weil sie Abweichungen vom normalen diploiden Chromosomensatz induzieren. So können manche Chromosomen nur einfach (Monosomie), andere dagegen dreifach (Trisomie) vorkommen.

Chromosomenaberration. Nach heutiger Kenntnis ist die ultimale Läsion auf molekularer Ebene, die für eine Entstehung struktureller Aberrationen verantwortlich ist, die Induktion von DNA-Doppelstrangbrüchen durch klastogene Substanzen oder auch durch „physikalische" Mutagene wie Röntgenstrahlen. Letztere induzieren Primärläsionen, die unabhängig vom Zellzyklus-Stadium (→ 3.10.3.1) der behandelten Zelle meist direkt zu DNA-Doppelstrangbrüchen führen (S-Phase-unabhängige Mutagene). Einen anderen Wirkungstyp stellen die durch (nicht-ionisierende) UV-Strahlung induzierten Schäden dar. Die primär gebildeten Thymidin-Dimere werden erst im Verlauf der normalen DNA-Replikation (S-Phase) des Zellzyklus in DNA-Doppel-

4.5 Prüfung auf Mutagenität und Kanzerogenität | 151

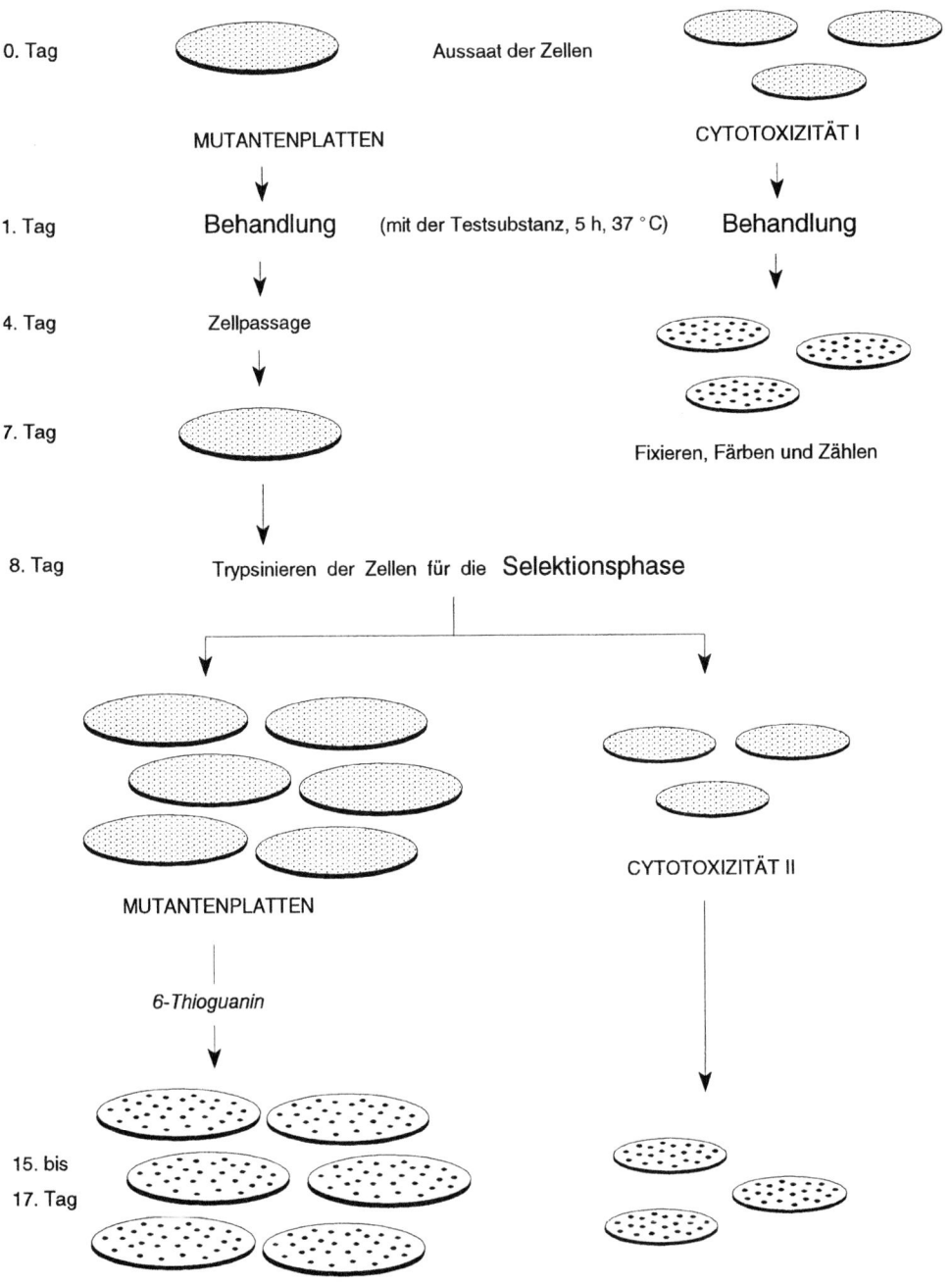

Abb. 4.3 Schematischer Verlauf des V 79/HPRT-Tests

strangbrüche überführt. Auch durch klastogene Substanzen hervorgerufene DNA-Einzelstrangbrüche können nach enzymatischer Überführung in Doppelstrangbrüche durch Endonucleasen die Häufigkeit chromosomaler Aberrationen erheblich steigern[16].

Die meisten Klastogene gehören zur Gruppe der *S-Phase*-abhängigen Mutagene. Das Erscheinungsbild einer induzierten Chromosomenaberration im Metaphase-Stadium der Mitose hängt dabei neben dem Wirkungstyp „S-Phase-abhängig/-unabhängig" auch davon ab, zu welchem Zeitpunkt des Zellzyklus die Zelle getroffen wird.

Der Zeitraum zwischen zwei Zellteilungen (normalerweise 15 h) wird in drei Interphasestadien geteilt, die die DNA-Replikation ausmachen (→ 3.10.3.1). Die Replikation wird als Synthesephase (S-Phase) bezeichnet und dauert bei Säugerzellen etwa 8 Stunden. Ihr voraus geht die G_1-Phase (Gap-Phase), die vom Zeitpunkt des Abschlusses der vorangegangenen Mitose bis zum Beginn der Replikation dauert. An die S-Phase schließt sich die G_2-Phase bis zum Beginn der Prophase der nächsten Mitose an. Während bei Eukaryonten in proliferierenden Zellen die S-Phase im ungestörten Zustand zeitlich sehr konstant ist, kann die Dauer der G-Phasen je nach Zelltyp und physiologischem Status erheblich schwanken. Im Normalzustand beträgt sie für beide G-Phasen jeweils 3–4 Stunden. Die Kenntnis dieser zeitlichen Zusammenhänge ist wichtig für eine korrekte Planung und Durchführung der cytogenetischen Tests auf strukturelle Aberrationen.

In der G_1-Phase enthalten die Chromosomen nur ein Chromatid, d. h. sie bestehen aus einer DNA-Doppelhelix, die mit Proteinen assoziiert ist. Im Verlauf der S-Phase werden sie verdoppelt, so daß in der G_2-Phase alle Chromosomen aus zwei Chromatiden bestehen, die in der sog. *Kinetochor-Region*, die die Ansatzstelle für die Spindelfasern darstellt und auch als *Zentromer* bezeichnet wird, noch bis zum Eintritt in die Anaphase der Mitose zusammengehalten werden. Jedes G_2-Phase-Chromosom besteht somit aus zwei Schwesterchromatiden mit identischer genetischer Information.

Die durch klastogene Substanzen verursachten Chromosomenbrüche werden als strukturelle Chromosomenanomalien im Mikroskop erkennbar. Da Interphase-Chromosomen jedoch aufgrund ihres geringen Kondensationsgrades lichtmikroskopisch nicht als individuelle Strukturen erkennbar sind, werden die Analysen in der Regel an hochkondensierten, individualisierbaren Metaphase-Chromosomen von Mitosen durchgeführt. Durch Behandlung mit einem Spindelgift, i.d.R. Colchicin, werden sie in der Metaphase für die mikroskopische Analyse angereichert (C-Mitosen).

Strukturelle Chromosomenaberrationen werden allgemein nach Aberrationen vom Chromatiden-Typ, die eine der beiden Schwesterchromatiden eines Chromosoms betreffen, und Aberrationen vom Chromosomen-Typ, die beide Schwesterchromatide an homologen Stellen betreffen, unterschieden. Bei chemischen Mutagenen sind die meisten der induzierten Veränderungen vom Chromatid-Typ[17].

Durchführung des Tests. Cytogenetische Tests auf Induktion von Chromosomenaberrationen werden *in vitro* an kultivierten Säugerzellen vorgenommen, wobei sowohl Kulturen etablierter Zellinien als auch Primärkulturen verwendet werden können. In erster Linie werden Zellen von chinesischen Hamstern oder menschliche Lymphocyten verwendet. Die Zellen werden dabei gegenüber der Prüfsubstanz mit und ohne Zusatz eines geeigneten metabolisierenden Systems exponiert. Das meist verwendete System ist eine mit Cofaktoren angereicherte post-mitochondriale Fraktion, die aus mit Enzyminduktoren vorbehandelter Leber von Nagern gewonnen wird (Leber-S9-Mix, → 2.2.4.1). Nach Exposition mit der Prüfsubstanz werden die Zellen mit einem Spindelgift (Colchicin) behandelt, um eine Anreicherung von Metaphasen zu erhalten. Zu geeigneten Zeitpunkten werden sie aufgearbeitet und Chromosomen-Präparate hergestellt. Dabei sollen mindestens zwei Präparationszeiten, die erste möglichst nach einem Zellzyklus, die zweite später, eingehalten werden. Dies soll sicherstellen, daß alle Phasen des Zellzyklus abgedeckt und Verzögerungen im Zellzyklus berücksichtigt werden. Mindestens 100 gut gespreitete Metaphasen pro Kultur werden analysiert. Die Methodik ist detailliert in einer Richtlinie der EG beschrieben[2].

Schwesterchromatid-Austausch
Schwesterchromatid-Austausche (engl.: sister chromatid exchanges; SCEs) sind reziproke Austauschereignisse zwischen den DNA-Doppelsträngen eines replizierten Chromosoms. SCEs können bei der Replikation spontan auftreten, sowie durch eine Vielzahl DNA-schädigender Agentien ausgelöst werden. Der *SCE-Test* wird als *in vitro* screening-Test mit Säugerzellen häufig eingesetzt, weil er relativ einfach durchzuführen ist und als schneller und empfindlicher Indikatortest auf Genotoxizität gilt. Häufig wird er in Kombination mit dem Chromosomenaberrationstest durchgeführt. Der Test kann an allen proliferierenden Zellen erfolgen, in der Routineprüfung werden jedoch vor allem menschliche Lymphocyten (Primärkultur aus Humanblut) oder permanente Zellinien des chinesischen Hamsters (V 79-Zellen, CHO-Zellen) eingesetzt.

Die Induktion von SCEs kann unterschiedliche Ursachen haben. Läsionen, die zu SCEs führen, scheinen sich zumindest partiell von jenen zu unterscheiden, die zu Gen- oder Chromosomen-Mutationen führen. Neben DNA-Schäden können auch Störungen der DNA-Replikation und der Reparatur zur Erhöhung der SCE-Rate führen. Die Stärke der SCE-Induktion läßt aus diesen Gründen keinen direkten Schluß auf die mutagene Potenz der Substanz zu. Als Schwäche des SCE-Tests wird oft angesehen, daß die biologische Bedeutung von SCEs vor allem der Zusammenhang zwischen Entstehung von SCEs und Mutationen bzw. Krebs weitgehend unklar ist[18]. Jedoch hat der Test aufgrund seiner Empfindlichkeit, Schnelligkeit und geringen Störanfälligkeit sowie seiner guten Reproduzierbarkeit große Vorteile als Indikatortest in der Mutagenitätsprüfung. Er wird als cytogenetisches Verfahren oft in Zusammenhang mit dem Chromosomenaberrationstest gesehen. Dabei ist zu betonen, daß SCEs keine Chromosomenaberrationen, sondern sog. intrachromosomale Rekombinations-Ereignisse anzeigen. Insofern kann der SCE-Test die Prüfung auf Gen- und Chromosomenmutationen nicht ersetzen, aber sinnvoll ergänzen[18].

Durchführung des Tests. Säugerzellen werden *in vitro* mit und ohne Zusatz von aktivierendem System (Leber-S9-Mix) mit der Prüfsubstanz behandelt und während eines oder zweier Replikationszyklen in einem Medium kultiviert, das Bromdesoxyuridin (BrdUrd, früher BrdU) enthält. Die Inkubation mit BrdUrd wird so durchgeführt, daß die Zellen den vorletzten Zellzyklus stets in Gegenwart von BrdUrd durchlaufen während im letzten Zyklus je nach Testmodifikation BrdUrd vorhanden oder nicht vorhanden ist. Die Metaphasen-Chromosomen in der zweiten Mitose sind dann in der Weise unterscheidbar, daß bei BrdUrd-Anwesenheit über 2 Zyklen eine Chromatide in beiden DNA-Strängen (bifilar) BrdUrd enthält, die andere nur in einem Strang (unifilar, Abb. 4.4. Bei BrdUrd-Anwesenheit während nur eines Zyklus wird nur in der ersten S-Phase BrdUrd eingebaut, so daß in der zweiten Mitose nur eine Chromatide unifilar substituiert ist. Durch die BrdUrd-

Inkorporation ändert sich die Anfärbbarkeit der DNA, so daß SCEs als Wechsel der Anfärbbarkeit von einer Chromatide zur anderen sichtbar werden (Abb. 4.5).

Nach Behandlung mit einem Spindelgift (Colchicin) zur Anreicherung der Zellen in der Metaphase (C-Metaphase) der Mitose werden die Zellen gewonnen und Chromosomen-Präparationen hergestellt. Dabei erfolgt die Aufarbeitung in der Regel zum Zeitpunkt der zweiten Teilung nach der Behandlung, wobei sicherzustellen ist, daß die empfindlichsten Stadien des Zellzyklus mit der Substanz behandelt wurden.

Die Chromosomen-Präparate werden mit cytogenetischen Standardverfahren angefertigt und angefärbt, z. B. mit dem „Fluoreszenz plus Giemsa-"Verfahren (FPG-Verfahren). Mindestens 25 gut gespreitete Metaphasen pro Kultur werden gezählt. Die Methode ist in einer Richtlinie der EG[4] detailliert beschrieben.

4.5.2.4
Zelltransformationstest *in vitro*

Im Gegensatz zu den bisher geschilderten *in vitro* Tests auf mutagene/genotoxische Eigenschaften haben *Zelltransformationstests* einen anderen Endpunkt, nämlich die maligne Transformation, die sich u.a. in phänotypischen Veränderungen der Zellmorphologie zu erkennen gibt. Dabei verläuft der Prozeß

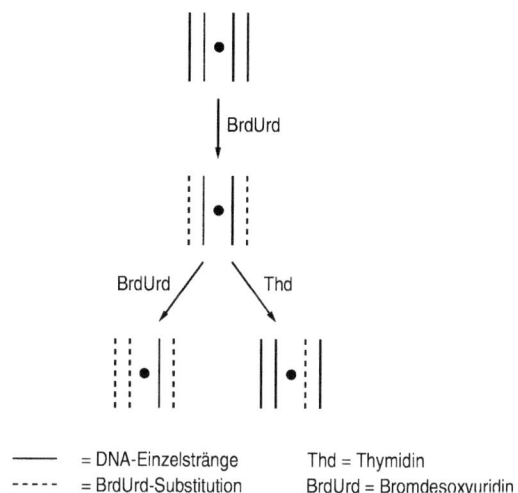

Abb. 4.4 Zwei alternative Möglichkeiten zur differentiellen Markierung von Schwesterchromatiden mittels BrdUrd-Techniken

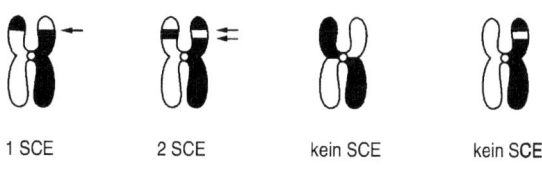

(SCE = Schwester-Chromatid-Austausch)

Abb. 4.5 Schematische Darstellung der Schwesterchromatidaustausche

der Zelltransformation, ähnlich wie bei der Krebsentwicklung *in vivo*, in mehreren Schritten, die mit einem fortschreitenden Verlust an Wachstumskontrolle einhergehen. Zelltransformationstests haben wesentlichen Aufschluß über molekularbiologische Mechanismen gebracht, die im Verlauf der chemisch induzierten *Kanzerogenese* eine Rolle spielen. Sie sind als wichtiger Bestandteil einer Batterie von Kurzzeittests zur Aufdeckung des krebserzeugenden Potentials von Chemikalien zu betrachten, vor allem weil sie auch nicht-genotoxische Kanzerogene sowie Tumorpromotoren erfassen[19].

Veränderungen, die mit dem Prozeß der Zelltransformation assoziiert sind, bestehen in morphologisch erfaßbaren und in biochemisch meßbaren Veränderungen. Morphologische Veränderungen lassen sich z. B. an Änderungen der Einzel-Zellmorphologie erkennen, an Focus-Bildung, der Eigenschaft in Weich-Agar zu wachsen, und am Verlust der Wachstumshemmung bei Konfluenz, so daß ein unregelmäßiges, mehrschichtiges Wachstum resultiert. Biochemische Veränderungen betreffen u.a. das Expressionsmuster von Zelloberflächen-Proteinen, proteolytischen Enzymen oder Bestandteilen von Signaltransduktionsketten.

Häufig verwendete Zellen sind vor allem Fibroblasten mit begrenzter Lebensdauer wie syrische Hamsterembryozellen (SHE-Zellen) und permanente Fibroblastenlinien wie die Mauszellinien C3H 10T1/2, BALBc/3T3 und andere.

Durchführung. Die Behandlung der Zellen erfolgt mit und ohne Zusatz von aktivierendem System (Leber-S9-Mix) unter Mitführung von Positivkontrollen. Diese Positivkontrollen sollen sowohl direkt wirkende, als auch metabolisch zu aktivierende Substanzen einschließen. Als Positivkontrolle für direkt wirkende Substanzen werden z. B. Ethylmethansulfonat und β-Propiolacton empfohlen (Alkylantien), als Verbindungen, die metabolisch zu aktivieren sind, 2-Acetylaminofluoren, 4-Dimethylaminoazobenzol oder 7,12-Dimethylbenzanthracen. Die Details der Versuchsdurchführung sind in einer Richtlinie der EG[4] beschrieben.

4.5.2.5
DNA-Schädigung und Reparatur

DNA-schädigende Effekte von genotoxisch wirkenden Substanzen lassen sich nicht nur mit den besprochenen Mutagenitätstests erfassen. Die zugrundeliegenden Primärläsionen an der DNA können auch mit Hilfe hochempfindlicher biochemisch-analytischer Verfahren erfaßt werden. Liegt eine Testsubstanz in radioaktiv markierter Form vor, so kann das auf die Dosis bezogene Ausmaß an kovalenter Bindung an die DNA, z. B. in der Leber, dem Hauptorgan metabolischer Aktivierung, bestimmt werden. Die DNA-Bindungspotenz der Prüfsubstanz wird dann in Einheiten des sog. *„covalent binding index"*, CBI, angegeben. Der CBI ist definiert als der Quotient aus μmol Addukt pro mol DNA-Nucleotid und mmol applizierte Substanz pro kg Körpergewicht[20]. Das Verfahren hat sich allerdings wegen der Notwendigkeit, Prüfsubstanzen mit hoher spezifischer Aktivität zu radiomarkieren, nicht durchsetzen können. Auch die Verwendung spezifischer Antikörper gegen kanzerogen-induzierte DNA-Schäden hat sich bisher nicht als Routinemethode etabliert.

Das sog. *„Postlabelling"* von DNA-Addukten besteht darin, Nucleotid-Kanzerogen-Addukte durch Phosphorylierung mit ^{32}P-Phosphat und anschließende chromatographische Trennung mittels meist mehrdimensionaler Dünnschichtchromatographie autoradiographisch zu detektieren. Nach Ausschneiden der Flecken kann das jeweilige Addukt im Szintillationszähler mittels *Cerenkov-Strahlung* quantitativ bestimmt werden (→ 5.2.2).

DNA-Strangbrüche, die entweder direkt durch die Prüfsubstanz selbst induziert werden, oder als Folge von Reparaturvorgängen sekundär entstehen, können sowohl in vitro an Zellkulturen, als auch in vivo nachgewiesen werden. Besonders häufig werden hierbei alkalische Elutionstechniken eingesetzt. Das Prinzip dieser Verfahren besteht darin, doppelsträngige DNA durch stark alkalische Puffer (pH > 12) einzelsträngig zu machen und durch Filter eng definierter Porenweite (z. B. Polycarbonatfilter) zu eluieren. DNA-Bruchstücke, die entweder direkt oder als Folge Prüfsubstanz-induzierter alkalilabiler Stellen auftreten, geben sich durch raschere Elution zu erkennen und können in den eluierten Fraktionen quantifiziert werden. Weitere Detektionsmöglichkeiten bestehen in Dichtegradientenzentrifugation oder in der Auftrennung der DNA mittels Mikrogelelektrophorese. Neben DNA-Einzelstrangbrüchen können durch methodische Variation auch DNA-Doppelstrangbrüche, DNA-Protein- und DNA-DNA-Quervernetzungen erfaßt werden[21].

Der Vorteil dieser Indikatortests an nicht proliferierenden Zellen liegt darin, daß sowohl in vitro als auch ex vivo in primären tierischen und menschlichen Zellen, z. B. aus Leber, Niere, Lunge, Luftröhre, Gehirn, Nasenschleimhaut und Magen-Darm-Trakt, Untersuchungen auf DNA-schädigende Wirkung möglich sind. Bei der ex vivo-Versuchsanordnung werden Tiere in vivo mit einer Prüfsubstanz behandelt und anschließend zu bestimmten Zeitpunkten Zellen verschiedener Gewebe bzw. Organe entnommen und untersucht. Durch eine schonende Präparations-Technik lassen sich Zellschäden weitgehend vermeiden, sodaß auch die Erfassung substanzbedingter Cytotoxizität möglich ist. Ein solches ex vivo-Verfahren liefert demnach wesentliche Zusatzinformationen über eine Substanz, beispielsweise zur in vivo Verteilung und Organ- bzw. Gewebslokalisation DNA-schädigender Wirkungen sowie zu deren Reparatur[22].

Ein Test, der vielfach als Bestandteil von Testbatterien zur Prüfung auf Genotoxizität verwendet wird, ist die Prüfung auf außerplanmäßige DNA-Synthese (engl.: unscheduled DNA synthesis, UDS). Mit diesem Test, der meist in primären Rattenhepatocyten, daneben auch in menschlichen Lymphocyten und in Zellkulturen durchgeführt werden kann, wird die nach Setzen eines DNA-Schadens erfolgende Reparatursynthese gemessen. Bei dieser reparaturbedingten Synthese wird stark vereinfacht der Schaden durch Endonucleasen erkannt und die DNA geschnitten. Exonucleasen führen anschließend zur Elimination des geschädigten DNA-Stückes und schließlich wird durch DNA-Polymerasen/Ligasen die Lücke aufgefüllt und geschlossen. Das Ausmaß an reparaturbedingter DNA-Synthese kann durch den Einbau von radiomarkiertem Thymidin leicht gemessen werden. Am häufigsten wird hierbei die autoradiographische Detektion eingesetzt, wobei die Zellen auf Objektträgern fixiert werden und die Objektträger anschließend in Autoradiographie-Emulsion getaucht oder mit einem Film in Kontakt gebracht werden. Die Auswertung erfolgt durch Erfassung des ^{3}H-Thymidin-Einbaus im Cytoplasma und im Kern anhand der Auszählung der durch die β-Strahlung gebildeten Granula in der photoempfindlichen Schicht. Alternativ kann auch die DNA aus den Zellen extrahiert und das Ausmaß des Einbaues von ^{3}H-Thymidin mittels Szintillationszählung bestimmt werden. Werden Zellen in Kultur verwendet, dann muß der Eintritt der Zellen in die DNA-Synthese (S-Phase) durch Zugabe geeigneter Hemmstoffe wie Hydroxyharnstoff oder durch Haltung der Zellen in Minimalmedium blockiert werden, weil sonst die normale semikonservative DNA-Replikation das aus der Reparatursynthese stammende Signal völlig überdecken würde. Auch der UDS-Test kann als *ex vivo* Modifikation durchgeführt werden. Dabei werden Versuchstiere (in der Regel Ratten) nach Behandlung betäubt und die Leberzellen nach *in situ* Perfusion zum Vereinzeln in Primärkultur gebracht. Nach Inkubation mit radiomarkiertem Thymidin wird wie beschrieben mittels Autoradiographie bzw. Szintillationsmessung das Ausmaß des reparaturbedingten ^{3}H-Thymidin-Einbaus gemessen. Eine detaillierte Beschreibung der Methode findet sich in einer EG-Richtlinie[4].

4.5.3
In vivo Methoden

4.5.3.1
DNA-Läsionen, Genmutationen und Chromosomenschäden in Somazellen

Prinzipiell sind die im vorangehenden Abschnitt besprochenen *in vitro* Methoden auch als *in vivo* Tests durchführbar. Dabei wird entweder die schon erwähnte *ex vivo*-Modifikation eingesetzt, d.h. die mit der Prüfsubstanz behandelten Tiere werden zu bestimmten Zeitpunkten nach Behandlung narkotisiert bzw. getötet, die relevanten Zielzellen aus den Organen bzw. dem Knochenmark gewonnen und auf genotoxische Wirkungen untersucht. Die eigentlichen Untersuchungsmethoden sind die gleichen wie bei den reinen *in vitro* Untersuchungen. Wird ein Test auf strukturelle Chromosomenaberrationen durchgeführt, dann werden die Prüfsubstanz-behandelten Tiere vor dem Töten mit einer geeigneten Dosis eines Spindelgiftes (i.d.R. Colchicin, i.p.) behandelt, um eine genügend große Anzahl an Zellen zu gewinnen, die sich in der Metaphase (C-Metaphase) befinden. Nach dem Töten werden Knochenmarkszellen durch Herausspülen mit isotonischer Lösung aus den Oberschenkeln gewonnen und anschließend die Metaphasen auf strukturelle Chromosomenaberrationen untersucht. Die Methode ist in einer EG-Richtlinie[2] detailliert beschrieben.

Ein weiterer wesentlicher *in vivo*-Kurzzeittest ist der sog. *Mikrokerntest*, der ebenfalls als *in vitro*-Test an Zellkulturen durchgeführt werden kann und zur Abklärung des genotoxischen Potentials von Prüfsubstanzen häufig eingesetzt wird. Mikrokerne (Mikronuclei) sind chromatinhaltige Partikel außerhalb des Zellkerns. Bewirkt eine Substanz eine Erhöhung der Häufigkeit mikrokernhaltiger Zellen, so hat sie entweder klastogene oder aneugene Wirkungen. Die Messung der Größenverteilung von Mikrokernen erlaubt Rückschlüsse auf die Art der genotoxischen Wirkung, da klastogene Wirkungen eher kleinere Mikrokerne induzieren, während Störungen des Spindelapparates (aneugene Wirkung) eher zu größeren, aus ganzen Chromosomen bestehenden Mikrokernen führen. Mittels spezieller Antikörper, die aus dem Serum von Patienten gewonnen werden, die an einer speziellen Form von *Scleroderma pigmentosum*, einer schweren Systemerkrankung des Gefäßbindegewebes leiden, können Zentromere in Mikrokernen nachgewiesen werden. Dieser sog. CREST-Antikörper bindet spezifisch an Kinetochor-Proteine. Ein positiver Kinetochor-Befund läßt in der Regel den Schluß zu, daß ein Mikrokern aus einem oder mehreren vollständigen Chromosomen besteht. Dies weist auf bevorzugt aneugene Wirkung hin. Zentromerregionen können darüber hinaus durch *in situ* Hybridisierung unter Verwendung von zentromerspezifischen DNA-Sequenzen identifiziert werden. Dabei werden die Chromosomen direkt auf Objektträgern mit Biotin-konjugierten DNA-Sonden hybridisiert, die aus hoch repetitiven Sequenzen (alpha-Satelliten-DNA) bestehen. Nach Auswaschen werden hybridisierte Bereiche mit fluoreszenzmarkiertem Avidin und Anti-Avidin-Antikörpern sichtbar gemacht. Der Mikrokerntest ist einfach durchzuführen und kann sogar durch Einsatz computergesteuerter Bildanalysesysteme weitgehend automatisiert ausgewertet werden, beispielsweise bei der Mikrokernzählung in Mausknochenmarkszellen und in peripheren Lymphocyten[23].

Am häufigsten wird der Mikrokerntest im Mausknochenmark durchgeführt. Dabei werden Mikrokerne erfaßt, die in sich teilenden Erythrocyten-Vorstufen, den sog. Erythroblasten, durch Behandlung mit einer Prüfsubstanz induziert werden. Etwa 6 Stunden nach der letzten mitotischen Teilung eines Erythroblasten wird der Zellkern ausgestoßen, während der Mikrokern in der Regel in der Zelle zurückbleibt. Wie auch der Erythroblast, enthält die nunmehr kernlose Zelle noch beachtliche Mengen an ribosomaler RNA, die für die bläuliche Farbe der Zellen nach May-Grünwald/Giemsa-Färbung verantwortlich ist. Daher werden die Zellen in diesem Stadium als polychromatische Erythrocyten (PCE) bezeichnet. Im weiteren Verlauf der Reifung verlieren die Zellen die Ribosomen. Der reife Erythrocyt besitzt praktisch keine ribosomale RNA mehr und wird als normochromatischer Erythrocyt (NCE) bezeichnet. Im Normalfall ist im Mausknochenmark die Anzahl an PCEs und NCEs etwa gleich. Mikrokerne erscheinen nach May-Grünwald/Giemsa-Färbung als dunkle bis schwarze kreisförmige Körperchen.

Das erste Auftreten von Mikrokernen im Knochenmark hängt von verschiedenen Einflußgrößen wie Dauer des Zellzyklus, sowie Aufnahme, Verteilung und Biotransformation der Prüfsubstanz ab. Erfahrungsgemäß liegt jedoch das Maximum der Mikrokern-Induktion im Knochenmark bei etwa 24–60 Stunden nach der ersten Substanzgabe. Werden Mikrokern-Tests *in vitro* durchgeführt, beispielsweise an peripheren humanen Lymphocyten, so wird häufig die sog. *Cytokinese-Block-Methode* eingesetzt. Hierzu wird Cytochalasin B in der Regel gleichzeitig mit der Prüfsubstanz den Lymphocytenkulturen zugesetzt. Unter Cytochalasin B kommt es zwar zur Kern- aber nicht zur Zellteilung, so daß Zellen mit 2 Hauptkernen entstehen. Diese Doppelkernzellen, die nur eine mitotische Teilung durchgemacht haben, werden zur Auswertung herangezogen. Diese Cytokinese-Block-Methode hat das Background-Problem weitgehend eliminiert.

Durchführung des Mikrokerntests. In der Regel werden Mäuse eingesetzt, die vor Versuchsbeginn in Behandlungs- und Kontrollgruppen randomisiert werden. Mindestens 5 weibliche und 5 männliche Tiere werden pro Versuchs- und Kontrollgruppe eingesetzt. In der sog. Grundstufe wird eine Dosis pro Substanz eingesetzt, wobei diese entweder der maximal verträglichen Dosis entspricht oder bestimmte Anzeichen von Cytotoxizität verursachen soll, wie z. B. eine Verschiebung des Verhältnisses von PCEs zu NCEs. Bei „nicht-toxischen" Substanzen liegt die nach Verabreichung einer Einzeldosis zu prüfende Substanzdosis bei 2000 mg/kg Körpergewicht (limit-dose). Das Prüfprotokoll ist in einer EG Richtlinie[2] detailliert beschrieben.

4.5.3.2
Keimzellmutationen

Chromosomenaberrationen können auch in Spermatogonien ermittelt werden. Ein solcher *in vivo* Test erfaßt Chromatiden- und Chromosomentypaberrationen in Mitosen von Spermatogonien. Hierbei werden Hodenpräparate von Säugern erstellt, die zu bestimmten Zeitpunkten nach Gabe einer Prüfsubstanz getötet wurden. Vor der Tötung werden die Tiere außerdem mit Colchicin behandelt, um wie schon beschrieben, eine Akkumulation der Zellen in einem metaphasenähnlichen Stadium der Mitose (C-Metaphase) zu bewirken.

Die Prüfsubstanz sollte dabei in der Regel nur einmalig (p.o. oder i.p.) appliziert werden. Eine wiederholte Behandlung ist prinzipiell auch möglich, jedoch ist sicherzustellen, daß keine cytotoxischen Effekte auf differenzierende Spermatogonien auftreten. Als Versuchstiere werden meist Mäuse oder chinesische Hamster verwendet. Für jeden Versuch sind sowohl Negativ- als auch Positivkontrollen mitzuführen. Eine häufig verwendete Positiv-Kontrollsubstanz ist Methylmethansulfonat (MMS), das beispielsweise mit einer Dosierung von 10 mg/kg i.p. verabreicht wird. Etwa 3–5 Stunden nach Colchicin-Gabe werden die Tiere getötet und die Spermatogonien-Mitosen mikroskopisch untersucht. Das Prüfverfahren ist detailliert in einer EG Richtlinie beschrieben[4].

Dominanter Letaltest an Mäusen. Der Begriff dominante Letalmutationen bezeichnet den embryonalen Tod, der durch eine genetische Veränderung in einer parentalen Keimzelle verursacht wird. Die Grundlage dieses Tests bildet die Beobachtung, daß durch Behandlung männlicher Tiere mit Mutagenen vor der Verpaarung die Wurfgrößen durch Absterben eines Teiles der Embryonen reduziert werden. Dabei werden Mutationen durch Chromosomenbruch-Ereignisse während der Spermatogenese induziert. Solche Chromosomenbrüche führen zur Bildung azentrischer Fragmente, die während der Furchungsteilungen des befruchteten Eies verlorengehen. Dieser Verlust an genetischem Material führt zu einer Störung der Teilungsvorgänge im Embryo. Die Letalwirkung manifestiert sich dabei unmittelbar vor bzw. nach der Implantation. Eine Korrelation zwischen der Häufigkeit von Chromosomenaberrationen und dominanten Letalmutationen ist nachgewiesen[24]. Verluste vor der Implantation werden aus der Differenz der Anzahl ovulierter Eier (Gelbkörper) und der Anzahl an Implantaten bestimmt. Wenn die Gelbkörper nicht gezählt wurden, können die Präimplantationsverluste aus der Abnahme der durchschnittlichen Anzahl von Implantaten pro Uterus im Vergleich zu mitbehandelten Kontrollpaarungen abgeleitet werden.

Im Prinzip kann der dominante Letaltest zur Prüfung der mutagenen Wirkung von Prüfsubstanzen auf männliche oder weibliche Tiere eingesetzt werden, wird aber in der Praxis bevorzugt mit männlichen Tieren durchgeführt. Bei weiblichen Tieren können systemisch-toxische Wirkungen, die nicht genotoxisch sein können, nachteilige Einflüsse auf Ovulation, Befruchtung, Implantation und Wachstum des Embryos haben, so daß diese maternaltoxischen Wirkungen einen dominanten Letaleffekt vortäuschen können.

Durchführung des Tests. In der Regel wird die Prüfsubstanz nur einmal p.o. oder i.p. verabreicht. Als Versuchstiere dienen meist Ratten oder Mäuse. Für jeden Versuch sind Positiv- und Negativkontrollen erforderlich, als Positivkontrolle wird häufig Methylmethansulfonat (10 mg/kg i.p.) verabreicht. Normalerweise wird die Prüfsubstanz in drei verschiedenen Dosierungen gegeben, wobei die höchste Dosis Anzeichen von Toxizität oder verringerte Fruchtbarkeit hervorrufen sollte. Nichttoxische Substanzen sollen bei einmaliger Gabe mit maximal 5 g/kg verabreicht werden (Limit-Test). Behandelte Männchen werden in angemessenen Abständen der Behandlung mit einem oder zwei unbehandelten jungfräulichen Weibchen verpaart, wobei die Tiere mindestens für die Dauer eines Östruszyklus zusammenbleiben, bzw. solange, bis eine Paarung stattgefunden hat. Dies wird durch Vaginalabstrich (Anwesenheit von Sperma) bzw. anhand eines Vaginalpfropfes festgestellt. Die Anzahl Paarungen muß ausreichen, um alle Keimzellstadien nach der Befruchtung zu erfassen. In der zweiten Hälfte der Schwangerschaft werden die Weibchen getötet und der Uterus auf Anzahl lebender bzw. toter Implantate untersucht. Ebenso können die Ovarien zur Bestimmung der Gelbkörper untersucht werden. Details des

Untersuchungsprotokolls sind in einer EG Verordnung festgelegt[4].

4.5.3.3
Prüfung auf Kanzerogenität

Die Erzeugung von Krebs durch chemische Stoffe ist ein langdauernder und komplexer Prozeß, der für das exponierte Individuum besonders schwerwiegend ist (→ 3.10). In der Regel entsteht Krebs erst Jahre nach kontinuierlicher (u.U. auch kurzfristiger) Exposition. Da die maligne Transformation einen irreversiblen Prozeß darstellt, kommt dem Schutz vor potentieller Exposition mit chemischen Kanzerogenen besondere Bedeutung zu. Voraussetzung für eine wirkungsvolle Prävention ist dabei die sichere Erkennung krebserzeugender Wirkungen von Stoffen.

Für die Planung von Langzeit-Kanzerogenitätsversuchen ist die Auswahl der richtigen Dosierung besonders kritisch. Diese muß so gewählt werden, daß ein vorzeitiges Absterben der Versuchstiere aufgrund chronisch-toxischer Wirkungen vermieden wird. Sie muß andererseits hoch genug sein, um in einer Versuchstiergruppe vernünftiger Größe (50–100 Tiere) eine meßbare Tumorinzidenz innerhalb der Lebenszeit der Tiere auszulösen. Aus diesem Grund wird gewöhnlich als höchste Dosierung die maximal tolerierte Dosis (MTD) eingesetzt. Diese wird aus den Ergebnissen der subchronischen 90-Tage Toxizitätsstudie abgeleitet als jene Dosis, die nicht mehr als 10% verzögerte Körpergewichtsentwicklung im Vergleich zur unbehandelten Kontrolle verursacht. Die Notwendigkeit der Gabe möglichst hoher Dosen (MTD und Bruchteile davon) wird deutlich, wenn man sich vor Augen hält, daß z.B. eine Erhöhung der Krebsrate in den Vereinigten Staaten um 0,5% zu einer halben Million zusätzlichen Krebsfällen führen würde. Um aber statistisch zuverlässig eine Tumorinzidenz von 0,5% in einer Versuchstiergruppe abzusichern, wäre eine Gruppengröße von mindestens 1000 Tieren erforderlich. Bei dieser Mindestannahme wird zudem vorausgesetzt, daß keine Tumoren bei der unbehandelten Kontrolle auftreten, was außerordentlich unwahrscheinlich ist.

Die statistische Beziehung zwischen der geringsten nachweisbaren Tumorinzidenz und der Anzahl an Versuchstieren pro Gruppe verdeutlicht Abb. 4.6. Daraus geht beispielsweise hervor, daß bei einem Langzeitversuch mit 50 Tieren pro Gruppe bis etwa 8% Tumorinzidenz (sog. „Spontantumoren") in der experimentellen Gruppe noch als statistisch nicht signifikant zu werten sind. Auch hierbei wird die unwahrscheinliche Annahme zugrunde gelegt, daß die Tiere der Kontrollgruppe keine Tumoren haben. Dies verdeutlicht die Notwendigkeit zur Durchführung von Kanzerogenitätsprüfungen bei erheblich höherer Dosierung als der Expositionshöhe, die für den Menschen voraussehbar ist. Hierbei wird angenommen, daß eine Dosis-Wirkungsbeziehung bei der Erzeugung von Tumoren besteht, was in der Regel der Fall ist.

Langzeitversuche an entsprechend dimensionierten Versuchstiergruppen werden heute meist so angelegt, daß sowohl die chronische Toxizität als auch die Kanzerogenität in einem Versuchsansatz geprüft werden. Aus diesem Grunde wird die Kanzerogenitätsstudie um mindestens eine zusätzliche behandelte Satellitengruppe sowie eine Kontroll-Satellitengruppe zur Erfassung der chronischen Toxizität erweitert. Die Dosierung in der behandelten Satellitengruppe kann dabei höher liegen als die höchste Dosis im Kanzerogenitätsversuch. Die Prüfsubstanz wird für einen größeren Teil der Lebensdauer der Versuchstiere an sieben Tagen pro Woche auf geeignete Weise appliziert. Bevorzugtes Versuchstier ist dabei die Ratte, jedoch können auf der Grundlage von Ergebnissen vorangegangener Studien auch andere Tierarten,

4.5 Prüfung auf Mutagenität und Kanzerogenität

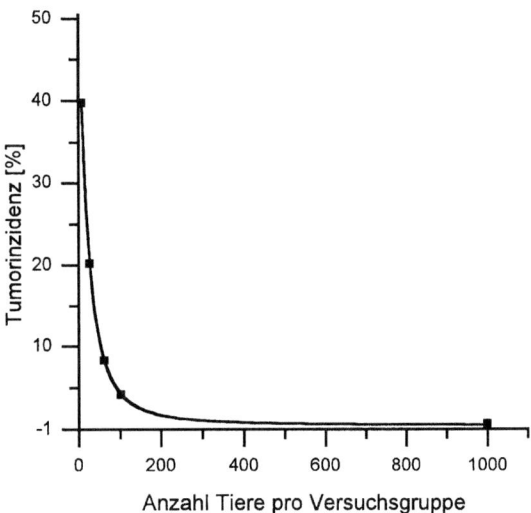

Abb. 4.6 Statistisch sicherbare Mindestinzidenz an Tumoren ($p < 0.025$)

z. B. andere Nager bzw. Nichtnager, untersucht werden.

Bei Nagern werden mindestens 100 Tiere (je 50 männliche und 50 weibliche) pro Dosisgruppe und Kontrollgruppe verwendet. Sollen Tiere vor Versuchsende getötet werden, so ist die Gesamtzahl der Tiere entsprechend zu erhöhen. Die behandelte Satellitengruppe, die der Bewertung chronisch-toxischer Wirkungen dient, sollte 20 Tiere je Geschlecht enthalten, für die entsprechende Kontrollgruppe sind je 10 Tiere pro Geschlecht erforderlich. Für die eigentliche Kanzerogenitätsbestimmung sind mindestens drei Dosisgruppen und eine zusätzliche Kontrollgruppe erforderlich. Die höchste Dosierung ist so zu wählen, daß nur geringgradige nachteilige Wirkungen auftreten (MTD). Die niedrigste Dosis sollte normales Wachstum und Entwicklung erlauben und die Lebensdauer der Tiere nicht beeinträchtigen, sowie auch sonst keine Anzeichen toxischer Wirkungen hervorrufen, jedoch in der Regel nicht weniger als 10% der höchsten Dosis betragen. Im wesentlichen werden die Prüfsubstanzen oral verabreicht, je nach vorauszusehender Exposition u.U. jedoch auch dermal oder per Inhalation.

In der Regel sollte eine Kanzerogenitätsstudie den größten Teil der Lebensdauer der Versuchstiere umfassen. Bei Mäusen oder Hamstern wird meist nach 18 Monaten, bei Ratten nach 24 Monaten abgeschlossen, jedoch können bestimmte Gesichtspunkte durchaus längere Studienzeiten erfordern, z. B. bis zu 3 Jahre bei Ratten. Allerdings wird in der Regel eine Studie spätestens dann beendet, wenn die Überlebenszeit in der niedrigsten Dosisgruppe 25% der Kontrollgruppe erreicht hat. Die zur Prüfung auf chronische Toxizität eingesetzten Tiere (Satellitengruppen) sind für mindestens 12 Monate in der Studie zu belassen. Die Tiere werden beobachtet und laufend untersucht wie unter den Untersuchungsmethoden für chronische Toxizität (→ 4.1.4) beschrieben. Gestorbene bzw. nach Versuchsende getötete Tiere der Teilstudie auf chronische Toxizität werden autopsiert. Die Tiere der Kanzerogenitätsstudie werden in angemessenen Zeitabständen klinisch untersucht, im übrigen regelmäßig beobachtet. Moribunde Tiere werden getötet und seziert.

Klinische Symptome einschließlich neurologischer Veränderungen und Augenveränderungen sowie Mortalität sind individuell für jedes Tier aufzuzeichnen. Besonders aufmerksam ist auf Entwicklung von Tumoren zu achten. Der Zeitpunkt des Auftretens und der Entwicklung toxischer Symptome sowie von Tumoren, deren Lokalisation und Progression sind zu protokollieren. Nahrungsaufnahme und Wasserverbrauch sowie Körpergewichtsentwicklung sind während der ersten 13 Wochen wöchentlich, anschließend alle 4 Wochen (Körpergewicht), die übrigen Parameter alle 3 Monate aufzuzeichnen.

Die klinischen Untersuchungen umfassen hämatologische Prüfungen nach 3 und 6 Monaten, ab dann in 6-monatigem Abstand und nach Studienabschluß, sowie die Erstellung eines Differentialblutbildes bei Verschlechterung des Gesundheitszustandes. Urinuntersuchungen erfolgen bei je 10 Ratten pro Geschlecht aus allen Dosisgruppen. Unmittelbar vor Versuchsbeginn, danach in etwa halbjährlichen Abständen und nach Studienabschluß werden von allen Nichtnagern, bei Ratten von je 10 Tieren pro Geschlecht aus allen Dosisgruppen (möglichst jeweils vom gleichen Tier) Blutproben zur klinisch-chemischen Untersuchung genommen. Untersucht werden Gesamtprotein- und Albuminkonzentration, Leberfunktion (alkalische Phosphatase, Serum-Alanin- bzw. Aspartat-Aminotransferase, γ-Glutamyltranspeptidase, Ornithin-Decarboxylase), Kohlenhydratstoffwechsel sowie die Nierenfunktion.

An allen Tieren, einschließlich der während des Versuchs gestorbenen bzw. aus Krankheitsgründen getöteten, wird eine vollständige Autopsie vorgenommen. Zuvor sollten von allen Tieren Blutproben zur Erstellung eines Differentialblutbildes entnommen werden. Alle Organe und Gewebe werden für mikroskopische bzw. feingewebliche Untersuchungen fixiert.

Sämtliche asservierten Organe aller Tiere aus den Satellitengruppen werden eingehend untersucht. Werden in der Satellitengruppe mit hoher Dosierung prüfsubstanzbedingte pathologische Befunde festgestellt, müssen auch die Zielorgane aller übrigen Tiere in jeder anderen behandelten Satellitengruppe einer umfassenden histologischen Untersuchung unterzogen werden. Die gleiche Untersuchung ist bei allen behandelten Tieren aus dem Kanzerogenitätsstudienanteil durchzuführen. Für den Studienteil Kanzerogenität sind ebenso die Organe aller Tiere, die während der Studie sterben bzw. getötet werden, sowie aller Tiere der Kontrollgruppen und der Gruppen mit hoher Dosierung einer vollständigen histopathologischen Untersuchung zu unterziehen. Ebenso sind alle Tumoren oder tumorverdächtigen Veränderungen an allen Organen in allen Dosisgruppen zu untersuchen.

Treten zwischen der Gruppe mit der höchsten Dosierung und der Kontrollgruppe signifikante Unterschiede in der Häufigkeit neoplastischer Veränderungen auf, so sollten die betreffenden Organe bzw. Gewebe auch in den anderen Dosisgruppen einer histopathologischen Untersuchung unterzogen werden. War die Überlebensrate in der höchsten Dosisgruppe deutlich geringer als in der Kontrollgruppe, so ist auch die nächstniedrige Dosisgruppe vollständig zu untersuchen. Auch wenn sich in der höchsten Dosisgruppe Wirkungen zeigen, die Einfluß auf die Tumorentwicklung haben könnten, ist die nächstniedrige Dosisgruppe vollständig zu untersuchen.

4.6 Einstufung gefährlicher Stoffe

4.6.1 Potentielle Gefahren bei Handhabung und Verwendung

Die Einstufung von Stoffen oder Zubereitungen aufgrund physikalisch-chemischer bzw. für Mensch und Umwelt toxischer Eigenschaften erfolgt nach allgemeinen Kriterien, die u.a. in EG-Richtlinien[12,25] zu finden sind. Details der Einstufung und Kennzeichnung von gefährlichen Stoffen und Zubereitungen und Auswahlkriterien für die Bezeichnung besonderer Gefahren (sog. *R-Sätze*) sowie entsprechender Sicherheitsratschläge (sog. *S-Sätze*) können einem Leitfaden in den genannten Richtlinien entnommen werden. Für die Einstufung von Stoffen und Zubereitungen nach Kategorien der akuten Toxizität („sehr giftig"; „giftig"; „gesundheitsschädlich" bzw. „mindergiftig") gelten beispielsweise die in Tab. 4.5 zusammengefaßten allgemeinen Kriterien.

Erweist es sich dabei als unzweckmäßig, die Einstufung nicht vor allem nach LD_{50}- bzw. LC_{50}-Werten vorzunehmen, weil noch andersartige Wirkungen vorliegen, so hat die Einstufung nach der Stärke dieser Wirkungen zu erfolgen.

4.6.2 Gesundheitsschädliche Arbeitsstoffe

MAK-Werte (Maximale Arbeitsplatz-Konzentration). Potentielle Gefahren durch den Umgang mit chemischen Stoffen am Arbeitsplatz sind speziell in der MAK-Werte-Liste der Senatskommission zur Prüfung gesundheitsschädlicher Arbeitsstoffe der Deutschen Forschungsgemeinschaft (DFG)[26] berücksichtigt. Eine entsprechende EG-Liste „MAK-Werte" für „Richtgrenzwerte berufsbedingter Exposition" besteht seit 29. Mai 1991[27]. Die Werte stimmen im wesentlichen mit jenen der MAK-Liste überein.

Die Definition des MAK-Wertes lautet: „Der MAK-Wert ist die höchstzulässige Konzentration eines Arbeitsstoffes als Gas, Dampf oder Schwebstoff in der Luft am Arbeitsplatz, die nach dem gegenwärtigen Stand der Kenntnis auch bei wiederholter und langfristiger, in der Regel täglich 8-stündiger Exposition, jedoch bei Einhaltung einer durchschnittlichen Wochenarbeitszeit von 40 Stunden (in Vierschichtbetrieben 42 Stunden je Woche im Durchschnitt von vier aufeinanderfolgenden Wochen), im allgemeinen die Gesundheit der Beschäftigten nicht beeinträchtigt und diese nicht unangemessen belästigt"[26]. Die MAK-Werte werden in ml/m^3 (ppm) und mg/m^3 angegeben.

In der MAK-Werte-Liste sind folgende Kategorien aufgeführt:

Tab. 4.5 Einstufung von in Verkehr gebrachten Stoffen oder Zubereitungen nach akuter Toxizität

Kategorie	LD50-Wert, oral Ratte [mg/kg]	LD50-Wert, dermal Ratte oder Kaninchen [mg/kg]	LC50-Wert, inhalativ Ratte [mg/l/4 h]
sehr giftig	< 25	< 50	< 0,5
giftig	25–200	50–400	0,5–2
gesundheitsschädlich	200–2000	400–2000	2–20

- **Begrenzung von Expositionsspitzen**
  - Kategorie I: Stoffe, bei denen die lokale Reizwirkung grenzwertbestimmend ist, oder atemwegssensibilisierende Stoffe
  - Kategorie II: resorptiv wirksame Stoffe, Wirkungseintritt innerhalb 2 h, II.1: Halbwertszeit < 2 h; II.2: Halbwertszeit 2 h bis Schichtlänge
  - Kategorie III: resorptiv wirksame Stoffe Wirkungseintritt > 2 h, Halbwertszeit > Schichtlänge (stark kumulierend)
  - Kategorie IV: sehr schwaches Wirkungspotential, MAK > 500 ml/m^3
  - Kategorie V: geruchsintensive Stoffe.
- **Gefahr der Hautresorption (H) und Gefahr der Sensibilisierung (Sa, Sh, Sah, SP)**
  (Sa Gefahr der Sensibilisierung der Atemwege; Sh Gefahr der Sensibilisierung der Haut; Sah Gefahr der Sensibilisierung der Atemwege und der Haut; SP Gefahr der Photosensibilisierung)
- **Einstufung krebserzeugender Stoffe (MAK- und BAT-Werte-Liste)**
  1: Stoffe, die beim Menschen Krebs erzeugen und bei denen davon auszugehen ist, daß sie einen nennenswerten Beitrag zum Krebsrisiko leisten. Epidemiologische Untersuchungen geben hinreichende Anhaltspunkte für einen Zusammenhang zwischen einer Exposition beim Menschen und dem Auftreten von Krebs. Andernfalls können epidemiologische Daten durch Informationen zum Wirkungsmechanismus beim Menschen gestützt werden.
  2: Stoffe, die als krebserzeugend für den Menschen anzusehen sind, weil durch hinreichende Ergebnisse aus Langzeit-Tierversuchen oder Hinweise aus Tierversuchen und epidemiologischen Untersuchungen davon auszugehen ist, daß sie einen nennenswerten Beitrag zum Krebsrisiko leisten. Andernfalls können Daten aus Tierversuchen durch Informationen zum Wirkungsmechanismus und aus In-vitro- und Kurzzeit-Tierversuchen gestützt werden.
  3: Stoffe, die wegen erwiesener oder möglicher krebserzeugender Wirkung Anlaß zur Besorgnis geben, aber aufgrund unzureichender Informationen nicht endgültig beurteilt werden können. Die Einstufung ist vorläufig.
  3A: Stoffe, bei denen die Voraussetzungen erfüllt wären, sie der Kategorie 4 oder 5 zuzuordnen. Für die Stoffe liegen jedoch keine hinreichenden Informationen vor, um einen MAK- oder BAT-Wert abzuleiten.
  3B: Aus In-vitro- oder aus Tierversuchen liegen Anhaltspunkte für eine krebserzeugende Wirkung vor, die jedoch zur Einordnung in eine andere Kategorie nicht ausreichen. Zur endgültigen Entscheidung sind weitere Untersuchungen erforderlich. Sofern der Stoff oder seine Metaboliten keine genotoxischen Wirkungen aufweisen, kann ein MAK- oder BAT-Wert festgelegt werden.
  4: Stoffe mit krebserzeugender Wirkung, bei denen ein nicht-genotoxischer Wirkungsmechanismus im Vordergrund steht und genotoxische Effekte bei Einhaltung des MAK- und BAT-Wertes keine oder nur eine untergeordnete Rolle spielen. Unter diesen Bedingungen ist kein nennenswerter Beitrag zum Krebsrisiko für den Menschen zu erwarten. Die Einstufung wird insbesondere durch Befunde zum Wirkungsmechanismus gestützt,

die beispielsweise darauf hinweisen, dass eine Steigerung der Zellproliferation, Hemmung der Apoptose oder Störung der Differenzierung im Vordergrund stehen. Zur Charakterisierung eines Risikos werden die vielfältigen Mechanismen, die zur Kanzerogenese beitragen können, sowie ihre charakteristischen Dosis-Zeit-Wirkungsbeziehungen berücksichtigt.

5: Stoffe mit krebserzeugenden und genotoxischer Wirkung, deren Wirkungsstärke jedoch als so gering erachtet wird, daß unter Einhaltung des MAK-und BAT-Wertes kein nennenswerter Beitrag zum Krebsrisiko für den Menschen zu erwarten ist. Die Einstufung wird gestützt durch Informationen zum Wirkungsmechanismus, zur Dosisabhängigkeit und durch toxikokinetische Daten zum Spezies-Vergleich.

- **Klassifizierung fruchtschädigender Arbeitsstoffe**

  Gruppe A: Ein Risiko der Fruchtschädigung ist sicher nachgewiesen. Bei Exposition Schwangerer kann auch bei Einhaltung des MAK Wertes und des BAT-Wertes eine Schädigung der Leibesfrucht auftreten.

  Gruppe B: Nach dem vorliegenden Informationsmaterial muß ein Risiko der Fruchtschädigung als wahrscheinlich unterstellt werden. Bei Exposition Schwangerer kann eine solche Schädigung auch bei Einhaltung des MAK-Wertes und des BAT-Wertes nicht ausgeschlossen werden.

  Gruppe C: in Risiko der Fruchtschädigung braucht bei Einhaltung des MAK-Wertes und des BAT-Wertes nicht befürchtet zu werden.

  Gruppe D: Eine Einstufung in einer der Gruppen A–C ist noch nicht möglich, weil die vorliegenden Daten wohl einen Trend erkennen lassen, aber für eine abschließende Bewertung nicht ausreichen. Für jeden dieser Stoffe ist entweder der wissenschaftlichen Begründung des MAK-Wertes oder dem Sammelkapitel „MAK-Werte und Schwangerschaft" der Ringbuchsammlung „Toxikologisch-arbeitsmedizinische Begründung von MAK-Werten" zu entnehmen, ob die vorliegenden Daten eher für eine Einstufung nach C oder nach B sprechen, und welche weiteren Untersuchungen für notwendig gehalten werden, um zu einer definitiven Einstufung zu kommen.

- **Keimzellmutagene**

  1: Keimzellmutagene, deren Wirkung anhand einer erhöhten Mutationsrate unter den Nachkommen exponierter Personen nachgewiesen wurde.

  2: Keimzellmutagene, deren Wirkung anhand einer erhöhten Mutationsrate unter den Nachkommen exponierter Säugetiere nachgewiesen wurde.

  3A: Stoffe, für die eine Schädigung des genetischen Materials der Keimzellen beim Menschen oder im Tierversuch nachgewiesen wurde oder für die gezeigt wurde, daß sie mutagene Effekte in somatischen Zellen von Säugetieren in vivo hervorrufen und daß sie in aktiver Form die Keimzellen erreichen.

  3B: Stoffe, für die aufgrund ihrer genotoxischen Wirkungen in somatischen Zellen von Säugetieren in vivo ein Verdacht auf eine mutagene Wirkung in Keimzellen abgeleitet werden kann. In Ausnahmefällen Stoffe, für die keine In-vivo-Daten vorliegen, die aber in vitro eindeutig mutagen sind und eine strukturelle Ähnlichkeit zu In-vivo-Mutagenen haben.

4: Entfällt

5: Keimzellmutagene, deren Wirkungsstärke als so gering erachtet wird, daß unter Einhaltung des MAK-Wertes kein nennenswerter Beitrag zum genetischen Risiko für den Menschen zu erwarten ist.

BAT-Werte (Biologische Arbeitsstofftoleranzwerte)[26]. Neben den MAK-Werten hat die Senatskommission zur Prüfung gesundheitsschädlicher Arbeitsstoffe der Deutschen Forschungsgemeinschaft noch die Biologischen Arbeitsstofftoleranzwerte (BAT-Werte) geschaffen, die dem Schutz der Gesundheit am Arbeitsplatz im Rahmen spezieller ärztlicher Vorsorgeuntersuchungen dienen. Die Definition des BAT-Wertes lautet: „Der BAT-Wert ist die beim Menschen höchstzulässige Quantität eines Arbeitsstoffes bzw. Arbeitsstoffmetaboliten oder die dadurch ausgelöste Abweichung eines biologischen Indikators von seiner Norm, die nach dem gegenwärtigen Stand der wissenschaftlichen Kenntnis im allgemeinen die Gesundheit der Beschäftigten auch dann nicht beeinträchtigt, wenn sie durch Einflüsse des Arbeitsplatzes regelhaft erzielt wird".

TRK (Technische Richtkonzentrationen)[26]. Für krebserzeugende Arbeitsstoffe können keine MAK-Werte ermittelt werden. Da Expositionen gegenüber diesen Stoffen nicht völlig ausgeschlossen werden können, werden sog. TRK-Werte als Richtwerte für zu treffende Arbeitsschutzmaßnahmen definiert. Unter der Technischen Richtkonzentration (TRK) eines gefährlichen Stoffes versteht man diejenige Konzentration als Gas, Dampf oder Schwebstoff in der Luft, die nach dem Stand der Technik erreicht werden kann (§ 3 Abs. 7 GefStoffV) und die als Anhalt für die zu treffenden Schutzmaßnahmen und die messtechnische Überwachung am Arbeitsplatz heranzuziehen ist. Technische Richtkonzentrationen werden nur für solche gefährlichen Stoffe benannt, für die z.Z. keine toxikologisch-arbeitsmedizinisch begründeten maximalen Arbeitsplatzkonzentrationen (MAK-Werte) aufgestellt werden können. Die Einhaltung der Technischen Richtkonzentrationen am Arbeitsplatz soll das Risiko einer Beeinträchtigung der Gesundheit vermindern, vermag dieses jedoch nicht vollständig auszuschließen[26].

Die „*International Agency for Research on Cancer*" (IARC)[28], eine Zweigorganisation der Weltgesundheitsorganisation (WHO), hat ebenfalls Richtlinien zur Einstufung krebserzeugender Stoffe erarbeitet, die international verbreitet sind. Die IARC teilt krebserzeugende Stoffe hinsichtlich ihres kanzerogenen Potentials in folgende Kategorien ein:

Gruppe 1: Der Stoff ist **kanzerogen am Menschen**.

Gruppe 2A: Der Stoff ist **wahrscheinlich kanzerogen am Menschen**.

Gruppe 2B: Der Stoff ist **eventuell kanzerogen am Menschen**.

Gruppe 3: Der Stoff ist **nicht klassifizierbar hinsichtlich Kanzerogenität am Menschen**.

Gruppe 4: Der Stoff ist **wahrscheinlich nicht kanzerogen am Menschen**.

Literatur

1 OECD (Organisation Economic Cooperation and Development) 1981, adopted 24.02.1987, Guidelines for testing of chemicals, Section 4: Health effects.
2 Richtlinie 92/69/EG der Kommission vom 31. Juli 1992, Amtsblatt der Europ. Gem. Nr. L 383 A vom 29. Dez. 1992.
3 ECETOC (Europ. Chem. Ind. Ecology and Toxicology Centre) 1985: Acute Toxicity Tests, LD_{50} (LC_{50}) Determination and alternatives, Monograph No 6, May 1985.
4 Richtlinie 87/302/EG der Kommission vom 18. Nov. 1987, Amtsblatt der Europ. Gem. Nr. L 133 vom 30. Mai 1988.
5 ECETOC 1990: Skin irritation, Monograph No 15, July 20, 1990.
6 Draize, J. M.; Woodward, G.; Calvery, H. O. *J. Pharmacol. Exp. Ther.* **1944**, *82*, 377.
7 Spielmann, H. *Neue Richtlinien der OECD: Zur Entwicklung und Änderung toxikologischer Prüfmethoden*, Altex, Alternativen zu Tierexperimenten 10 (Nr. 18) 74, März 1993.
8 Sterzel, W.; Bartnik, F. G.; Mathies, W.; Kästner, W.; Künstler, K. *Toxicity in Vitro* **1990**, *4*, 698–701.
9 Lüpke, N. P. *Food and Chemical Toxicology* **1985**, *23*, 287–291.
10 Spielmann, H.; Gerner, I.; Kalweit, S.; Moog, R.; Wirnsberger, T.; Krauser, K.; Kreiling, R.; Kreuzer, H.; Lüpke, N.-P.; Miltenburger, H. G.; Müller, N.; Mürmann, P.; Pape, W.; Siegemund, B.; Spengler, J.; Steiling, W.; Wiebel, F. J. *Toxic. in Vitro* **1991**, *5*, 539–542.
11 ECETOC 1989: Alternative approaches for the assessment of reproductive toxically, Monograph No 12, Nov 6, 1989.
12 Richtlinie 91/325/EG der Kommission vom 1. März 1991, Amtsblatt der Europ. Gem. Nr. L 180 vom 8. Juli 1991.
13 Gesundheitsschädliche Arbeitsstoffe, Toxikologisch-arbeitsmedizinische Begründung von MAK-Werten, Henschler, D., Hrsg.; 1989; 15. Lieferung 1–7, Zitate S. 1 und 4.
14 Ames, B. N.; McCann, J.; Yamasaki, E. *Mutat. Res.* **1975**, *31*, 347–364.
15 Glatt, H. R. *Bioforum* **1992**, *9*, 313–320.
16 Obe, G.; Vasuder, V.; Johannes, C. In *Cytogenetics – Basic and Applied Aspects*; Oboe, G.; Basler, A. Hrsg., Springer Verlag: Berlin, 1987; 300–314.
17 *Mutationsforschung und genetische Toxikologie*; Fahrig, R., Hrsg.; Wiss. Buchgesellschaft: Darmstadt, 1993.
18 Speit, G. In *Mutationsforschung und genetische Toxikologie*; Fahrig, R., Hrsg., Wiss. Buchgesellschaft: Darmstadt, 1993; 263–273.
19 Marquardt, H. In *Mutationsforschung und genetische Toxikologie*; Fahrig, R. Hrsg., Wiss. Buchgesellschaft: Darmstadt, 1993; 340–348.
20 Lutz, W. K. *Mutat. Res.* **1979**, *65*, 289–356.
21 Kohn, K. W.; Ewig, R. N.G.; Erickson, L. C.; Zwelling, C. A. In *DNA repair, a laboratory manual of research procedures*; Friedberg, E. C.; Hanawalt, P. C. Hrsg., Marcel Dekker: New York, 1981; Vol. I, S. 379.
22 Pool-Zobel, B. L.; In *Mutationsforschung und genetische Toxikologie*; Fahrig, R., Hrsg., Wiss. Buchgesellschaft: Darmstadt, 1993; 186–188.
23 Romagna, F. In *Mutationsforschung und genetische Toxikologie*; Fahrig, R., Hrsg., Wiss. Buchgesellschaft: Darmstadt, 1993; 290–298.
24 Ehling, U. M.; Neuhäuser-Klaus, A. In *Mutationsforschung und genetische Toxikologie*; Fahrig, R., Hrsg., Wiss. Buchgesellschaft: Darmstadt, 1993; 299.
25 Richtlinie 91/326/EG der Kommission vom 5. März 1991, Amtsblatt der Europ. Gem. Nr. L 180 vom 8. Juli 1991.
26 Senatskommission zur Prüfung gesundheitsschädlicher Arbeitsstoffe der Deutschen Forschungsgemeinschaft, Mitteilung 40: MAK- und BAT-Werte-Liste 2000, Wiley-VCH: Weinheim, 2004.
27 Richtlinie 91/322/EG der Kommission vom 29. Mai 1991, Amtsblatt der Europ. Gem. Nr. L 177.

5
Prinzipien der Risikoermittlung

5.1
Begriffsbestimmungen

Angesichts tausender von Stoffen, die jährlich weltweit neu produziert werden, aber auch infolge unserer wachsenden Kenntnisse über potentiell gefährliche Substanzen in der Umwelt und am Arbeitsplatz, kommt der Abschätzung der hiermit verbundenen Risiken für die menschliche Gesundheit eine zentrale Bedeutung zu. Grundlage jeder Risikoermittlung ist die exakte Erfassung schädigender Wirkungen auf den Organismus unter Beachtung von *Dosis-Wirkungs-Zeitbeziehungen*.

Aus diesen Daten kann das mit einer bestimmten Einwirkungsdosis verbundene Risiko rechnerisch ermittelt werden, wobei der Begriff „Risiko" als Maß für die Wahrscheinlichkeit definiert werden kann, mit der ein nachteiliger Effekt, eine toxische Wirkung, eintritt. Dies kann als Absolutangabe das zusätzliche Risiko definieren, das aus einer bestimmten Expositionshöhe folgt. Als Relativangabe wird das Risiko einer exponierten Gruppe im Vergleich zur nicht exponierten Bevölkerung angegeben. Das Risiko, das mit Gefahrstoffen verbunden ist, läßt sich als Erwartungswert für die Häufigkeit nachteiliger Effekte definieren, die aus einer bestimmten Expositionshöhe resultiert. Sie ist eine Funktion der Stoffeigenschaften, der Dosis und der Zeit und hängt von den situationsspezifischen Expositionsbedingungen ab. Beispielsweise können Beschäftigte in einer Fabrik, die einen bestimmten Stoff herstellt oder verwendet, kontinuierlich, d.h. über die gesamte Arbeitszeit, geringen Stoffkonzentrationen ausgesetzt sein. Mitarbeiter jedoch, die die Maschinen reinigen und warten, können periodisch sehr viel höheren Konzentrationen ausgesetzt sein. Beschäftigte in anderen Bereichen, wie z.B. im Lager oder in der Verwaltung sind möglicherweise nur bei einem Störfall exponiert, der zur Freisetzung der Substanz führt. Die Eigenschaften des Stoffes bestimmen in diesen Fällen das Risiko: stehen akute Wirkungen hoher Dosen im Vordergrund, dann kann das Risiko für den Arbeiter in der Produktion trotz erheblich höherer Gesamtexposition viel geringer sein als für den Mitarbeiter, der z.B. den Kessel reinigt. Wenn andererseits der Stoff beispielsweise sensibilisierende/allergieauslösende Eigenschaften hat, dann ist die kontinuierliche Exposition relevant. Risikoermittlung setzt somit die Kenntnis der Schadwirkungen, die Abschätzung von Expositionshöhe und -häufigkeit sowie detaillierte Kenntnis von *in vivo*-Verteilung, Bioverfügbarkeit und Dosis-Wirkungsbeziehungen voraus.

Akut-toxische Wirkungen sind in der Regel leichter abzuschätzen als chronisch-toxische Wirkungen, weil bei der Bestimmung der akuten Toxizität auch die maximale schädigungslos vertragene Dosis, der NOEL-Wert bzw. NEL-Wert aus der Dosis-Wirkungsbeziehung ermittelt wird (→ 4.1.1). Der NOEL-Wert aus einer umfassenden toxikologischen Prüfung dient als Bezugswert, aus dem durch ein Konventionsverfahren der Wert für die duldbare tägliche Aufnahme von Lebensmittelzusatzstoffen oder -kontaminanten, der sog. ADI (engl.: acceptable daily intake), ermittelt wird.

5.2
Bestimmung der Exposition durch krebserzeugende Stoffe

Die Exposition des Menschen gegenüber krebserzeugenden Stoffen oder Stoffklassen gilt als ein besonders schwerwiegendes potentielles Risiko für die menschliche Gesundheit. Bei der Risikoermittlung spielen kanzerogene Potenz, vor allem aber Dauer und Höhe der Exposition eine wesentliche Rolle. Letztere können z. B. durch analytische Erfassung der Konzentrations-Zeit-Verläufe der betreffenden Stoffe in den jeweils in Betracht kommenden Umweltmedien sowie am Arbeitsplatz ermittelt werden („Monitoring"). Bei flüchtigen Stoffen, wie Ethylenoxid, Vinylchlorid, bestimmten aromatischen Aminen und N-Nitrosoverbindungen, aber auch bei atembaren Stäuben ist die Messung der Konzentration in der Atmosphäre bzw. in der Atemluft am Arbeitsplatz erforderlich, um so quantitative Angaben über die während eines Arbeitstages mit der Atemluft aufgenommene Dosis zu bekommen. Für Stoffe, die in Lebensmitteln oder Körperpflegemitteln als Kontaminanten vorkommen, kann die Expositionshöhe nach Erfassung der Konzentration in den hierfür relevanten Medien ermittelt und dann auf der Basis von statistisch ermittelten Verzehrprofilen bzw. Verbrauchszahlen berechnet werden. Die genauesten Angaben können bei Lebensmitteln über individuelle Analytik der personenbezogen aufgenommenen Lebensmittel (z. B. Analytik von Duplikatmahlzeiten) ermittelt werden. Kanzerogene in Lebensmitteln, deren durchschnittliche Aufnahmemenge mit der Nahrung auf diese Weise relativ gut abschätzbar ist, sind z. B. Benzo[a]pyren, Mycotoxine, heterocyclische Amine und N-Nitroso-Verbindungen.

Gelangt ein krebserzeugender Stoff in den menschlichen Körper, unterliegt er vielfältigen Giftungs- bzw. Entgiftungsreaktionen (→ 2.2.4). Viele Kanzerogene bilden dabei aktivierte Metaboliten, die als solche, bzw. nach weiteren Transformationen zur ultimalen Wirkform unter Ausbildung kovalent verknüpfter Addukte mit biologischen Makromolekülen reagieren. Die Erfassung von DNA- oder Protein-Addukten („Biomonitoring", molekulare Dosimetrie) als Maß für biologisch relevante expositionsbedingte Wirkungen hat deshalb für die Risikoermittlung, im Idealfall für die Aufklärung kausaler Zusammenhänge, wesentliche Bedeutung und ist, da Meßparameter direkt im exponierten Organismus erfaßt werden, von größerer Relevanz als umweltanalytische Verfahren. In bestimmten Fällen besteht außerdem die Möglichkeit zur Erfassung der Substanz oder ihrer Metaboliten in Körperflüssigkeiten bzw. nach Ausscheidung im Urin. Auch auf diese Weise können Expositionshöhe und Dauer erfaßt werden.

5.2.1
Exposition, Umweltanalytik

Bei der Bestimmung von Umweltkanzerogenen ist die niedrige bis sehr niedrige Konzentration der zu bestimmenden Stoffe in der Umwelt, zusammen mit der Notwendigkeit, diese Spurenkomponenten aus Gemischen mit sehr vielen anderen chemischen Stoffen zuverlässig zu erfassen, das Hauptproblem. Dementsprechend müssen die gewählten Analysenmethoden spezifisch und empfindlich sein.

5.2.1.1
Umweltkanzerogene in der Luft

Spurenkomponenten in der Atemluft müssen in der Regel durch geeignete Verfahren angereichert werden. Besonders bewährt haben sich Verfahren, bei denen ein bestimmtes Volumen Luft in einer bestimmten Sammelzeit durch eine geeignete Adsorber-Kartusche gesaugt wird. Die Kartusche kann entweder an einem festen Platz fixiert oder von Personen im Atembereich getragen werden. Der adsorbierte Stoff wird anschließend extrahiert und mittels geeigneter Analysenmethoden bestimmt.

Berufliche Exposition durch Nitrosamine. Hohe Konzentrationen von *N*-Nitrosaminen wurden an bestimmten Arbeitsplätzen, z. B. in der chemischen Industrie, Gummi-Industrie, Leder-Gerberei und metallverarbeitenden Industrie ermittelt. Eine berufliche Exposition gegenüber *N*-Nitrosaminen in diesen Bereichen resultiert in der Regel aus der Reaktion von Aminen mit nitrosen Gasen (NO_x) oder anderen nitrosierenden Agentien. Die stark krebserzeugenden *N*-Nitrosamine, *N*-Nitrosodimethylamin (NDMA) und *N*-Nitrosomorpholin (NMOR), sind besonders häufig in der Luft an bestimmten Arbeitsplätzen gefunden worden.

***N*-Nitrosamine und 4-Aminobiphenyl im Tabakrauch.** Ein weiteres Beispiel ist das Vorkommen flüchtiger *N*-Nitrosamine wie NDMA, *N*-Nitrosopiperidin (NPIP), *N*-Nitrosopyrrolidin (NPYR) im Tabakrauch. Hauptkomponenten sind tabakspezifische *N*-Nitrosamine wie *N'*-Nitrosonornicotin (NNN), 4-(Methylnitrosamino)-1-(3-pyridyl)-1-butanon (NNK), *N'*-Nitrosoanatabin (NAT) und *N'*-Nitrosoanabasin (NAB) (Abb. 5.1).

Tabelle 5.1 faßt die im Haupt- und Nebenstromrauch von Zigaretten mit oder ohne Filter gemessenen *N*-Nitrosamin-Gehalte zusammen[1].

Hieraus läßt sich eine Gesamtmenge an *N*-Nitrosaminen im Hauptstromrauch von 0,2–1,5 µg/Zigarette errechnen. Bei einem angenommenen Tagesverbrauch von 20 Zigaretten werden so Tagesdosen von etwa 5 bis 30 µg an *N*-Nitrosaminen erreicht, was bei regelmäßigem Rauchen einer jährlichen Expositionshöhe im Bereich von etwa 1–10 mg entspricht. Gesamtdosen an NNK, mit denen

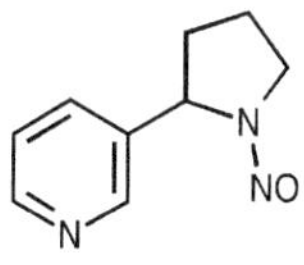

N'-Nitroso-nornicotin
(NNN)

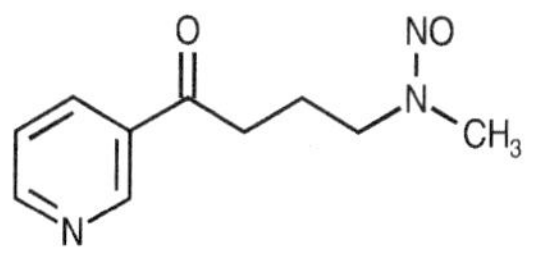

4-(Methylnitrosoamino)-1-(3-pyridyl)-1-butanon
(NNK)

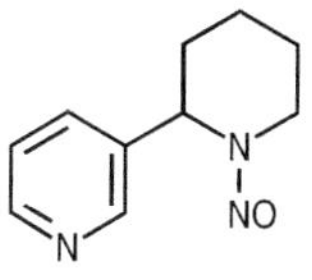

N'-Nitroso-anabasin
(NAB)

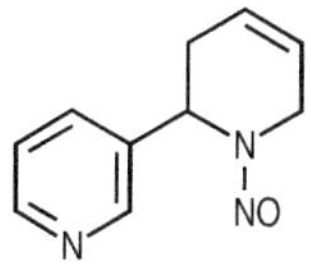

N'-Nitroso-anatabin
(NAT)

Abb. 5.1 Tabakspezifische *N*-Nitrosamine

Tab. 5.1 Verteilung von NDMA, NPIP, NPYR, NNN, NNK, NAT und NAB im Haupt- (MS) und Nebenstrom (SS)-Rauch von vier amerikanischen Zigaretten[1]

N-Nitrosamin [ng]	Rauchstrom	Zigarette[a]			
		A	B	C	D
NDMA	MS	31,1	4,3	12,1	4,1
	SS	735	597	611	685
NPIP	MS	5,8	n.d.[b]	14,2	n.d.[b]
	SS	6,8	19,0	19,8	4,8
NPYR	MS	64,5	110,2	32,7	13,2
	SS	117	139	233	234
NNN	MS	1 007	488	273	66,3
	SS	857	307	185	338
NNK	MS	425	180	56,2	17,3
	SS	1 444	752	430	386
NAT und	MS	128	744	524	102
NAB	SS	783	327	125	683

[a] A: ohne Filter; B und C: mit Filter; D: mit perforiertem Filter
[b] nicht detektiert (< 1 ng/Zigarette)

im Langzeitversuch an der Ratte Lungentumoren ausgelöst werden können, liegen im gleichen Bereich.

Auch eine Reihe von aromatischen Aminen wie 4-Aminobiphenyl wurde im Tabakrauch identifiziert. Der Gehalt an 4-Aminobiphenyl in Tabakrauch wurde mit 2,4 ng/Zigarette angegeben. Bei 20 Zigaretten pro Tag ist somit mit einer Aufnahme von rund 50 ng 4-Aminobiphenyl zu rechnen.

5.2.1.2
Umweltkanzerogene in Lebensmitteln

Aflatoxine in Lebensmitteln. Aflatoxine (Abb. 5.2) in Lebensmitteln werden nach Extraktion der Lebensmittel entweder dünnschichtchromatographisch-fluorodensitometrisch oder mittels HPLC bestimmt. Auch immunologische Bestimmungsverfahren sind entwickelt worden. Höchstmengen für Aflatoxine in Lebensmitteln sind in der Aflatoxin-Verordnung festgelegt (Aflatoxin B_1: 2 µg/kg; Summe der Aflatoxine B_1, B_2, G_1 und G_2: 4 µg/kg).

Heterocyclische Amine in zubereiteten Lebensmitteln. Unter dem Begriff „heterocyclische Amine" wird eine Reihe strukturell unterschiedlicher mutagener bzw. kanzerogener Heterocyclen mit Amino-Funktion zusammengefaßt (→ 6.2.1). Die Analytik einzelner Verbindungen ist unterschiedlich, häufig wurde die Bestimmung mittels HPLC durchgeführt. In zubereitetem Rind-, Schaf- oder Hühnerfleisch und in Fisch wurden z. B. IQ (etwa 0,2 ng/g), MeIQx (etwa 0,6–6 ng/g), PhIP (etwa 0,6–70 ng/g), Trp-P-1 (etwa 0,1–0,2 ng/g) und AαC (etwa 0,2–2,5 ng/g) gefunden. Der mittlere Verbrauch der Bundesbürger an Fleisch und Fisch in Deutschland beträgt etwa 61 kg/Person/Jahr. Wenn man eine Konzentration an gesamten heterocyclischen Aminen von 5–50 ppb zugrunde legt, beträgt die Jahresaufnahme an heterocyclischen Aminen über Lebensmittel etwa 0,3–3 mg pro Person, entsprechend einer täglichen Aufnahme von 0,8–8 µg[49].

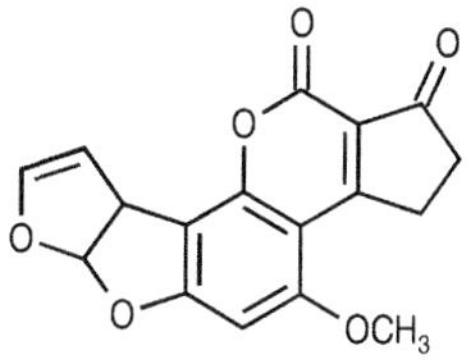

Aflatoxin B_1

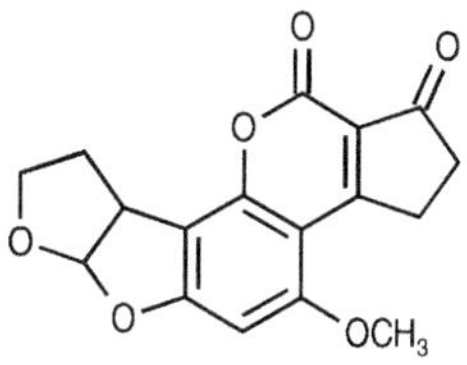

Aflatoxin B_2

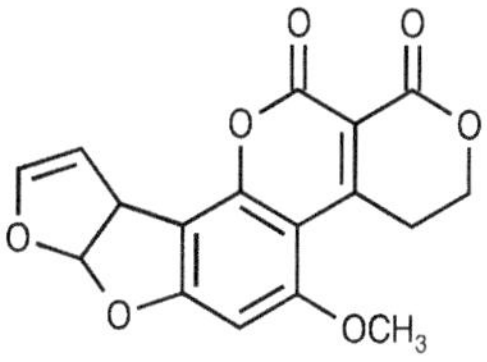

Aflatoxin G_1

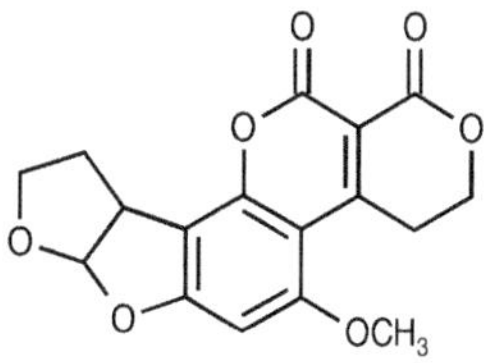

Aflatoxin G_2

Abb. 5.2 Aflatoxine

5.2.2 Biomonitoring, molekulare Dosimetrie

Eine Möglichkeit zur Bestimmung der Exposition gegenüber bestimmten krebserzeugenden Stoffen bei Menschen ist die direkte Messung des Stoffes bzw. seiner Metaboliten in Blut, Geweben, Sekreten oder Exkreten (Urin, Speichel, Magensaft und Muttermilch).

Manche elektrophilen Umwelt-Kanzerogene reagieren direkt mit biologischen Makromolekülen wie DNA oder Protein unter kovalenter Bindung, andere werden enzymatisch zu elektrophilen Agentien aktiviert (→ 2.2.4.4). Die Bildung von DNA-Addukten ist das Resultat des komplexen Zusammenspiels einer Reihe von Faktoren innerhalb der Ereigniskette:

> Exposition → Resorption → Verteilung → Biotransformation → Reaktion mit informationstragenden Biomakromolekülen → Fixierung einer Mutation bzw. Reparatur.

Für Messungen beim Menschen kommen allerdings in der Regel nur wenige Möglichkeiten in Betracht. Ganz im Vordergrund der Dosimetrie-Verfahren stehen die korpuskulären Bestandteile des Blutes, das in ausreichender Menge durch individuelle Probenahme gewonnen werden kann. DNA-Addukte können z. B. in den kernhaltigen Leukocyten gemessen werden. Daneben können aber auch Proteinaddukte, die aus der Reaktion von Elektrophilen mit nucleophilen Zentren des Hämoglobins resultieren, in den Erythrocyten bestimmt werden.

5.2.2.1 Messung krebserzeugender Stoffe oder deren Metaboliten in Geweben, Sekreten oder Exkreten

Zur Erfassung der Exposition an MeIQx (→ 6.2.1) aus Lebensmitteln wurden bei 10 Erwachsenen mit normaler Ernährung Urinanalysen durchgeführt. Dabei wurden 11–47 ng MeIQx im 24 h Urin gefunden. Da bei Menschen etwa 2–5% der oral aufgenommenen Menge an MeIQx unverändert im Urin ausgeschieden wird, wurde auf dieser Basis eine Tagesaufnahme an MeIQx von 0,2–2,6 µg/Kopf berechnet[50].

Aflatoxin M_1 (AFM$_1$) ist ein Metabolit von Aflatoxin B_1. Die im Urin ausgeschiedene Menge von AFM$_1$ kann als Biomonitor zur Bestimmung der AFB$_1$-Aufnahme dienen. Eine Studie über die Bestimmung von AFM$_1$ mittels der Technik des „Enzyme Linked Immunosorbent Assay" (ELISA) in insgesamt 252 Urinproben zeigte gute Korrelation zwischen dem AFB$_1$-Gehalt im Getreide, der Aufnahme von AFB$_1$ über die Nahrung und der AFM$_1$-Menge im Urin. Etwa 1,2–2,2 % der aufgenommenen Menge an AFB$_1$ wurden in Form von AFM$_1$ in Urin wiedergefunden. Auch AFB$_1$ kann mittels ELISA Technik erfaßt werden. Mit dieser Methode wurden mittlere Gehalte an AFB$_1$ im Urin von 0,9 ng/ml bei Probanden von den Philippinen und von 0,7 ng/ml bei Probanden aus Frankreich gefunden. Die gleiche Methode wurde zur Bestimmung von Aflatoxinen in Muttermilch eingesetzt.

Aflatoxin M$_1$

Ein weiteres Beispiel ist die Messung von 4-(Methylnitrosamino)-1-(3-pyridyl)-1-butanol und dessen Glucuronid als Metaboliten des tabakspezifischen N-Nitrosamins, NNK, im Urin. Diese beiden Metaboliten wurden im Urin von Nichtrauchern nicht gefunden, dagegen im Urin von Rauchern (0,2–6,5 µg/24 h). Die Bestimmung erfolgte nach Silylierung mittels GC unter Einsatz eines N-Nitrosamin-spezifischen Detektors, der sog. „Thermal Energy Analyser" (TEA-Detektor)[8].

Die Messung krebserzeugender Stoffe bzw. deren Metaboliten im Urin wird auch zur Bestimmung der beruflichen Exposition eingesetzt. Polycyclische Aromaten im Urin von Kokerei-Arbeitern wurden z.B. mittels Radioimmunoassay bestimmt. Die Werte lagen im Sommer leicht höher als im Winter[9]. Das nichtflüchtige N-Nitrosodiethanolamin (NDELA), ein potentes Kanzerogen, kommt in beträchtlichen Konzentrationen in synthetischen Kühlschmiermitteln, Hydraulikölen und Frostschutzmitteln vor, die unter Verwendung von Di- bzw. Triethanolamin hergestellt werden.

N-Nitroso-diethanolamin
(NDELA)

Arbeiter in der metallverarbeitenden Industrie können durch Inhalation (von Sprühnebel) und Hautkontakt mit Kühlschmiermitteln NDELA aufnehmen. Das unverändert im Urin ausgeschiedene NDELA kann nach Derivatisierung gaschromatographisch quantifiziert werden. Bis zu 40 µg NDELA wurden im Tagesurin von Arbeitern in der Metallindustrie gefunden. Die im Urin ausgeschiedene Menge NDELA korrelierte gut mit der Konzentration im verwendeten Kühlschmiermittel[10].

5.2.2.2
Protein-Addukte

Zur analytischen Erfassung der Protein-Addukte werden moderne Verfahren der instrumentellen Analytik und immunologische Methoden eingesetzt. In der Regel werden Protein-Addukte nach Totalhydrolyse anhand der modifizierten Aminosäuren bestimmt. Welche Modifikation durch Reaktion des ultimalen Elektrophils mit nucleophilen Zentren des Hämoglobins resultiert, wird von deren Zugänglichkeit, aber auch dem Typ des Elektrophils, bestimmt. Besonders häufig werden nucleophile Zentren wie die Thiol-Gruppe von Cystein oder das Ringstickstoffatom im Histidin getroffen, aber auch Amino-Gruppen und Carboxyl-Gruppen (Valin, Lysin, Asparagin) reagieren unter kovalenter Bindungsknüpfung.

Hämoglobin war das erste zum Biomonitoring verwendete Protein. Das humane Hämoglobin hat eine Lebensdauer von ca. 120 Tagen mit einer sehr gleichmäßigen Altersverteilung. Bei chronischer Exposition mit Kanzerogenen ist die gebildete Menge an chemisch stabilen Hämoglobin-Addukten in der Regel dem Alter des Hämoglobins proportional, so daß im Idealfall eine Aussage zur kumulativen Exposition über den Zeitraum der Lebenszeit der Erythrocyten gewonnen werden kann. Damit ein ultimales Kanzerogen an Hämoglobin binden kann, müssen allerdings die reaktiven Elektrophile aus der Zelle, in welcher der aktivierende Metabolismus stattfindet, in die Erythrocyten einwandern, was ausreichende Stabilität und Lipophilie der ultimalen elektrophilen Wirkformen voraussetzt. Die aus der mittleren Lebenszeit der Erythrocyten resultierende Adduktmenge ist etwa 60fach höher als die Menge, die durch Exposition mit einer Tagesdosis entstanden ist. Auch bei ungleichmäßiger oder unterbrochener Exposition entsprach der Addukt-Mittelwert etwa dem 60fachen der mittleren Tagesdosis über 120 Tage[11].

Auch das Serumalbumin wurde zur molekularen Dosimetrie herangezogen. Bei Menschen hat das Serumalbumin eine Halbwertszeit von 20–25 Tagen. Bei chronischer Belastung ist die Menge an Addukten etwa 30fach höher als die Menge, die auf eine einmalige Exposition zurückzuführen ist[11].

5.2.2.3
DNA-Addukte

Die Quantifizierung von DNA-Addukten wurde zunächst hauptsächlich mit radioaktiv markierten Verbindungen durchgeführt. Aus solchen Messungen wurde der sog. *kovalente Bindungs-Index* (engl.: covalent binding index, CBI) ermittelt (→ 4.5.2.5). Wegen der zeit- und kostenaufwendigen Synthese radiomarkierter Substanzen hoher spezifischer Aktivität sind alternative Methoden immer mehr in den Vordergrund getreten, die den Einsatz radioaktiv markierter Substanzen erübrigen. Nach Reinigung und Hydrolyse der modifizierten DNA können DNA-Addukte mittels HPLC getrennt und UV-, fluoreszenz- oder massenspektrometrisch (HPLC/MS) bzw. nach Derivatisierung mittels Kopplung Gaschromatographie/Massenspektrometrie (GC/MS) bestimmt werden. Voraussetzung für die qualitative und quantitative Erfassung definierter DNA-Addukte ist allerdings die Darstellung der Referenzsubstanzen.

Bei immunologischen Nachweisverfahren sind Festphasen-Immunoassays im allgemeinen besonders empfindlich. Die zu untersuchende DNA-Probe wird dabei an die Oberfläche eines geeigneten Trägers gebunden. Die so fixierte DNA wird mit einem gegen das Addukt gerichteten Antikörper inkubiert. Nicht-gebundene Antikörper werden anschließend ausgewaschen. Es schließt sich eine Inkubation mit einem gegen den ersten Antikörper gerichteten zweiten Antikörper an. Bei Anwendung radioaktiv markierter Antikörper (z. B. mit ^{125}I) zur Messung der Addukte spricht man von einer Radioimmunosorbent-Technik (RIST). Bei Kopplung des Zweitantikörpers an ein Enzym kann die quantitative Bestimmung der Addukte entweder durch Freisetzung eines photometrisch detektierbaren Farbstoffs (ELISA = Enzymelinked Immunosorbent Assay) oder eines fluorogenen Substrates wie Methylumbelliferylphosphat (High-sensitive ELISA) oder auch eines radioaktiv markierten Substrates (USERIA = Ultrasensitive Enzymatic Radioimmunoassay) durchgeführt werden (Abb. 5.3).

Eine weitere, hochempfindliche Methode zum Nachweis von DNA-Addukten ist die sog. ^{32}P-Postlabelling-Technik (Abb. 5.4). Das Prinzip dieser Technik beruht, wie der Name besagt, auf der nachträglichen Einführung einer ^{32}P-Markierung in bereits gebildete

5.2 Bestimmung der Exposition durch krebserzeugende Stoffe

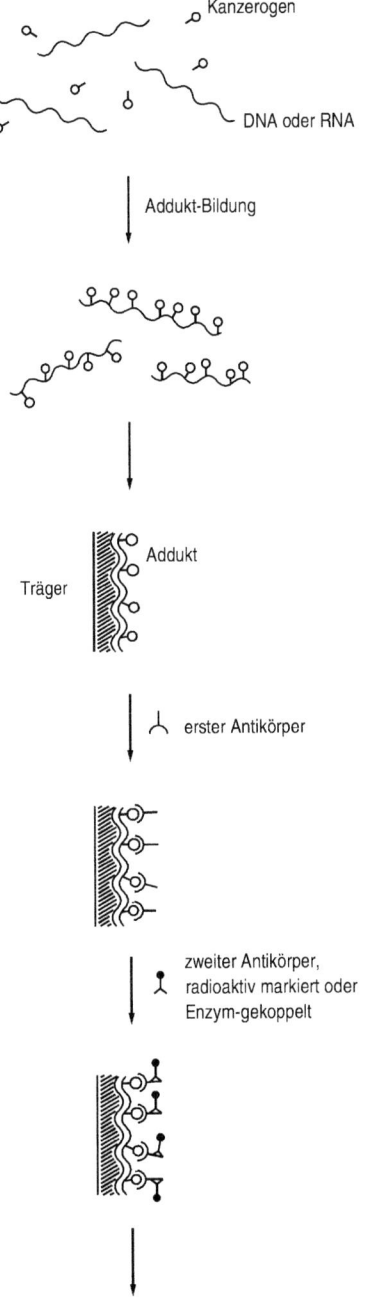

Abb. 5.3 Arbeitsschema des Festphasen-Immunoassays

DNA-Addukte. Modifizierte DNA wird durch Nuclease aus Mikrokokken und Phosphodiesterase aus Milz enzymatisch in Desoxyribonucleosid-3'-monophosphate gespalten. Durch anschließende Inkubation mit T4-Polynucleotid-Kinase und ^{32}P-ATP wird die markierte Phosphatgruppe spezifisch auf die 5'-OH-Gruppen der Desoxyribonucleosid-3'-monophosphate übertragen, wodurch 5'-^{32}P-markierte 3',5'-Bisphosphate entstehen. Mittels zweidimensionaler Dünnschichtchromatographie auf Polyethylenimin-Zellulose-Schichten wird eine Abtrennung der unmodifizierten Nucleotide und die Auftrennung der markierten DNA-Addukte erreicht. Die Addukte (3',5' Bis- bzw. 5' Monophosphate) werden durch Autoradiographie detektiert und durch Flüssig-Szintillationsmessung (Cerenkov-Strahlung) quantifiziert. Mit Hilfe dieser Technik kann typischerweise noch 1 Addukt in 10^5–10^7 Nucleotiden nachgewiesen werden. Durch vorausgehende Anreicherung oder Abtrennung der Addukte von den unmodifizierten Nucleotiden kann die Nachweisempfindlichkeit des ^{32}P-Postlabelling auf bis zu 1 Addukt in 10^9–10^{10} Nucleotiden verbessert werden[12].

Eine Methodenübersicht für die Bestimmung von Hämoglobin- bzw. DNA-Addukten ist in Tab. 5.2 und Tab. 5.3 zusammengestellt.

5.2.2.4
Einzelne Beispiele

Epoxide: Ethylenoxid ist ein direkt alkylierendes Agenz, das u.a. in großem Ausmaß zur chemischen Sterilisierung von medizinischen Einmalartikeln und Verbandmaterial, aber auch in der chemischen Industrie, eingesetzt wird. Es erwies sich eindeutig als kanzerogen in experimentellen Untersuchungen. Die Bildung von Hämoglobin-Addukten aus Ethylenoxid wurde sowohl in Ratten, als auch bei Menschen, die beruflich dem Ethylenoxid ausgesetzt waren, unter-

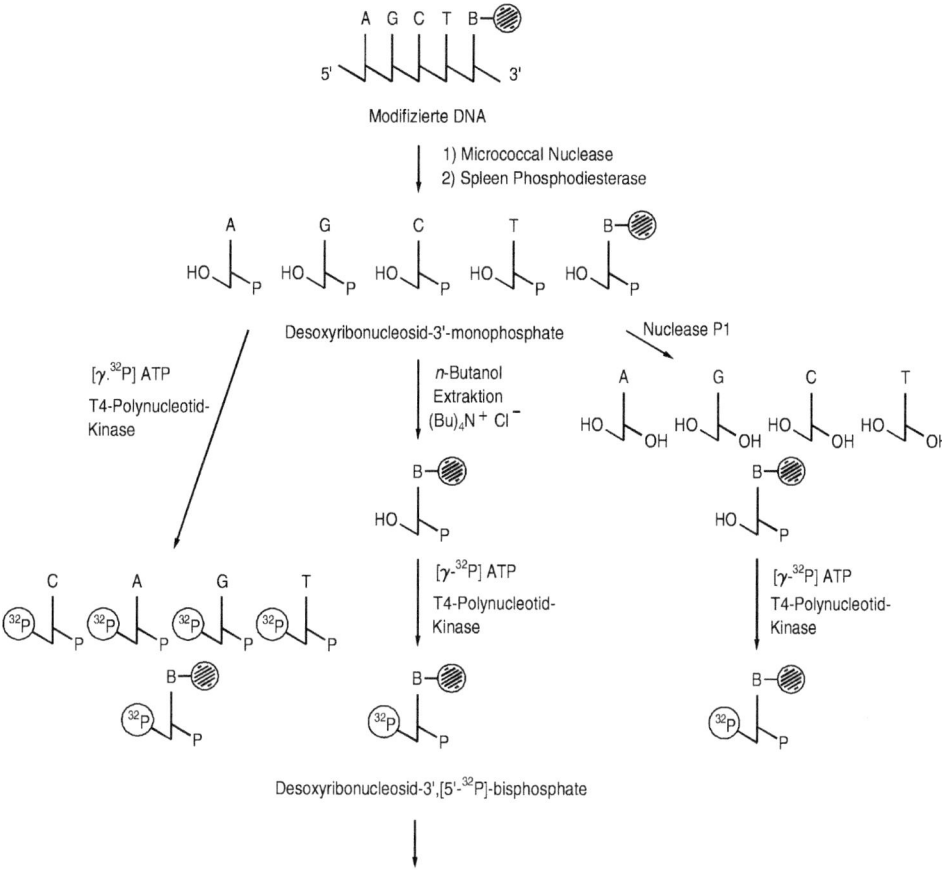

Abb. 5.4 ^{32}P-Postlabelling von DNA-Addukten

Tab. 5.2 Methoden zur Bestimmung von Hämoglobin-Addukten

Methode	Empfindlichkeit [nmol/g Hb]	Anwendungsgebiet
Fluoreszenzspektroskopie	0,01	Addukte mit starker Fluoreszenz
GC/FID[a]	0,05	aromatische Amine
GC/ECD[b]	0,01	aromatische Amine nach Derivatisierung
GC/MS	0,01	Derivatisierung notwendig
Immunoassay	0,01	Addukte mit bekannter Struktur, Abbau von Hämoglobin erforderlich
AAS[c]	0,01	nur Metall

[a] FID: Flammenionisationsdetektoren
[b] ECD: Elektroneneinfangdetektoren
[c] AAS: Atomabsorptionsspektrometrie

Tab. 5.3 Methoden zur Bestimmung von DNA-Addukten

Methode	Empfindlichkeit [fmol/mg DNA]	Anwendungsgebiet
Fluoreszenzspektroskopie	1 000	Addukte mit starker Fluoreszenz
SFS[a]	300	Addukte mit starker Fluoreszenz
GC/MS	100	Derivatisierung notwendig
Immunoassay	30	Addukte mit bekannter Struktur
^{32}P-Postlabelling	1–10	aromatische oder sehr große Addukte

[a] SFS: Synchrone Fluoreszenzspektroskopie

sucht. Als Hauptaddukte entstehen S-(2-Hydroxyethyl)cystein, N1- bzw. N3-(2-Hydroxyethyl)histidin und N-(2-Hydroxyethyl)valin.

Eine lineare Proportionalität zwischen der inhalierten Menge an Ethylenoxid und dem gebildeten N-(2-Hydroxyethyl)valin in Ratte und Maus wurde beobachtet. Die Quantifizierung von N-(2-Hydroxyethyl)valin kann durch modifizierten Edman-Abbau und Derivatisierung mit Pentafluorphenylisocyanat mittels GC/MS durchgeführt werden[13]. Die Bestimmung der Ethylenoxid-Exposition mit N-(2-Hydroxyethyl)valin als Biomonitor ist eine sehr empfindliche Methode. Bei Nichtrauchern kann die Bildung von 50 pmol/g Globin durch berufsbedingte Exposition noch leicht bestimmt werden. Dies entspricht etwa einer Exposition gegenüber Ethylenoxid bei einer Konzentration von 0,02 ppm/40 h Woche[14]. Die Menge an N-(2-Hydroxyethyl)valin in Hämoglobin bei Arbeitern, die mit Sterilisationsarbeiten beschäftigt waren, war signifikant höher als bei Kontrollpersonen[15].

Ein Problem der Ethylenoxid-Dosimetrie ist die endogen bedingte Exposition aus Ethylen, das in kleinen, individuell unterschiedlichen Mengen im Stoffwechsel gebildet wird und nach Epoxidierung zur Hydroxyethylierung beitragen kann.

Ethylenoxid alkyliert DNA-Basen in Maus und Ratte vor allem an der N7-Position des Guanins unter Bildung von N7-(2-Hydroxyethyl)guanin. Beim Vergleich der in vivo Bildung von N-(2-Hydroxyethyl)valin in Hämoglobin und N7-(2-Hydroxyethyl)guanin in Geweben der Ratte und Maus wurde festgestellt, daß die Kinetik der beiden Adduktypen in Bezug auf Bildung, Stabilität und Reparatur verschieden ist[16]. Diese unterschiedliche Kinetik sowie die endogene Exposition machen die Ermittlung des Risikos bezüglich genotoxischer Läsionen durch Ethylenoxid-Exposition schwierig.

Polycyclische Aromaten: Benzo[a]pyren. Die metabolische Aktivierung durch Cytochrom P-450 führt zu 7,8-Dihydroxy-9,10-epoxy-7,8,9,10-tetrahydro-benzo[a]pyren (anti-BaPDE), das als ultimales Kanzerogen mit DNA und Protein Addukte bildet (→ 2.2.4.4). Mit humanem Hämoglobin reagiert anti-BaPDE in vitro überwiegend an Asparaginsäure im Globin zu einem Carbonsäureester. Das Ester-Addukt von Hämoglobin-BaP ist unter physiologischen Bedingungen stabil. Enzymatischer Abbau oder saure Hydrolyse führen zur Abspaltung von trans- und cis-BaP-7,8,9,10-tetrahydrotetrol (Abb. 5.5), die mittels GC/MS quantifiziert werden können[17].

In Blutproben von Rauchern wurden trans- und cis-BaP-7,8,9,10-tetrahydrotetrol (1 ng BaPDE/g Hämoglobin)[18] nachgewiesen. Das anti-BaPDE reagiert auch mit Histidin im Serumalbumin an den Ringstickstoffen[22].

BaP-DNA-Addukte wurden in Leukocyten oder in Lymphocyten mittels Fluoreszenzspektrometrie oder mittels USERIA be-

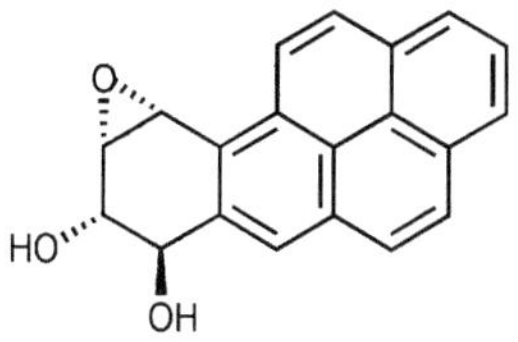

anti-B a PDE

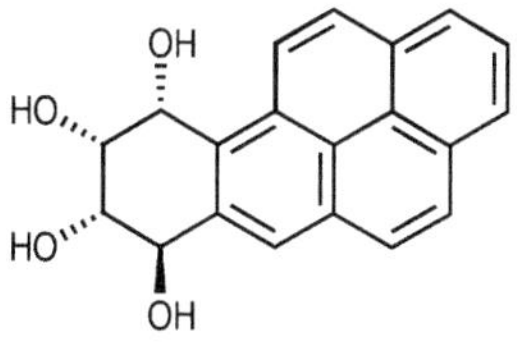

cis-B a PT 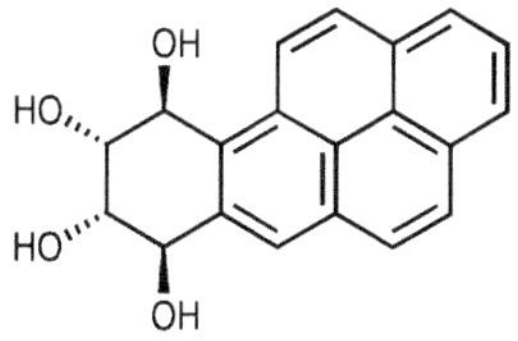　　　　　　　　　　*trans*-B a PT

Abb. 5.5 (+)-*anti*-7,8-Dihydroxy-9,10-epoxy-7,8,9,10-tetrahydro-benzo[a]pyren (*atni*-BaPDE) und die entsprechenden *trans*- und *cis*-BaP-7,8,9,10-tetrahydrotetrole (*trans*-BaPT und *cis*-BaPT)

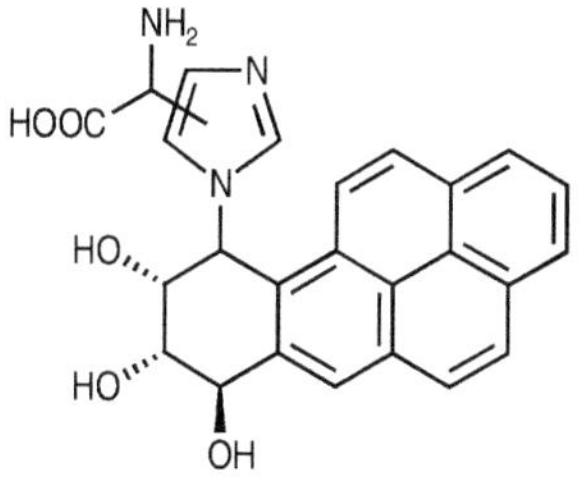

anti-BaPDE-Histidin-Addukt

stimmt. In Leukocyten beruflich exponierter Personen wurden BaP-DNA-Addukte im Bereich von 2–120 fmol BaPDE/50 µg DNA gefunden. Bei 9 Personen ohne berufliche Exposition gegenüber BaP wurde BaP-DNA-Addukt in Leukocyten von 2 Rauchern nachgewiesen[19]. Vier von 38 DNA-Proben aus peripheren Lymphocyten von Kokerei-Arbeitern zeigten BaP-DNA-Addukt (0,38–2,2 fmol BaPDE/µg DNA), wobei allerdings 3 Probanden Raucher waren[21].

Aromatische Amine: 4-Aminobiphenyl. Das potente Blasenkanzerogen 4-Aminobiphenyl (ABP) entsteht ebenfalls beim Tabakrauchen.

Im Nebenstromrauch wurde ABP in etwa 30fach höherer Konzentration gemessen als im Hauptstromrauch. ABP bindet kovalent an Cysteinreste im Hämoglobin als Sulfinsäureamid (Abb. 5.6)[22].

Nach saurer Hydrolyse des Adduktes kann ABP mit Hexan extrahiert, zum entsprechenden Pentafluor-propionamid derivatisiert und mittels GC/MS quantifiziert werden. Die Empfindlichkeit dieser Methode liegt bei 10 pg Addukt pro 10 ml Blut. Bei Rauchern wurde eine mittlere Adduktmenge von 184 pg/g Hämoglobin und bei Nichtrauchern 22 pg/g gemessen[23].

Bei Ratten bindet ABP mit Serumalbumin kovalent an Tryptophan. Ein Tetrapeptid mit 3-Tryptophanyl-4-acetylaminobiphenylrest (H$_2$N-Ala-Trp-Ala-Val) wurde identifiziert[24].

ABP bildet mit DNA *in vivo* eine Reihe von Addukten wie *N*-(Desoxyguanosin-8-yl)-4-aminobiphenyl (*C*8-ABP-dG), *N*-(Desoxyadenosin-8-yl)-4-aminobiphenyl (*C*8-ABP-dA) und *N*-(Desoxyguanosin-N^2-yl)-4-aminobiphenyl (N^2-ABP-dG) (→ 6.2.1). Bei Menschen wurde *C*8-ABP-dG durch Harnblasenbiopsie

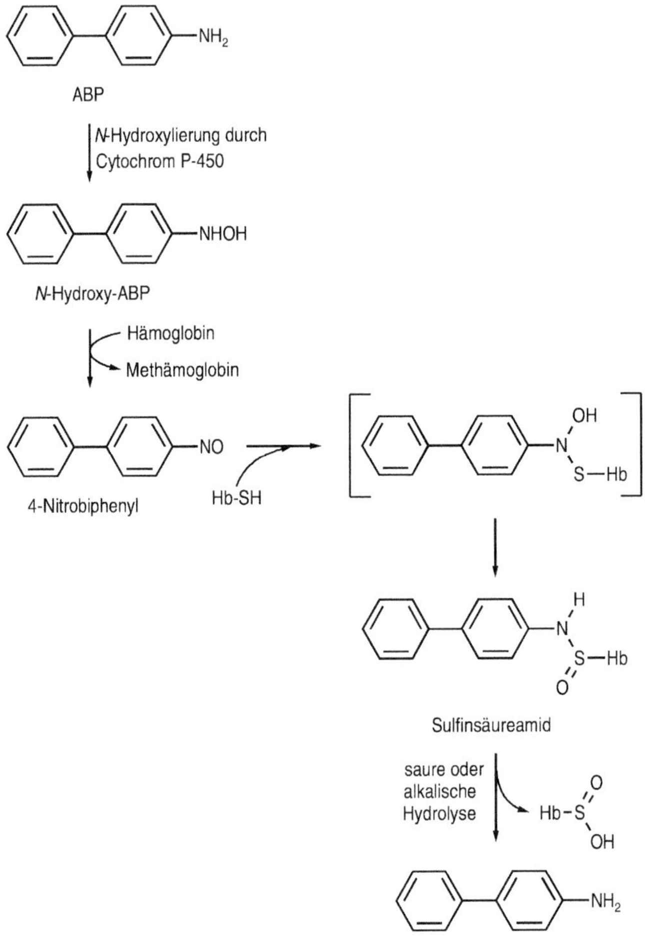

Abb. 5.6 Bildung des 4-Aminobiphenyl-Hämoglobin-Adduktes

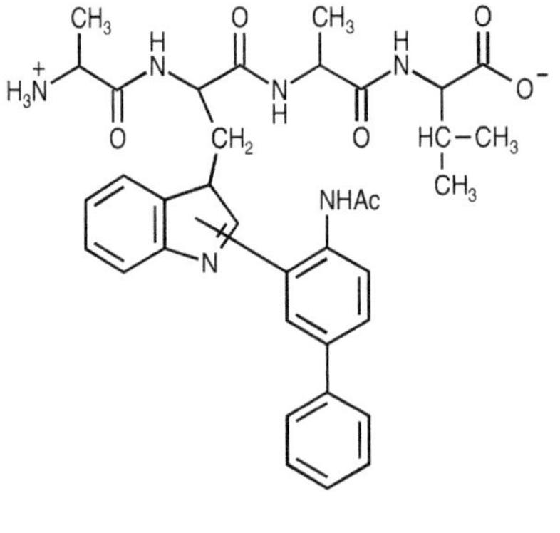

ABP-Tetrapeptid-Addukt

von Rauchern sowohl immunologisch, als auch mittels ^{32}P-Postlabelling Technik, nachgewiesen[25].

Heterocyclische Amine (Pyrolyseprodukte): MeIQx und Trp-P-1. MeIQx (3,8-Dimethylimidazo[4,5-f]quinoxalin-2-amin) ist eines der wichtigsten heterocyclischen Amine in erhitzten Lebensmitteln. Es induziert bei Ratten Leberkarzinome und Tumoren der Zymbal- und Clitoraldrüse sowie der Haut und bei der Maus Tumoren der Leber, Lunge und des hämatopoetischen Systems. Die Bildung von

MeIQx-Hämoglobin-Addukten wurde sowohl *in vitro* als auch *in vivo* an Maus und Mensch untersucht. Bei Inkubation von MeIQx mit Hämoglobin unter Zusatz von Aktivierungssystemen entsteht das Sulfinsäureamid von N-Hydroxy-MeIQx am Cystein des Hämoglobins. Nach saurer Hydrolyse kann das freigesetzte MeIQx mittels GC/MS bestimmt werden. Bei der Maus wurden jedoch nur bei sehr hohen Dosen (200 mg/kg) detektierbare Mengen an MeIQx aus dem MeIQx-Hämoglobin-Addukt festgestellt. Im humanen Blut von Erwachsenen mit normaler Ernährung ließ sich weder Hämoglobin- noch Serumalbumin-Addukt nachweisen[26]. Dagegen ist bei der Maus die Bindung von MeIQx an Serumalbumin 5fach höher als an Hämoglobin[27].

Die Bildung von MeIQx-DNA-Addukten in Rattenleber wurde mittels ^{32}P-Postlabelling Technik untersucht. Es ergab sich eine eindeutige Proportionalität zwischen der verabreichten MeIQx-Menge von 0,4–400 ppm im Futter und der Adduktbildung in der 1. und in der 12. Woche. Aus Kalbsthymus-DNA und N-Hydroxy-MeIQx wurden die Guanin-Addukte 5-(Desoxyguanosin-N^2-yl)-2-amino-3,8-dimethylimidazo[4,5-*f*]quinoxalin (dG-N^2-MeIQx) und N-(Desoxyguanosin-8-yl)-2-amino-3,8-dimethylimidazo[4,5-*f*]quinoxalin (dG-C8-MeIQx) identifiziert[28].

Trp-P-1 (1,4-Dimethyl-5*H*-pyrido[4,3-*b*]indol-3-amin) ist eine weitere wichtige Verbindung aus der Reihe der heterocyclischen Amine. Es induziert vor allem Lebertumoren bei Ratten und Mäusen. Trp-P-1 bildet mit Hämoglobin Addukte, die nach stark saurer Hydrolyse 3 Hauptderivate von Trp-P-1 freisetzt. Ein stark fluoreszierendes Derivat macht 50% der gesamten Adduktmenge aus und ist als Biomonitor geeignet. Beim Menschen wurde dieses Trp-P-1-Derivat im Blut in einer Menge von 0,2–4,3 pmol/g Hämoglobin gemessen. Auf der Basis einer nachgewiesenen linearen Korrelation zwischen dem Trp-P-1-Hämoglobin-Addukt im Rattenblut und Trp-P-1-DNA-Addukten in Rattenleber wurde die Menge der Trp-P-1-DNA-Addukte bei den untersuchten Probanden zu etwa 0,1–1 pmol/mg Leber-DNA anhand des Trp-P-1-Hämoglobin-Addukts berechnet[29].

Mycotoxine: Aflatoxin B$_1$. Unter den Mycotoxinen haben Aflatoxine, insbesondere Aflatoxin B$_1$ (AFB$_1$), als Umweltkanzerogene besondere Bedeutung. Eine Korrelation zwi-

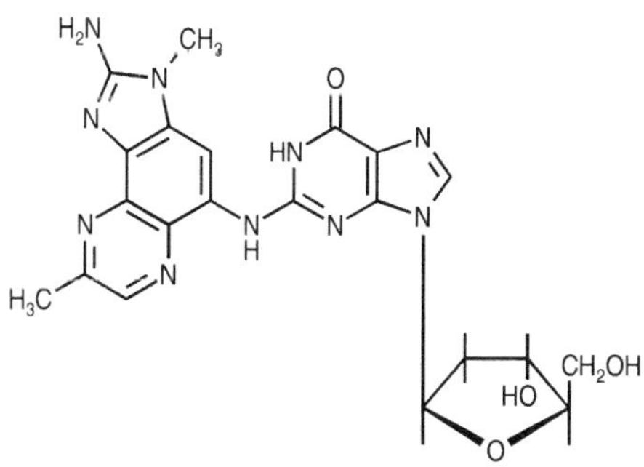

dG-N^2-MeIQx

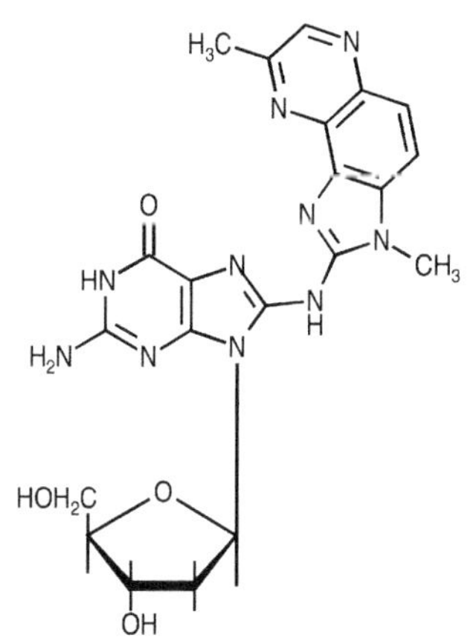

dG-C8-MeIQx

schen der Lebertumor-Inzidenz und der Aufnahme an AFB$_1$ durch Konsum von verschimmelten Lebensmitteln in Südostasien gilt als epidemiologisch gesichert. Im Serum ist Albumin das einzige Protein, das signifikante Mengen an AFB$_1$-Metaboliten bindet. Bei der Aktivierung von AFB$_1$ wird die Doppelbindung im terminalen Furanring epoxidiert (→ Abb. 2.37). Das Epoxid ist die elektrophile Wirkform, die kovalent an DNA-Basen bindet, bzw. zu AFB$_1$-8,9-dihydrodiol hydrolysieren kann. Das Diol steht mit dem ringoffenen Dialdehyd im Gleichgewicht. Letzterer reagiert mit der ε-Aminogruppe des Lysins im Albumin zur Schiffschen Base. Durch eine Amadori-Umlagerung entsteht aus der Schiffschen Base ein Aminoketon als Endprodukt (Abb. 5.7), das mittels einer Kombination von Immunoaffinitätschromatographie (IAC) und HPLC mit Fluoreszenz-Detektor bestimmt werden kann. Etwa 1–3% einer Einzeldosis von AFB$_1$ binden *in vivo* an Plasmaproteine der Ratte, hauptsächlich an Albumin.

Das AFB$_1$-Lysin-Addukt kann auch zum Biomonitoring beim Menschen verwendet werden. Eine signifikante Korrelation zwischen der AFB$_1$-Exposition und der Bildung von AFB$_1$-Lysin-Addukt bei Menschen wurde festgestellt[30]. Ferner kann das intakte AFB$_1$-Albumin-Addukt im Serum als Biomonitor bei Menschen herangezogen werden. Auch für dieses wurde eine signifikante Korrelation mit der Aufnahme an AFB$_1$ beobachtet. Die Messung erfolgte fluoreszenzspektroskopisch oder mittels Radioimmunoassay Technik.

Zur Messung berufsbedingter Exposition gegenüber AFB$_1$ wurden Arbeiter in Tierfutter-Fabriken untersucht. Bei 7 von 45 Arbeitern wurde das AFB$_1$-Albumin-Addukt im Serum mit einem mittleren Gehalt von 64 pg

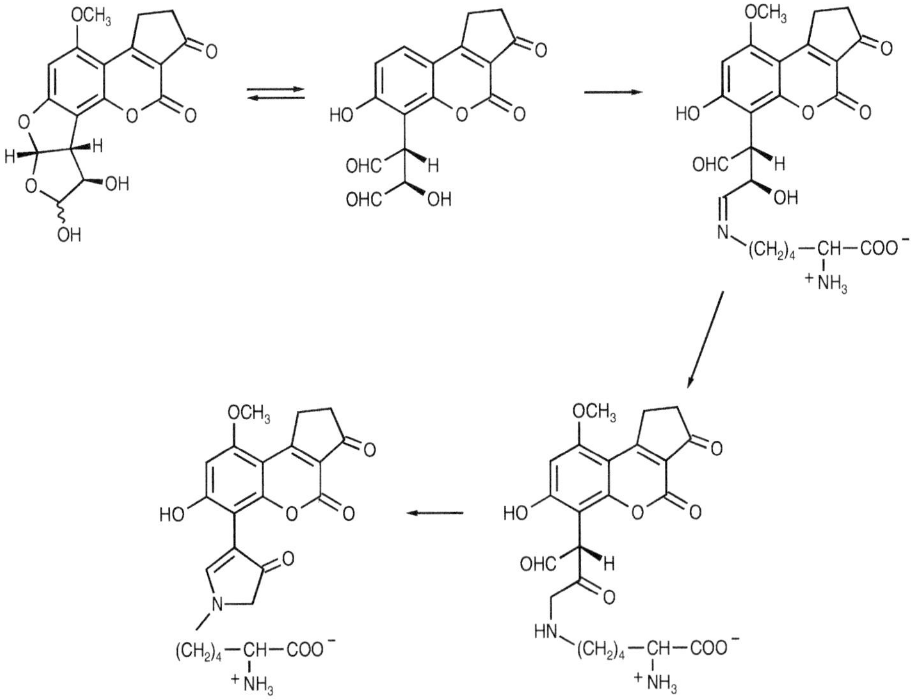

Abb. 5.7 Postulierter Mechanismus der Bildung des Alfatoxin-B$_1$-Lysin-Adduktes

AFB$_1$/mg Albumin gefunden. Unter der Annahme, daß etwa 5% der aufgenommenen AFB$_1$-Menge an Albumin bindet, wurde auf eine Tagesdosis von 64 ng/kg Körpergewicht rückgerechnet[31].

Bei der Reaktion mit DNA nach Epoxidierung der Doppelbindung im Furanring bindet AFB$_1$ vor allem an Position N7 des Guanins (→ Abb. 2.37). Experimentelle Untersuchungen in Ratten zeigten eine lineare Korrelation zwischen der oralen AFB$_1$-Dosis (0,03 bis 1 mg/kg) und der Menge an AFB$_1$-Guanin-Addukt (8,9-Dihydro-8-(N7-guanyl)-9-hydroxyaflatoxin B$_1$, AFB$_1$-N7-Gua) im 24 h Urin. Ebenso ergab sich eine lineare Korrelation zwischen der Menge von AFB$_1$-N7-Gua im 24 h Urin und der Menge von AFB$_1$-N7-Gua in der Leber-DNA 24 h nach der AFB$_1$-Gabe. Somit kann die Erfassung von AFB$_1$-N7-Gua im Urin als Maß für die Höhe der Exposition einerseits und die DNA-Schädigung im primären Zielorgan andererseits genutzt werden[32]. Auch bei Langzeit-Versuchen mit AFB$_1$ im Trinkwasser an Ratten wurde eine lineare Korrelation zwischen der AFB$_1$-Dosis und der Bildung an AFB$_1$-DNA-Addukten in der Rattenleber festgestellt. Die Zunahme an DNA-Addukt klingt nach 4 Wochen ab[33].

AFB$_1$-N7-Gua im Urin wurde auch als Biomonitor zur Erfassung der AFB$_1$-Exposition bei Menschen verwendet, wobei ebenfalls eine lineare Korrelation zwischen der Exposition gegenüber AFB$_1$ und der Menge an AFB$_1$-N7-Gua im Urin beobachtet wurde[32].

N-Nitrosamine: 4-(N-Methyl-N-nitrosamino)-1-(3-pyridyl)-1-butanon (NNK) ist ein tabakspezifisches N-Nitrosamin (→ 6.5.2), das Lungentumoren in Ratten induziert. NNK gilt als ein wesentlicher Kausalfaktor für die Entstehung von Tumoren der Lunge, des Esophagus, der Mundhöhle und des Pankreas bei Rauchern. *In vivo* Untersuchungen zeigten, daß 20–40% der Radioaktivität von [5-^{3}H]-NNK in Ratten an Hämoglobin gebunden werden. Bei basischer Hydrolyse von Hämoglobin wurde 4-Hydroxy-1-(3-pyridyl)-1-butanon (HPB) freigesetzt, das z. B. nach Derivatisierung als Pentafluorbenzoesäureester und nach einer HPLC-Aufreinigung mittels GC/MS quantifiziert werden kann. Die metabolischen Wege zur Bildung von Hämoglobin-Addukten sind in Abb. 5.8 dargestellt. Die nach α-C-Hydroxylierung gebildeten Diazohydroxide (1) und (2) können sowohl mit Hämoglobin als auch mit DNA Addukte bilden[34]. Das HPB freisetzende Hämoglobin-Addukt ist ein Ester der Asparaginsäure, Glutaminsäure oder einer C-terminalen Aminosäure[35].

Etwa 22% der Raucher zeigen einen erhöhten Gehalt an HPB aus dem Hämoglobin-Addukt (200–1600 fmol/g Hämoglobin). Der HPB-Gehalt im Hämoglobin von Nichtrauchern liegt in der Regel unter der Nachweisgrenze. Bei Tabakschnupfern liegt der Gehalt an HPB in Hämoglobin bei 200–1800 fmol/g[36]. Die simultane Bestimmung von HPB und 4-Aminobiphenyl als tabakspezifische Hämoglobin-Addukte wurde beschrieben[37].

Die durch Alkylierung mit 4-Oxo-4-(3-pyridyl)-1-butyldiazohydroxid gebildeten DNA-Addukte setzen nach saurer Hydrolyse ebenfalls HPB frei. In Lungen- und Bronchial-Autopsien von Rauchern wurden im Mittel 11 und 16 fmol/mg DNA an DNA-Addukten (Höchstwert bis zu 50 fmol/mg DNA) gemessen. Dagegen wurde dieses Addukt bei Nichtrauchern nicht detektiert[36].

Das bei der metabolischen Aktivierung freigesetzte Methyldiazohydroxid bildet sowohl mit Hämoglobin als auch mit DNA-Basen Addukte (Abb. 5.8). Das gebildete N7-Methylguanin kann somit ebenfalls als Biomonitor für NNK-Exposition dienen. Der Gehalt an N7-Methylguanin in Bronchial-Geweben und in Lymphocyten von Rauchern bzw. Nichtrauchern wurde mittels der ^{32}P-Postlabelling Technik bestimmt. In Bronchialgewebsproben von Rauchern wurden etwa

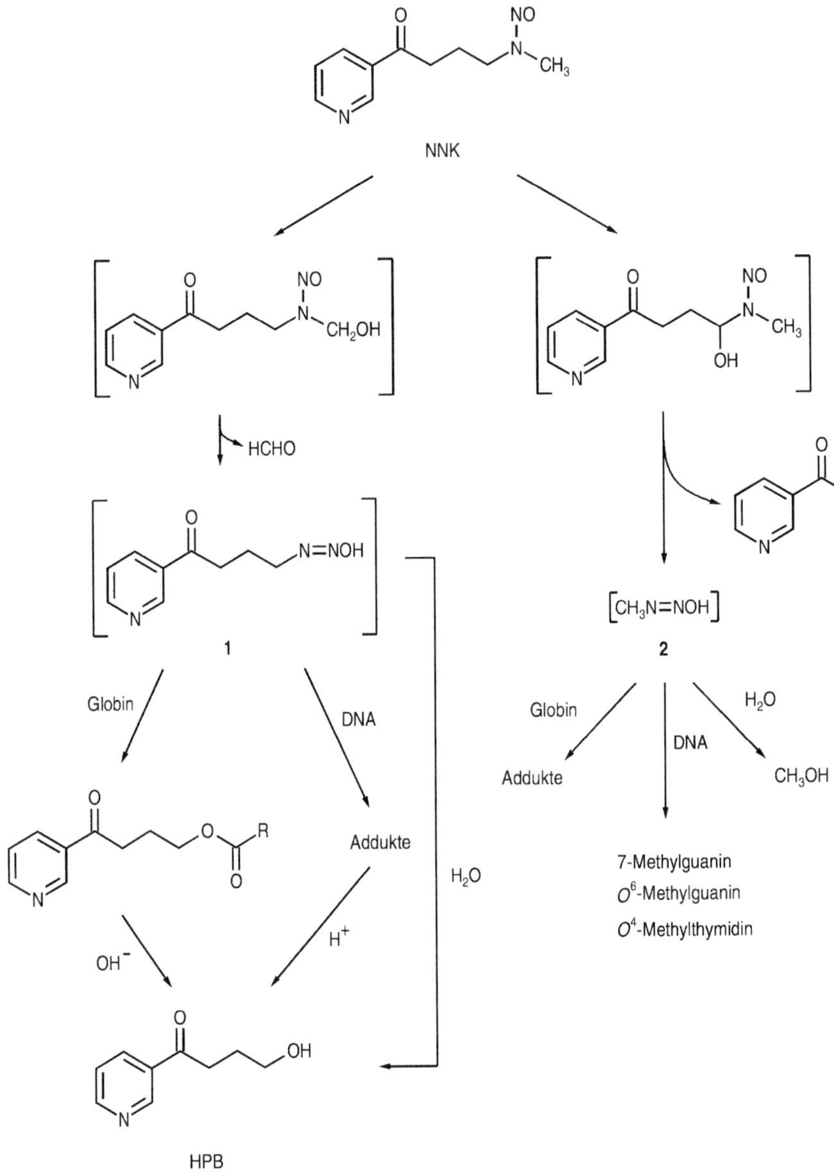

Abb. 5.8 Metabolische Wege von 4-(N-Methyl-N-nitrosamino)-1-(3-pyridyl)-1-butanon (NNK) zu aktiven Intermediaten, die mit Hämoglobin und DNA Addukte bilden[34]

17 Moleküle N7-Methylguanin pro 10^7 Nucleotide (Nichtraucher etwa 5) gefunden. Die entsprechenden Werte in Lymphocyten lagen für Raucher bei etwa 12 Molekülen N7-Methylguanin pro 10^7 Nucleotide (Nichtraucher etwa 2)[38].

5.2.3
Organotropie krebserzeugender Stoffe und individuelle Variabilität der Organismen

5.2.3.1
Organotropie

Die Eigenschaft von Kanzerogenen, Tumoren in bestimmten Organen bei bestimmten Tierspezies zu induzieren, wird als Organotropie oder Organspezifität bezeichnet. Bevorzugte Induktion von Tumoren in bestimmten Organen wurde für viele chemische Kanzerogene beobachtet. Der biochemisch-molekularbiologische Mechanismus der Organotropie ist ein komplexes Zusammenspiel vieler Vorgänge und Faktoren. Dazu gehören die Verteilung des Stoffes und seiner Metaboliten im Organismus, die metabolische Kapazität verschiedener Organe, Art und Ausmaß von DNA-Schädigung und Reparatur u. a.

Die Organotropie der kanzerogenen Wirkung kann auch von der Höhe der applizierten Tagesdosis beeinflußt sein. NDEA induzierte an BD-Ratten in einer oralen Dosis von 2 mg/kg bei fast allen behandelten Tieren Lebertumoren, dagegen führte die Dosis von 1 mg/kg bei etwa der Hälfte der Tiere zu Tumoren der Speiseröhre[43].

Die homologe Reihe der N-Nitroso-methylalkylamine zeigt beispielsweise bemerkenswerte Organspezifität der kanzerogenen Wirkung in Fischer Ratten. Hauptzielorgane sind Leber, Speiseröhre, Lunge und Harnblase. Das symmetrische N-Nitroso-dimethylamin (NDMA) und der einfachste Vertreter der unsymmetrischen Homologen, N-Nitroso-methylethylamin (NMEA) induzieren hauptsächlich Tumoren in Leber und Lunge, nicht jedoch in der Speiseröhre. Dagegen induzieren Homologe mit n-Propyl- bis n-Hexyl-Substituenten fast ausschließlich Speiseröhrenkarzinome. Noch höhere Homologe induzieren wiederum Tumoren der Leber und Lunge. Längerkettige Homologe mit geradzahligen Alkylketten wie N-Nitroso-methyloctylamin, N-Nitroso-methyldecylamin und N-Nitrosomethyldodecylamin induzieren spezifisch Tumoren der Harnblase, Homologe mit ungeradzahligen Alkylketten dagegen nicht (Abb. 5.9)[39].

Untersuchungen zur DNA-Methylierung mit homologen N-Nitroso-methylalkylaminen an Ratten (0,1 mmol/kg) haben gezeigt, daß das Ausmaß an DNA-Methylierung in Leber und Speiseröhre mit der beobachteten Tumorlokalisation korreliert. Hieraus läßt sich der Schluß ziehen, daß die im Zielgewebe wirksame Dosis an DNA-schädigenden reaktiven Formen des Kanzerogens wesentlich für die lokale Kanzerisierung ist („Target-dose"-Prinzip).

Das Hauptzielorgan der symmetrischen N-Nitroso-dialkylamine ist die Leber, an zweiter Stelle folgt bei einigen Spezies die Speiseröhre. N-Nitroso-dibutylamin (NDBA), das als Umweltkanzerogen an bestimmten Arbeitsplätzen der Gummiindustrie nachgewiesen wurde, induziert zusätzlich Blasentumoren, bei subkutaner Gabe nahezu ausschließlich. Die organspezifische Wirkung von NDBA zur Harnblase ist mit großer Wahrscheinlichkeit auf einen spezifischen Biotransformationsweg zurückzuführen: durch ω-Hydroxylierung entsteht aus NDBA N-Nitroso-butyl-4-hydroxybutylamin, das durch Alkoholdehydrogenase und Aldehyddehydrogenase schnell zu N-Nitroso-butyl-3-carboxypropylamin weiter oxidiert und in hoher Konzentration im Urin ausgeschieden wird (Abb. 5.10).

N-Nitroso-butyl-4-hydroxybutylamin und N-Nitroso-butyl-3-carboxypropylamin sind

5.2 Bestimmung der Exposition durch krebserzeugende Stoffe | 185

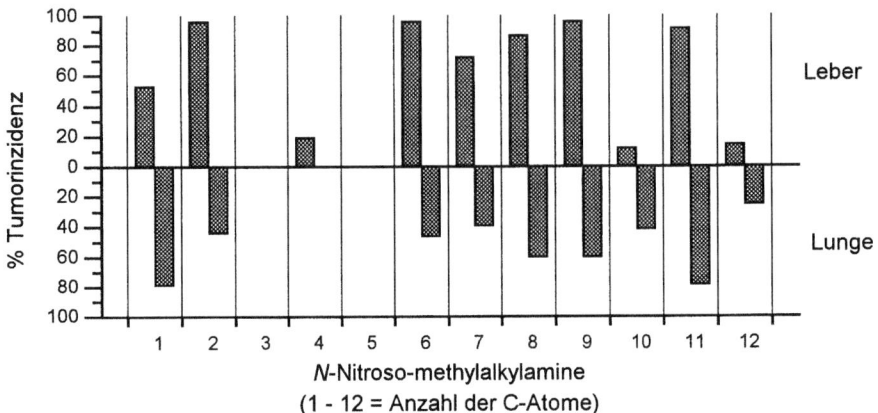

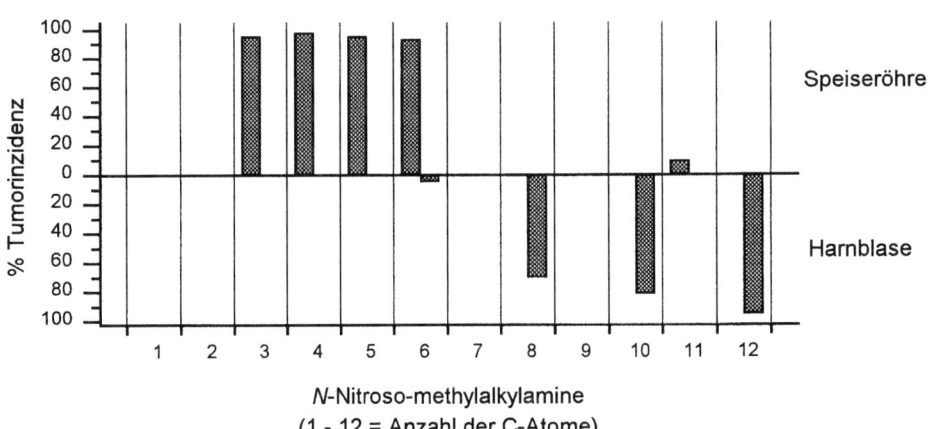

Abb. 5.9 Tumorinzidenz in verschiedenen Organen der Ratte induziert durch homologe N-Nitroso-methylalkylamine[39]

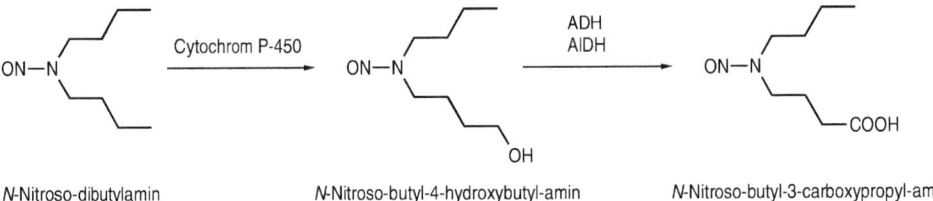

N-Nitroso-dibutylamin   N-Nitroso-butyl-4-hydroxybutyl-amin   N-Nitroso-butyl-3-carboxypropyl-amin

Abb. 5.10 Bildung von carboxylierten Metaboliten aus N-Nitroso-dibutylamin

potente Kanzerogene der Harnblase. Der eigentliche relevante Metabolit ist mit hoher Wahrscheinlichkeit N-Nitroso-butyl-3-carboxypropylamin. Detaillierte Untersuchungen haben gezeigt, daß das 3-Carboxypropylintermediat allen N-Nitrosaminen mit blasenkanzerogener Wirkung gemeinsam ist. Bei lokaler Instillation in die Harnblase ließen sich mit dieser Verbindung Harnblasentumoren induzieren. N-Nitroso-3-carboxypropylamine unterliegen einer weiteren Biotransformation durch β-Oxidation und Decarboxylierung in Mitochondrien zu den entsprechenden β-Ketopropylverbindungen[40]. Letztere sind, im Gegensatz zum wasserlöslichen Transportmetaboliten (N-Nitroso-alkyl-3-carboxypropylamin), hoch lipophil und gute Substrate für Cytochrom P-450 (Abb. 5.11).

Durch Cytochrom P-450-vermittelte α-Hydroxylierung von N-Nitroso-β-ketopropyl-alkylaminen entstehen methylierende Agentien[41] (Abb. 5.12).

Wird die ω-Oxidation blockiert, z.B. durch Austausch der terminalen CH_3-Gruppen gegenüber CF_3-Gruppen, wird keine blasenkanzerogene Wirkung mehr beobachtet[42].

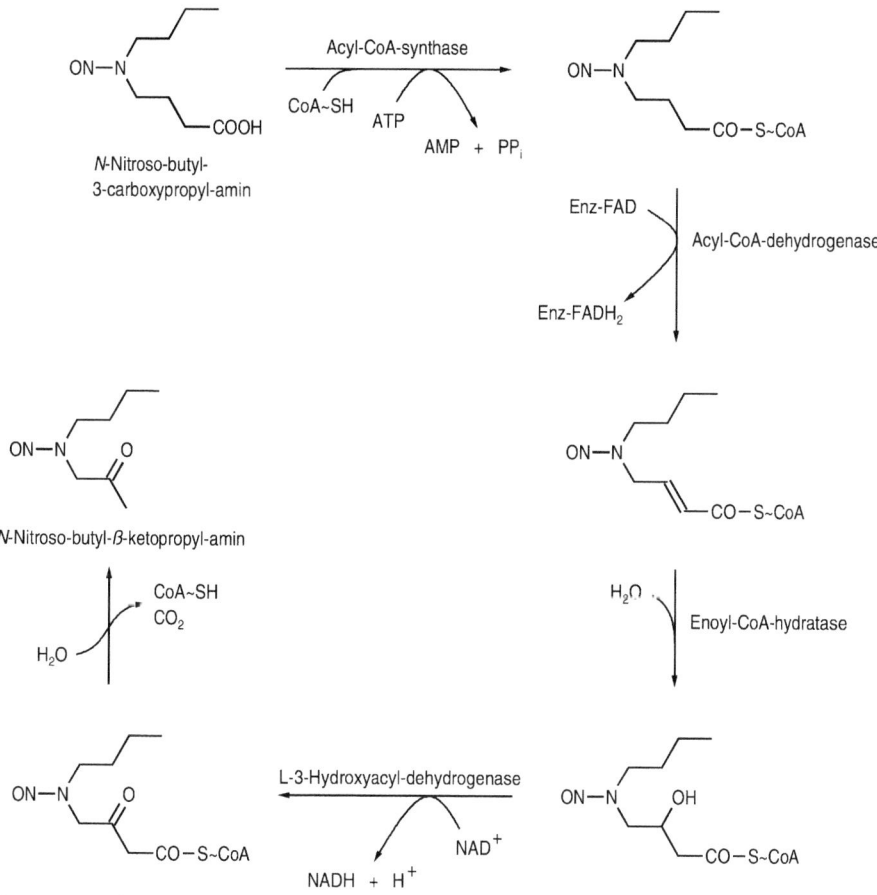

Abb. 5.11 β-Oxidation von N-Nitroso-butyl-3-carboxypropylamin durch mitochondriale Enzyme

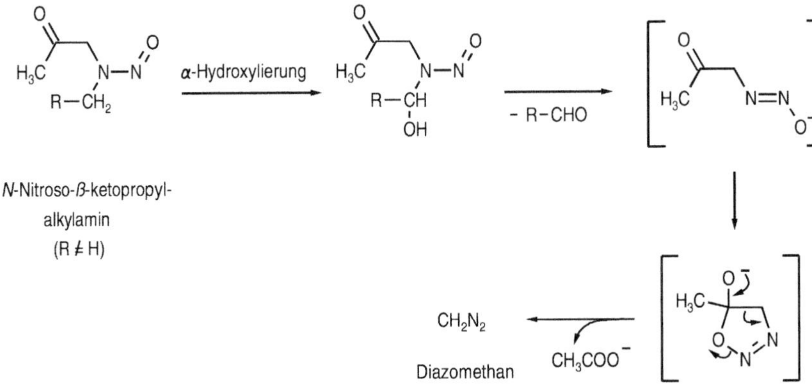

Abb. 5.12 Aktivierung von N-Nitroso-β-ketopropyl-alkylamin zu Diazomethan

5.2.3.2
Individuelle Variabilität

Unterschiede in der Empfindlichkeit gegenüber chemischen Kanzerogenen zwischen verschiedenen Tierspezies oder Stämmen werden häufig beobachtet. Als Ursache hierfür kommen vor allem Unterschiede in der Aktivierung und der Detoxifizierung von Kanzerogenen sowie Unterschiede bei der Reparatur von DNA-Schäden in Betracht. Für den Metabolismus körperfremder Stoffe spielen vor allem Cytochrom P-450 Isoenzyme eine wesentliche Rolle[44] (→ 2.2.4.1). Humanes Cytochrom P-450 besteht aus mindestens 20 unterschiedlichen Isoenzymen, die unterschiedliche Substratspezifität zeigen und unterschiedlich auf ethnische Gruppen, Individuen und Organe verteilt sind. Dieser genetisch bedingte Polymorphismus ist vermutlich von erheblicher Bedeutung für die individuell unterschiedliche Empfindlichkeit.

So zeigen humane Populationen genetischen Polymorphismus in der Expression des Gens (*CYP2D6*), das für Debrisoquin 4-Hydroxylase (Cytochrom P-450 2D6) codiert. Die Aktivität dieses Enzyms kann durch Messung der Rate der Biotransformation von Debrisoquin zu 4-Hydroxydebrisoquin ermittelt werden (Abb. 5.13). Die Debrisoquin 4-Hydroxylase-Aktivität beim sog. EM Phenotyp (extensive metabolizer) kann 10–200fach höher sein als beim sog. PM Phenotyp (poor metabolizer). Epidemiologische Daten weisen darauf hin, daß eine Korrelation zwischen Debrisoquin 4-Hydroxylase Aktivität (EM-Phenotyp) und erhöhtem Risiko an Lungenkrebs besteht[45].

Cytochrom P-450 1A1 gilt als das Isoenzym, das für die 7,8-Oxidation von Benzo[a]pyren und vermutlich auch von anderen polycyclischen Kohlenwasserstoffen beim Menschen verantwortlich ist. Cytochrom P-450 1A2 ist

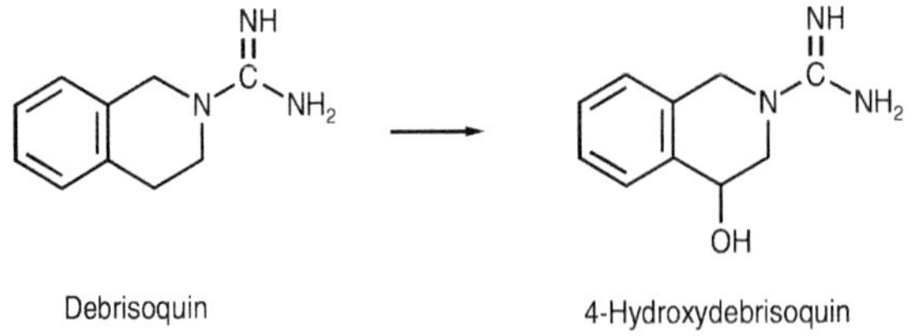

Abb. 5.13 Hydroxylierung von Debrisoquin zu 4-Hydroxydebrisoquin

primär für die Aktivierung einer großen Anzahl von Arylaminen verantwortlich, einschließlich jener, die beim Erhitzen von Lebensmitteln entstehen, sowie einiger Arylamide. Cytochrom P-450 IIIA4 aktiviert vor allem Aflatoxine und Sterigmatocystin, Dihydrodiole von polycyclischen aromatischen Kohlenwasserstoffen, 6-Aminochrysen, das Pyrrolizidinalkaloid Senecionin sowie Tris(2,3-dibrompropyl)phosphat. Das Isoenzym Cytochrom P-450 IIE1 verstoffwechselt bevorzugt kurzkettige Nitrosamine, Benzol, Styrol, Halomethane, Vinylhalide, Ethylurethan, kleine Vinylmonomere und möglicherweise noch andere niedermolekulare Verbindungen. Die erwähnten Isoenzyme sind alle induzierbar und ihre Aktivitäten variieren individuell sehr stark. Es ist möglich, daß die Metabolisierung eines breiten Spektrums chemischer Kanzerogene beim Menschen nur von relativ wenigen Isoenzymen bewerkstelligt wird[46].

Die Enzyme Cytochrom P-450 und Acetyltransferase sind an der Aktivierung aromatischer Amine zu ultimalen Kanzerogenen beteiligt (N-Hydroxylierung gefolgt von O-Acetylierung). Die Acetyltransferase wird beim Menschen durch 2 Gene, NAT1 und NAT2, codiert. Auch das Gen NAT2 ist in der Bevölkerung polymorph verteilt, so daß eine Einteilung in sog. schnelle und sog. langsame Acetylierer vorgenommen werden kann. Als Marker zur Erfassung der Aktivität des Isoenzyms Cytochrom P-450 1A2 und der Acetyltransferase (NAT2) beim Menschen kann der Coffeinmetabolismus herangezogen werden. Dabei werden die nach Coffein-Einnahme auftretenden Urinmetaboliten gemessen. Coffein (1,3,7-Trimethylxanthin) wird metabolisch durch Cytochrom P-450 über Paraxanthin (1,7-Dimethylxanthin) und Theophyllin (1,3-Dimethylxanthin) zu 1-Methylxanthin (MX) abgebaut (Abb. 5.14). Durch Acetyltransferase wird 5-Acetylamino-6-formylamino-3-methyluracil (AFMU) gebildet. Quantitative Erfassung dieser zwei Metaboliten (MX und AFMU) im Urin nach Aufnahme von Coffein, z. B. mit einer Tasse Kaffee (ca. 100 mg), mit Hilfe der HPLC geben Auskunft über die individuelle Aktivität von Cytochrom P-450 und Acetyltransferase. Personen mit einem Verhältnis [AFMU]:[MX]

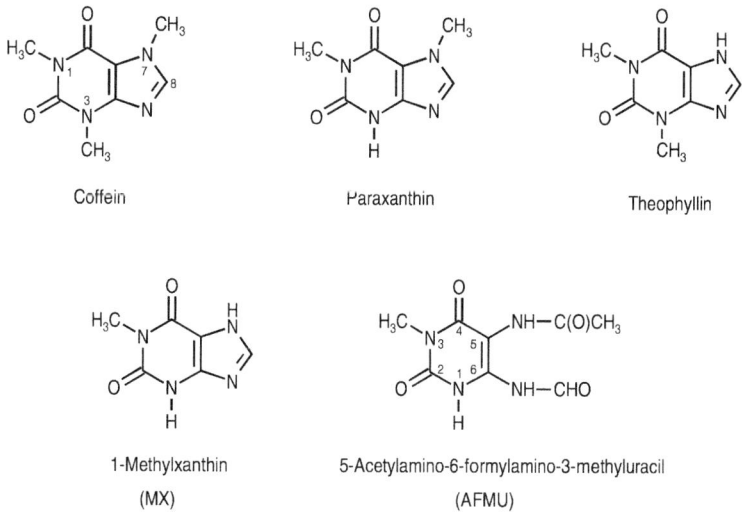

Abb. 5.14 Coffein und seine Metaboliten

von $>0{,}5$ werden zu schnellen Acetylierern, mit einem Verhältnis von $<0{,}5$ zu langsamen Acetylierern gerechnet.

Die Bestimmung der Acetyltransferase-Aktivität beim Menschen ist auch über die *in vivo*-Acetylierung von Isoniazid (Isonicotinsäurehydrazid) zu Acetylisoniazid durchgeführt worden, das als Metabolit im Urin erfaßt werden kann (Abb. 5.15).

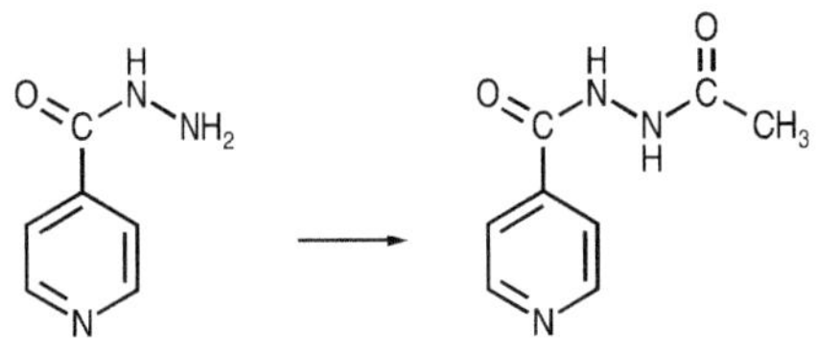

Abb. 5.15 Acetylierung von Isoniazid zu Acetylisoniazid

Eine Korrelation zwischen dem Status „schneller Acetylierer" und einem erhöhten Risiko, an Colonkrebs zu erkranken, wird vermutet. Danach könnte eine erhöhte Acetyltransferase-Aktivität in der menschlichen Colonmucosa zu erhöhter Konzentration an *O*-acetylierten, biologisch aktiven Metaboliten führen, während bei langsamen Acetylierern eine verzögerte Acetylierung zu erhöhter Konzentration an *N*-Hydroxy-arylaminen in der Harnblase führen könnte[47].

5.3
Schwellenwertproblem, Dosis-Wirkungsbeziehungen und Extrapolation auf niedrige Dosen

Bei genotoxischen Kanzerogenen gibt es keine Anhaltspunkte für eine wissenschaftlich belegbare Schwellendosis, unterhalb derer keine Schädigung des genetischen Materials mehr stattfindet. Dies bedeutet nicht, daß Wirkungen von Kanzerogenen nicht dosisabhängig sind. Auch bei diesen Stoffen ist vielfach in Tierversuchen, aber auch am Menschen nachgewiesen, daß die Tumorinzidenz mit der Kanzerogen-Dosis korreliert. Das Fehlen einer Schwellendosis, wie sie für andere pharmakologische oder toxikologische Effekte definiert werden kann, bedeutet zunächst nur, daß niedrige Exposition durch kleine Kanzerogen-Dosen ein niedriges Gesundheitsrisiko zur Folge hat und hohe Exposition ein hohes Risiko bedingt. Die Sonderstellung kanzerogener Effekte im Vergleich zu anderen toxischen Effekten beruht auf dem Postulat der Irreversibilität der Wirkung. Dies bedeutet, daß sog. genotoxische Kanzerogene persistierende Schäden im Genom setzen und daß Erholungsvorgänge nicht nachweisbar sind. Chronische Exposition mit kleinen Dosen führt somit zur Summation der Wirkungen. Auch nach einer einmaligen Einwirkung kann schon Tumorentwicklung ausgelöst werden, wenn der betroffene Organismus lange genug lebt, um das Induktionszeitintervall zu durchlaufen. Während also reversible toxische Effekte eine gewisse Zeit nach Abklingen des Effektes keine permanente Veränderung hinterlassen, so daß der Organismus auf eine neue Exposition so reagiert, als hätte er die erste Einwirkung nie erlebt, gilt dies nicht für die irreversible genetische Veränderung ($\rightarrow$ 3.10.3.2).

Ein klassisches Experiment mit dem Kanzerogen *N*-Nitrosodiethylamin (NDEA) ist zur Verdeutlichung in den Abbildungen 5.16 und 5.17 zusammengefaßt. Im Langzeitfütterungsversuch wurde NDEA an Ratten in 9 verschiedenen Dosierungen (75 g bis 14,2 mg/kg Körpergewicht pro Tag) gegeben[42]. Abbildung 5.16 zeigt, daß die Gesamtdosis D_{50}, die in 50% der behandelten Tiere zu Tumoren führt, mit der Tagesdosis d im doppeltlogarithmischen Netz linear korreliert. D_{50} wird kleiner, wenn d kleiner wird. Läge Reversibilität der Einzelwirkungen vor, wäre dies nicht der Fall.

190 | Prinzipien der Risikoermittlung

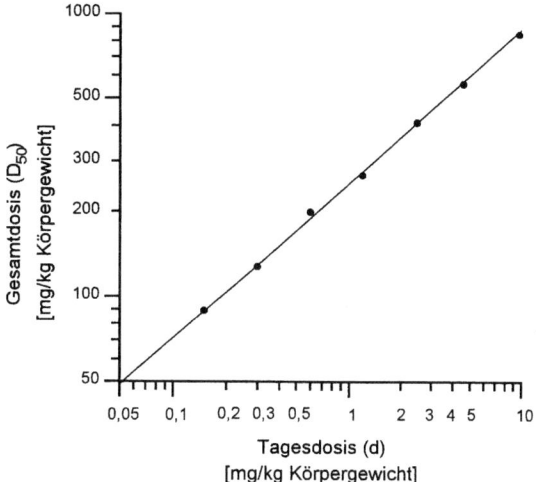

Abb. 5.16 Lineare Abhängigkeit der kanzerogenen Gesamtdosis (D_{50}) an NDEA von der Tagesdosis (d)

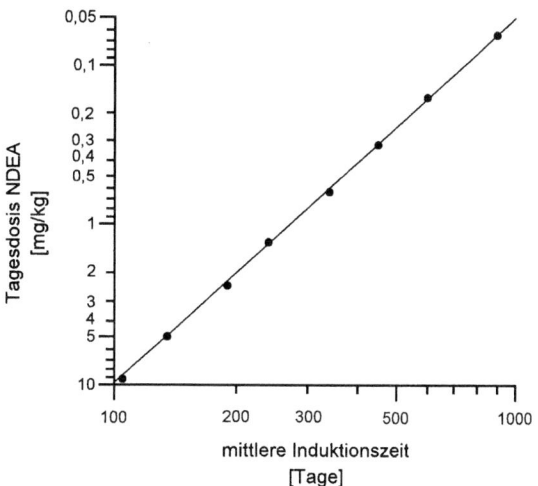

Abb. 5.17 Lineare Abhängigkeit der mittleren Induktionszeit bis zum Auftreten von Karzinomen bei 50% der Ratten von der Höhe der Tagesdosis NDEA

Auch bei der Dosis-Zeit-Beziehung (Abb. 5.17) ist eine lineare Beziehung augenfällig und ein Abweichen von der Linearität im niederen Dosisbereich nicht erkennbar, auch wenn die mittlere Induktionszeit nahe an das Lebensende der Tiere rückt, die etwa 3 Jahre alt werden.

Aus den experimentellen Ergebnissen ist von Druckrey eine allgemeine Dosis-Wirkungs-Zeit-Beziehung für die chemische Kanzerogenese[42] formuliert worden:

$$d \times t^n = \text{const}$$

Diese Formel besagt, daß auch kleine und kleinste Dosen eines Kanzerogens zur Wirkung beitragen und daß der Faktor Zeit t durch seinen Exponenten n (im vorliegenden

Fall: n = 2,3) von entscheidendem Gewicht ist. Der Exponent n ist eine stoffspezifische Größe, die erheblich variieren kann (n = 1–5). Beispielsweise ergibt sich bei einer Verminderung der Dosis um den Faktor 100 für ein Kanzerogen mit n = 2 eine Verzehnfachung der mittleren Tumorlatenzzeit, für ein Kanzerogen mit n = 5 jedoch nur eine Verlängerung um das 2,5-fache.

Wenn eine chemische Substanz sich im Tierversuch als kanzerogen erwiesen hat, dann stellt sich die Frage nach der duldbaren Dosishöhe für die Exposition des Menschen. Da prinzipiell ein Schwellenwert für genotoxische Kanzerogene nicht angenommen werden kann, ist hier die Definition einer sozial akzeptablen Expositionshöhe erforderlich. Vor dem Hintergrund einer kumulativen Gesamttumorhäufigkeit beim Menschen von etwa einem Drittel der Bevölkerung (unter der Annahme von 75 Jahren Lebenszeit) wird meist die expositionsbedingte theoretische Zunahme um einen zusätzlichen Tumor pro 1 Million exponierter Menschen (1×10^{-6}) als sozial annehmbar zugrunde gelegt („virtuell sichere" Dosis, engl.: „virtually safe" dose). Gelegentlich wird auch ein Risiko von einem zusätzlichen Krebsfall pro einhunderttausend Exponierter (1×10^{-5}) als sozial akzeptabel definiert. Da im Tierversuch signifikante Aussagen erst im Bereich von etwa 10% Tumorinzidenz möglich sind, muß ein Dosierungsbereich von etwa 4 bis 5 Größenordnungen, der tierexperimentell nicht zugänglich ist, durch Extrapolation überbrückt werden, um zu einer sozial akzeptablen Expositionshöhe für den Menschen zu kommen. Dabei ist für die Abschätzung der „virtuell sicheren" Dosis von entscheidender Bedeutung, ob für den experimentell nicht mehr zugänglichen Dosisbereich noch Linearität oder ob hiervon abweichendes Verhalten anzunehmen ist.

Aus zahlreichen tierexperimentellen Versuchsergebnissen wissen wir, daß nicht-lineare Dosis-Wirkungsbeziehungen, zumindest im höheren Dosisbereich, die Regel sind. So ist zum Beispiel für genotoxische Kanzerogene Proportionalität zwischen DNA-Adduktbildung und Dosis nur so lange gewahrt, solange die Konzentrationen an Kanzerogen und seinen proximalen bzw. ultimalen Wirkformen unterhalb der K_M-Werte der beteiligten aktivierenden/desaktivierenden Enzyme liegen. Bei höherer Dosierung bedingen die Sättigung enzymatischer Prozesse, aber auch die Induktion von Enzymen (→ 2.2.4.1) ein Abweichen von der Linearität. Zusätzlich wird die Ausprägung einer Mutation als Folge eines DNA-Schadens sehr stark von der Zellteilungsrate beeinflußt. Ist die Teilungsrate langsam gegenüber einem durch den Schaden induzierten Reparaturvorgang, dann kann u.U. der Schaden repariert sein, bevor er als Mutation an die Tochterzelle weitergegeben ist. Sehr häufig wird jedoch die Zellteilungsrate durch die Schadensetzung so stark angeregt (reaktive Hyperplasie), daß die Mutation stark beschleunigt in den Tochterzellen fixiert und amplifiziert wird. Hieraus ergibt sich eine nicht-lineare Beziehung zwischen dem Ausmaß an primärer DNA-Schädigung und der Mutationsrate in den nachfolgenden Zellgenerationen. Schließlich können durch das gleiche Kanzerogen verschiedene Mutationen gleichzeitig ausgelöst und beschleunigt weitergegeben werden. Hieraus ist eine exponentielle Beziehung zwischen Adduktmenge und Tumorinzidenz zu erwarten. Diese Betrachtungen liefern eine Erklärung dafür, warum in Tierversuchen mit in der Regel hochingezüchteten und somit genetisch identischen Versuchstieren nichtlineare Dosis-Wirkungsbeziehungen beobachtet werden, bei denen der Exponent n im niederen Dosisbereich in der Regel nicht größer ist als 2. Prinzipiell scheint Nichtlinearität auch für nicht-genotoxisch wirkende (epigenetische) Kanzerogene vorzuliegen[48].

Aus epidemiologischen Studien am Menschen kann jedoch abgeleitet werden, daß im Gegensatz zum Tierversuch mit ganz wenigen Ausnahmen lineare Dosis-Wirkungsbeziehungen vorherrschen. Hier könnte die hochgradige genetische Heterogenität der exponierten Population mit ihren Auswirkungen auf unterschiedliche Metabolisierungsprofile und -raten, auf unterschiedliche Reparatursysteme und -raten und vermutlich weitere modulierende, noch unbekannte Faktoren im Gesamteffekt „linearisierend" wirken.[48]

Für die Risikoabschätzung (engl.: risk assessment) beim Menschen ist demzufolge der linearen Extrapolation der Vorzug zu geben, auch wenn der Tierversuch eine nicht-lineare Dosis-Wirkungsbeziehung ergibt[48].

Literatur

1 Adams, J. D.; O'Mara-Adams, K. J.; Hoffmann, D. *Carcinogenesis* **1987**, *8*, 729– 731.
2 Hecht, S. S.; Hoffmann, D. In *Relevance to Human Cancer of N-Nitroso Compounds, Tobacco Smoke and Mycotoxin*; O'Neill, I. K.; Chen, J.; Bartsch, H. Hrsg., IARC SCI. Publ. No 105, International Agency for Research on Cancer, Lyon, 1991; S. 54– 61.
3 Vineis, P. *Cancer Epidemiol. Biomarkers Prev.* **1992**, *1*, 149– 153.
4 Sugimura, T.; Wakabayashi, K. In *Mutagens and Carcinogens in the Diet*; Pariza, M. W.; Aeschbacher, H. U.; Felton, J. S.; Sato, S. Hrsg., Wiley-Liss Inc: New York, 1990; S. 1– 18.
5 *Schriftreihe zum Programm der Bundesregierung: Forschung und Entwicklung im Dienste der Gesundheit*, **1991**, *18*, Bonn.
6 Wakabayashi, K.; Ushiyama, H.; Takahashi, M.; Nukaya, H.; Kim, S. B.; Hirose, M.; Ochiai, M.; Sugimura, T.; Nagao, M. *Environ. Health Perspect.* **1993**, *99*, 129– 133.
7 Wild, C. P.; Umbenhauer, D.; Chapot, B.; Montesano, R. *J. Cell Biochem.* **1986**, *24*, 171– 179.

8 Carmella, S. G.; Alerkar, S.; Hecht, S. S. *Cancer Res.* **1993**, *53*, 721– 724.
9 Heristad, B. V.; Ovrebo, S.; Haugen, A.; Hagen, I. *Carcinogenesis* **1993**, *14*, 307– 309.
10 Spiegelhalder, B.; Müller, J.; Drasche, H.; Preussmann, R. In *Relevance of N-Nitroso Compounds to Human Cancer: Exposure and Mechanismus*; Bartsch, H.; O'Neill, I. K.; Schulte-Hermann, R. Hrsg., IARC Sci. Publ. No 84, IARC, Lyon, 1987; S. 550– 552.
11 Skipper, P. L.; Tannenbaum, S. R. *Carcinogenesis* **1990**, *11*, 507– 518.
12 Watson, W. P. *Mutagenesis* **1987**, *2*, 319– 331.
13 Walker, V. E.; MacNeela, J. P.; Swenberg, J. A.; Turner Jr., M. J.; Fennell, T. R. *Cancer Res.* **1992**, *52*, 4320– 4327.
14 van Sittert, N. J.; Beulink, G. D. J.; van Vliet, E. W. N.; van der Waal, H. *Environ. Health Perspect.* **1993**, *99*, 217– 220.
15 Wraith, M. J.; Watson, W. P.; Eadsforth, C. V.; van Sittert, N. J.; Törnquist, M.; Wright, A. S. In *Methods for detecting DNA-damaging agents in humans: Applications in Cancer Epidemiology*; Bartsch, H.; Hemminki, K.; O'Neill, I. K. Hrsg., IARC Scientific Publication No 89, IARC, Lyon, 1988; S. 271– 274.
16 Walker, V. E.; Fennell, T. R.; Upton, P. B.; MacNeela, J. P.; Swenberg, J. A. *Environ. Health Perspect.* **1993**, *99*, 11– 17.
17 Naylor, S.; Gan, L. S.; Day, B. W.; Pastorelli, R.; Skipper, P. L.; Tannenbaum, S. R. *Chem. Res. Toxicol.* **1990**, *3*, 111– 117.
18 Weston, A.; Rowe, M. L.; Manchester, D. K.; Farmer, P. B.; Mann, D. L.; Harris, C. C. *Carcinogenesis* **1989**, *10*, 251– 257.
19 Shamsuddin, A. K. M.; Sinopoli, N. T.; Hemminki, K.; Boesch, R. R.; Harris, C. C. *Cancer Res.* **1985**, *45*, 66– 68.
20 Day, B. W.; Maxtader, M. M.; Rich, R. H.; Skipper, P. L.; Singh, K.; Dasari, R. R.; Tannenbaum, S. R. *Chem. Res. Toxicol.* **1992**, *5*, 71– 76.
21 Haugen, A.; Becher, G.; Bonestad, C.; Vähäkangas, K.; Trivers, G. E.; Newman, M. J.; Harris, C. C. *Cancer Res* **1986**, *46*, 4178– 4183.
22 Green, L. C.; Skipper, P. L.; Turesky, R. J.; Bryant, M. S.; Tannenbaum, S. R. *Cancer Res.* **1990**, *44*, 4254– 4259.
23 Hammond, S. K.; Coghlin, J.; Gann, P. H.; Paul, M.; Taghizadeh, K.; Skipper, P. L.; Tannenbaum, S. R. *J. Natl. Cancer. Inst.* **1993**, *85*, 474– 478.
24 Skipper, P. L.; Obiedzinski, M. W.; Tannenbaum, S. R.; Miller, D. W.; Mitchum, R. K.; Kadlubar, F. F. *Cancer Res.* **1985**, *45*, 5122– 5127.

25 Talaska, G.; Dooley, K. L.; Kadlubar, F. F. *Proc. Natl Acad. Sci.* USA **1991**, *88*, 5350–5354.
26 Lynch, A. M.; Murray, S.; Boobis, A. R.; Davies, D. S.; Gooderham, N. J. *Carcinogenesis* **1991**, *12*, 1067–1072.
27 Lynch, A. M.; Murray, S.; Zhao, K.; Gooderham, N. J.; Boobis, A. R.; Davies, D. S. *Carcinogenesis* **1993**, *14*, 191–194.
28 Turesky, R. J.; Rossi, S. C.; Welti, D. H.; Lay Jr., J. O.; Kadlubar, F. F. *Chem. Res. Toxicol.* **1992**, *5*, 479–490.
29 Umemoto, A.; Monden, Y.; Grivas, S.; Yamashita, K.; Sugimura, T. *Carcinogenesis* **1992**, *13*, 1025–1030.
30 Sabbioni, G.; Ambs, S.; Wogan, G. N.; Groopman, J. D. *Carcinogenesis* **1990**, *11*, 2063–2066.
31 Aztrup, J. L.; Schmidt, J.; Autrup, H. *Environ. Health Perspect.* **1993**, *99*, 195–197.
32 Groopman, J. D.; Wild, C. P.; Hasler, J.; Chen, J. S.; Wogan, G. N.; Kensler, T. W. *Environ. Health Perspect.* **1993**, *99*, 107–113.
33 Buss, P.; Caviezel, M.; Lutz, W. K. *Carcinogenesis* **1990**, *11*, 2133–2135.
34 Murphy, S. E.; Coletta, K. A. *Cancer Res.* **1993**, *53*, 777–783.
35 Carmella, S. G.; Kagan, S. S.; Hecht, S. S. *Environ. Health Perspect.* **1993**, *99*, 203–205.
36 Hecht, S. S.; Carmella, S. G.; Foiles, P. G.; Murphy, S. E.; Peterson, L. A. *Environ. Health Perspect.* **1993**, *99*, 57–63.
37 Schäffler, G.; Betz, C.; Richter, E. *Environ. Health Perspect.* **1993**, *99*, 187–189.
38 Mustonen, R.; Schoket, B.; Hemminki, K. *Carcinogenesis* **1993**, *14*, 151–154.
39 von Hofe, E.; Schmerold, I.; Lijinsky, W.; Jeltsch, W.; Kleihues, P. *Carcinogenesis* **1987**, *8*, 1337–1341.
40 Janzowski, C.; Landsiedel, R.; Gölzer, P.; Eisenbrand, G. *Chem.-Biol. Interactions* **1994**, *90*, 23–33.
41 Leung, K. H.; Archer, M. C. *Chem.-Biol. Interactions* **1984**, *48*, 169–179.
42 Preussmann, R.; Habs, M.; Habs, H.; Stummeyer, D. *Carcinogenesis* **1982**, *3*, 1219–1222.
43 Druckrey, H.; Schildbach, A.; Schmähl, D.; Preussmann, R.; Ivankovic, S. *Arzneim.-Forsch.* **1963**, *13*, 841–851.
44 Guengerich, F. P. *Cancer Res.* **1988**, *48*, 2946–2954.
45 Idle, J. R. *Mutat. Res.* **1991**, *247*, 259–266.
46 Guengerich, F. P.; Kim, D.-H.; Iwasaki, M. *Chem. Res. Toxicol.* **1991**, *4*, 168-179.
47 Nebert, D. W. *Mutat. Res.* **1991**, *247*, 267–281.
48 Lutz, W. K. *Carcinogenesis* **1990**, *11*, 1243-1247.
49 Eisenbrand, G.; Tang, W. *Toxicology* **1993**, *84*, 1–82.
50 Murray, S.; Gooderham, N. J.; Boobis, A. R.; Davies, D. S. *Carcinogenesis* **1989**, *10*, 763–765.

6
Toxikologie ausgewählter Substanzgruppen

6.1
Kohlenwasserstoffe

6.1.1
Aliphatische Kohlenwasserstoffe

Geradkettige, verzweigte und cyclische Alkane sind mit Ausnahme von *n*-Hexan (s. unten) bei oraler und dermaler Aufnahme von geringer Toxizität. Dies wird durch die hohen LD_{50}- und MAK-Werte einiger typischer Vertreter belegt (Tab. 6.1). Aufgrund der hohen Lipophilie passieren die Substanzen die Blut-Hirn-Schranke und üben eine gewisse narkotische Wirkung aus. Außerdem entfetten und reizen sie Haut und Schleimhäute. In flüssiger Form in die Lunge aufgenommen, schädigen sie die Alveolen und Blutkapillaren und führen zum toxischen Lungenödem (→ 3.3.2). Trotz der hohen Lipophilie kommt es nicht zur Speicherung im Fettgewebe, da die leichtflüchtigen Alkane teilweise unverändert mit der Atemluft ausgeschieden, teilweise wie die schwererflüchtigen im Stoffwechsel zu primären und sekundären Alkoholen hydroxyliert werden (→ 2.2.4.1). Die weitere enzymatische Oxidation der primären Alkohole führt über Aldehyde zu Carbonsäuren, die dem physiologischen Fettsäure-Abbau (-Oxidation) unterliegen. Sekundäre Alkohole können zu Ketonen dehydriert werden.

Beim *n*-Hexan stellt die Ketonbildung eine metabolische Aktivierung dar, da 2,5-Hexandion mit Aminogruppen von Nervenzellproteinen reagiert und dadurch bei längerdauernder Exposition neurotoxisch wirkt (→ 3.6.2). Die Symptome reichen von „Kribbeln" über Krämpfe bis zu Lähmungen der Arme und Beine.

Alkene haben vor allem Bedeutung als Monomere für die Herstellung verschiedener Kunststoffe (Polyethylen, Polypropylen, Polystyrol usw.). Ethen bewirkt die Reifung von Obst und wird zu diesem Zweck eingesetzt. Neben einer seit langem bekannten leichten narkotischen und hautreizenden Wirkung, die wie bei den Alkanen auf die hohe Lipophilie zurückzuführen ist, wurden für einige Alkene im Tierversuch schwerwiegende toxische Effekte beobachtet, vor allem Leberschäden und Krebs. 1,3-Butadien wurde von der MAK-Kommission in die Gruppe 1 (→ 4.6.2) eingeordnet, d.h. es ist im Tier unter Bedingungen, die auch für den Menschen am Arbeitsplatz relevant sind, eindeutig kanzerogen. Die cytotoxische und kanzerogene Wirkung von Alkenen ist auf die Metabolisierung zu Epoxiden zurückzuführen (→ 2.2.4.1). Verschiedene Epoxide kurzkettiger Alkene, z. B. Ethenoxid (Ethylenoxid), 1,2-Epoxypropan und 1,2-Epoxybutan sind im Tierversuch kanzerogen und in die MAK-Gruppe 2 eingeordnet (→ 6.5.3). Von der MAK-Kommission werden z.Z. eine Reihe von Alkenen, z. B. Ethen, Isopren, Styrol, Methylstyrol und Limonen (Abb. 6.1) auf

Tab. 6.1 MAK-Werte, akute Toxizität und Einstufung des krebserzeugenden Potentials ausgewählter aliphatischer Kohlenwasserstoffe

Stoff	MAK-Werte		LD_{50} [mg/kg] (Ratte p.o.)	H, S	Krebserzeugende Gruppe	
	ml/m³ [ppm]	mg/m³			DFG	IARC
Propan	1000	1800		–	–	–
Butan (alle Isomeren)	1000	2400		–	–	–
Pentan (alle Isomeren)	1000	3000		–	–	–
n-Hexan	50	180		H	–	–
Hexan (andere Isomeren)	200	720		–	–	–
Octan (alle Isomeren)	500	2400		–	–	–
Cyclohexan	200	700	1300[a]	–	–	–
Methylcyclohexan	200	810		–	–	–
1,3-Butadien	–	–		–	1	2B
Styrol	20	86	5000	–	5	2B
Methylstyrol	100	490	4900	–	–	–

[a] gemessen als einatembare Fraktion

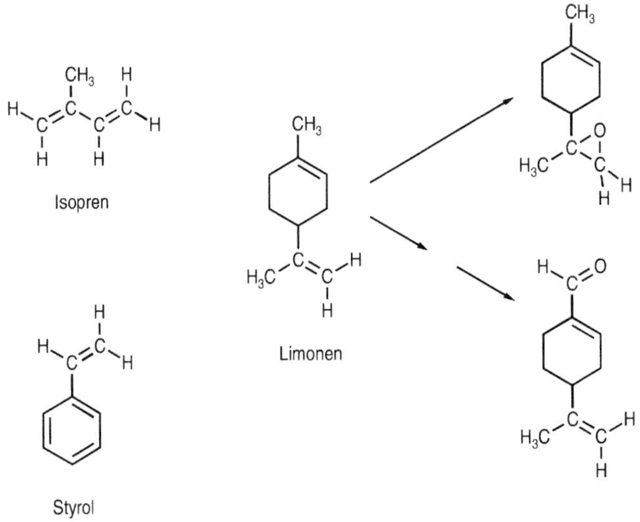

Abb. 6.1 Strukturen von Isopren, Styrol und Limonen sowie dessen mögliche metabolische Aktivierung

krebserzeugende Wirkung hin überprüft. Limonen, ein Bestandteil von Terpentin, erzeugt Allergien, wahrscheinlich nach metabolischer Aktivierung zu einem Epoxid oder α,β-ungesättigten Aldehyd, die unter Bildung eines Antigens an Proteine binden (→ 3.8.2). Der nur bei männlichen Ratten beobachteten Nierenkanzerogenität von Limonen und anderen aliphatischen Kohlenwasserstoffen liegt ein besonderer Mechanismus zugrunde, der für den Menschen nicht zutrifft (→ 3.2.3).

6.1.2
Aromatische Kohlenwasserstoffe

Monocyclische aromatische Kohlenwasserstoffe (Benzol und seine Derivate, Tab. 6.2) werden in großem Maßstab meist durch Raffination von Erdöl oder durch die Reppe-Synthese aus Acetylen hergestellt. Die jährliche globale Produktionsmenge von Benzol wird auf 15 Millionen Tonnen geschätzt. Durch Produktion und Anwendung werden jährlich ca. 100 000, durch Verbrennen von fossilen Energieträgern weitere 400 000 Tonnen Benzol in die Atmosphäre emittiert.

Monocyclische Aromaten sind von geringer akuter Toxizität. Wegen ihrer Lipophilie wirken sie narkotisch und hautreizend. Bei chronischer Exposition führt Benzol zur Schädigung des Knochenmarks, wobei eine verminderte Bildung aller Blutzellen, sowie in seltenen Fällen Leukämie auftritt (→ 3.4.1).

Die myelotoxische Wirkung des Benzols wird auf die Bildung reaktiver Metaboliten bei der oxidativen Biotransformation zurückgeführt (Abb. 6.2). Über ein Epoxid-Intermediat entsteht Phenol, das weiter zu Hydrochinon und Brenzkatechin hydroxyliert wird. Außerdem wird der aromatische Ring zu dem hochreaktiven *trans,trans*-Muconaldehyd geöffnet. Als „ultimale" kanzerogene Metaboliten werden Chinone und Semichinone des *para*- und *ortho*-Dihydroxybenzols sowie der Muconaldehyd diskutiert. Interessanterweise gelingt es kaum, mit Benzol Genmutationen zu erzeugen, so daß eine signifikante Bindung an die DNA in Knochenmarkszellen eher unwahrscheinlich ist. Dagegen wirkt Benzol als Aneuploidogen und Klastogen (→ 3.10.3.3) und führt zu Störungen in der Zahl und Struktur der Chromosomen. Die endgültige Klärung des biochemischen Mechanismus der Knochenmarkstoxizität des Benzols steht noch aus.

Toluol hat trotz der engen strukturellen Verwandtschaft zum Benzol keine myelotoxische Wirkung. Dies wird auf den unterschiedlichen Metabolismus zurückgeführt, da Toluol ganz bervorzugt an der Methylgruppe hydroxyliert und über Benzylalkohol und Benzaldehyd zur harmlosen Benzoesäure oxidiert wird. Entsprechendes gilt für die Isomeren des Xylols. Als Lösemittel kann

Tab. 6.2 MAK-Werte, akute Toxizität und Einstufung des krebserzeugenden Potentials ausgewählter aromatischer Kohlenwasserstoffe

Stoff	MAK-Werte		LD_{50} [mg/kg] (Ratte p.o.)	H, S	Krebserzeugende Gruppe	
	ml/m³ [ppm]	mg/m³			DFG	IARC
Benzol	–	–	3400	H	1	1
Toluol	50	190	3000	H	–	–
Xylol (alle Isomeren)	100	440	4300	H	–	–
Cumol (*i*-Propylbenzol)	50	250	1400	H	–	–
p-tert-Butyltoluol	–	–	1500	–	–	–
Biphenyl	–	–	3280	H	3B	–
Naphthalin	–	–	1780	H	2	–
Benzo[*a*]pyren	–	–	50	–	2	2A
Benz[*a*]anthracen	–	–	–	–	2	2A
Benzo[*k*]fluoranthen	–	–	–	–	2	2B
Dibenz[*a,h*]anthracen	–	–	–	–	2	2A
Dibenzo[*a,h*]pyren	–	–	–	–	2	2B

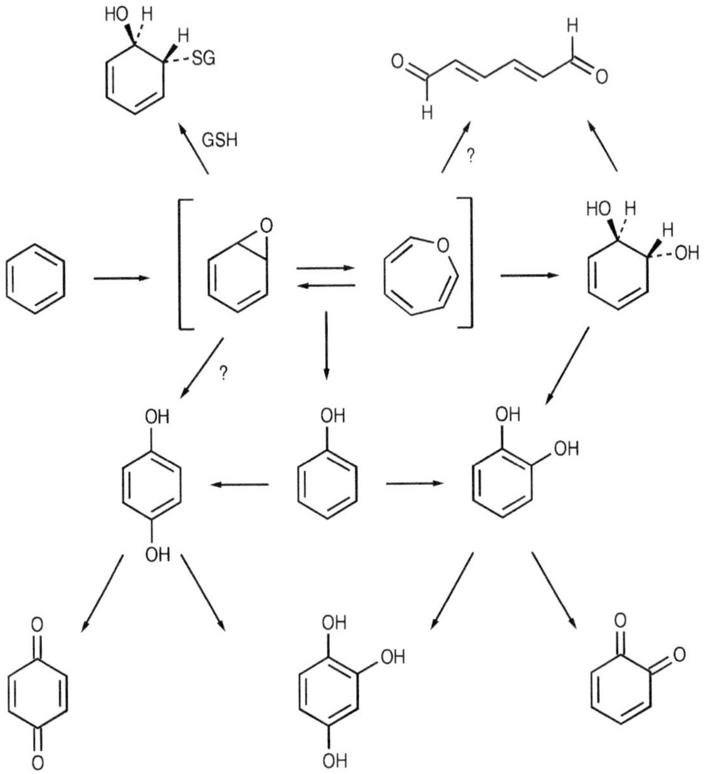

Abb. 6.2 Oxidativer Metabolismus von Benzol

Benzol meist ohne Nachteile durch Toluol oder Xylol ersetzt werden.

Unter den mehrkernigen aromatischen Kohlenwasserstoffen hat nur Naphthalin als Ausgangsmaterial für Phthalsäure, die in der Kunststoffindustrie für Weichmacher benötigt wird, Bedeutung. Aus toxikologischer Sicht sind vor allem die polycyclischen aromatischen Kohlenwasserstoffe (PAK, oder PAH nach dem englischen „polycyclic aromatic hydrocarbons") interessant, die als Produkte der unvollständigen Verbrennung von Kohlenstoffverbindungen anfallen und damit z.B. bei Heizkraftwerken, Müllverbrennung, Hausbrand, Autoabgasen, beim Grillen von Fleisch über offenem Feuer und beim Tabakrauchen gebildet werden. Dabei handelt es sich durchwegs um sehr komplexe Gemische verschiedener PAK, die zudem häufig Nitro-PAK und heterocyclische PAK enthalten. Eine Leitsubstanz der PAK ist das Benzo[a]pyren (BaP, Abb. 6.3). BaP und zahlreiche andere PAK sind kanzerogen im Tierversuch; sie erzeugen nach Pinselung auf die Mäusehaut lokal Tumoren und nach systemischer Aufnahme Krebs in verschiedenen Organen, vor allem in Lunge und Leber.

Der biochemische Mechanismus der Tumorinduktion durch PAK wurde intensiv untersucht. Es zeigte sich, daß unter den zahlreichen metabolischen Oxidationsreaktionen vor allem die Epoxidierung an der sog. „Bay Region" zur metabolischen Aktivierung führt. Die „Bay Region" des BaP und verschiedener anderer gut untersuchter PAK ist in Abb. 6.3 angezeigt. Als ultimaler Metabolit

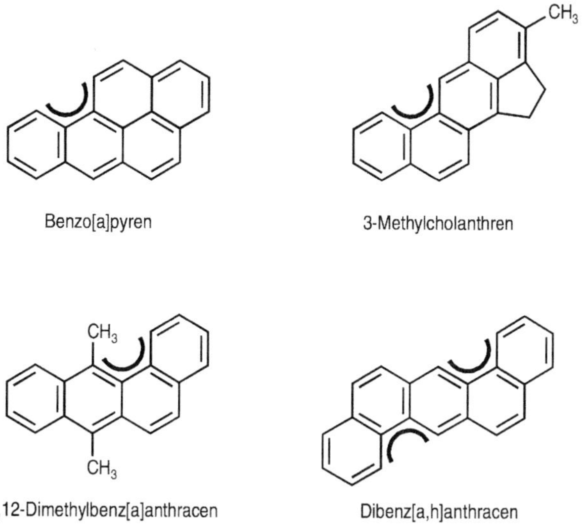

Benzo[a]pyren

3-Methylcholanthren

7,12-Dimethylbenz[a]anthracen

Dibenz[a,h]anthracen

Abb. 6.3 Strukturen ausgewählter polycyclischer aromatischer Kohlenwasserstoffe unter Kennzeichnung der für die metabolische Aktivierung wichtigen „Bay Region"

des BaP gilt ein bestimmtes „Diolepoxid" (→ Abb. 2.40 in 2.2.4.4), das durch Epoxidhydrolyse nur unzureichend entgiftet wird und kovalent an DNA-Basen bindet. Neben diesen Epoxiden entstehen im sehr komplexen Metabolismus der PAK auch Semichinone und Chinone, die unter Redox-Cycling zur Bildung reaktiver Sauerstoffspezies führen können (→ 2.2.4.4). Die in Abb. 6.3 gezeigten PAK werden in der experimentellen Krebsforschung häufig zur gezielten Induktion von Tumoren im Tierversuch verwendet.

6.2
Stickstoffverbindungen

6.2.1
Aromatische Amine und Nitro-Verbindungen

Der einfachste Vertreter der aromatischen Amine ist *Anilin*, die einfachste aromatische Nitro-Verbindung *Nitrobenzol*. Die beiden Stoffklassen sind wichtige Ausgangsmaterialien der chemischen Industrie und spielen eine große Rolle bei der Synthese von Farbstoffen, Arzneimitteln, Isocyanat-Kunststoffen (Polyurethanen), Kautschuk-Chemikalien (Alterungsschutzmitteln und Vulkanisationsbeschleunigern) sowie als Lösungsmittel. Aromatische Amine dienen ferner zur Herstellung von Diazoniumsalzen; aromatische Nitro-Verbindungen sind wichtige Grundstoffe der Sprengstoff-Industrie.

Aromatische Amine

Die toxikologischen Eigenschaften der aromatischen Amine werden anhand von Anilin, 2-Naphthylamin und Benzidin eingehender diskutiert. Wichtige physikalische Eigenschaften, akute Toxizität (LD_{50} bzw. LC_{50}) und Einstufung des krebserzeugenden Potentials sind in Tab. 6.3 zusammengestellt.

Anilin

Akute Vergiftung. Anilin gelangt in erster Linie durch Inhalation und infolge Hautresorption von Dämpfen oder Flüssigkeiten zur Aufnahme. Als akute Wirkung steht zunächst die Methämoglobin (Met-Hb)-Bildung durch

Tab. 6.3 Physikalische Eigenschaften, akute Toxizität und Einstufung des krebserzeugenden Potentials von Anilin, 2-Naphthylamin und Benzidin

	Anilin	2-Naphthylamin	Benzidin
Schmp. [°C]	−6,5	113	115–128
Siedep. [°C]	184,4	306	400
Dampfdruck	0,4 hPa/20 °C		
MAK-Wert	2 ml/m^3		
	7,7 mg/m^3		
LD$_{50}$			
Ratte, oral	440 mg/kg		
Ratte, dermal	670 mg/kg		
LC$_{50}$			
Ratte, inhalativ	250 ml/m^3, 4 h		
Krebserzeugendes Potential:			
MAK-Liste	3B	1	1
IARC	3	1	1

den Metaboliten Phenylhydroxylamin im Vordergrund (→ 3.4.2).

Orale Dosen von 25 mg (ca. ein Tropfen) Anilin können bereits deutliche Met-Hb-Bildung auslösen. Alkohol vermag die Giftwirkung des Anilins um das 7–20fache zu steigern. Schon früher wurde bei Industriearbeitern die Bildung von Met-Hb durch Anilin beobachtet. Bei akuter Vergiftung sind die Symptome meist durch die Methämoglobinämie bedingt. Erste Symptome treten ab 10–20% Met-Hb im Gesamt-Hb auf; 60–80% Met-Hb können zum Tode durch „inneres Ersticken" führen. Bei schwerer Vergiftung kommt es zu Schwindel, Atemlosigkeit, Kopfschmerzen, Übelkeit, Erbrechen und Blasenreizung mit Dunkelbraunfärbung des Harns als Folge der Zerstörung von Erythrocyten. Neben Atemnot und beschleunigtem Herzschlag als Folge der Met-Hb-Bildung entwickelt sich bei höherer Dosis durch die lähmende Wirkung auf das Zentralnervensystem ein tiefes Koma.

Die chronische Anilin-Vergiftung äußert sich in allgemeiner Schwäche, leichter Zyanose, Atemnot, schwerer Müdigkeit, dauerhaftem Schlafbedürfnis, Kopfschmerzen und Diarrhoe.

Metabolismus. Anilin wird beim Menschen und Versuchstieren schnell durch Haut oder Schleimhaut resorbiert, auf die Gewebe verteilt und nach der Metabolisierung überwiegend durch die Nieren ausgeschieden. Der metabolische Hauptweg besteht in der N-Acetylierung zu N-Acetylanilin, welches zu 4-Acetylaminophenol umgewandelt und schließlich zu wasserlöslichem Sulfat oder Glucuronid konjugiert wird. N-Hydroxylierung zu Phenylhydroxylamin und Oxidation zu Nitrosobenzol durch mikrosomale Cytochrom P-450-abhängige Monooxygenasen wird als ein Nebenabbauweg angesehen. Weitere Metabolite aus Nebenabbauwegen umfassen 2-, 3-, 4-Hydroxyanilin und 2,4-Dihydroxyanilin (4-Aminoresorcinol) (Abb. 6.4).

Mutagenität und Kanzerogenität. Anilin oder Anilinsalze zeigen keine Mutagenität in Standard-Tests mit *Salmonella typhimurium* TA 98 und TA 100 mit oder ohne metabolischer Aktivierung.

Bereits Ende des 19. Jahrhunderts wurde erstmals auf eine mögliche Korrelation zwischen dem Auftreten von Blasenkrebs beim Menschen und Anilin-Exposition in der Farbstoff-Industrie hingewiesen („Anilinkrebs"). Eine kausale Rolle von Anilin ließ sich aber nicht bestätigen. Wiederholte Analysen zeigten, daß beobachtete Blasenkarzinome vermutlich durch Exposition gegenüber anderen Aminen, u.a. 2-Naphthylamin oder Benzidin, verursacht wurden.

2-Naphthylamin

Akute Vergiftung und Metabolismus. Einer der wichtigsten Vertreter mit kondensiertem Ringsystem ist das 2-Naphthylamin. Orale Gabe von 2-Naphthylamin führte beim Hund zur Met-Hb-Bildung. Als Metabolite von 2-Naphthylamin wurden 2-Hydroxyaminonaphthalin, 2-Nitrosonaphthalin, 2-Amino-1-

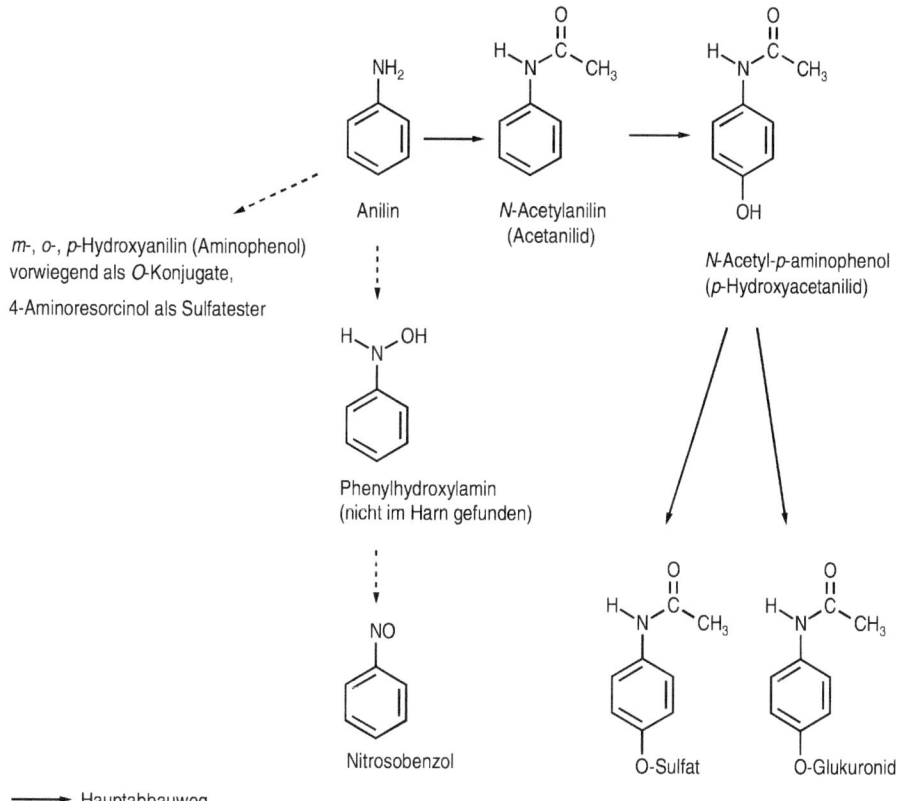

Abb. 6.4 Metabolischer Abbau von Anilin

naphthol oder deren Konjugate in Versuchstieren identifiziert. 2-Hydroxyaminonaphthalin und Bis(2-amino-1-naphthyl)phosphat wurden auch im Urin von 2-Naphthylamin exponierten Menschen nachgewiesen.

Mutagenität und Kanzerogenität. 2-Naphthylamin erwies sich als mutagen in *S. typhimurium* TA 98, TA 100 und TA 1535 mit metabolischer Aktivierung und führt bei Versuchstieren, aber auch beim Menschen, vor allem zu Blasentumoren.

Es gibt zwei metabolische Hauptwege zur Aktivierung von 2-Naphthylamin: *N*-Oxidation zu 2-Hydroxyaminonaphthalin, katalysiert durch Cytochrom P-450-abhängige Monooxigenasen, und alternativ die Bildung von 2-Imino-1-naphthochinon, vermutlich über 1-Hydroxylierung und Oxidation, katalysiert durch Prostaglandin-H-synthase (Abb. 6.5).

2-Hydroxyaminonaphthalin reagiert unter Säure-Katalyse mit DNA zu kovalent gebundenen Addukten. Als DNA-Addukte wurden 1-(Desoxyguanosin-N^2-yl)-2-naphthylamin, 1-(Desoxyadenosin-N^6-yl)-2-naphthylamin und 1-(5-(2,6-Diamino-4-oxopyrimidinyl-N^6-desoxyribosid))-3-(2-naphthyl)-harnstoff identifiziert. Letzteres entsteht aus *N*-(Desoxyguanosin-8-yl)-2-naphthylamin durch Aufspaltung des Imidazolrings.

Im Gegensatz zu 2-Naphthylamin haben sich bei 1-Naphthylamin keine Anhaltspunkte für eine krebserzeugende Wirkung ergeben. Dies läßt sich dadurch erklären, daß 1-Naphthylamin im Organismus praktisch nicht zur *N*-Hydroxyverbindung aktiviert,

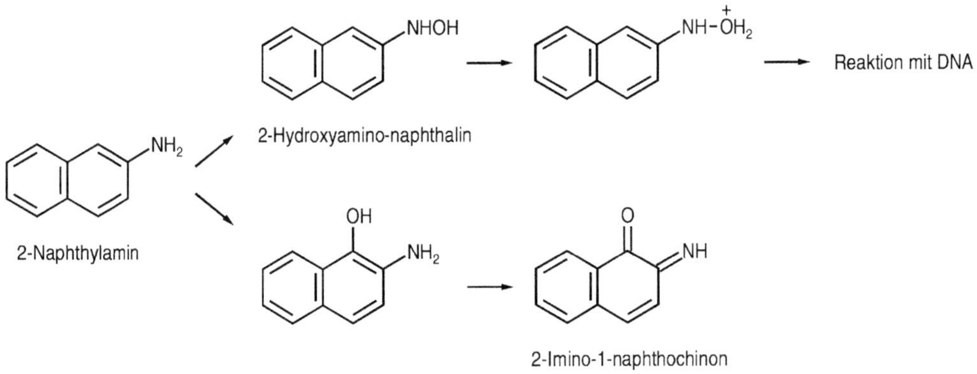

Abb. 6.5 Metabolische Aktivierung von 2-Naphthylamin

1-(Desoxyguanosin-N^2-yl)-
2-naphthylamin

1-(Desoxyadenosin-N^6-yl)-
2-naphthylamin

1-(5-(2,6-Diamino-4-oxopyrimidinyl-
N^6-desoxyribosid))-3-(2-naphthyl)-
harnstoff

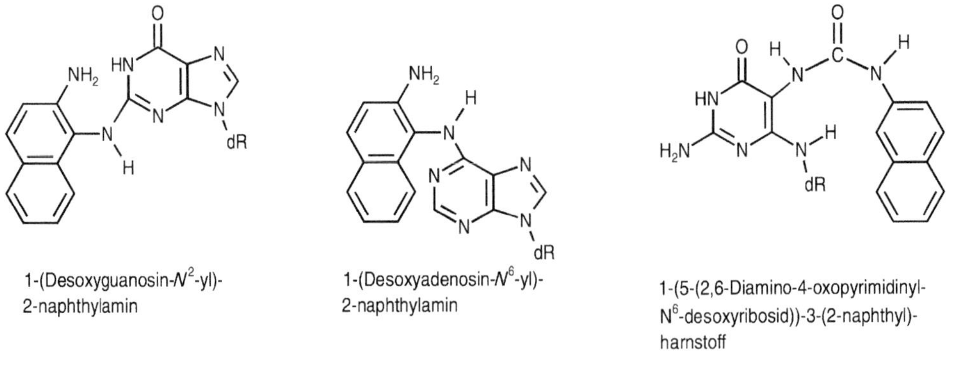

sondern zum *N*-Glucuronid bzw. zum *N*-Acetat gekoppelt und so inaktiviert wird. Die Verschiebung der Aminogruppe von Position 2 des Naphthylgerüstes in Position 1 verändert demzufolge die Substrateigenschaften für Cytochrom P-450-abhängige Monooxigenesen in dramatischer Weise.

Benzidin

Benzidin (4,4'-Diaminobiphenyl) ist ein aromatisches Amin mit Biphenyl-Ringsystem, ebenfalls ein Methämoglobin-Bildner.

Mutagenität und Kanzerogenität. Benzidin erwies sich als mutagen in *S. typhimurium* TA 98, TA 100 und TA 1538 mit metabolischer Aktivierung.

Das kanzerogene Potential von Benzidin ist durch epidemiologische sowie experimentelle Untersuchungen gesichert. Benzidin induziert bei Versuchstieren und an Menschen vor allem Blasenkarzinome. Das 4-Aminobiphenyl, das u.a. im Tabakrauch vorkommt, zeigte ähnliche kanzerogene Wirkungen wie das Benzidin.

Für die metabolische Aktivierung wurde folgende Sequenz postuliert: Acetyltransferase-vermittelte *N*-Acetylierung zu *N*-Acetylbenzidin und *N,N'*-Diacetylbenzidin; Cytochrom P-450-vermittelte *N*-Hydroxylierung zu *N*-Acetyl-*N'*-hydroxybenzidin oder *N,N'*-Diacetyl-*N*-hydroxybenzidin (Abb. 6.6). Diese proximalen Metaboliten können zu elektrophilen Agentien aktiviert werden, die mit DNA Addukte bilden. Aktivierung von Benzidin über Benzidindiimin durch Peroxidase ist ebenfalls möglich.

Nach der Gabe von Benzidin wurde *N*-(Desoxyguanosin-8-yl)-*N'*-acetylbenzidin in der Leber von Ratte und Maus als DNA-Addukt identifiziert

Die toxikologischen Merkmale weiterer ausgewählter aromatischer Amine sind in Tab. 6.4 zusammengestellt.

Heterocyclische Amine (Pyrolyseprodukte)

Unter der Bezeichnung „Heterocyclische Amine" in Lebensmitteln versteht man Produkte von Aminosäuren bzw. Proteinen, die bei der Zubereitung (Kochen, Braten, Grillen) von eiweißhaltigen Lebensmitteln entstehen. Sie kommen in Spuren (µg/kg) in zubereitetem Fisch, Rind-, Schweine-, und Hühnerfleisch, Eiern sowie pflanzlichem Eiweiß vor. Strukturell sind diese Substanzen als Heterocyclen mit Amino-Funktion zu kennzeichnen (Abb. 6.7)

N-(Desoxyguanosin-8-yl)-*N'*-acetylbenzidin

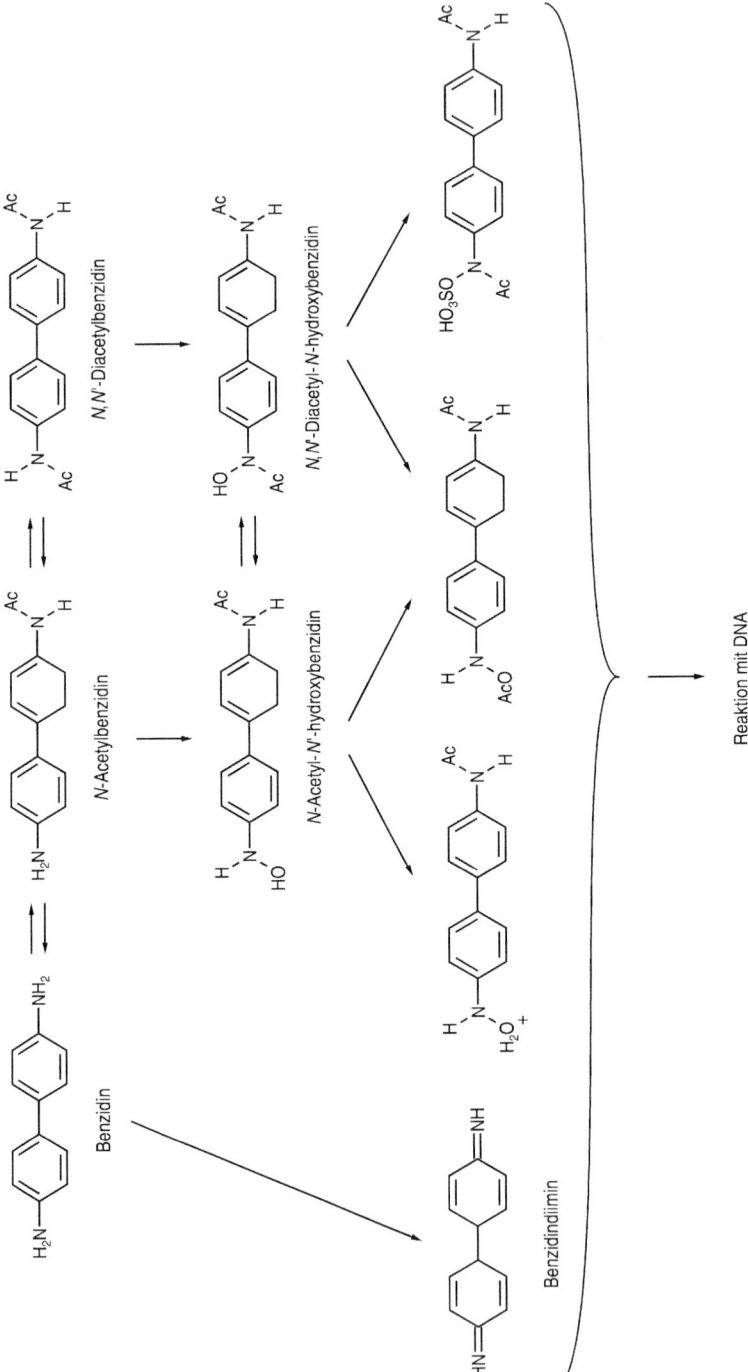

Abb. 6.6 Metabolische Aktivierung von Benzidin

Tab. 6.4 MAK-Werte, akute Toxizität und Einstufung des krebserzeugenden Potentials ausgewählter aromatischer Amine

Stoff	MAK-Werte ml/m³ [ppm]	mg/m³	LD$_{50}$ [mg/kg] (oral, Ratte)	H, S	Krebserzeugende Gruppe DFG	IARC
4-Aminobiphenyl	–	–		H	1	1
4-Chloranilin	–	–	300	H	2	
4-Chlor-o-toluidin	–	–	1058	H	1	2B
5-Chlor-o-toluidin	–	–	464		3B	
2,4-Diaminoanisol	–	–	460	H	2	2B
4,4'-Diaminodiphenylmethan	–	–	662	H, Sh	2	
3,3'-Dichlorbenzidin	–	–		H	2	2B
3,3'-Dimethylbenzidin	–	–	404		2	2B
2-Methoxyanilin	–	–	2000	H	2	
4-Methoxyanilin	0,1	0,5	1400	H	3B	
m-Phenylendiamin	–	–	280	H	3B	3
o-Phenylendiamin	–	–	1070	Sh	3B	
p-Phenylendiamin	–	0,1	80	H, Sh	3B	3
o-Toluidin	–	–	670	H	2	2B
p-Toluidin	–	–	656	H, Sh	3B	
2,4-Toluylendiamin	–	–	230	Sh	2	2B
2,4,5-Trimethylanilin	–	–	1585	H	2	3
2,4-Xylidin	–	–	467	H	2	3

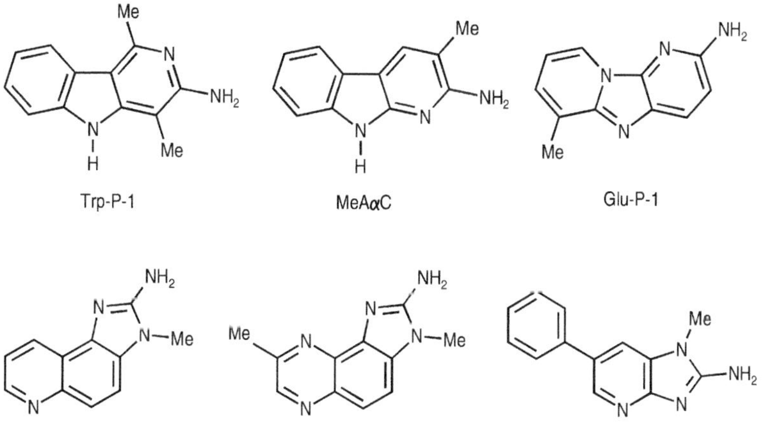

Abb. 6.7 Strukturen heterocyclischer Amine in erhitzten Lebensmitteln

Mutagenität und Kanzerogenität. Diese Klasse von Substanzen ist in *S. typhimurium* nach metabolischer Aktivierung (*N*-Hydroxylierung und Acylierung) stark mutagen. Die heterocyclischen Amine sind kanzerogen in Versuchstieren und induzieren Tumoren in

Leber, Dünn- und Dickdarm, Blutgefäßen und in anderen Organen (→ 5.2.1.2).

Aromatische Nitroverbindungen
Die Toxizität und Kanzerogenität von aromatischen Nitro-Verbindungen beruht im wesentlichen auf ihrer enzymatischen Reduktion. Für diese Reduktion sind sowohl mikrosomale als auch cytosolische Enzyme verantwortlich. Auch können bakterielle Reduktasen der Darmflora eine wesentliche Rolle spielen. Die Reduktion der Nitro-Gruppe verläuft über mehrere Stufen bis zum aromatischen Amin (→ 2.2.4.1). Die intermediär gebildeten Zwischenstufen, Nitroso-Verbindung und Arylhydroxylamin, sind verantwortlich für die Methämoglobin-Bildung (→ 3.4.2). Sie können außerdem, ebenso wie die entsprechenden Metaboliten aromatischer Amine, zu kovalent mit der DNA reagierenden Elektrophilen aktiviert werden und Krebs erzeugen. Die kanzerogene Aktivität aromatischer Nitro-Verbindungen ist im allgemeinen jedoch schwächer als die aromatischer Amine.

Die toxikologischen Merkmale ausgewählter aromatischer Nitro-Verbindungen sind in Tab. 6.5 zusammengestellt.

6.2.2
Azoverbindungen

Die einfachste aromatische Azoverbindung ist das *Azobenzol*. Die technisch wichtigste Stoffklasse sind die Azofarbstoffe, die durch Kupplung von einfach und mehrfach diazotierten Arylaminen mit geeigneten Kupplungspartnern hergestellt werden.

4-Dimethylaminoazobenzol (Buttergelb) ist eines der am besten untersuchten chemischen Kanzerogene. Es induziert nach oraler Gabe an Ratten Lebertumoren, sogar noch in Dosen von 1 mg per Ratte und Tag. Nach oraler Gabe an Hunde wurden Blasentumoren induziert.

Tab. 6.5 MAK-Werte, akute Toxizität und Einstufung des krebserzeugenden Potentials ausgewählter aromatischer Nitroverbindungen

Stoff	MAK-Werte		LD_{50} [mg/kg] (oral, Ratte)	H, S	Krebserzeugende Gruppe	
	ml/m³ [ppm]	mg/m³			DFG	IARC
1-Chlor-2-nitrobenzol	–	–	268	H	3B	
1-Chlor-4-nitrobenzol	–	–	420	H	3B	
1,3-Dinitrobenzol	–	–	83	H	3B	
Dinitrotoluole (Isomerengemische)	–	–		H	2	
4-Nitroanilin	1	6	750	H	3A	
Nitrobenzol	1	5	780	H	3B	
4-Nitrobiphenyl	–	–	2230	H	2	3
1-Nitronaphthalin	–	–	120		3B	
2-Nitronaphthalin	–	–	4400		2	
Nitrotoluol (3- und 4-Isomeren)	5	28		H		
2,4,6-Trinitrotoluol (und Isomeren in technischen Gemischen)	0,01	0,1		H	3B	

Die metabolische Aktivierung von 4-Dimethylaminoazobenzol erfolgt durch Cytochrom P-450-abhängige Demethylierung zum 4-Methylaminoazobenzol und anschließende N-Hydroxylierung. Das entstehende 4-(N-Hydroxy-N-methylamino)-azobenzol wird durch PAPS/Sulfotransferase zum Schwefelsäureester konjugiert, der ein elektrophiles Nitrenium-Ion freisetzt, das mit nukleophilen Zentren der DNA reagiert. Die metabolische Demethylierung ist gegenüber der Spaltung der Azobindung bevorzugt. Somit handelt es sich beim Buttergelb um eine Azoverbindung, deren metabolische Aktivierung jener von aromatischen Aminen vergleichbar ist.

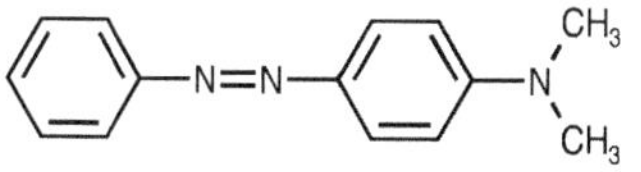

C8-(4-Azobenzol-methylamino)guanin

4-Dimethylaminoazobenzol

Eines der Reaktionsprodukte elektrophiler Metaboliten von 4-Dimethylaminoazobenzol mit DNA wurde als C8-(4-Azobenzol-methylamino)guanin identifiziert.

In Abwesenheit einer Amino-Gruppe werden aromatische Azoverbindungen durch Darmbakterien oder durch Enzyme der Leber und solche extrahepatischer Gewebe reduktiv zu aromatischen Aminen gespalten (→ 2.4.1). Die Reduktion der Azo-Gruppe wird von verschiedenen Enzymen katalysiert, u.a. Cytochrom P-450, NADPH Cytochrom P-450 Reduktase, DT-Diaphorase sowie entsprechenden Enzymen der Mikroflora des Darmes. Freigesetzte Amine und deren aktive Metaboliten tragen zur Toxizität und Kanzerogenität der Azo-Verbindungen bei.

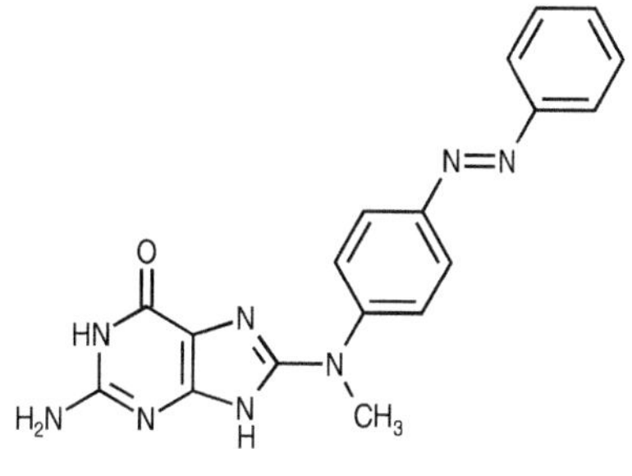

Ein typisches Beispiel ist das Scharlachrot (Sudan IV), bei dessen metabolischer Aktivierung das eigentliche Kanzerogen, o-Aminoazotoluol, durch reduktive Spaltung gebildet wird. o-Aminoazotoluol induziert bei Maus, Ratte, Hamster und Hund nach oraler Gabe Tumoren in Leber, Galle, Lungen und Harnblase.

Toxikologisch bedeutsam sind Azofarbstoffe aus Benzidin bzw. Benzidin-Derivaten. Ergebnisse epidemiologischer Studien wiesen darauf hin, daß berufliche Exposition gegenüber Azofarbstoffen aus Benzidin die Inzidenz von Blasenkarzinomen bei den Beschäftigten erhöhte. Ein Beispiel ist das Trypanblau, ein Farbstoff, der zeitweise als Mittel gegen Trypanosomiasis eingesetzt wurde. Trypanblau induzierte bei Ratten nach i.p. oder s.c. Injektion Lebertumoren sowie

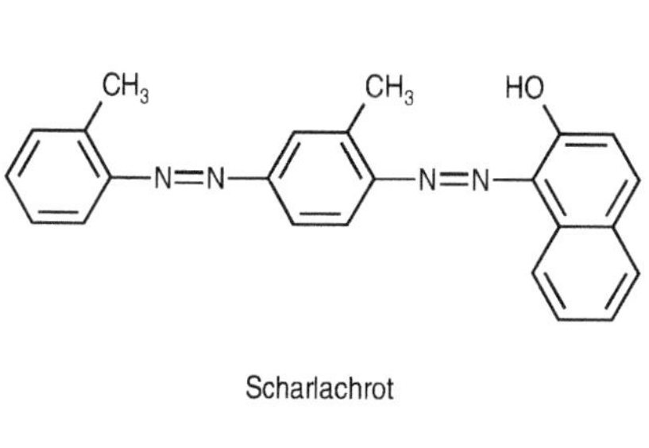

Scharlachrot

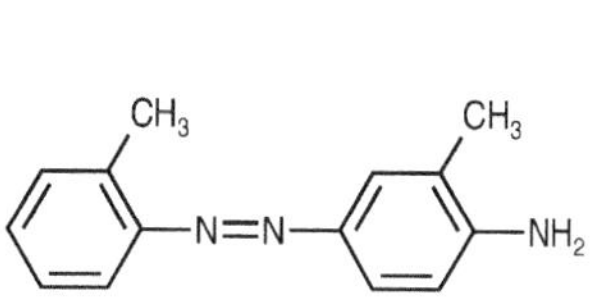

o-Aminoazotoluol

Trypanblau

lokale Tumoren. Reduktive Spaltung beider Azo-Gruppen führt zur Bildung von kanzerogenem 3,3'-Dimethylbenzidin.

Als Lebensmittelfarbstoffe oder als kosmetische Färbemittel zugelassene Azofarbstoffe tragen beiderseits der Azobrücke Sulfo-Gruppen an den aromatischen Ringen. Hier führt die reduktive Spaltung der Azobrücke zu gut wasserlöslichen Aminen, die nicht weiter gegiftet, sondern im wesentlichen über die Nieren ausgeschieden werden. Es sind 6 Azo-Verbindungen als Lebensmittelfarbstoffe in Deutschland zugelassen: Tartrazin (E 102), Gelborange S (E 110), Azorubin (E 122), Amaranth (E 123), Ponceau 4R (E 124) und Brillantschwarz BN (E 151). Als Beispiele sind die Strukturen von Amaranth und Brillantschwarz BN abgebildet.

6.2.3
Hydrazin, substituierte Hydrazine und Azoxyverbindungen

Hydrazin ist eine farblose, an der Luft stark rauchende Flüssigkeit. Mit Wasser bildet sich Hydrazinhydrat. Hydrazin und seine Methyl- bzw. Dimethylderivate werden technisch zur Herstellung von Pflanzenschutzmitteln, Schaumstofftreibmitteln, Brauchwasser-Korrosionsschutzmitteln und als Raketenan-

Brillantschwarz BN (E 151)

Amaranth (E 123)

triebsstoff verwendet. Physikalische Eigenschaften, akute Toxizität und Einstufung des krebserzeugenden Potentials von Hydrazin und seinen Methyl- bzw. Dimethyl-Derivaten sowie von Phenylhydrazin sind in Tab. 6.6 zusammengestellt.

Hydrazin und seine Monomethyl- bzw. Dimethylderivate wirken stark haut- und schleimhautreizend. Sie werden schnell von Haut oder Schleimhäuten resorbiert. Hauptsymptome bei der systemischen Vergiftung sind Erbrechen, Muskelzittern, Krämpfe und Störungen der Bewegungskoordination. Bei chronischer Einwirkung wurden Gewichtsverlust, Nierenschädigung und Leberverfettung beobachtet. Hautschädigungen und allergische Kontaktekzeme wurden nach direktem Kontakt von Hydrazin mit der Haut beschrieben. Der stechende, ammoniakähnliche Geruch der Hydrazin-Dämpfe ist leicht wahrnehmbar. Die Geruchsschwelle liegt bei 3–4 ppm, so daß die Gefahr einer akuten Vergiftung gering ist.

Vergiftungen mit Methylderivaten des Hydrazins, wie Monomethylhydrazin, 1,1-Dimethyl- und 1,2-Dimethylhydrazin führen zu Lungenreizung, gastrointestinalen Störungen, Hämolyse und Krämpfen. Auch Resorption durch die Haut führt zu Vergiftungen.

Hydrazin und Hydrazinsalze sind kanzerogen. Nach oraler Gabe wurden bei der Maus Leber-, Brust- und Lungentumoren, nach i.p. Applikation Lungentumoren, Leukämien und Sarkome induziert, bei der Ratte Leber- und Lungentumoren. Hydrazin induzierte bei Aufnahme über die Atemluft Nasentumoren bei Ratten. Epidemiologische Daten über Kanzerogenität von Hydrazin beim Menschen liegen nicht vor.

Tab. 6.6 Physikalische Eigenschaften, akute Toxizität und Einstufung des krebserzeugenden Potentials von ausgewählten Hydrazinderivaten

Stoff	Physikalische Daten	Akute Toxizität	Krebserzeugende Gruppe	
			DFG	IARC
Hydrazin H_2N-NH_2	Siedep.: 113,5 °C Dampfdruck: 10 hPa/20 °C	LD_{50} (Ratte, oral): 60 mg/kg		
		LD_{50} (Kaninchen, Haut): 91 mg/kg LC_{50} (Ratte, inh.): 570 ppm/4h	2	2B
Methylhydrazin $H_3C-NH-NH_2$	Siedep.: 87 °C Dampfdruck: 49,6 hPa/25 °C	LD_{50} (Ratte, oral): 32 mg/kg LC_{50} (Ratte, inh.): 78 ppm/4h		
1,1-Dimethylhydrazin $(CH_3)_2N-NH_2$	Siedep.: 62,5 °C Dampfdruck: 157 hPa/25 °C	LD_{50} (Ratte, oral): 122 mg/kg LC_{50} (Ratte, inh.): 252 ppm/4h	2	2B
1,2-Dimethylhydrazin $H_3C-NH-NH-CH_3$	Siedep.: 81 °C Dampfdruck: 70 hPa/25 °C	LD_{50} (Ratte, oral): 160 mg/kg	2	2B
Phenylhydrazin $C_6H_5-NH-NH_2$	Siedep.: 240 °C	LD_{50} (Ratte, oral): 188 mg/kg	3B	

1,1-Dimethylhydrazin induzierte in hoher Rate Tumoren der Lunge und Blutgefäße, ferner der Leber und Nieren. 1,2-Dimethylhydrazin induzierte nach oraler oder parenteraler Gabe an Ratten, Mäusen und Hamster vor allem Tumoren in Dünn- und Dickdarm.

Die metabolische Aktivierung und Biotransformation von *1,2-Dimethylhydrazin* wurde detailliert untersucht. Nach Gabe an Ratten wurden 15–25% der applizierten Dosis als *Azomethan* in der Atemluft nachgewiesen, das als gasförmige Verbindung exhaliert wird. Weitere enzymatische Oxidation führt zu *Azoxymethan* und dessen α-C-hydroxylierten Metaboliten *Methylazoxymethanol* (konjugiert als Glucuronid), die ebenfalls identifiziert wurden. Abspaltung von Formaldehyd aus *Methylazoxymethanol* bildet das methylierend wirkende ultimale Kanzerogen Methyldiazohydroxid (Abb. 6.8). *In vivo* wurden nach Gabe von 1,2-Dimethylhydrazin die methylierten DNA-Basen $N7$-, O^6-, $N1$-, und $N3$-Methylguanin identifiziert.

Methylazoxymethanol ist auch als Aglycon im Naturstoff Cycasin enthalten, der in Wurzeln, Blättern und vor allem in Samen bestimmter Cycadaceen vorkommt. Nach oraler Aufnahme wird Cycasin durch β-Glucosi dasen der Bakterienflora im Darm unter Freisetzung von Methylazoxymethanol gespalten, das als ein starkes lokal wirkendes Kanzerogen die Bildung von Darmtumoren auslöst.

6.3
Halogenierte Substanzen

Unter der Vielzahl organischer Halogenverbindungen haben vor allem zahlreiche fluorierte und chlorierte Substanzen technische Anwendungen gefunden. In der Regel wird durch die Einführung von Halogen in ein organisches Molekül die Lipophilie erhöht, die Brennbarkeit erniedrigt und die biologische Halbwertszeit verlängert, weil die halogenierte Substanz langsamer metabolisiert wird. Bei manchen Substanzen führt die Substitution von Wasserstoff durch Halogen zu einer deutlichen Erhöhung der Toxizität. Halogenverbindungen mit hoher chemischer und metabolischer Stabilität stellen häufig eine Belastung der Umwelt dar ($\rightarrow$ 7.3.1, 7.3.3, 7.3.4).

6.3.1
Halogenierte Aliphaten

Die Stabilität der Halogen-Kohlenstoff-Bindung nimmt vom Fluor zum Iod hin ab. Aliphatische Fluorverbindungen sind meist sehr stabil, nicht brennbar und wenig toxisch; sie werden vor allem als Kühlmittel und Lösemittel eingesetzt, z.B. Freon 11 (Fluortrichlormethan), Freon 12 (Difluordichlormethan) und Freon 22 (Difluorchlormethan). Wegen ihrer Flüchtigkeit und chemischen Stabilität gelangen sie in die höheren Schichten der Erdatmosphäre, wo durch die starke UV-Strahlung Chlor abgespalten wird, das mit Ozon reagieren und damit zu einem Abbau des Ozongürtels führen kann ($\rightarrow$ 7.3.3, 7.3.4).

Aliphatische Kohlenwasserstoffe mit einem Chlor-, Brom- oder Iod-Atom stellen Alkylierungsmittel dar und werden in 6.5.1 besprochen. Unter den zweifach und höher chlorierten Alkanen und Alkenen sind vor allem die C_1- und C_2-Körper wegen ihres

Cycasin

Methylazoxymethanol

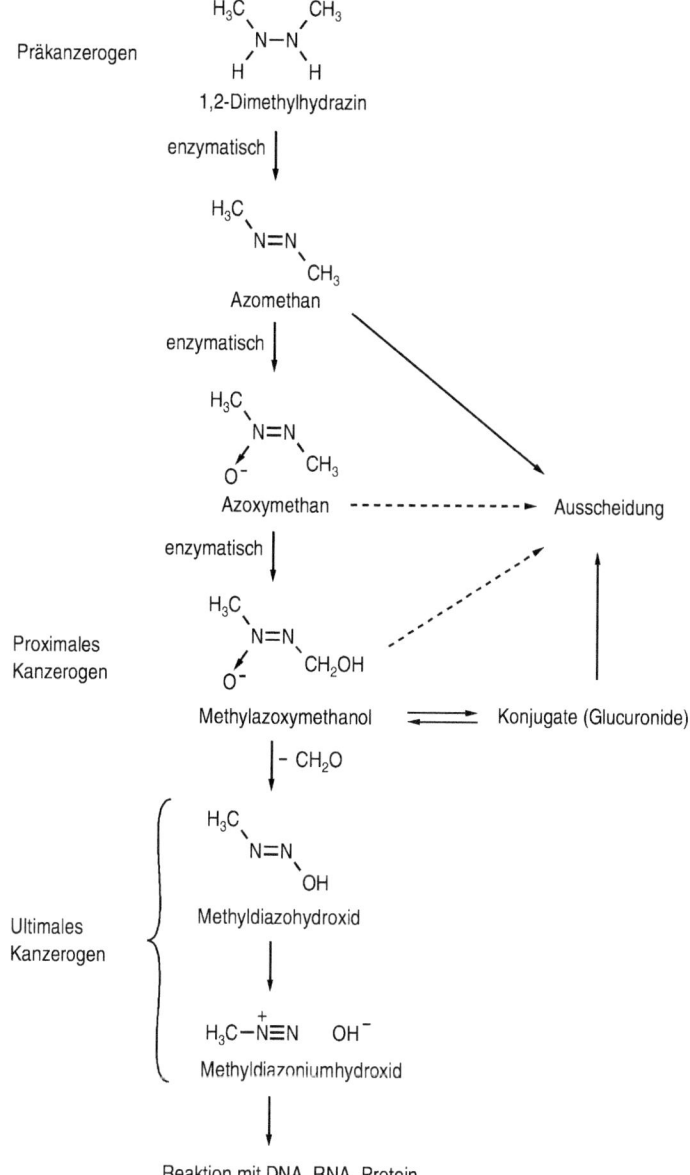

Abb. 6.8. Biotransformation von 1,2-Dimethylhydrazin

hohen Fettlösevermögens und ihrer Flüchtigkeit als Lösemittel von großer technischer Bedeutung, teilweise auch als Monomere für Kunststoffe. Cyclische Aliphaten mit Chlorsubstitution werden teilweise als Pestizide eingesetzt. Toxikologische Daten für einige aliphatische Chlor- und Bromkohlenwasserstoffe sind in Tab. 6.7 zusammengestellt.

Gemeinsame toxische Eigenschaft aller flüchtigen Chlor- und Bromkohlenwasserstoffe ist ihre narkotische und hautreizende Wirkung. Wegen der hohen Lipophilie ge-

Tab. 6.7 MAK-Werte, akute Toxizität und Einstufung des krebserzeugenden Potentials ausgewählter halogenierter Aliphaten

Stoff	MAK-Werte		LD$_{50}$ [mg/kg] (oral, Ratte)	H, S	Krebserzeugende Gruppe	
	ml/m^3 [ppm]	mg/m^3			DFG	IARC
Dichlormethan	–	–	2100–3000		3A	2B
Trichlormethan	0,5	2,5	300	H	4	2B
Tetrachlormethan	0,5	3,2	2900	H	4	2B
1,1-Dichlorethan	100	410			–	–
1,1,1-Trichlorethan	200	1100	11 000	H	–	3
1,2-Dichlorethan	–	–	680	H	2	2B
1,2-Dibromethan	–	–	140	H	2	–
1,2-Dibrom-3-chlorpropan	–	–	170	H	2	2B
1,1,2-Trichlorethan	10	55		H	3B	3
1,1,2,2-Tetrachlorethan	1	7,0	700	H	3B	3
Hexachlorethan	1	9,8	4460		–	3
Vinylchlorid	–	–			1	1
1,1-Dichlorethen	2	8,0			3B	3
1,2-Dichlorethen (cis und trans)	200	800			–	–
Trichlorethen	–	–	4900		1	3
Tetrachlorethen	–	–	13000	H	3B	2B
1,1,2,3,4,4-Hexachlor-1,3-butadien	–	–	65–80	H	3B	3
Dichloracetylen	–	–			2	3
Aldrin	–	0,25^a	50	H	–	3
Dieldrin	–	0,25^a	50	H	–	3
Chlordecon	–	–			3B	2B
Lindan	–	0,1^a	125	H	4	2B
techn. Gemisch aus α-HCH und β-HCH	–	0,5	600	H	–	2B

^{a} gemessen als einatembare Fraktion

langen die Substanzen leicht durch die Blut-Hirn-Schranke ins Zentralnervensystem; auf der Haut wirken sie entfettend. Daneben besitzen einzelne Stoffe häufig eine spezifische Toxizität, die durchwegs an den Metabolismus geknüpft ist. In Abhängigkeit von der Struktur werden vor allem folgende metabolische Aktivierungsreaktionen beobachtet:

- reduktive Dehalogenierung (→ 2.2.4.1), die zu Radikalen und zu Lipidperoxidation (→ 2.2.4.4) führt,
- Konjugation mit Glutathion mit nachfolgendem Abbau zum Cysteinaddukt und dessen Spaltung durch β-Lyase (→ 2.2.4.2.),
- bei Alkenen Epoxidierung der Doppelbindung mit nachfolgender Umlagerung.

Dichlormethan (Methylenchlorid) besitzt geringe akute Toxizität. Es wird über zwei Wege metabolisiert: (1) das durch Hydroxylierung gebildete Dichlormethanol zerfällt unter HCl-Abspaltung zu Formylchlorid und dieses weiter zu HCl und Kohlenmonoxid

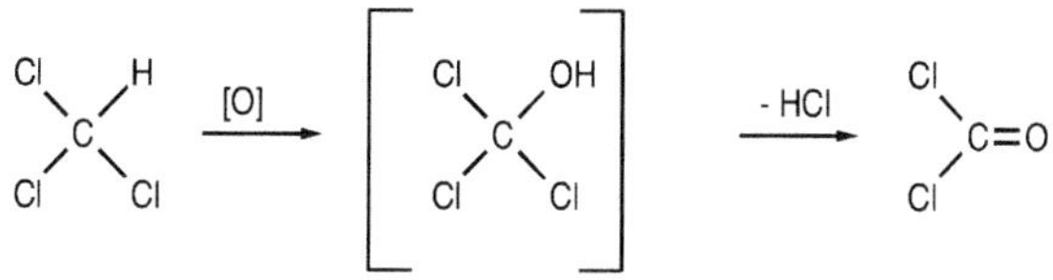

Abb. 6.9 Metabolische Aktivierung von Chloroform

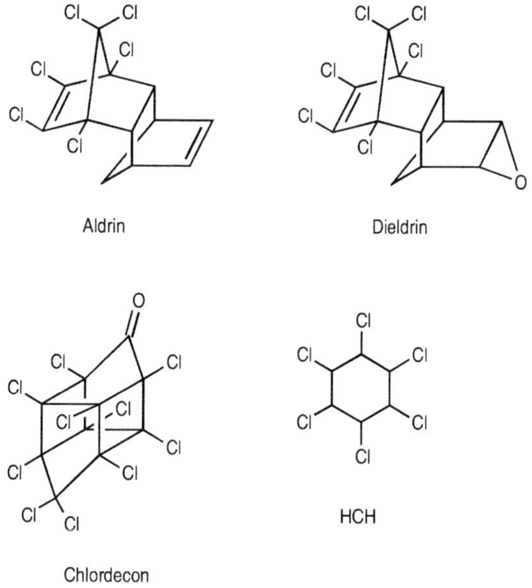

Abb. 6.10 Strukturen einiger chlorierter Cycloaliphaten mit insektizider Wirkung

(Abb. 2.10), und (2) das durch Konjugation mit Glutathion (GSH) unter Chlorid-Freisetzung entstehende Addukt GSCH$_2$Cl, ein Alkylans, hydrolysiert zu GSCH$_2$OH, das in GSH und Formaldehyd zerfällt. Bei niedrigen Dosen von Dichlormethan ist die Hydroxylierung, bei hohen Dosen die GSH-Konjugation bevorzugt. Mäuse neigen mehr als andere Spezies zur GSH-Konjugation. Dies könnte erklären, warum die Langzeit-Inhalation hoher Konzentrationen bei Mäusen beiderlei Geschlechts zu einer erhöhten Inzidenz von gutartigen und malignen Lungen- und Lebertumoren führte. Epidemiologische Untersuchungen an Arbeitern mit Dichlormethan-Exposition erbrachten keine Hinweise auf erhöhte Krebssterblichkeit.

Trichlormethan (Chloroform) wurde zeitweise als Narkotikum verwendet. Es kann bei akuter Exposition gegenüber narkotischen Konzentrationen (>10 000 ppm) oder bei chronischer Exposition gegenüber subnarkotischen Konzentrationen zu Leber- und Nierenschäden sowie zu Arrythmien des Herzens führen. Für die Schädigung der Leber und Nieren wird die metabolische Aktivierung zu Phosgen verantwortlich gemacht, das durch HCl-Abspaltung aus dem primär gebildeten Hydroxylierungsprodukt Trichlormethanol entsteht (Abb. 6.9). Phosgen bindet an zelluläre Proteine und führt zu Nekrosen. Chloroform ist im Ames-Test nicht mutagen, verursacht jedoch im Langzeit-Kanzerogenitätstest bei männlichen Ratten Nieren- und Leberkrebs sowie bei weiblichen Ratten

Schilddrüsentumoren. Die kanzerogene Wirkung ist möglicherweise eine Folge der regenerativen Zellteilung infolge der cytotoxischen Wirkung und beruht vermutlich nicht auf einer direkten DNA-Schädigung.

Tetrachlormethan (Tetrachlorkohlenstoff) führt ebenfalls zu Leber- und Nierenschäden, wobei das metabolisch gebildete Trichlormethyl-Radikal eine Lipidperoxidation ($\rightarrow$ 2.2.2.4) auslöst und damit zum Zelltod führt. Die Gewebenekrose und dadurch ausgelöste Zellproliferation dürfte auch hier die wesentliche Ursache der nach chronischer Exposition bei Ratte und Maus beobachteten Hepato- und Nephro-Kanzerogenität sein, da Tetrachlormethan nicht DNA-schädigend wirkt.

Bei den *mehrfach halogenierten Ethanen* hängen die toxikologischen Eigenschaften stark von der Stellung der Halogene ab. Während 1,1-Dichlorethan und 1,1,1-Trichlorethan als Methylhomologe von Dichlormethan bzw. Trichlormethan eher geringe Toxizität aufweisen, stellen 1,2-Dichlorethan, 1,2-Dibromethan und 1,2-Dibrom-3-chlorpropan Substanzen dar, die in Kurzzeittests eindeutig genotoxisch und im Tierversuch bei Ratten und Mäusen krebserzeugend und stark toxisch für Leber und Niere sind. Als kritischer Weg der metabolischen Aktivierung gilt die Konjugation mit Glutathion, die zu einem Produkt mit der Struktur von Schwefel-Lost führt (Abb. 2.42); dieser Primärmetabolit bildet unter Abspaltung des zweiten Halogens das stark alkylierende Episulfonium-Ion. DNA-Addukte wurden inzwischen identifiziert. Die genotoxischen und tumorinitiierenden Eigenschaften der vicinalen Dihalogenethane haben zu ihrer Einstufung in die Gruppe IIIA2 der MAK-Liste geführt. 1,2-Dibrom-3-chlorpropan wurde als Bodenbegasungsmittel gegen Nematoden verwendet. Bei beruflich exponierten Männern trat gehäuft Sterilität auf.

Chlorethen (Vinylchlorid) ist das Monomer des Kunststoffes Polyvinylchlorid (PVC). Bei Arbeitern der PVC-Produktion, die beim Reinigen der Kessel hohen Substanzkonzentrationen ausgesetzt waren, wurde ein sonst sehr seltener bösartiger Tumor der Blutgefäße in der Leber entdeckt. Außer für diese Hämangiosarkome könnte Chlorethen auch für Lungentumoren verantwortlich sein, doch sind die epidemiologischen Daten hier nicht eindeutig. Die Bioaktivierung besteht in der Bildung eines Epoxids, das als solches oder nach Umlagerung zu Chloracetaldehyd als Elektrophil reagiert (s. Abb. 2.38). Durch Konjugation mit Glutathion werden diese reaktiven Metaboliten entgiftet. Im Kurzzeittest mit metabolischer Aktivierung durch Mikrosomen oder S9-Mix erweist sich Chlorethen als mutagen, DNA-Addukte sind bekannt. Im Kanzerisierungsversuch bei Ratte und Maus wurden außer Hämangiosarkomen auch Tumoren in Lunge, Hirn, Knochen und auf der Haut gefunden.

Bei den *höher chlorierten Ethenen* bestimmen Anzahl und Stellung der Chloratome die toxischen Eigenschaften. Mit zunehmendem Chlorierungsgrad und vor allem bei symmetrisch substituierten Ethenen nimmt die Reaktivität der Epoxide und ihrer Umlagerungsprodukte ab. Trichlorethen z. B. wird über ein Epoxid zu 1,1,1-Trichloracetaldehyd (Chloral) metabolisiert, das zu Trichlorethanol reduziert und zu Trichloressigsäure oxidiert wird. Das Hydrat von Chloral wurde früher als Schlafmittel eingesetzt. Reines Trichlorethen ist im Ames-Test auch mit aktivierendem System nicht mutagen. Die mit technischem Trichlorethen gefundene Mutagenität ist auf Verunreinigungen (z. B. Epichlorhydrin) zurückzuführen. In hohen Dosen führen Trichlorethen und Tetrachlorethen bei Mäusen zu Lebertumoren. Die fehlende Genotoxizität und der Umstand, daß das Tumorspektrum der Ethene dem der entsprechenden Ethane (1,1,2-Trichlorethan und 1,1,2,2-Tetrachlorethan) gleicht, sprechen gegen eine Beteiligung von Epoxid-Metaboliten an der Tumorigenese. Wahrscheinlicher ist, daß Trichlorethen und Tetrachlorethen ähnlich wie die meisten halogenierten Kohlenwasserstoffe als Promotoren der Hepatokanzerogenese wirken.

Neben der Leber stellt bei den höher halogenierten Ethenen vor allem die Niere ein Zielorgan der toxischen Wirkung dar. Als möglicher Mechanismus der Nephrotoxizität gilt die Konjugation mit Glutathion in der Leber mit nachfolgendem Abbau zum Cystein-Addukt. Letzteres wird nach Aufnahme in die Zellen des proximalen Tubulus der Niere durch die dort in hoher Aktivität vorkommende β-Lyase zu reaktiven und cytotoxischen Produkten gespalten (→ Abb. 2.43).

Auch das als Verunreinigung in verschiedenen halogenierten Lösemitteln vorkommende Hexachlorbutadien (HCBD) und das bei thermischer oder alkalischer Behandlung vor allem von Trichlorethen gebildete Dichlorethin (Dichloracetylen) sind starke Nephrotoxine, die über den β-Lyase-Weg aktiviert werden (Abb. 2.43). Dichlorethin ist stark krebserzeugend und führt außerdem zu einer Degeneration der Hirnnerven.

Die hochchlorierten cycloaliphatischen Verbindungen Aldrin, Dieldrin, Chlordecon (Kepone) und Hexachlorcyclohexan (Abb. 6.10) werden wegen ihrer insektiziden Wirkung hergestellt, die auf einer Störung der Nervenleitung durch Interferenz mit dem Na^+/K^+-Austausch in den Axonen peripherer Neuronen (→ 3.6.1) beruht. Dieser neurotoxische Effekt ist nicht auf Insekten beschränkt, sondern gilt auch für Warmblüter. Als Vergiftungserscheinungen zeigen sich zunächst Überregbarkeit, dann Lähmung motorischer und sensorischer Nerven, die über Krämpfe bis zur völligen Paralyse führen kann. Die Substanzen werden sowohl nach oraler Einnahme als auch über die Haut gut resorbiert, Vergiftungserscheinungen können bei massiver Exposition schon nach 20–30 min. auftreten. Aldrin wird im Körper teilweise zu Dieldrin epoxidiert. Die hochlipophilen Substanzen werden im Fettgewebe gespeichert und wegen ihres langsamen Stoffwechsels mit Halbwertszeiten im Bereich von Wochen und Monaten ausgeschieden. Bei chronischer Gabe an Mäuse wurde eine Erhöhung der Lebertumorinzidenz beobachtet. Da die Substanzen *in vivo* nicht an DNA binden und auch in Kurzzeit-Tests auf mutagene Wirkung negativ sind, wirken sie vermutlich als Promotoren und nicht als komplette Kanzerogene. Als empfindlichste Veränderung der Leber gilt die Induktion verschiedener Enzyme, vor allem der Cytochrom P-450-haltigen Monooxygenase.

6.3.2
Halogenierte Aromaten

Die Substitution von Wasserstoff durch Halogen (vor allem Fluor und Chlor) führt in der Regel zu Substanzen, deren chemische und metabolische Stabilität im Vergleich zur Ausgangsverbindung erhöht ist. Verbindungen mit hohem Halogenierungsgrad sind häufig extrem persistent und neigen wegen ihrer Lipophilie zur Kumulation im Fettgewebe und zur Anreicherung in Nahrungsketten. Einen kompletten Schutz vor Metabolisierung bildet die Halogensubstitution allerdings nicht. Intermediär gebildete Epoxide können durch einen NIH-Shift (→ Abb. 2.13) zur Wanderung des Halogens in die *ortho*-Position und damit zu halogenierten Phenolen führen. Auch die Abspaltung von Brom, Chlor und selbst Fluor durch oxidative Biotransformation wurde für einige halogenierte Aromaten beschrieben. Für den Abbau in der Umwelt kommt der homolytischen Spaltung der Kohlenstoff-Halogen-Bindung durch energiereiche Strahlung (UV-Licht), sowie dem Metabolismus durch Mikroorganismen des Bodens große Bedeutung zu (→ 7.3.4).

Die einfachsten halogenierten Aromaten, Chlorbenzol und Brombenzol, sind ebenso wie die höher chlorierten Benzole von geringer Toxizität (Tab. 6.8). Alle Chlorbenzole werden wegen ihrer Lipophilie gut über den Gastrointestinaltrakt, die Haut und die Lunge resorbiert. Mit steigendem Chlorgehalt sinkt die Ausscheidungsgeschwindigkeit und wächst die Bioakkumulationsneigung. Nach hohen Dosen wurden außer ZNS-Schäden und hämatologischen Veränderungen vor allem Leber- und Nierenschäden bei den Substanzen mit niedrigem Halogenierungsgrad beobachtet. Verantwortlich dafür werden metabolisch gebildete Epoxide gemacht. Kovalente Bindung an Leber- und Nierengewebe wurde festgestellt, jedoch keine DNA-Schäden oder mutagene Wirkungen in Kurzzeittests. Die höher chlorierten Benzole induzieren die Monooxygenasen und andere Enzyme der Leber und erhöhen die Inzidenz von Lebertumoren bei Nagern, vermutlich über eine promovierende Wirkung.

Das Strukturelement von Chlorbenzol ist auch in dem als Insektizid früher breit eingesetzten 1,1,1-Trichlor-2,2-di[p-chlorphenyl]ethan (p,p'-Dichlordiphenyltrichlorethan, DDT, Abb. 6.11) enthalten. DDT wirkt bei Insekten als Kontakt- und Fraßgift durch Störung der Nervenleitung (→ Aldrin). Die gleiche neurotoxische Wirkung tritt beim Menschen und anderen Warmblütern auf. DDT ist hochlipophil und wird gut über den Magen-Darm-Trakt oder die Lunge resorbiert. DDT in gelöster Form permeiert auch gut durch die Haut, während trockenes, pulverförmiges DDT dermal nur schlecht resorbiert wird. Die Symptome der akuten Vergiftung gleichen den bei Aldrin beschriebenen. Im Gegensatz zu Aldrin und Dieldrin wurden allerdings mit DDT bisher keine tödlichen Vergiftungen bei Menschen bekannt. Die letale Dosis für DDT wird auf 3 bis 30 g ge-

Tab. 6.8 MAK-Werte, akute Toxizität und Einstufung des krebserzeugenden Potentials ausgewählter halogenierter Aromaten

Stoff	MAK-Werte		LD_{50} [mg/kg] (oral, Ratte)	H, S	Krebserzeugende Gruppe	
	ml/m³ [ppm]	mg/m³			DFG	IARC
Chlorbenzol	10	47	2900	–	–	–
1,2-Dichlorbenzol	10	61	500	H	–	3
1,4-Dichlorbenzol	–	–	500	H	2	2B
1,2,4,5-Tetrachlorbenzol	–	–	2500–3900	–	–	–
Hexachlorbenzol	–	–	3500	H	4	2B
DDT	–	1[b]	250	H	–	2B
Pentachlorphenol	–	–	27–78	H	2	2B
2,4-D[a]	–	1[b]	1650	H	–	2B
2,4,5-T[b]	–	10[b]		H	–	2B
TCDD[c]	–	$1{,}0 \times 10^{-8}$ [b]	0,12	H	4	2B
PCB[d]						
Chlorgehalt 42%	0,1	1,1	4000–	H	3B	2A
Chlorgehalt 54%	0,05	0,7	–11 300	H	3B	2A
PBB[e]	–	–	21 500	–	–	2B

[a] 2,4-D: 2,4-Dichlorphenoxyessigsäure; 2,4,5-T: 2,4,5-Trichlorphenoxyessigsäure; [b] gemessen als einatembare Fraktion; [c] TCDD: 2,3,7,8-Tetrachlordibenzo-1,4-dioxin; [d] PCB: polychlorierte Biphenyle; [e] PBB: polybromierte Biphenyle

schätzt. Hauptstoffwechselweg des DDT ist die enzymatische Abspaltung von HCl zu dem metabolisch sehr stabilen p,p'-Dichlordiphenyldichlorethen (DDE, Abb. 6.11 u. 7.13). In sehr geringem Umfang wird vom Trichlormethylteil des DDT reduktiv Chlorid abgespalten und die entstehende Dichlormethylgruppe oxidativ zur Carbonsäure metabolisiert. Die Halbwertszeit für die Ausscheidung von DDT beim Menschen beträgt ca. 1 Jahr.

Bei regelmäßiger Einnahme, z. B. mit der Nahrung, erhöht sich demnach die Konzentration im Fettgewebe bis zum Erreichen eines Gleichgewichtszustandes (→ 2.2.6.2). Bei hochexponierten Arbeitern wurden für DDT und vor allem DDE Fettspiegel von 1000 ppm erreicht, ohne daß sich Vergiftungssymptome einstellten. Allerdings waren bei diesen Personen bestimmte Leberenzyme induziert. Tägliche Aufnahme von 35 mg DDT führte innerhalb eines Jahres zum Erreichen der Gleichgewichtskonzentration von 200 ppm Gesamt-DDT (DDT und vor allem DDE) im Fett; bei dieser Konzentration traten weder Vergiftungserscheinungen noch Enzyminduktion auf. Bei der Bevölkerung der Industrienationen liegen die Fettspiegel bei 1–10 ppm. Von der WHO werden als tägliche Aufnahme an Gesamt-DDT 0,005 mg/kg Körpergewicht zugelassen (ADI-Wert), d. h. ca. 0,35 mg pro Person. Während der Mensch demnach gegenüber DDT relativ wenig empfindlich ist, reagieren bestimmte Tierarten sehr empfindlich (z. B. junge Fische und Amphibien), oder werden aufgrund ihrer Ernährung hoch mit DDT belastet (z. B. Seevögel, die von Fischen leben). Wie alle persistierenden lipophilen Substanzen reichert sich DDT in Nahrungsketten an. In Kurzzeittests erwies sich DDT als nicht-mutagen; die nach chronischer Gabe bei der Maus beobachteten Lebertumoren gehen vermutlich auf eine promovierende Wirkung zurück, wie sie bei zahlreichen hochchlorierten Aliphaten und Aromaten auftritt.

Unter den chlorierten Phenolen, deren globale jährliche Produktion auf 200 000 t geschätzt wird, haben neben dem Fungizid und Bakterizid Pentachlorphenol (ca. 90 000 t pro Jahr weltweit) vor allem 2,4-Dichlor- und 2,4,5-Trichlorphenol als Vorstufen der Herbizide vom Chlorphenoxyessigsäure-Typ (s.u.) Bedeutung. Chlorphenole werden als lipophile Substanzen gut über Darm, Lunge und Haut resorbiert. Als phenolische Verbindungen können sie direkt durch Konjugation metabolisiert und ausgeschieden werden. Außerdem erfolgt in geringem Ausmaß oxidative Dechlorierung. Lipophilie, biologische Halbwertszeit und Toxizität steigen mit zunehmender Anzahl an Chloratomen. Hohe Dosen (z. B. 1000 mg 2,4,5-Trichlorphenol/kg pro Tag über drei Monate) führten bei Ratten zu degenerativen Veränderungen von Leber und Niere.

Das Chlorphenol mit der höchsten Toxizität ist Pentachlorphenol (PCP). PCP wirkt als Entkoppler der oxidativen Phosphorylierung und führt bei entsprechend hoher Dosierung

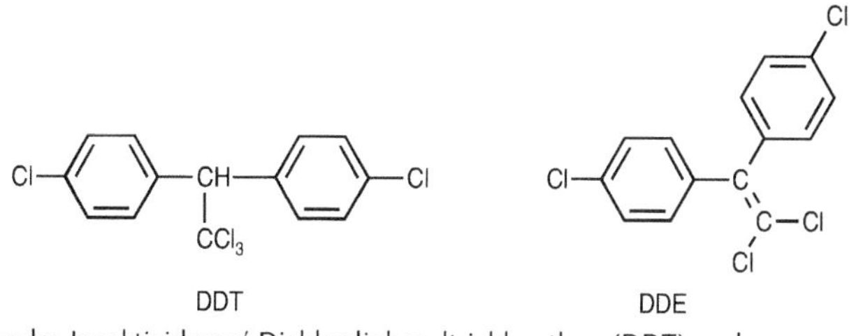

Abb. 6.11 Struktur des Insektizids p,p'-Dichlordiphenyltrichlorethan (DDT) und seines Hauptmetaboliten p,p'-Dichlordiphenyldichlorethen (DDE)

zum Anstieg der Körpertemperatur, starkem Schwitzen mit Dehydratisierung, Atembeschwerden, erhöhtem Puls, Übelkeit, Schwächeanfällen und Koma mit Todesfolge. PCP ist seit 1990 in der Bundesrepublik Deutschland verboten.

Bedingt durch den früher vielfältigen Einsatz zur Konservierung von Holz, Textilien und Leder sowie als Desinfektionsmittel ist PCP nahezu ubiquitär. Die durchschnittliche Innenraumbelastung liegt bei 0,5 µg/m^3 Luft und bei ca. 20 µg/g Hausstaub, die umweltbedingte Gesamtexposition pro Person bei 1–50 µg täglich.

Tierexperimentell wurden mit PCP bei chronischer Gabe Leber- und Nierenschäden, Störungen des Immunsystems und Fertilitätsverluste beobachtet. Allerdings ist fraglich, ob diese Effekte wirklich auf PCP zurückgehen oder auf bestimmte Verunreinigungen, die in allen technischen Chlorphenolen vorkommen, vor allem polychlorierte Dibenzo-1,4-dioxine und Dibenzofurane (s. unten).

Diese Verunreinigungen stellen auch das toxikologische Problem bei den Herbiziden 2,4-Dichlorphenoxyessigsäure (2,4-D) und 2,4,5-Trichlorphenoxyessigsäure (2,4,5-T) dar, da sie bei der Synthese als Nebenprodukte entstehen (Abb. 6.12). 2,4-D und 2,4,5-T sind die Wirkstoffe des im Vietnamkrieg breit eingesetzten Entlaubungsmittels „Agent Orange". Reines 2,4-D und 2,4,5-T weisen nur eine geringe akute Toxizität auf und sind weder mutagen noch kanzerogen. Wegen ihrer beträchtlichen Polarität kumulieren sie weder im Körper noch in Nahrungsketten oder in der Umwelt.

Polychlorierte Dibenzo-1,4-dioxine (PCDD) und polychlorierte Dibenzofurane (PCDF, Abb. 6.13) haben in den letzten Jahren großes toxikologisches Interesse gefunden. Die Gruppe der PCDD umfaßt 85 Substanzen (sog. Kongenere), die sich durch Anzahl und Stellung der Chloratome unterscheiden, während die Zahl der PCDF-Kongeneren 135 beträgt. Diese Substanzen werden nicht gezielt hergestellt und haben keine nützliche Verwendung, sondern sie treten häufig als Verunreinigungen bei anderen chlorierten Aromaten auf und entstehen bei praktisch allen Verbrennungsvorgängen, wenngleich in sehr unterschiedlichem Ausmaß und Kongeneren-Muster. Besonders hohe Konzentrationen werden bei der Verbrennung chlorhaltiger Kunststoffe gebildet, aber auch im Hausbrand, bei der Müllverbrennung, im Autoabgas und im Zigarettenrauch finden sich PCDD und PCDF. Eine wesentliche Quelle für den Umwelteintrag stellt auch die Chlorbleiche bei der Papierherstellung dar.

Alle Kongeneren von PCDD und PCDF haben qualitativ das gleiche toxikologische Profil, wobei aber erhebliche Unterschiede in

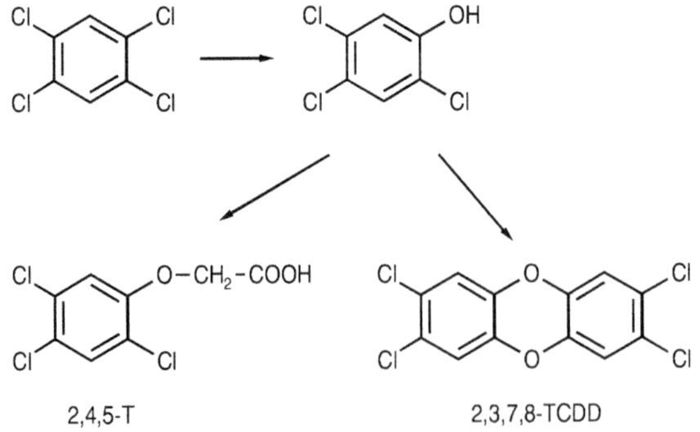

Abb. 6.12 Synthese des Herbizids 2,4,5-Trichlorphenoxyessigsäure (2,4,5-T) mit Bildung von 2,3,7,8-Tetrachlordibenzo-1,4-dioxin (TCDD) als Nebenprodukt.

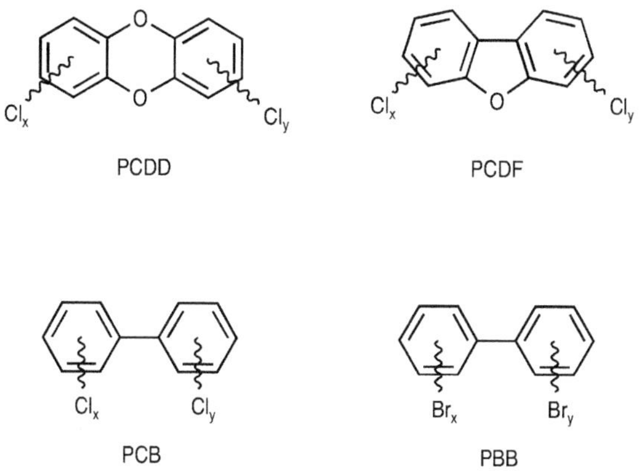

Abb. 6.13 Chemische Struktur polychlorierter Dibenzo-1,4-dioxine (PCDD), Dibenzofurane (PCDF) und Biphenyle (PCB) sowie polybromierter Biphenyle (PBB).

der Wirkstärke auftreten. Die Substanz mit der höchsten Toxizität ist 2,3,7,8-Tetrachlordibenzo-1,4-dioxin (TCDD, Abb. 6.12), das als Leitsubstanz für alle PCDD und PCDF gilt. Das toxikologische Profil von TCDD im Tierversuch ist sehr vielschichtig und geprägt von starken Unterschieden in der Empfindlichkeit verschiedener Spezies. Für die akute Toxizität erweist sich das Meerschweinchen (LD_{50} ca. 1 µg/kg), für die kanzerogene Wirkung die Ratte (Tumoren bei chronischer Gabe ab 10 ng/kg), für die Teratogenität die Maus als besonders empfindlich. In anderen Spezies kann der bestimmte Effekt oft überhaupt nicht oder nur mit wesentlich höheren Dosen an TCDD erreicht werden (z. B. Tumoren beim Hamster mit 600 µg/kg, s. auch Spezies-Unterschiede in der LD_{50}, Tab. 4.1). Die Gründe für diese extremen Empfindlichkeitsunterschiede zwischen verschiedenen Tierarten werden bisher nicht verstanden. Neben den genannten toxischen Effekten wurden für TCDD u.a. Wirkungen auf die Haut, die Leber, das Immunsystem, den Kohlenhydratstoffwechsel, den Östrogenrezeptor, die Regulation des Schilddrüsenhormons, den Vitamin A Stoffwechsel, den Porphyrinstoffwechsel sowie die Aktivitäten verschiedener Enzyme des Fremdstoff- und Intermediärmetabolismus gefunden. Für die meisten, wahrscheinlich sogar für alle biologischen Wirkungen des TCDD stellt die reversible Bindung an einen cytosolischen Rezeptor, der auch aromatische Kohlenwasserstoffe bindet und daher Ah-Rezeptor genannt wird, den ersten Schritt dar. Der TCDD-Rezeptor-Komplex durchläuft noch einige Aktivierungsschritte und bindet schließlich im Zellkern an regulatorische Genbereiche, wodurch die Expression einer ganzen Batterie von Genen stimuliert wird. Als empfindlichster Parameter für die Wirkung von TCDD auf die Leber gilt die Induktion des Cytochrom P-450 Isoenzyms 1A1, das auch in extrahepatischen Geweben (Niere, Lunge, Plazenta, Lymphocyten) stimuliert wird. Dagegen wird das Isoenzym 1A2 von TCDD nur in der Leber induziert.

Der Verlauf der akuten Toxizität von TCDD beim Nager ist charakterisiert durch das sog. Auszehrungssyndrom, d.h. die Tiere reduzieren die Futteraufnahme und verlieren stark an Gewicht, bis nach 2–5 Wochen und einem Gewichtsverlust von ca. 40% der Tod eintritt. Gleichzeitig wird eine Verkleinerung des Thymus beobachtet (Thymus-Atrophie), die zu einer Schwächung des Immunsystems führt.

Für den Menschen sind bisher auch nach hoher Exposition, wie sie durch Unfälle bei der Herstellung von Chlorphenolen oder Chlorphenoxyessigsäuren vorkamen, keine Todesfälle durch Vergiftung mit TCDD bekannt. Das Auszehrungssyndrom tritt nicht auf. Leitsymptom für die Exposition gegenüber TCDD beim Menschen ist die Ausbildung einer entzündlichen Hauterkrankung, der Chlorakne (→ 3.7.2), nach mehreren Wochen. Bei sehr hoher Exposition treten außerdem Übelkeit mit Erbrechen und Reizungen der oberen Atemwege auf. Auch periphere Neuropathien, Störungen des Fettstoffwechsels und Leberschäden wurden beobachtet.

Die Frage einer kanzerogenen und teratogenen Wirkung von TCDD auf den Menschen ist noch nicht endgültig geklärt. Obwohl TCDD bei Ratte und Maus die Tumorinzidenz in verschiedenen Geweben (Leber, Lunge, Zunge, Nasenhöhle, Gaumen, Schilddrüse, Nebenniere und Milz) erhöht, zeigt es in Kurzzeit-Tests keine mutagene Wirkung. Auch mit den empfindlichsten Methoden konnten keine DNA-Addukte von TCDD gefunden werden (bis zu einer Nachweisgrenze von 1 Addukt in 10^{11} Basen). TCDD ist daher kein Tumorinitiator, sondern ein sehr starker Tumorpromotor. Neuere epidemiologische Studien an beruflich exponierten Personen zeigen bei hoch und lange belasteten Arbeitern eine erhöhte Rate an Tumoren vor allem der Atemwege im Vergleich zur Normalbevölkerung, während die weniger belasteten Personen, deren TCDD-Fettkonzentrationen immerhin noch ca. 100-fach über jener der Normalbevölkerung (s. unten) lagen, keine veränderte Krebssterblichkeit aufwiesen. Da bei den hoch belasteten Arbeitern durchwegs Mischexpositionen mit anderen Chemikalien vorlagen und der Einfluß des Rauchens nicht ausgeschlossen wurde, bleibt die Frage der Kanzerogenität von TCDD für den Menschen umstritten.

Die epidemiologische Auswertung des Seveso-Unfalls, bei dem 1976 (geschätzte) 1,3 kg TCDD über ein Gebiet von 2,8 km^2 verteilt und ca. 37 000 Personen kontaminiert wurden, ergab keinen Hinweis auf eine teratogene Wirkung von TCDD für den Menschen: Die Anzahl der schweren Mißbildungen entsprach der Rate, die auch in Gebieten ohne Dioxinbelastung auftritt (ca. 20 Mißbildungen auf 1000 Lebendgeburten).

Zu den anderen Kongeneren der PCDD und PCDF liegen weit weniger experimentelle Untersuchungen vor als zum TCDD. Die bisherigen Befunde zeigen ein qualitativ gleiches aber quantitativ unterschiedliches toxikologisches Verhalten. Im Vergleich zum TCDD nimmt die Toxizität mit steigender oder fallender Chlorzahl ab, die Position am Ring spielt ebenfalls eine Rolle. Für die toxisch relevanten Kongeneren unter den PCDD und PCDF wurden deshalb sog. Toxizitätsäquivalenzfaktoren eingeführt, die die Stärke der toxischen Wirkung im Verhältnis zum TCDD angeben. Bei der Exposition durch ein Gemisch von PCDD und PCDF läßt sich so die Gesamtbelastung in TCDD-Äquivalenten (TEQ) angeben. Durch das ubiquitäre Vorkommen der PCDD und PCDF sind diese lipophilen Substanzen bei allen Menschen im Körperfett vorhanden und mit der heute verfügbaren hochempfindlichen Analytik (vor allem gekoppelte Gaschromatographie-Massenspektrometrie) auch nachweisbar. In den westlichen Industrienationen liegt die typische Fettkonzentration beim Erwachsenen bei 10–40 ng TEQ/kg. Die Substanzen werden vor allem mit der Nahrung (besonders mit Fleisch- und Milchprodukten) aufgenommen, wobei die durchschnittliche tägliche Belastung der deutschen Bevölkerung ca. 1 pg TEQ/kg Körpergewicht beträgt. Wird für die Ausscheidung beim Menschen eine Halbwertszeit von 7–10 Jahren angenommen (wie sie für TCDD gemessen wurde), läßt sich errechnen, daß die Gleichgewichtskonzentration im Körperfett nach ca. 40 Jahren erreicht wird und bei ca. 40 ng/kg liegt. Bei der Ratte beträgt die Halbwertszeit von TCDD nur 25 Tage. Da bei PCDD und PCDF Kongeneren mit niedrigerem Chlorierungsgrad kürzere Halbwertszeiten zu erwarten sind als bei hoher Chlorierung, unterscheidet sich das Muster der im Fett gespeicherten von dem der aufgenommenen Substanzen.

Strukturverwandt mit den PCDD und PCDF sind die polychlorierten Biphenyle (PCB, Abb. 6.13). Es existieren 209 kongenere PCB. Diese Substanzen wurden in großem Umfang seit ca. 60 Jahren hergestellt, die insgesamt weltweit produzierte Menge wird auf 1,5 Millionen Tonnen geschätzt. PCB eignen sich wegen ihrer chemischen und thermischen Stabilität und ihren hohen Dielektrizitätskonstanten hervorragend für elektrische Transformatoren und Kondensatoren, als Weichmacher für Kunststoffe, als Hydraulikflüssigkeiten, als Zusatz zu Papier, Wachsen usw. Sie werden nie als Reinsubstanzen, sondern immer als Gemische von Kongeneren mit unterschiedlichem Chlorierungsmuster hergestellt und verwendet. Lipophilie, biologische Halbwertszeit und damit Bioakkumulationsvermögen steigen mit zunehmender Chlorsubstitution. Besonders para-ständige Chlor-Substituenten behindern die metabolische Hydroxylierung und verringern die Ausscheidungsgeschwindigkeit.

Die großen Produktionmengen, die vielfältige Anwendung, die hohe Persistenz und die Anreicherung in Nahrungsketten haben dazu geführt, daß PCB neben DDT zu den Umweltsubstanzen gehören, die inzwischen ubiqitär auf der Erde verteilt sind. Fische in den USA z. B. haben einen mittleren PCB-Gehalt vom 0,5 ppm. Im Fettgewebe des Menschen finden sich durchschnittlich 1–2 ppm, die tägliche Zufuhr vor allem mit der Nahrung liegt bei 1–10 µg.

Mit PCB wurden im Tierversuch Leberschäden, Gewichtsverluste, Reproduktions- und Entwicklungsstörungen, Hautveränderungen sowie Störungen des Immunsystems und des Gastrointestinalsystems festgestellt. Typisch ist die Induktion verschiedener Enzyme des Phase I und II-Metabolismus, wobei die eingesetzten PCB-Gemische als „Breitbandinduktoren" wirken. Nach chronischer Gabe von PCB wurden Lebertumoren bei Nagern beobachtet. Hochbelastete Menschen zeigen Chlorakne, Atembeschwerden, Leberschaden und erhöhte Spiegel an Blutfett und bestimmten Enzymen im Blutplasma. Für eine kanzerogene Wirkung von PCB beim Menschen gibt es bisher keine eindeutigen Hinweise. Die Toxizität von PCB ähnelt qualitativ der von PCDD, ist aber wesentlich schwächer. Für einige planare PCB wurde eine Bindungsaffinität an den Ah-Rezeptor gezeigt. Bei längerer Benutzung sowie beim Verbrennen von PCB können sich PCDD und PCDF bilden.

Polybromierte Biphenyle (PBB, Abb. 6.13) mit hohem Halogenierungsgrad haben technische Bedeutung als Flammenschutzmittel. Sie gleichen in ihrem pharmakokinetischen und toxikologischen Verhalten den entsprechenden PCB. Durch eine Verwechslung mit Magnesiumoxid gelangten 1973 in Michigan, USA, größere Mengen PBB in Viehfutter. Die kontaminierten tierischen Nahrungsmittel führten zu Belastung einer größeren Anzahl von Menschen mit PBB (→ 3.8.3).

6.4
Alkohole, Ether, Ester

6.4.1
Aliphatische Alkohole

Allgemeine Eigenschaften

Aliphatische Alkohole (Alkanole) sind unverzweigte oder verzweigtkettige Kohlenwasserstoffe mit einer oder mehreren OH-Funktionen, die in großem Umfang industriell angewendet werden, z. B. als Ausgangsstoffe für chemische Synthesen und als Lösungsmittel. Ethanol wird weit verbreitet in Form von alkoholischen Getränken konsumiert. Die niederen einwertigen Alkohole sind leicht flüchtige Flüssigkeiten. Sie zeigen narkotische Wirkungen, die mit steigender Kohlenstoffzahl, d. h. mit höherer Lipophilie, zunehmen. Vergleichbar dazu verstärken sich auch andere biologische (toxische) Effekte wie keimtötende Wirkung, hämolytische Wirkung oder Letalität bei akuter Vergiftung[1]. In Tabelle 6.9 sind MAK-Werte, physikalische Eigenschaften und akute Toxizität einiger Alkohole zusammengestellt[13].

Die einzelnen Vertreter unterscheiden sich wesentlich in ihrem toxischen Wirkungsspektrum. Verantwortlich für die toxische Wirkung sind die Ausgangsverbindungen

Tab. 6.9 MAK-Werte, physikalische Eigenschaften und akute Toxizität einiger Alkohole

	MAK-Wert		Physikalische Daten[a]	H,S	Akute Toxizität
	ml/m^3 [ppm]	mg/m^3			LD50 (Ratte, oral) [mg/kg]
Einwertige Alkohole					
Methanol CH_3-OH	200	270	a) 65 °C b) 128 hPa/20 °C	H	5628
Ethanol CH_3-CH_2-OH	500	960	a) 78 °C b) 59 hPa/20 °C		7060
n-Propanol $CH_3-(CH_2)_2-OH$			a) 97 °C b) 18,7 hPa/20 °C		1870
n-Butanol $CH_3-(CH_2)_3-OH$	100	300	a) 117 °C b) 6,7 hPa/20 °C		790
n-Pentanol $CH_3-(CH_2)_4-OH$			a) 137–139 °C		
n-Hexanol $CH_3-(CH_2)_5-OH$			a) 157 °C b) 1 hPa/24 °C		720
i-Propanol $(CH_3)_2CH-OH$	200	500	a) 82 °C b) 43 hPa/20 °C		5045
2-Butanol $CH_3-CHOH-CH_2CH_3$	–	–	a) 99 °C b) 17,3 hPa/20 °C		6480
i-Butanol $(CH_3)_2CH-CH_2-OH$	100	310	a) 108 °C b) 12 hPa/20 °C		2460
t-Butanol $(CH_3)_3C-OH$	20	62	a) 82 °C b) 40 hPa/20 °C		3500
Mehrwertige Alkohole					
Ethylenglykol $HO-CH_2CH_2-OH$	10	26	a) 198 °C b) 0,06 hPa/20 °C	H	4700
Diethylenglykol $HO-(CH_2)_2-O-(CH_2)_2-OH$	10	44	a) 244 °C b) 0,03 hPa/20 °C		12565
1,2-Propylenglykol $CH_3-CH_2OH-CH_2OH$			a) 189 °C b) 12 hPa/80 °C		20000

[a] a) = Siedepunkt b) = Dampfdruck

und/oder gebildete Metabolite. Primäre Alkohole werden im Organismus bevorzugt durch Alkoholdehydrogenase (ADH) der Leber zu den entsprechenden Aldehyden oxidiert. Ethanol zeigt die höchste Umsatzrate, mit zunehmender C-Zahl nimmt die Oxidationsgeschwindigkeit ab. Die intermediär gebildeten Aldehyde werden durch Aldehyddehydrogenasen (AlDH) zu den entsprechenden Säuren oxidiert, auch die Geschwindigkeit dieses Oxidationsschrittes variiert mit der Struktur der Aldehyde. Sekundäre Alkohole werden durch ADH zu den entsprechenden Ketonen oxidiert. Tertiäre Alkohole sind einer ADH-Oxidation nicht zugänglich.

Die wichtigsten einwertigen Alkohole sind Ethanol und Methanol, bei den mehrwertigen Alkoholen sind vor allem die Glykole von toxikologischer Bedeutung. Beispielhaft werden einige ausgewählte Alkohole nachfolgend genauer beschrieben.

Ethanol

Ethanol (Ethylalkohol) läßt sich technisch aus Ethylen durch direkte katalytische Hydratisierung bei höheren Temperaturen und Drücken bis etwa 250 bar herstellen. Außerdem wird Ethanol durch alkoholische Gärung aus zucker- bzw. stärkehaltigen Materialien erzeugt. Die Hefen vergären i.a. bis zu Alkoholgehalten von 14%, durch Destillation wird eine Konzentrierung des Alkohols erreicht.

Ethanol wird als Ausgangsmaterial der chemischen Synthese, als Lösungsmittel, zur Desinfektion und für medizinische Zwecke verwendet. Vergiftungen durch Ethanol sind ganz überwiegend auf eine unkontrollierte Einnahme alkoholischer Getränke zurückzuführen. Alkohol ist ein Genußmittel, das große gesundheitliche und volkswirtschaftliche Probleme hevorruft. Eine Exposition am Arbeitsplatz, z. B. durch Inhalation von Ethanoldämpfen, ist von wesentlich geringerer Bedeutung.

Resorption, Verteilung, Exkretion. Ethanol wird vor allem (zu ca 80%) im oberen Dünndarm resorbiert. Bei schneller Magenpassage (im nüchternen Zustand) erfolgt die Resorption besonders schnell (ca 50% in 15 min), die durchschnittliche Resorptionszeit beträgt 1 h. Auch über die Haut oder die Lunge findet eine schnelle Resorption statt. Die Verteilung erfolgt im gesamten Körperwasserraum und hat das Maximum nach 1–2 Stunden erreicht. Bluthirnschranke und Plazenta werden leicht passiert. Da die im Blut nachweisbare Ethanol-Konzentration der Konzentration im gesamten Körperwasserraum entspricht und Durchschnittswerte für das Körperwasser bekannt sind, ist eine Rückrechnung auf die aufgenommene Alkoholmenge möglich [Ethanol (g) = Körpergewicht (kg)×V× Blut-ÇBlutkonzentration (g/kg); V = relatives Verteilungsvolumen: 0,68 für Männer; 0,55 für Frauen; maximale Schwankungsbreite ±25%].

Ethanol wird in geringem Umfang unverändert über die Niere (1–2%) und über die Lunge (2–3%) ausgeschieden. Letzteres ermöglicht eine erste Abschätzung der aufgenommenen Menge durch Messung der Gehalte in der Ausatmungsluft (Atemalkoholanalyse). Ethanol wird auch über die Muttermilch ausgeschieden. Die Hauptmenge des resorbierten Ethanols wird verstoffwechselt, die Eliminationsgeschwindigkeit ist nicht von der Konzentration abhängig, sie beträgt 0,1 g/kg Körpergewicht/h (Männer) bzw. 0,085 g/kg Körpergewicht/h (Frauen). Dies entspricht einer stündlichen Elimination von etwa 0,15 Promille. Da die Elimination einer Funktion nullter Ordnung folgt, ist die Rückrechnung der Blutalkoholkonzentration auf einen früheren Zeitpunkt möglich.

Biotransformation. Eine Übersicht über die enzymatische Oxidation von Ethanol zu Essigsäure ist in Abbildung 6.14 dargestellt.

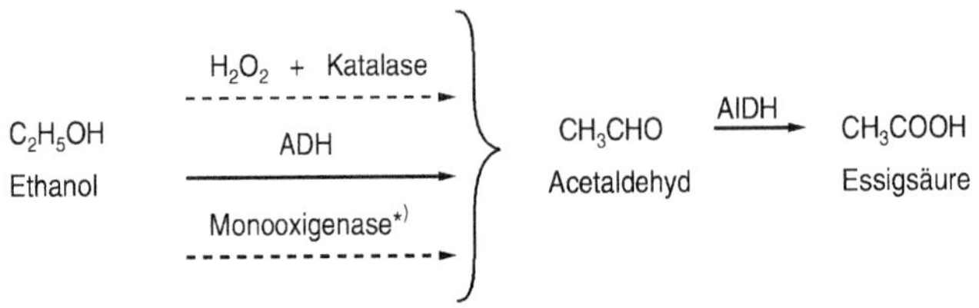

6.4 Alkohole, Ether, Ester

$$C_2H_5OH \xrightarrow[\text{ADH}]{\text{H}_2\text{O}_2 + \text{Katalase} \quad / \quad \text{Monooxigenase}^{*)}} CH_3CHO \xrightarrow{\text{AlDH}} CH_3COOH$$

Ethanol → Acetaldehyd → Essigsäure

Abb. 6.14 Oxidation von Ethanol zu Essigsäure

Die Hauptmenge des aufgenommenen Ethanols (ca 90%) wird in Hepatocyten (Leberzellen) durch cytosolische NAD^+-abhängige ADH zu Acetaldehyd oxidiert.

$$C_2H_5OH \xrightarrow[NAD^+ \quad NADH + H^+]{ADH} CH_3CHO$$

Intermediär gebildeter Acetaldehyd wird schnell durch AlDH zu Acetat oxidiert. Das gebildete Acetat wird zur Synthese von Acetyl-CoA verwendet und überwiegend im Tricarbonsäurecyclus (Citratcyclus) zu CO_2 und H_2O umgesetzt.

Für die Oxidation des Acetaldehyds beim Menschen ist vor allem die cytosolische AlDH von Bedeutung, in Rattenleber dagegen spielt die mitochondriale AlDH eine wesentliche Rolle. ADH und AlDH ind NAD-abhängig, dies hat bei Aufnahme größerer Alkoholmengen eine erhebliche Bildung von NADH und somit eine Veränderung des NAD/NADH Gleichgewichtes zur Folge.

Ein zweites Enzym, das Ethanol zu Acetaldehyd umsetzen kann, ist Katalase. Die Oxidation erfolgt in Gegenwart von Wasserstoffperoxid, das durch NADPH-Oxidase oder Xanthin-Oxidase generiert wird. Da in Hepatocyten normalerweise nur wenig Wasserstoffperoxid verfügbar ist, wird diese Reaktion nur für maximal 10% der Ethanoloxidation verantwortlich gemacht.

Zu einem geringeren Anteil (3–8%) wird Ethanol auch durch Cytochrom P-450 abhängige Monooxigenase (vor allem Isoform 2E1) zu Acetaldehyd oxidiert. Dies erklärt den Einfluß von Ethanol auf die Biotransformation und Wirkung von anderen Fremdstoffen, z. B. von Arzneimitteln oder toxischen Kontaminanten. Bei akuter Ethanolzufuhr kann eine kompetitive Hemmung der Fremdstoffoxidation auftreten, bei chronischer Zufuhr kann die Monooxigenase induziert und die Fremdstoffoxidation beschleunigt werden[2].

$$C_2H_5OH + O_2 \xrightarrow[NADPH + H^+ \quad NADP^+]{\text{Monooxigenase}^{*)}} CH_3CHO + 2 H_2O$$

*) Cytochrom P-450 2E1 abhängig

$$NADPH + H^+ + O_2 \xrightarrow{\text{NADPH-Oxidase}} NADP^+ + H_2O_2$$

$$\text{Hypoxanthin} + H_2O + O_2 \xrightarrow{\text{Xanthin-Oxidase}} H_2O_2 + \text{Xanthin}$$

$$\mathbf{C_2H_5OH} + H_2O_2 \xrightarrow{\text{Katalase}} CH_3CHO + 2 H_2O$$

Ethanol → Acetaldehyd

Andere Biotransformationen wie Konjugationen (Glucuronidierung, Sulfatierung) spielen für Ethanol nur eine untergeordnete Rolle.

Akute Toxizität. Am zentralen Nervensystem zeigt Ethanol dämpfende und erregende Wirkungen. Die primäre Wirkung von Ethanol ist eine Beeinflussung der Zellmembran unter Veränderung der Membranfluidität. Die zu Grunde liegenden Mechanismen sind noch nicht endgültig geklärt. In kleiner Dosis bewirkt Ethanol einen leichten Blutdruckanstieg. In allen Dosen werden Atmung und Diurese (Harnausscheidung) gesteigert, die Muskelleistung wird gemindert. Eine Alkoholkonzentration von 1,4 Promille stellt den Beginn der akuten Vergiftung dar. Unter anderem treten psychomotorische Erregung, Übelkeit und Erbrechen sowie Absenkung der Körpertemperatur auf. Durch Steigerung des Grundumsatzes wird der Blutzuckerspiegel gesenkt. Ab 2 Promille überwiegt die narkotische Wirkung mit Lähmungssymptomen und groben Gleichgewichtsstörungen. Tiefes, evtl. tödliches Koma ist ab Alkoholkonzentrationen von 3,5–4 Promille beschrieben.

Die Therapie umfaßt Magenspülung, Erhaltung der Körpertemperatur u.a. stabilisierende Maßnahmen[3].

Chronische Toxizität. Bei häufiger Aufnahme kann Ethanol Abhängigkeit erzeugen (chronischer Alkoholismus). Häufigste Folge ist ein Leberschaden[4,5]; 70–80% der insgesamt vorkommenden chronischen Hepatopathien sind alkoholbedingt. Erstes Stadium ist die Fettleber, d.h. die Einlagerung von Fetttröpfchen in die Leberzellen ($\rightarrow$ 3.5.3). Ursache für die Anhäufung von Triglyceriden ist vermutlich der erhöhte NAD^+ Verbrauch. Durch Überflutung der Leberzelle mit NADH werden alle Redoxreaktionen in Richtung Reduktion verschoben; dies hat unter anderem eine Hemmung der Fettsäureoxidation sowie eine Stimulation der Fettsäuresynthese zur Folge.

Aus der zunächst reversiblen Fettleber kann nach mehreren Jahren eine Fettleberhepatitis entstehen. In relativ kurzer Zeit proliferiert während dieses Entzündungszustandes das Bindegewebe, eine maligne Leberzirrhose kann entstehen. Aus dem Stadium der Leberzirrhose entwickelt sich überdurchschnittlich häufig ein Leberzellkarzinom. Durch Alhoholabstinenz kann diese Entwicklung auch in fortgeschrittenen Stadien zum Stillstand kommen. Intermediär gebildeter Acetaldehyd kann an zelluläre Proteine binden und so hepatische Enzyme, Mitochondrien oder das mikrotubuläre System der Leberzelle schädigen. Ein zusätzlicher Einfluß von Gärungsnebenprodukten (z.B. höhere Alkohole) auf die chronische Hepatotoxizität von Ethanol wird diskutiert. Die Leber von Frauen reagiert deutlich empfindlicher auf Alkohol als die von Männern.

Weitere Folgen eines chronischen Alkoholmißbrauches sind periphere Polyneuropathien (Reiz- und Ausfallerscheinungen am peripheren Nervensystem), die sich in einem schleppenden Gang, verminderten Sehnenreflexen und Parästhesie (veränderten Empfindungen) äußern. Gleichzeitig tritt eine chronische Gastritis und Enteritis auf (Entzündung von Magen- und Darmschleimhaut), die durch unregelmäßige Nahrungsaufnahme verstärkt wird. Außerdem hat Ethanol eine direkte Wirkung auf das Myokard (Herzmuskel), beobachtet werden herabgesetzte Herzleistung und Herzvergrößerung.

Die Therapie besteht aus vollständigem Alkoholentzug mit begleitenden Maßnahmen gegen die Entzugssymptome, die Leberschädigung und die Polyneuritis. Durch Gabe von Tetraethylthiuramdisulfid (Disulfiram, Handelsname z.B. Antabus) läßt sich eine Alkoholintoleranz induzieren, die bei

Tetraethylthiuramdisulfid (Disulfiram)

Aufnahme von Alkohol charakteristische, unangenehme Symptome zeigt.

Als mögliche Ursache wurde lange eine Hemmung der Aldehyddehydrogenase durch Komplexbildung mit dem Zn^{2+} im katalytischen Zentrum des Enzyms diskutiert, gefolgt von einer Anhäufung des toxischen Metaboliten Acetaldehyd. Dieser Mechanismus wird heute jedoch nicht mehr als ausreichend zur Erklärung der Alkoholintoleranz angesehen.

Fetotoxizität. Erhöhter Alkoholgenuß in der Schwangerschaft läßt sich eindeutig mit dem Auftreten der „Alkoholembryopathie", d.h. Mißbildungen bei Neugeborenen korrelieren[6]. Die Kinder zeigen Wachstumsstörungen, Mikrozephalie (zu kleiner Schädel im Vergleich zur Körpergröße), charakteristische Veränderungen im Gesichtsbereich (z.B. enge Lidspalten, zu kleiner Ober- und Unterkiefer) und Intelligenzdefekte.

Kanzerogenität. Epidemiologische Studien zeigten eine Korrelation zwischen dem Alkoholkonsum und dem Aufreten von Tumoren in Mund, Rachen, Speiseröhre und Leber. Ein möglicher Zusammenhang zwischen Alkoholkonsum und der Entstehung von Karzinomen in anderen Organen wie Bauchspeicheldrüse und Dünndarm/Rektum wird diskutiert[7]. Im Tierversuch ist Ethanol kein gesichertes Kanzerogen, es gibt jedoch starke Hinweise auf eine Wirkung von Ethanol als Tumorpromotor[8]. Hiermit assoziert wird u.a. die Bildung von freien Radikalen während der Biotransformation von Ethanol.

Methanol

Methanol (Methylalkohol) wird aus Synthesegas (CO und H_2) in einem Hochdruck- oder Niederdruckverfahren hergestellt. Methanol findet vielseitige Anwendung in der chemischen Synthese, als Lösungsmittel, Reinigungsmittel, Frostschutzmittel und als Kraftstoffadditiv (Antiklopfmittel). Vergiftungen kommen vor allem durch Trinken von Methanol in Verwechslung mit Ethanol vor. Auch Vergiftung größerer Personenzahlen durch absichtliches Zumischen von Methanol zu Ethanol in Zeiten von Prohibition oder sozialer Verarmung ist beschrieben. Methanol ist in geringen, toxikologisch nicht relevanten Konzentrationen in alkoholischen Getränken und Fruchtsäften enthalten. Es entsteht vor allem durch Hydrolyse von Methylestergruppen des Pektins.

Resorption, Verteilung, Exkretion. Methanol wird wegen seiner geringeren Lipidlöslichkeit langsamer als Ethanol resorbiert, die Resorption über den Gastrointestinaltrakt ist praktisch vollständig. Bei beruflicher Exposition ist die Aufnahme über die Atemwege und über die Haut von Bedeutung. Bei Inhalation wird Methanol zu hohen Anteilen (ca 60%) resorbiert. Auch über die Haut findet eine schnelle Resorption statt.

Nach Resorption wird Methanol bevorzugt im Körperwasserraum verteilt[9]. Im Gegensatz zu Ethanol wird Methanol aufgrund relativ langsamer ADH-Oxidation in erheblichen Anteilen (30–60%) über die Lunge abgeatmet. In geringerem Maße wird Methanol auch unverändert über die Niere ausgeschieden.

Biotransformation. Methanol wird im Organismus zu Ameisensäure und nachfolgend vor allem zu CO_2 oxidiert (Abb. 6.15).

Der erste Schritt ist die Oxidation von Methanol zu Formaldehyd, die beim Menschen und bei anderen Primaten (Affen) vor allem durch Alkoholdehydrogenase (ADH) kataly-

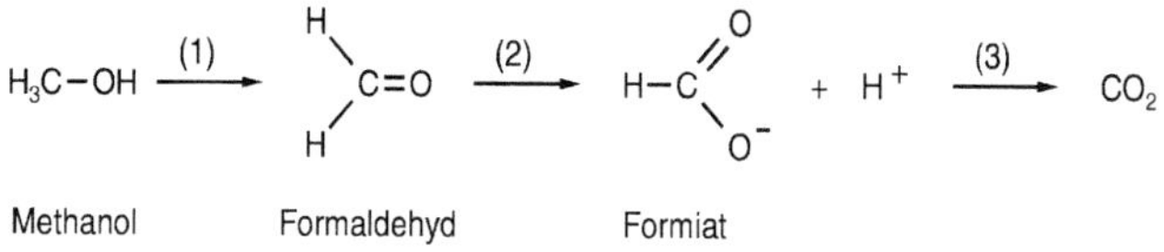

226 | Toxikologie ausgewählter Substanzgruppen

$$H_3C-OH \xrightarrow{(1)} \underset{H}{\overset{H}{>}}C=O \xrightarrow{(2)} H-C\underset{O^-}{\overset{O}{\lessgtr}} + H^+ \xrightarrow{(3)} CO_2$$

Methanol   Formaldehyd   Formiat

(1) Alkoholdehydrogenase
(2) Formaldehyddehydrogenase
(3) Tetrahydrofolat-abhängiger C_1-Stoffwechsel

Abb. 6.15 Oxidation von Methanol

siert wird. Im Vergleich zu Ethanol wird Methanol jedoch deutlich langsamer durch ADH umgesetzt. Mikrosomale Monooxigenasen kommen nur in sehr geringem Umfang für die Methanoloxidation in Frage. In Ratte, Meerschweinchen und Kaninchen wird Methanol vorwiegend durch Katalase/Peroxidase oxidiert; dieser Stoffwechselweg ist bei Primaten wegen der geringen Aktivität an Peroxid-generierenden Enzymen nicht von Bedeutung[10]. Die Geschwindigkeit der Methanolelimination aus dem Blut ist bei Ratte und Primaten ähnlich.

Der intermediär gebildete Formaldehyd akkumuliert nicht im Organismus sondern wird schnell weiter zu Ameisensäure oxidiert (Halbwertszeit von Formaldehyd in Blut nach i.v. Applikation an Affen: 1,5 min). Mehrere Enzymsysteme stehen für diesen Oxidationsschritt zur Verfügung: Durch eine cytosolische NAD^+-abhängige Formaldehyddehydrogenase, die reduziertes Glutathion benötigt und mit einer Thiolase assoziiert ist, wird Formaldehyd in der Leber zu Ameisensäure oxidiert[11] (Abb. 6.16).

Diese Reaktion verläuft in zwei Schritten, zunächst wird Formaldehyd zu S-Formylglutathion umgesetzt, anschließend wird in einer nicht reversiblen Thiolase-abhängigen Spaltung Formiat freigesetzt. Vergleichbare Enzymaktivitäten wurden auch im menschlichen Gehirn sowie in anderen Organen und Geweben (z.B. in der Retina) verschiedener Spezies nachgewiesen. Eine glutathionunabhängige Formaldehyddehydrogenase wurde in Mitochondrien nachgewiesen. Aldehyddehydrogenasen in Lebermitochondrien und

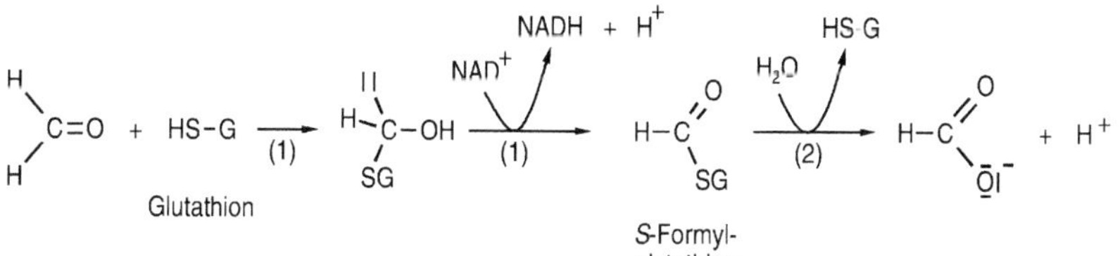

$$\underset{H}{\overset{H}{>}}C=O + HS\text{-}G \xrightarrow{(1)} H-\underset{SG}{\overset{\text{OH}}{\underset{|}{C}}}-OH \xrightarrow[NAD^+]{NADH + H^+} H-C\underset{SG}{\overset{O}{\lessgtr}} \xrightarrow[H_2O]{HS\text{-}G} H-C\underset{\bar{O}|}{\overset{O}{\lessgtr}} + H^+$$

Glutathion   S-Formyl-
                    glutathion

(1) Formaldehyddehydrogenase
(2) Thiolase

Abb. 6.16 Vorgeschlagener Mechanismus der Oxidation von Formaldehyd durch Formaldehyddehydrogenase/Thiolase

Cytosol zeigen ebenfalls eine hohe Aktivität für die Formaldehydoxidation.

Gebildete Ameisensäure (bzw. Formiat) kann über einen Katalase-abhängigen oder einen Tetrahydrofolsäure-abhängigen Mechanismus zu CO_2 metabolisiert werden. Entscheidende Bedeutung wird jedoch nur dem Tetrahydrofolsäure-abhängigen Mechanismus zugeschrieben (Abb. 6.17). Zunächst erfolgt eine enzymatische Umsetzung von Formiat mit Tetrahydrofolat unter Bildung von 10-Formyl-Tetrahydrofolat. Anschließend erfolgt die Umsetzung zu CO_2 und Tetrahydrofolat, die durch das Enzym 10-Formyl-Tetrahydrofolatdehydrogenase katalysiert wird[12]. Zum Teil findet auch eine C_1-Übertragung über den Tetrahydrofolatstoffwechsel statt. Primaten (Affe, Mensch) besitzen niedrigere Tetrahydrofolatgehalte als andere Spezies (z. B. Ratte). Außerdem zeigt das Enzym 10-Formyl-Tetrahydrofolatdehydrogenase bei Primaten eine wesentlich geringere Aktivität, so daß Formiat nur langsam oxidiert wird.

Über die Nieren wird Formiat nur in geringen Anteilen (< 5% des aufgenommenen Methanols) ausgeschieden. Daher tritt in Primaten eine starke Akkumulation von Ameisensäure auf, die zu Absenkung der Bi-

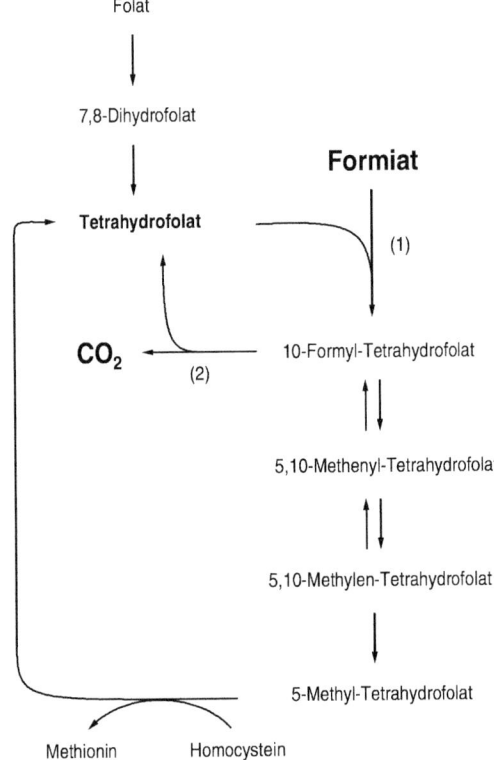

(1) Formyl-Tetrahydrofolat-Synthetase, ATP abhängig
(2) Formyl-Tetrahydrofolat-Dehydrogenase, $NADP^+$ abhängig

Abb. 6.17 Oxidation von Formiat zu CO_2

carbonatkonzentration mit nachfolgender Acidose (Absenkung des Blut-pH bis unter 7) führen kann und eine entscheidende Rolle bei der Methanoltoxizität spielt.

Akute Toxizität. Die Methanolvergiftung[11,12] läßt sich in drei Stadien einteilen: das narkotische, das acidotische und das Stadium der zentralnervösen Läsionen. Etwa 10 ml verursachen Blindheit. Die tödliche Dosis für den Menschen liegt zwischen 5 und 100 ml, abhängig vor allem davon, ob Ethanol gleichzeitig aufgenommen wurde. Der zeitliche Verlauf einer akuten Methanolvergiftung ist in Abb. 6.18 dargestellt.

Die narkotische Wirkung von Methanol ist wesentlich geringer als die von Ethanol, der Rausch hält jedoch wegen der langsameren Biotransformation länger an.

Charakteristische Vergiftungssymptome (Atemstörungen, Kreislaufversagen, Niereninsuffizienz) treten nach einer Latenzzeit (meist 12–24 h) auf und sind Folge einer metabolischen Acidose, die mehrere Tage andauert. Dem Menschen vergleichbare Vergiftungserscheinungen werden praktisch nur bei Primaten (Affen) beobachtet. Todesursache ist häufig eine Atemlähmung.

Ameisensäure hemmt die mitochondriale Cytochrom Oxidase, ein Enzym der Atmungskette, durch Bindung an die 6. Koordinationsstelle des Fe^{3+} im Hämmolekül. Je ausgeprägter die Acidose, desto stärker ist die Hemmung der Zellatmung. Nur die undissoziierte Ameisensäure ist in der Lage, die innere mitochondriale Membran zu passieren. Die Hemmung der Zellatmung hat eine Milchsäureproduktion zur Folge, die wiederum die Acidose verstärkt („Circulus hypoxicus"). Charakteristisch für die metabolische Acidose ist außerdem eine erhöhte Exkretion von Ca^{2+}, NH_4^+ und Protonen.

Die für eine Methanolvergiftung charakteristischen Sehstörungen bei Primaten verlaufen in zwei Phasen. Am 3. Tag der Vergiftung tritt ein Retinaödem auf, das reversibel

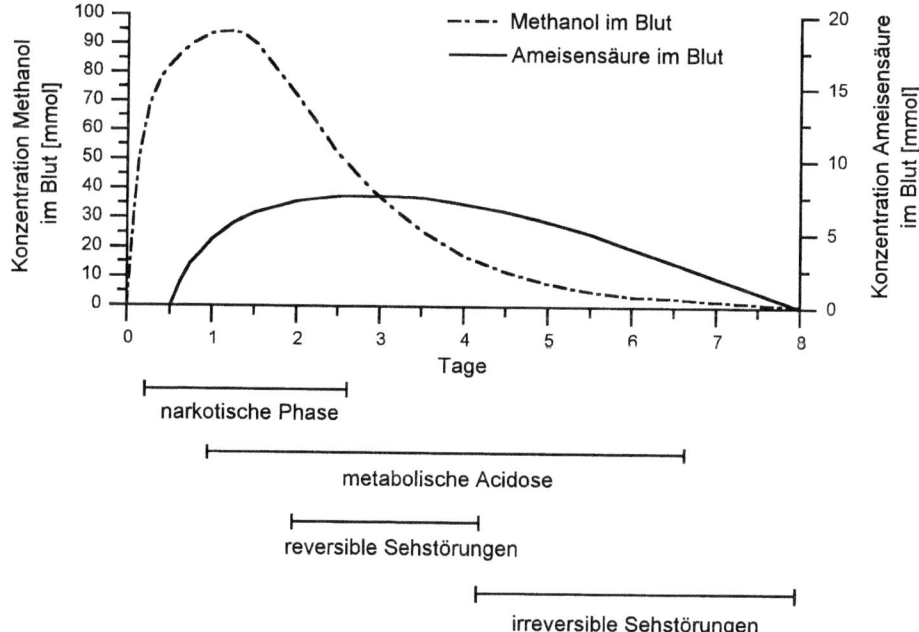

Abb. 6.18 Zeitlicher Verlauf der akuten Methanolvergiftung

sein kann. In der zweiten Phase indet eine Degeneration des Sehnervs statt, die zu dauerhafter Erblindung führt. Der Mechanismus dieser Schädigung ist noch nicht endgültig geklärt, wird aber auf Formiatakkumulation zurückgeführt. Bei schwerer Methanolvergiftung wurden zusätzlich pathologische Veränderungen im zentralen Nervensystem beobachtet.

Als Therapiemaßnahme wird Ethanol verabreicht, da Ethanol eine wesentlich höhere Bindungsaffinität für ADH aufweist und so die Oxidation von Methanol wirkungsvoll hemmt. Die Methanol-Oxidation kann durch eine äquimolare Dosis von Ethanol um rund 90% reduziert und die Halbwertszeit auf 46 Stunden verlängert werden. Durch Gabe von Folsäure wird die Ameisensäureoxidation beschleunigt. Zur Kompensation der Acidose werden Natriumhydrogencarbonat- oder Trispufferlösungen infundiert, außerdem wird eine Hämodialyse durchgeführt. 4-Methylpyrazol, das an ADH bindet, wurde bei Affen erfolgreich zur Vergiftungsbehandlung eingesetzt. Es hemmt die Oxidation von Methanol und bewirkt somit eine verstärkte Abatmung.

Chronische Toxizität. Die chronische Vergiftung durch wiederholte Aufnahme kleiner, nicht akut toxischer Methanolmengen kann Seh- und Hörnervschädigungen hervorrufen. Berufliche Vergiftungsfälle sind bekannt. Als mögliche Ursache wird die lokale Ameisensäurekonzentration diskutiert.

Höhere einwertige Alkohole[1]
Mit steigender Kettenlänge nehmen Lipidlöslichkeit, Toxizität, narkotische und hämolytische Wirkung zu. Die Resorption durch die Schleimhäute von Magen-Darmtrakt bzw. Lunge verläuft rascher. Die toxische Wirkung hält wegen der langsamer verlaufenden enzymatischen Oxidation länger an. Wichtige Vertreter sind n-Propanol und i-Propanol. n-Propanol wird als Desinfektionsmittel, Lösungsmittel, in Kosmetika und zur Herstellung von Lacken, Kunststoffen und bei der Zelluloseproduktion verwendet. i-Propanol wird für kosmetische Mittel verwendet sowie als Lösungsmittel, Extraktionsmittel und Konservierungsmittel.

Propanole werden schneller resorbiert und haben eine höhere Toxizität als Ethanol (vgl. Tab. 6.9). Im Vordergrund der Vergiftung steht dabei die Wirkung auf das zentrale Nervensystem, d.h. Rauschzustand bzw. narkotische Wirkung. Die Schleimhautreizung ist ausgeprägter als bei Ethanol. Im Organismus wird i-Propanol durch ADH zu Aceton oxidiert. Bei akuter Vergiftung treten neben der Rauschwirkung Acidose und Ketonurie auf.

Propenol-3 ist das einzige bedeutende Lösungsmittel unter den ungesättigten Alkoholen. Inhalation der Dämpfe kann ein Lungenödem zur Folge haben.

Mehrwertige Alkohole
Zwei- und höherwertige Alkohole werden für unterschiedliche technische Zwecke eingesetzt. Glykole sind zweiwertige aliphatische Alkohole, die sich vom Ethan oder dessen längerkettigen Homologen ableiten.

Ethylenglykol (1,2-Ethandiol, Glykol)
Ethylenglykol wird in großem Umfang als Frostschutzmittel in Kühlsystemen, vor allem in KFZ-Kühlern eingesetzt. Außerdem ist es in Brems- und Hydraulikflüssigkeiten enthalten. Andere technische Anwendungen in der chemischen und kosmetischen Industrie sind weniger bedeutend. Die Synthese von Ethylenglykol erfolgt durch Oxidation von Ethylen zu Ethylenoxid und anschließende Hydrolyse.

Resorption, Verteilung, Exkretion. Ethylenglykol[13] wird nach oraler und inhalativer Zufuhr rasch resorbiert und verteilt. In Selbstversuchen wurde die Halbwertszeit beim Menschen nach p.o. Aufnahme von 8, 10 und 12 ml Ethylenglykol mit 4,5 h bestimmt. 25% der aufgenommenen Dosis wurde unverändert im Harn ausgeschieden. Bei akuter Vergiftung kann die Halbwertszeit wegen eingeschränkter Nierenleistung deutlich ansteigen.

Biotransformation. Ethylenglykol wird in der Leber oxidativ abgebaut (Abb. 6.19). Mehrere Metabolite sind für die auftretenden Vergiftungssymptome von Bedeutung.

Zunächst wird Ethylenglykol durch NAD^+/ADH zu Glykolaldehyd und nachfolgend zu Glykolat oxidiert. Anschließend erfolgt weitere Oxidation zu Glyoxylat, das für die ausgeprägte toxische Wirkung auf die Nierentubuli verantwortlich gemacht wird. Weitere Metabolite sind Formiat, Oxalat und Malat.

Toxizität. Ethylenglykol ist eine wenig flüchtige, leicht viskose Flüssigkeit von süßlichem Geschmack. Tödliche Vergiftungen durch Verwechslung oder absichtliches Trinken als „Alkoholersatz" sind bekannt. Aus diesen Daten wird die tödliche Dosis für den Erwachsenen auf 100–200 ml geschätzt. Auch nach großflächiger Aufbringung auf die Haut wurden Vergiftungssymptome beobachtet.

Mehrere toxische Wirkungen sind bekannt: Im Frühstadium der akuten Vergiftung treten die für Alkohole charakteristischen hypnotischen und narkotischen Wirkungen auf. Diese sind im Vergleich zu Ethanol schwächer ausgeprägt, jedoch eindeutig feststellbar. Beobachtet werden Schwindel, Trunkenheit und Bewußtseinsstörungen. Außerdem treten Reizerscheinungen im Magen/Darmtrakt auf. Bei sehr schweren Vergiftungen mit Bewußtlosigkeit und Koma kann zentrale Atemlähmung zum Tode führen. Außerdem zeigt die akute Ethylenglykol-Vergiftung bereits in der Frühphase eine metabolische Acidose, die vor allem durch den Hauptmetaboliten Glykolsäure verursacht ist. Zusätzlich wird auch eine leichte Erhöhung der Lactatkonzentration beobachtet. Für die cytotoxische Wirkung von Ethylenglykol (Hemmung der oxidativen Phosphorylierung, Zellatmung, Proteinsynthese und DNA-Replikation) werden die aldehydischen Zwischenstufen verantwortlich gemacht. Hemmung der Zellatmung wird auch dem Malat zugeschrieben.

Nach 12–24 h werden Schäden an Herz und Lunge beobachtet. Mit zeitlicher Verzögerung von ein bis mehreren Tagen treten nierentoxische Symptome auf. Bei schweren Vergiftungen wird Nierenversagen (Urämie) beobachtet, das in ein urämisches Koma mit Todesfolge übergehen kann. Metabolisch gebildete Oxalsäure bildet ein schwer lösliches Ca^{2+}-Salz, das bei Konzentrierung des Harns in der Niere ausfällt und so den Harnabfluß blockieren kann („Oxalatniere"). Auch in Gehirn und Leber von Vergiftungsopfern wurden Oxalatablagerungen beobachtet. Nach 6–14 Tagen treten Degenerationserscheinungen des zentralen Nervensystems auf. Dämpfe und Aerosole von Ethylenglykol verursachen starke Schleimhautreizungen in den oberen Atemwegen, aber auch an Hornhaut und Bindehaut des Auges.

Tierexperimentell wurden im subchronischen und chronischen Versuch nach oraler Verabreichung Nieren- und Leberschädigungen beobachtet. In subchronischen Inhalationsstudien traten Augenreizungen und entzündliche Veränderungen der Lunge auf.

Die Therapie im Frühstadium der Vergiftung besteht in der Gabe von Ethanol, das als bevorzugtes Substrat der ADH die Oxidation, d.h. Giftung, von Ethylenglykol kompetitiv hemmt und eine mehr als 10-fache Erhöhung der Halbwertszeit zur Folge hat[14]. Auch die Gabe des nicht-kompetitiven ADH-Inhibitors 4-Methylpyrazol ist beschrieben. Zur Kompensation der metabolischen Acidose wird Natriumbicarbonat infundiert. Hämoperfu-

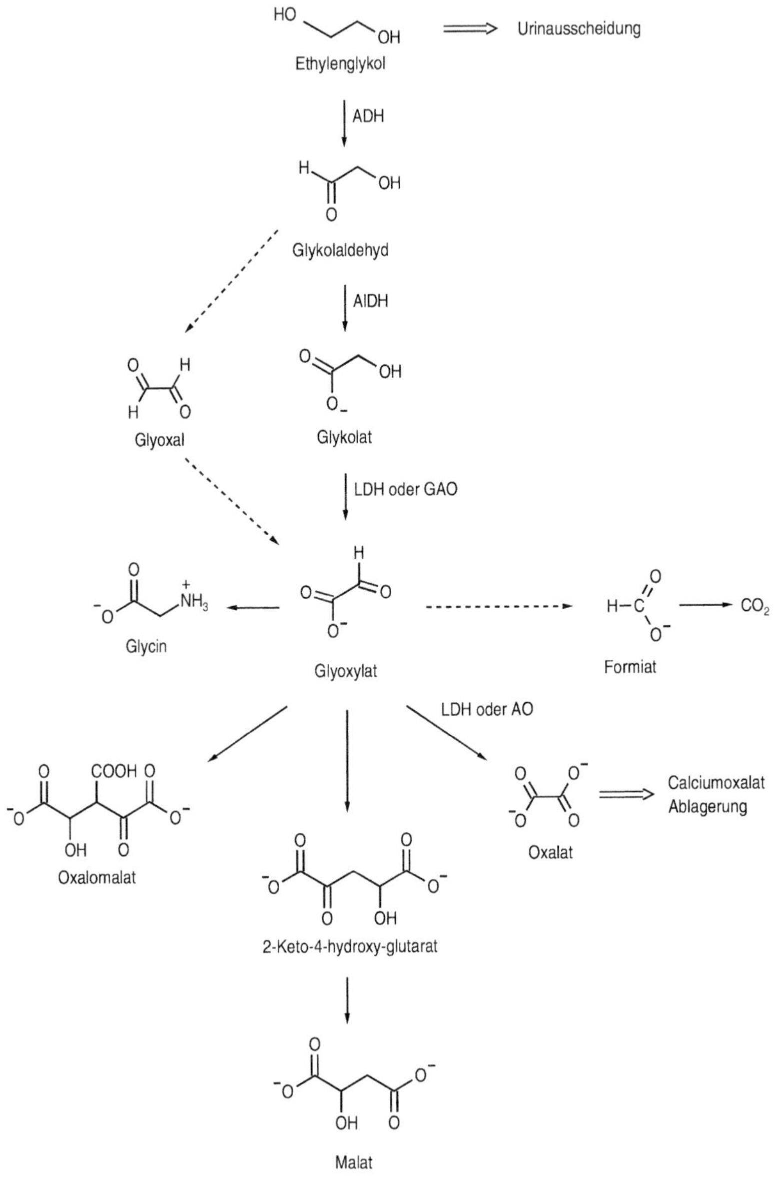

6.4 Alkohole, Ether, Ester

ADH = Alkoholdehydrogenase
AlDH = Aldehyddehydrogenase
LDH = Laktatdehydrogenase
GAO = Glykolatoxidase
AO = Aldehydoxidase

Abb. 6.19 Hauptwege der Biotransformation von Ethylenglykol

sion oder Hämodialyse sollen möglichst frühzeitig angewendet werden.

Fruchtschädigende Eigenschaften, verbunden mit dem Aufreten von Skelettanomalien, wurden im Tierversuch (Maus) nachgewiesen. Die fruchtschädigende Wirkung ist als eindeutig dosisabhängig beschrieben. Für mutagene und kanzerogene Eigenschaften von Ethylenglykol gibt es keine Anhaltspunkte.

Diethylenglykol (2,2'-Oxydiethanol, Digol, Diglykol)

Diethylenglykol (DEG) wird aus Ethylenoxid und Ethylenglykol hergestellt und ist praktisch das Anfangsglied der Polyethylenglykole. DEG wird vielseitig eingesetzt, z. B. als technisches Lösungsmittel, Hydrauliköl, Bremsflüssigkeit und als Bestandteil von Gefrierschutzmitteln. DEG ist eine farblose, geruchlose, hygroskopische und viskose Flüssigkeit, die anfangs süß schmeckt, später aber einen bitteren Nachgeschmack entwickelt. Mitte der achtziger Jahre wurde DEG in großem Umfang unerlaubt zur Fälschung von Wein[15] verwendet. Die dem Glycerin ähnlichen sensorischen und physikalischen Eigenschaften ermöglichten es, einen höheren Extraktgehalt vorzutäuschen und eine Einstufung als Prädikatswein der besseren Stufen zu erreichen. Dieser „Weinskandal" betraf vor allem östereichische Weine. Der höchste in einem Wein gemessene Gehalt an DEG betrug 48 g/l, häufiger nachgewiesen wurden Gehalte von 1–10 g/l. Bei Produktion und technischer Anwendung von DEG ist die Möglichkeit einer dermalen Exposition gegeben.

Resorption, Verteilung, Biotransformation, Exkretion. DEG wird bei oraler Gabe gut resorbiert. Die dermale Resorption dagegen verläuft nur langsam, bei Applikation auf die Haut der Ratte wurden pro Tag ca 3% der applizierten Dosis resorbiert. In Versuchen an Ratten und Hunden[16] wurde gezeigt, daß ein hoher Anteil der applizierten Dosis über die Nieren (ca 80% in 24 h) ausgeschieden wird, vor allem als unveränderte Ausgangsverbindung. Außerdem wurde 2-Hydroxyethoxyessigsäure als Urinmetabolit nachgewiesen (10–30%), dies spricht für eine Oxidation von DEG durch ADH und AlDH[16,17] (Abb. 6.20).

Durch Gabe des ADH-Inhibitors Pyrazol oder des AlDH-Inhibitors Diethyldithiocarbamat wurde die Oxidation um ca 90% bzw. 70% gehemmt. Eine Verringerung der akuten DEG-Toxizität durch Pyrazol ist ebenfalls beschrieben. Die Etherbindung von DEG wird im Organismus nicht oder nur in Spuren gespalten. Tierversuche mit radioaktiv markiertem DEG zeigten, daß Ethylenglykol bzw. Oxalsäure nur in Spuren auftreten[16].

Toxizität. Akute Vergiftungen beim Menschen nach oraler Aufnahme von DEG sind bekannt. 1937 traten in den USA nach Aufnahme von Sulfanilamid in verdünntem DEG bei 353 Personen schwere Vergiftungen auf. 105 Patienten starben als Folge einer Niereninsuffizienz. Aufgrund dieser Befunde wurden als tödliche Dosis für den Menschen etwa 1–2 g/kg Körpergewicht berechnet. An Vergiftungssymptomen wurden Übelkeit, Erbrechen, Schmerzen in der Nieren- und Bauchregion, Harnverhaltung, Benommenheit und Koma beobachtet. Pathologische Veränderungen traten in Nierentubuli und in der Leber auf. Ein ähnlicher Vergiftungsfall ereignete sich 1971 in Kapstadt. Dabei starben nach Aufnahme eines Beruhigungsmittels, das versehentlich mit DEG zubereitet worden war, sieben Kinder mit ähnlichen Symptomen. Bei Mäusen, Ratten, Kaninchen und Hunden wurden dem Menschen vergleichbare Vergiftungssymptome nach oraler Gabe beobachtet, vor allem werden zentrales Nervensystem und die Nieren betroffen. Die orale LD_{50} liegt bei der Ratte zwischen 13 und 32 g/kg, für andere Tierarten (Meerschwein-

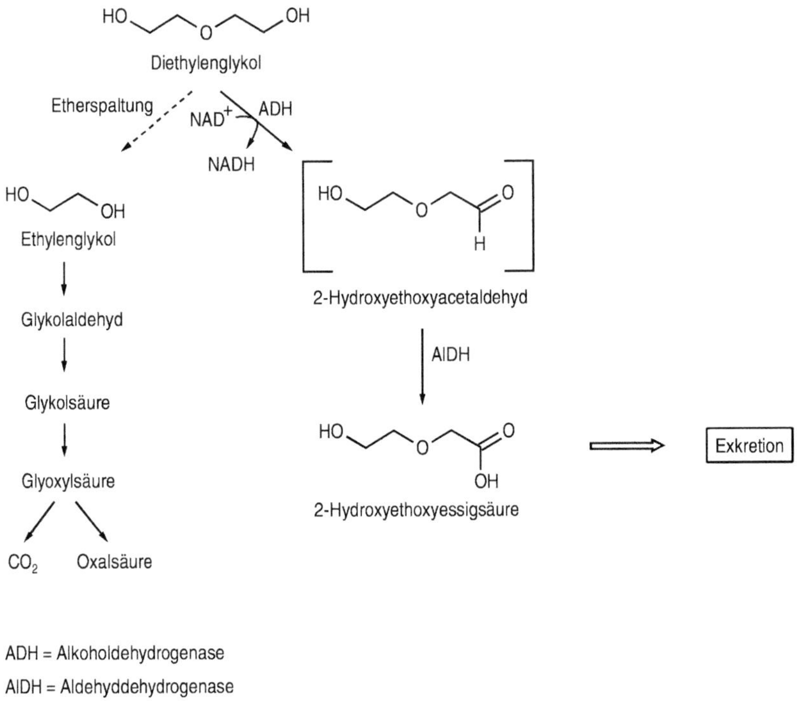

Abb. 6.20 Vorgeschlagener Mechanismus der Biotranformation von Diethylenglykol

chen, Kaninchen, Katze, Hund) etwas niedriger. In einer Studie zur subchronischen und chronischen Toxizität an der Ratte induzierte DEG vor allem Nierenschäden. Ein mutagenes, fruchtschädigendes oder krebserzeugendes Potential von DEG läßt sich aus den vorliegenden Untersuchungen nicht ableiten. Für den Menschen wurde vom Wissenschaftlichen Lebensmittelausschuß der EG (SCF: Scientific Committee on Foods) eine duldbare tägliche Aufnahme von 0,5 mg/kg Körpergewicht für die Summe von Diethylenglykol, Ethylenglykol und Stearinsäureestern des Di-, Mono- und Triethylenglykols festgesetzt. Toxische Wirkungen durch Aufnahme von DEG in verfälschtem Wein sind nicht bekannt.

1,2-Propylenglykol (1,2-Propandiol)

1,2-Propylenglykol wird als Lösungsmittel für wasserlösliche Stoffe im Bereich der Lebensmittelindustrie, für kosmetische Mittel und für Arzneimittel eingesetzt. Er ist nur wenig toxisch. Als Symptome der akuten Vergiftung wurden Depression des Zentralnervensystems und Narkose im Tierversuch beobachtet. Spezifische Organ- oder Gewebeschädigungen traten auch bei letalen Dosen nicht auf. Ursache für die geringe Toxizität von 1,2-Propylenglykol ist der oxidative Metabolismus zu Lactat und Pyruvat, die auch als normale Stoffwechselprodukte gebildet werden[18]. Propylenglykol ist ein besseres Substrat für ADH als Ethylenglykol.

6.4.2
Ether

Allgemeine Eigenschaften

Ether bestehen aus zwei Alkyl- bzw. Arylresten, die über eine Sauerstoffbrücke miteinander verbunden sind (R^1–O–R^2). Sauerstoffhaltige Cycloaliphaten können auch als cyclische Ether betrachtet werden. Ether werden industriell in großem Umfang als Lösungsmittel und Extraktionsmittel eingesetzt, außerdem finden einige Ether Anwendung als Narkosemittel und Aerosoltreibgas. Technisch von Bedeutung sind u.a. Diethylether, Diisopropylether, Tetrahydrofuran (THF), Dioxan, Anisol, sowie verschiedene Etheralkohole (abgeleitet von mehrwertigen Alkoholen).

Verglichen mit anderen Substanzklassen zeigen viele Ether eine geringere Toxizität; dies wird mit der relativ niedrigen Reaktivität der C–O–C-Gruppe in Zusammenhang gebracht.

Bei längerem Stehen unter Einwirkung von Luftsauerstoff können Ether zu explosionsfähigen Peroxiden (R–O–O–R) oxidiert werden. Die Bindung zwischen den beiden Sauerstoffatomen wird leicht gespalten unter Freisetzung hochreaktiver Radikale. Dementsprechend zeigen solche Peroxide lokal reizende Wirkungen an Haut und Schleimhäuten. Allergische Reaktionen durch Peroxide sind ebenfalls beschrieben. Beim Erhitzen von Ethern besteht durch die gebildeten Peroxide Explosionsgefahr, besonders aus Destillationsrückständen.

In Tabelle 6.10 sind MAK-Werte, physikalische Eigenschaften und akute Toxizität einiger Ether zusammengestellt[13,19].

Die toxikologischen Eigenschaften einiger Ether werden nachfolgend beispielhaft beschrieben.

Diethylether

Diethylether, der bekannteste Verteter aus der Ethergruppe, wird in großem Umfang als Lösungsmittel, Extraktionsmittel und auch als Reaktionsmedium eingesetzt. Diethylether wirkt als typisches Narkosemittel. Heute wird er auf Grund seiner Brennbarkeit, der Explosionsgefahr im Gemisch mit Luft sowie der Peroxidbildung als Inhalationsnarkotikum für den Menschen nicht mehr angewendet.

Resorption, Biotransformation, Exkretion. Diethylether wird bei Inhalation rasch resorbiert und in hohen Anteilen (ca. 90%) unverändert über die Ausatemluft ausgeschieden. Diethylether ist ein Substrat für Cytochrom P-450 abhängige Monooxygenasen (vor allem Isoform IIE1 und auch IIB1)[20]. Nicht ausgeatmete Anteile werden desalkyliert unter Bildung der Metaboliten Acetaldehyd und Ethanol[21] (Abb. 6.21). Diese werden zu Acetat oxidiert, das als AcetylCoA in den Zellstoffwechsel eingeht.

Diethylether passiert leicht die Plazenta. Nach Narkose von trächtigen Ratten wurden in den Feten Etherkonzentrationen gemessen, die nur wenig niedriger waren als die im arteriellen Blut der Muttertiere.

Biologische Wirkung. Zur Narkose eingesetzte Konzentrationen liegen bei 5–10% in der Atemluft. Bei Inhalation der Dämpfe und bei oraler Einnahme treten alle Stadien der Narkose auf. Einem Exzitationsstadium mit euphorischer Stimmung folgt allmählich eine tiefe Narkose.

Narkose ist eine durch chemische Wirkstoffe verursachte, reversible Hemmung bestimmter Funktionen des Zentralnervensystems. Sie äußert sich in einer Ausschaltung des Bewußtseins, einschließlich der Schmerzempfindung und in einer Entspannung der Skelettmuskulatur. Es ist allgemein akzeptiert, daß Narkotika über eine Verände-

6.4 Alkohole, Ether, Ester

Tab. 6.10 MAK-Werte, physikalische Eigenschaften und akute Toxizität einiger Ether

	MAK-Wert ml/m³ [ppm]	mg/m³	Physikalische Daten[a]	H,S	Akute Toxizität
Diethylether $CH_3-CH_2-O-CH_2-CH_3$	400	1200	a) 34 °C b) 587 hPa/20 °C		LD_{50} (Ratte, oral): 1215 mg/kg LC_{50} (Ratte, inh.): 73 000 ppm/2h
Diisopropylether $(CH_3)_2CH-O-CH(CH_3)_2$	200	850	a) 66 °C b) 180 hPa/20 °C		LD_{50} (Ratte, oral): 8470 mg/kg
Dioxan[b]	20	73	a) 101 °C b) 41 hPa/20 °C	H	LD_{50} (Ratte, p.o.): 5000–6000 mg/kg LC_{50} (Ratte, inh.): 46 g/m³/2 h
Tetrahydrofuran (THF)	50	150	a) 66 °C b) 200 hPa/20 °C	H	LD_{50} (Ratte, oral): 2500 mg/kg LC_{50} (Ratte, inh.): 21000 ppm/3h
Anisol			a) 153 °C b) 1,33 hPa/20 °C		LD_{50} (Ratte, oral): 3700 mg/kg
2-Methoxyethanol $CH_3-O-CH_2-CH_2OH$	5	16	a) 124 °C b) 11 hPa/20 °C	H	LC_{50} (Ratte, oral): 2500–3400 mg/kg LC_{50} (Ratte, inh.): 1500 ppm/7 h
2-Ethoxyethanol[c] $CH_3-CH_2-O-CH_2-CH_2$ OH	5	19	a) 142 °C b) 3,47 hPa/20 °C	H	LD_{50} (Ratte, oral): 5660 mg/kg LC_{50} (Ratte, inh.): 2000 ppm/7 h
2-Methoxypropanol-1 $CH_3-CH(OCH_3)-CH_2OH$	5	19	b) 6 hPa/20 °C		LD_{50} (Ratte, oral): > 5 g/kg
1-Methoxypropanol-2 $CH_3-CH(OH)-CH_2-O-CH_3$	100	370	a) 120 °C b) 11 hPa/20 °C		LD_{50} (Ratte, oral): 5660 mg/kg

[a] a) = Siedepunkt b) = Dampfdruck
[b] Krebserzeugende Gruppe: 4 (DFG); 2B (IARC)[19]
[c] MAK-Wert für die Summe der Luftkonzentration von 2-Ethoxyethanol und 2-Ethoxyethylacetat

rung physikalischer Eigenschaften der Nervenzellmembranen wirken. Sie dringen in die Lipidschicht der Zellmembran ein und verändern die Signalaufnahme. Der genaue molekulare Wirkungsmechanismus ist bisher nicht bekannt, ein Einfluß auf die Funktionen neuronaler Membranproteine wird ebenfalls diskutiert.

Die Toxizität von Diethylether ist gering, die tödliche orale Dosis für den Menschen liegt bei 30–60 ml. Bei sehr hoher Konzentration und längerer Einwirkung von Diethylether treten Lähmungen des Atemzentrums auf, die zum Tode führen. Nachwirkungen einer Ethernarkose sind häufig Übelkeit, Erbrechen und Schleimhautreizung. Nach Inhalation von Konzentrationen, die auch zur Narkose

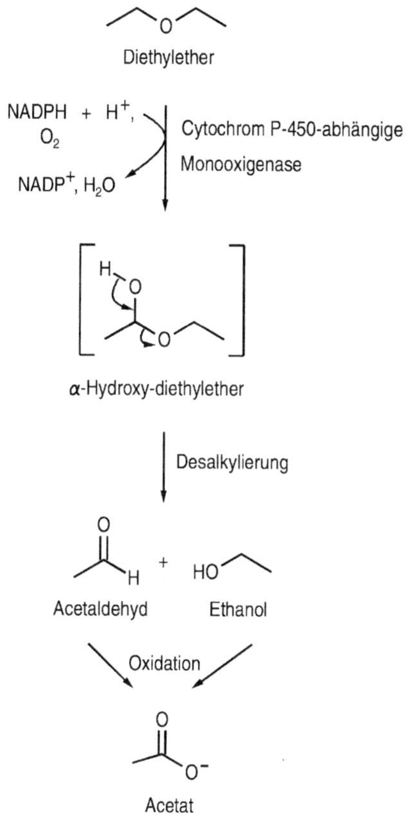

Diethylether

NADPH + H⁺, O₂ → Cytochrom P-450-abhängige Monooxigenase → NADP⁺, H₂O

[α-Hydroxy-diethylether]

↓ Desalkylierung

Acetaldehyd + Ethanol

↓ Oxidation

Acetat

Abb. 6.21 Vorgeschlagener Mechanismus der oxidativen Desalkylierung von Diethylether

eingesetzt wurden, traten unspezifische embryotoxische Effekte an Ratten und Mäusen auf. Eine Abschätzung des Risikos einer fruchtschädigenden Wirkung im Bereich des MAK-Wertes ist nach den vorliegenden Daten nicht möglich.

Chronische Aufnahme von Etherdämpfen kann zu Kopfschmerzen und Mattigkeit führen. Bei chronischer Exposition besteht Suchtgefahr durch euphorisierende Wirkung. Die Symptome der Ethersucht ähneln denen des Alkoholismus.

Dioxan (1,4-Dioxan, Tetrahydro-1,4-dioxin, Diethylendioxid)

1,4 Dioxan (Dioxan) ist ein cyclischer Diether, der sich leicht durch Erhitzen von Ethylenglykol mit dehydratisierenden Mitteln darstellen läßt. Dioxan mischt sich mit Wasser in jedem Verhältnis und findet als Lösungsmittel umfangreiche Verwendung, z. B. für Naturstoffe, Harze, Wachse, Öle, Zelluloseether und -ester oder für Farbstoffe.

Resorption, Biotransformation, Exkretion. Für die Belastung am Arbeitsplatz ist der Inhalationsweg von besonderer Bedeutung. In Tierversuchen wurde Dioxan nach oraler Gabe rasch resorbiert. Auch eine Resorption über die Haut wurde nachgewiesen. Die Verteilung im Organismus erfolgt über den Blutstrom. Die Ausscheidung über die Niere ist von besonderer Bedeutung. Nach p.o. Gabe von 1 g/kg Körpergewicht an Ratten wurde Dioxan zu 85% als 2-Hydroxyethoxyessigsäure im Harn ausgeschieden[22], vermutlich infolge Oxidation des offenkettigen Tautomeren von Hydroxydioxan. Ein kleiner Anteil wird als unveränderte Ausgangsverbindung im Harn detektiert.

Mit steigender Dioxan-Dosis verlangsamen sich Ausscheidungsrate bzw. Plasmaclearance. Der prozentuale Anteil an 2-Hydroxyethoxyessigsäure im Harn nimmt ab, der Metabolismus ist gesättigt und unverändertes Dioxan wird vermehrt über die Niere ausgeschieden bzw. über die Lunge abgeatmet. Bei Fabrikarbeitern, die einer niedrigen Dioxan-Konzentration in der Luft am Arbeitsplatz exponiert waren (ca 1,6 ppm über 7,5 h/Tag, entspr. ca 0,4 mg/kg Körpergewicht), wurde 2-Hydroxyethoxyessigsäure als Hauptmetabolit im Harn nachgewiesen. Unverändertes

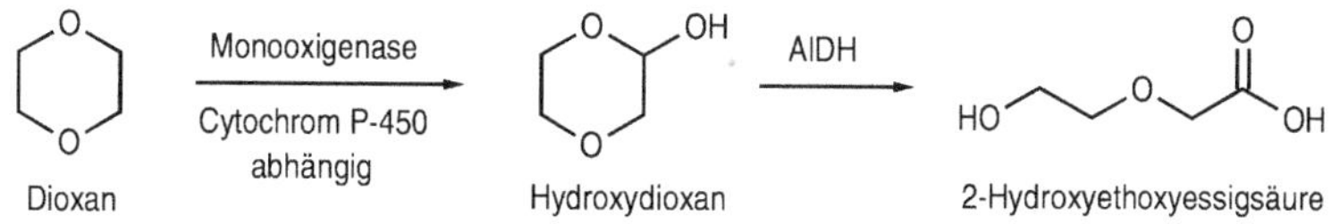

Dioxan → (Monooxigenase Cytochrom P-450 abhängig) → Hydroxydioxan → (AlDH) → 2-Hydroxyethoxyessigsäure

Dioxan dagegen wurde nur in etwa $^1/_{100}$ der Konzentration im Harn detektiert[23]. Dies legt nahe, daß der Metabolismus von Dioxan unter diesen Bedingungen nicht gesättigt ist.

Toxizität. 1,4-Dioxan wirkt depressiv auf das Zentralnervensystem und verursacht typische Nierenschädigungen. Außerdem sind auch Leberschädigungen beschrieben, diese stehen jedoch nicht im Vordergrund des Vergiftungsbildes. Als Flüssigkeit und konzentrierter Dampf übt Dioxan eine Reizwirkung auf Haut und Schleimhäute des Auges und der Atemwege aus. Infolge des schwachen aromatischen Geruches fehlt eine ausgeprägte Warnwirkung.

Tierexperimentelle Befunde. Die akute Toxizität von Dioxan bei Nagern ist relativ gering. Als Vergiftungssymptome bei oraler Applikation wurden Depression des Zentralnervensystems und Schädigung von Nieren und Leber beobachtet. Bei chronischer oraler Gabe hoher Dioxandosen (≥0,5% im Trinkwasser) wurde eine dosisabhängige toxische und kanzerogene Wirkung an Nagern beobachtet[24]. Durch Gabe von Dioxan im Trinkwasser an Mäuse wurden Lebertumoren induziert. Bei Ratten wurden Nasentumoren (Karzinome des Riechepithels) erzeugt, weibliche Tiere entwickelten zusätzlich Hepatome. Bei Meerschweinchen wurden Tumoren in Leber und Gallenblase beobachtet. Bei niedrigerer Dosierung (0,1% im Trinkwasser) oder per Inhalation (111 ppm) im chronischen Versuch an Ratten appliziert, erzeugte Dioxan keine Tumoren. Pharmakokinetische Modelluntersuchungen an Ratten zeigten ein nicht lineares Verhalten der Dioxan-Kinetik oberhalb einer bestimmten Dosierung (im Trinkwasser > 0,1%; in Luft > 300 ppm)[25].

In zahlreichen Untersuchungen auf Mutagenität und Genotoxizität zeigte Dioxan negative Ergebnisse. Bei oraler Gabe hoher Dosen an Ratten ließen sich leichte DNA-Schäden nachweisen, so daß eine geringe genotoxische Wirkung nicht völlig auszuschließen ist[26]. Vorwiegend wird die kanzerogene Wirkung von Dioxan an Nagern jedoch auf nicht genotoxische Mechanismen zurückgeführt. Dosis-Wirkungsuntersuchungen zur Tumorinduktion zeigten zwar eine klare Dosisabhängigkeit, aber Tumoren werden nur bei Gabe hoher Dosen induziert, bei denen Mechanismen der Clearance gesättigt sind.

Erfahrungen beim Menschen. Zur Beurteilung der akuten (subakuten) Toxizität liegen Befunde beim Menschen vor. Vergiftungen am Arbeitsplatz führten zunächst zu gastrointestinalen Störungen, nach 5 bis 8 Tagen verstarben die Betroffenen unter Auftreten einer Niereninsuffizienz. Bei Versuchspersonen führten Konzentrationen von mehr als 200 ppm über 8 Stunden zu Nasen-, Rachen-, und Augenreizungen, niedrigere Konzentrationen dagegen wurden als erträglich empfunden. Eine epidemiologische Studie mit Arbeitern, die niedrigen Dioxankonzentrationen exponiert waren, zeigte keinen begründeten Hinweis auf eine krebserzeugende Wirkung beim Menschen[23].

Tetrahydrofuran (THF)

THF ist ein cyclischer Ether, der mit Wasser unbegrenzt mischbar ist und als Lösungsmittel in der Industrie in großem Umfang verwendet wird. Er zeigt nur eine geringe akute Toxizität. In hoher Dosierung (50% der letalen Dosis) zeigt THF narkotische, hepatotoxische und schleimhautreizende Wirkung[27]. Gebildete Peroxide tragen möglicherweise zur toxischen Wirkung bei. Außerdem beeinflußt THF in höherer Konzentration enzymatische Reaktionen, wobei Cytochrom P-450 abhängige Monooxigenasen, vor allem die Isoform IIE1, gehemmt werden. Die toxische Wirkung anderer Verbindungen kann durch THF erhöht werden, möglicherweise durch verbesserte Resorption (Lösungsmitteleffekt). Für eine genotoxische Wirkung von THF liegen keine Hinweise vor.

Etheralkohole (Glykolether)
Glykolether leiten sich von den Glykolen ab, dabei können eine oder beide Hydroxylgruppen substituiert sein. Glykolether vereinigen die Löslichkeitscharakteristika von Ethern und Alkoholen und sind daher mit Wasser und vielen organischen Lösungsmitteln mischbar. Sie werden in großem Umfang als technische Lösungsmittel z. B. für Lacke, Farbstoffe und Druckfarben eingesetzt und dienen als Zwischenprodukte in der chemischen Synthese. Zwei Gruppen innerhalb der Stoffklasse sind von besonderer Bedeutung: Ethylenglykolether, die aus Ethylenoxid hergestellt werden und die entsprechenden Propylenglykolether, die aus Propylenoxid synthetisiert werden. Inhalation und Resorption über die Haut sind für die menschliche Exposition relevant. Den höchsten Dampfdruck besitzen die Methylderivate. Die Möglichkeit der Exposition besteht am Arbeitsplatz, aber auch für den Verbraucher.

Die 1938 erstmals beschriebene Reproduktionstoxizität von 2-Methoxyethanol[28] lenkte die Aufmerksamkeit auf mögliche gesundheitliche Risiken durch die Stoffklasse der Glykolether. Struktur/Wirkungsuntersuchungen zeigten, daß die metabolische Oxidation einer primären Hydroxygruppe durch Alkohol- und Aldehyddehydrogenasen unter Bildung der entsprechenden Alkoxysäure Voraussetzung für die beobachtete testikulare Toxizität, Embryotoxizität und Hämatotoxizität ist[29,30]. Die alternativ ablaufende Monooxigenierung/Desalkylierung, die vor allem bei niedriger Glykoletherkonzentration von Bedeutung ist, wird dagegen als Entgiftung gewertet.

2-Methoxyethanol (Methylglykol, Ethylenglykolmonomethylether, Methylcellosolve)
2-Methoxyethanol (2-ME) ist ein kommerziell bedeutendes Lösungsmittel, das seit mehr als 50 Jahren in der chemischen Industrie eingesetzt wird. 2-ME wird leicht über die Haut oder durch Inhalation resorbiert. Im Organismus erfolgt bevorzugt die Oxidation zu 2-Methoxyessigsäure, analog zur Oxidation primärer Alkohole (Abb. 6.22). 2-Methoxyessigsäure wird direkt über den Harn ausgeschieden oder – vor allem bei hoher 2-ME-Konzentration – mit Glycin konjugiert.

Das Glycinkonjugat der 2-Methoxyessigsäure wurde im Harn von Ratten und Mäusen nach oraler Gabe hoher 2-ME Dosen nachgewiesen. Untersuchungen mit ^{14}C-markierten 2-ME und den beschriebenen Metaboliten an trächtigen Mäusen belegen, daß 2-Methoxyessigsäure partiell zu CO_2 verstoffwechselt wird. Außerdem wurde Ethylenglykol als Urinmetabolit nachgewiesen, dies weist auf eine Cytochrom P-450-abhängige Demethylierung hin.

Toxizität. Die akute Vergiftung durch 2-ME ist durch narkotische Wirkung, Lungenödem, Leber- und Nierenschädigung gekennzeichnet. Charakteristisch ist außerdem eine toxische Wirkung auf das Zentralnervensystem, die bei anderen Glykolethern nicht beobachtet wird. Vor allem von Bedeutung ist die Auslösung toxischer Effekte in proliferierenden Geweben. Betroffen sind die blutbildenden Gewebe im Knochenmark und die Keimgewebe des Hodens sowie embryonale bzw. fetale Gewebe. Bei verschiedenen Tierarten werden durch 2-Methoxyethanol Anämie und Leukopenie erzeugt. Bereits durch niedrige Dosen werden degenerative Veränderungen des Keimepithels der Hoden, Störungen der Spermatogenese sowie teratogene Effekte (skelettale und kardiovaskuläre Mißbildungen) und fetotoxische Wirkungen her-

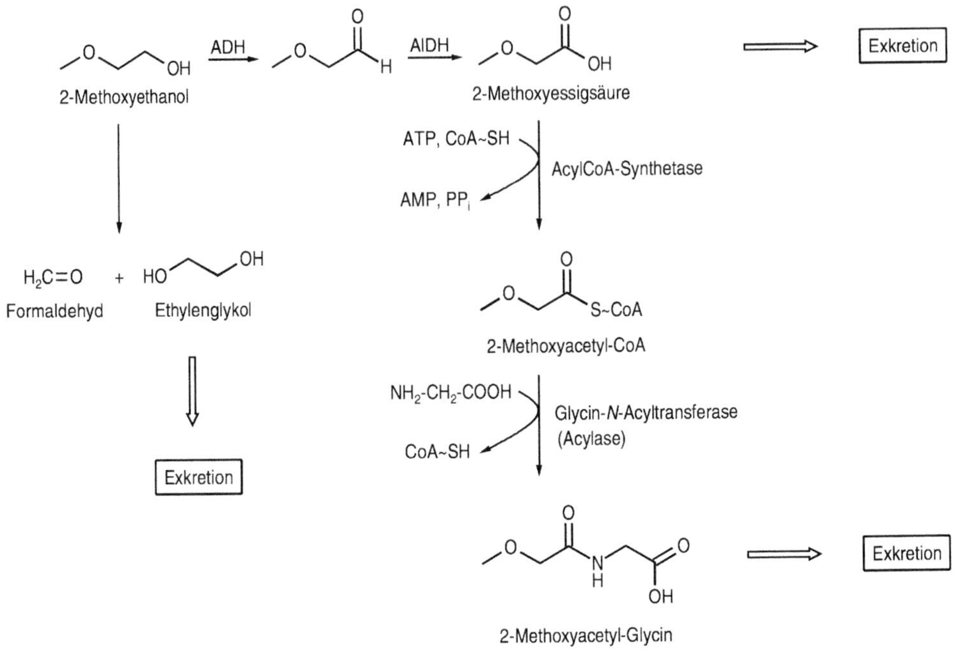

Abb. 6.22 Vorgeschlagener Mechanismus der Biotranformation von 2-ME

vorgerufen. Das Kaninchen erwies sich als empfindlichste der untersuchten Tierspezies, bei inhalativer Aufnahme liegt der „no adverse effect level" für die Hodenschädigung bei ca. 30 ml/m^3, für die teratogene Wirkung zwischen 10 und 50 ml/m^3. Struktur/Wirkungsuntersuchungen zeigten, daß die Bildung von 2-Methoxyessigsäure Voraussetzung für die Reproduktionstoxizität von 2-ME ist. Das Glycinkonjugat dagegen wird als Entgiftungsprodukt angesehen. Der Mechanismus der reproduktionstoxischen Wirkung von 2-Methoxyessigsäure ist nicht bekannt. Diskutiert wird eine Beeinflussung verschiedener Stoffwechselvorgänge, da durch Gabe von Acetat, Formiat, Serin oder Glukose die testikuläre und/oder embryonale Toxizität verringert wird[31]. Methoxyacetyl-CoA, das als Intermediat bei der Glycinkonjugation gebildet wird, könnte als „falsches Substrat" an Stelle von Acetyl-CoA in den Tricarbonsäurecyclus eingeschleust werden[32]. Auch eine Interaktion mit dem Tetrahydrofolat-abhängigen C$_1$-Transfer erscheint möglich[33].

Beim Menschen wurden nach inhalativer und dermaler Resorption von 2-ME Anämien und ZNS-Toxizität nachgewiesen. Ein Inhalationsversuch mit Freiwilligen bei einer Atemluftkonzentration von 16 mg/m^3, die knapp über der maximalen Arbeitsplatzkonzentration liegt (Gesamtaufnahme über 4 h: 0,25 mg/kg Körpergewicht; 2-Methoxyessigsäureausscheidung 85% der inhalierten 2-ME-Dosis; Eliminationshalbwertszeit 77 h), zeigte eine hohe Ausscheidung von 2-Methoxyessigsäure im Harn über einen relativ langen Zeitraum[34].

2-Ethoxyethanol (Ethylglykol, Ethylenglykolmonoethylether, Cellosolve, Oxitol)

2-Ethoxyethanol (2-EE) besitzt ein vergleichbares toxikologisches Wirkungsspektrum wie

2-Methoxyethanol, zeigt jedoch eine niedrigere Wirkungsstärke. Eine signifikante Toxizität auf das Zentralnervensystem war nicht nachweisbar. Untersuchungen zur Reproduktionstoxizität an Nagern und Hunden zeigten hodenschädigende Wirkungen (Tubulusatrophien, Schädigung des Keimepithels), teratogene Effekte wurden an Ratte und Kaninchen nachgewiesen. Die Biotransformation von 2-EE verläuft analog zu 2-ME. Untersuchungen an der Ratte zeigten, daß 2-EE nach oraler und inhalativer Aufnahme zu 2-Ethoxyessigsäure oxidiert wird. Im Harn wurden die freie Säure und das Glycinkonjugat nachgewiesen. Ethylenglykol, der Metabolit der oxidativen Desalkylierung, wurde ebenfalls im Harn ausgeschieden.

Methoxypropanol (Propylenglykolmonomethylether)
Methoxypropanol liegt in zwei Isomeren vor, die ein unterschiedliches Biotransformations- und Wirkprofil aufweisen:

2-Methoxypropanol-1 (Propylenglykol-2-methylether) zeigt ähnliche Biotransformation und biologische Wirkung wie 2-Alkoxyethanole. Schnelle Oxidation der primären Alkoholgruppe durch Alkoholdehydrogenase und Aldehyddehydrogenase führt zur Bildung von 2-Methoxypropionsäure als toxikologisch relevantem Metabolit. Im Tierversuch wurden hämatotoxische Wirkung (Ratte) und teratogene Effekte (Ratte, Kaninchen) nachgewiesen.

1-Methoxypropanol-2 (Propylenglykol-1-methylether) ist ein schlechteres Substrat für Alkoholdehydrogenase. Oxidation des Ketons zur Alkancarbonsäure ist nicht möglich. Die Biotransformation verläuft über die Cytochrom P-450 abhängige O-Demethylierung unter Freisetzung von 1,2-Propandiol und Formaldehyd. Zu etwa gleichen Teilen wird 1-Methoxypropanol mit Glucuronsäure oder Sulfat konjugiert und renal ausgeschieden. Dementsprechend zeigt 1-Methoxypropanol-2 keine Reproduktionstoxizität, was durch Studien an Ratte, Maus und Kaninchen belegt ist. In hohen Dosen wurden leichte narkotische Wirkungen beobachtet.

6.4.3 Ester

Carbonsäureester
Carbonsäureester entstehen aus Säure und Alkohol unter Wasserabspaltung. Im Organismus spielt die hydrolytische Spaltung von Estern durch Esterasen eine wesentliche Rolle, da diese Enzyme im Plasma sowie in vielen Organen und Geweben vorkommen (Abb. 6.23).

Carbonsäureester sind in der Natur weit verbreitet, z. B. als Fette, Öle, Wachse u.a. Außerdem werden Carbonsäureester in großem Umfang synthetisiert und dienen z. B. als Lösungsmittel, Weichmacher oder als Ausgangsmaterial für die Kunststoffherstellung. Die Toxizität der Carbonsäureester ist im allgemeinen eher gering. Physikalische Eigenschaften, MAK-Werte und akute Toxizität einiger Carbonsäureester sind in Tabelle 6.11 aufgeführt[13].

Die niedermolekularen Ester sind leicht flüchtig und lipophiler als die entsprechen-

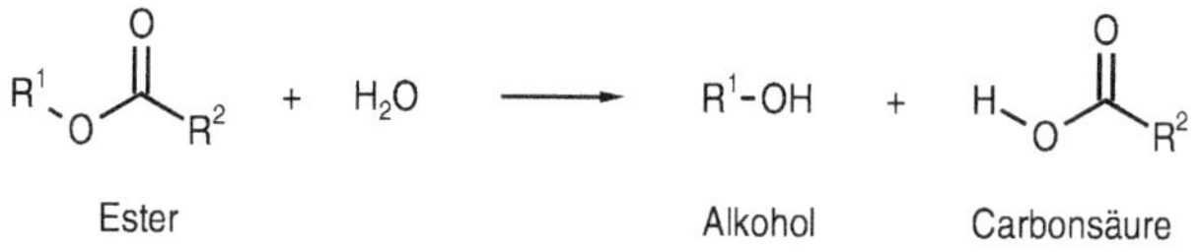

$$R^1-O-C(=O)-R^2 + H_2O \longrightarrow R^1-OH + H-O-C(=O)-R^2$$

Ester → Alkohol + Carbonsäure

Abb. 6.23 Hydrolyse von Carbonsäureestern

Tab. 6.11 Physikalische Eigenschaften, MAK-Werte und akute Toxizität einiger Carbonsäureester

	Physikalische Daten[a]	MAK-Wert ml/m³ [ppm]	mg/m³	Akute Toxizität
Methylformiat HCO$_2$CH$_3$	a) 32 °C b) 640 hPa/20 °C	50	120	LD$_{50}$ (oral, Kaninchen): 1622 mg/kg
Ethylformiat HCO$_2$C$_2$H$_5$	a) 54 °C b) 256 hPa/20 °C	100	310	LD$_{50}$ (oral, Ratte): 1850 mg/kg
Ethylacetat CH$_3$CO$_2$C$_2$H$_5$	a) 77 °C b) 97 hPa/20 °C	400	1500	LD$_{50}$ (oral, Ratte): 5620 mg/kg
Di(2-ethylhexyl)phthalat (DEHP)[b]	a) 230–235 °C/5 hPa b) 0,09 hPa/150 °C		10	LD$_{50}$ (oral, Ratte): 31 000 mg/kg
Dibutylphthalat (DBP)[b]	a) 340 °C b) 9,7×10^{-5} hPa/25 °C			LD$_{50}$ (oral, Ratte): 8000–23 000 mg/kg

[a] a) = Siedepunkt b) = Dampfdruck
[b] Strukturformeln s.u.

den Säuren oder Alkohole. Sie werden daher leicht über die Atemwege oder über die Haut resorbiert und beeinflussen das zentrale Nervensystem. Der einfachste Ester, Methylformiat (Ameisensäuremethylester), ist eine farblose Flüssigkeit mit angenehmem Geruch ohne Warnwirkung. Die Verbindung zeigt die geringste narkotische Wirkung, ist jedoch eine der toxischsten Verbindungen innerhalb der Alkylester[13]. Beobachtet wird eine ausgeprägte Reizwirkung auf die Schleimhaut der Atemwege. Versuchstiere, die Methylformiatdämpfen in niedriger Konzentration exponiert waren, zeigten Magenschleimhaut- und Augenreizungen. Bei mehrstündiger Einwirkung höherer Konzentrationen (ab 500 ppm) wurden Lungenödeme beobachtet. Durch höhere Methylformiatkonzentrationen werden außerdem Krämpfe, Koordinatonsstörungen und Lähmungserscheinungen hervorgerufen. Der Tod tritt durch zentrale Atemlähmung ein. Methylformiat wird im Organismus hydrolytisch in Ameisensäure und Methanol gespalten, die toxischen und narkotischen Wirkungen werden jedoch vor allem der Ausgangsverbindung zugeschrieben. Alkylester höherer Molmasse sind im allgemeinen weniger akut toxisch.

Ester der Phthalsäure werden in großem Umfang als Weichmacher für Kunststoffe vor allem für PVC eingesetzt, der Anteil im Kunststoff kann bis zu 50% betragen. Am häufigsten eingesetzt werden Di(2-ethylhexyl)phthalat (DEHP) und Dibutylphthalat.

Phthalate sind ubiquitär verbreitete Umweltkontaminanten. Sie können bei Produktion, Anwendung und Entsorgung aus den Kunststoffen in die Atmosphäre und andere Umweltmedien freigesetzt werden. Trotz des hohen Siedepunktes der Phthalate ist ein langsames Ausgasen aus den Produkten möglich. Die ausgeprägte Lipophilie der Verbindungen begünstigt den Übergang aus Kunststoffen in Fette, Öle und Lösungsmittel. Neben dem Vorkommen in Lebensmitteln wurde eine Exposition des Menschen auch durch Migration aus PVC-Blutbeuteln in Transfusionsblut nachgewiesen.

DEHP kann über den Magen-Darmtrakt, die Lunge oder die Haut resorbiert werden. Bei oraler Aufnahme wird DEHP schnell im Darm durch Pankreas-Lipasen oder durch

Toxikologie ausgewählter Substanzgruppen

Di-(2-ethylhexyl)-phthalat
(DEHP)

Dibutylphthalat

Enzyme der Darmmucosa zum Monoester (MEHP) hydrolysiert (Abb. 6.24).

Die enzymatische Hydrolyse von MEHP zu freier Phthalsäure wird durch die bereits vorhandene freie Carboxylgruppe gehemmt. Resorbiert wird ganz überwiegend der Monoester (MEHP), nur bei p.o. Gabe sehr hoher Dosen an Versuchstiere wurde auch intaktes DEHP resorbiert[35] DEHP spaltende Enzyme wurden auch im Blut und intrazellulär in zahlreichen Organen und Geweben nachgewiesen, z. B. in Darmmucosa, Leber und

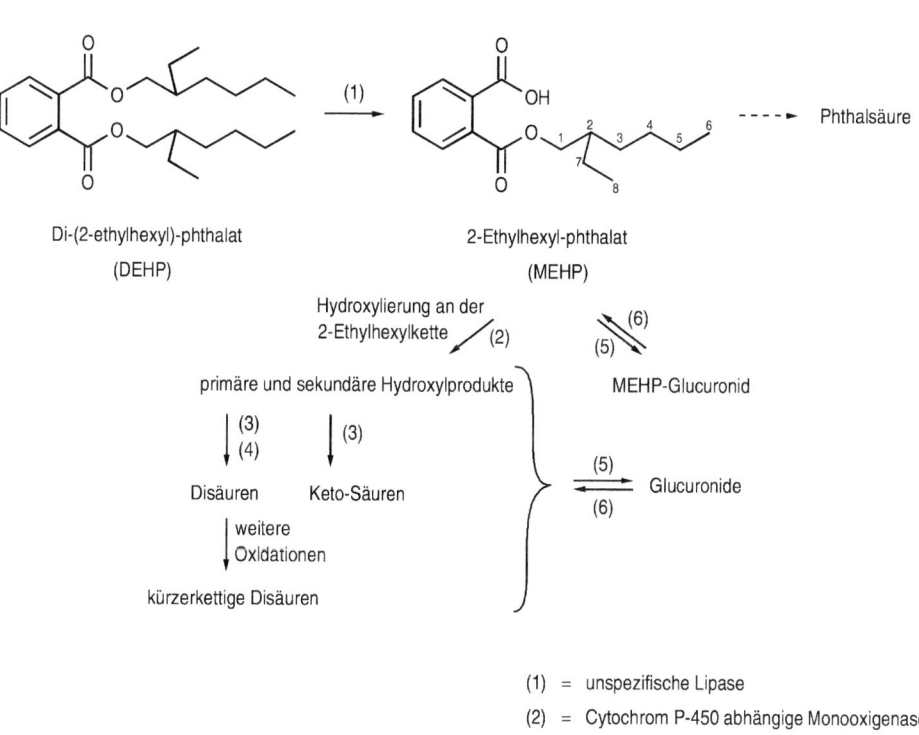

Abb. 6.24 Biotranformation von DEHP

Lunge. Die Spaltprodukte MEHP und 2-Ethylhexanol werden oxidativ weiter verstoffwechselt. MEHP wird ausschließlich an der Ethylhexylkette durch Cytochrom P-450 abhängige Monooxigenasen hydroxyliert, bevorzugt an Position 5, 6, 7 und 8 (s. Abb. 6.24). Nachfolgend finden weitere Oxidationen durch Alkoholdehydrogenase und Aldehyddehydrogenase statt; in Mitochondrien und Peroxisomen werden Metabolite durch β-Oxidation weiter abgebaut. In den verschiedenen Stufen des Metabolismus sind Glucuronidierungen möglich. Art und Menge der gebildeten Metaboliten variiert erheblich zwischen einzelnen Species. Zum Beispiel scheidet die Ratte im Gegensatz zu den meisten anderen Species MEHP-Derivate nicht als Glucuronide aus. Dies wird auf eine erhöhte Glucuronidaseaktivität der Ratte zurückgeführt[35].

Die akute Toxizität der Phthalate ist sehr gering[36]. Chronische orale Gabe hoher DEHP-Dosen dagegen induzierte toxische Wirkungen bei Nagern. Beobachtet wurden an der Ratte Lebervergrößerung (Hepatomegalie), eine Vermehrung der Mitochondrien- und Peroxisomenzahl und eine erhebliche Beeinflussung des Kohlenhydrat-, Fett- und Proteinstoffwechsels[37]. Durch Induktion der Fettsäureacyl-CoA-Oxidase in den Peroxisomen wird verstärkt Wasserstoffperoxid generiert[38]. Bei länger andauernder DEHP-Behandlung von Ratten wurden leichte Leberschäden beobachtet. Bei Primaten dagegen induziert DEHP keine Peroxisomenproliferation und keine erhöhte β-Oxidationsrate[38].

Bei chronischer p.o. Applikation von DEHP in hohen Dosen (3000–12 000 ppm im Futter) wurden Lebertumoren bei Ratten und Mäusen[39] induziert. Bei niedrigerer Dosierung dagegen wurde kein Anstieg der Tumorhäufigkeit beobachtet. Es ist noch nicht geklärt, welche Mechanismen für die Tumorinduktion bei Nagern verantwortlich sind. Eine direkte genotoxische und mutagene Wirkung ist auf Grund der Struktur und Biotransformation der Phthalate nicht zu erwarten. In verschiedenen Kurzzeittests wurden für DEHP, MEHP und andere Alkylphthalate negative Ergebnisse erhalten[40]. Ein möglicher Einfluß von Zellproliferation, Peroxisomenproliferation und oxidativer Zellschädigung auf die Tumorinduktion wird diskutiert.

DEHP und sein Metabolit MEHP zeigen reproduktionstoxische Wirkungen bei Nagern[13,41]. Nachgewiesen wurden hodenschädigende Wirkungen (Hodenatrophie, Unfruchtbarkeit) an der Ratte. Als mögliche Ursachen werden Veränderungen in der Aktivität testikulärer Enzyme und Verringerung des testikulären Zinkgehaltes diskutiert[42]. An der Maus und – weniger ausgeprägt – auch an der Ratte wurden neben einer Verminderung der Fertilität embryotoxische und teratogene Wirkungen (Mißbildungen) beobachtet. Als niedrigster „no observed effect level" (Maus, orale Aufnahme) wurde eine DEHP-Konzentration von 0,025% im Futter ermittelt (ca 35 mg/kg Körpergewicht/Tag). Daraus ergibt sich ein Sicherheitsfaktor > 25 für die maximale menschliche Exposition am Arbeitsplatz (MAK 10 mg/m^3). Aus Inhalationsstudien (Ratte, bis 300 mg/m^3) ergab sich ein Sicherheitsfaktor von > 30. Daher ist für den Menschen bei Einhaltung des MAK-Wertes ein Risiko der Fruchtschädigung nicht zu befürchten (Schwangerschaft Gruppe C)[13].

Organische Phosphorsäureester

Bestimmte Ester der Phosphorsäure, die sog. Dialkylphosphate, zeigen eine ausgeprägte neurotoxische Wirkung. Sie haben als Pestizide, vor allem als hochwirksame Kontaktinsektizide, eine weltweite Verbreitung gefunden. Auch einige chemische Kampfstoffe gehören zu dieser Stoffklasse.

Insektizide Dialkylphosphate. Die Synthese von Phosphorsäureestern mit insektizider Wirkung[43-49] wurde in den dreißiger Jahren

$$R^1-\overset{\overset{O(S)}{\|}}{\underset{R^2}{P}}-X$$

Basische Gruppen: R^1 = Alkoxy-
                    R^2 = Alkoxy-, Alkyl-, Dialkylamido-

Acide Gruppen: X = Halogen-, Cyanid-, Phenoxy-, disubstit. Pyrophosphat-, u.a.

von der Gruppe des deutschen Chemikers G. Schrader bei der Bayer AG begonnen. Struktur/Wirkungsuntersuchungen zeigten, daß eine bestimmte Grundstruktur für die gewünschte insektizide Wirkung erforderlich ist (sog. Schrader-Formel): am Phosphor muß Schwefel oder Sauerstoff direkt gebunden sein, zwei weitere Reste können Alkoxy-, Alkyl- oder Aminogruppen sein. Außerdem erforderlich ist ein elektronenziehender Rest X, der einen nukleophilen Angriff am Phosphoratom begünstigt.

Die neurotoxische (und insektizide) Wirkung der Verbindungen beruht auf einer starken und lang andauernden Hemmung der Acetylcholinesterase des peripheren und zentralen Nervensystems durch Phosphorylierung der Aminosäure Serin im aktiven Zentrum des Enzyms (→ 3.6.3). Als Folge davon wird der Neurotransmitter Acetylcholin an den parasympathischen Nervenendigungen, den vegetativen Ganglien und an der neuromuskulären Endplatte nicht gespalten. Durch Anhäufung von Acetylcholin in den cholinergen Synapsen treten rezeptorspezifische muskarinische oder nicotinische Wirkungen auf. Charakteristische Vergiftungssymptome sind Übelkeit, Erbrechen, Diarrhoe, Schweißausbruch, vermehrte Speichelproduktion (Muskarin-Wirkungen), Muskelschwäche, fibrilläre Zuckungen (Nicotin-Wirkungen), Kopfschmerzen, Krämpfe, Atemlähmung (zentralnervöse Störungen) sowie Leber- und Nierenschäden. Nach erfolgter Exposition treten die Vergiftungssymptome schnell auf. Die Dauer der Giftwirkung beträgt in weniger schweren Fällen 1 bis 2 Tage, bei starken Vergiftungen dauern die Symptome länger an. Todesursachen sind Atemlähmung, Lungenödem oder Herzversagen. Außerdem wird auch die Cholinesterase des Blutes (Plasma, Erythrocyten) gehemmt. Das Ausmaß dieser Hemmung wird zur Beurteilung einer Vergiftung durch Alkylphosphate herangezogen. Verschiedene Therapiemaßnahmen kommen in Frage. Durch Gabe von Aktivkohle wird der Giftstoff im Magen/Darmtrakt unspezifisch gebunden. Atropin in hoher Dosierung hemmt als kompetitiver Antagonist des Acetylcholins die Acetylcholinrezeptoren. Außerdem werden bestimmte Oxime (Obidoxim, Pralidoxim) als Acetylcholinesterase-Reaktivatoren eingesetzt, die durch nukleophilen Angriff die Spaltung der Dialkylphosphoryl-seryl-Bindung beschleunigen können. Voraussetzung ist, daß die phosphorylierte Esterase noch nicht „gealtert" ist. Unter „Alterung" versteht man die Abspaltung eines Alkylsubstituenten vom Phosphatrest. Zusätzlich zu der akuten Neurotoxizität der Verbindungen werden auch länger andauernde neurologische Symptome (Lähmungserscheinungen, Konzentrations- und Verhaltensstörungen) beschrieben. Einige Dialkylphosphate können in hoher Dosierung auch eine „verzögerte Neurotoxizität" hervorrufen, die auf einer Degeneration langer Axone beruht (→ 3.6.2).

Insektizide Dialkylphosphate wirken als Kontakt- und teilweise auch als Fraßgift. Im

Gegensatz zu den persistenten Chlorkohlenwasserstoffinsektiziden werden sie in der Umwelt relativ schnell abgebaut. Außer gegen Insekten werden sie auch zur Bekämpfung von Milben, Nematoden und anderen Organismen eingesetzt.

Nachdem sich die ersten hergestellten Verbindungen, wie z. B. Tetraethylpyrophosphat, als relativ instabil und stark toxisch für den Säuger erwiesen hatten, wurde erfolgreich versucht, Strukturen zu entwickeln, die eine geringe Flüchtigkeit, ausreichende Stabilität für die Anwendung, niedrige Säugertoxizität und gute insektizide Wirkung aufweisen. Eine große Zahl von Verbindungen wurden hergestellt und geprüft, ca 50 werden heute noch angewendet. Am meisten verbreitet sind Thiophosphorsäureester, Dithiophosphorsäureester und Phosphorsäureester, die zwei Alkylreste R^1 (Methyl oder Ethyl) und einen komplexeren, häufig aromatischen Rest R^2, aufweisen (Abb. 6.25). Durch Einführung des Schwefelatoms wird die hydrolytische Spaltung verlangsamt und die erwünschte Stabilität der Verbindungen während der landwirtschaftlichen Anwendung erhöht. Außerdem werden die Thiophosphate wegen ihrer höheren Lipophilie besonders leicht durch Insekten resorbiert.

In Tabelle 6.12 sind physikalische Eigenschaften, MAK-Werte und die akute Toxizität einiger Verbindungen beispielhaft dargestellt[13, 50].

Alkylphosphate werden durch Inhalation, orale Aufnahme und über die Haut resorbiert. Sie unterliegen vielfältigen Biotransformationsschritten der Phase I (Oxidation, Reduktion, Hydrolyse) und der Phase II (Konjugationen) und akkumulieren nicht im Organismus. Art und Umfang des Metabolismus variiert zum Teil erheblich mit der Struktur der Substituenten. Die häufig eingesetzten Thiophosphate werden im Organismus zu den entsprechenden Phosphaten oxidiert (Abb. 6.26).

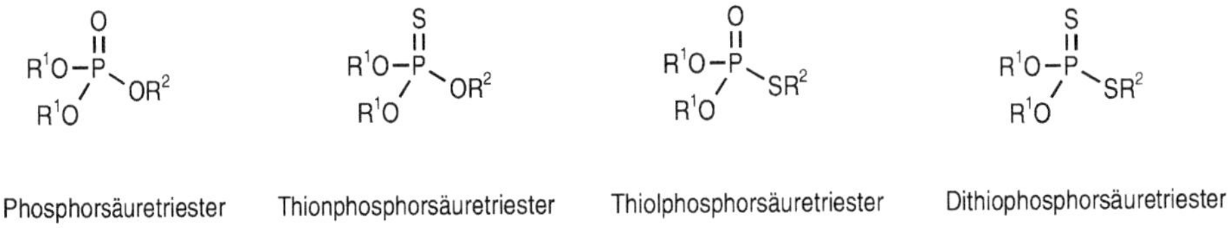

Phosphorsäuretriester   Thionphosphorsäuretriester   Thiolphosphorsäuretriester   Dithiophosphorsäuretriester

Abb. 6.25 Grundstrukturen der Phosphorsäureester

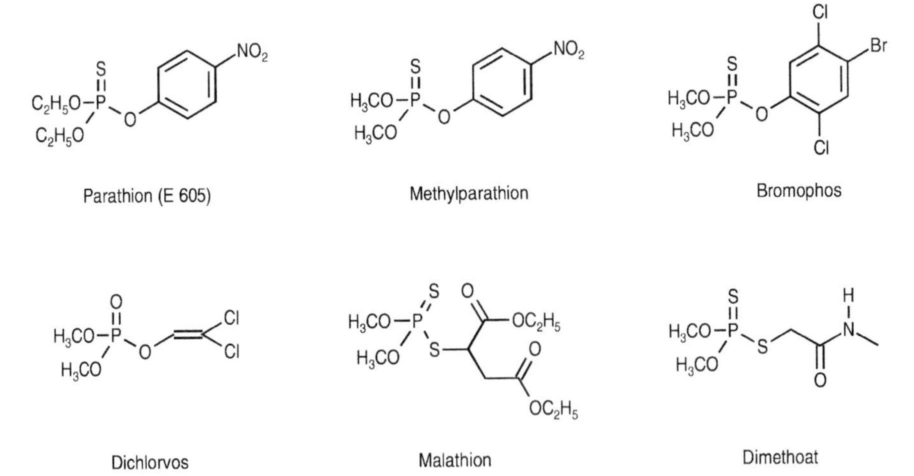

Parathion (E 605)   Methylparathion   Bromophos

Dichlorvos   Malathion   Dimethoat

Tab. 6.12 Physikalische Eigenschaften, MAK-Werte und akute Toxizität ausgewählter Dialkylphosphate

Substanz/chem. Bezeichnung	Physikalische Daten[a]	MAK-Wert ml/m³ [ppm]	MAK-Wert mg/m³	H	Akute Toxizität (Ratte)
Parathion (E 605) O,O-Diethyl-O-(4-nitrophenyl)-thiophosphat	a) 150 °C/0,8 hPa b) 6 °C c) 8,9×10⁻⁶		0,1[b]	H	LD$_{50}$ (oral): ca. 2–15 mg/kg LC$_{50}$ (inhl.): ca 0,05 mg/l/4 h
Methylparathion O,O-Dimethyl-O-(4-nitrophenyl)-thiophosphat	a) 154 °C/1,36 hPa b) 35–36 °C c) 1,3×10⁻⁵				LD$_{50}$ (oral): ca. 6 mg/kg LC$_{50}$ (inhl.): 0,17 mg/l/4 h[c]
Bromophos O-(4-Brom-2,5-dichlorphenyl)-O,O-dimethyl-thiophosphat	a) 140–142 °C/1,3 Pa b) 53–54 °C c) 1,7×10⁻⁴				LD$_{50}$ (oral): 3750 mg/kg LC$_{50}$ (inhl.): >190 mg/l/8 h
Dichlorvos (2,2-Dichlorvinyl)-dimethyl-phosphat	a) 84 °C/1,32 hPa c) 1,6×10⁻²	0,11	1	H	LD$_{50}$ (oral): ca. 50 mg/kg LC$_{50}$ (inhl.): >0,1 mg/l/4h[e] ca. 0,5 mg/l/4h[d]
Malathion[51] S-[1,2-Bis(ethoxycarbonyl)ethyl]-O,O-dimethyldithiophosphat	a) 156–157 °C/0,93 hPa b) 3 °C c) 1,6×10⁻⁴		15[c]		LD$_{50}$ (oral): 1375–2800 mg/kg
Dimethoat O,O-Dimethyl-S-methyl-carbamoyl-methyldithiophosphat	a) 117 °C/0,1 hPa b) 51–52 °C c) 2,5×10⁻⁶				LD$_{50}$ (oral): 35 mg/kg LC$_{50}$ (inhl.)[e]: >15,5 mg/l/4 h

[a] a) = Siedepunkt   b) = Schmelzpunkt   c) = Dampfdruck [hPa/20 °C]
[b] gemessen als einatembare Fraktion   [c] Aerosol   [d] Dampf   [e] maximal applizierbare Konzentration

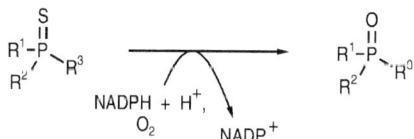

Abb. 6.26 Oxidative Desulfurierung der Thiophosphate

Diese oxidative Desulfurierung ist der einzige wesentliche aktivierende Mechanismus innerhalb der Biotransformation der Alkylphosphate. Nur die entsprechenden Sauerstoffanalogen sind zu einer ausgeprägten Hemmung der Acetylcholinesterase befähigt.

Entgiftende enzymatische Reaktionen laufen z.T. besonders effizient im Säugerorganismus ab und nur wenig im Insekt. Dies ist die Grundlage für die insektizide Wirkungsselektivität. Werden entgiftende Biotransformationen des Säugers durch andere Komponenten in den Handelsprodukten blockiert, erhöht sich die Toxizität wesentlich (s. Malathion). Der Nachweis von Urinmetaboliten kann zur Ermittlung der Exposition herangezogen werden.

Der wichtigste entgiftende Reaktionsschritt ist die hydrolytische Spaltung der Phosphor-

6.4 Alkohole, Ether, Ester

säureester durch unspezifische Esterasen (Phosphatasen). Oxidative Desalkylierung oder Desarylierung oder Glutathion-abhängige Demethylierung ist ebenfalls von Bedeutung. In den Seitengruppen finden weitere Bio-transformationen statt, z. B. Hydroxylierungen am aromatischen Ring oder Spaltung von Carbonsäureestern (Malathion) oder -amiden (Dimethoat).

Parathion wurde bereits 1944 von Schrader entwickelt und ist wohl das bekannteste insektizide Dialkylphosphat. Es wird über die Lunge, die Atemwege, die Haut und über den Magen/Darmtrakt schnell resorbiert. Im Organismus wird Parathion zu Paraoxon aktiviert (Abb. 6.27). Nach oraler Applikation an Ratten wurde eine schnelle Ausscheidung über den Harn (ca 90%) und über die Feces (ca. 10%) beobachtet. Als Hauptmetabolite gelangen p-Nitrophenol, Diethylthiophosphat und Diethylphosphat zur Ausscheidung. Parathion zeigt eine sehr hohe akute Warmblütertoxizität. Mehrere hundert Vergiftungen beim Menschen durch berufliche Exposition, versehentliche orale Aufnahme oder Suizid sind beschrieben. Die Reaktivierung der gehemmten Acetylcholinesterase mit Oximen ist möglich. Orale Dosen von 1–3 mg/kg können für den Erwachsenen tödlich sein. Wiederholte Aufnahme von 6 mg/Tag zeigte bei Erwachsenen eine leichte Hemmung der Plasmacholinesterase. Eine orale Dosis von 0,05 mg/kg Körpergewicht/Tag zeigte über einen Zeitraum von mehreren Monaten keinen signifikanten Effekt.

Malathion wird ebenfalls schnell im Säugerorganismus metabolisiert, die Ausscheidung erfolgt bevorzugt über den Harn. Durch oxidative Desulfurierung wird Malathion zu Malaoxon umgesetzt, das für die neurotoxi-

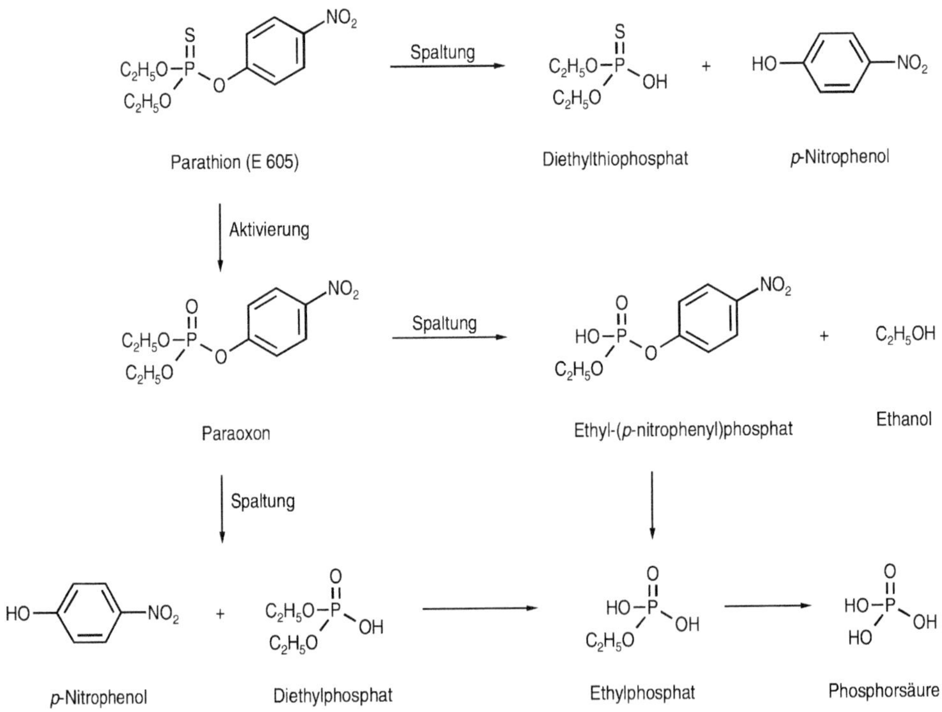

Abb. 6.27 Biotransformation von Parathion

sche Wirkung verantwortlich ist. Im Säugerorganismus wird Malathion v.a. durch Carboxylesterasen der Leber und anderer Organe zu Malathionsäure hydrolysiert (Abb. 6.28).

Diese enzymatische Hydrolyse ist für die geringe Säugertoxizität verantwortlich; Insekten dagegen verfügen über wenig metabolische Kapazität zur Spaltung von Malathion. Malaoxon ist ebenfalls ein Substrat für die Carboxylesterase, wirkt aber auch als Inhibitor. Beim Menschen wird Malathionsäure als Hauptmetabolit im Harn ausgeschieden. Als weitere Urinmetabolite wurden Dimethylthiophosphat, Dimethylphosphat, Dimethyldithiophosphat, die Dicarbonsäure des Malathions und Monomethylphosphat nachgewiesen. Dies zeigt, daß der Metabolismus von Malathion Demethylierung und hydrolytische Abspaltung des Succinatesters einschließt.

Die akute Toxizität von Malathion ist relativ gering und stark abhängig von der Reinheit der verwendeten Substanz. Bei p.o. Gabe von hoch gereinigtem Malathion an Ratten wurden hohe LD_{50}-Werte von 10 g/kg beschrieben[52]. Beim Menschen zeigt Malathion ebenfalls eine niedrige akute Toxizität. Eine Studie an freiwilligen Versuchspersonen zeigte, daß eine tägliche orale Dosis von 24 mg über 14 Tage notwendig war, um die Cholinesteraseaktivität des Blutes zu erniedrigen. Trotz der niedrigen Toxizität sind zahlreiche Todesfälle durch Malathion dokumentiert, die auf Suizid beruhen. 2800 Vergiftungsfälle ereigneten sich in Pakistan bei der landwirtschaftlichen Anwendung von Malathion, 5 Personen starben. Als wahrscheinliche Ursache wurden Kontaminationen der Pestizidformulierung mit starken Inhibitoren der Carboxylesterasen der Leber diskutiert.

Bestimmte Pflanzenschutzmittel unterliegen Anwendungsverboten und Anwendungsbeschränkungen (→ 8.5.9.2). Weitere relevante Regelungen zum Schutze des Verbrauchers finden sich in der Pflanzenschutz-

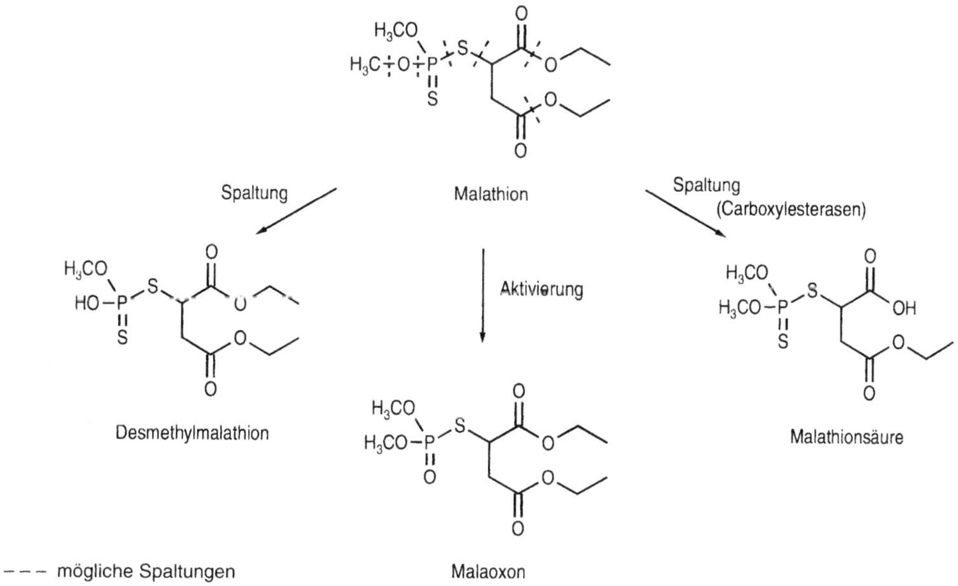

Abb. 6.28 Beispiele der Biotransformation von Malathion

mittel-Höchstmengen-Verordnung und der Trinkwasser-Verordnung.

Nervenkampfstoffe. Die sog. Nervenkampfstoffe[53] Tabun, Sarin, Soman und VX gehören ebenfalls zur Gruppe der Alkylphosphate und wirken als spezifische Acetylcholinesterasehemmer.

Die farblosen, in Wasser rasch hydrolysierenden Flüssigkeiten weisen eine besonders hohe Neurotoxizität auf und fanden deshalb militärisches Interesse. Für die toxikologische Beurteilung der leicht flüchtigen Verbindungen ist vor allem die Resorption über die Haut und die Atemwege von Bedeutung. Die LCt_{50} (letales Konzentrations-Zeit-Produkt) von Tabun und Sarin beträgt für den Menschen etwa 400 bzw. 100 mg × min/m³. VX zeigt eine noch wesentlich höhere Toxizität. Als Aerosol versprühte Verbindungen werden sehr schnell resorbiert. Nach perkutaner Resorption kommt es schnell zu lokalen Wirkungen, die systemische Toxizität tritt etwas verzögert auf. Neben der Bindung an Acetylcholinesterase, die für die Toxizität der Verbindungen verantwortlich ist, wurde auch eine Bindung an Carboxylesterase in Rattenleber und Plasma nachgewiesen, die eine Verringerung der akuten Toxizität bewirkt. Durch Soman gehemmte Acetylcholinesterase ist durch Oximtherapie nicht reaktivierbar, da die Alterung der Esterase-Somanverbindung sehr schnell abläuft.

Trikresylphosphat (Phosphorsäuretrikresylester). Trikresylphosphat wird aus technischem Kresol hergestellt und stellt eine hochsiedende, farblose und geruchlose Flüssigkeit dar. Es besteht aus Isomerengemischen und wird u.a. als Weichmacher für Kunststoffe, als Schmierstoff und Hydraulikflüssigkeit eingesetzt. Toxikologisch relevant sind Isomere mit einem oder mehreren o-Kresylresten, die stärkste Wirkung zeigt Tris(2-methylphenyl)phosphorsäure (Tri-o-kresylphosphat, TOCP). Heute enthält kommerzielles Trikresylphosphat weniger als 1% TOCP. Charakteristisch ist eine verzögert eintretende kumulative Neurotoxizität mit Lähmungserscheinungen. Die Symptome unterscheiden sich wesentlich von der akuten Toxizität der Alkylphosphate.

Nach Resorption über den Magen/Darmtrakt oder die Haut werden die Verbindungen metabolisch zu Esterasehemmern aktiviert. Zunächst wird die Methylgruppe eines o-Kresylrestes durch Cytochrom P-450 abhängige Monooxygenasen hydroxyliert (Abb.-6.29).

Anschließend erfolgt unter Abspaltung eines Kresylrestes Ringschluß zum entsprechenden o-Kresylbenzodioxaphosporin-2-oxid, welches den aktivierten Metaboliten darstellt. Dieser ist fünfmal stärker neurotoxisch als die Ausgangsverbindung und weist als cyclischer Benzylester elektrophile Eigenschaften auf. o-Tolylphosphat hat sich bei metabolischer Aktivierung im Ames-Test als mutagen erwiesen. Die Bildung von DNA-Addukten durch o-Hydroxybenzylierung nucleophiler Basenpositionen ist beschrieben[54]. Als Mechanismus der neurotoxischen Wirkung wird eine irreversible Hemmung einer unspezifischen Carboxylesterase im

Tabun

Sarin

Soman

VX

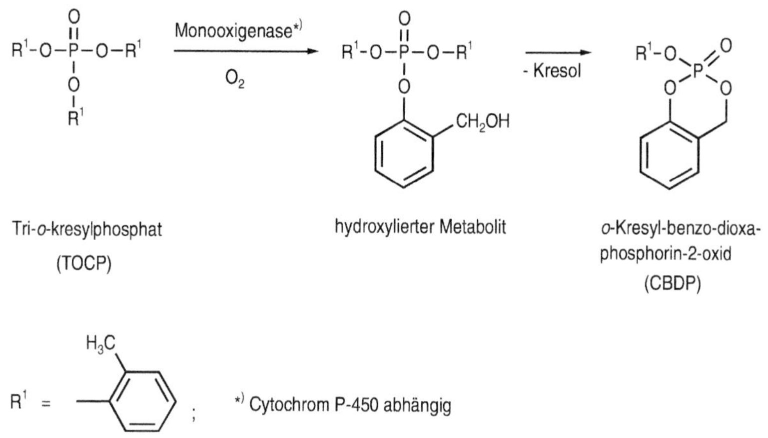

Abb. 6.29 Metabolische Aktivierung von TOCP

zentralen Nervensystem postuliert[1,55]. Die physiologische Funktion dieser Carboxylesterase ist nicht bekannt. Eine Hemmung der Cholinesterase wird nicht beobachtet.

Die verzögerte neurotoxische Wirkung von TOCP wurde zuerst beim Menschen beobachtet, in später durchgeführten Tierversuchen wurden vergleichbare Vergiftungsbilder erhalten. Hohe Dosen von TOCP verursachen Übelkeit, Erbrechen und Durchfälle kurz nach der Aufnahme; die tödliche Dosis für den Menschen beträgt etwa 2 g. Charakteristisch für den Verlauf der TOCP-Vergiftung ist eine symptomfreie Latenzperiode von 1–3 Wochen nach der Aufnahme, während der die Zerstörung der Myelinhüllen peripherer und zentraler Leitungsbahnen erfolgt. Anschließend (7–20 Tage nach Resorption) treten motorische Lähmungen der Extremitäten auf, die wochenlang voranschreiten. Die Sensibilität ist wenig betroffen. Die Vergiftung verläuft nicht tödlich. Die Rückbildung der Lähmungen kann 1–2 Jahre dauern, partiell bleiben spastische Lähmungszustände erhalten. Mehrere tausend Vergiftungen sind weltweit bekannt geworden. Massenvergiftungen ereigneten sich z. B. in USA 1929/30 während der Prohibition durch Verfälschung von Ingwerschnaps mit TOCP (20 000 Vergiftungsfälle) und 1960 in Marokko nach Beimischung von TOCP zu Speiseöl (10 000 Vergiftungsfälle).

Außerdem wirkt TOCP toxisch auf das männliche Reproduktionssystem. Beeinflußt werden Spermatogenese und Beweglichkeit der Spermien[56].

6.5
Alkylantien

6.5.1
Alkylhalogenide, Bis(chlormethyl)ether, Monochlordimethylether und Alkylsulfate

Die halogenierten Aliphaten sind bereits in Abschnitt 6.3.1 eingehend behandelt worden. Im vorliegenden Kapitel werden ausschließlich direkt alkylierende Alkylhalogenide, wie monohalogenierte Methan- und Ethanderivate, Benzylchlorid und die Alkylsulfate behandelt. Diese Verbindungen sind auch unter dem Begriff Alkylierungsmittel oder Alkylantien bekannt.

Alkylhalogenide. Halogenierte Methan- bzw. Ethanderivate finden in der chemischen und pharmazeutischen Industrie als Methylierungs- bzw. Ethylierungsmittel Verwendung. Die Stabilität der Halogen-Kohlenstoff-Bindung steigt in der Reihe J < Br < Cl < F stark an. Die Fluor-Kohlenstoff-Bindung ist auch im Organismus außerordentlich stabil, aliphatische Fluorverbindungen weisen keine alkylierende Aktivität auf. Daten zu physikalisch-chemischen Parametern, akuter Toxizität und Einstufung des krebserzeugenden Potentials von Chlor-, Brom- und Iodmethan bzw. -ethan sowie α-chlorierten Toluolen (Benzylchloride) sind in Tab. 6.13 zusammengestellt.

Methylhalogenide. Die Methylhalogenide Chlormethan, Brommethan und Iodmethan zeigen prinzipiell ähnliche Wirkungen; die Einzeltoxizitäten können jedoch unterschiedlich stark ausgeprägt sein. Die akute Letalwirkung nimmt von Iodmethan über Brommethan zum Chlormethan ab. Die narkotische Wirkung scheint beim Brommethan am stärksten zu sein.

Tab. 6.13 Physikalisch-chemische Eigenschaften, akute Toxizität und Einstufung des krebserzeugenden Potentials ausgewählter Alkylhalogenide

Substanz	Physikalisch-chemische Eigenschaften	Akute Toxizität/ MAK-Wert	Krebserzeugende Gruppe	
			DFG	IARC
Chlormethan CH_3Cl	Siedep.: $-24\,°C$ Dampfdruck: 3678 hPa/20 °C Löslichkeit in H_2O: 5 g/l/20 °C	MAK: 50 ppm; 100 mg/m³ $LC_{50}/5d$ (Ratte, inh.): 3000 ppm, 6 h/d	3B	3
Chlorethan CH_3-CH_2Cl	Siedep.: 13 °C Dampfdruck: 996 hPa/20 °C Löslichkeit in H_2O: 5,7 g/l/20 °C	LC_{50} (Ratte, inh.): 57 000 ppm/2 h	3B	
Brommethan CH_3Br	Siedep.: 4 °C	LC_{100} (Ratte, inh.): 514 ppm/6 h	3B	3
Bromethan CH_3-CH_2Br	Siedep.: 38 °C Dampfdruck: 400 hPa/21 °C Löslichkeit in H_2O: 9 g/l/20 °C	LD_{50} (Ratte, i.p.): 1750 mg/kg LC_{50} (Ratte, inh.): 4700 ppm/4 h	2	
Iodmethan CH_3I	Siedep.: 41–43 °C Löslichkeit in H_2O: 13,6 g/l/22 °C	LD_{50} (Ratte, oral): 76 mg/kg LC_{50} (Ratte, inh.): 232 ppm/4 h	2	3
Iodethan CH_3-CH_2I	Siedep.: 72 °C Dampfdruck: 133 hPa/18 °C Zersetzung in H_2O			
α-Chlortoluol $C_6H_5-CH_2Cl$	Siedep.: 179 °C Dampfdruck: 1,2 hPa/20 °C	LD_{50} (Ratte, oral): 1230 mg/kg LC_{50} (Ratte, inh.): 740 mg/m³/2 h	2	2B
α-Chlortoluole	Gemisch aus α-Chlortoluol, α,α-Dichlortoluol, α,α,α-Trichlortoluol und Benzoylchlorid		1	

Chlormethan wird leicht über die Lungen aufgenommen. Der nur wenig auffallende Geruch von Chlormethan begünstigt das Auftreten von Vergiftungen bei länger dauernder Inhalation. Bei akuter Vergiftung stehen nach einer kurzen Vorperiode mit Schwindel, Kopfschmerzen und eventuell gastrointestinalen Störungen Symptome der neurotoxischen Wirkung im Vordergrund. Bei schweren Vergiftungen tritt ausgesprochene Schlafsucht auf, die in ein tiefes Koma übergeht. Schließlich kann der Tod durch Atemlähmung eintreten. Bei leichteren Vergiftungen kommt es nach einer typischen Latenzperiode zu nervösen Störungen. Auch bei chronischer Intoxikation stehen die nervösen Störungen im Vordergrund. Lungenödem kann sich sowohl akut als auch mit einer Latenzzeit von einigen Tagen entwickeln. Selbst nach 2–3 Wochen sind noch Spätsymptome und Todesfälle bekannt[1,2].

Chlormethan wird nach der Aufnahme über die Lunge sehr rasch im Organismus umgesetzt. Der metabolische Hauptweg besteht in der Konjugation mit Glutathion. Der Folgemetabolit *S*-Methylcystein wurde im Harn exponierter Personen nachgewiesen. Methanthiol wird als potentiell relevanter Metabolit für die neurotoxischen Wirkungen von Chlormethan angesehen. Die oxidative Umsetzung von Chlormethan zu Formaldehyd gilt als Nebenweg des Stoffwechsels. Experimentelle Untersuchungen zeigten, daß Chlormethan zu Ameisensäure und CO_2 metabolisiert wurde, wobei ein Teil über den „C_1-Pool" in den Intermediärstoffwechsel eingeht und in Biopolymere eingebaut wird (Abb. 6.30).

Brommethan wird wie Chlormethan leicht über die Lunge aufgenommen. In hoher Konzentration macht sich Brommethan durch stark süßlichen Geruch bemerkbar. Die Gefährlichkeit von Brommethan ist jedoch dadurch erhöht, daß es sich in niederen Konzentrationen geruchlich nicht bemerkbar macht. Brommethan hat haut- und schleim-

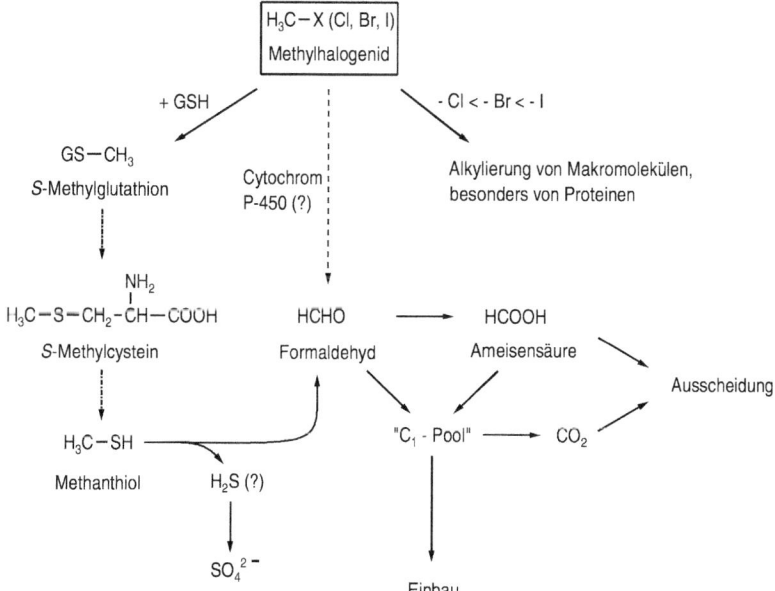

Abb. 6.30 Stoffwechselschema der Methylhalogenide[1]

hautreizende, sowie narkotische Wirkungen. Akute Vergiftungen sind gekennzeichnet durch Lungenödem, Kreislaufschock und nervöse Störungen. Schwere Fälle zeigten das Bild eines akuten Lungenödems sowie eines sich rasch entwickelnden zerebralen Komas[1,2]. Bei mittelschweren Fällen kommt es nach einer typischen Latenzzeit von einigen Stunden zu starken Kopfschmerzen, Erbrechen, Schwindel und Koordinationsstörungen. Die chronische Vergiftung durch wochen- bis monatelange Inhalation unterschwelliger Dosen führte zu schweren, z.T. irreversiblen Veränderungen des zentralen Nervensystems mit entsprechenden Symptomen. Erste Zeichen sind Kopfschmerzen, Übelkeit, Überempfindlichkeit der Hörnerven, Sehstörungen, Sprachstörungen und Verwirrtheitszustände[1,2].

Bisher sind nur wenige Vergiftungsfälle durch *Iodmethan* beschrieben worden. Es handelt sich fast ausschließlich um Personen, die bei der Herstellung von Iodmethan mehrmals längere Zeit den Dämpfen ausgesetzt waren. Die Vergiftungssymptome setzten erst Stunden bis Tage nach der letzten Exposition ein: anfangs Schläfrigkeit, Schwindel, Schwächegefühl, Übelkeit, Unsicherheit beim Bewegen, Sprach- und Sehstörungen. Dann setzten zunehmend neurologische Dysfunktionen wie Aufgeregtsein und Verwirrtheit ein. Bei einem Fall trat der Tod im Koma ein. An der Haut wirkt Iodmethan ätzend und blasenbildend, was auf typische lokale Alkylantienwirkung deutet. In einem Fall wurden nekrotische Hautgeschwüre nach Iodmethan-Exposition beobachtet.

Exposition von *Salmonella typhimurium* TA 100 mit 2,5–20% Chlormethan oder 0,02–0,2% Brommethan in der Gasphase sowie mit 10–50 µl Iodmethan pro Platte induzierte mutagene Wirkungen mit oder ohne Aktivierungssystem[3].

Chlormethan verursachte ferner Schwesterchromatidaustausche und Mutationen in humanen Lymphocyten *in vitro*, jedoch keine DNA-Strangbrüche[1,3].

Brommethan induzierte bei inhalativ exponierten Ratten und Mäusen Mikrokerne in Knochen-markszellen und peripheren Blutzellen. DNA-Methylierung in Leber und Milz von Brommethan-behandelten Mäusen wurde beobachtet. Orale Gabe von Brommethan an Ratten induzierte Plattenepithelkarzinome des Vormagens[1,4].

Iodmethan methyliert Desoxyguanosin an der $N7$-Position[1,4] und induziert Mutationen in kultivierten Säugerzellen. Subcutane Injektion von Iodmethan führte in Ratten zu lokalen Tumoren[1,4].

Ethylhalogenide werden in erster Linie als Ethylierungsmittel bei chemischen Synthesen eingesetzt. Sie sind weniger toxisch als die entsprechenden Methylanalogen[1]. Ein Vergleich der Ethylhalogenide untereinander zeigte, daß die narkotische Wirkung in der Reihenfolge Chlorethan > Bromethan > Iodethan abnimmt, umgekehrt aber die Toxizität zunimmt. Chlorethan wirkt narkotisch und wurde deshalb früher als Narkotikum eingesetzt. Vergiftungen kamen meist durch Inhalation zustande. Die Symptome verlaufen je nach Atemluftkonzentration und Dauer der Exposition von leichter Analgesie über Rauschzustände, leichte und tiefe Narkose bis zu Atemstillstand. Chlorethan kann über Konjugation mit Glutathion metabolisiert werden. Eine Abnahme des Glutathionspiegels in der Leber Chlorethan-exponierter Ratten und Mäuse wurde beobachtet[1].

Chlorethan erwies sich als mutagen an *Salmonella typhimurium* TA 100 bei metabolischer Aktivierung. In einer Langzeitstudie führten hohe Konzentrationen von Chlorethan in der Atemluft zu erhöhter Tumorinzidenz der Haut, Lunge, Leber und des Uterus bei Ratten und Mäusen[1].

In höheren Konzentrationen in der Atemluft (etwa 1000 ppm) zeigte Bromethan akute Toxizität am zentralen und peripheren Nervensystem und anderen Organen. Eine enzymatische Debromierung von Bromethan in Rattenleber wurde beschrieben, insbesondere in Gegenwart von Glutathion bzw. Cystein. In Analogie zu Brommethan kann daher vermutet werden, daß der Hauptabbau von Bromethan ebenfalls über eine Konjugation mit Glutathion erfolgt[1].

Bromethan ist direkt mutagen an *S. typhimurium* TA 100 und TA 1535 und induziert Schwesterchromatidaustausch an Ovarzellen chinesischer Hamster *in vitro*. Inhalative Applikation von Bromethan führte zu signifikant erhöhter Tumorinzidenz des Nebennierenmarkes bei männlichen Ratten und im Uterus bei weiblichen Mäusen[1].

α-*Chlortoluol, α,α–Dichlortoluol und α,α,α-Trichlortoluol* fallen bei Herstellung durch Chlorierung von Toluol gemeinsam an und werden nachfolgend durch fraktionierte Destillation getrennt. In handelsüblichen Produkten wurden als Verunreinigungen neben Toluol auch die abgetrennten Chlortoluole nachgewiesen. Am Arbeitsplatz treten α-Chlortoluol, α,α-Dichlortoluol und α,α,α-Trichlortoluol meist gemeinsam auf.

α-*Chlortoluol* (Benzylchlorid) wird als technisches Produkt zur Benzylierung bei der Herstellung von Farbstoffen, Arzneimitteln und Kunstharzen verwendet. Es ist eine stechend riechende Flüssigkeit von starker Reizwirkung auf die Schleimhäute. In Konzentrationen von 6–8 mg/m^3 führte es schon nach 5 min zu leichter Konjunktivitis bei Menschen, bei höheren Konzentrationen nahmen die Reizungen der Schleimhäute der Augen und der oberen Atemwege beträchtlich zu. Eine Konzentration von 85 mg/m^3 über 1 min führt zu unerträglichen Reizerscheinungen der Atemwege. Weitere Folgen sind Krampfhusten, Brechreiz, zentrale Wirkungen, Lähmungen und Atemnot. Arbeiter mit regelmäßiger Exposition gegenüber Benzylchlorid in Konzentrationen von 10 mg/m^3 und höher klagten über Schwäche, Müdigkeit, Kopfschmerzen, Appetit- und Schlaflosigkeit[1]. Für die Geruchsschwelle wurde eine Konzentration von 0,047 ppm ermittelt. Benzylchlorid kann auch durch die Haut aufgenommen werden[1].

Oral an Ratten und Affen appliziertes α-Chlortoluol wurde innerhalb von 24 Stunden weitgehend resorbiert und zum größten Teil im Harn ausgeschieden. Benzylmercaptursäure war für beide Spezies der Hauptmetabolit im Harn. Weitere wichtige Metabolite waren Hippursäure und Benzylcystein[1].

α-Chlortoluol erwies sich als direkt wirkendes Mutagen in *Salmonella typhimurium* TA 100. Es induzierte Chromosomenaberrationen bei kultivierten Leberzellen der Ratte und Ovarzellen des chinesischen Hamsters, an letzteren auch Schwesterchromatidaustausche. Nach i.v. Injektion (Maus) wurde DNA-Benzylierung in verschiedenen Organen beobachtet[1,4].

α-Chlortoluol induzierte lokale Sarkome bei s.c. Injektion in Ratten. Bei maximal tolerierter Dosis führte orale Applikation zu erhöhter Tumorinzidenz der Blutgefäße und des Vormagens bei Mäusen und zu einem signifikanten Anstieg von Schilddrüsentumoren bei Ratten[4].

α,α-*Dichlortoluol* erwies sich in *Salmonella typhimurium* TA 100 bei metabolischer Aktivierung als mutagen. Bei epikutaner Applikation an Mäusen induzierte α,α-Dichlortoluol Hauttumoren und Lungenadenome. Die gleiche Versuchsanordnung zeigte bei α-Chlortoluol jedoch keine kanzerogene Wirkung. α,α,α-Trichlortoluol war in *Salmonella typhimurium* TA 100 und TA 98 mit Aktivierung mutagen. Epikutane Behandlung der Maus mit α,α,α-Trichlortoluol induzierte vor allem Haut- und Lungentumoren. Induktion von Tumoren der Lippe, der Zunge, des Esophagus und des Vormagens wurde ebenfalls beobachtet[1]. Lokale Hautschädigungen waren deutlicher ausgeprägt als bei α-Chlortoluol und α,α-Dichlortoluol. Orale Gabe von α,α,α-

Trichlortoluol an junge Mäuse induzierte dosisabhängig Tumoren des Vormagens, der Lunge und des Thymus. Inhalative Exposition mit α,α,α-Trichlortoluol führte bei Ratten zu Tumoren der Nasenhöhle, der Atemwege, der Haut und des äußeren Gehörganges[1,4]. Eine Reihe epidemiologischer Untersuchungen lassen einen Zusammenhang zwischen der Exposition mit Gemischen unterschiedlicher Konzentrationen von α-Chlortoluol, α,α-Dichlortoluol und α,α,α-Trichlortoluol sowie Benzoylchlorid und signifikant erhöhter Mortalität an Tumoren der Atemwege erkennen. Der Nachweis eines Zusammenhangs zwischen beruflicher Exposition und dem Auftreten von Tumoren der Atemwege steht auch im Einklang mit den experimentellen Befunden[1,4].

Bis(chlormethyl)ether, Monochlordimethylether. Bis(chlormethyl)ether wird als Alkylierungsmittel u.a. zur Herstellung von Ionenaustauschern eingesetzt. Durch Wasser oder in feuchter Luft zersetzt sich Bis(chlormethyl)ether zu HCl und Formaldehyd. In D_2O erfolgt innerhalb von 2 min etwa zu 70% Hydrolyse; danach verändert sich das Hydrolysegleichgewicht zwischen Bis(chlormethyl)ether und dessen Hydrolyseprodukten nur noch wenig. Die Benutzung einer Mischung aus Methanol, Formaldehyd und Salzsäure kann möglicherweise auch zur Exposition des Menschen mit Bis(chlormethyl)ether als Hauptintermediat führen[4].

Monochlordimethylether findet ebenfalls industriell Verwendung. In toxikologischer Hinsicht zeigte Monochlordimethylether ähnliches Verhalten wie Bis(chlormethyl)ether. Physikalische Eigenschaften, akute Toxizität und Einstufung des krebserzeugenden Potentials von Bis(chlormethyl)ether und Monochlordimethylether sind in Tab. 6.14 zusammengestellt.

Bis(chlormethyl)ether und Monochlordimethylether wirken stark reizend auf Augen und Atemwege. Sie reizen auch bei kleinsten Mengen die Bindehaut der Augen. Schäden am Auge werden erst nach einiger Zeit bemerkt und können zur vorübergehenden Verminderung der Sehkraft führen. Bis(chlormethyl)ether zeigte eine spezifische Wirkung auf das Gehör- und Gleichgewichtsorgan im inneren Ohr. In höheren Konzentrationen wirkt Bis(chlormethyl)ether auch narkotisch[6].

Bis(chlormethyl)ether und Monochlordimethylether sind stark kanzerogen. Sie induzieren bei Ratten nach Inhalation Tumoren der Atemwege. Subcutane Injektion von Bis(chlormethyl)ether und Monochlordimethylether an Mäusen führte zu lokalen Sarkomen. Epidemiologische Studien zeigten,

Tab. 6.14 Physikalisch-chemische Eigenschaften, akute Toxizität und Einstufung des krebserzeugenden Potentials ausgewählter Alkylhalogenide

	Bis(chlormethyl)ether $Cl-CH_2-O-CH_2Cl$	Monochlordimethylether CH_3-O-CH_2Cl
Siedep. [°C]	104	59,2
Dampfdruck/20 °C		213 hPa
LD_{50} (Ratte, oral)	500–875 mg/kg	
LC_{50} (Ratte, inh.)	477 ppm/4 h	
Krebserzeugende Gruppe:		
MAK-Liste	1	1
IARC	1	

daß berufliche Exposition mit Bis(chlormethyl)ether und Monochlordimethylether am Arbeitsplatz die Inzidenz an Lungenkarzinomen bei den Exponierten erhöhte. Das Risiko steigt mit der Dauer der kumulativen Exposition an[4,5].

Alkylsulfate. Dimethylsulfat und Diethylsulfat sind direkt wirkende Alkylantien. Physikalisch-chemische Parameter, akute Toxizität und Einstufung des krebserzeugenden Potentials von Dimethylsulfat und Diethylsulfat sind in Tab. 6.15 zusammengestellt.

Die meisten Vergiftungsfälle mit Dimethylsulfat werden durch Einatmen der Dämpfe verursacht, zumal eine Geruchswarnung fehlt[1]. Dimethylsulfat besitzt stark methylierende Eigenschaften, auch in biologischen Systemen. Wichtig ist, daß die Inhalation der Dämpfe selbst in stark toxischen Konzentrationen nur relativ geringe subjektive Reizerscheinungen an den Schleimhäuten von Augen und oberen Atemwegen hervorruft. Nach einer Latenzzeit von einigen Stunden treten Entzündungen der Bronchien und der Alveolarwände auf, die schließlich zum Lungenödem und durch Ersticken zum Tode führen können. Akute Vergiftungen bei Menschen sind mehrfach berichtet worden. In leichten Fällen beschränken sich die Symptome auf Bindehaut- und Hornhautverätzungen und ödematöse Schwellung der Schleimhäute des oberen Atemtraktes. Mittelschwere bis schwere Fälle sind durch zunächst geringe, später sich steigernde Reizerscheinungen an Auge, Nase, Rachen, Kehlkopf, Trachea und Bronchien und durch die nach einer Latenzzeit erfolgende Ausbildung eines Lungenödems gekennzeichnet. Schädigungen im zentralen Nervensystem, der Leber und der Niere wurden ebenfalls beschrieben. Dimethylsulfat kann auch leicht durch die Haut resorbiert werden. Orale Vergiftungen kommen selten vor[2].

Das ethylierende Homolog Diethylsulfat gleicht in seinen toxikologischen Eigenschaften weitgehend dem Dimethylsulfat, jedoch sind akute Toxizität und Ätzwirkung geringer. Diethylsulfat wird von Ratten, vermutlich über S-Ethylglutathion und S-Ethylcystein, zu Ethylmercaptursäure metabolisiert[1].

Dimethylsulfat ist als starkes, direktes Mutagen in einer Vielzahl von Testsystemen beschrieben und wird häufig als Positivkontrolle in Mutagenitätstests mitgeführt. Intravenös injiziertes Dimethylsulfat führte zur Bildung von N7-Methylguanin in DNA und RNA der Leber, der Lunge und des Darms sowie in der DNA des Gehirns[5].

Als S_N2-Agentien alkylieren Dialkylsulfate DNA-Basen hauptsächlich an Ringstickstoffatomen, vor allem an N7 des Guanins, daneben auch an N3 des Adenins[6]. Dimethylsulfat und Diethylsulfat sind krebserzeugend in ex-

Tab. 6.15 Physikalische Parameter, akute Toxizität und Einstufung des krebserzeugenden Potentials von Dimethyl- und Diethylsulfat

	Dimethylsulfat $(CH_3)_2SO_4$	Diethylsulfat $(C_2H_5)_2SO_4$
Siedep. [°C]	188	209,5 (unter Zersetzung)
Dampfdruck (hPa)/20°C	<1	0,13
LD_{50} (Ratte, oral)		350 mg/kg
LC_{50} (Ratte, inh.)	64 ppm/1 h	375 ppm/4 h
Krebserzeugende Gruppe:		
MAK-Liste	2	2
IARC	2A	2A

perimentellen Untersuchungen. Nach s.c. Injektion an trächtigen BD-Ratten wurden bei den Nachkommen vor allem lokale Tumoren des Nervensystems induziert[5].

6.5.2
N-Nitrosoverbindungen

N-Nitrosamine. N-Nitrosamine werden bevorzugt bei der Einwirkung nitrosierender Agentien (Stickoxide, salpetrige Säure) auf Verbindungen gebildet, die ein sekundär gebundenes Stickstoffatom enthalten. Nach den Substituenten am nitrosierten Stickstoffatom lassen sich N-Nitroso-dialkyl(aryl)amine, N-Nitroso-acylalkyl(aryl)-amine und N-Nitroso-alkyl(aryl)-alkoxyamine unterscheiden. Typische Vertreter dieser Stoffklassen sind N-Nitrosodimethylamin (NDMA), N-Nitroso-N-methylharnstoff und N-Nitroso-N-methoxy-N-methylamin.

N-Nitrosoverbindungen haben keine großtechnische Bedeutung. N-Nitroso-dialkylamine wurden früher im organischen Praktikum als Derivate sekundärer Amine zur Unterscheidung von primären und tertiären Aminen herangezogen. Heute werden N-Nitrosamine und N-Nitrosoharnstoffe aufgrund ihrer starken krebserzeugenden Wirkung in erster Linie als Referenzsubstanzen zur Induktion von Tumoren eingesetzt. Einige bifunktionelle N-Nitroso-N-(2-chlorethyl)-harnstoffe finden klinische Anwendung als Antitumormittel.

Der einfachste Vertreter dieser Stoffklasse, NDMA, ist seit 1875 bekannt. Im Jahre 1937 wurden erstmals akute Vergiftungen durch NDMA bei zwei Chemikern beschrieben. Bei chemischen Experimenten war ihnen eine Flasche mit der obengenannten Substanz zu Boden gefallen und zerbrochen. Die Beseitigung führte zu massiver Exposition über die Atemluft. Ein Todesfall infolge akuter Leberschädigung wurde beschrieben. Experimentelle Untersuchungen zur hepatotoxischen Wirkung von NDMA führten zur Entdeckung starker krebserzeugender Wirkung auf die Leber. Bald zeigte sich, daß die ganze Stoffklasse krebserzeugende Wirkung besitzt[7].

N-Nitrosamine sind Kanzerogene[8,9], die in der menschlichen Umwelt vorkommen können. Sie wurden in bestimmten Lebensmitteln und Körperpflegemitteln nachgewiesen, aber auch in Tabak und Tabakrauch, in einzelnen Arzneimitteln, in Kautschuk- bzw. Gummiartikeln, sowie an bestimmten industriellen Arbeitsplätzen.

Lebensmittel können je nach Vorläuferverbindung und Behandlung unterschiedliche N-Nitrosamine enthalten. In Fleisch- und Fischerzeugnissen und im Bier wurde vor allem NDMA, allerdings in meist sehr kleinen Konzentrationen nachgewiesen. Manche Gewürze können cyclische N-Nitrosamine wie N-Nitroso-piperidin (NPIP) und N-Nitroso-pyrrolidin (NPYR) enthalten. Die tägliche pro Kopf Aufnahme an flüchtigen N-Nitrosaminen über die Nahrung betrug in Deutschland (für die Jahre 1989/1990) ca. 0,3 µg bei Männern und ca. 0,2 µg bei Frauen[10]. Die tägliche Aufnahme an sogenannten nichtflüchtigen N-Nitrosoverbindungen über die Nahrung

N-Nitroso-dimethylamin (NDMA)

N-Nitroso-N-methylharnstoff (NMH)

N-Nitroso-N-methoxy-N-methylamin

kann gegenwärtig noch nicht mit Sicherheit angegeben werden, liegt jedoch höher (10–100 µg)[11]. Allerdings ist die Mehrheit dieser nichtflüchtigen Verbindungen, einschließlich der N-Nitroso-aminosäuren, biologisch inaktiv.

Zigarettenrauch enthält neben NDMA und anderen flüchtigen Nitrosaminen hauptsächlich sogenannte tabakspezifische N-Nitrosamine, abgeleitet von Nicotin und dessen Abkömmlingen. Die Belastung eines Rauchers, der 20 Filterzigaretten täglich raucht, erreicht etwa 0,3–2.0 µg an flüchtigen N-Nitrosaminen und 4–30 µg an tabakspezifischen N-Nitrosaminen[12]. Für Passivraucher, die sich eine Stunde in einem tabakrauchgesättigten Raum aufhielten, wurden Aufnahmen von ca. 0,6 µg an Gesamt-Nitrosaminen ermittelt[13].

N-Nitroso-diethanolamin (NDELA) ist eine nichtflüchtige N-Nitrosoverbindung mit potenter krebserzeugender Wirkung. Sie ist vor allem als Kontamination in Kühlschmiermitteln bei der Metallverarbeitung, aber auch in einer Reihe von Körperpflegemitteln nachgewiesen worden. NDELA kann durch die Haut penetrieren[9].

Zusätzlich zur exogenen Aufnahme können N-Nitrosamine auch im Organismus endogen aus nitrosierbaren Amino-Verbindungen wie Dimethylamin, Diethylamin, Piperidin und Pyrroliden und nitrosierenden Agentien gebildet werden. Vorläufer für nitrosierende Agentien können z. B. aus der Nahrung aufgenommenes Nitrat bzw. Nitrit sein. Ob auch Stickstoffmonoxid (NO), das bei vielen biologischen Signalprozessen als Transmitter eine Rolle spielt und das bei Entzündungsprozessen, z. B. in Makrophagen aus der Aminosäure Arginin gebildet werden kann, zu endogenen Nitrosierungsreaktionen beiträgt, ist gegenwärtig noch wenig bekannt.

Nitrat, das nach alimentärer Aufnahme rasch systemisch über den Blutweg verteilt wird, wird teilweise über die Speicheldrüsen wieder in den Magen-Darm-Trakt sezerniert. Etwa 20% des im Speichel sezernierten Nitrats wird in der Mundhöhle mikrobiell zu Nitrit reduziert[14].

Eine Abschätzung der Belastung durch endogen gebildete N-Nitrosamine ist zur Zeit noch nicht möglich.

Wesentliche physikalisch-chemische Daten von N-Nitroso-dialkyl(aryl)aminen sind in Tab. 6.16 zusammengestellt.

Die akute Toxizität von N-Nitrosaminen äußert sich vor allem in einer Schädigung der Leber, sowohl beim Menschen als auch bei Versuchstieren. Mit zunehmender Anzahl der Kohlenstoffatome in den Alkylresten reduziert sich die akute Toxizität (LD_{50}). Zwischen akuter Toxizität und kanzerogener Wirkung besteht aber kein Zusammenhang. Akute Toxizität, Einstufung des krebserzeugenden Potentials und das Hauptziel-Organ ausgewählter N-Nitroso-dialkyl(aryl)amine sind in Tab. 6.17 zusammengestellt.

N-Nitroso-dialkylamine sind mutagen in *Salmonella typhimurium* TA 100 bei metabolischer Aktivierung. Der entscheidende Aktivierungsschritt ist eine α-C-Hydroxylierung durch Cytochrom P-450-abhängige Monooxigenasen. Das entstehende N-Nitroso-alkyl-α-hydroxyalkyl-amin ist instabil und zerfällt unter Abspaltung von Aldehyd zu N-Nitroso-monoalkylamin bzw. dem tautomeren Alkyldiazohydroxid. Letzteres ist ein hoch reaktives Alkylans, das nucleophile Zentren von Biopolymeren alkyliert (Abb. 6.31).

N-Nitroso-dialkylamine alkylieren *in vivo* DNA-Basen. N-Nitroso-dimethylamin methyliert DNA in Rattenleber an den Positionen $N7$, O^6, $N3$ von Guanin und $N1$, $N3$, $N7$ von Adenin. Das Haupt-Addukt ist $N7$-Methylguanin. N-Nitroso-diethylamin führt zur Ethylierung von DNA-Basen an den Positionen $N7$, O^6 von Guanin, $N3$ von Adenin und O^2 von Thymin[6]. Alkylierung läßt sich auch in Proteinen nachweisen. So führt NDMA zur Bildung von S-Methylcystein in Hämoglobin.

Tab. 6.16 Physikalisch-chemische Daten ausgewählter N-Nitroso-dialkyl(aryl)amine

N-Nitrosamin	Siedep. [°C]	Dampfdruck [hPa/20°C]	Löslichkeit
N-Nitroso-dimethylamin $CH_3-N(NO)-CH_3$	148	2,1	lösl. in H_2O und org. Lösungsmitteln
N-Nitroso-methyl-ethylamin $CH_3-N(NO)-C_2H_5$	57–58 (16 mbar)	1,1	
N-Nitroso-diethylamin $C_2H_5-N(NO)-C_2H_5$	176	0,81	10,6 g/100 ml H_2O; lösl. in org. Lösungmitteln
N-Nitroso-diisopropylamin $(CH_3)_2-CH-N(NO)-CH-(CH_3)_2$		0,33	
N-Nitroso-dipropylamin $C_3H_7-N(NO)-C_3H_7$	103 (16 mbar)	0,086	0,98 g/100 ml H_2O; lösl. in org. Lösungsmitteln
N-Nitroso-dibutylamin $C_4H_9-N(NO)-C_4H_9$		0,03	0,12 g/100 ml H_2O lösl. in $H2O$
N-Nitroso-diethanolamin $HO-(CH_2)2-N(NO)-(CH_2)_2-OH$	114 (2 mbar)	5×10^{-4}	
N-Nitroso-methylphenylamin $CH_3-N(NO)-C_6H_5$	130 (10 mbar)		
N-Nitroso-ethylphenylamin $C_2H_5-N(NO)-C_6H_5$			
N-Nitroso-morpholin		0,036	lösl. in H_2O
N-Nitroso-piperidin	75–76 (8 mbar)	0,092	7,7 g/100 ml H_2O; lösl. in org. Lösungsmitteln
N-Nitroso-pyrrolidin	78–79 (10 mbar)	0,072	lösl. in H_2O und org. Lösungsmitteln

Das Ausmaß der Bildung von S-Methylcystein in Hämoglobin und die Ausscheidung von N7-Methylguanin oder N3-Methyladenin im Urin des Menschen können zur Abschätzung der Exposition mit NDMA herangezogen werden.

Über 300 verschiedene N-Nitrosoverbindungen, darunter über 200 N-Nitroso-dialkylamine, wurden auf kanzerogene Wirkung untersucht. Etwa 90% dieser Verbindungen induzierten Tumoren in Versuchstieren. Mehr als 30 verschiedene Tierspezies einschließlich subhumaner Primaten sind untersucht worden. Keine erwies sich gegen die kanzerogene Wirkung von N-Nitrosoverbindungen als resistent[15].

N-Nitrosamine zeigen eine ausgeprägte Organspezifität. Diese Organotropie wird wesentlich durch die chemische Struktur geprägt, weitere Einflußfaktoren sind die Tierspecies, die Applikationsart, die Dosierung und die Dauer der Behandlung. Typische Lokalisation der Tumoren sind Gehirn und Nervensystem, Mundhöhle, Speiseröhre,

Tab. 6.17 Akute Toxizität, Einstufung des krebserzeugenden Potentials und Hauptziel-Organ ausgewählter N-Nitroso-dialkyl(aryl)amine

N-Nitrosoverbindung	Akute Toxizität: LD$_{50}$ Ratte, oral [mg/kg]	Hauptziel-Organ der Krebserzeugung	Krebserzeugende Gruppe	
			DFG	IARC
N-Nitroso-dimethylamin	40	Leber	2	2A
N-Nitroso-methylethylamin	90	Leber	2	2B
N-Nitroso-diethylamin	280	Leber	2	2A
N-Nitroso-dipropylamin	480	Leber	2	2B
N-Nitroso-diisopropylamin	850	Leber	2	
N-Nitroso-dibutylamin	1200	Leber, Harnblase	2	2B
N-Nitroso-diethanolamin	>5000	Leber, Niere, Atemwege	2	2B
N-Nitroso-methylphenylamin	280	Speiseröhre	2	
N-Nitroso-morpholin	300	Leber	2	2B
N-Nitroso-piperidin	200	Speiseröhre, (Nasenhöhle)	2	2B
N-Nitroso-pyrrolidin	900	Leber	2	2B

Magen, Darmtrakt, Leber, Niere, Harnblase, Pankreas, hämatopoetisches System, Herz und Haut. Während z. B. symmetrische N-Nitroso-dialkylamine in erster Linie Tumoren der Leber induzieren, erzeugen unsymmetrisch substituierte vor allem Tumoren der Speiseröhre (Tab. 6.17). Die zur Tumorinduktion notwendigen Dosen an N-Nitrosoverbindungen sind niedrig bis sehr niedrig. Bereits Einzeldosen sind zur Tumorerzeugung in vielen Fällen ausreichend. In Langzeitversuchen führte schon 0,04 ppm NDMA in der Atemluft, an 4 Tagen/Woche über 4–5 h für insgesamt 207 Tage gegeben (Tagesdosis von 10 µg/kg), zu Tumoren der Nasenhöhlen bei 13 von 36 SD-Ratten[16].

N-Nitrosamide. Anders als N-Nitroso-dialkylamine sind N-Nitrosamide in der Regel direkt wirkende Alkylantien, die z. B. in S. typhimurium TA 100 ohne metabolische Aktivierung mutagen wirken. Einige Derivate von N-(2-Chlorethyl)-N-nitrosoharnstoff wie N,N'-Bis(2-chlorethyl)-N-nitrosoharnstoff (BCNU) oder N-(2-Chlorethyl)-N'-cyclohexyl-N-nitrosoharnstoff (CCNU) finden jedoch als antineoplastische Chemotherapeutika klinische Verwendung.

Physikalische Eigenschaften, akute Toxizität und Einstufung des krebserzeugenden Potentials einiger Nitrosamide sind in Tab. 6.18 zusammengefaßt.

Der Zerfall von N-Nitroso-N-alkylharnstoffen in neutraler wäßriger Lösung führt zur Freisetzung alkylierender Agentien (Abb. 6.32).

N-Alkyl-N-nitrosoharnstoffe alkylieren DNA-Basen in vitro und in vivo, wobei mit länger werdender Alkylkette das alkylierende Potential abnimmt. Die Positionen $N7$, O^6, $N3$ an Guanin, $N1$, $N3$, und $N7$ an Adenin, O^2, und O^4 an Thymin, O^2 an Cytosin sowie Phosphodiester können alkyliert werden. Bei der Methylierung mit N-Methyl-N-nitrosoharnstoff wird überwiegend $N7$-Methylguanin, neben O^6-Methylguanin und Phosphotriester gebildet; bei der Ethylierung mit N-Ethyl-N-nitrosoharnstoff entsteht überwiegend Phosphotriester, neben $N7$-Ethylguanin, O^6-Ethylguanin und O^2-Ethylthymin[6].

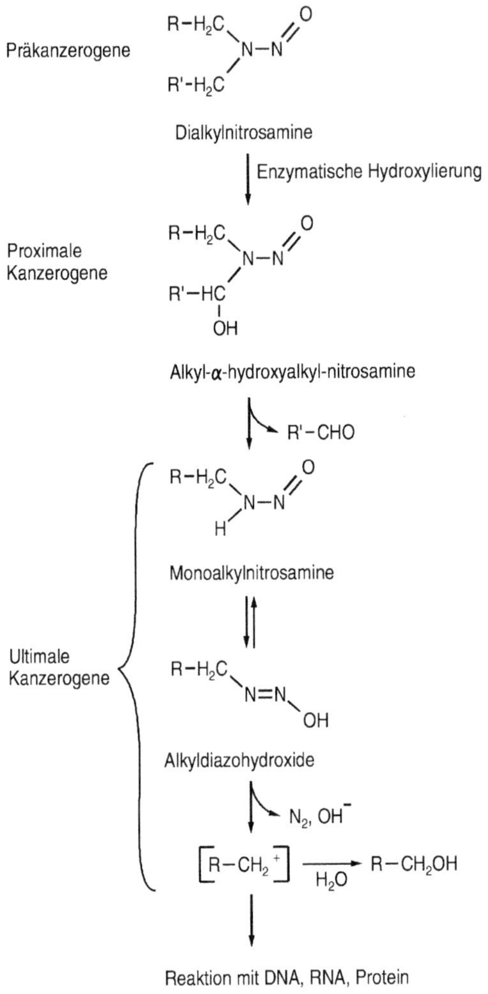

6.5 Alkylantien

Präkanzerogene

$$\begin{array}{c} R-H_2C \\ R'-H_2C \end{array} N-N=O$$

Dialkylnitrosamine

↓ Enzymatische Hydroxylierung

Proximale Kanzerogene

$$\begin{array}{c} R-H_2C \\ R'-HC(OH) \end{array} N-N=O$$

Alkyl-α-hydroxyalkyl-nitrosamine

↓ → R'–CHO

Ultimale Kanzerogene

$$\begin{array}{c} R-H_2C \\ H \end{array} N-N=O$$

Monoalkylnitrosamine

⇅

$$R-H_2C-N=N-OH$$

Alkyldiazohydroxide

↓ → N_2, OH^-

$[R-CH_2^+] \xrightarrow{H_2O} R-CH_2OH$

↓

Reaktion mit DNA, RNA, Protein

Abb. 6.31 Biotransformation von N-Nitrosodialkylaminen

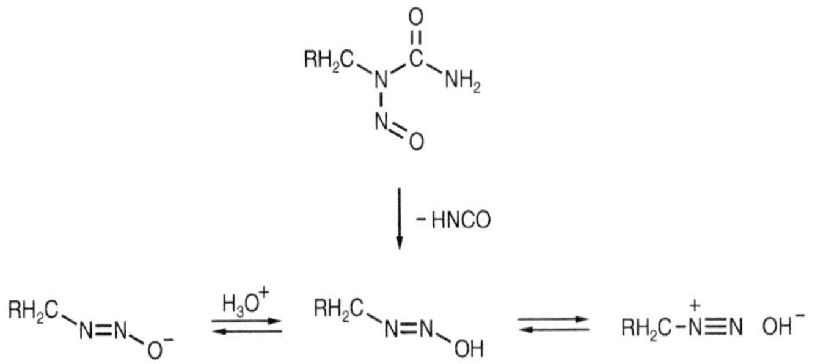

$$\begin{array}{c} RH_2C \\ | \\ N=O \end{array} N-C(=O)-NH_2$$

↓ – HNCO

$RH_2C-N=N-O^- \xrightleftharpoons[]{H_3O^+} RH_2C-N=N-OH \rightleftharpoons RH_2C-N\equiv N^+ \;\; OH^-$

Abb. 6.32 Freisetzung alkylierender Agentien aus N-Nitrosoharnstoffen

Tab. 6.18 Physikalische Eigenschaften und Einstufung des krebserzeugenden Potentials von N-Nitrosamiden, sowie N-Nitroso-N-methyl-urethan und N-Methyl-N'-nitroso-guanidin

N-Nitrosoverbindung	Schmp. [°C]	Akute Toxizität (LD$_{50}$)	Krebserz. Gruppe IARC
N-Methyl-N-nitroso-harnstoff (MNU) CH$_3$–N(NO)–CO–NH$_2$	124 (Z.)	Ratte, oral: 300 mg/kg; Ratte, s.c., i.v.: 245 mg/kg	2A
N-Ethyl-N-nitroso-harnstoff (ENU) C$_2$H$_5$–N(NO)–CO–NH$_2$	103–104 (Z.)	Ratte, oral. i.v.: 100 mg/kg	2A
N,N'-Bis (2-chlorethyl)-N-nitroso-harnstoff (BCNU) Cl(CH$_2$)$_2$–N(NO)–CO–NH–(CH$_2$)$_2$Cl	32–34	Maus, i.p.: 50 mg/kg Ratte, i.p.: 32 mg/kg	2A
N-(2-Chlorethyl)-N'-cyclohexyl-N-nitroso-harnstoff (CCNU) Cl(CH$_2$)$_2$–N(NO)–CO–NH–C$_6$H$_{11}$	90	Maus, i.p.: 49 mg/kg	2A
N-(2-Chlorethyl)-N'-(4-methylcyclohexyl)-N-nitroso-harnstoff (MeCCNU) Cl(CH$_2$)$_2$–N(NO)–CO–NH–C$_6$H$_{10}$–CH$_3$	64 (Z.)	Maus, i.p.: 57 mg/kg	1
N-Nitroso-N-methyl-urethan CH$_3$–N(NO)–CO–OC$_2$H$_5$	70 (27)		2B
N-Methyl-N'-nitro-N-nitroso-guanidin CH$_3$–N(NO)–C(=NH)–NH–NO$_2$	118–123,5 (Z.)		2A

Z.: Zersetzung

Der Zerfall von N-(2-Chlorethyl)-N-nitrosoharnstoffen zu alkylierenden Intermediaten unter physiologischen Bedingungen ist komplex. Als Abbauprodukte wurden 2-Chlorethanol, Ethylenglycol, Acetaldehyd und Ethylenoxid nachgewiesen. Postuliert wird eine Reaktionssequenz aus der tautomeren „Iminoharnstoff"-Form **2** über das tetrahedrale Diol **3** zum 2-Chlorethyldiazohydroxid **5** und Chlorethanol **6**, andererseits über das Nitrosooxazolidin **7** zu 2-Hydroxyethyldiazohydroxid **9** und zu entsprechenden Folgeprodukten[17,18] (Abb. 6.33).

N-(2-Chlorethyl)-N-nitrosoharnstoffe erzeugen neben 2-Chlorethyl- und 2-Hydroxyethyladdukten an der DNA auch DNA-Quervernetzung infolge bifunktioneller Alkylierung. Als Hauptprodukt wurde 1,2-Di[guan-7-yl]ethan sowohl *in vitro* als auch *in vivo* nachgewiesen. Als Indikator einer Doppelstrang-Quervernetzung wurde 1-[Desoxycytid-3-yl]-2-[desoxyguanosin-1-yl]-ethan jedoch bisher nur *in vitro* nachgewiesen. Weitere Reaktionsprodukte bifunktioneller Alkylierung sind Ethanoderivate wie N3,N^4-Ethano-cytosin, N1,N^6-Ethano-adenin und N^2,N3-Ethanoguanin, die ebenfalls bei der Reaktion von N-(2-Chlorethyl)-N-nitrosoharnstoffen mit DNA *in vitro* identifiziert wurden[6,19].

N-Alkyl-N-nitrosoharnstoffe wie N-Methyl- und N-Ethyl-N-nitrosoharnstoff (MNU u. ENU) induzierten eine Vielzahl von Tumoren in Versuchstieren. Wesentliche Zielorgane sind Nervensystem, Esophagus, Magen, Darm, Pankreas, Atemwege, Haut und Niere[20]. MNU und ENU, appliziert an trächtige Mäuse- und Ratten-Weibchen, induzierten in hohen Raten Tumoren bei den Nachkommen. Offensichtlich sind die Nachkommen empfindlicher gegenüber MNU und

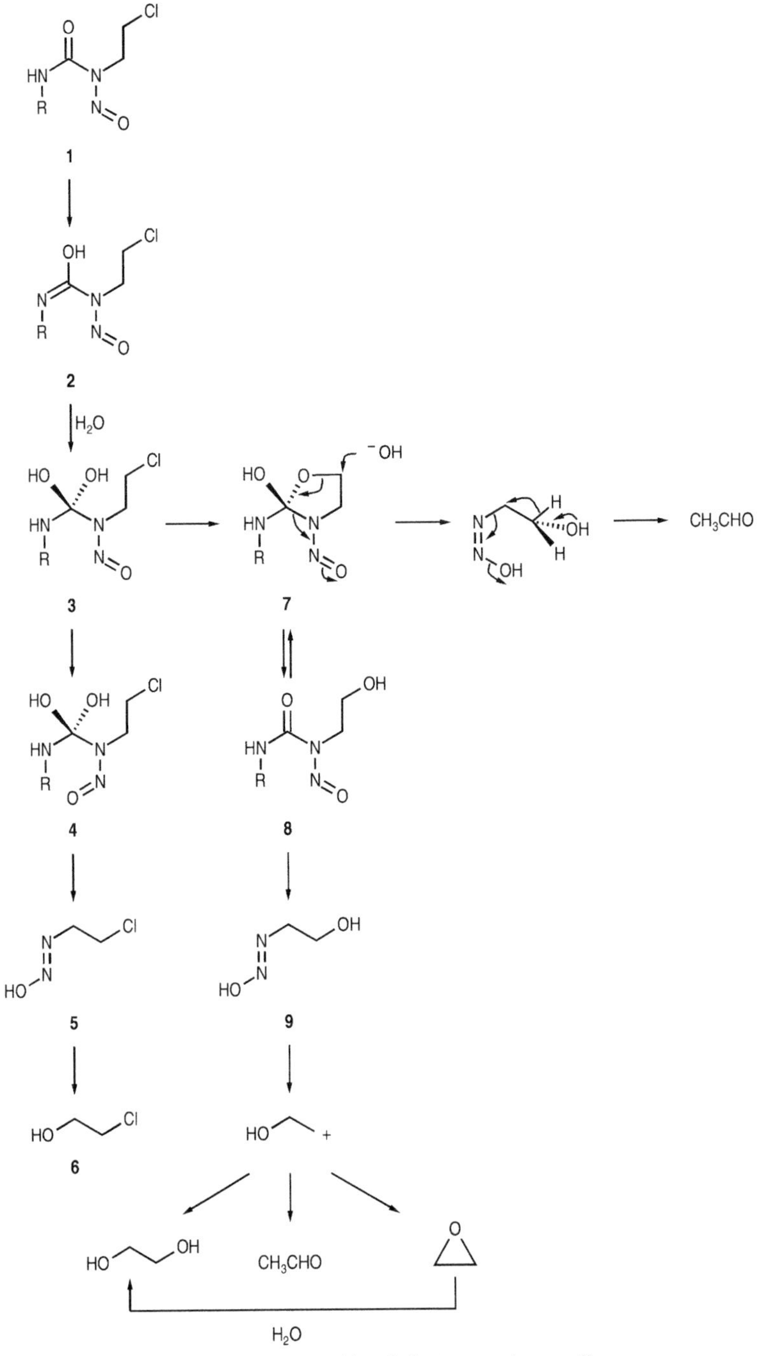

Abb. 6.33 Postulierte Reaktionswege von N-(2-Chlorethyl)-N-nitrosoharnstoffen

1,2-Di(guan-7-yl)ethan

$N3,N^4$-Ethano-cytosin $N1, N^6$-Ethano-adenin $N^2, N3$-Ethano-guanin

ENU als die Muttertiere. Bei Ratten wurden vor allem Tumoren des Nervensystems, dagegen bei Mäusen Tumoren der Lunge und Leber sowie Leukämien beobachtet[20].

Mehrmalige i.v. Injektion von BCNU induzierte vor allem maligne Tumoren der Lunge bei der Ratte, daneben wurde auch eine erhöhte Inzidenz von Tumoren des Nervensystems beobachtet. Die epidemiologische Auswertung klinischer Langzeitstudien nach Therapie mit Nitrosoharnstoffen zeigte, daß als behandlungsbedingte Zweittumoren bei Patienten vor allem Leukämien induziert werden[21,22,23].

6.5.3
Epoxide, Laktone und Sultone

Epoxide. Epoxide (Oxirane) sind heterocyclische Dreiringe mit einem Sauerstoffatom, die infolge der Ringspannung des Dreirings reaktive Alkylantien darstellen. Das einfachste Epoxid ist Ethylenoxid, ein wichtiges Zwischenprodukt für die chemische Industrie. Die Toxizität der Epoxide wird anhand der Beispiele Ethylenoxid und 1,2-Propylenoxid (1,2-Epoxypropan) erläutert. Physikalische Eigenschaften, akute Toxizität und Einstufung des krebserzeugenden Potentials von Ethylenoxid und 1,2-Propylenoxid sind in Tab. 6.19 zusammengestellt.

Ethylenoxid ist ein Gas von süßlich-etherischem Geruch, das meist durch Inhalation zur Vergiftung führt. Es besitzt bei einer Geruchsschwelle von 700 ppm keine sensorischen Warneigenschaften. Akute Vergiftungen sind durch lokale Reizungen auf Haut und Schleimhaut und durch systemische Wirkungen auf das zentrale Nervensystem, Herz und andere Organe gekennzeichnet. Symptome sind Erythem und Blasenbildung der Haut, Rötung und Ödem der Schleimhaut, Hustenreiz, Kopfschmerzen, Übelkeit, Erbrechen. Vergiftung kann auch infolge resorptiver Aufnahme über die Haut durch Einwirkung von gasförmigen Ethylenoxid oder wäßriger Ethylenoxid-Lösung erfolgen. Hierbei treten häufig systemische Vergiftungssymptome früher auf als die lokalen. Bei chronischen Vergiftungen wurden in erster Linie das zentrale und periphere Nervensystem getroffen, aber auch andere Organe. Berichte über Ethylenoxid-Vergiftungen beim Menschen liegen vor. Die ersten Symptome traten je nach Expositionsbedingungen wenige Minuten bis mehrere Stunden nach der Exposition auf[1,2].

Tab. 6.19 Physikalische Eigenschaften, akute Toxizität und Einstufung des krebserzeugenden Potentials von Ethylen- und 1,2-Propylenoxid

	Ethylenoxid	*Propylenoxid*
Siedep.	10,7	34
Dampfdruck [hPa/20°C]	1459	590
LD_{50} (Ratte, oral)	330 mg/kg	930 mg/kg
LC_{50} (Maus, inh.)	835 ppm/4 h	1470 ppm/4 h
LC_{50} (Ratte, inh.)	1460 ppm/4 h	
Krebserzeugende Gruppe:		
MAK-Liste	2	2
IARC	2A	2A

Ethylenoxid ist direkt mutagen in *S. typhimurium* TA 100 und TA 1535. Es induziert Chromosomenaberrationen und Schwesterchromatidaustausche bei Säugerzellen *in vitro* und *in vivo*. An peripheren Lymphocyten Ethylenoxid-exponierter Affen wurde eine signifikante Erhöhung von Chromosomenaberrationen und Schwesterchromatidaustauschen beobachtet.

Als elektrophiles Alkylans reagiert Ethylenoxid mit nucleophilen Gruppen wie Amino-, phenolischer Hydroxy-, Thiol- und Carboxyl-Gruppe. Bildung von Hämoglobin-Addukten wurde in Ratten und bei Menschen beobachtet. Hauptaddukte sind *S*-(2-Hydroxyethyl)cystein, *N*1- und *N*3-(2-Hydroxyethyl)histidin und *N*-(2-Hydroxyethyl)valin (→ 5.2.2.4). *S*-(2-Hydroxyethyl)cystein und sein *N*-Acetylderivat, *S*-Carboxymethylcystein sowie Ethylenglycol wurden als Metaboliten im Urin von Versuchstieren nachgewiesen[24]. Bei mit Ethylenoxid i.p. behandelten Mäusen wurde DNA-Hydroxyethylierung an der *N*7-Position des Guanins in Leber, Milz und Testis nachgewiesen.

Ethylenoxid wirkt im Tierversuch bei inhalativer, oraler oder s.c. Gabe eindeutig krebserzeugend. Bei inhalativer Applikation an Ratten war eine dosisabhängige Zunahme von Leukämie und Hirntumoren zu beobachten. Orale Gabe von Ethylenoxid induzierte Tumoren im Vormagen der Ratten und s.c. Injektion an Mäusen lokale Sarkome[4,25].

Erhöhte Mortalität an Leukämie, Magentumoren und Erkrankungen des Herzkreislaufsystems wurde in einer Studie an 89 beruflich Ethylenoxid-exponierten Männern bei einer Latenzzeit von mindestens 10 Jahren nach Expositionsbeginn festgestellt. Die Ethylenoxid-Konzentration in der Atemluft wurde für den früheren Zeitraum auf 10–50 ppm geschätzt, für den späteren Zeitraum wurden 1–10 ppm gemessen. Es ist jedoch zu bemerken, daß die untersuchten Personen auch zeitweise gegenüber anderen Verbindungen wie 2-Chlorethanol, Ethylendichlorid, 2,2'-Dichlordiethylether und Propylenoxid exponiert waren. Bei einer Gruppe von 230 beruflich exponierten Personen traten drei Fälle von Leukämien auf. Die erwartete Rate für nicht exponierte Personen lag bei 0,2 (Latenzzeit 6–9 Jahre, durchschnittliche Konzentration in der Atemluft 20 ppm)[1,25]. Aufgrund der vorliegenden epidemiologischen Daten besteht Verdacht, daß Ethylenoxid auch beim Menschen krebserzeugend wirken kann. Weitere epidemiologische Untersuchungen sind zur Klärung erforderlich.

Auch die toxische Wirkung von 1,2-Propylenoxid ist in erster Linie auf seine alkylierende Aktivität zurückzuführen. 1,2-Propylenoxid reizt wie Ethylenoxid Haut und Schleimhaut, seine Toxizität ist im übrigen mit jener von Ethylenoxid qualitativ vergleichbar, jedoch deutlich schwächer[1]. Die akute Toxizität von 1,2-Propylenoxid liegt um den Faktor 2 bis 3 niedriger als beim Ethylenoxid (Tab. 6.19).

Aufgrund seiner alkylierenden Wirkung ist 1,2-Propylenoxid in einer Reihe von *in vitro* Testsystemen einschließlich *S. typhimurium* TA 100 als ein direkt wirkendes Mutagen beschrieben. *In vivo* war jedoch nur sehr schwache mutagene Aktivität erkennbar, was auf rasche Verteilung und Metabolisierung im Organismus zu 1,2-Propandiol, sowie zum Glutathion-Addukt zurückgeführt wurde. Eine dosisabhängige Abnahme nicht-proteingebundener Thiolgruppen in verschiedenen Organen (Leber, Lunge, Niere) wurde beobachtet. Mit DNA reagiert 1,2-Propylenoxid zu *N*7-(2-Hydroxypropyl)guanin und *N*3-(2-Hydroxypropyl)adenin[6].

Subcutane Injektion von 1,2-Propylenoxid an Ratten oder Mäusen führte zu lokalen Sarkomen. Orale Gabe an Ratten induzierte Tumoren des Vormagens. Inhalative Applikation induzierte bei Ratten Mamma-Tumoren und Sarkome der Nasenhöhle[4,25].

Laktone. Das einfachste Lakton ist das β-Propiolakton (Oxetan-2-on), ein heterocyclischer Vierring mit einem Sauerstoffatom. Bei Hydrolyse entsteht β-Hydroxypropionsäure. β-Propiolakton ist aufgrund der Ringspannung des Vierrings sehr reaktionsfähig und wird vielfach bei chemischen Synthesen verwendet. Physikalische Eigenschaften, akute Toxizität und Einstufung des krebserzeugenden Potentials von β-Propiolakton und β-Butyrolakton sind in Tab. 6.20 zusammengestellt.

In experimentellen Versuchen waren akute Vergiftungen durch β-Propiolakton gekennzeichnet durch raschen Wirkungseintritt. Vergiftungssymptome sind Zittern, Keuchen, blutige Durchfälle, gelegentlich auch Tremor und Krämpfe sowie Kollaps. Der Tod tritt dosisabhängig innerhalb von Stunden bis Tagen ein. Lungenödem, Darmblutung und Hirnödem waren die Hauptbefunde pathologisch-anatomischer Untersuchung. Die Aufnahme

Tab. 6.20 Physikalische Eigenschaften, akute Toxizität und Einstufung des krebserzeugenden Potentials von β-Propiolakton und β-Butyrolakton

	β-Propiolakton	β-Butyrolakton
Siedep. [°C]	155 (u.Z.)	54–56 °C/13 mbar
LD_{50} (Ratte, oral)	50–100	
Krebserzeugende Gruppe:		
MAK-Liste	2	
IARC	2B	2B

u.Z. = unter Zersetzung

erfolgte überwiegend durch Inhalation. Jedoch ist auch Hautresorption möglich. β-Propiolakton kann lokale Nekrosen der Haut und Hautreizung auch beim Menschen auslösen[1].

Als hochreaktives Alkylans erwies sich β-Propiolakton in einer Vielzahl von Mutagenitätstests als mutagen. Es wurde häufig als Modellsubstanz bei *in vitro* Mutagenitätsuntersuchungen verwendet. β-Propiolakton ist mutagen in *Salmonella typhimurium* TA 100 und TA 1535 ohne metabolische Aktivierung[5]. Es induziert Chromosomenaberrationen in Hamsterembryofibroblasten. Mit DNA-Basen reagiert es wie ein typisch alkylierendes Agens vorzugsweise an N7 von Guanin und N1 von Adenin zu Carboxyethyl-Addukten[6].

β-Propiolakton ist kanzerogen in Tierversuchen und induziert sowohl lokale als auch systemische Tumoren. Nach oraler Gabe von β-Propiolakton an Ratten wurden neben Tumoren des Verdauungstraktes auch Mammakarzinome, Leukämien und Tumoren des Nervensystems beobachtet. Hautpinselung führte bei Mäusen zu Hauttumoren. Subcutane oder intramuskuläre Injektion an Ratten induzierte lokale Sarkome[1,5]. Das Hydrolyse-Produkt, β-Hydroxypropionsäure zeigte, wie zu erwarten, keinerlei kanzerogene Aktivität.

Ebenso wie β-Propiolakton ist das β-Butyrolakton kanzerogen. Hautpinselung und s.c. Injektion an Mäusen und Ratten induzierte lokale Tumoren. Nach oraler Gabe wurden bei Ratten Vormagentumoren hervorgerufen[26].

Aufgrund seiner stabilen Fünfringstruktur ist γ-Butyrolakton kein reaktives Alkylans. Es ist nicht kanzerogen in Maus und Ratte[26], wirkt aber stark reizend auf die Schleimhaut, besonders der Augen. In höheren Dosen, besonders nach Verschlucken, wirkt γ-Butyrolakton narkotisch. Auch dieses Lakton wird leicht über die Haut aufgenommen[6].

Sultone. Sultone sind cyclische Sulfonsäureester, die die ringförmig gebundene Gruppierung $-SO_2-O-$ enthalten. Bekannte Vertreter der Sultone sind 1,3-Propansulton (3-Hydroxy-1-propansulfonsäure-γ-sulton), 2,4-Butansulton und 1,4-Butansulton. 1,3-Propansulton findet zur Einführung der Sulfonylpropyl-Gruppe, z.B. bei der Synthese von Sultainen zur Modifizierung von Kunststoffen und Stärke und zur Herstellung von Textilhilfsmitteln und Amphotensiden Verwendung. Physikalische Eigenschaften, akute Toxizität und Einstufung des krebserzeugenden Potentials von 1,3-Propansulton, 2,4-Butansulton und 1,4-Butansulton sind in Tab. 6.21 zusammengestellt.

Die akute Vergiftung mit 1,3-Propansulton zeichnet sich durch rasch einsetzende Apathie, zunehmende Atemnot, blutige Durchfälle, gelegentlich auch durch Tremor und Krämpfe aus. Der Tod tritt dosisabhängig innerhalb von Stunden bis Tagen nach der Intoxikation ein. Bei pathologisch-anatomischen Untersuchungen wurden Lungenödeme, schwerste Darmblutungen und Hirnödeme beobachtet. 1,3-Propansulton führte ferner zu lokalen Nekrosen an der Haut. Die Aufnahme erfolgte überwiegend durch Inhalation. Hautresorption ist jedoch auch möglich. Reizwirkung auf die Haut wurde sowohl bei Versuchstieren als auch beim Menschen beschrieben. Beim Umgang mit 1,3-Propansulton wurden ferner Kontakt-Hautentzündungen beobachtet[1].

1,3-Propansulton erwies sich in einer Vielzahl von Mutagenitätstesten, einschließlich *S. typhimurium* TA 100 und TA 1535 ohne metabolische Aktivierung als mutagen wirksam[1].

1,3-Propansulton ist eindeutig kanzerogen und induziert sowohl lokal als auch systemisch Tumoren. Bei oraler Gabe an Ratte wurden Hirntumoren, Mamma-Karzinome, Dünndarm-Karzinome und Leukämien beobachtet[1].

1,4-Butansulton war mutagen in *S. typhimurium* TA 98, TA 100 und TA 1535 und induzierte bei s.c. Applikation an Ratten lo-

Tab. 6.21 Physikalische Eigenschaften, akute Toxizität und Einstufung des krebserzeugenden Potentials von Sultonen

	1,3-Propansulton	2,4-Butansulton	1,4-Butansulton
Siedep. [°C]	96		
Dampfdruck [hPa/20°C]	0,01		
LD$_{50}$ (Ratte, oral)	157–350 mg/kg		500 mg/kg
LD$_{50}$ (Ratte, i.v.)	210 mg/kg		270 mg/kg
Krebserz. Gruppe:			
MAK-Liste	2	2	3B
IARC	2B		

kale Tumoren. Das technische Gemisch aus ca. 30% 1,4-Butansulton und ca. 70% 2,4-Butansulton wies eine viel stärkere Kanzerogenität auf als reines 1,4-Butansulton[1].

6.5.4
Bis(2-chlorethyl)sulfid, N,N-Bis(2-chlorethyl)methylamin und Aziridin-Derivate

Bis(2-chlorethyl)sulfid wurde als chemischer Kampfstoff (Senfgas) eingesetzt. Der deutsche Deckname dafür war Lost (von Lommel und Steinkopff, den beiden Erfindern). Das Senfgas ist ein starkes alkylierendes Agenz. Im 2. Weltkrieg wurde in Bari ein mit 100 t Senfgas beladenes Schiff durch Luftangriff zerstört, wobei ca. 1000 Menschen ums Leben kamen. Bei vielen Vergifteten wurde eine starke Senkung der Leukozytenzahl beobachtet. Diese Beobachtung regte in der Folge Untersuchungen zum möglichen Einsatz dieser Substanz als Mittel zur Behandlung von Leukämien an. Die Suche nach weniger giftigen Derivaten und Analogen zum klinischen Einsatz gegen Leukämien führte zur Stoffklasse der Bis(2-chlorethyl)amine, die als Stickstoffloste (N-Loste) bezeichnet wurden. Einige N-Lostderivate wie Chlormethin, Chlorambucil, Melphalan und Cyclophosphamid sind als antineoplastische Alkylantien klinisch eingesetzt worden. Chlorambucil, Melphalan und vor allem Cyclophosphamid werden auch heute noch zur Chemotherapie von malignen Erkrankungen eingesetzt.

Ebenso wie Senfgas und N-Lost-Derivate sind auch Aziridine (Ethylenimine) Alkylantien. Auch einige Aziridin-Derivate wie Thio-TEPA (Tris(1-aziridinyl)-phosphinsulfid) und Trenimon (Tris(1-aziridinyl)-para-benzochinon) wurden zur Chemotherapie bösartiger Tumoren eingesetzt.

Physikalische Eigenschaften, akute Toxizität (LD$_{50}$ bzw. LC$_{50}$) und Einstufung des krebserzeugenden Potentials von Bis(2-chlorethyl)sulfid, N,N-Bis(2-chlorethyl)methylamin- und Aziridin-Derivaten sind in Tab. 6.22 zusammengestellt.

6.5 Alkylantien

N,N-Bis(2-chlorethyl)-methylamin (Chlormethin)

Chlorambucil

Melphalan

Cyclophosphamid

Aziridin

Thio-TEPA

Trenimon

Bis(2-chlorethyl)sulfid (Senfgas). Bis(2-chlorethyl)sulfid wirkt stark ätzend auf Haut und Schleimhäute. Charakteristisch ist dabei eine mehrstündige Latenzzeit. Senfgas wird von der Haut gut absorbiert und führt nach einigen Stunden zu systemischen Vergiftungserscheinungen: innere Blutungen, Abfall von Blutdruck und Herzleistung, Nekrose der Nierenepithelien, ulceröse Entzündungen der Schleimhäute des Magen-Darmtraktes. Subletale inhalative Exposition führt zu schwerer Bronchitis. Nach Inhalation tödlicher Dosen kommt es mit mehrstündiger Latenzzeit zu entzündlichen Exsudationen der Atemwege und der Lunge mit Blutungen. Aus epidemiologischen Daten ergibt sich, daß Inhalation niedriger Konzentrationen an Bis(2-chlorethyl)sulfid in der Atemluft (5–7 µg/m^3; 7–9 Jahre) zu einer hohen Inzidenz an chronischer Bronchitis führte.

Als starkes Alkylans erwies sich Senfgas in einer Reihe von *in vitro* Tests als genotoxisch. Es wird über ein Sulfonium-Ion aktiviert, das mit biologischen Makromolekülen reagieren kann (Abb. 6.34).

Als DNA-Addukte wurden 7-Hydroxyethylthioethylguanin und Di(guanin-7-yl)ethylsulfid identifiziert (Abb. 6.35).

Intravenöse und inhalative Applikation von Bis(2-chlorethyl)sulfid an Mäuse induzierte eine hohe Rate an Lungentumoren. Nach subkutaner Gabe wurden Lungen-, Leber-, Mamma-, und Hauttumoren sowie Leukämien beobachtet[1]. Kanzerogene Wirkung von Bis(2-chlorethyl)sulfid am Menschen wurde durch epidemiologische Studien bestätigt. Bei einer mittleren Expositionsdauer von 7,4 Jahren (5–7 µg/m^3/7–9 Jahre) wurden 22 Todesfälle mit Atemwegstumoren bei insgesamt 279 Arbeitern beobachtet; der Erwartungswert lag bei 0,6[27].

Tab. 6.22 Physikalische Eigenschaften, akute Toxizität und Einstufung des krebserzeugenden Potentials von Bis(2-chlorethyl)sulfid, N,N-Bis(2-chlorethyl)methylamin- und Aziridin-Derivaten

Substanz	Physikalische Eigenschaften	Akute Toxizität	Krebserzeug. Gruppe	
			DFG	IARC
Bis(2-chlorethyl)-sulfid (Senfgas)	farblose, geruchlose, ölige Flüssigkeit Siedep.: 215–217 °C Dampfdruck: 0,025 mmHg/0 °C 0,09 mmHg/30 °C wenig lösl. in H_2O, lös. in den meisten org. Lösungsmitteln	LD_{50} (i.v. Ratte): 0,7 mg/kg LC_{50} (Ratte): 210 mg/m³/min	1	1
Bis(2-chlorethyl)-sulfid (Senfgas)				
N,N-Bis(2-chlorethyl)-methylamin	farblose Flüssigkeit Siedep.: 87 °C/18 mmHg 3,6 mg/l in gesättigter Luft bei 25 °C schwer lösl. in H_2O, lösl. in org. Lösungsmitteln, lösl. in H_2O als Hydrochlorid	LD_{50} (oral, Ratte): 10 mg/kg LD_{50} (i.v., Ratte): 1,1 mg/kg	1	2A
Chlorambucil	weiße Kristall Schmp.: 64–67° lösl. in org. Lösungsmitteln, lösl. in H_2O als Natriumsalz	LD_{50} (i.p., Ratte): 23 mg/kg		1
Melphalan	weißes Pulver Schmp.: 177 °C u.Z. lösl. in org. Lösungsmitteln	LD_{50} (i.p., Ratte): 23 mg/kg		1
Cyclophosphamid	weißes kristallines Pulver Schmp.: 49,5–53 °C lösl. in 20fachen Menge H_2O bei 20 °C, lösl. in den meisten org. Lösungsmitteln	LD_{50} (i.v., Ratte): 160 mg/kg LD_{50} (oral, Ratte): 180 mg/kg		1
Aziridin (Ethylenimin)	farblose Flüssigkeit mit ammoniak-ähnlichem Geruch; brennbar Siedep.: 56–57 °C Dampfdruck: 160 mmHg/20 °C lösl. in H_2O und org. Lösungsmitteln	LD_{50} (oral, Ratte): 15 mg/kg LC_{50} (Ratte): 250 ppm/30 min	2	3
2-Methylaziridin (Propylenimin)	farblose Flüssigkeit mit Geruch nach aliphatischen Aminen brennbar Siedep.: 66–67 °C Dampfdruck: 112 mmHg/20 °C lösl. in H_2O und Ethanol	LD_{50} (oral, Ratte): 19 mg/kg	2	2B
Thio-TEPA	weißer Feststoff Schmp.: 51,5 °C Löslichkeit in H_2O: 19 g/100 ml/25 °C lösl. in Ethanol, Ether, Benzol und Chloroform	LD_{50} (i.v., Ratte): 9 mg/kg		2A

Tab. 6.22 (Fortsetzung)

Substanz	Physikalische Eigenschaften	Akute Toxizität	Krebserzeug. Gruppe	
			DFG	IARC
Trenimon	purpurfarbige Nadeln Schmp.: 162,5–163 °C schwer lösl. in kaltem H_2O, lösl. in Aceton, Benzol, Chloroform, Ethylacetat, Methanol	LD_{50} (i.v., Ratte): 0,43 mg/kg		3

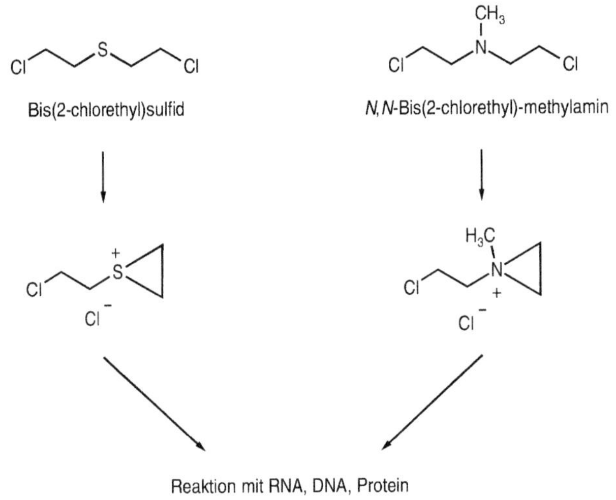

Abb. 6.34 Aktivierung von Bis(2-chlorethyl)sulfid und N,N-Bis(2-chlorethyl)methylamin

***N*-Methyl-*N*,*N*-bis(2-chlorethyl)amin.** Die akute Vergiftung durch N-Methyl-N,N-bis(2-chlorethyl)amin äußert sich bei Ratten in erhöhter Reizbarkeit, Bewegungs- und Gleichgewichtsstörungen. Die Tiere sterben in der Regel kurz nach Auftreten der ZNS-Störungen. Nach subchronischer Behandlung zeigten Mäuse verkürzte Lebensdauer, die nicht nur auf das Auftreten von Tumoren, sondern auch auf Spätschäden in vielen Organen zurückzuführen ist. N-Methyl-N,N-bis(2-chlorethyl)amin wirkt ätzend auf Haut und Schleimhäute.

Vergiftungen durch N-Methyl-N,N-bis(2-chlorethyl)amin am Arbeitsplatz sind beobachtet worden. Rötungen an den Augen, Atemwegsreizung, Bindehautentzündung, Nachtblindheit, Lungenentzündungen, Ödeme der Lippen und Leberschäden wurden beobachtet. Bei der Anwendung von N-Methyl-N,N-bis(2-chlorethyl)amin zur Behandlung von bösartigen Tumoren treten schwere Nebenwirkungen wie Erbrechen, starke Kopfschmerzen, Knochenmarksdepression und Leberschäden auf.

N-Methyl-N,N-bis(2-chlorethyl)amin erwies sich im Tierversuch als eindeutig kanzerogen. Nach s.c., i.v. und i.p. Applikation wurden vor allem Lungentumoren und Leukämien induziert, bei s.c. Gabe auch lokale Tumoren an der Injektionsstelle. N-Methyl-N,N-bis(2-chlorethyl)amin wird analog wie Senfgas über ein Aziridinium-Ion aktiviert und reagiert mit DNA vor allem an der

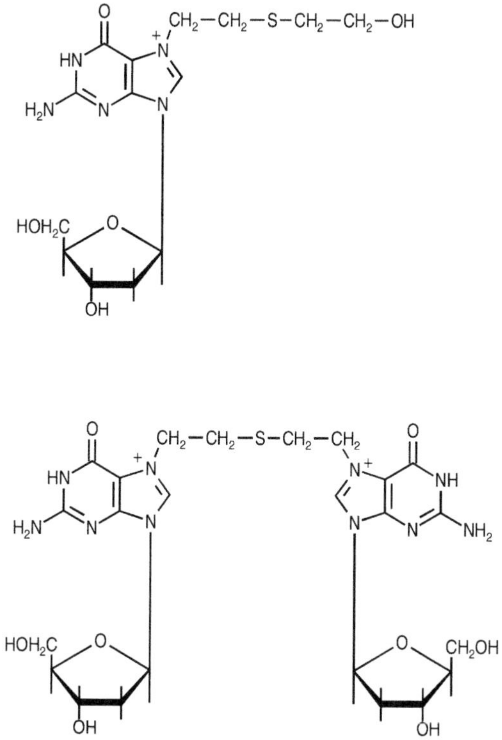

Abb. 6.35 DNA-Alkylierungs- und DNA-DNA-Quervernetzungsprodukt von Bis(2-chlorethyl)sulfid

N7-Position des Guanins. Die Substanz verursacht DNA-Intra- und Interstrang-Quervernetzung sowie DNA-Protein-Quervernetzung.

Als Folge klinischer Behandlung von malignen Erkrankungen mit N-Methyl-N,N-bis(2-chlorethyl)amin wurden sekundäre Tumoren beobachtet, vor allem akute Leukämie und Erythroleukämie, daneben Blasen-, Haut- und Bronchialkrebs, die mit einer mittleren Latenzzeit von 44 Monaten nach einer mittleren Dosis von nur 42 mg auftreten[28].

Aziridin (Ethylenimin). Dämpfe von flüssigem Aziridin wirken ätzend auf Haut und Schleimhäute. Akut toxische Effekte beim Menschen sind: Bindehautentzündung, Blasenbildung und Nekrosen der Haut, Reizung der Atemwege, Ödem und Ausscheidung von Eiweiß im Urin (Proteinurie)[1].

Aziridin wirkte mutagen im Test mit *Salmonella typhimurium* auch ohne Zusatz von Aktivierungssystem. Aziridin ist kanzerogen bei Mäusen nach oraler Gabe. Es induzierte in erster Linie Lungentumoren, ferner Lebertumoren und Lymphome. Bei subkutaner Applikation an Ratten entwickelten sich vermehrt lokale Tumoren an der Injektionsstelle.

Induktion von Tumoren durch klinisch eingesetzte Alkylantien aus der Reihe der N-Lost- und der Aziridin-Derivate wurden nicht nur tierexperimentell nachgewiesen, sondern auch epidemiologisch beim Menschen bestätigt. Hierzu sei aus der MAK- und BAT-Werte-Liste zitiert: „Bei einer Anzahl von Arzneimitteln muß aufgrund von Tierexperimenten oder Erfahrungen beim Menschen davon ausgegangen werden, daß sie krebserzeugende Wirkungen besitzen. Möglichkeiten der Exposition von Beschäftigten gegenüber solchen Substanzen bestehen bei Herstellung, therapeutischer Anwendung und in Forschungslaboratorien. Erfahrungen in der Therapie mit alkylierenden Zytostatica wie Cyclophosphamid, Ethylenimin, Chlornaphazin sowie mit arsen- und teerhaltigen Salben die über lange Zeit angewendet worden sind, bestätigen dies insofern, als bei diesen Patienten Tumorneubildungen beschrieben sind."

6.6 Metalle

Metalle werden im Gegensatz zu vielen organischen Stoffen mit toxischer Wirkung (und mit Ausnahme einiger radioaktiver Metalle) nicht vom Menschen geschaffen, sondern durch menschliche Aktivität aus geologischen Lagerstätten freigesetzt und in ihrer chemischen Form (z. B. Wertigkeit) verändert. Umgekehrt können sie nicht wirklich vernichtet werden. Ihre toxischen Eigenschaften sind vor allem im Zusammenhang mit der technischen Nutzung, also Gewinnung und Verwertung, als Arbeitsstoffe oder beim Gebrauch von Interesse, teilweise wird ihre Toxizität gezielt genutzt, z. B. als Pestizide. Folge der technologischen Nutzung ist die Kontamination von Luft, Wasser und Boden. Über diesen Eintrag in die Umwelt wirken Metalle entweder direkt oder über Nahrungsketten auf den Menschen und andere Lebewesen.

Die toxische Wirkung von Metallen hängt häufig entscheidend von ihrer chemischen Form ab. Da viele Metalle im Organismus durch metabolische Prozesse umgewandelt (z. B. oxidiert, reduziert oder methyliert) werden, kann sich die Wirkform von der aufgenommenen oder ausgeschiedenen Form eines Metalls unterscheiden; allerdings ist nur für wenige Metalle die Wirkform zweifelsfrei bekannt. Verschiedene chemische Formen zeigen oft unterschiedliche toxische Wirkqualität. Einige Metalle sind beim Menschen und im Tierversuch krebserzeugend. Bei Metallen wird die Bedeutung der Dosis für die toxische Wirkung besonders deutlich: Zahlreiche Metalle (z. B. Co, Cu, Mn, Mo, Se, Zn) sind für den Organismus in niedrigen Konzentrationen essentielle Spurenelemente, während höhere Konzentrationen cytotoxisch oder kanzerogen wirken.

Im Rahmen dieses Buches können nur die in Tab. 6.23 mit ihren MAK- bzw. TRK-Werten aufgeführten Metalle kurz betrachtet werden.

Das Vergiftungsbild ist bei den meisten Metallen vielschichtig und die zugrundeliegenden Mechanismen werden nur teilweise verstanden. Gemeinsamkeit vieler Schwermetallionen ist ihre Affinität zu Thiol-Gruppen und ihre Bereitschaft zur Bildung von Komplexen. Dies wird bei der Behandlung von Metallvergiftungen durch Chelatbildner ausgenutzt.

6.6.1 Therapie von Metallvergiftungen

Ziel der Anwendung von Chelatbildnern bei der Behandlung einer Intoxikation mit einem Metall ist es, das Metall möglichst spezifisch und vollständig in einen löslichen Komplex überzuführen und diesen mit dem Harn auszuscheiden („Dekorporation" des Metalls).

Der Einsatz von Chelatbildnern ist mit einigen grundsätzlichen Problemen verbunden. Die Bildung des Chelatkomplexes gehorcht dem Massenwirkungsgesetz, d.h. sie ist reversibel und z. B. durch Veränderungen des pH-Wertes zu beeinflussen. Dies kann in der Praxis dazu führen, daß Chelate bei der Harnkonzentrierung in der Niere wegen des pH-Abfalls verstärkt dissoziieren und die freigesetzten Metallionen das Epithel der

Nierentubuli schädigen (→ 3.2.2). Ein weiteres Problem ist die mangelnde Selektivität der meisten Chelatbildner, d.h. neben dem toxischen Metall werden auch Metallionen komplexiert, die der Organismus braucht. Hier sind vor allem die im Blut in relativ hohen Konzentrationen frei gelösten Ca^{2+}-Ionen (ca. 2,5 mM) gefährdet, außerdem Zn^{2+}.

Ideale Chelatbildner als Antidote für Metallvergiftungen

- haben hohe Affinität zum körperfremden Metall und niedrige zu körpereigenen Metallen,
- erreichen Metalle auch in ihren „Depots" (Knochen, ZNS usw.),
- führen zu harn- oder gallegängigen Chelaten,
- führen zu Chelaten, die gegen Änderungen des pH-Wertes und gegen Metabolismus stabil sind,
- sind weder selbst noch als Chelat toxisch.

Keiner der heute verfügbaren Chelatbildner erfüllt diese Idealvorstellungen. Deshalb ist bei ihrem Einsatz die Gefahr unerwünschter Nebenwirkungen groß. Bei der Therapie mit Chelatbildnern ist vor allem auf eine der Metallkonzentration angepaßte und im Verlauf der Behandlung abnehmende Dosis („Metall und Chelatbildner entgiften sich gegenseitig"), Kontrolle des Therapieerfolges (Harnspiegel des Chelats, Blutspiegel des Metalls), Verlust bzw. Substitution körpereigener Metalle und die Einhaltung von Therapieintervallen (vor allem zur Erholung der Niere) zu achten.

Die wichtigsten heute üblichen Chelatbildner sind Dimercaprol, Ethylendiamintetraacetat, D-Penicillamin und Deferoxamin (Abb. 6.36).

Dimercaprol, auch „BAL" (von „British Anti Lewisite") genannt, wurde in England im 2. Weltkrieg als Antidot gegen den arsenhaltigen chemischen Kampfstoff Lewisit (Cl–CH=CH–$AsCl_2$) entwickelt. BAL wird in öliger Lösung intramuskulär injiziert und ist gut wirksam zur Dekorporation von Arsen, anorganischem und organischem Quecksilber, Gold, Antimon und Wismuth. Nicht verwendet werden darf BAL für Blei, Selen und Tellur. Dimercaprol riecht unangenehm und hat eine hohe Eigentoxizität (Schwindel, Erbre-

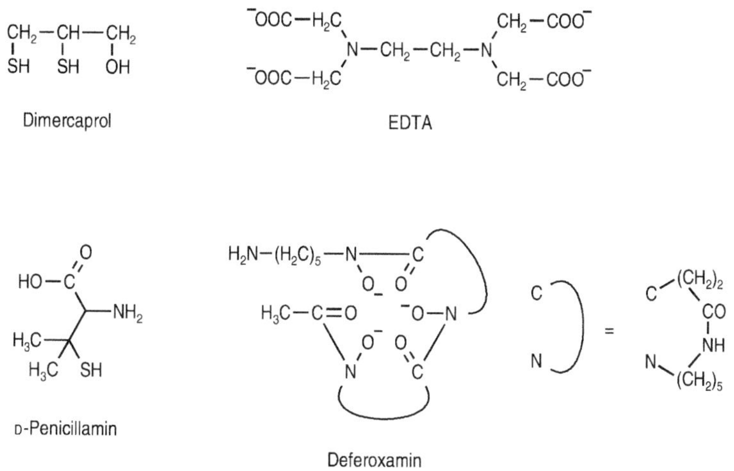

Abb. 6.36 Chemische Strukturen gebräuchlicher Chelatbildner

Tab. 6.23 MAK-Werte, TRK-Werte und Einstufung des krebserzeugenden Potentials ausgewählter Metalle und Metallverbindungen

Metall mit chemischer Form	MAK-Wert[a]		TRK-Wert[a]		Krebserzeugende Gruppe	
	ml/m³ [ppm]	mg/m³	ml/m³ [ppm]	mg/m³	MAK	IARC
Quecksilber						
anorganisch Verbindungen[a]	–	0,1	–	–	3B	–
organische Verbindungen	–	–[b]	–	–	3B	–
Blei	–	–	–	–	–	–
anorganisch	–	–	–	–	3B	2B
Pb-tetraethyl	–	0,05	–	–	–	3
Pb-tetramethyl	–	0,05	–	–	–	3
Cadmium						
Cd u. Cd-Verbindungen	–	–	–	0,015[b,d]	1	2A
Chrom						
$ZnCrO_4$	–	–	–	–	1	1
Cr(VI)-Verbindungen (ausgenommen wasserunlösl.)	–	–	–	0,1[b]	2	1
im übrigen	–	–	–	0,05[b]	–	–
$PbCrO_4$	–	–	–	–	3B	–
$Cr(CO)_6$	–	–	–	–	3B	–
Cr(III)-Verbindungen	–	–	–	–	–	3
Nickel						
atembare Stäube von Ni, NiS, NiO, $NiCO_3$	–	–	–	0,05[d]	1	1
Cobalt						
atembare Stäube von Co, u. Co-Verbindungen	–	–	–	0,01[b,d]	2	–
Beryllium						
Be u. Verbindungen	–	–	–	0,002[b,d]	1	2A
Aluminium						
Al, Al_2O_3, $Al(OH)_3$	–	1,5[c]	–	–	–	–
Arsen						
As_2O_3, As_2O_5, H_3AsO_3, H_3AsO_4 und ihre Salze	–	–	–	0,1[b,d]	1	1

[a] als Metall berechnet
[b] gemessen als einatembare Fraktion
[c] gemessen als alveolengängige Fraktion
[d] der kleinste von mehreren Werten

chen, Blutdruckanstieg, erhöhter Puls, Darmkoliken, Temperatursteigerung u.a.).

Ein wasserlösliches Derivat des Dimercaprols, die 2,3-Dimercapto-1-propansulfonsäure (DMPS), hat geringere Eigentoxizität als BAL und kann oral appliziert werden. Im Gegensatz zu BAL dringt es nicht in Zellen ein und bindet nur das extrazelluläre Metall. DMPS kann zur Dekorporierung von anorganisch und organisch gebundenem Quecksilber sowie von Blei- und Cadmium-Ionen eingesetzt werden.

Ethylendiamintetraacetat (EDTA) wird als Calcium-Dinatrium-Salz verwendet, weil das Tetranatrium-Salz sofort mit den freien Ca^{2+}-Ionen im Organismus reagieren und zu Tetanie führen würde. Im Calcium-Dinatrium-Salz dagegen wird Ca^{2+} gegen Ionen mit höherer Komplexbildungskonstante ausgetauscht, z. B. gegen Pb^{2+}, Cd^{2+} und Mn^{2+}. $CaNa_2EDTA$ wird als Antidot meist durch intravenöse Infusion verabreicht. Da es nicht in Zellen eindringt und sich nur extrazellulär verteilt, werden Metalle in Depots nur langsam mobilisiert. Hauptprobleme sind die Verluste von körpereigenen Metallen und die hohe Rate von Nierenschäden.

D-Penicillamin ist eine nicht natürlich vorkommende Aminosäure, die nach oraler Gabe gut resorbiert wird. Über die Thiol- und die Amino-Gruppe werden harngängige Chelate mit Pb^{2+}, Cu^{2+}, Cd^{2+}, Zn^{2+}, Co^{2+} und Hg^{2+} gebildet. Die Affinität zu Ca^{2+} ist vergleichsweise gering. Als Nebenwirkung der Vergiftungsbehandlung treten gelegentlich Nierenschäden, sowie bei längerer Anwendung Mangelerscheinungen an Vitamin B_6 auf. Letztere gehen auf die Reaktion von D-Penicillamin mit der Aldehydgruppe von Pyridoxalphosphat unter Bildung eines Thiazolidinringes zurück.

Deferoxamin wird aus dem in bestimmten Pilzen vorkommenden Ferrioxamin durch Abspaltung des Fe^{3+} gewonnen. Es bindet bevorzugt Fe^{3+} und wird in erster Linie zu dessen Dekorporation eingesetzt. Bei kurzzeitiger Anwendung sind die Nebenwirkungen gering.

Weitere relativ spezifisch eingesetzte Antidote sind Dithiocarb bei der Nickelvergiftung und Salicylsäure bei der Berylliumvergiftung.

6.6.2
Schwermetalle

Quecksilber. Quecksilber kann wegen seines hohen Dampfdruckes (1 m³ Luft enthält bei Sättigung 15 mg Hg) als Metall über die Lunge, in Form von Hg-Salzen und als Methylquecksilber (s. unten) aus dem Gastrointestinaltrakt resorbiert werden. Hg^0 wird im Organismus schnell zu Hg^{2+} oxidiert. Anorganische Hg-Verbindungen reichern sich in der Nierenrinde, organische im Zentralnervensystem an. Alle Formen von Hg sind plazentagängig, die fetalen Gewebe erreichen mindestens die Hg-Spiegel der mütterlichen Gewebe.

Die Ausscheidung von Hg-Salzen erfolgt bevorzugt über die Niere, von organischen Hg-Verbindungen über den Darm, wobei es zum enterohepatischen Kreislauf ($\to$ 2.2.5.3) kommt. Die Halbwertszeit von anorganischen Hg-Verbindungen beträgt beim Menschen ca. 40 Tage, die von Methyl-Hg ca. 70 Tage.

Hg^{2+} hat eine hohe Affinität zu Thiol-Gruppen und wirkt stark denaturierend auf Proteine. Die akute Vergiftung mit anorganischen Hg-Verbindungen beginnt mit einer oft heftigen und stundenlang andauernden Entzündung des Magen-Darm-Traktes (Gastroenteritis), gefolgt von erhöhtem Harnfluß (Polyurie) und schließlich stark vermindertem Harnfluß (Anurie). Tage später folgt eine massive Entzündung des Dickdarms (Colitis) und der Mundschleimhaut (Stomatitis). Ursache dafür ist die vermehrte Ausscheidung von Hg^{2+} durch die Dickdarmwand und in den Speichel. Der Spättod kann nach 2 bis 4 Wochen eintreten.

Zur Therapie werden Hg-Salze im Magen-Darm-Trakt durch Aktivkohle adsorbiert, resorbiertes Hg^{2+} wird durch Dimercaprol komplexiert und mit dem Harn dekorporiert, solange die Niere noch funktionsfähig ist. Bei Nierenversagen hilft Hämodialyse ($\to$ 2.4.3). Sonstige Maßnahmen bestehen in der Substitution von Elektrolyten und in symptomatischer Behandlung (Schmerzmittel und krampflösende Mittel).

Die akute Vergiftung mit organischen Hg-Verbindungen (z.B. Dimethyl-Hg und Diethyl-Hg als Fungizide) und die chronische Vergiftung mit anorganischen und organischen Hg-Verbindungen äußern sich in Störungen des ZNS: Reizbarkeit, Schlaflosigkeit, Konzentrations- und Sprachstörungen, Zitterschrift. Zur Therapie der chronischen Hg-Vergiftung eignen sich wiederholte Kuren mit Dimercaprol oder D-Penicillamin.

Durch industrielle Hg-Abfälle und die Verwendung von Hg-Verbindungen in der Landwirtschaft (z.B. vor allem als Saatbeizmittel) gelangt Hg in die Umwelt. Anorganische Verbindungen des Hg werden von Mikroorganismen zu Methyl-Hg ($CH_3-Hg^+Cl^-$) methyliert. In dieser Form reichert sich Hg in Nahrungsketten an und kann zu Massenvergiftungen führen, wie vor allem durch die Ereignisse in Minamata und Niigata/Japan belegt.

Blei. Hinsichtlich ihrer toxikologischen Eigenschaften sind anorganische Pb-Verbindungen von organischen (z.B. Bleitetraethyl) zu unterscheiden.

Bleisalze werden über den Magen-Darm-Trakt schlecht (beim Erwachsenen < 10%), über die Lunge oft besser (bis zu 80%) resorbiert. Im Blut werden sie zu über 90% in Erythrocyten aufgenommen und dort reversibel sowohl an das Hämoglobin als auch an die Zellmembran gebunden. Anorganische Pb-Verbindungen reichern sich in Knochen an, indem sie in Hydroxylapatit eingebaut werden. Die Halbwertszeit von Blei im Knochen beträgt mehr als 20 Jahre. Für den transplazentaren Übergang besteht keine Barriere, Blei wird im Nabelschnurblut und in fetalen Geweben in der gleichen Konzentration wie bei der Mutter gefunden.

Anorganische Pb-Verbindungen haben toxische Wirkungen auf Niere, Hoden, Gastrointestinaltrakt, Nervensystem und die Biosynthese des Hämoglobins im roten Knochenmark. Der letztgenannte Effekt, der zu einer Reifungsstörung der Erythrocyten und damit zu Anämie führt, wurde unter 3.4.1 besprochen. Der Nierenschaden ist bei akuter Exposition reversibel und manifestiert sich als Funktionsstörung der Nierentubuli (→ 3.2.2) mit dem Auftreten von Aminosäuren und Glucose im Endharn. Bei chronischer Exposition kommt es zu bleibender Nephropathie mit Tubuluszellatrophie, Sklerose der Blutgefäße und Fibrose. Die neurotoxische Wirkung betrifft das periphere und das zentrale Nervensystem. Periphere Neuropathie äußert sich vor allem in einer Degeneration motorischer Nerven, die zu Lähmungen führen kann. Für die Wirkung auf das ZNS sind besonders Kinder empfindlich. Höhere Blutkonzentrationen von Pb^{2+} (> 0,8 µg/ml) führen zunächst zu Lethargie, Übelkeit, Appetitverlust und Schwindelgefühle und steigern sich zu Bewußtseinstrübung, Krämpfen und Koma mit Tod. Bei Autopsie zeigen sich Ödeme des Gehirns, Degeneration von Neuronen und Nekrosen der Gehirnrinde. Bei Überleben bleiben oft Epilepsie, eingeschränkte Hirnfunktion und Störungen des Sehvermögens bis hin zur Blindheit. Bei niedrigeren Blutspiegeln von Blei (zwischen 0,5 und 0,3 µg/ml) ist das Lernvermögen (Intelligenzquotient, Konzentrationsfähigkeit) gemindert. Das empfindlichste diagnostische Zeichen einer Vergiftung mit anorganischen Pb-Verbindungen ist der Anstieg von δ-Aminolävulinsäure in Blut und Harn (→ 3.4.1). Anorganisches Blei kann durch die Chelatbildner Calcium-EDTA oder D-Penicillamin dekorporiert werden.

Organische Pb-Verbindungen, z.B. das als in „verbleiten" Motorentreibstoffen enthaltene Bleitetraethyl, werden wegen ihrer hohen Lipophilie gut durch die Haut sowie aus der Lunge und dem Darm resorbiert. Sie gelangen rasch ins Gehirn und führen zu Halluzinationen, Erregungszuständen und Krämpfen. Als Spätfolgen können Parkinsonismus und Lähmungen auftreten. Die Wirkform des Bleitetraethyl ist Bleitriethyl. Auf die Hämsynthese haben organische Pb-Verbindungen keinen Effekt. Chelatbildner sind für die Therapie wirkungslos.

Cadmium. Cadmium gelangt vor allem durch seine Verwendung in Legierungen und Batterien, sowie als Verunreinigung von Phosphatdünger oder Klärschlamm in die Umwelt und in Nahrungsmittel pflanzlicher und tierischer Herkunft. Es kommt nur als Cd^{2+} vor und bildet keine organischen Verbindungen.

Die Resorptionsquote von Cd-Verbindungen aus dem Gastrointestinaltrakt ist gering (< 10%), steigt aber bei Calcium- oder Eisenmangel. Über die Lunge werden Verbindungen von Cd, vor allem das sehr feinverteilte Oxid, deutlich besser aufgenommen (bis zu 30% der inhalierten Menge). Wegen des Cd-Gehaltes von Zigaretten (1–2 μg Cd pro Zigarette) besteht für Raucher eine erhebliche zusätzliche Exposition.

Resorbiertes Cd^{2+} akkumuliert vor allem in der Niere und Leber. Es ist dort überwiegend an Metallothionein gebunden, ein Protein mit MG 6500, das zu 30% aus Cystein besteht. Wegen dieser Proteinbindung wird Cd^{2+} nur sehr langsam ausgeschieden, die Halbwertszeit beträgt 10–30 Jahre. Im allgemeinen steigt der Cd-Gehalt der Niere nach der Geburt kontinuierlich mit dem Alter an und erreicht bei 50–60 Jahren ein Maximum; danach fällt er wegen einer beschleunigten Ausscheidung von Cd^{2+} allmählich ab.

Die akut-toxische Wirkung hoher Dosen von Cd-Verbindungen ist durch lokale Reizung charakterisiert: Brechdurchfälle nach oraler Aufnahme, Lungenödem mit einer Latenzzeit bis zu 48 h nach Inhalation.

Bei chronischer Einwirkung über den Luftweg treten, neben Entzündungen der Schleimhäute von Nase und Rachen (sog. „Cadmiumschnupfen") und Zerstörung des Riechepithels, Schäden der Lunge auf, vor allem eine chronische Bronchitis, fortschreitende Lungenfibrose und Lungenemphysem. Orale Aufnahme von Cd-Verbindungen über lange Zeit führt zu irreversiblen Nierenschäden, die sich u.a. in Proteinurie, Glucosurie und fortschreitender Nierenfibrose äußern. Da neben kleinen Proteinen wie B_2-Mikroglobulin und Lysozym, die in der gesunden Niere glomerulär filtriert und im proximalen Tubulus rückresorbiert werden, auch große, normalerweise nicht im Glomerulus filtrierte Proteine wie Albumin und Transferrin im Harn auftreten, wird neben einer Schädigung des Tubulussystems auch ein toxischer Effekt am Glomerulus angenommen. Dabei wirkt vermutlich nicht das an Metallothionein gebundene Cd^{2+} toxisch, sondern der freie Anteil, der besonders ansteigt, wenn die Bindungskapazität des Metallothioneins durch höhere Dosen von Cd überschritten wird. Bei einer Cd-Konzentration in der Nierenrinde von 200 μg/g Gewebe ist bei 10% der Population, bei 300 μg/g bei 50% mit Nierenschäden zu rechnen.

Der Nierenschaden ist vermutlich die Ursache der Knochenveränderungen, die nach chronischer Einwirkung von Cd-Verbindungen beobachtet werden. Durch die gestörte Rückresorption von Ca^{2+} im Nierentubulus kommt es zu Calciumverlusten des Blutes und Mobilisierung von Ca^{2+} aus dem Knochen. Folgen sind Knochenerweichung (Osteomalazie) und Osteoporose. Für die erniedrigte Ca^{2+}-Resorption im Nierentubulus spielt wahrscheinlich die verminderte Bildung von aktivem Vitamin D (1,25-Dihydroxycholecalciferol) in der Cd-geschädigten Niere eine wichtige Rolle. Erniedrigte Plasmaspiegel von aktiviertem Vitamin D, Osteomalazie und Osteoporose wurden in Patienten mit der sog. Itai-Itai-Krankheit beobachtet, die in Japan nach dem Verzehr von Cd-belastetem Reis auftrat. Die Reisfelder wurden mit Wasser aus einem Fluß bewässert, der durch Abraumhalden aus einem

Bergwerk mit Cd-Verbindungen kontaminiert war.

Nach epidemiologischen Studien führt die chronische Einwirkung von Cadmium außerdem zu Schädigung der männlichen Keimzellen, der Herzkranzgefäße sowie zu Bluthochdruck.

Im Tierversuch sind Cd-Verbindungen eindeutig krebserzeugend. Tumoren wurden in Lunge, Prostata und lokal am Ort der Injektion induziert. Für den Menschen steht Cd im starken Verdacht, Krebs der Lunge und Prostata auszulösen.

Zur Therapie einer akuten Vergiftung mit Cd-Verbindungen kann die biliäre Ausscheidung des Metalls durch Gabe von Dimercaprol oder D-Penicillamin oder die renale Exkretion durch Calcium-EDTA ($\rightarrow$ 6.6.1) erhöht werden.

Chrom. Von den verschiedenen Wertigkeitsstufen des Chroms sind nur Verbindungen mit dreiwertigem und sechswertigem Chrom von toxikologischem Interesse. Cr(VI)-Verbindungen (Chromate und Dichromate) können viel besser als Cr(III)-Salze durch Zellmembranen gelangen, sie werden daher besser resorbiert und verteilt. In der Zelle wird Cr(VI) schnell zu Cr(III) reduziert. Es wird angenommen, daß die meisten toxischen Wirkungen von Cr(VI) auf intrazellulär gebildetes Cr(III) zurückgehen.

Die lokale Einwirkung von Chromaten und Dichromaten führt akut zu Verätzungen der Haut und Schleimhäute. Bei chronischer Exposition gegenüber Cr(VI)-Verbindungen kommt es häufig zu einer Allergisierung der Haut. Inhaliertes Cr(VI) verursacht schlecht heilende Geschwüre der Schleimhäute des Atemtraktes sowie bei Mensch und Versuchstier Tumoren der Lunge und Nase. Dabei scheinen schwerlösliche Chromate (Bleichromat, Zinkchromat) am gefährlichsten zu sein. Das Pigment Cr_2O_3 ist ein in der Kosmetik, vor allem für Lidschatten verwendetes Färbemittel, das aufgrund seiner Schwerlöslichkeit gesundheitlich unbedenklich ist.

Thallium. Thallium kann ein- oder dreiwertig auftreten. Toxisch ist vor allem Tl^+, das aus Tl(III)-Verbindungen im Organismus entsteht. Das als Rattengift gebräuchliche, geruch- und geschmacklose Thallium(I)sulfat hat zu zahlreichen akzidentellen Vergiftungen, aber auch zu Mord- und Selbstmordversuchen geführt. Die tödliche Dosis für den Menschen liegt bei 10 mg/kg Körpergewicht.

Tl^+ verhält sich pharmakokinetisch teilweise wie K^+. Es wird gut resorbiert und reichert sich in Haut, Nägeln und Haaren an. Die Ausscheidung erfolgt über Niere und Darm mit einer Halbwertszeit von ca. 14 Tagen beim Menschen.

Tl^+ ist ein Epithel- und Nervengift mit charakteristischem Vergiftungsverlauf nach akuter Einwirkung: nach 2–3 Tagen tritt eine schwere Gastroenteritis, nach weiteren 2–10 Tagen Polyneuropathie auf. Ab dem 13. Tag nach Einnahme kommt es zu einem massiven Haarausfall. Als Schäden beim Überleben der Vergiftung können psychische Störungen und Lähmungen peripherer Nerven zurückbleiben. Nach chronischer Einwirkung kleiner Dosen treten Gastroenteritis, Fetteinlagerung und Nekrosen der Leber, Nierenentzündung, sowie Degenerationserscheinungen in den Nebennieren und im peripheren und zentralen Nervensystem auf.

Zur Vergiftungstherapie sind die unter 6.6.1 aufgeführten Chelatbildner wegen der geringen Komplexbildungsneigung des Tl^+ ungeeignet. Dagegen hilft die orale Gabe von kolloidalem Berliner Blau. Eisen(III)hexacyanoferrat(II) wird nicht resorbiert, im Darm werden die dort ausgeschiedenen Tl^+-Ionen gegen die im Kristallgitter vorhandenen K^+-Ionen ausgetauscht. Zur wirksamen Dekorporation von Tl^+ muß diese Therapie über einen längeren Zeitraum durchgeführt werden.

Nickel. Anorganische Formen des Nickels werden aus dem Magen-Darm-Trakt nur schlecht resorbiert. Hinweise auf eine Akkumulation im Organismus bestehen nicht.

Als toxische Wirkungen beim Menschen sind vor allem die Ausbildung eines allergischen Kontaktekzems der Haut durch metallisches Nickel oder Ni-Verbindungen und das Auftreten von Tumoren der Lunge, Nasenhöhle und Nasennebenhöhle nach chronischer Inhalation von Ni-haltigen Stäuben von Bedeutung. Die kanzerogene Wirkung verschiedener anorganischer Ni-Verbindungen für die Lunge zeigte sich auch im Tierversuch an Ratten. Die allergische Nickeldermatitis ist wegen der weiten Verbreitung von Nickel in verschiedenen Legierungen (Münzen, Türgriffe, Werkzeuge, Haushaltsgeräte, Schmuck, Jeans-Knöpfe) sehr lästig.

Von großer technischer Bedeutung vor allem für die Reinigung von metallischem Ni ist Nickeltetracarbonyl. Diese hochflüchtige Verbindung stellt ein sehr starkes Inhalationsgift dar, das schon in geringer Konzentration Kopfschmerzen, Übelkeit und Erbrechen auslöst und in der Lunge zu Reizhusten, Entzündungen und toxischem Ödem mit Todesfolge führt. Als Langzeiteffekt verursacht $Ni(CO)_4$ bei Mensch und im Tierversuch Lungenkrebs. Im Gewebe zerfällt es in feinverteiltes Ni und Kohlenmonoxid.

Cobalt. Cobalt gehört eindeutig zu den essentiellen Metallen, es ist Bestandteil des Vitamin B_{12}. Bei Unterversorgung kommt es zur Anämie. Der tägliche Bedarf des Erwachsenen wird mit 1 µg/kg Körpergewicht angenommen.

Co-Salze werden aus dem Magen-Darm-Trakt gut resorbiert, die Ausscheidung erfolgt zu ca. 80% mit dem Harn. Eine signifikante Kumulation im Organismus findet nicht statt.

Übermäßige orale Zufuhr von Co-Verbindungen führt zu Polycythämie. Außerdem treten Übelkeit, Durchfall und Hitzegefühl auf. Bei chronischer Einwirkung von Co-Salzen kommt es zu Kropfbildung. Der Zusatz von Co-Sulfat zum Bier zur Stabilisierung des Schaums hat schon in Konzentrationen von 1 mg/Liter zu Todesfällen durch Herzmuskelschädigung geführt. Möglicherweise wurde hier die Co-Toxizität durch Ethanol oder andere Bestandteile des Biers verstärkt.

Ebenso wie durch Chrom und Nickel wird auch durch Cobalt häufig eine allergische Hautreaktion ausgelöst.

Für den Menschen liegen bisher keine Hinweise auf krebserzeugende Wirkung vor. Bei Ratten führt die subkutane oder intramuskuläre Injektion von Cobalt-Pulver oder Co-Verbindungen lokal zu Tumoren.

6.6.3
Leichtmetalle und Metalloide

Beryllium. Be(II)verbindungen werden im allgemeinen schlecht resorbiert und der resorbierte Anteil mit Halbwertszeiten von mehreren Jahren wieder ausgeschieden. Ursache dafür ist wahrscheinlich die starke Bindung von Be^{2+} an Proteine.

Von toxikologischer Bedeutung sind vor allem Effekte auf die Haut und die Lunge. Der Hautkontakt mit löslichen Be-Verbindungen kann zu einer allergischen Reaktion führen (Kontaktdermatitis). Nach Inhalation tritt mit einer stark variablen Latenzzeit (wenige Tage bis mehrere Jahre) eine Lungenentzündung (Pneumonie) mit Fieber, Husten und Atemnot auf, deren Heilung meist sehr schleppend verläuft. Chronische Inhalation von Be-Oxid oder anderen unlöslichen Be-Verbindungen führt zur sog. Beryllose, bei der sich die Alveolen allmählich mit Abwehrzellen des Körpers, vor allem Lymphocyten und mehrkernigen Riesenzellen, füllen und fortschreitende Fibrose stattfindet. Der zunehmende Verlust funktionsfähiger Lungenbläschen äußert sich in Atemnot bis hin zur Zyanose.

Be-Verbindungen sind im Tierversuch kanzerogen für Lunge und Knochen. Für den Menschen besteht der zunehmende Verdacht auf Lungenkrebs.

Aluminium. Trotz der weiten Verbreitung von Al-Verbindungen in der Erdkruste ist die Konzentration von Al^{3+} in Gewässern meist sehr gering, weil die natürlich vorkommenden Verbindungen bei neutralem pH-Wert schwerlöslich sind. Seen und andere Gewässer, die durch sauren Regen übersäuert sind, enthalten jedoch stark erhöhte Al^{3+}-Konzentrationen, die für Fische und andere Organismen toxisch sein können.

Im Gastrointestinaltrakt des Menschen wird Al^{3+} selbst nur in geringem Ausmaß resorbiert, es kann aber die Resorption anderer Verbindungen (Phosphat, Fluorid, Calcium, Eisen) hemmen. Als Folge der verminderten Phosphat- und Calcium-Resorption kommt es zur Knochenerweichung (Osteomalazie). Die Neigung zur Bildung unlöslicher Phosphate ist wahrscheinlich der Grund für den Einbau von Al^{3+} im Knochen. Tierexperimentell können durch Al-Verbindungen Gehirnschäden erzeugt werden. Es besteht der Verdacht, daß die bei Hämodialysepatienten mit mehrjähriger Latenz auftretenden Ausfallserscheinungen des Gehirns auf Al-Verbindungen zurückgehen, die aus der Dialyseflüssigkeit stammen oder durch die orale Einnahme von Al-Hydroxid bedingt sind, die bei solchen Patienten zur Kompensation einer Hyperphosphatämie regelmäßig stattfindet. Eine Verbindung wird auch zwischen den überhöhten, wenngleich stark variablen Al-Konzentrationen im Gehirn von Alzheimer Patienten und dem Auftreten dieser Krankheit vermutet.

Arsen. Verbindungen des drei- und fünfwertigen Arsens werden aus dem Gastrointestinaltrakt im allgemeinen gut resorbiert und mit einer Halbwertszeit von wenigen Stunden vor allem mit dem Harn ausgeschieden. Im Organismus wird As(V) zu As(III) reduziert und dieses teilweise methyliert. Typisch für As(III) ist seine Speicherung im Keratin der Haut, Haare und Fingernägel.

Toxische Wirkform des Arsens ist As(III). Das geschmack- und geruchlose As_2O_3 (Arsenik) war für lange Zeit ein beliebtes Mordgift. Die akute Vergiftung manifestiert sich noch innerhalb der ersten Stunde durch Gewebsödeme und Übelkeit mit Erbrechen, nach einigen Stunden folgt eine massive Gastroenteritis. Der Tod kann nach 1–3 Tagen durch den Wasser- und Elektrolytverlust eintreten, durch die Bluteindickung sind auch Funktionsstörungen der Nieren möglich. Der Verlauf einer Vergiftung mit Arsenik ist besonders eindringlich und präzise beschrieben durch Gustave Flaubert in seinem Roman „Madame Bovary" anhand des Suizides der Hauptfigur Emma Bovary.

Bei chronischer Einwirkung kleinerer Dosen sind vor allem die Haut und das Nervensystem betroffen: Hyperpigmentierung und Hyperkeratose der Haut sowie Empfindungsstörungen der sensorischen Nerven und Mattigkeit sind typisch. Daneben werden Leberschäden, beginnend mit Gelbsucht bis hin zur Leberzirrhose, und Gefäßschäden beobachtet. As(III) gilt als erwiesenes Kanzerogen für den Menschen und im Tierversuch. Beim Menschen führt es vor allem zu Tumoren der Haut und (bei inhalativer Aufnahme) der Lunge, außerdem vermutlich zu Leberkrebs und Lymphomen. Lymphome und Lungentumoren sind im Tierversuch durch As(III) induzierbar.

Arsenwasserstoff (Arsin), ein Gas mit knoblauchartigem Geruch, wird bei Inhalation sehr gut resorbiert und führt mit mehrstündiger Latenzzeit zu einer starken Hämolyse der Erythrocyten. Der Tod kann durch innere Erstickung, oder verzögert durch Nierenversagen eintreten, das durch den massiven Anfall von freigesetztem Hämoglobin ausgelöst wird. Leberschwellung mit Gelbsucht und Milzschäden sind ebenfalls Folgen der Hämolyse.

Vergiftungen durch As(III)verbindungen und bedingt auch Arsin können durch wiederholte Gabe von Dimercaprol ($\rightarrow$ 6.6.1) therapiert werden.

Literatur

Literatur zu 6.1

Batterskill, J. M.; Illing, H. P. A.; Shillaker, R. O.; Smith, A. M. n-Hexane: Toxicity Review 18, Her Majesty's Stationary Office: U.K., 1987.

Dietrich, D. R.; Swenberg, J. A. Cancer Res. **1991**, 51, 3512–3521.

Garrigues, P.; Lamotte, M. Hrsg. Polynuclear Aromatic Compounds. Synthesis, Properties, Analytical Measurements, Occurrence and Biological Effects, Gordon and Breach Science Publishers, 1993.

Dipple, A.; Moschel, R. C.; Bigger, C. A. H. Polynuclear Aromatic Hydrocarbons In Chemical Carcinogens, Searle C. E. Hrsg., Bd. 1, ACS Monographs 182, American Chemical Society: Washington, D. C., 1984; S. 41–163.

IARC Monographs on the Evaluation of the Carcinogenic Risk of Chemicals to Humans, Vol. 32, Polynuclear Aromatic Compounds, Part 1: Chemical, Environmental and Experimental Data, International Agency for Research on Cancer: Lyon, 1983.

Polynuclear Aromatic Hydrocarbons: A Decade of Progress, Cooke, M.; Dennis A. J. Hrsg. Batelle, Columbus: Ohio, 1988.

Snyder, R.; Witz, G.; Goldstein, B. D. Environ. Health Perspect. **1993**, 100, 293–306.

Lehr, R. E.; Kumar, S.; Levin, W.; Wood, A. W.; Chang, R. L.; Conney, A. H.; Yagi, H.; Sayer, J. M.; Jerina, D. M. The bay region theory of polycyclic aromatic hydrocarbon carcinogenesis, In Polycyclic Hydrocarbons and Carcinogenesis Harvey, R. G. Hrsg., American Chemical Society: Washington, D. C., 1985; S. 63–84

Literatur zu 6.2

1 Senatskommission zur Prüfung gesundheitsschädlicher Arbeitsstoffe der Deutschen Forschungsgemeinschaft (DFG), Mitteilung 40: MAK- und BAT-Werte-Liste, Wiley-VCH: Weinheim, 2004.
2 IARC Monographs on the Evaluation of the Carcinogenic Risk of Chemicals to Humans, Supplement 7, Overall Evaluation of Carcinogenicity: An Updating of IARC Monographs Volumes 1 to 42, IARC: Lyon, France, 1987.
3 Pharmakologie und Toxikologie, Forth, W.; Henschler, D.; Rummel, W.; Starke, K. Hrsg. 6. Aufl., Wissenschaftsverlag, Mannheim, Leipzig, Wien, Zürich: 1992; S. 747–838.
4 Klinik und Therapie der Vergiftungen, Moeschlin, S. Hrsg. Georg Thieme Verlag: Stuttgart, New York, 1986.
5 IARC Monographs on the Evaluation of the Carcinogenic Risk of Chemicals to Humans, Supplement 6, Genetic and Related Effects: An Updating of IARC Monographs Volumes 1 to 42, IARC: Lyon, France, 1987.
6 Beland, F. A.; Kadlubar, F. F. In Chemical Carcinogenesis and Mutagenesis Cooper, C. S.; Grover, P. L. Hrsg., Springer Verlag: Heidelberg, 1990; S. 265–325.
7 Orzechowski, A.; Schrenk, D.; Bock, K. W. Carcinogenesis **1992**, 13, 2227–2232.
8 Wakabayashi, K.; Nagao, M.; Esumi, H.; Sugimura, T. Cancer Res. (Suppl.) **1992**, 52, 2092s-2098s.
9 Farbstoffe in Lebensmitteln und Arzneimitteln, Bertram, B. Hrsg. WVG: Stuttgart, 1989.
10 Farbstoffkommission der Deutschen Forschungsgemeinschaft, Kosmetische Färbemittel, 3. Aufl., VCH Verlagsgesllschaft: Weinheim, 1991.

Literatur zu 6.3

Koch, R. Umweltchemikalien. Physikalisch-chemische Daten, Toxizitäten, Grenz- und Richtwerte, Umweltverhalten, 2. Aufl., VCH Verlagsgesellschaft, Weinheim 1991.

IARC Monographs on the Evaluation of the Carcinogenic Risk of Chemicals to Humans., Vol. 41, Some Halogenated Hydrocarbons and Pesticide Exposure, International Agency for Research on Cancer: Lyon, 1986.

Rosenthal, S. L. A review of the mutagenicity of chloroform, Environ. Mol. Mutagen. **1987**, 10, 211–226.

Dekant, W.; Vamvakas, S.; Anders, M. W. Bioactivation of nephrotoxic haloalkenes by glutathione conjugation: formation of toxic and mutagenic intermediates by cysteine conjugate beta-lyase, Drug Metab. Rev. **1989**, 20, 43–83.

Safe, S. Toxicology, structure-function relationship, and human and environmental health impacts of polychlorinated biphenyls: progress and problems, Environ. Health Perspect. **1993**, 100, 259–268.

Vanden Heuvel, J. P.; Lucier, G Environmental toxicology of polychlorinated dibenzo-p-dioxins and polychlorinated dibenzofurans, Environ. Health Perspect. **1993**, 100, 189–200.

Kimbrough, R. D. How toxic is 2,3,7,8-tetrachlorodibenzodioxin to humans?, J. Toxicol. Environ. Health **1990**, 30, 261–271.

Gallo, M. A.; Scheublein, R. J.; van der Heijden, K. A. Biological Basis for Risk Assessment of Dioxins and Related Compounds, Banbury Report 35, Cold Spring Harbor Laboratory Press, 1991.

Fingerhut, M. A.; Halperin, W. E.; Marlow, D. A.; Piacitelli, L. A.; Honchar, P. A.; Sweeney, M. H.; Greife, A. L.; Dill, P. A.; Steenland, K.; Suruda, A. J. Cancer mortality in workers exposed to 2,3,7,8-tetrachlorodibenzo-p-dioxin, N. Engl. J. Med. **1991**, 324, 212–218.

Schlatter, C.; Poiger, H. Chlorierte Dibenzodioxine und Dibenzofurane (PCDD/PCDFs): Belastung und gesundheitliche Beurteilung, UWSF – Z. Umweltchem. Ökotoxikol. **1989**, 2, 11–17.

Johnson, E. S. Human exposure to 2,3,7,8-TCDD and risk of cancer, Crit. Rev. Toxicol. **1992**, 21, 451–463.

Mastroiacovo, P.; Spagnolo, A.; Marni, E.; Meazza, L.; Bertollini, R; Segni, G. Birth defects in the Seveso area after TCDD contamination, J. Am Med. Ass. **1988**, 259, 1668–1672.

Literatur zu 6.4

1 Henschler, D. In *Allgemeine und spezielle Pharmakologie und Toxikologie*, Forth, W.; Henschler, D.; Rummel, W. Hrsg., 8. Aufl., Urban & Fischer, 2005.
2 Seitz, H. K.; Osswald, B. In *Alcohol and Cancer*; Watson, R. R. Hrsg., CRC Press: Boca Raton, USA, 1992; 55–72.
3 *Klinik und Therapie der Vergiftungen*; Moeschlin, S. Hrsg., Georg Thieme Verlag: Stutgart, 1986.
4 Seitz, H. K.; Heipertz, W.; Osswald, B.; Hörner, M.; Simanowski, U. A.; Egerer, G.; Kommerell, B. Bundesgesundheitsblatt **1991**, 3, 100–104.
5 Bondy, S. C. Toxicology Letters, **1992**, 63, 231–241.
6 Pratt, O. E. Br. Med. Bull. **1982**, 38, 48–53.
7 *Alcohol and Cancer*; Watson, R. R., Hrsg., CRC Press: Boca Raton, USA, 1992.
8 Mufti, S. I. In *Alcohol and Cancer*; Watson, R. R., Hrsg., CRC Press, Boca Raton: USA, 1992; 1–16.
9 Dutkiewicz, B.; Konczalik, J.; Karwacki, W. Int. Arch. Occup. Environ. Health **1980**, 47, 81–88.
10 Liesivuori, J.; Savolainen, H. Pharmacol. Toxicol. **1991**, 69, 157–163.
11 Tephly, T. R. Life Science **1991**, 48, 1031–1041.
12 Kavet, R.; Nauss, K. M. Critical reviews in Toxicology **1990**, 21, 21–50.
13 *Gesundheitsschädliche Arbeitsstoffe, Toxikologischarbeitsmedizinische Begründung von MAK-Werten*, Henschler, D., Hrsg., 1991; 1992.
14 Jacobsen, D.; Hewlett, T. P.; Webb, R.; Brown, S. T.; Ordinario, A. T.; McMartin, K. E. Am. J. Med. **1988**, 84, 145-151.
15 Altmann, H.-J.; Grunow, W.; Krönet, W.; Uehleke, H. Bundesgesundheitsblatt **1986**, 29, 141–145.
16 Mathews, J. M.; Parker, M. K.; Matthews, H. B. Drug Metabol. Dispos. **1991**, 19, 1066–1070.
17 Lenk, W.; Löhr, D.; Sonnenbichler, J. Xenobiotica **1989**, 19, 961–979.
18 *Casarett and Doull's Toxicology, The Basic Science of Poisons*; Amdur, M. O.; Doull, J.; Klaassen, C. D., Hrsg., Pergamon Press, 1991.
19 IARC monographs on evaluation of the carcinogenic risk of chemicals to man, Vol 11 (1976) 247–253; Supplement 6 (1987)272–274; Supplement 7 (1987), 201.
20 Brady, F. J.; Lee, M. J.; Lee, M.; Ishizaki, H.; Yang, C. S. Mol. Pharmacol. **1988**, 33, 148–154.
21 Chengelis, C. P.; Neal, R. A. Biochem. Pharmacol. **1980**, 29, 247–248.
22 Braun, W. H.; Young, J. D. Toxicol. Appl. Pharmacol. **1977**, 39, 33–38.
23 Young, J. D.; Braun, W. H.; Gehring, P. J.; Horvath, B. S.; Daniel, R. L. Toxicol. Appl. Pharmacol. **1976**, 38, 643–646.
24 Goldsworthy, T. L.; Monticello, T. M.; Morgan, K. T.; Bermudez, E.; Wilson, D. M.; Jäckh, R. J.; Butterworth, B. E. Arch. Toxicol. **1991**, 65, 1–9.
25 Reitz, R. H.; McCroskey, P. S.; Park, C. N.; Andersen, M. E.; Gargas, M. L. Toxicol. Appl. Pharmacol. **1990**, 105, 37–54.

26 Kitchin, K. T.; Brown, J. L. *Cancer Letters* **1990**, *53*, 67–71.
27 Moody, D. E. *Drug and Chemical Toxicology* **1991**, *14*, 319–342.
28 Wiley, F. H.; Hueper, W.; Bergen, D. S.; Blood, F. R. *J. Ind. Hyg. Toxicol.* **1983**, *20*, 269–277.
29 Miller, R. R. *Drug metabolism reviews* **1987**, *18*, 1–22.
30 Medinsky, M. A.; Singh, G.; Bechtold, W. E.; Bond, J. A.; Sabourin, P. J.; Birnbaum, L. S.; Henderson, R. F. *Toxicol. Appl. Pharmacol.*, **1990**, *102*, 443–455.
31 Mebus, C. A.; Welsch, F.; Working, P. K. *Toxicol. Appl. Pharmacol*, **1989**, *99*, 110–121.
32 Mebus, C. A.; Clarke, D. O.; Stedman, D. B.; Welsch, F. *Toxicol. Appl. Pharmacol.* **1992**, *112*, 87–94.
33 Mebus, C. A.; Welsch, F. *Toxicol. Appl. Pharmacol.* **1989**, *99*, 98–109.
34 Groeseneken, D.; Veulemans, H.; Maschelein, R.; Vlem, E. V. *Int. Arch. Occup. Environ. Health* **1989**, *61*, 243–247.
35 Albro, P. W.; Lavenhar, S. R. *Drug Metabolism Rev.* **1989**, *21*, 13–34.
36 Layton, D. W.; Mallon, B. J.; Rosenblatt, D. H.; Small, M. J. *Reg. Toxicol. Parmacol.* **1987**, *7*, 96–112.
37 Ahmed, R.S; Price, S. C.; Grasso, P.; Hinton, R. H. *Food Chem. Toxicol.* **1990**, *28*, 427–434.
38 Astill, B. D. *Drug Metabolism Rev.* **1989**, *21*, 35–53.
39 IARC Monographs on the Evaluation of the Carcinogenic Risk of Chemicals to Humans, *29*, IARC: Lyon, 1982; S. 269–294.
40 Conway, J. G.; Cattley, R. C.; Popp, J. A.; Butterworth, B. E. *Drug Metabolism Rev.* **1989**, *21*, 65–102.
41 Thomas, J. A.; Thomas, M. J. *Crit. Rev. Toxicol.* **1984**, *13*, 283–317.
42 Siddiqui, A.; Srivastava, S. P. *Bull. Environ. Contam. Toxicol.* **1997**, *48*, 115–119.
43 Fest, C.; Schmidt, K, J. In *Chemie der Pflanzenschutz- und Schädlingsbkämpfungsmittel*; Wegler, R., Hrsg., Springer Verlag: Berlin, Heidelberg, 1970, Bd 1, 248–438.
44 *Chemie der Pflanzenschutz- und Schädlingsbekämpfungsmittel*; Wegler, R., Hrsg., Bd 3, Springer Verlag: Berlin, Heidelberg, 1976.
45 *Pflanzenschutz und Schädlingsbekämpfung*; Büchel, K. H., Hrsg., Georg Thieme Verlag: Stuttgart, 1977.
46 *Wirksubstanzen der Pflanzenschutz- und Schädlingsbekämpfung*; Perkow, W., Hrsg., Verlag Paul Parey: Berlin, 1982.
47 *The Chemistry of Organophosphorus Pesticides*; Fest, C., Schmidt, K.-J. Hrsg., Springer Verlag: Berlin, Heidelberg, New York, 1982.
48 IARC Monographs on the Evaluation of the Carcinogenic Risk of Chemicals to Humans, *30*,1983.
49 Ecobichon, E. D. In *Casarett and Doull`s Toxicology, The Basic Science of Poisons*; Amdur, M. O.; Doull, J.; Klaassen, C. D., Hrsg., Pergamon Press, 1991; S. 565–622.
50 *Wirkstoffe in Pflanzenschutz- und Schädlingsbekämpfungsmitteln, Physikalisch-chemische und toxikologische Daten*; Industrieverband Agrar e.V., Hrsg., BLV Verlagsgesellschaft: München, Wien, Zürich, 1990.
51 *Wirkstoffe in Pflanzenschutz- und Schädlingsbekämpfungsmitteln, Physikalisch-chemische und toxikologische Daten*; Industrieverband Pflanzenschutz e.V., Hrsg. Pressehaus Bintz-Verlag: Offenbach, 1982.
52 Aldridge, W. N.; Miles, J. W.; Mount, D. L.; Verschoyle, R. D. *Arch. Toxicol.* **1979**, *43*, 95–106.
53 *Chemische Gifte und Kampfstoffe. Wirkung und Therapie*; Klimmek, R.; Szinicz, L.; Weger, N., Hrsg., Hippokrates Verlag: Stuttgart, 1983.
54 Mentzschel, A.; Schmuck, G.; Dekant, W.; Henschler, D. *Chem. Res. Toxicol.* **1993**, *6*, 294–301.
55 Aylward, F.; Wills, P. *Nature* **1961**, *191*, 1396–1397.
56 Somkuti, S. G.; Lapadula, D. M.; Chapin, R. E.; Abou-Donia, M. B. *Toxicol. Appl. Pharmacol.* **1991**, *107*, 35–46.

Literatur zu 6.5

1 Gesundheitsschädliche Arbeitsstoffe. Toxikologisch-arbeitsmedizinische Begründung von MAK-Werten, Henschler, D. Hrsg., Verlag Chemie: Weinheim.
2 Klinik und Therapie der Vergiftungen, Moeschlin, S. Hrsg., Georg Thieme Verlag: Stuttgart, New York, 1986.
3 IARC Monographs on the Evaluation of the Carcinogenic Risk of Chemicals to Humans, Vol 41, Some Halogenated Hydrocarbons and Pesticide Exposures, IARC: Lyon, 1986.
4 IARC Monographs on the Evaluation of the Carcinogenic Risk of Chemicals to Humans, Supplement 7, Overall Evaluation of Carcino-

genicity: An Updating of IARC Monographs Volumes 1 to 42, IARC: Lyon, 1987.
5 IARC Monographs on the Evaluation of the Carcinogenic Risk of Chemicals to Man, Vol 4, Some Aromatic Amines, Hydrazine and Related Substances, N-Nitroso Compounds and Miscellaneous Alkylating Agents, IARC: Lyon, 1974.
6 Molecular Biology of Mutagens and Carcinogens, Singer, B.; Grunberger, D. Hrsg..; Plenum Press: New York, London, 1983.
7 Eisenbrand, G.; Wiessler, M. In Maligne Tumoren: Entstehung, Wachstum, Chemotherapie; Schmähl, D. Hrsg., Editio Cantor: Aulendorf, 1981; S. 90–159.
8 N-Nitrosoverbindungen in Nahrung und Umwelt; Eisenbrand, G., Hrsg.; WVG: Stuttgart, 1981.
9 Ellen, G. In The Significance of N-Nitrosation of Drugs; Eisenbrand, G.; Bozler, G.; v. Nicolai, H. Hrsg., Gustav Fischer Verlag: Stuttgart, 1990; S. 19–46.
10 Tricker, A. R.; Pfundstein, B.; Theobald, E.; Preuss-mann, R.; Spiegelhalder, B. Fd Chem. Toxicol., **1991**, 29, 733–739.
11 Tricker, A. R.; Preussmann, R. Mutat. Res., **1991**, 259, 277–289.
12 Adams, J. D.; O'Hara-Adams, K. J., Hoffmann, D. Carcinogenesis, **1987**, 8, 729–731.
13 Hoffmann, D.; Adams, J. D.; Brunnemann, K. D. Toxicology Letters **1987**, 35, 1–8.
14 Eisenbrand, G. In The Significance of N-Nitrosation of Drugs; Eisenbrand, G.; Bozler, G.; v. Nicolai, H. Hrsg., Gustav Fischer Verlag: Stuttgart, 1990; S. 47–70.
15 Preussmann, R. In The Significance of N-Nitrosation of Drugs; Eisenbrand, G.; Bozler, G.; v. Nicolai, H., Hrsg., Gustav Fischer Verlag: Stuttgart, 1990; S. 3–18.
16 Klein, R. G.; Janowsky, I.; Pool-Zobel, B. L.; Schmezer, P.; Hermann, R.; Amelung, F.; Spiegelhalder, B.; Zeller, W. J. In Relevance to Human Cancer of N-Nitroso Compounds, Tobacco Smoke and Mycotoxins; O'Neill, I. K.; Chen, J.; Bartsch, H. Hrsg., IARC Sci. Publ. No 105. IARC: Lyon, 1991; S. 322–328.
17 Buckley, N. J. Org. Chem. **1987**, 52, 484–488.
18 Buckley, N.; Brent, P. J. Am. Chem. Soc. **1988**, 110, 7520–7529.
19 Habraken, Y.; Carter, C. A.; Kirk, M. C.; Riodan, J. M., Ludlum, D. B. Carcinogenesis **1990**, 11, 223–228.
20 IARC Monographs on the Evaluation of the Carcinogenic Risk of Chemicals to Humans, Vol 17, Some N-Nitroso Compounds, IARC: Lyon, 1978.
21 Boice, J. D.; Greene, M. H.; Killen, J. Y. Jr; Ellenberg, S. S.; Keehn, R. J.; McFadden, E.; Chen, T. T.; Fraumeni, J. F. Jr New Engl. J. Med. **1983**, 309, 1079–1084.
22 Boice, J. D.; Greene, M. H.; Killen, J. Y. Jr; Ellenberg, S. S.; Fraumeni, J. F. Jr New Engl. J. Med. **1986**, 314, 119–120.
23 Cohen, R. J. New Engl. J. Med. **1980**, 302, 120.
24 Tardif, R.; Goyal, R.; Brodeur, J.; Gerin, M. Fundam. Appl. Toxicol. **1987**, 9, 448–453.
25 IARC Monographs on the Evaluation of the Carcinogenic Risk of Chemicals to Humans, Vol 36, Allyl Compounds, Aldehydes, Epoxides and Peroxides, IARC: Lyon, 1985.
26 IARC Monographs on the Evaluation of the Carcinogenic Risk of Chemicals to Man, Vol 11, Cadmium, nickel, some epoxides, miscellaneous industrial chemicals and general consideration on volatile anaesthetics, IARC: Lyon, 1976.
27 Wada, S.; Mijanishi, M.; Nishimoto, Y.; Kambe, S.; Miller, R. W. Lancet I **1968**, 1161.
28 Schmähl, D. IARC Sci. Publ. **1986**, 78, 29.

Literatur zu 6.6

IARC Monographs on the Evaluation of the Carcinogenic Risk of Chemicals to Humans, Vol. 23, *Some Metals and Metallic Compounds*, IARC: Lyon, 1980.

Goyer, R. A. *Toxic effects of metals* In Casarett and Doull's Toxicology, Amdur, M. O.; Doull, J.; Klaassen, C. D. Hrsg., 4. Aufl., Pergamon Press: New York, 1991, S. 623–680.

Fowler, B. A. *Mechanisms of kidney cell injury from metals*, Environ. Health Perspect. **1993**, 100, 57–63.

Handbook on Toxicity of Inorganic Compounds, Seiler, H. G.; Sigel, H. Hrsg., Marcel Dekker: New York, 1988.

Handbook on the Toxicology of Metals, Friberg, L.; Nordberg, G. F.; Vouk, V. B. Hrsg., Vol. I and II, 2. Aufl., Elsevier Scientific Publ.: Amsterdam, 1986.

Biological Aspects of Metal-Related Diseases, Sarkar, B. Hrsg., Raven Press: New York, 1983.

Biological Monitoring of Metals, Clarkson, T. W.; Friberg, L.; Nordberg, G. F.; Sager, P. Hrsg., Raven Press: New York, 1988.

Clarkson, T. W. *Mercury: major issues in environmental health*, Environ. Health Perspect. **1993**, *100*, 31–38.

Goyer, R. A. *Lead toxicity: current concerns*, Environ. Health Perspect. **1993**, *100*, 177–187.

Dietary and Environmental Lead: Human Health Effects, Mahaffey, K. R. Hrsg., Elsevier Scientific Publ.: Amsterdam, 1985.

Waalkes, M. P.; Goering, P. L. *Metallothionein and other cadmium-binding proteins: recent developments*, Chem. Res. Toxicol. **1990**, *3*, 281–288.

Ganrot, P. O. *Metabolism and possible health effects of aluminum*. Environ, Health Perspect. **1986**, *65*, 363–441.

7
Umweltverhalten von Chemikalien

Im vorliegenden Zusammenhang steht der Begriff *„Umwelt"* für die Gesamtheit aller direkt oder indirekt auf Organismen wirkenden *Ökofaktoren*. Das Präfix *„Öko-"* wird in vielen Bereichen zur Kennzeichnung von Umweltbezogenheit bzw. Umweltrelevanz verwendet. Ökologie als Umweltwissenschaft ist die Lehre, die die Wechselwirkungen zwischen Lebewesen und Umwelt untersucht. *Umweltchemikalien* wurden im Umweltprogramm der Bundesregierung[1] definiert als „Stoffe, die durch menschliches Zutun in die Umwelt gebracht werden und in Mengen und Konzentrationen auftreten können, die geeignet sind, Lebewesen, insbesondere den Menschen, zu gefährden". Hierzu gehören chemische Elemente oder Verbindungen organischer oder anorganischer Natur, synthetischen oder natürlichen Ursprungs. Durch menschliches Zutun eingebrachte Stoffe werden als *„anthropogen"* bezeichnet. Umweltchemikalien werden auch als Umweltgifte, Umweltnoxen oder Umweltschadstoffe bezeichnet. Den Teilbereich der sich mit der Einwirkung von Chemikalien auf die Umwelt befaßt, nennt man *Ökotoxikologie*. Für die Gesamtheit des mit Organismen besiedelten Lebensraumes der Erde wird auch der Begriff Biosphäre verwendet. Die Bereiche Luft, Boden, Wasser werden als Umweltkompartimente bezeichnet.

Wesentliche Aspekte zu Umweltverhalten und Umweltgefährlichkeit von Chemikalien werden im Folgenden kurz angesprochen und Prüfverfahren zur Bewertung der Umweltgefährlichkeit an ausgewählten Beispielen erläutert. Zur Vertiefung wird auf weiterführende Literatur zur Ökotoxikologie verwiesen[2-10].

Die Beurteilung einer Chemikalie hinsichtlich ihres umweltgefährdenden Potentials erfordert Informationen zu Exposition und Wirkung. Die *Umweltexposition* setzt sich zusammen aus:

- Art, Menge und zeitlichem Verlauf des Eintrags in die Umwelt
- Ausbreitungsverhalten (in Luft, Boden, Wasser)
- Bioakkumulation
- Persistenz
- Umwandlung, Abbau

Die *Wirkung* einer Chemikalie kann sich beziehen auf:

- Organisme (Tiere, Pflanzen, Mikroorganismen)
- die natürliche Beschaffenheit von Luft, Wasser und Boden
- deren Beziehungen untereinander

7.1
Umweltkompartimente

Luft. Trockene troposphärische Luft besteht vorwiegend aus Stickstoff (ca. 78%), Sauerstoff (ca. 21%), Argon (ca. 0,9%) und einer Vielzahl sogenannter Spurengase wie Kohlendioxid, Edelgase, Ozon, Stickstoffoxide u.a., die nur in geringen Konzentrationen (<0,1%) auftreten. Wasserdampf ist je nach Temperatur und Sättigungsgrad enthalten, z.B. bei 100% relativer Feuchte und 30 °C etwa 30 g/m^3.

Die Troposphäre ist die unterste Schicht der Atmosphäre und weist durchschnittlich eine Höhe von 11 km (am Äquator ca. 18 km, an den Polen ca. 8 km) auf (Abb. 7.1).

Nach oben schließt sich die Stratosphäre an, die bis 50 km hoch reicht. Der Stoffaustausch zwischen Troposphäre und Stratosphäre über die Tropopause erfolgt wesentlich langsamer als innerhalb der jeweiligen Schicht[3]. Über der Stratosphäre liegt die Mesosphäre (etwa 50–90 km Höhe). Stratosphäre und Mesosphäre werden auch als „mittlere Atmosphäre" bezeichnet.

Die Troposphäre und die Erdoberfläche erhalten von der Sonne nur Strahlung im Wellenlängenbereich oberhalb 290 nm, wobei der UV-Anteil zwischen 290 und 340 nm aufgrund der Absorption in der Stratosphäre geschwächt ist. UV-Strahlung zwischen 175 und 200 nm wird in der Mesosphäre, diejenige zwischen 200 und 242 nm in der Stratosphäre durch Sauerstoffmoleküle absorbiert, die hierdurch dissoziiert werden. Daraus resultiert die Ozonschicht, die nun ihrerseits UV-Strahlung zwischen 200 und 340 nm sowie geringfügig auch im sichtbaren Spektralbereich um 600 nm absorbiert. Das Maximum des Ozongehaltes der Stratosphäre wird mit einer Konzentration von ca 7 ppm in 20–25 km Höhe erreicht. Der längerwellige Spektralbereich oberhalb 800 nm wird größ-

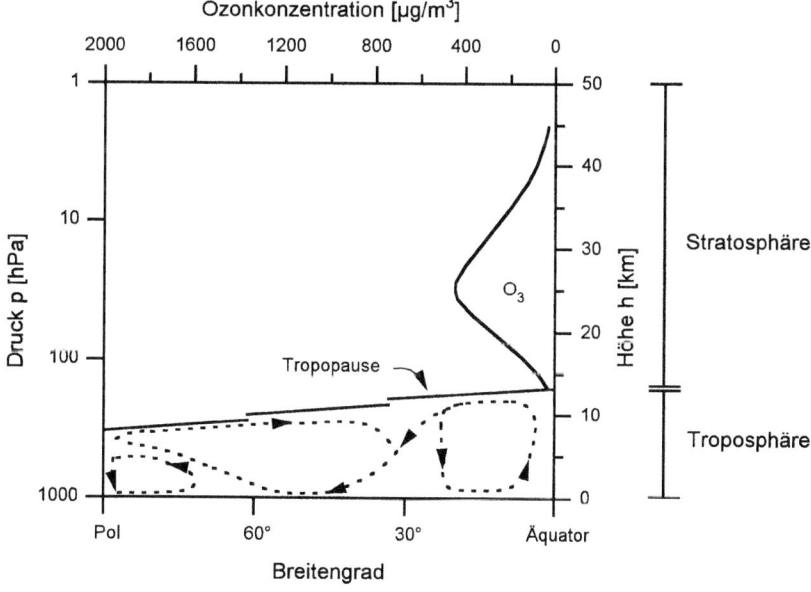

Abb. 7.1 Die unteren Schichten der Atmosphäre (modifiziert nach Lit.[4])

tenteils durch Wasserdampf und Kohlendioxid in der Troposphäre absorbiert.

Der überwiegende Anteil der einfallenden Sonnenstrahlung zwischen 400 und 800 nm dringt bis zur Erdoberfläche durch. Diese wird dadurch erwärmt und strahlt längerwellige Infrarotstrahlung (3–60 µm) in die Atmosphäre zurück. Durch die sogenannten Treibhausgase wie Methan, Wasserdampf, Kohlendioxid und Distickstoffoxid wird diese längerwellige Wärmestrahlung absorbiert. Hierdurch wird Energie frei, die z.T. in Richtung Erdoberfläche zurückgestrahlt wird und eine Erwärmung bewirkt. Das Vorhandensein natürlich vorliegender Treibhausgase der bodennahen Atmosphäre sorgt für eine mittlere globale Temperatur von rund 15 °C an der Erdoberfläche (natürlicher Treibhauseffekt). Ohne den natürlichen Treibhauseffekt würde diese Temperatur bei ca. $-18\,°C$ liegen.

In der Troposphäre bewirken turbulente Winde und Strahlströmungen rasche und effektive Durchmischung. Ein Maß für die Intensität dieser Mischungsprozesse ist die Durchmischungszeit, die benötigt wird, bis eine Substanz gleichmäßig in der Atmosphäre verteilt ist. Es dauert zwischen einem und 2 Monaten bis ein Stoff innerhalb einer Hemisphäre gleichmäßig verteilt ist (hemisphärische Durchmischungszeit). Ein bis zwei Jahre sind dagegen erforderlich, bis eine globale Verteilung erreicht ist (interhemisphärische Durchmischungszeit). Ursache ist die nahe dem Äquator gelegene intertropische Konvergenzzone, in der intensive aufsteigende Luftbewegung wie eine Sperrschicht wirkt.

Wasser. Das Wasser der Erde besteht zum größten Teil (ca. 98%) aus dem Salzwasser der Ozeane. 2,4% sind Süßwasser, knapp vier Fünftel davon liegen in Form von Gletscher- und Polareis vor. Das Wasser von Flüssen, Bächen und Seen bezeichnet man als *Oberflächenwasser*. Es ist für Schadstoffeinträge besonders schnell erreichbar. *Grundwasser* ist Wasser, das im wesentlichen durch Versickerung von Niederschlägen und Oberflächenwasser in den Boden gelangt und dort zusammenhängende Hohlräume ausfüllt. Die Bewegung des Grundwassers folgt der Schwerkraft, sie ist wegen der Reibung an den Gesteinspartikeln nur langsam. Nur ein kleiner Teil der wasserführenden Schichten ist so durchlässig, daß er nennenswerte Grundwassermengen an Brunnen liefert. Grundwasser ist von großer Bedeutung für die Trinkwassergewinnung und bedarf deshalb eines besonderen Schutzes. Grundwasserentnahmen unterliegen behördlicher Genehmigung. Das Wasser der Erde befindet sich in einem Kreislauf. Es verdunstet aus den Ozeanen und anderen Oberflächengewässern, wird in der Luft als Wasserdampf bzw. Wolken durch den Wind transportiert und gelangt in Form von Niederschlägen auf die Erde. Dort versickert es, verdunstet vom Boden oder nach Aufnahme in Pflanzen, oder gelangt über die Oberflächengewässer wieder zurück ins Meer.

Am Boden der Gewässer finden natürliche Sedimentationsprozesse statt, d.h. Ablagerung von suspendierten anorganischen und organischen Materialien[11].

Boden. Als Boden bezeichnet man die oberste belebte Schicht der Erdoberfläche, die durch Gesteinsverwitterung entsteht und durch Klima, Organismen und den Menschen umgestaltet wird. Er endet beim Übergang zum unveränderten Gestein. Der Boden hat eine äußerst komplexe Zusammensetzung[12-15]. Die Zusammensetzung der mineralischen Bestandteile des Bodens hängt ab von den jeweiligen geologischen Gegebenheiten. Hauptbestandteile sind vor allem Silikate, aus denen durch Verwitterungsprozesse Tonminerale und Oxide bzw. Hydroxide entstehen. Der Boden hat eine charakteristische Gestalt, die im Vertikalschnitt als Bodenprofil bezeichnet wird. Dieses Profil setzt sich aus einer Abfolge charakteristischer Bodenhorizonte zusammen. Die Bodenbildung führt zu unterschiedlichen Bodentypen, die nach bodensystematischen Kriterien eingeteilt und durch Bodenkartierung erfaßt werden. Nach der Korngrößenzusammensetzung der mineralischen Bodenbestandteile erfolgt die Einteilung in Grobboden (>2 mm) und Feinboden (<2 mm). In letzterem werden die Hauptfraktionen Sand (0,063–2 mm), Schluff (0,002–0,063 mm) und Ton (<2 µm) unterschieden. Außerdem enthält der Boden Gase, Wasser, gelöste anorganische Stoffe und ein großes Spektrum organischer Substanzen. Die Ackerböden der gemäßigten, kühlen Zonen besitzen mittlere Gehalte an stabiler organischer Substanz von 1–4%, die in Nicht-Huminstoffe und Humus (Huminstoffe) eingeteilt werden. Humus entsteht beim Abbau abgestorbener Biomasse. Nicht-Huminstoffe wie Kohlenhydrate, Proteine, Fette und niedermolekulare Verbindungen werden relativ leicht mikrobiell abgebaut. Huminstoffe, die den Hauptanteil der organischen Substanz des Bodens ausmachen, sind amorphe, braune bis schwarze Verbindungen unterschiedlicher Struktur mit Molekulargewichten von mehreren Hundert bis mehreren Zehntausend, die beim Prozeß der Humifizierung durch Polymerisation natürlicher Phenole und anderer Verbindungen entstehen[15]. Als funktionelle Gruppen treten vor allem Carboxy-, phenolische und alkoholische Hydroxy-, Carbonyl- und Aminogruppen auf. Huminstoffe werden üblicherweise nach ihrem Lösungsverhalten unterteilt in Fulvosäuren (lösl. in Laugen und Säuren), Huminsäuren (lösl. in Lauge, mit Säure fällbar) und Humine (unlöslich in Lauge und Säure). In Abb. 7.2 ist ein Huminstoffpolymerbereich schematisch dargestellt. Huminstoffe kön-

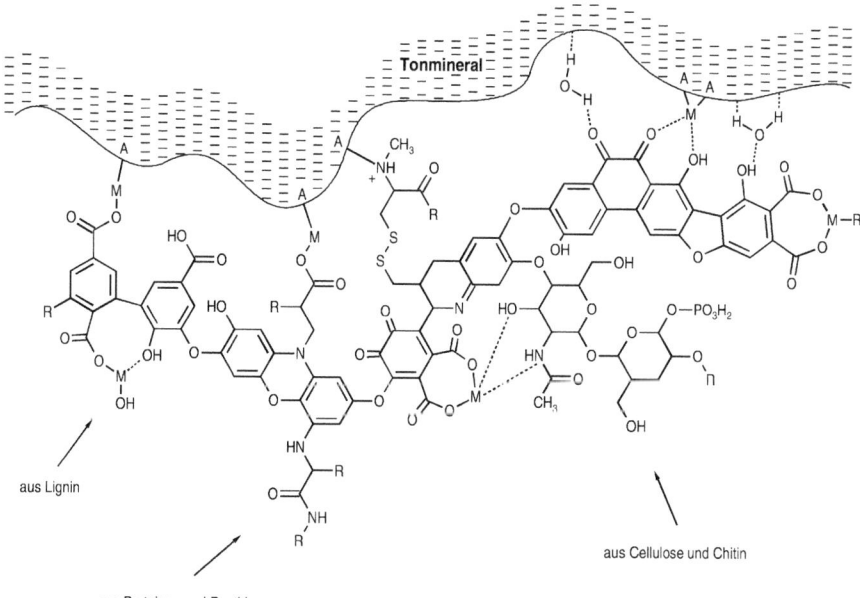

M = Metallkation
A = Anion

Abb. 7.2 Schematisches Huminstoffmodell, gebunden an ein Tonmineral (modifiziert nach Lit.[16])

nen Wasser, anorganische und organische Stoffe binden und langsam auch wieder abgeben. Unter natürlichen Bedingungen werden die im Humus enthaltenen organischen Stoffe langsam mineralisiert.

Der Boden ist ein Ökosystem mit einem großen Reichtum an Organismen (Bakterien, Pilze, Algen und Tiere). Vor allem die Vielzahl der Mikroorganismen des Bodens spielt eine wesentliche Rolle beim Abbau organischen Materials, bei der Synthese von Huminstoffen und bei der Umwandlung anorganischer Materialien.

7.2 Eintrag in die Umwelt

Die von einer Quelle in die Umwelt *abgegebenen* Stoffe bezeichnet man mit dem Sammelbegriff *Emission*. Im engeren Sinne steht der Begriff Emission für das Einbringen von gas-, nebel-, und staubförmigen Stoffen in die Atmosphäre. *Immissionen* sind auf Menschen, Tiere und Pflanzen, den Boden, das Wasser und die Luft *einwirkende* Luftverunreinigungen und andere Umwelteinwirkungen. Das Ausmaß der Schadstoffeinwirkung hängt von der Verweildauer und Konzentration der Schadstoffe am Einwirkungsort ab. Meßgröße ist vor allem die Konzentration in der Luft; bei Staub wird die Menge erfaßt, die sich auf einer bestimmten Fläche pro Zeiteinheit niederschlägt.

Produktionsmenge und Anwendungsmuster liefern wertvolle Informationen zum Eintrag eines Stoffes in die Umwelt (Abb. 7.3). Die Kenntnis der Eintragswege einer Chemikalie liefert Informationen darüber, welche Umweltmedien primär belastet werden. Die Eintragswege lassen sich aus Art, Zweck und Bereich der Verwendung und Entsorgung abschätzen.

Produktions- und Verbrauchsdaten werden von nationalen und internationalen Gremien, z. B. der EPA (Environmental Protection Agency) und der OECD (Organisation of Economic Cooperation and Development) zur Bewertung der Umweltrelevanz herangezogen. Weltweit werden etwa 300 Millionen Tonnen Chemikalien pro Jahr produziert[9]. Tabelle 7.1 gibt einen Überblick über die

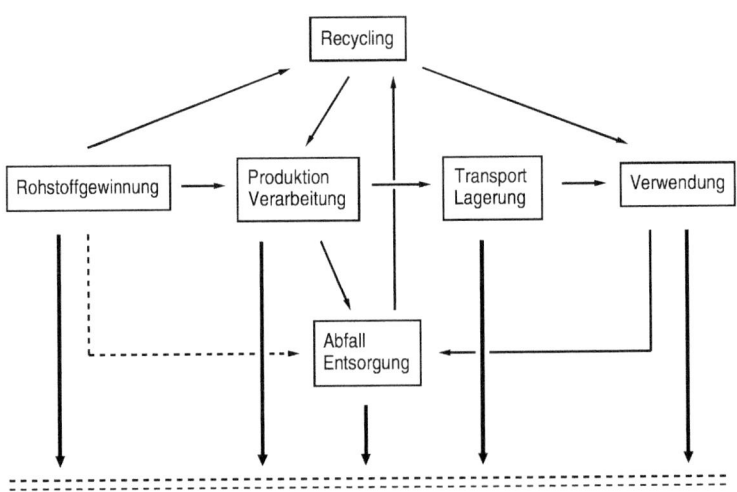

Abb. 7.3 Eintragswege von Chemikalien in die Umwelt

Produktion von Chemikalien in der Bundesrepublik Deutschland.

Die Jahresproduktion der wichtigsten petrochemischen Grundstoffe liegt bei ca. 70 Millionen Tonnen. Der weltweite Verbrauch von organischen Fremdstoffen entspricht der maximalen globalen Belastung der Umwelt. Für die regionale Belastungssituation liefern regionale Verbrauchsstatistiken wichtige Hinweise.

Zusätzlich können organische Fremdstoffe in die Umwelt gelangen, für die keine Produktionsstatistiken und Anwendungsmuster vorliegen, die aber ungewollt als Nebenprodukte und Verunreinigungen entstehen. Ein bekanntes Beispiel sind halogenierte Dibenzodioxine und Dibenzofurane (→6.3.2). Sie können in unterschiedlicher Menge und Struktur bei verschiedenen Prozessen der Chlorchemie, z. B. bei Synthese von Chlorphenolen und deren Folgeprodukten, sowie bei Verbrennungsprozessen, vor allem in einem mittleren Temperaturbereich (300–600 °C) entstehen. Der Eintrag in die Umwelt kann durch Emission während der Produktion erfolgen, bei Anwendung kontaminierter Produkte, bei Störfällen oder bei der Entsorgung. Die Kenntnis von Nebenprodukten und Verunreinigungen, die bei der Produktion von Stoffen auftreten, liefert somit wichtige zusätzliche Informationen für die Beurteilung ihrer Umweltrelevanz.

Produktion und Anwendung von Chemikalien, für die keine Produktionsstatistiken vorliegen, läßt sich durch Analyse geeigneter Umweltproben, z. B. von Boden, Sedimenten, Pflanzen und standorttreuen Tieren belasteter Regionen abschätzen. Außerhalb von Produktionsprozessen sind vor allem Emissionen bei der Verwendung fossiler Brennstoffe von Bedeutung. Quantitativ gesehen ist die Verbrennung fossiler Brennstoffe die bedeutendste anthropogene Aktivität.

Manche Stoffe, die durch anthropogene Prozesse emittiert werden, sind auch natürlicherweise in der Umwelt vorhanden. In diesem Fall sind bei einer Bewertung zusätzlich die natürlichen Bilanzen zu berücksichtigen. In Tabelle 7.2 sind beispielhaft die globalen jährlichen Emissionen einiger atmosphärischer Spurenstoffe aus natürlichen und anthropogenen Quellen gegenübergestellt.

Spurengase greifen vielfältig in das komplexe physikalische und chemische Geschehen der Atmosphäre ein. Mit den Wirkungen von Spurengasen zusammenhängende umweltrelevante Effekte sind der zusätzliche Treibhauseffekt, der Ozonabbau in der Stratosphäre, Winter-Smog, Sommer-Smog (photochemischer Smog) und Waldschäden. Als Smog bezeichnet man starke Anreicherungen von Luftverunreinigungen in Ballungsgebieten, die sich bei Inversionswetterlagen bilden.

Kohlendioxid (CO_2) ist die Schlüsselverbindung im Kohlenstoffkreislauf der Natur. Die Atmosphäre enthält ca. $2,6 \times 10^{15}$ kg CO_2. Dies entspricht einer Konzentration von ca. 350 ppm. Neben dem natürlichen Eintrag aus der Atmung der Lebewesen und aus dem Meer wird CO_2 zusätzlich anthropogen freigesetzt. Seit Anfang des 19. Jahrhunderts bis Mitte der 80er Jahre dieses Jahrhunderts erhöhte sich der CO_2-Gehalt in der Atmosphäre von 280 ppm auf 350 ppm[17]. Ursachen dafür sind im wesentlichen der durch die Zunahme der Industrialisierung und der Zunahme der Weltbevölkerung bedingte Verbrauchsanstieg von fossilen Energieträgern (Kohle, Erdöl, Erdgas) sowie die Rodung insbesondere tropischer Regenwälder, die einen großen Teil des CO_2 binden. Anthropogen freigesetztes CO_2 trägt wesentlich (50%) zum zusätzlichen Treibhauseffekt und somit zur Erwärmung der Erdoberfläche bei[18,19]. Eine Minderung der anthropogenen CO_2-Emissionen ist notwendig.

Tab. 7.1 Produktion von Chemikalien in der Bundesrepublik Deutschland[6]

Erzeugnis	Produktion in 1 000 t	
	1981	1987
anorganische Grundstoffe		
Chlor	3013	3452
Salzsäure	889	990
Schwefelsäure	3945	3351[d]
Natriumhydroxid	3209	3652
organische Grundstoffe		
Propylen	1613	1576
Reinbenzole	922	1314[d]
Vinyl- und Vinylidenchlorid	903	1434
Formaldehyd	508	609
Weichmacher[a]	421	426
Düngemittel		
stickstoffhaltig (berechnet auf N)	1436	1056
phosphathaltig (berechnet auf P_2O_5)	687	393
Pflanzenbehandlungs- und Schädlingsbekämpfungsmittel	218	219
Kunststoffe (Kondensationsprodukte)	2131	2724
Polymerisationsprodukte		
insgesamt	4242	5544
PVC	919	1242[d]
Chemiefasern[b]		
synthetische Fasern	447	449
Farbstoffe, Farben, Lacke und verwandte Erzeugnisse		
Anstrichstoffe und Verdünnungen (insges.)	1317	1349
darunter Lacke und Anstrichstoffe auf der Basis natürlicher und synthetischer Polymere, gelöst in mehr als 30% nicht-wäßrigen Lösungsmitteln	[c]	282[d]
Lacke/Anstrichstoffe auf der Basis von wasserverdünnbaren Bindemitteln–Verdünnungen	122	141[d]

[a] z. B. Preßmassen, Leimharze und Lackkunstharze
[b] außer den synthetischen Fasern stellen Zellulosefasern und -fäden weitere (hier nicht behandelte) Untergruppen dar
[c] Kein Nachweis vorhanden [d] Bezugsjahr 1986

Kohlenmonoxid (CO) kommt in der Atmosphäre mit rund 500×10^9 kg auf der Nordhalbkugel in einer Konzentration von 100–150 ppb (1989) und auf der Südhalbkugel mit 50–60 ppb vor. In Städten und industriellen Ballungsräumen kann der CO-Gehalt 1 bis 10

Tab. 7.2 Globale Emissionen aus natürlichen und anthropogenen Quellen

Globale Emissionen	Natur [Mio. t/Jahr]	Menschliche Tätigkeit [Mio. t/Jahr]
Kohlendioxid (CO_2)	670 000–970 000	20 000–30 000
Kohlenmonoxid (CO)	1 200–3 800	500–800
Kohlenwasserstoffe (ohne Methan, gerechnet als C)	600–1 300	40–70
Methan (CH_4)	70–450	150–500
Schwefelverbindungen (gerechnet als SO_2)	90–220	160–240
Stickstoffoxide (ohne Distickstoffoxid, gerechnet als NO_2)	20–180	40–80
Distickstoffoxid (N_2O)	bis 600	6–15
Ammoniak (NH_3)	bis 1 200	10

ppm betragen. Natürliche Eintragsquellen sind Vulkanausbrüche, Produktion durch Meeresalgen und Pflanzen. Anthropogene Einträge sind vor allem die Verbrennung fossiler Energieträger und von Biomassen[20]. Mehr als 80% des CO reagiert mit OH-Radikalen ab:

$$CO + HO^\cdot \rightarrow CO_2 + H^\cdot$$

Aufgrund dieser Reaktion, die die Konzentration von OH-Radikalen reduziert, beeinflußt CO die Kinetik der photochemischen Abbaureaktionen anderer Spurengase, vor allem von Kohlenwasserstoffen und ihrer halogenierten Derivate (→ 7.3.3 und 7.3.4.1). Durch Bodenbakterien findet eine mikrobielle Oxidation von CO statt.

Kohlenwasserstoffe (KW) sind Hauptbestandteile von Erdöl und Erdgas sowie Begleiter anderer fossiler Energiequellen. Natürliche Eintragsquellen stellen Vegetation und Meeresorganismen dar. Abgase von Kraftfahrzeugen, Verwendung von Lösemitteln und Verbrennung von Biomasse sind die wichtigen anthropogenen Quellen von KW. Die atmosphärische Belastung ist sehr komplex, so sind allein in Autoabgasen ca. 400 verschiedene Verbindungen vorhanden[21]. Gesättigte KW werden in der Atmosphäre durch OH-Radikale abgebaut (→ 7.3.4.1). Die Umweltrelevanz der KW liegt in der troposphärischen Bildung von Ozon und anderen Photooxidantien.

Umwelteinträge von **Methan** (CH_4) ergeben sich als Folge natürlicher Bildungswege beim anaeroben Abbau organischer Stoffe, z. B. Methan-Gärung von Zellulose und anderen Stoffen in Sümpfen (Sumpfgas). Anthropogene Quellen ergeben sich aus der Erdöl- und Erdgasförderung, dem Steinkohleabbau (Grubengas), der Verbrennung von Biomasse und Erdgas. Termiten erzeugen ebenfalls große Mengen an Methan. Durch chemische bzw. biologische Oxidation wird der Methan-Gehalt in der Atmosphäre gesenkt. Wichtige Abbaureaktionen sind die Oxidation mit OH-Radikalen (→ 7.3.4.1), Oxidation durch Bodenorganismen sowie Reaktion mit Cl-Atomen und mit aktivierten O-Atomen in der Stratosphäre. Da die Einträge den Austrag deutlich übersteigen, wurde ein Anstieg der atmosphärischen Methan-Konzentration in den letzten Jahrzehnten beobachtet. Die gegenwärtige mittlere Konzentration von 1,72 ppm entspricht einer Methan-Menge in der Gesamtatmosphäre von etwa $4{,}9 \times 10^{12}$ kg. Der Anteil von Methan am zusätzlichen Treibhauseffekt wird derzeit auf etwa 14% geschätzt[22]. Der steigende Methan-Gehalt in der Stratosphäre bewirkt durch die Abbaureaktion eine Verstärkung des OH_x-Abbauzyclus und damit eine Verringerung des Ozon-Gehaltes.

Schwefeldioxid (SO_2) wird natürlich vor allem bei Vulkanausbrüchen sowie durch Oxidation von Schwefelverbindungen aus Ozeanen und Sümpfen freigesetzt. Der anthropogene Eintrag resultiert vor allem aus der Verbrennung fossiler Energieträger. SO_2-Belastung der Atmosphäre schädigt Pflanzen, vor allem Obst- und Forstkulturen u.a. durch Abbau von Chlorophyll. SO_2 wird in der Atmosphäre teilweise zu Schwefelsäure oxidiert und verursacht zusammen mit Stickstoffoxiden Versauerung von Böden und Gewässern. Durch die Rauchgas-Entschwefelung bei Kraftwerken sowie eine Reduzierung des Schwefel-Gehalts im Heizöl wurde in den letzten Jahren in der Bundesrepublik ein deutlicher Rückgang der SO_2-Belastung beobachtet.

Unter den **Stickstoffoxiden** (NO_x) sind vor allem Distickstoffoxid N_2O, Stickstoffmonoxid NO und Stickstoffdioxid NO_2 von ökologischer Bedeutung. NO_x entsteht vor allem bei der Verbrennung fossiler Brennstoffe und von Biomasse. Oxidation von Ammoniak in der Atmosphäre trägt auch zur Bildung von NO_x bei. Natürliche Eintragsmechanismen für N_2O sind die Nitrifikation des Ammoniak-Stickstoffes mit nachfolgender Denitrifikation des Nitrates durch Mikroorganismen. Einsatz von mineralischen Stickstoffdüngern und der Anbau von Leguminosen in der Landwirtschaft sind die wichtigsten Quellen anthropogener Einträge von N_2O. Die N_2O-Konzentration in der Troposphäre stieg von 1981–1990 um etwa 0,2–0,3% jährlich (Konzentration 1990: ca. 310 ppb). N_2O wird in der Troposphäre nicht nennenswert abgebaut und gelangt in die Stratosphäre. Dort wird ein Teil zu NO umgesetzt.

$$N_2O + [O] \rightarrow 2\,NO$$

Dieses „stratosphärische NO" ist am katalytischen Ozonabbau beteiligt. In der Troposphäre tragen NO und NO_2 bei intensiver Sonneneinstrahlung zur Bildung von photochemischem Smog bei. Als Folge der Photodissoziation von NO_2 wird Ozon gebildet:

$$NO_2 + h\upsilon\ (<400\,nm) \rightarrow NO + [O]$$

$$O_2 + [O] + M \rightarrow O_3 + M^*$$
$$M = \text{inerter Stoßpartner}$$

NO und NO_2 werden durch Photooxidation in Salpetersäure überführt und tragen zum sauren Regen bei.

Anorganische Stoffe (Mineralien) werden durch den Bergbau mobilisiert, aber auch natürlicherweise durch Erosion freigesetzt. Im Fall der toxikologisch relevanten Schwermetalle übersteigt die Mobilisierung durch den Menschen bei weitem die natürlichen Prozesse.

Radioaktive Stoffe sind eine spezielle Gruppe von Schadstoffen, deren biologische Wirkung durch die emittierte Strahlung hervorgerufen wird. Das Verhalten in der Umwelt und in Organismen (Aufnahme, Verteilung usw.) verläuft substanzspezifisch und beeinflußt die biologische Wirkung.

7.3
Stoffbewegungen in der Umwelt

Chemikalien, die in die Umwelt gelangt sind, werden zwischen verschiedenen Umweltkompartimenten[23] verteilt. Ein Schema der möglichen Vorgänge ist in Abb. 7.4 dargestellt.

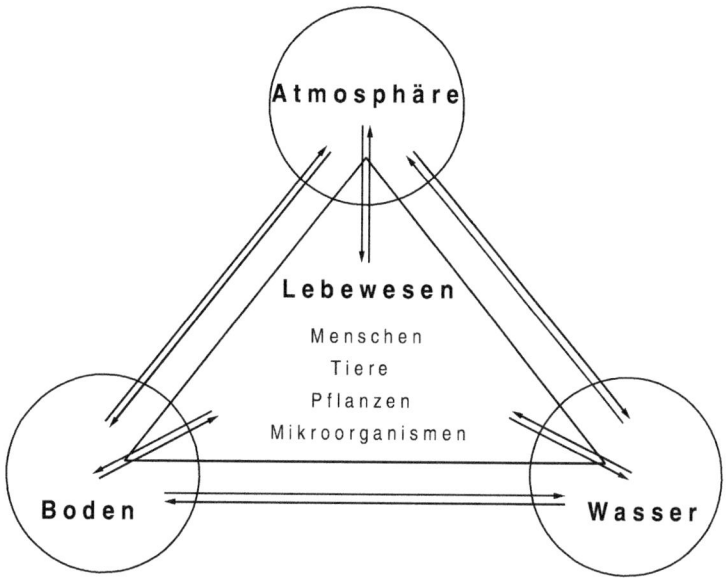

Abb. 7.4 Schema der Transportvorgänge von Umweltchemikalien

Die Stoffbewegungen einer Chemikalie in der Umwelt werden wesentlich von ihren physikalisch-chemischen Eigenschaften bestimmt. Wichtige Informationen geben Eigenschaftsgrößen wie Molekülmasse, Siedepunkt, Schmelzpunkt, relative Dichte, Oberflächenspannung, Dampfdruck, Wasserlöslichkeit und Fettlöslichkeit. Die Verteilungsgrößen n-Octanol/Wasser-Verteilungskoeffizient (P_{OW}), Henrykoeffizient (H) sowie der Bodenadsorptionskoeffizient werden zur Abschätzung der Verteilung eines Stoffes zwischen Umweltmedien herangezogen.

Mit Modellrechnungen wird versucht, die Konzentrationen in den einzelnen Kompartimenten vorauszusagen. Häufig angewendet wird das Fugazitätsmodell von Mackay[24]. Die Fugazität ist definiert als die Tendenz einer Substanz, die jeweilige Phase, in der sie sich befindet, zu verlassen.

7.3.1
Ausbreitung in Luft, Wasser und Boden

Bei der Ausbreitung von Chemikalien wird häufig unterschieden zwischen lokalen (bis 10 km), regionalen (bis 200 km), nationalen (bis 1000 km) und globalen (bis 40000 km) Bereichen.

Nach Eintrag in die Luft werden atmosphärische Verunreinigungen durch *Transmission* (Transport und Ausbreitung in der Luft) verteilt und können als Immissionen auf die Umwelt einwirken. Der Übergang aus der Luft in Wasser und Boden wird als *Deposition* bezeichnet. Die umgekehrten Vorgänge, d. h. der Übertritt aus Wasser und Boden in die Atmosphäre werden unter dem Begriff *Volatilität* zusammengefaßt. Für den Transfer von Chemikalien zwischen Wasser und Luft spielt die Henry-Konstante H eine ausschlaggebende Rolle. Der Transfer von Chemikalien zwischen Boden und Luft ist komplex, da Austauschvorgänge zwischen fester, flüssiger und gasförmiger Phase stattfinden. Außer durch Diffusion können Chemikalien auch adsorbiert an Staub aus dem Boden in die Luft eingebracht werden. Andererseits kann der Boden den Austrag aus der Luft aufnehmen und als Depot oder *Senke* fungieren. Als Senke bezeichnet man Räume, in denen Stoffe zeitweise festgelegt werden.

Der Transfer von Umweltchemikalien zwischen Boden und Wasser ist für die Kontamination von Gewässern, aber auch für die Kontamination des Bodens von Bedeutung. Zum Beispiel können Stoffe aus Regen oder Abwasser in den Boden aufgenommen werden oder aus dem Boden in Sicker- und Grundwasser ausgewaschen werden. Wesentlich hierfür ist die Bodenadsorption, die durch den Bodenadsorptionskoeffizienten K beschrieben wird. K quantifiziert das Verhältnis der Konzentrationen des adsorbierten Stoffes in der festen Phase und in der wässrigen Lösung im Gleichgewichtszustand. Da für die Adsorption die organische Masse des Bodens eine besondere Rolle spielt, wird K häufig auf den Gehalt des Bodens an organischem Kohlenstoff bezogen (K_{OC}; OC = organic carbon).

Die größte Bedeutung für eine weiträumige regionale und globale Ausbreitung hat die Atmosphäre; der Transport verläuft hauptsächlich horizontal durch den Wind. Bekannte Beispiele sind Chlorfluorkohlenwasserstoffe (FCKW) und Tetrachlormethan, die wegen ihrer Stabilität und Flüchtigkeit nahezu ideal global verteilt sind. Sie haben sich in der Troposphäre gleichmäßig von der Nordhemisphäre in die Südhemisphäre ausgebreitet. Auch andere persistente Verbindungen wie Chlorkohlenwasserstoffinsektizide (z. B. DDT, Hexachlorbenzol) oder Radionuklide mit größerer Halbwertszeit, z. B. ^{90}Sr ($t_{1/2}$ = 28,6 Jahre) lassen sich global nachweisen. Die horizontale globale Durchmischungszeit beträgt 1–2 Jahre. Der vertikale Austausch zwischen Troposphäre und Stratosphäre dauert mehrere Jahre. Dieser Vorgang ist z. B. von Bedeutung für FCKW, die erst nach Erreichen der Stratosphäre abgebaut werden (→ 7.3.3).

Über das Grundwasser kann sehr langfristig eine lokale bis regionale Verteilung von Chemikalien stattfinden. Der Transport von Chemikalien in Flüssen und Seen trägt zur regionalen Verteilung bei, der Transport in den Ozeanen kann zur globalen Verteilung beitragen.

Der Boden hat keine direkte Transportfunktion, eine Ausbreitung von Chemikalien erfolgt nur sehr langsam und hauptsächlich in wässriger Lösung. Adsorptions- und Desorptionsprozesse, die vor allem an der organischen Substanz des Bodens stattfinden, spielen eine wesentliche Rolle. Die Desorption ist fast nie vollständig, so daß bestimmte Anteile mehr oder weniger dauerhaft festgelegt werden. Dies kann zu Einschränkungen der mikrobiellen Abbaubarkeit von Umweltchemikalien führen, wie sich auch am Beispiel von polycyklischen Kohlenwasserstoffen in kontaminierten Böden gezeigt hat[25].

7.3.2
Akkumulation

Als *Akkumulation* bezeichnet man die Anreicherung von Chemikalien in einem bestimmten Umweltkompartiment.

In Organismen werden Umweltchemikalien durch Aufnahme aus dem umgebenden Medium und/oder aus der Nahrung angereichert. Die Anreicherung natürlich vorkommender Stoffe ist eine normale Lebensfunktion aller Organismen, die artspezifisch verläuft. Anthropogene Stoffe werden in Mikroorganismen, Pflanzen oder Tieren akkumuliert, wenn die Resorption nicht verhindert wird und kein effizienter Mechanismus für Abbau bzw. Ausscheidung zur Verfügung steht. Akkumulationen in Organismen treten bei organischen lipophilen Chemikalien auf, die im Fettgewebe abgelagert werden. Auch anorganische Stoffe, wie z. B. Schwermetalle oder Radionuclide, die anthropogen freigesetzt werden, können eine unerwünschte Anreicherung in Organismen erfahren.

Bei aquatischen Organismen kann die Akkumulation durch Aufnahme aus dem Wasser über die gesamte Körperoberfläche, über die Nahrung oder über beide Wege erfolgen. Das Verhältnis der Konzentration im Organismus zur Konzentration im umgebenden Medium wird als Anreicherungsfaktor (*Biokonzentrationsfaktor*, BCF) bezeichnet.

$$c_{As} = c_w \times K_1/K_2 = c_w \cdot BCF$$

c_{As} = Konzentration der Chemikalie im Organismus unter Gleichgewichtsbedingungen [ng×g^{-1}]
c_w = Konzentration der Chemikalie im Wasser [ng × g^{-1}]
K_1 = Geschwindigkeitskonstante für die Aufnahme [Tage^{-1}]
K_2 = Geschwindigkeitskonstante für die Aussscheidung [Tage^{-1}]
BCF = Biokonzentrationsfaktor

Der Biokonzentrationsfaktor, der in Abhängigkeit von der chemischen Struktur der Chemikalie über mehrere Zehnerpotenzen variieren kann, ist mit dem *n*-Octanol/Wasser Verteilungskoeffizienten (P_{OW}) korreliert. P_{OW} ist ein Maß für die Verteilung einer Substanz zwischen wässriger und lipophiler Phase. Der Fettgehalt der Organismen hat Einfluß auf den Biokonzentrationsfaktor. Wird der Biokonzentrationsfaktor nur auf den Lipidgehalt des Organismus bezogen, ist er weitgehend identisch mit dem Octanol/ Wasser-Verteilungskoeffizienten. Ein signifikanter Einfluß von Nahrungsketten auf die Bioakkumulation ließ sich in aquatischen Systemen nicht nachweisen[26].

Terrestrische höhere Pflanzen können Chemikalien aus dem Boden aufnehmen und anreichern[27,28]. Die Anreicherung erreicht maximal eine Zehnerpotenz und erfolgt vor allem über die Wurzel in das Leitsystem. Eine Stoffaufnahme über die Blätter ist ebenfalls möglich. Diese Akkumulation in Pflanzen ist für die Belastung pflanzlicher Lebensmittel und damit potentiell auch für Nahrungsketten von Bedeutung.

Bei terrestrischen höheren Tieren[29] ist die Aufnahme von Chemikalien mit der Nahrung am wichtigsten. Über Nahrungsketten kann eine Zunahme der Anreicherung erfolgen. Dies wird als ökologische Magnifikation bezeichnet und resultiert in steigender Anreicherung von Schadstoffen von einer trophischen Ebene zur nächsten bis zum Endkonsumenten. Hieraus resultiert die relativ hohe Belastung von Mensch und Greifvögeln mit Rückständen an lipophilen und persistenten Halogenkohlenwasserstoffen wie DDT oder polychlorierten Biphenylen (→ 6.3.2). Das Risiko der Weitergabe solcher persistenter Verbindungen an den Säugling während der Stillzeit über kontaminierte Muttermilch ist nicht zu vernachlässigen. Das Stillen wird aber angesichts des hohen physiologischen und psychologischen Nutzens für den Säugling für die ersten 4 Monate empfohlen. Danach sollte die Entscheidung zu weiterem Stillen von Messungen abhängig gemacht werden.[30,31].

Auch in bestimmten geologischen Zonen können Anreicherungen stattfinden. Schwermetalle können beispielsweise nach Eintrag in Oberflächengewässer über Luft oder Abwasser an organische oder anorganische Feststoffpartikel adsorbiert und in Sedimenten abgelagert werden. Auch der Boden stellt eine Senke für Schwermetalle dar.

7.3.3
Persistenz

Unter *Persistenz* ist allgemein die Beständigkeit organischer Chemikalien in der Umwelt zu verstehen. Für ein spezielles Umweltmedium ist Persistenz die Eigenschaft einer Substanz, die die Dauer ihres Verbleibs in diesem Medium bestimmt, bevor sie entfernt oder verändert wird. Grundsätzlich ist zwischen erwünschter (beabsichtigter) und unerwünschter Persistenz zu unterscheiden. Persistenz einer Chemikalie kann beispielsweise als Voraussetzung für einen bestimmten technologischen Einsatz beabsichtigt sein. Im Gegensatz dazu läßt sich die unerwünschte Persistenz definieren als nicht beabsichtigte, weitere Existenz einer Substanz in irgendeiner nachweisbaren Form[32]. Grundsätzlich gilt das Prinzip, daß mit dem Begriff Persistenz auch die Persistenz von Umwandlungsprodukten gemeint ist.

Anhaltspunkte für die Abschätzung der Persistenz von organischen Umweltchemikalien können sich aus Strukturmerkmalen ergeben[6]. Unverzweigte Alkyl-Gruppen sind z. B. weniger persistent als verzweigte, Alkene weniger als Alkane, Alkane weniger persistent als Aromaten. Mit der Zahl der Substituenten an Aromaten steigt deren Persistenz. Halogensubstitution (Fluor, Chlor v.a.) erhöht die Persistenz von Aromaten. Nitrosubstituierte aromatische Verbindungen, wie 2-Nitrophenol, 4-Nitrophenol oder 2,4-Dinitrophenol, sind ebenfalls schwer abbaubar.

In unterschiedlichen Umweltmedien haben Chemikalien unterschiedliche Stabilität. In Böden (→ 7.1) ist die Stabilität häufig durch Festlegung der Verbindungen in der Bodenmatrix erhöht. Lassen sich Ausgangsverbindungen oder Abbauprodukte mit Standard-Verfahren nicht mehr aus der Bodenmatrix extrahieren, werden sie als *nicht extrahierbare Rückstände* bezeichnet. Zum Beispiel werden Pestizide im Boden in Anteilen von üblicherweise 20–70%, in Einzelfällen bis 95%, durch Bildung nicht extrahierbarer Rückstände festgelegt. Für die Bindung von Fremdstoffen im Boden kommen verschiedene Mechanismen in Frage[33-37], wie Adsorption an Tonmineralien (z. B. diskutiert für die Herbizide Diquat und Paraquat) oder an organische Makromoleküle (z. B. diskutiert für die Herbizide Atrazin, Diuron, 2,4-Dichlorphenoxyessigsäure oder die Insektizide Methylparathion und Dieldrin). Besonders für die Stoffklassen der chlorierten Aniline und Phenole, die z. B. als Pestizidabbauprodukte freigesetzt werden, sind auch kovalente Bindungen an organische Makromoleküle des Bodens nachgewiesen worden. Einige Bindungen sind hydrolysierbar, in anderen Fällen werden chlorierte Aniline in heterocyclische Ringsysteme eingebaut, aus denen sie durch Hydrolysereaktionen nicht mehr freigesetzt werden. Dies wurde in Modellreaktionen mit Huminstoffvorläufern gezeigt (Abb. 7.5).

Entsprechende Reaktionen können im Boden enzymatisch oder durch Mineralien katalysiert werden. So entstehende Oligomere kommen als Bausteine für Huminstoff-Makromoleküle in Frage. Da im Boden ein langsamer mikrobieller Ab- oder Umbau der Huminstoffe erfolgt, können nicht extrahierbare Rückstände u.U. hierüber wieder freigesetzt und in Sicker- oder Grundwasser ausgewaschen werden.

Chemikalien mit geringer Wasserlöslichkeit und hohem spezifischem Gewicht wie chlorierte aliphatische Kohlenwasserstoffe können im Boden bis auf felsigen oder tonigen Untergrund absinken und dort ein Depot bilden. Dies kann eine jahrelange Belastung des Grundwassers zur Folge haben.

Schadstoffe mit geringer Wasserlöslichkeit und niedrigem spezifischem Gewicht bilden Schichten an der Obergrenze des Grundwasserleiters. Zum Beispiel wurden nach Mineralölunfällen unterirdische Öllinsen beobachtet, die ebenfalls über lange Zeit persistieren, Böden und Gewässer gefährden und Sanierungsmaßnahmen erfordern.

In der Troposphäre persistente Verbindungen sind die Chlorfluorkohlenwasserstoffe hydrolysierbar:

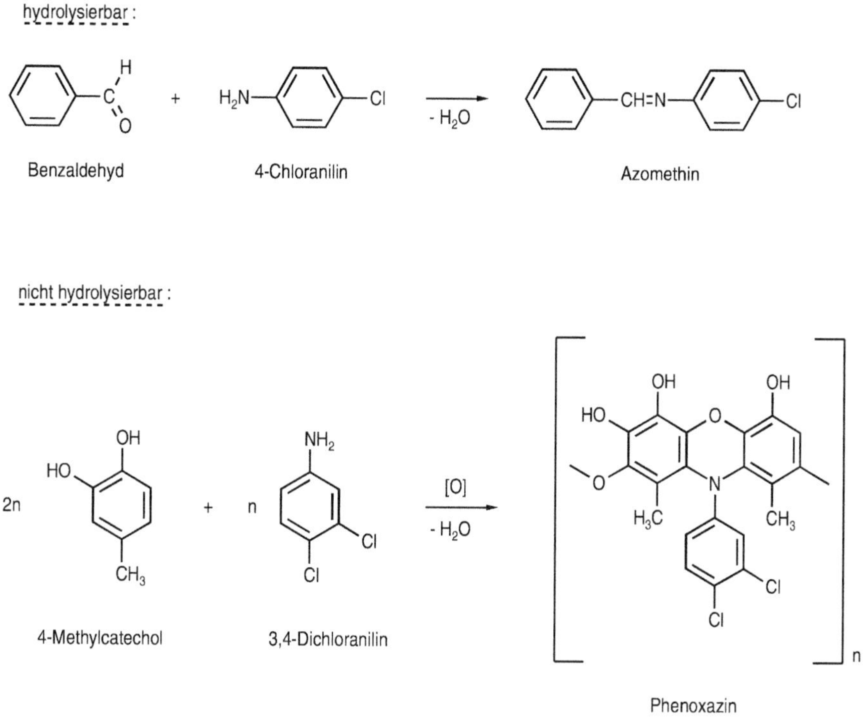

Benzaldehyd + 4-Chloranilin $\xrightarrow{-H_2O}$ Azomethin

nicht hydrolysierbar:

2n 4-Methylcatechol + n 3,4-Dichloranilin $\xrightarrow[-H_2O]{[O]}$ Phenoxazin

Abb. 7.5 Kovalente Bindung chlorierter Aniline an Huminstoff-Vorläufer

(FCKW). Der Begriff FCKW ist die Sammelbezeichnung für halogenierte aliphatische oder cycloaliphatische Kohlenwasserstoffe, die vor allem als Aerosol-Treibgase, Feuerlöschmittel und Kältemittel benutzt werden. FCKW sind vor allem anthropogener Herkunft. Die Weltproduktion wurde für 1986/1987 auf etwa 1,2–1,3 Mio. t geschätzt. In den Jahren 1990/1991 wurde allerdings ein deutlicher Rückgang verzeichnet. Bei der Verwendung gelangen die Verbindungen fast ausschließlich in die Atmosphäre und machen mit Tetrachlormethan ca. 60% des troposphärischen Gehaltes an organischen Chlorverbindungen aus. FCKW werden in der erdnahen Atmosphäre nicht abgebaut. Hier wirken sie als Treibhausgase, die zur anthropogenen Erwärmung der unteren Troposphäre und der Erdoberfläche beitragen. Erst in der Stratosphäre (in 25 km Höhe) werden FCKW durch energiereiche UV-Strahlen (190–220 nm) photolytisch gespalten. Der Abbau beginnt mit der Homolyse der C–Cl-Bindung

$$CFCl_3 \rightarrow {}^\bullet CFCl_2 + Cl^\bullet$$

Die freigesetzten Cl-Atome greifen im sog. ClO_x-Zyklus ein und katalysieren den Ozon-Abbau[38], wobei mehrere tausend Reaktionszyklen durchlaufen und entsprechend viele Ozon-Moleküle abgebaut werden.

$$Cl^\bullet + O_3 \rightarrow ClO^\bullet + O_2$$

$$ClO^\bullet + [O] \rightarrow Cl^\bullet + O_2$$

$$[O] + O_3 \rightarrow 2\,O_2$$

Da die Ozonschicht einen wirkungsvollen Filter für UV-Strahlung der Wellenlänge 242–310 nm (UV-B) darstellt, ist eine Reduktion des Ozon-Gehalts in der Stratosphäre mit einem Anstieg der UV-B-Intensität auf der Erde verbunden. Ein steigendes Risiko für Hautkrebs und eine schädigende Wirkung auf Pflanzen und Tiere sind als Folgen vorausgesagt. Der Abbau resultiert aus Emissionen, die mehr als 10 Jahre zurückliegen. Besonders drastisch wirkte sich der Ozonabbau in den vergangenen Jahren über der Antarktis aus. 1987 wurde kurzfristig ein Defizit von fast 50%, 1992 ein solches von 60% gemessen, bezogen auf entsprechende Werte vor Mitte der siebziger Jahre. Die Ozonschicht über der Nordhemisphäre hat nach Berichten der WORLD Meterological Organisation (WMO) im Februar und März 1993 im Vergleich zu den Vorjahren kurzfristig um mehr als 20% abgenommen[39]. Ein rascher weltweiter Verzicht auf FCKW und verwandte ozonschädigende Gase ist deshalb dringlich. Die Vertragsstaaten des Montrealer Protokolls, die ca. 90% der weltweiten FCKW-Produktion repräsentieren, haben im November 1992 in Kopenhagen das FCKW-Ausstiegsdatum auf den 1.1.1996 vorverlegt. Teilhalogenierte Chlor-fluorkohlenwasserstoffe (H-FCKW) und Bromfluorkohlenwasserstoffe (H-FBKW), die als FCKW-Ersatzstoffe Verwendung finden, sollen zwar ein geringeres Ozonabbaupotential aufweisen, jedoch ist ihre Verwendung in größerer Menge ebenfalls problematisch. Daher ist auch für diese Verbindungen ein möglichst frühzeitiger Verzicht zu fordern.

7.3.4
Abbau

Der Abbau organischer Verbindungen kann bis zur völligen Mineralisierung, d.h. zur Bildung von CO_2, H_2O, CO, HCl u.s.w. erfolgen oder nur partiell unter Freisetzung von stabilen Abbauprodukten ablaufen. Abbaureaktionen können abiotisch in Luft, Wasser und Boden oder enzymkatalysiert in Organismen ablaufen. Der abiotische Abbau von Umweltchemikalien kann photochemisch induziert oder unter Lichtausschluß stattfinden. Für den biotischen Abbau sind vor allem Mikroorganismen in Boden und aquatischen Systemen von Bedeutung, außerdem finden auch in Pflanzen und Tieren metabolische Stoffumwandlungen statt.

7.3.4.1
Abiotischer Abbau

In wässrigem Milieu bei entsprechender Struktur der Verbindungen sind **hydrolytische Spaltungen** von Bedeutung, durch die besser wasserlösliche Produkte gebildet werden können. Insektizide Phosphorsäureester werden z.B. durch hydrolytische Spaltung inaktiviert (→ 6.4.3). Chlorierte Kohlenwasserstoffe wie z.B. Chlorbenzol oder Heptachlor können ebenfalls unter Umweltbedingungen hydrolysiert werden (Abb. 7.6).

Reduktive Prozesse sind im Boden und im anaeroben Milieu von Sedimenten möglich, z.B. in Gegenwart von Redoxsystemen wie Fe(II)/Fe(III). Reduktionen werden aber auch durch mikrobielle Enzyme katalysiert (→ biotische Umwandlung).

Oxidationen können durch Reaktion mit molekularem Sauerstoff (Autoxidation) oder mit reaktiven Sauerstoffspezies ablaufen, die meist durch photochemische Prozesse entstehen. In der Troposphäre sind vor allem OH-Radikale und in gewissem Umfang Ozon (O_3) für die Umwandlung von Chemikalien von Bedeutung, in Gewässern finden vor allem Reaktionen mit Peroxiradikalen ($RO_2\bullet$) und Singulettsauerstoff ($^1O_2$) statt[9].

Für den **photoinduzierten Abbau** von Umweltchemikalien existieren generell unterschiedliche Möglichkeiten.

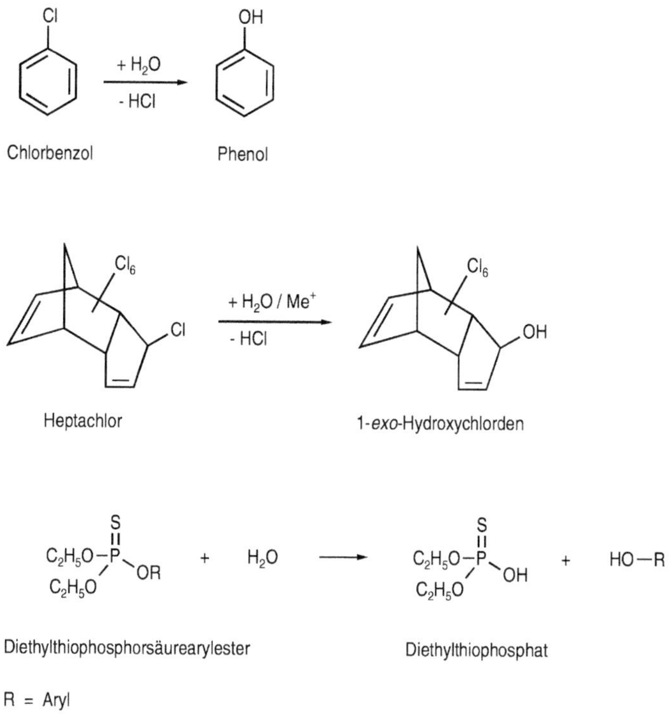

Abb. 7.6 Hydrolyse von chlorierten Kohlenwasserstoffen und von insektiziden Phosphorsäureestern

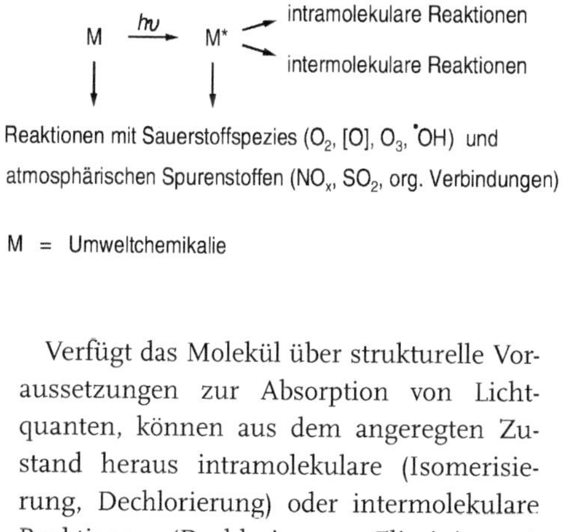

Verfügt das Molekül über strukturelle Voraussetzungen zur Absorption von Lichtquanten, können aus dem angeregten Zustand heraus intramolekulare (Isomerisierung, Dechlorierung) oder intermolekulare Reaktionen (Dechlorierung, Eliminierung) stattfinden. Photoisomerisierungen wurden z. B. bei Cyclodien-Insektiziden bei Bestrahlung mit UV-Licht im Wellenbereich von 200–300 nm nachgewiesen[40]. In Abhängigkeit von der Struktur wurden Additionen an eine Doppelbindung, [2+2]-Cycloadditionen oder Wasserstoffverschiebungen beobachtet. Auch photochemische Dechlorierungen und Dehydrohalogenierungen sind bekannt[9].

Den vollständigen Abbau von Umweltchemikalien unter Einwirkung von Licht bezeichnet man als Photomineralisierung. Ein derartiger Abbau wird vor allem beobachtet, wenn die Verbindungen an Oberflächen oder Partikel adsorbiert sind. Ursache des beschleunigten Abbaus unter troposphärischen Lichtbedingungen sind feine Verteilung an der Oberfläche und Wechselwirkungen mit den Molekülen des Trägermaterials[41].

Moleküle, die nicht in dem Wellenbereich oberhalb von 290 nm absorbieren, können indirekt photochemisch umgewandelt werden, d.h. sie werden von angeregten Molekülen oder gebildeten reaktiven Produkten umgesetzt.

Die Bildung reaktiver Sauerstoffspezies in der Troposphäre verläuft über komplexe Reaktionswege, die hier nur angedeutet werden können[18,23,42,43]. Die Produktion des OH-Radikals, die bevorzugt in wasserreicher Luft bei intensiver Sonnenbestrahlung erfolgt, wird durch die Photolyse von Ozon eingeleitet. Ozon ist natürlicherweise in geringer Konzentration (10–100 ppb) in der Troposphäre enthalten. In geringem Umfang wird Ozon photolytisch durch Licht der Wellenlänge < 310 nm gespalten, freigesetzte atomare Sauerstoffatome im Singulettzustand (^1D) reagieren mit Wasser unter Bildung von OH-Radikalen (Abb. 7.7). Dies ist der wichtigste Prozeß zur Bildung von OH-Radikalen in der Atmosphäre; andere Bildungswege sind z. B. die Reaktion des Hydroperoxylradikals ($^\bullet O_2 H$) mit Stickstoffmonoxid (NO) oder Ozon.

$$O_3 + UV\ (\lambda < 315\ mm) \rightarrow O(^1D) + O_2$$
$$O(^1D) + H_2O \rightarrow 2\ ^\bullet OH$$

$$HO_2^\bullet + NO \rightarrow NO_2 + {}^\bullet OH$$
$$HO_2^\bullet + O_3 \rightarrow 2\ O_2 + {}^\bullet OH$$

Abb. 7.7 Bildung von OH-Radikalen in der Atmosphäre.

Der zeitliche Mittelwert für die Konzentration der OH-Radikale in der Troposphäre liegt zwischen 2×10^5 und 2×10^6 Molekülen/cm³.

Das Hydroxylradikal initiiert eine Vielzahl weiterer Reaktionen in der Troposphäre. Die wichtigsten Abfangreaktionen für OH-Radikale sind die Umsetzung mit Methan und CO (Abb. 7.8).

Längerkettige Kohlenwasserstoffe werden vergleichbar dem Methan abgebaut. Intermediär gebildete Peroxylradikale können mit anderen Radikalen rekombinieren, durch Anlagerung an Aerosole zu deren Größenwachstum beitragen oder sich zu toxikologisch relevanten Aldehyden und Peroxyacylnitraten umsetzen (PAN-Verbindungen), die

$$CH_4 + {}^\bullet OH \rightarrow CH_3^\bullet + H_2O$$
$$CH_3^\bullet + O_2 + M \rightarrow CH_3O_2^\bullet + M^*$$
$$CH_3O_2^\bullet + NO \rightarrow CH_3O^\bullet + NO_2$$
$$CH_3O^\bullet + NO_2 \rightarrow CH_3ONO_2$$
$$CH_3O^\bullet + O_2 \rightarrow HCHO + {}^\bullet O_2H$$
$$HCHO + {}^\bullet OH \rightarrow CHO^\bullet + H_2O$$
$$CHO^\bullet + O_2 \rightarrow CO + {}^\bullet O_2H$$
$$CHO^\bullet + O_2 \rightarrow CO_2 + {}^\bullet OH$$
$$HCHO + h\nu \rightarrow H^\bullet + CHO^\bullet$$
$$(\lambda \leq 330\ nm)$$

$$CO + {}^\bullet OH \rightarrow CO_2 + H^\bullet$$
$$H^\bullet + O_2 + M \rightarrow {}^\bullet O_2H + M^*$$
$$^\bullet O_2H + NO \rightarrow {}^\bullet OH + NO_2$$

M = Stoßpartner

Abb. 7.8 Reaktionen von OH-Radikalen mit CH_4 und CO

im photochemischen Smog vorkommen. Für den Abbau vieler Alkene sind OH-Radikale und Ozon gleichermaßen von Bedeutung. Generell werden beim Abbau organischer Verbindungen eine Vielzahl von Reaktionsprodukten freigesetzt, die in komplexe Reaktionszyklen eingehen. Mit zunehmendem Halogenierungsgrad (Chlorierung, Fluorierung) der Verbindungen verlangsamen sich die Abbauraten.

7.3.4.2
Biotischer Abbau

Organische Umweltchemikalien werden in Tieren, Pflanzen und Mikroorganismen enzymatisch umgewandelt (metabolisiert) bzw. abgebaut. Durch den Metabolismus wird meist eine Inaktivierung (Entgiftung) des Fremdstoffes bewirkt.

Von **Tieren** werden lipophile Fremdstoffe bevorzugt zu wasserlöslichen Metaboliten umgewandelt, die über die Niere oder die Galle ausgeschieden werden. Vollständiger

Abbau bzw. völliges Verwerten im körpereigenen Stoffwechsel ist jedoch selten. In sogenannten Phase I-Reaktionen (Oxidation, Reduktion, Hydrolyse) werden funktionelle Gruppen wie z. B. OH-, NH_2-, COOH-Gruppen in das Fremdstoffmolekül eingeführt oder freigesetzt (→ 2.2.4). In den Phase II-Reaktionen werden durch Kopplung an körpereigene Moleküle sogenannte Konjugate, vor allem Glucuronide, Sulfate, Glutathionkonjugate bzw. Mercaptursäuren gebildet, die meist eine drastisch erhöhte Wasserlöslichkeit aufweisen und über Niere oder Galle ausgeschieden werden können. Durch Umwelteinflüsse können bestimmte Biotransformationen induziert oder gehemmt werden.

Art und Umfang der Biotransformation eines Fremdstoffes variiert zwischen den einzelnen Tierarten, da die Enzymausstattungen nicht identisch sind. Aquatische Tiere z. B. haben häufig geringere Monooxigenaseaktivitäten als Landtiere. Auch Konjugationsreaktionen sind hier weniger bedeutend als bei Landtieren, da für die Ausscheidung die ganze Körperoberfläche zur Verfügung steht[44].

Auch in **Pflanzen** werden Umweltchemikalien durch Phase I- und Phase II-Reaktionen metabolisiert[27]. Besonders umfangreich untersucht ist die Biotransformation von Pestiziden[45]. Oxidation ist die bedeutendste Phase I-Reaktion. Innerhalb der Phase II-Reaktionen ist die Bildung von β-Glucosiden (O-, N-, S- und komplexe Glucoside) und Glutathionkonjugaten von Bedeutung. Die Konjugate verbleiben meist in der Pflanze. Glucoside werden häufig in der Zentralvakuole angehäuft.

Den größten Anteil beim Abbau von Chemikalien in der Umwelt haben jedoch **Mikroorganismen** im Boden, im Wurzelraum von Pflanzen, im Wasser oder Schlamm, die eine Vielzahl von Abbaureaktionen katalysieren[46]. Für einen vollständigen Abbau stehen Mikroorganismen prinzipiell drei zentrale metabolische Wege (aerobe Atmung, anaerobe Atmung, Gärung) zur Verfügung. In diesem Fall dient die Chemikalie als Energie- und Nährstoffquelle (Abb. 7.9).

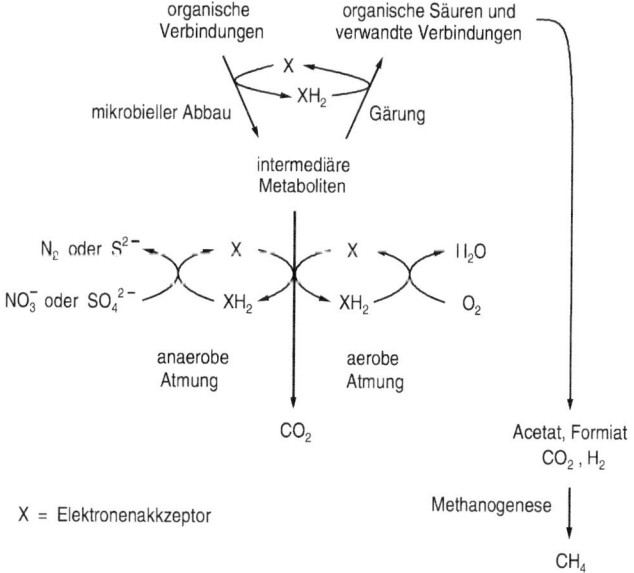

Abb. 7.9 Hauptwege des mikrobiellen Abbaus

Ein vollständiger Abbau durch *einen* Mikroorganismus ist für verschiedene Umweltchemikalien bekannt. Zum Beispiel können verschiedene Pestizide von einer Vielzahl von Organismen als einzige Energie- und Kohlenstoffquelle genutzt werden[36,47,48]. Durch Induktion der entsprechenden Enzyme kann der Abbau stark beschleunigt werden. Man unterscheidet zwischen Selbstinduktion durch die jeweilige Substanz und Kreuzinduktion durch andere natürlich vorkommende oder anthropogene Verbindungen. Adaptation an bestimmte Substrate, z. B. bei der Abwasserbehandlung, ermöglicht die Züchtung von Spezialisten, die bestimmte Umweltchemikalien besonders schnell abbauen. Auch durch die Verfügbarkeit anorganischer Nährstoffe wie Nitrat, Phosphat und Spurenelemente kann die Abbaurate beeinflußt werden. Bei der biologischen Boden- und Grundwassersanierung wird versucht, latent vorhandene mikrobielle Abbauaktivitäten durch Zugabe derartiger Stoffe zu erhöhen.

Häufig werden nur einzelne Umsetzungen des Fremdstoffes durch einen Mikroorganismus katalysiert, ohne daß die Substanz als Nährstoff- und Energiequelle dienen kann. Erforderlich ist die Gegenwart anderer Verbindungen, die als Substrate für das Wachstum dienen (Kometabolismus).

Ein weitgehender Abbau von Umweltchemikalien kann durch Mikroorganismengesellschaften katalysiert werden, bei denen von einem Organismus ausgeschiedene Metabolite von anderen Arten weiter verstoffwechselt werden. Auch für natürlich vorkommende Mikroorganismengesellschaften ist Adaptation an organische Fremdstoffe nachgewiesen.

Beim Abbau durch Mikroorganismen spielen insbesondere Phase I-Reaktionen (Oxidation, Reduktion, Hydrolyse) eine Rolle, während Phase II-Reaktionen (Konjugationen) von geringerer Bedeutung sind. Dies zeigen Experimente mit isolierten Kulturen und auch Untersuchungen unter Umweltbedingungen.

Mikrobielle Oxidationen (Hydroxylierung, Desalkylierung, Epoxidierung, *S*-Oxidation, u.a.) können durch verschiedene Enzyme katalysiert werden. Aliphatische und aromatische Kohlenwasserstoffe werden bevorzugt oxidativ abgebaut. Dabei entstehen Biomasse, CO_2 und Wasser. Beispielhaft ist der Abbau aromatischer Kohlenwasserstoffe in Abb. 7.10 und Abb. 7.11 dargestellt. Einleitender Schritt des bakteriellen Abbaus ist die Dioxigenierung. Alternativ sind kometabolische Oxidationen (eingeleitet durch Monooxigenierung, vor allem durch Pilze) möglich. Als intermediäre Metabolite werden Dihydroxyphenylderivate gebildet (Abb. 7.10).

Der weitere Abbau des aromatischen Ringes wird durch Dioxigenase-abhängige Spaltung eingeleitet. Diese kann zwischen zwei benachbarten hydroxylierten C-Atomen (*o*-Spaltung) oder zwischen einem hydroxylierten und einem benachbarten C-Atom (*m*-Spaltung) stattfinden. Am Beispiel des Brenzcatechins (Abb. 7.11) ist der Abbau über die *o*-Spaltung dargestellt.

Auch polycyclische aromatische Kohlenwasserstoffe (PAK) können in Böden und Sedimenten durch Mikroorganismen teilweise oder vollständig abgebaut werden. In den meisten natürlichen Biotopen ist ein entsprechendes Abbaupotential zu vermuten, das durch bestimmte Bedingungen und Nährstoffe aktiviert werden kann. Art und Ausmaß des mikrobiellen Abbaus hängen von der Zahl der annelierten Ringe ab. Während Naphthalin in Sedimenten zu 60–70% mineralisiert wurde, zeigten höherkernige PAK wesentlich niedrigere Abbauraten[16]. Bei der Belastung von Böden mit PAK, z.B. an ehemaligen Standorten von Gaswerken und Kokereien, spielt die Zusammensetzung des Bodens ebenfalls eine Rolle, da nur ungebundene Anteile für den mikrobiellen Abbau zur Verfügung stehen.

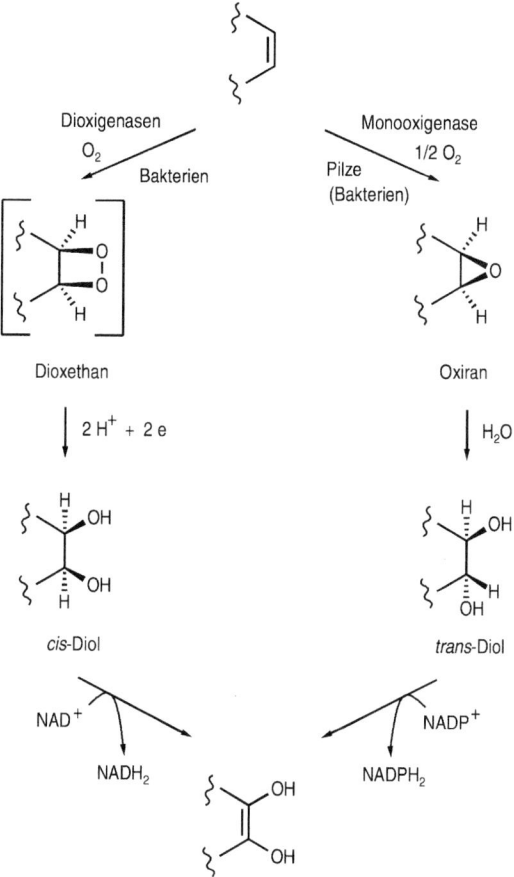

Abb. 7.10 Mikrobielle Oxidation aromatischer Kohlenwasserstoffe

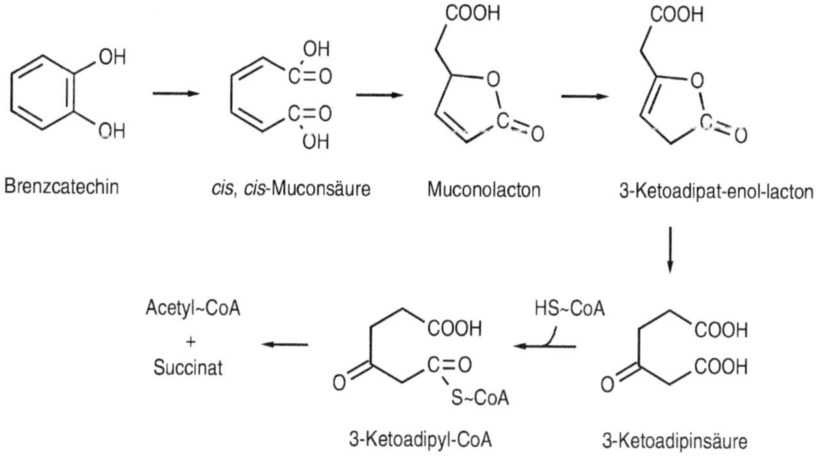

Abb. 7.11 Bakterieller Abbau von Brenzcatechin

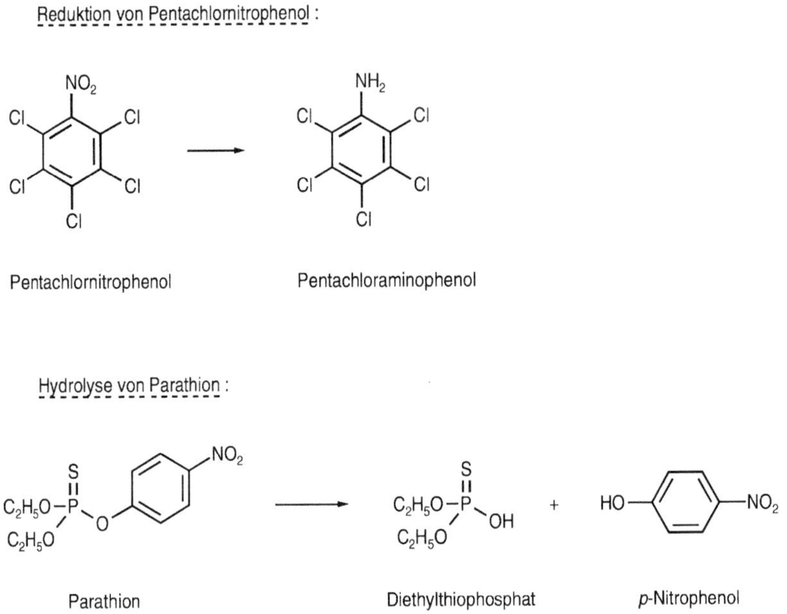

7.3 Stoffbewegungen in der Umwelt

Reduktion von Pentachlornitrophenol :

Pentachlornitrophenol → Pentachloraminophenol

Hydrolyse von Parathion :

Parathion → Diethylthiophosphat + p-Nitrophenol

Abb. 7.12 Beispiel für mikrobielle Reduktion und Hydrolyse

Die wichtigsten mikrobiellen Reduktionen sind die Reduktion von Nitrogruppen zu Aminogruppen und die Reduktion von Chinonen zu Phenolen. In Abb. 7.12 ist die Nitro-Reduktion am Beispiel von Pentachlornitrobenzol dargestellt. In einer analogen Reaktion wird Trinitrotoluol unter aeroben Bedingungen bakteriell in Aminodinitrotoluol umgewandelt, durch anaerobe Bakterienkulturen werden alle Nitrogruppen zu Aminogruppen reduziert.

Ein Beispiel für mikrobiell katalysierte Hydrolysereaktionen ist die Spaltung organischer Phosphorsäureester (Abb. 7.12).

Halogenierte Kohlenwasserstoffe können mikrobiell unter HCl-Abspaltung oder reduktiv dehalogeniert werden[47]. Dies ist z. B. für das schwer abbaubare DDT nachgewiesen (Abb. 7.13 a,b).

Chlorierte Alkene und Alkane, die vor allem als Lösungsmittel eine Rolle spielen, werden bevorzugt unter anaeroben Bedingungen umgesetzt[49]. Die Chlorsubstituenten werden im Verlauf der reduktiven Dechlorierung stufenweise durch Wasserstoff ersetzt. Dies ist am Beispiel von Tetrachlorethen und Hexachlorethan in Abb. 7.13 c gezeigt. Der toxikologisch bedenkliche Abbau von Tetrachlorethen zu Vinylchlorid wurde z. B. in der methangasbildenden Zone von Deponien nachgewiesen.

Chlorierte aromatische Verbindungen werden häufig oxidativ abgebaut; die Abbauwege sind meist vergleichbar mit denen der nichtchlorierten Analogen[49].

7.3.5
Biotische Umwandlungen von Metallen

Der Kreislauf der Metalle zwischen Luft, Wasser, Boden und der Biosphäre hängt in hohem Maße von den Umwandlungen ab, die die Elemente in den verschiedenen Umweltmedien erfahren. Die ökotoxische Wirkung

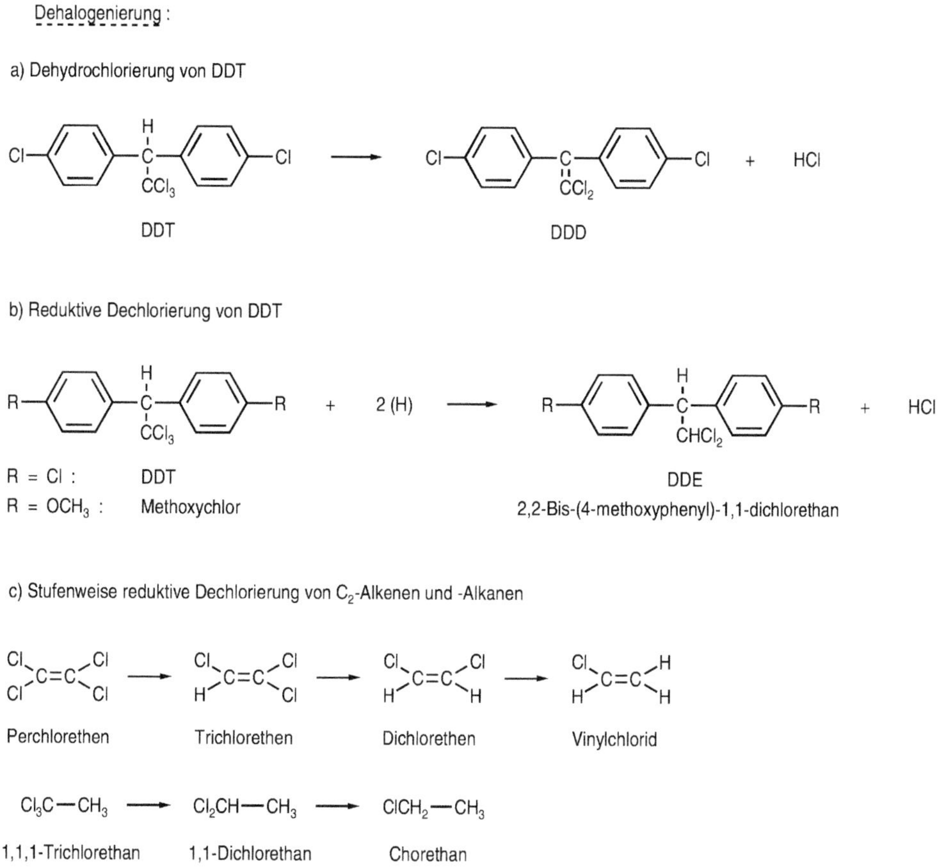

Dehalogenierung:

a) Dehydrochlorierung von DDT

Cl—⟨C₆H₄⟩—CH(CCl₃)—⟨C₆H₄⟩—Cl ⟶ Cl—⟨C₆H₄⟩—C(=CCl₂)—⟨C₆H₄⟩—Cl + HCl

DDT → DDD

b) Reduktive Dechlorierung von DDT

R—⟨C₆H₄⟩—CH(CCl₃)—⟨C₆H₄⟩—R + 2 (H) ⟶ R—⟨C₆H₄⟩—CH(CHCl₂)—⟨C₆H₄⟩—R + HCl

R = Cl : DDT
R = OCH₃ : Methoxychlor

DDE
2,2-Bis-(4-methoxyphenyl)-1,1-dichlorethan

c) Stufenweise reduktive Dechlorierung von C₂-Alkenen und -Alkanen

$Cl_2C=CCl_2$ ⟶ $Cl_2C=CHCl$ ⟶ $ClHC=CHCl$ ⟶ $ClHC=CH_2$

Perchlorethen — Trichlorethen — Dichlorethen — Vinylchlorid

Cl_3C-CH_3 ⟶ Cl_2CH-CH_3 ⟶ $ClCH_2-CH_3$

1,1,1-Trichlorethan — 1,1-Dichlorethan — Chorethan

Abb. 7.13 Mikrobiell verlaufende Dehalogenierungsreaktionen

ist strukurspezifisch und variiert zwischen den einzelnen Erscheinungsformen eines Elements.

Schwermetalle werden durch abiotische und biotische Mechanismen in der Umwelt umgewandelt[50,51]. Die Methylierung von Schwermetallen, die in Mikroorganismen, Tieren und partiell auch rein chemisch abläuft, ist von besonderer Bedeutung, da metallorganische Verbindungen mit z.T. hoher Warmblütertoxizität gebildet werden. Nachgewiesen sind Biomethylierungen z.B. für Quecksilber, Blei, Titan, Zinn, Chrom und für Arsen und Selen. Verschiedene Mechanismen werden für die Biomethylierung diskutiert. Methylcorrinoidderivate (wichtigster Vertreter: Methylcobalamin, Vitamin B_{12}) sind für den Methylgruppentransfer von besonderer Bedeutung. Die Übertragung der Methylgruppe kann als Carbanion (CH_3^-) oder als Radikal ($CH_3^{\bullet}$) erfolgen[52]. Cobalamin-unabhängige Mechanismen werden z. B. für die Methylierung von Arsen in Pilzen diskutiert. Demethylierungsreaktionen sind ebenfalls bekannt.

Am besten untersucht sind die Methylierungs- und Demethylierungsreaktionen des Quecksilbers, die in verschiedenen Umweltmedien ablaufen und einen Beitrag zum Kreislauf des Quecksilbers leisten (Abb. 7.14).

Durch Mikroorganismen wird Hg^{2+} zu elementarem Quecksilber reduziert oder zu

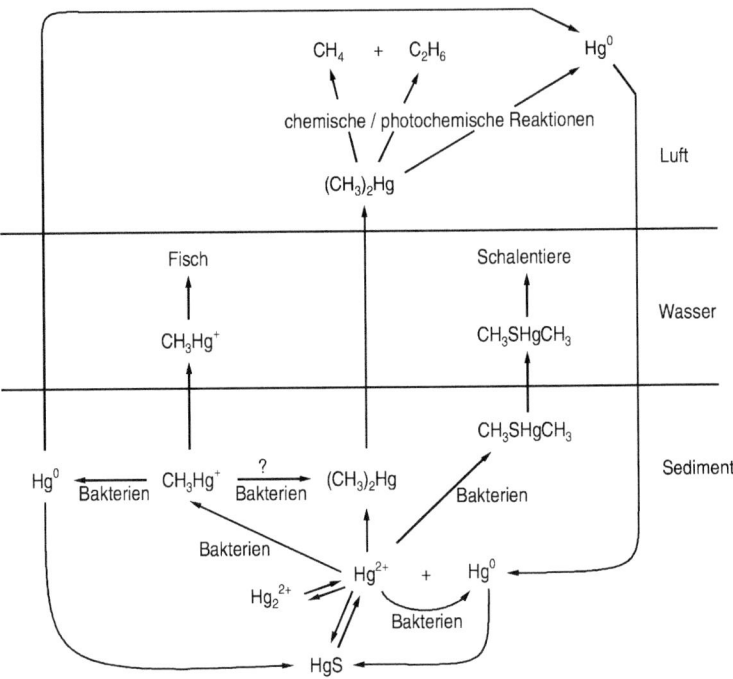

Abb. 7.14 Kreislauf des Quecksilbers in der Umwelt

Methyl- bzw. Dimethylquecksilber umgewandelt. Das neurotoxische Methylquecksilber ist lipophil, durchdringt leicht die Zellmembran und kann in aquatischen und terrestrischen Organismen angereichert werden[53].

7.4 Verfahren zur ökotoxikologischen Bewertung von Umweltchemikalien

Die ökotoxikologische Bewertung chemischer Stoffe basiert auf Erkenntnissen zur Expositionssituation und zur Schadwirkung. Informationen hierzu können auf unterschiedliche Weise gewonnen werden:

- In Laboruntersuchungen mit standardisierten Verfahren werden physikalisch-chemische und biologische Prozesse untersucht, denen definierte Einzelstoffe in der Umwelt unterliegen und ökotoxische Wirkungen erfaßt.
- In komplexeren, simulierten oder natürlichen Systemen können verschiedene Wechselwirkungen zwischen Chemikalien und Umwelt erfaßt werden.
- Durch Kombination von Labor- und Feldversuchen mit mathematischen Simulationsmodellen („Expositionsmodellen") läßt sich das Verhalten von Chemikalien in der Umwelt interpretieren. Expositionsmodelle sind das Bindeglied zur Übertragung von Labordaten oder punktuell gewonnenen Erkenntnissen in die Umwelt[54].
- Die Analyse von Umweltproben in Monitoring-Programmen ermöglicht die Ermittlung aktueller Konzentrations- und Belastungstrends. Diese Untersuchungen tragen wesentlich zur Ermittlung der Exposition mit sogenannten „Alten Stoffen" bei, die bereits in die Umwelt eingetragen sind (Altlasten) ($\rightarrow$ 8.5.8).

7.4.1
Bestimmung ökologischer Kenndaten von definierten Einzelstoffen im standardisierten Laborexperiment

Vorteile dieser standardisierten Tests[55-57] sind Praktikabilität, Differenzierbarkeit der Wirkungsmechanismen, Wiederholbarkeit und statistische Sicherheit. Die meisten Untersuchungsverfahren sind validiert und national und international in unterschiedlichen Varianten anerkannt (OECD-Test-Guidelines, EG-Richtlinien, DIN-Normen, ISO-Normen, Europäische Normen). Sie dienen zur Abschätzung des Gefährdungspotentials von Stoffen, z. B. im Rahmen des Chemikaliengesetzes, des Pflanzenschutzgesetzes und des Wasch- und Reinigungsmittelgesetzes.

Beispielhaft sind nachfolgend im Chemikaliengesetz (ChemG) vorgeschriebene Prüfnachweise aufgeführt, die Aussagen über umweltgefährliche Eigenschaften neu zuzulassender Stoffe („Neue Stoffe") machen, die nicht im Altstoffinventar der EG enthalten sind[58,59]. Die Ergebnisse sind im Rahmen des Anmeldeverfahrens in Form von Prüfberichten vorzulegen. Die Beurteilung erfolgt durch das Umweltbundesamt[60]. Das ChemG enthält ein Stufensystem, das sich vor allem nach dem Ausmaß der Vermarktung orientiert:

Grundstufe: ab 1 t/Jahr oder 50 t insgesamt
1. Stufe: ab 100 t/Jahr oder 500 t insgesamt
2. Stufe: ab 1000 t/Jahr oder 5000 t insgesamt

Hinweise auf ein besonderes Gefährdungspotential können zusätzliche Prüfungen notwendig machen.
Folgende Prüfnachweise werden in den einzelnen Stufen gefordert:

- In der **Grundstufe**: Physikalisch-chemische Eigenschaften wie Schmelzpunkt, Siedepunkt, relative Dichte, Dampfdruck, Wasserlöslichkeit, Fettlöslichkeit, Oberflächenspannung, Verteilungskoeffizient n-Octanol/Wasser (P_{OW}). Diese liefern erste Informationen zu den Stoffbewegungen in der Umwelt und ermöglichen Verteilungsberechnungen, z. B. nach Mackay[24,61]. Zur Bestimmung der Wirkkonzentration ist die Toxizität gegenüber Wasserorganismen (aquatische Toxizität) nach kurzzeitiger Einwirkung vorgesehen. Zur Abschätzung der Konzentration in der Umwelt (Expositionskonzentration) kann die Prüfung auf abiotische Abbaubarkeit und leichte biotische Abbaubarkeit sowie die Hinweise zur Verwendung herangezogen werden.
- Zusätzliche Prüfungen für die **1. Stufe** beinhalten: potentielle biologische Abbaubarkeit sowie weitergehende abiotische Abbaubarkeit, soweit sich das Erfordernis aus den Prüfergebnissen der Grundprüfung ergibt, Bioakkumulation, Toxizität gegenüber Wasserorganismen nach langfristiger Einwirkung, Toxizität gegenüber Bodenorganismen und Pflanzen.
- Zusätzliche Prüfungen für die **2. Stufe** werden nach einem individuellen stoffspezifischen Programm durchgeführt und umfassen: Mobilität im Wasser, im Boden und in der Luft; abiotische und biologische Abbaubarkeit, soweit sich das Erfordernis nach bereits vorliegenden Prüfergebnissen ergibt; Bioakkumulation in weiteren Versuchen, langfristige Toxizität gegenüber Wasser- und Bodenorganismen; Toxizität gegenüber Vögeln einschließlich der Fortpflanzungsfähigkeit; weitere umweltgefährliche Eigenschaften.

Für diese Prüfnachweise stehen unterschiedliche Standardmethoden zur Verfügung. In EG-Richtlinien sind Tests für die Grundstufe und für die 1. Stufe (Stufe I) beschrieben. Tests nach anderen Prüfrichtlinien, wie z. B.

OECD oder ISO, werden akzeptiert, wenn sie im wesentlichen den EG-Prüfrichtlinien entsprechen, oder wenn EG-Prüfrichtlinien nicht anwendbar sind[62]. Die Tests zur 2. Stufe (Stufe II) des Chemikaliengesetzes sind nicht festgelegt. Das Prüfprogramm wird aufgrund vorliegender Kenntnisse über die jeweilige Chemikalie aufgestellt.

Beispielhaft werden Testverfahren der Grundstufe und ersten Stufe kurz beschrieben. Für Versuche an lebenden Organismen sind im allgemeinen die jeweils zu verwendenden Arten vorgeschrieben.

7.4.1.1
Toxizitätstests

Aquatische Toxizität in der Grundstufe (Fisch- und Daphnientoxizität)
Prinzip: Haltung der Tiere über einen längeren Zeitraum in Wasser, das die Prüfsubstanz in verschiedenen Konzentrationen enthält. Erfaßt wird die Mortalität bzw. Immobilisierung der Tiere.

Akute Toxizität für Fische[63]. Ziel des Tests ist die Ermittlung der akuten letalen Toxizität des zu prüfenden Stoffes. Diese wird in Form des LC_{50}-Wertes ausgedrückt, das ist die Konzentration in Wasser [mg/l], die 50% der Testfische innerhalb einer bestimmten Einwirkungsdauer tötet. Empfehlungen für die Auswahl der Fischarten finden sich in der Prüfvorschrift, häufig wird der Zebrabärbling wegen seiner problemlosen Haltung verwendet. Der Test kann statisch, d.h. ohne Erneuerung des Prüfmediums durchgeführt werden oder im Durchflußverfahren, wobei die Prüfsubstanz mit dem Wasser für die Erneuerung eingebracht wird.

Mindestens 5 Prüfkonzentrationen werden angesetzt, für jede Konzentration werden mindestens 7 Fische eingesetzt. Mit den Ergebnissen wird eine Konzentrations-Wirkungskurve nach Probit-Transformation erstellt (→ Kap. 4.1.1). Sie entspricht der Dosis-Wirkungsgerade in Abb. 4.1, wobei die x-Achse die logarithmische Skala der Konzentration darstellt. Der bei 50% Mortalität abzulesende LC_{50}-Wert für 96 Stunden dient als Grundlage der Bewertung, kann jedoch lediglich einen Anhaltspunkt für die akute Fischtoxizität des zu prüfenden Stoffes geben. Zur genaueren Bewertung muß der Verlauf der Konzentrationskurve interpretiert werden. Ein sehr flacher Kurvenverlauf indiziert beginnende letale Effekte bereits bei sehr geringen Konzentrationen, somit ist eine Gefährdung schon bei Konzentrationen weit unterhalb des LC_{50}-Wertes möglich. Bei einem sehr steilen Kurvenverlauf sind geringe Stoffkonzentrationen nicht wirksam, während Konzentrationen knapp über dem LC_{50}-Wert den Tod aller Versuchstiere verursachen. Für eine adäquate Bewertung der akuten Toxizität ist daher die zusätzliche Angabe der für 10% bzw. 100% der Testorganismen tödlichen Konzentrationen (LC_{10}, LC_{100}) sinnvoll. Die LC_{100} ist die niedrigste Konzentration, die 100% Mortalität bewirkt.

Der zeitliche Verlauf der toxischen Wirkung wird durch die LC_{50} bei unterschiedlichen Expositionszeiten (24, 48, 72, 96 Stunden) dokumentiert. Ausgeprägte Zeitabhängigkeit der toxischen Wirkung läßt eine erhöhte Gefährdung bei chronischer Exposition vermuten.

Akute Toxizität für Daphnien (Wasserflöhe)[64]. Die akute Toxizität für Daphnien wird durch den EC_{50}-Wert angegeben, d.h. diejenige mittlere effektive Konzentration, die innerhalb einer definierten Zeit bei 50% der Versuchstiere eine Schwimmunfähigkeit bewirkt. Als schwimmunfähig gelten Daphnien, die nach leichter Bewegung des Prüfbehälters innerhalb von 15 sec keine Schwimmbewegung mehr zeigen. Bestimmt werden die EC_{50}-Werte nach 24 und 48 h.

Wachstumshemmung an der Alge[65]. Erfaßt wird die Wirkung einer Substanz auf das Wachstum einer einzelligen Grünalgenart über einen Zeitraum von 72 h, d. h. über mehrere Generationen. Bestimmt wird die Konzentration, die eine 50%-ige Abnahme des Wachstums der Biomasse (E_bC_{50}) oder der Wachstumsrate (E_rC_{50}) bewirkt, sowie die höchste Konzentration, bei welcher noch keine Wirkung zu beobachten ist (No observed effect concentration, NOEC). Die Zelldichte wird mit direktem Zählverfahren (z. B. Mikroskop mit Zählkammer) oder indirektem Verfahren (z. B. Trübungsmessung) gemessen. Der Test wird mit mindestens 5 Konzentrationen durchgeführt, ein Limittest mit 100 mg/l oder mit einer Konzentration an der Löslichkeitsgrenze ist möglich.

Aquatische Toxizität der Stufe I
Der längerfristige Fischtest[66]. Dieser Test erfaßt die Letalität (LC_{50}-Wert) über einen Zeitraum von 28 Tagen. Er ist vor allem sinnvoll, wenn im akuten Fischtest innerhalb von 96 h eine Steigerung der Letalität beobachtet wurde. Zusätzlich wird die NOEC bestimmt. Als Symptome im subletalen Bereich können Veränderungen des Schwimmverhaltens oder der Pigmentierung beobachtet werden. Diese Veränderungen sind allerdings schwer zu quantifizieren.

Early-Life-Stage-Test (Fisch)[67]. Die Zeitdauer dieses Testes beträgt 4 Wochen und bezieht die Embryonalphase, die Larvalentwicklung und die frühe Wachstumsphase des Fisches ein und liefert so mehr Informationen als der längerfristige Fischtest. Bestimmt werden NOEC sowie die LOEC (lowest observed effect concentration). Dabei werden Letalität, morphologische Abnormitäten, Anzahl der geschlüpften Tiere und Zeitpunkt des Schlüpfens beobachtet.

Verlängerte Daphnien-Toxizität[68]. Berücksichtigt werden die Verringerung der Nachkommenzahl pro Elterntier nach 21 Tagen, die Mortalität der Elterntiere und zeitliche Verschiebungen in der Entwicklung der Nachkommen. Bestimmt werden NOEC, mit dem empfindlichsten Parameter, und der LC_{50}-Wert.

Terrestrische Toxizität in der Grundstufe
In der Grundstufe werden keine spezifischen Tests zur terrestrischen Ökotoxizität verlangt. Hinweise auf mögliche Gefährdungen können Ergebnisse der Toxizitätsprüfung an Nagern geben ($\rightarrow$ Kap. 4).

Terrestrische Toxizität der Stufe I
Akute Toxizität am Regenwurm (Eisenia foetida)[69]. Bestimmt wird die Letalität (LC_{50}-Wert) innerhalb eines Zeitraumes von 72 h. Der Versuch kann als Filterpapiertest oder in künstlicher Erde durchgeführt werden.

Wachstumshemmung an höheren Pflanzen[70]. Aus drei Gruppen von höheren Pflanzen (Einkeimblättrige, Zweikeimblättrige, Leguminosen) wird jeweils mindestens ein Vertreter ausgewählt. Bestimmt werden die Konzentration, die eine 50%-ige Verlangsamung des Wachstumsverhaltens im Vergleich zur Kontrolle bewirkt (EC_{50}) und der LC_{50}-Wert, der eine 50%-ige Reduktion der Anzahl sichtbarer Keimlinge an der Bodenoberfläche bewirkt.

Toxizitätstests der Stufe II
Das Spektrum möglicher Methoden umfaßt z. B. Langzeittoxizität am Fisch, Untersuchung von Embryotoxizität und Teratogenität am Krallenfrosch, die Einbeziehung weiterer Testorganismen (z. B. Frösche, Insekten, Vögel), Tests in aquatischen und terrestrischen Ökosystemen.

7.4.1.2
Bioakkumulation

Bioakkumulation in der Grundstufe

In der Grundstufe nach Chemikaliengesetz wird an Hand des n-Octanol/Wasser Verteilungskoeffizienten (P_{OW}) die Bioakkumulation in aquatischen Organismen abgeschätzt. Zwischen P_{OW} und der Bioakkumulation in aquatischen Organismen besteht ein linearer Zusammenhang. Beispielsweise entspricht ein log P_{OW} von 2,7 einem Biokonzentrationsfaktor von 50 ($\rightarrow$ 7.3.2). Bei einem log P_{OW} < 2,7 lautet die Einstufung „kein Hinweis auf Bioakkumulation", bei einem log P_{OW} > 2,7 „Hinweis auf Bioakkumulationspotential".

Bis zu einem log P_{OW} von 6 steigt die Anreicherung linear an; darüber nimmt sie jedoch mit sinkender Bioverfügbarkeit nicht mehr in demselben Maße zu, so daß eine Bioakkumulation immer unwahrscheinlicher wird. Bei einem log P_{OW} > 6 und einem Molekulargewicht > 600 ist die Wahrscheinlichkeit einer Bioakkumulation gering. Dies gilt jedoch nicht für Stoffe mit oberflächenaktiven Eigenschaften wie Tenside. Bei Verbindungen mit extrem niedriger Wasserlöslichkeit ist die Interpretation des P_{OW} problematisch.

Bioakkumulation in der Stufe I

In den OECD-Richtlinien sind mehrere Methoden aufgeführt, mit denen die Bioakkumulation in Fischen in statischer oder dynamischer Arbeitsweise erfaßt werden kann[71]. Parameter für die Beurteilung sind der Biokonzentrationsfaktor (BCF) und die Rate der Bioausscheidung, gemessen als Zeitspanne, die für 50%-ige Ausscheidung erforderlich ist (Ct_{50}). Das Risiko einer Bioakkumulation erhöht sich mit steigender Biokonzentration und verlangsamter Bioausscheidung. BCF- und Ct_{50}-Daten wurden vom Bundesgesundheitsamt in 4 Bewertungsklassen eingeteilt; aus diesen wird die Gesamtbewertung der Bioakkumulation vorgenommen.

7.4.1.3
Abbaubarkeit

Der Abbau ist ein entscheidender Parameter zur Abschätzung des Verhaltens und der Konzentration eines Stoffes in der Umwelt.

Biologische Abbaubarkeit in der Grundstufe

In der Grundstufe wird die sog. „leichte" biologische Abbaubarkeit[72] bestimmt. Bei diesem Verfahren (Tab. 7.3) wird der Abbau organischer Verbindungen durch nicht adaptierte Mikroorganismen z. B. aus kommunalen Kläranlagen geprüft. Als Prüfparameter werden die Abnahme des gelösten organischen Kohlenstoffes, der durch den Abbau verursachte Sauerstoffverbrauch oder das dabei entstehende Kohlendioxid gemessen (Tab 7.3). 6 Prüfverfahren und ihre Anwendbarkeit sind beschrieben.

Der jeweilige Summenparameter wird über einen Zeitraum von 28 Tagen erfaßt und in einer Abbaukurve dokumentiert. Bei einer Abnahme des gelösten organischen Kohlenstoffs in dieser Zeit um mindestens 70% bzw. einem Sauerstoffverbrauch und einer Kohlendioxidproduktion von jeweils mindestens 60% in einem 10 Tage-Zeitintervall gilt eine Substanz als „biologisch leicht abbaubar". Der Grenzwert von 70% wird gewählt, da bei definierten Einzelstoffen davon ausgegangen werden kann, daß in der Umwelt z. B. in Kläranlagen ein praktisch vollständiger Abbau erreicht wird. Der Grenzwert von 60% berücksichtigt, daß in Biomasse umgewandelte Anteile nicht erfaßt werden. Wird das Abbauziel nach 28 Tagen nicht erreicht, lautet die Einstufung zunächst „biologisch nicht leicht abbaubar".

Biologische Abbaubarkeit in der Stufe I

In den Tests zur biologischen Abbaubarkeit nach Stufe I (Zahn-Wellens-Test[73]; modifizierter S. C. A. S.-Test[73] (Semicontinuous-Activated-Sludge-Test)) wird ermittelt, ob und bis zu welchem Grade eine Chemikalie ab-

Tab. 7.3 Übersicht über die Prüfverfahren zur leichten biologischen Abbaubarkeit

EG-RL-Methoden	Prüfverfahren	Analysenmethode	Eignung für folgende Substanzen		
			schwer löslich	flüchtig	absorbierend
C.4–A	DOC-Die Away Test	gelöster org. Kohlenstoff	–	–	+/–
C.4–B	modifizierter OECD-Screening-Test	gelöster org. Kohlenstoff	–	–	+/–
C.4–C	CO_2-Entwicklungstest (modifizierter Sturm-Test)	Respirationstest: CO_2-Entwicklung	+	–	+
C.4–D	manometr. Respirationstest	manometr. Messung: Sauerstoffverbrauch	+	+/–	+
C.4–E	geschlossener Flaschentest	Respirationstest: Sauerstoffverbrauch	+/–	+	+
C.4–F	MITI-Test	Respirationstest: Sauerstoffverbrauch	+	+/–	+

DOC = dissolved organic carbon
MITI = Ministry of International Trade and Industry – Japan

baubar ist. Diese Untersuchungen werden unter Bedingungen durchgeführt, die für einen Abbau günstiger sind als bei den Tests der Grundstufe. Prüfparameter ist die Abnahme des gelösten organischen Kohlenstoffes (dissolved organic carbon, DOC). Neben mikrobiellen Abbauprozessen werden auch abiotische Prozesse wie Adsorption und Verflüchtigung mit erfaßt. Eine Übertragung der Ergebnisse auf Umweltbedingungen ist nur bedingt möglich. Aufgrund der DOC-Abnahme in Prozent des Ausgangswertes erfolgt die Einstufung: >70% „Hinweis auf vollständigen Abbau/Eliminaton"; 20–70% „potentiell abbaubar"; <20% „nicht abbaubar/eliminierbar".

Biologische Abbaubarkeit der Stufe II
In der Stufe II des Chemikaliengesetzes wird das biologische Abbauverhalten von Chemikalien in einem Simulationstest untersucht, der auf einen bestimmten Umweltbereich ausgerichtet ist. Für den Bereich Kläranlagen ist z.B. ein Simulationstest mit Belebtschlamm vorgesehen.

Abiotischer Abbau in der Grundstufe
In der Grundstufe wird die Hydrolyse in Abhängigkeit vom pH-Wert bestimmt. Sie ist bei Substanzen, die nur in geringem Maße biologisch abbaubar sind, von besonderer Bedeutung. Die Abnahme der Ausgangsverbindung wird in Abhängigkeit von der Zeit bei pH 4, pH 7 und pH 9 bei geeigneter Temperatur verfolgt. Bei Reaktionen pseudoerster Ordnung wird die Halbwertszeit $t_{1/2}$ angegeben, d.h. die Zeit, nach der die Ausgangssubstanz um 50% reduziert ist[74].

Abiotischer Abbau in der Stufe I
In der Stufe I wird weiterhin der photolytische Abbau untersucht, der einen wesentlichen Beitrag zur Verminderung der Umweltexposition leistet. Die anzuwendenden Methoden werden in Absprache zwischen Anmeldern und Zulassungsbehörden festgelegt. Im

Rahmen des OECD-Prüfprogrammes wurden Richtlinien zur Bestimmung des Photoabbaus in Wasser und Luft erarbeitet, die derzeit der OECD zur Annahme vorliegen.

7.4.2
Erfassung von Exposition und Wirkung von „Alten Stoffen" in der Umwelt

Die *Umweltexposition* bereits angewendeter Stoffe („Alte Stoffe") läßt sich durch Analysen von Umweltproben erfassen. Diese Untersuchungen können sich auf die verschiedenen Umweltmedien (Luft, Wasser, Boden und belebte Umwelt) erstrecken und flächendeckend sowie regelmäßig durchgeführt werden (Monitoring). Da Schadstoffanalysen immer nur den vorhandenen Kenntnisstand berücksichtigen, werden außerdem Umweltproben unterschiedlichster Art tiefgefroren eingelagert, um zu einem späteren Zeitpunkt zusätzlich erforderliche Analysen zu ermöglichen (Umweltprobenbank). Organismen oder Organismengemeinschaften, die zur Erfassung von Schadstoffbelastungen in Ökosystemen geeignet sind, bezeichnet man als *Bioindikatoren*[75,76,77]. Bei *aktivem Monitoring* werden Bioindikatoren, z. B. Pflanzen, an ausgewählten Beobachtungsstandorten exponiert und nach vorgegebenem Zeitraum untersucht. Bei *passivem Monitoring* befinden sich die untersuchten Bioindikatoren in Ökosystemen natürlicher Standorte. Mit Bioindikatoren werden Schadstoffakkumulation sowie toxische Wirkungen erfaßt (Abb. 7.15).

Verschiedene Organismen in terrestrischen und aquatischen Systemen zeigen eine ausgeprägte Akkumulation bestimmter Schadstoffe (Akkumulationsindikatoren). Zum Beispiel korreliert die Konzentration von Schwefel, Fluorid und Schwermetallen in Koniferennadeln mit der langfristigen Belastung durch Luftschadstoffe. Für den Nachweis von Schwermetallbelastungen sind Moose und Weidegraskulturen geeignete Akkumulationsindikatoren.

Die *schädigende Wirkung* von Stoffen läßt sich ebenfalls direkt in der Umwelt mittels geeigneter Bioindikatoren (Reaktionsindikatoren) verfolgen. Erfaßt werden Veränderungen der Lebensfunktionen ausgewählter Organismen oder Organismengemeinschaften (Leitorganismen). Zum Beispiel kann zur biologischen Beurteilung des Verschmutzungsgrades von Fließgewässern das Saprobiensystem (Zusammenstellung von Algen, Protozoen, Kleinkrebsen u.a. Kleinstlebewesen) herangezogen werden. Dabei werden bestimmte Leitorganismen oder die gesamte Lebensgemeinschaft in einem bestimmten

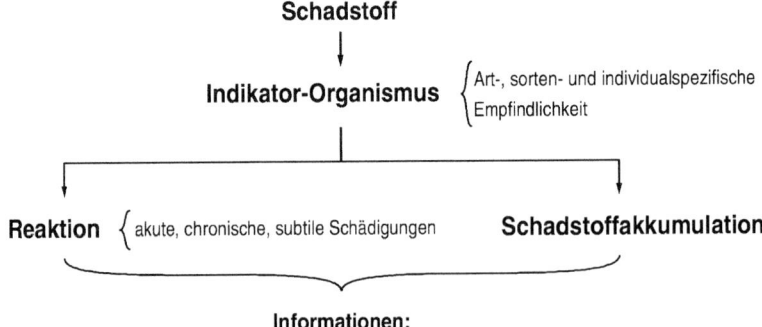

Abb. 7.15 Einsatz von Bioindikatoren zum Nachweis von Schadstoffakkumulation unfd Schadstoffwirkung

Gewässerabschnitt erfaßt, der sogenannte Saprobieindex trägt zur Ermittlung der Güteklasse eines Gewässers bei. Als Bioindikatoren für die Einwirkung toxischer Photooxidantien, deren Leitsubstanz Ozon ist, können unter kontrollierten Bedingungen angezogene Pflanzen eingesetzt werden. Beobachtet wird das Auftreten charakteristischer Blattflecken z. B. bei Buschbohnen, Klee oder Tabak. Ein anderes Beispiel ist die katastermäßige Erfassung von Flechten, deren einzelne Arten mit unterschiedlicher Empfindlichkeit auf bestimmte Luftverunreinigungen reagieren (Flechtenkartierung).

Zur Emissionskontrolle, z. B. bei Abwassereinleitungen, lassen sich standardisierte Biotestverfahren einsetzen. Toxizitätstests sind vor allem dann geeignet, wenn massive Stoffeinträge zu erfassen sind. Mit der Bestimmung der Toxizität eines Abwassers gegenüber Fischen und Daphnien wird eine Gesamtaussage über alle im Abwasser vorhandenen Stoffe vorgenommen. Als Folge des Abwasserabgabengesetzes hat der Fischtest mit der Goldorfe weitverbreitete Anwendung in der Bundesrepublik Deutschland gefunden.

In der Vergangenheit wurde die Bioindikation überwiegend zum Nachweis akuter Schädigungen eingesetzt. Nach Reduktion bestimmter Schadstoffemissionen in den vergangenen Jahren liegt der künftige Schwerpunkt der Arbeiten mehr bei der Erfassung und Bewertung von chronischen Schäden des Naturhaushalts.

Literatur

1 *Was Sie schon immer über Umweltchemikalien wissen wollten*; Umweltbundesamt, Hrsg., Kohlhammerverlag: Stuttgart, 1990.
2 Hulpke, H. ; Koch, H. A.; Wagner, R. In *Römpp Lexikon: Umwelt*; Falbe, J.; Regitz, M., Hrsg., Georg Thieme Verlag: Stuttgart, 1993.
3 *Atmosphäre und Umwelt*; Fabian, P., Hrsg., Springer Verlag: Berlin, Heidelberg, New York, 1992.
4 *Chemie der Umweltbelastung*; Fellenberg, G., Hrsg., B. G. Teubner Verlag: Stuttgart, 1992.
5 *A primer of environmental toxicology*; Smith, R. P., Hrsg., Lea & Febiger, Philadelphia, 1992.
6 Lehrbuch der ökologischen Chemie, Grundlagen und Konzepte für die ökologische Beurteilung von Chemikalien; Korte, F., Hrsg., Georg Thieme Verlag: Stuttgart, 1992.
7 *Chemie und Umwelt*; Heintz, A.; Reinhardt, G., Hrsg., Vieweg & Sohn Verlagsgesellschaft, Braunschweig/Wiesbaden, 1991.
8 *Chemical Ecotoxicology*; Paasivirta, J., Hrsg., Lewis Publishers, 1991.
9 *Chemische Ökotoxikologie*; Palar, H.; Angerhöfer, D., Hrsg., Springer Verlag: Heidelberg u.a., 1991.
10 *The handbook of environmental chemistry*; Hutzinger, O., Hrsg., Springer Verlag: Heidelberg u.a., ab 1980.
11 Krank, K. In *The handbook of environmental chemistry*; Hutzinger, O., Hrsg., Springer Verlag: Heidelberg u.a., 1980, Bd 2, Teil A, 61–75.
12 *Bodenchemie*; Ziechmann, W.; Müller-Wegener, U., Hrsg., BI Wissenschaftsverlag: Mannheim, 1990.
13 Schachtschabel, P.; Blume, H. P.; Brümmer, G.; Hartge, K. H.; Schwertmann, U. In *Lehrbuch der Bodenkunde*; Scheffer, F.; Schachtschabel, P., Hrsg., Ferd. Enke Verlag: Stuttgart, 1989.
14 *The handbook of environmental chemistry*; Hutzinger, O., Hrsg., Springer Verlag: Heidelberg u.a., 1982, Bd 2, Teil B.
15 *Huminstoffe, Probleme, Methoden, Ergebnisse*; Ziechmann, W., Hrsg., Verlag Chemie Verlagsgesellschaft, Weinheim, 1980, Kap. 6.
16 Mahro, B.; Kästner, M. *BioEngineering* **1993**, *9(1)*, 50–58.
17 Barnola, J. M.; Raynaud, D.; Korotkevich, Y. S.; Lorius, C. *Nature* **1987**, *329*, 408–414.
18 *Der Treibhauseffekt. Der Mensch ändert das Klima*; Schönwiese, C. D.; Diekmann, B., Hrsg., DVA Deutsche Verlagsanstalt, Stuttgart, 1987.
19 Haake, B.; Ittekkot, V. *Spektrum der Wissenschaften*, **1990**, *2*, 21–24.
20 Conrad, R.; Seiler, W. In *Atmosphärische Spurenstoffe*; Jaenicke, R., Hrsg., Verlag Chemie Verlagsgesellschaft, Weinheim, 1987, 219–239.

21 Hampton, C. V.; Pierson, W. R.; Schnezle, D.; Harvey, T. M. *Environ. Sci. Technol.* **1983**, *17*, 699–708.
22 Enquete-Kommission des Deutschen Bundestages, 3. Bericht: Vorsorge zum Schutz der Erdatmosphäre, Bundestagsdrucksache Nr. 11/8030 vom 24. 5. 1990.
23 Ballschmiter, K. *Angewandte Chemie* **1992**, *104*, 501–674.
24 Makay, D.; Paterson, S. *Environ. Sci. Technol.* **1981**, *15*, 1006–1014.
25 Weißenfels, W. D.; Klewer, H. J.; Berger, F. *Bioengineering* **1993**, *9*(4), 29–34.
26 DFG Deutsche Forschungsgemeinschaft In *Bioakkumulation in Nahrungsketten*, Forschungsbericht, Lillelund, K.; de Haar, U.; Elster, H.-J.; Karbe, L.; Schwoerbel, I.; Simonis, W., Hrsg., Verlag Chemie Verlagsgesellschaft, Weinheim, 1987.
27 Morrison, I. N.; Cohen, A. S. In *The handbook of environmental chemistry*; Hutzinger, O., Hrsg., Springer Verlag: Heidelberg u.a., 1980, Bd 2, Teil A, 193–220.
28 Shimp., J. F.; Tracy, J. C.; Davis, L. C.; Lee, E.; Huang, W.; Erickson, L. E.; Schnoor, J. L. *Crit. Rev. Environ. Sci. Technol.* **1993**, *23*(1), 41–77.
29 Moriarty, F. In *Appraisal of Tests to Predict the Environmental Behaviour of Chemicals*; Sheehan, P.; Korte, F.; Klein, W.; Bourdeau, P., Hrsg., Scope 25, John Wiley & Sons, New York, Chichester, 1985, 257–284.
30 *Rückstände und Verunreinigungen in Frauenmilch*, Mitteilung XII der Kommission zur Prüfung von Rückständen in Lebensmitteln; DFG Deutsche Forschungsgemeinschaft, Hrsg., VCH Verlagsgesellschaft, Weinheim, 1984.
31 Bock, K.-W.; Eckert, K.-G.; Greim, H.; Kappus, H.; Marquardt, H.; Neumann, H.-G.; Oesch, F.; Schmoldt, A.; Schulte-Hermann, R. *Deutsche Gesellschaft für Pharmakologie und Toxikologie* **1992**, *10*, 31–34.
32 IUPAC Recommendation of the IUPAC-Symposium on Terminal Residues of Organochlorine Pesticites and of Workshop XII: Chemistry and Metabolism of Terminal Residues of Organochlorine Pesticides. In: Proceedings of the 2nd IUPAC International Congress of Pesticide Chemistry, Tel Aviv, Gordon and Breach Sci Publ, New York, 1971.
33 Hsu, T.-S.; Bartha, R. *J. Agric. Food Chem.* **1976**, *24*, 118–122.
34 Choudhry, G. G. In *The Handbook of environmental Chemistry*; Hutzinger, O., Hrsg., Springer Verlag: Heidelberg u.a., 1982, Bd 2, Teil B, 103–128.
35 Calderbank, A. *Rev. Environ. Cont. Toxicol.*, **1989**, *108*, 71–103.
36 *Pestizide im Boden: Mikrobieller Abbau und Nebenwirkungen in Organismen*; Domsch, K. H., Hrsg., Verlag Chemie Verlagsgesellschaft, Weinheim, 1992.
37 Scheunert, I. *UWSF - Z.Umweltchem. Ökotox.* **1991**, *3*(1), 28–32.
38 Molina, M. J.; Rowland, F. S. *Nature*, **1974**, *249*, 810–812.
39 Zellner, R. *Chemie in unserer Zeit*, **1993**, *27*(5), 230–236
40 Palar, H.; Korte, F. *Chemosphere*, **1977**, *10*, 665–705.
41 Palar, H. In *The handbook of environmental chemistry*; Hutzinger, O., Hrsg., Springer Verlag: Heidelberg u.a., 1980, Bd 2, Teil A, 145–159.
42 *Atmosphärische Spurenstoffe*; Jaenicke, R., Hrsg., VCH Verlagsgesellschaft, Weinheim, 1987.
43 *Atmosphäre und Umwelt*; Fabian, P., Hrsg., Springer Verlag: Heidelberg u.a., 1992, 60–77.
44 Zitko, V. In *The handbook of environmental chemistry*; Hutzinger, O., Hrsg., Springer Verlag: Heidelberg u.a., 1980, Bd 2, Teil A, 221–229.
45 Scheunert, I. In *Chemistry of Plant Protection*; Hauck, G.; Hoffmann, H., Hrsg., Springer Verlag: Heidelberg u.a., 1992, Bd 8, 77–103.
46 Gibson, D. T., Subramanian, V. In *Microbial degradation of organic compounds*; Gibson, D. T., Hrsg., Marcel Dekker, Inc., New York, 1984, 181–252.
47 Wallnöfer, P. R.; Engelhard, G. In *Chemistry of Plant Protection*; Haug, G.; Hoffmann, H., Hrsg., Springer Verlag:, Heidelberg u.a., 1989, Bd 2, 1–115.
48 Gibson, D. T. In *The handbook of environmental chemistry*; Hutzinger, O., Hrsg., Springer Verlag: Heidelberg u.a., 1980, Bd 2, Teil A, 161–192.
49 Tursman, J. F.; Cork, D. J. *Crit. Rev. Environ. Control*, **1992**, *22*(1/2), 1–26.
50 *Metals and their compounds in the environment: occurrence, analysis and biological relevance*; Merian, E., Hrsg., Verlag Chemie Verlagsgesellschaft, Weinheim, 1991.
51 *Metalle in der Umwelt, Verteilung, Analytik und biologische Relevanz*; Merian, E., Hrsg., Verlag Chemie Verlagsgesellschaft, Weinheim, 1984.
52 Craig, P. In *The Handbook of Environmental Chemistry*; Hutzinger, O., Hrsg., Springer Ver-

lag: Heidelberg u.a., 1980, Bd 1, Teil A, 169–227.
53 Miura, K.; Isamura N. *CRC Crit. Rev. Toxicol.*, **1987**, *18*, 161–188.
54 Matthies, M. *UWSF – Z. Umweltchem. Ökotox.*, **1991**, *3*(1), 37–41.
55 Haltrich, W. G. *UWSF – Z. Umweltchem. Ökotox.*, **1991**, *3*(1), 8–11.
56 Kanne, R. *UWSF – Z. Umweltchem. Ökotox.*, **1991**, *3*(1), 16–18.
57 Nusch, E. A. *UWSF – Z. Umweltchem. Ökotox.*, **1991**, *3*(1), 12–15.
58 Gesetz zum Schutz vor gefährlichen Stoffen (Chemikaliengesetz – ChemG) vom 14. März 1990 (BGBl I S.521), geändert durch Gefahrenstoff-ÄndV vom 5. Juni 1991 (BGBl. I S. 1218).
59 Verordnung über Prüfnachweise und sonstige Anmelde- und Mitteilungsunterlagen nach dem Chemikaliengesetz (Prüfnachweisverordnung – ChemPrüfV) vom 17. Juli 1990 (BGBl. I S. 1432).
60 Lange, A. W. *UWSF – Z. Umweltchem. Ökotox.*, **1991**, *3*(1), 5–7.
61 Paterson, S.; Mackay, D. In *The Handbook of Environmental Chemistry*; Hutzinger, O., Hrsg., Springer Verlag: Heidelberg u.a., 1985, Bd 2, Teil C, 121–140.
62 Peter, H.; Franke, C. *UWSF – Z. Umweltchem. Ökotox.*, **1992**, *4*(6), 333–338.
63 Richtlinie 92/69/EG der Kommission vom 31. Juli 1992, Amtsblatt der Europ. Gem., Nr. L 383 A/C.1., 29. Dez. 1992.
64 Richtlinie 92/69/EG der Kommission vom 31. Juli 1992, Amtsblatt der Europ. Gem., Nr. L 383 A/C.2., 29. Dez. 1992.
65 Richtlinie 92/69/EG der Kommission vom 31. Juli 1992, Amtsblatt der Europ. Gem., Nr. L 383 A/C.3., 29. Dez. 1992.
66 OECD (Organisation Economic Cooperation and Development) 1981, adopted 04.04.1984, Guidelines for testing of chemicals, Section 2: Effects on Biotic Systems, *204*.
67 OECD (Organisation Economic Cooperation and Development) vom 17.07.1992, Guidelines for testing of chemicals, Section 2: Effects on Biotic Systems, *210*.
68 OECD (Organisation Economic Cooperation and Development) 1981, adopted 04.04.1984, Guidelines for testing of chemicals, Section 2: Effects on Biotic Systems, *202*.
69 OECD (Organisation Economic Cooperation and Development) 1981, adopted 04.04.1984, Guidelines for testing of chemicals, Section 2: Effects on Biotic Systems, *207*.
70 OECD (Organisation Economic Cooperation and Development) 1981, adopted 04.04.1984, Guidelines for testing of chemicals, Section 2: Effects on Biotic Systems, *208*.
71 OECD (Organisation Economic Cooperation and Development) 12. Mai 1981, Guidelines for testing of chemicals, Section 3: Degradation and Accumulation, *305 A–E*.
72 Richtlinie 92/69/EG der Kommission vom 31. Juli 1992, Amtsblatt der Europ. Gem., Nr. L 383 A/C.4., 29. Dez. 1992.
73 Richtlinie 87/302/EG der Kommission vom 18. Nov. 1987, Amtsblatt der Europ. Gem., Nr. L 133, 30. Mai 1988.
74 Richtlinie 92/69/EG der Kommission vom 31. Juli 1992, Amtsblatt der Europ. Gem., Nr. L 383 A/C.7., 29. Dez. 1992.
75 *Bioindikation in terrestrischen Ökosystemen*; Schubert, R., Hrsg., Gustav Fischer Verlag: Jena, 1991.
76 *Methoden zur Pflanzenökologie und Bioindikation*; Kreeb, K.-H., Hrsg., Gustav Fischer Verlag: Jena, 1990.
77 Keitel, A. *Staub – Reinhaltung der Luft*, **1989**, *49*, 29–34.

8
Einführung in das Recht der Umweltchemikalien und Gefahrstoffe

8.1
Vorbemerkung

Das vorliegende Kapitel zur Einführung in das Recht der Umweltchemikalien und Gefahrstoffe kann in der Tat nicht mehr bieten, als der Titel verspricht: eine Einführung. Das Recht der Umweltchemikalien und Gefahrstoffe ist von hoher Technizität und komplexer Detailfülle. Wer das Rechtsgebiet in der Praxis anzuwenden hat, kommt ohne die jeweils hochspezifischen Details und deren Kenntnis nicht aus; wollte man daher die Materie im Sinne eines konkreten Praxisleitfadens darstellen, entstünde ein umfangreiches Handbuch. Die Fachliteratur hat diesem Praxisbedürfnis daher in den jeweiligen Teilgebieten bereits entsprochen; hierauf darf, auch anhand des Literaturverzeichnisses, allgemein verwiesen werden. Es wird für den Praktiker unumgänglich sein, in Betrieb und Labor auf die praktischen Anleitungen zurückzugreifen.

Die Zielsetzung der vorliegenden Einführung ist demgegenüber eine andere. Sie will, gewiß unter Vermittlung notwendigen Fachwissens, zur Orientierung beitragen, die einerseits die Einordnung der Materie in übergreifende rechtliche Zusammenhänge ermöglicht, andererseits den Weg in die Detailfragen des Rechtes der Umweltchemikalien und Gefahrstoffe weist. So möge denn, wer in der Praxis steht, nicht enttäuscht sein, aber wer im Studium oder am Berufsanfang eine Orientierung sucht, eine erste Hilfe finden. Zur Lektüre des vorliegenden Beitrages sollte der Text des Chemikaliengesetzes und der hierzu ergangenen Rechtsverordnungen hinzugezogen werden[1].

Auf die inzwischen weithin erfolgte Diskussion um die Aufnahme juristischer Ausbildungsinhalte in das Studium der Chemie darf in diesem Zusammenhang aufmerksam gemacht werden[2].

8.2
Risikobewertung durch das Recht

Während die traditionellen Handlungs- und Regelungskonzepte von Umweltpolitik und Umweltrecht an lokalen Standorten ansetzen und konkrete Emissionsquellen identifizieren, damit aber immer nur Teilbereiche betreffen, tritt mit den Gefahrstoffen und den Umweltchemikalien die Gesamtheit der Gefahren und Umweltbelastungen in aller ihrer Komplexität ins Blickfeld. Die „mediale" Umweltgesetzgebung hat etwa im Bereich der Luftreinhaltung oder des Gewässerschutzes durch technische Standards und durch anlagenbezogene Emissionsgrenzwerte deutliche Erfolge hervorgebracht. Dem Naturschutz stehen örtlich sehr spürbare Handlungsinstrumente zur Verfügung und auch die Sicherheitsstandards industrieller oder der Abfallentsorgung dienender Anlagen hat deren Risiken erheblich gemindert.

Die *Gesamtauswirkungen* der industriellen Produktionsverfahren und des Massenkonsums der Industriegesellschaft auf die natürliche Umwelt bleiben jedoch bei der „medialen" und lokalen Betrachtung noch weitgehend unberücksichtigt. Mit einem Rest an „unvermeidlichen Risiken der Großtechnik"[3] muß sich die industrielle „Risikogesellschaft"[4] wohl abfinden, und sie tut es bewußt[5]; den „schleichenden Katastrophen"[6], das heißt den zunächst unmerklichen, aber langfristigen Veränderungen der Umweltmedien Luft, Wasser und Boden, sowie der Biosphäre aufgrund von Stoffeinträgen unterhalb der Grenzwertschwelle oder überhaupt ohne jede Limitierung steht bislang jedenfalls noch kein ausgebautes Handlungsinstrumentarium gegenüber[7].

Immerhin aber liegt dem Recht der Gefahrstoffe und der Umweltchemikalien die Erkenntnis zugrunde, daß sowohl der Umgang mit Chemikalien und Stoffen als auch deren diffuser Eintrag in die Umweltmedien unmittelbare und langfristige Risiken bergen, denen gegenüber die Rechtsordnung nicht gleichgültig bleiben kann. Andererseits aber bleibt das rechtliche Instrumentarium, wie sich im Einzelnen zeigen wird, durchaus noch unvollkommen. Es ist, gerade auch aus Gründen der Tradition, gekennzeichnet durch den Doppelcharakter seiner Zielsetzung: Das Recht der Umweltchemikalien und der Gefahrstoffe regelt den Umgang mit diesen Stoffen sowohl im Sinne des Arbeitsschutzes als auch im Sinne des Umweltschutzes. Die Seite des Arbeitsschutzes berücksichtigt das Interesse des Arbeitnehmers – übrigens auch des Schülers und Studenten – am Schutz vor Gefahren am Arbeitsplatz; die Seite des Umweltschutzes hat die noch weitgehend unerforschten Langzeitwirkungen des diffusen Eintrages von Chemikalien und sonstigen Stoffen in die Umweltmedien im Blickfeld. Welche Bedeutung dem Schutz der Umwelt gerade vor Chemikalien zukommt, wird daran deutlich, daß die Weltproduktion allein organischer Chemikalien auf über 25 Mio. t jährlich geschätzt, daß für anorganische Chemikalien ein Vielfaches hiervon angenommen und für die Zahl auf dem Markt befindlicher chemischer Stoffe eine Größenordnung von über 100 000 zugrundegelegt werden muß[8]. Welche Umweltauswirkungen diese Mengen und Qualitäten hervorrufen, weiß niemand. Daß für die Beurteilung der Umweltfolgen aber nicht allein die Toxizität der Stoffe ausschlaggebend sein kann, ergibt sich für eine gesamtheitliche oder systemtheoretische Sichtweise von selbst[9].

Gefahrstoffe und Chemikalien bergen daher insgesamt von der Stufe der Forschung, der Produktion und des Arbeitsplatzes, über die Stufe des Transportes bis hin zur freien Verbreitung, zum Konsum und zur Entsorgung jeweils unterschiedliche *Gefahren* und *Risiken*. Die Gefahren und Risiken können teils konkret prognostiziert und durch ebenfalls konkrete Maßnahmen angegangen werden, sind teils aber auch kaum vorhersehbar und im Hinblick auf die Langzeitwirkungen diffuser Verbreitung völlig unabschätzbar. Die Wahrscheinlichkeit eines Schadenseintrittes, die Höhe eines Risikos und das Maß der Vorsorgemaßmahmen lassen sich aus einer „Natur der Sache", aus der naturwissenschaftlichen Beurteilung nicht abschließend feststellen. Entweder ist ein wissenschaftlicher Befund noch nicht vorhanden oder die naturwissenschaftliche Bewertung ist offen. Sollten sich *Wahrscheinlichkeitsgrade* für einen Schadenseintritt wissenschaftlich feststellen lassen, ergibt sich hieraus aber noch keine Aussage, von welchem Wahrscheinlichkeitsgrad an welche Maßnahme der Schadensvorsorge zu treffen ist. Jedes Handeln gegenüber einem wahrscheinlichen Schadenseintritt setzt daher eine *Bewertung des Risikos* voraus, und dies heißt, es muß eine verantwortliche Prognose und die Entscheidung darüber erfolgen, welches Risiko im sozialen Raum toleriert werden soll. Die Naturwissenschaft liefert hierfür zwar unverzichtbare Richtwerte, aber nicht die Entscheidung selbst.

Die Entscheidung über das innerhalb der menschlichen Gesellschaft tolerierte Risiko, damit über die Prognose und die Vorsorgemaßnahmen, trifft das Recht. Das Recht der Umweltchemikalien und Gefahrstoffe ist daher der Inbegriff der rechtlichen Regelungen, die das Gefahrenpotential von Stoffen, die in der Industriegesellschaft verwendet werden, bewerten und entsprechende Vorsorgemaßnahmen vorschreiben. Es ist damit zugleich Ausdruck wissenschaftlichen Erkenntnisstandes und politischen Handlungswillens. Es ist freilich auch da, wo es – wie häufig gerade im Umweltbereich – einen Stand oder einen Konsens wissenschaftlicher Erkenntnis nicht gibt, eine Substitution von Wissen durch Entscheidung[10].

8.3
Das Recht als System der Zuordnung von Kompetenzen und Verantwortung

Das Recht, gerade in seiner Funktion, Umweltprobleme zu bewältigen, läßt sich als System der Zuordnung von Kompetenzen und Verantwortung begreifen. Dieses Zuordnungssystem wird vom Staat aufgrund politischer Willensbildung verbindlich gesetzt. Es bestimmt das Maß individueller Freiheit und das Maß öffentlicher Verantwortung. Es regelt im Umweltbereich die Grenzen, innerhalb derer Umweltbelastungen durch private oder öffentliche Rechtssubjekte toleriert werden, und die Sanktionen, die bei Überschreitung dieser Grenzen eintreten. Das Recht definiert daher Freiheit und Verantwortung individueller Rechtssubjekte und konstituiert öffentliche Eingriffskompetenzen. Dies wird bereits bei einem ersten Blick auf das Chemikalienrecht deutlich: Die Entwicklung von Stoffen und Chemikalien und deren Vermarktung durch private Unternehmen wird zwar einerseits ganz selbstverständlich vorausgesetzt, andererseits wird die freie Vermarktung an Anmelde- und Kennzeichnungspflichten gebunden und im Falle besonders gefährlicher Stoffe sogar untersagt.

Das Recht der Gefahrstoffe und Umweltchemikalien ist Teil der Rechtsordnung insgesamt. Es ist daher in das System der Rechtsordnung einzuordnen, fügt sich deren Begrifflichkeit, Methode, Einteilungskriterien und Institutionen und steht im Rahmen der Verfassung.

8.3.1
Grundrechte

Grundlegende Normen für das Umweltrecht und insbesondere das Recht der Gefahrstoffe und Umweltchemikalien sind die Grundrechte. Insbesondere sind maßgeblich:

- Art. 2 Abs. 1 GG:
  „Jeder hat das Recht auf freie Entfaltung seiner Persönlichkeit, soweit er nicht die Rechte anderer verletzt und nicht gegen die verfassungsmäßige Ordnung oder das Sittengesetz verstößt."
- Art. 2 Abs. 2 Satz 1 GG:
  „Jeder hat das Recht auf Leben und körperliche Unversehrtheit."
- Art. 5 Abs. 1 GG:
  „Kunst und Wissenschaft, Forschung und Lehre sind frei."
- Art. 12 Abs. 1 GG:
  „Alle Deutschen haben das Recht, Beruf, Arbeitsplatz und Ausbildungsstätte frei zu wählen. Die Berufsausübung kann durch Gesetz oder auf Grund eines Gesetzes geregelt werden."
- Art. 14 Abs. 1 GG:
  „Das Eigentum und das Erbrecht werden gewährleistet. Inhalt und Schranken werden durch die Gesetze bestimmt."

Diese grundrechtlichen Freiheiten sind nicht theoretischer Natur, sondern von unmittelbarer praktischer Relevanz; denn sie binden die Gesetzgebung und die öffentliche Verwaltung unmittelbar (Art. 1 Abs. 3 GG) und sind nur einschränkbar, wenn der Wortlaut des Grundrechtes eine Einschränkung erlaubt (sog. „Gesetzesvorbehalte"; z. B. Art. 2 Abs. 2 Satz 3 GG: „In diese Rechte darf nur auf Grund eines Gesetzes eingegriffen werden." oder Art. 14 Abs. 2 GG: „Eigentum verpflichtet. Sein Gebrauch soll zugleich dem Wohl der Allgemeinheit dienen.") Dies bedeutet, daß staatliche und das heißt in der Regel gesetzliche Eingriffe in den grundrechtlich geschützten Freiheitsbereich zu diesem Freiheitsbereich in einem Regel-/Ausnahme-Verhältnis stehen und der inhaltlichen Legitimation vor dem Freiheitsgehalt des Grundrechtes bedürfen.

Wo eine gesetzliche Regelung fehlt – etwa das Verbot eines Schadstoffes –, besteht individuelle und damit gesellschaftliche und unternehmerische Freiheit. Ein Eingriff in die Forschungsfreiheit – etwa im Bereich der gentechnischen Forschung – ist, da Art. 5 Abs. 3 GG keinen ausdrücklichen Gesetzesvorbehalt kennt, nur insoweit zulässig, als der Schutz anderer verfassungsrechtlich geschützter Rechtsgüter (z. B. Leben, Gesundheit) den Eingriff rechtfertigt. Eingriffe in die Berufsfreiheit z. B. der Chemischen Industrie unterliegen den Bindungen des Art. 12 Abs. 1 GG, insbesondere dem Verhältnismäßigkeitsgrundsatz, der darin besteht, daß die gesetzlichen Auflagen zu dem angestrebten Zweck in einem angemessenen Verhältnis stehen müssen (so daß z. B. ein Stoff, dessen Gefährlichkeit durch Kennzeichnung und sonstige Sicherheitsvorkehrungen hinreichend eingedämmt wird, nicht schlichtweg verboten werden kann; man denke hier auch an die nicht umproblematischen Regelungen im Verpackungsbereich mit Rücknahmepflichten, Pfandsystemen und Verwertungsgeboten). Eingriffe in das Eigentum müssen durch die Sozialpflicht des Art. 14 Abs. 2 GG („Eigentum verpflichtet. Sein Gebrauch soll zugleich dem Allgemeinwohl dienen."), Enteignungen durch das Allgemeinwohl nach Art. 14 Abs. 3 GG gerechtfertigt sein.

Die Grundrechte sind in diesem Verständnis prinzipielle Beschränkungen der staatlichen Gewalt, auch im Hinblick auf den Umweltschutz, und statuieren den Vorrang individueller Freiheit. Über die Einhaltung der Grenzen zwischen individueller Freiheit und öffentlichem Anspruch wacht als „Hüter der Verfassung"[11] das Bundesverfassungsgericht (Art. 93 Abs. 1 Nr. 2 und 4a, 94 Abs. 2 GG).

Auf der verfassungsrechtlichen Grundzuordnung prinzipiell unbegrenzter individueller und damit gesellschaftlicher Freiheit einerseits und prinzipiell begrenzter staatlicher Zugriffsmacht andererseits beruht die freiheitliche und rechtsstaatliche Ordnung, die freie Marktwirtschaft und damit auch die Investitions-, Produktions- und Vertragsfreiheit von Handel und Industrie[12]. Wollte man zum Zwecke einer wirklichen oder vermeintlichen Effektuierung des Umweltschutzes die staatlichen Zugriffskompetenzen stärken, müßte man das Verhältnis der individuellen Grundrechte zur Staatsgewalt verfassungsrechtlich neu bestimmen. Mit der Einführung von Art. 20a in das Grundgesetz („Der Staat schützt auch in Verantwortung für die künftigen Generationen die natürlichen Lebensgrundlagen und die Tiere im Rahmen der verfassungsmäßigen Ordnung durch die Gesetzgebung und nach Maßgabe von Gesetz und Recht durch die vollziehende Gewalt wie die Rechtsprechung.") ist ein erster Schritt in diese Richtung getan. Spürbare Folgen hat allerdings der neue Art. 20c GG bisher nicht hervorgebracht.

Immerhin wird aber auch unter der geltenden Verfassungsrechtsprechung und Staatsrechtslehre den Grundrechten im Wege der *Interpretation* ein zusätzlicher Gehalt zugelegt, der über den individuellen Freiheitsschutz hinausreicht. Insbesondere im Umweltbereich hat eine Interpretation von Art. 2 Abs. 2 Satz 1 GG Platz gegriffen, wonach es für den Staat nicht nur darauf ankommen könne, das Recht auf Leben und körperliche Unversehrtheit unangetastet zu lassen, sondern vielmehr weit darüberhinaus auch durch aktive Vorkehrungen ein „ökologisches Existenzminimum" zu gewährleisten. Es sei gerade grundrechtlich gebotene Staatsaufgabe, Leben und Gesundheit durch Gesetz und Verwaltung aktiv zu schützen[13].

Diese Interpretation hat in der Tat bestechende Stringenz, zumal sie mit den als selbstverständlich vorauszusetzenden Staatsaufgaben übereinstimmt. Das derart abgeleitete Verfassungsgebot an den Gesetzgeber leidet allerdings an dem Mangel, seinerseits sehr unbestimmt zu sein und kaum Aussagen darüber zu ermöglichen, was denn nun konkret etwa zum Schutze der Gesundheit vor Umweltgefahren getan werden soll, welche Grenzwerte und welche Sicherheitsstandards einzuführen, welche Risiken nicht mehr zu tolerieren seien. Im Atomrecht hat diese Betrachtung erst sehr spät zu einem Verbot der Kernkraftwerke, auf jeden Fall aber zu einem hohen Sicherheitsstandard und auch zu einem detailliert ausgestalteten Genehmigungsverfahren mit Öffentlichkeitsbeteiligung[14] geführt. Insgesamt aber hat die Gesetzgebungspraxis, unterstützt von der Rechtsprechung des Bundesverfassungsgerichts, in einem derart verstandenen Verfassungsgebot Legitimation und Anstoß für die Umweltgesetzgebung gesehen. Das Verfassungsgebot zum aktiven Lebens- und Gesundheitsschutz hat in der Dogmatik und in der Praxis der Grundrechte als Auslegungskriterium von grundrechtlichen Gesetzesvorbehalten und insbesondere der Sozialstaatsklausel von Art. 14 Abs. 2 GG praktische Geltung erlangt. So dürfen die z. T. einschneidenden Regelungen des Immissionsschutzrechtes, des Abfallrechtes (vgl. die Vorschriften über Rücknahme und Verwertung!) und des Chemikalienrechtes auch in Ansehung grundsätzlich garantierter unternehmerischer Freiheit als verfassungsgemäß und grundrechtskonform gelten.

8.3.2
Zivilrecht

Versteht man in dem dargelegten Sinne die Rechtsordnung als ein System der Zuordnung von Verantwortung und Kompetenzen, kann es in der Rechtsordnung nicht nur um die Abgrenzung zwischen individueller Freiheit und öffentlicher Zugriffsmacht gehen, sondern muß die Rechtsordnung auch Regeln für die Abgrenzung der Handlungsfreiheiten und Duldungspflichten *privater Rechtssubjekte* untereinander enthalten. Dies ist nun in der Tat auch selbstverständlich der Fall. Das *Zivilrecht* – vornehmlich das Bürgerliche Gesetzbuch, das Produkthaftungsgesetz[15] und das Umwelthaftungsgesetz[16] – grenzt die Handlungsfreiheiten individueller Rechtsträger untereinander ab, sagt also zum Beispiel, welche Immissionen ein Nachbar hinzunehmen oder nicht hinzunehmen habe; oder es regelt die Haftung für eingetretene Schäden. Auch in einer derartigen Gesetzgebung liegt aktiver Umwelt- und Gesundheitsschutz; die Rechtsfolgen treffen aber jeweils nur private Rechtssubjekte, während sich der Staat auf die reine Gesetzgebung und die Gewährleistung des Rechtsschutzes durch die Zivilgerichte beschränkt.

8.3.3
Gesetzgebungskompetenzen

Die staatliche Gesetzgebung ist in die föderalistische Ordnung des Grundgesetzes eingebunden. Dies gilt selbstverständlich auch für die Umweltgesetzgebung und bedeutet, daß die Gesetzgebungskompetenzen, daß heißt die Befugnis, zu bestimmten Sachmaterien Gesetze zu erlassen, zwischen dem Bund und den Ländern im Grundgesetz genau aufgeteilt sind. Die Grundregel der *föderalistischen Kompetenzordnung* besteht nach Art. 30 GG darin, daß die Ausübung der staatlichen Befugnisse und die Erfüllung der staatlichen Aufgaben Sache der Länder ist, soweit das Grundgesetz keine andere Regelung trifft oder zuläßt. Gesetzgebungskompetenzen des Bundes müssen daher ausdrücklich begründet sein. Dies ist denn auch im Hinblick auf die Umwelt- und insbesondere die Gefahrstoff- und Chemikaliengesetzgebung unzweideutig der Fall (Art. 74 Nr. 1, 4a, 11, 11a, 19, 20, 24 GG). Den Ländern verbleibt in diesem Falle, was der Bund bei der Regelung dieser Materien gleichsam übrigläßt, so z. B. Teilbereiche der Abfallwirtschaft. Im übrigen verfügt der Bund in den Bereichen des Naturschutzes und der Landschaftspflege, der Raumordnung und des Wasserhaushaltes nur über die eingeschränkte Kompetenz zur Rahmengesetzgebung, die den Ländern ihrerseits weitere Gestaltungsspielräume beläßt (Art. 75 Nr. 2 und 3 GG), die diese durch jeweilige Landesgesetze auch ausgefüllt haben.

In der Zuweisung der Gesetzgebungskompetenzen teils an den Bund, teils an die Länder liegt nicht nur eine formale, praktischen Bedürfnissen folgende Zuständigkeitsaufteilung, sondern zugleich eine dezidierte und folgenreiche Zuweisung jeweiliger Verantwortung. Aus der föderativen Kompetenzordnung ergeben sich der Bund und die Länder als zu unterscheidende *Verantwortungsträger*, deren jeweiliger verfassungsrechtlicher Handlungsrahmen zugleich auch jeweils unterschiedliche politische Verantwortung zur Folge hat. Die Verantwortung für weite Teile der Umwelt- und insbesondere die Gefahrstoff- und Chemikaliengesetzgebung liegt hiernach allerdings beim Bund.

Die Gesetzgebungskompetenzen des Bundes und der Länder werden jedoch durch die inzwischen weitreichenden Normsetzungsbefugnisse der Europäischen Union überlagert. Die Europäische Union ist aufgrund der Europäischen Verträge befugt, Normen zur Verwirklichung des Binnenmarktes und zur europäischen Integration zu erlassen; insoweit ist ein Souveränitätsverlust der nationalen Parlamente eingetreten. Die Europäische Union übt diese Normsetzungsbefugnisse in Form von „Verordnungen" und „Richtlinien" aus, die vom Rat der Europäischen Union unter Beteiligung des Europäischen Parlamentes erlassen werden und im Amtsblatt der Europäischen Gemeinschaften jeweils nachgelesen werden können. Verordnungen haben innerhalb der Mitgliedstaaten der Europäischen Union unmittelbare Geltung wie nationale Gesetze (z. B. die Verordnung über das Umweltmanagement und die Umweltbetriebsprüfung –EMAS–); Richtlinien bedürfen regelmäßig der Umsetzung in innerstaatliches Recht durch innerstaatliche Gesetzgebung. Gerade im Umwelt- und hierbei vor allem im Chemikalienbereich hat die Europäische Union zahlreiche Richtlinien erlassen, so daß das ganze deutsche Immissions-, Wasser- und Chemikalienrecht faktisch in nichts anderem mehr als in der Umsetzung europäischer Richtlinien besteht. Dem dann jeweils verabschiedeten deutschen Gesetz als solchem merkt man das nicht an; aber in der Veröffentlichung des Gesetzes im Bundesgesetzblatt wird dementsprechend regelmäßig in einer Fußnote, meist auch in der Überschrift, auf die hiermit erfolgte Umsetzung europäischen Rechts hingewiesen. Als Folge der Kompetenzverlagerung auf die Europäische Union haben sich die politischen Auseinandersetzungen zu den betreffenden Sachthemen inzwischen weitgehend auch auf diese Ebene verschoben: Chemikaliengesetzgebung geschieht heute in Brüssel!

8.3.4
Kommunale Selbstverwaltung

Ebenfalls eine deutliche Kompetenz- und damit Verantwortungszuweisung spricht das Grundgesetz zugunsten der kommunalen Gebietskörperschaften, d.h. der Städte, Gemeinden und Landkreise aus. Nach Art. 28 Abs. 2 GG muß den Gemeinden in den Ländern das Recht gewährleistet sein, alle Angelegenheiten der örtlichen Gemeinschaft im Rahmen der Gesetze in eigener Verantwortung zu regeln. In den Bereich dieser Garantie der kommunalen Selbstverwaltung fallen herkömmlicherweise die Verwaltungs-, Personal- und Haushaltshoheit, die Planungshoheit über das Gemeindegebiet und die Zuständigkeit für die gesundheitlichen, kulturellen und wirtschaftlichen Infrastrukturleistungen. Mit diesen Zuständigkeiten, insbesondere der kommunalen Bauleitplanung, der Verkehrsinfrastruktur, der Wasser- und Energiewirtschaft und der Abwasser- und Abfallentsorgung verfügen die Gemeinden über erhebliche umweltpolitisch relevante Kompetenzen[17].

8.3.5
Öffentliches Recht

Die Rechtsordnung besteht zum Teil aus Rechtsmaterien, in denen beliebige Personen oder rechtsfähige Unternehmen (Rechtssubjekte) zu- und untereinander in Rechtsbeziehungen treten und hieraus berechtigt und verpflichtet werden können. So heißt es etwa in § 1004 Abs. 1 Satz 1 des Bürgerlichen Gesetzbuches, der klassischen Norm des privaten Nachbarrechtes: „Wird das Eigentum ... beeinträchtigt, kann der Eigentümer von dem Störer die Beseitigung der Beeinträchtigung verlangen." Gemeint ist hier insbesondere auch das private Grundeigentum, das vor Emissionen, die von einem privaten Nachbargrundstück ausgehen, geschützt werden soll. In diesen Rechtsmaterien besteht die Funktion des Staates lediglich darin, die Rechtsnormen durch die Gesetzgebung verbindlich zu setzen, und dann durch ordentliche Gerichte die Durchsetzung der individuellen Rechtsansprüche zu gewährleisten. Diese Rechtsmaterien nennt man Zivil- oder Privatrecht (s. 8.3.2).

Vom Zivilrecht ist das Öffentliche Recht zu unterscheiden. Im Öffentlichen Recht besteht die Funktion des Staates nicht allein darin, das Recht zu setzen und gerichtlich zu gewährleisten, sondern darüberhinaus entscheidend darin, in den Rechtssätzen selbst, als berechtigtes oder verpflichtetes Subjekt in Erscheinung zu treten. Im Öffentlichen Recht bringt der öffentliche Hoheitsträger Bund, Land oder Gemeinde sich selbst als handelndes Subjekt zur Geltung. Dies ist ganz deutlich etwa im Falle des Steuerrechtes, des Polizeirechtes oder des Bundes-Immissionsschutzgesetzes, wo überall die öffentliche Verwaltung mit Handlungskompetenzen gegenüber Privaten ausgestattet ist. So heißt es beispielsweise in § 20 Abs. 1 des Bundes-Immissionsschutzgesetzes: „Kommt der Betreiber einer genehmigungsbedürftigen Anlage einer Auflage, einer vollziehbaren nachträglichen Anordnung oder einer abschließend bestimmten Pflicht ... nicht nach ..., so kann die zuständige Behörde den Betrieb ganz oder teilweise bis zur Erfüllung der Auflage, der Anordnung oder Pflichten ... untersagen." Das Gefahrstoff- und Chemikalienrecht ist in diesem Sinne ebenfalls dem öffentlichen Recht zuzuordnen. Das Öffentliche Recht unterscheidet sich auch insofern deutlich vom Zivil- oder Privatrecht, als die öffentliche Hand selbst auch über die verwaltungsrechtlichen Sanktionen zur Rechtsdurchsetzung verfügt, also nicht erst über ein Verfahren vor den ordentlichen Gerichten einen Vollstreckungstitel erwirken muß.

Innerhalb des Öffentlichen Rechtes lassen sich Teilgebiete wie insbesondere das Staats-

oder das Kommunalrecht unterscheiden; hierauf braucht hier nicht im einzelnen eingegangen zu werden. *Verwaltungsrecht* ist innerhalb des öffentlichen Rechtes diejenige Materie, in der sich die öffentliche Hand durch die öffentliche Verwaltung zur Geltung bringt. Umwelt-, Gefahrstoff- und Chemikalienrecht ist Verwaltungsrecht in diesem Sinne. Nur noch diesem Bereich gelten die weiteren Ausführungen. Angefügt sei nur noch ein Hinweis auf das Strafrecht, das zwar begrifflich dem öffentlichen Recht unterfällt – es ist der Staat, dem ein Strafanspruch zugeordnet wird –, das aber in der Gesetzgebung, der Rechtspraxis, der Rechtswissenschaft und der Rechtslehre eine ausgesprochene Sonderstellung einnimmt. Es besteht ein grundsätzlicher Unterschied zwischen strafrechtlichen Sanktionen (zu denen auch „Bußgelder" für „Ordnungswidrigkeiten" gehören) und verwaltungsrechtlichen Maßnahmen; mit Umwelt-, Gefahrstoff- und Chemikalienrecht sind Normen eines „Umweltstrafrechtes" nicht gemeint[18].

8.4
Institutionen und Handlungsformen des Öffentlichen Rechtes

Da das Gefahrstoff- und Chemikalienrecht ein Teilgebiet des Verwaltungsrechts und damit des Öffentlichen Rechtes ist, unterliegt es den allgemeinen Grundsätzen dieses Rechtsgebietes und bedient sich vor allem auch dessen Handlungsformen und Institutionen[19]. Nur von daher kann es verstanden und angewandt werden.

8.4.1
Recht der Umweltchemikalien und Gefahrstoffe

Das Gefahrstoff- und Chemikalienrecht legt Personen, die mit diesen Stoffen umgehen, bestimmte Pflichten auf. Dies gilt auch für rechtsfähige Unternehmen als solche, wie z. B. eine Aktiengesellschaft. Insofern sind die betroffenen Rechtssubjekte selbst unmittelbare Adressaten der Rechtsvorschriften. Andererseits aber, und dies ist entscheidend, werden Kompetenzen öffentlicher Verwaltungsbehörden begründet, die zur Kontrolle und zu Eingriffsmaßnahmen ermächtigt werden. Durch derartige behördliche Maßnahmen werden die rechtlichen Regelungen teils erst vollzogen, teils im nachhinein sanktioniert. Das Gefahrstoff- und Chemikalienrecht wird von öffentlichen Verwaltungsbehörden angewandt.

Damit steht Privatpersonen und Firmen, die Chemikalien und Gefahrstoffe produzieren, damit umgehen und sie in den Verkehr bringen oder in die Umwelt entlassen, die öffentliche Verwaltung gegenüber. Öffentliche Verwaltung im föderalistisch verfaßten Staat ist vielfältig gegliedert, den Hoheitsträgern Bund, Land und Gemeinden je spezifisch zugeordnet und nach jeweils unterschiedlichen Prinzipien organisiert. Dies kann hier nicht im einzelnen dargestellt werden. Es genügt für den hiesigen Zusammenhang festzustellen, daß es teils Behörden der unmittelbaren Bundesverwaltung sind, wie die Bundesanstalt für Arbeitsschutz und Arbeitsmedizin als Anmeldestelle nach dem Chemikaliengesetz[20], teils Behörden der Landesverwaltung, vornehmlich die Gewerbeaufsichtsämter, die die Verwaltungsaufgaben zum Vollzug des Gefahrstoff- und Chemikalienrechtes wahrnehmen. Ergänzend ist festzuhalten, daß die Sozialversicherung, einschließlich der gesetzlichen Unfallversicherung, in Form der Selbstverwaltung verfaßt ist. Die Versicherungsträger sind öffentlich-rechtliche Körperschaften mit bestimmten öffentlichen Aufgaben, wie zum Beispiel die *Berufsgenossenschaft der Chemischen Industrie*, die vor allem auf dem Gebiete des Arbeitsschutzes tätig ist.

8.4.2
Die Gesetzmäßigkeit der Verwaltung

Die Verwaltungsbehörden unterliegen dem Prinzip der Gesetzmäßigkeit der Verwaltung (Art. 20 Abs. 3 GG). Dies bedeutet, daß die Maßnahmen der Verwaltungsbehörden inhaltlich an das Gesetz gebunden sind. Diese inhaltliche Bindung wirkt sich nach zwei Seiten hin aus. Die Verwaltungsbehörden sind zum einen verpflichtet, gegenüber privaten Rechtssubjekten das zu erfüllen, was das Gesetz zu deren Gunsten vorschreibt, also etwa eine Genehmigung zu erteilen, wenn die gesetzlich festgelegten Genehmigungsbedingungen erfüllt sind. So heißt es zum Beispiel in § 6 Abs. 1 des Bundes-Immissionsschutzgesetzes:

„Die Genehmigung ist zu erteilen, wenn

1. sichergestellt ist, daß die sich aus § 5 ... ergebenden Pflichten erfüllt werden, und
2. andere öffentlich-rechtliche Vorschriften und Belange des Arbeitsschutzes der Errichtung und dem Betrieb der Anlage nicht entgegenstehen."

Zum anderen sind die Verwaltungsbehörden unter der Bedingung, daß hierfür eine gesetzliche Ermächtigungsgrundlage gegeben ist, berechtigt, in die Rechtssphäre privater Rechtssubjekte und damit auch der Unternehmen einzugreifen. Als Beispiel für eine derartige Ermächtigungsgrundlage vergleiche § 11 Abs. 1 Satz 1 des Chemikaliengesetzes:

„Die Anmeldestelle kann

1. vom Hersteller oder Einführer Prüfnachweise ... verlangen,
2. ...
3. anordnen, daß der Hersteller oder Einführer Stoffe ...
    a) erst nach Eintritt eines zukünftigen Ereignisses,
    b) nur unter Beachtung von Auflagen in den Verkehr bringen darf, wenn Anhaltspunkte, insbesondere ein nach dem Stand der wissenschaftlichen Erkenntnisse begründeter Verdacht, dafür vorliegen, daß der Stoff gefährlich ist ..."

Die Einhaltung der gesetzlichen Bindungen ist in jedem Falle Bedingung für die Rechtmäßigkeit des Verwaltungshandelns. Mit dem Prinzip der Gesetzmäßigkeit der Verwaltung steht anerkanntermaßen in Übereinstimmung, daß das Gesetz selbst gelegentlich die Gesetzesbindung insofern lockert, als es den Verwaltungsbehörden ein „Ermessen" einräumt, ob und wie sie handeln sollen. Die Einräumung einer derartigen Ermessensfreiheit soll die Verwaltungsbehörden in die Lage versetzen, im Einzelfall sachadäquate, fallbezogene Entscheidungen zu treffen. Soweit das Ermessen sachgerecht ausgeübt wird, ist die Entscheidung rechtmäßig. In der Gesetzessprache sind die sogenannten *„Kann-Bestimmungen"* Ausdruck einer derartigen gesetzlichen Ermessenseinräumung. Als Beispiel sei § 12 Abs. 1 des Bundes-Immissionsschutzgesetzes zitiert: „Die Genehmigung kann unter Bedingungen erteilt und mit Auflagen verbunden werden, soweit dies erforderlich ist, um die Erfüllung der in § 6 genannten Genehmigungsvoraussetzungen sicherzustellen." Diese Vorschrift enthält in charakteristischer Weise sowohl die Kann-Bestimmung als auch eine Aussage darüber, mit welchem Inhalt und zu welchem Zweck eine Ermessensentscheidung getroffen werden darf.

8.4.3
Rechtsquellen

Die Gesetzesbindung der öffentlichen Verwaltung führt zu der Frage zurück, durch welche Art von Normen diese Bindung ausgelöst wird. Denn es ist nicht nur schlicht das

"Gesetz", unter dem die öffentliche Verwaltung steht. Hinter "Gesetz" verbirgt sich vielmehr eine gestufte Rangfolge unterschiedlicher Rechtsnormen, die als "Rechtsquellen" bezeichnet werden und die jeweils auch im Gefahrstoff- und Chemikalienrecht zu erkennen sind. Die Unterscheidung der Rechtsquellen ist wichtig für das Verständnis dieses Rechtsgebietes und für die Orientierung in der Praxis.

Erste Rechtsquelle im Sinne einer "Normenhierarchie" ist selbstverständlich das **Grundgesetz** (hiervon war bereits die Rede). Es folgen die **Bundesgesetze** wie z.B. das Chemikaliengesetz als regelmäßig bedeutendste Rechtsquelle. Bundesgesetze pflegen jedoch häufig in Form einer ausdrücklichen *"Ermächtigung"*[21] Regelungsbefugnisse an die Bundesregierung zu delegieren; so heißt es zum Beispiel in § 3a Abs. 4 des Chemikaliengesetzes: „Die Bundesregierung wird ermächtigt, durch Rechtsverordnung mit Zustimmung des Bundesrates nähere Vorschriften über die Festlegung der in Abs. 1 genannten Gefährlichkeitsmerkmale zu erlassen." Eine auf Grund einer derartigen Ermächtigung erlassene Rechtsvorschrift nennt man **Rechtsverordnung** wie zum Beispiel die *"Gefahrstoffverordnung"*[22]. Rechtsverordnungen enthalten gegenüber dem Gesetz in der Regel umfangreiche Detailregelungen und sind in der Praxis ebenfalls von großer Bedeutung. Sie haben gesetzesgleiche Wirkung.

Unterhalb des Bundesrechtes steht dann das Landesrecht des jeweiligen Bundeslandes; auch hier gibt es Gesetze und Rechtsverordnungen, die für das Recht der Umweltchemikalien und Gefahrstoffe jedoch von geringerem Gewicht sind.

Selbstverwaltungskörperschaften, wie die Städte, Gemeinden und Landkreise, aber auch die Hochschulen und die bereits erwähnten Träger der Sozialversicherung, sind ihrerseits berechtigt, im Rahmen ihrer Kompetenzen rechtliche Regelungen zu treffen. Rechtsvorschriften dieser Selbstverwaltungskörperschaften nennt man **Satzungen,** wie etwa der kommunale Bebauungsplan, die Diplom-Prüfungsordnung für Chemie oder die Unfallverhütungsvorschriften der Berufsgenossenschaften.

Von den genannten förmlichen Rechtsvorschriften zu unterscheiden sind die in der Praxis häufig anzutreffenden **Verwaltungsvorschriften.** Hier handelt es sich nicht um förmliche Rechtssätze, sondern lediglich um verwaltungsinterne Anweisungen, die von den vorgesetzten Behörden gegenüber den unteren, örtlichen Vollzugsbehörden erlassen werden und für diese Vollzugsbehörden verbindlich sind. In der Regel haben die Verwaltungsvorschriften Konkretisierungen und Auslegungsrichtlinien zu geltenden Gesetzen zum Inhalt wie zum Beispiel die *"Technische Anleitung Luft (TA Luft)"*, die zum Bundes-Immissionsschutzgesetz ergangen ist und die u. a. Grenzwerte und Meßmethoden mit weitreichender praktischer Bedeutung zum Gegenstand hat[23].

Im Zug des europäischen Einigungsprozesses tritt, gerade auch auf dem Gebiet des Chemikalien- und Gefahrstoffrechtes wegen dessen eminenten Wirtschaftsbezuges, das **Recht der Europäischen Gemeinschaft** zunehmend in den Vordergrund (vgl. 8.3.3). Das geltende Wirtschafts- und Umweltrecht der Bundesrepublik Deutschland ist in weiten Teilen bereits vom Recht der Europäischen Gemeinschaft bestimmt. Rechtsregeln der Europäischen Gemeinschaft ergehen hierbei in zweierlei Form: entweder als *"Verordnung"* oder als *"Richtlinie"*. "Verordnungen" gelten innerhalb der Mitgliedsstaaten unmittelbar und sind daher auch von den Verwaltungsbehörden (z.B. von den Zollbehörden) unmittelbar anzuwenden. "Richtlinien" bedürfen demgegenüber erst einer Umsetzung in innerstaatliches Recht, gelten daher nicht bereits mit Erlaß, sondern nur nach Maßgabe der jeweiligen innerstaatlichen Umsetzung;

so geht z. B. das „Bundesgesetz über die Umweltverträglichkeitsprüfung"[24] auf eine entsprechende EG-Richtlinie zurück.

8.4.4
Handlungsformen der öffentlichen Verwaltung

Die öffentlichen Verwaltungsbehörden bedienen sich beim Vollzug der Rechtsvorschriften bestimmter Handlungsformen. Die traditionsreichste und in der Praxis wohl wichtigste Handlungsform ist der *„Verwaltungsakt"*. Es ist Aufgabe der Verwaltungsbehörden, einzelne Lebens- und Wirtschaftsvorgänge am Maßstab des Gesetzes zu bewerten, zu prüfen, ob und inwieweit der einzelne Fall unter das Gesetz „fällt" – diesen juristischen Prüfungsvorgang nennt man „Subsumtion unter das Gesetz" – und die sich hieraus ergebende Rechtsfolge, wie z. B. die Genehmigung einer technischen Anlage nach dem Bundes-Immissionsschutzgesetz oder das Verbot, nach dem Chemikaliengesetz einen Stoff in den Verkehr zu bringen, einem individuellen Adressaten gegenüber verbindlich festzusetzen. Diese verbindliche Festsetzung nennt man „Verwaltungsakt", der sich als eine außenwirksame Maßnahme einer Verwaltungsbehörde zur Regelung eines Einzelfalles in Anwendung öffentlichen Rechtes definieren läßt[25]. Ein derartiger Verwaltungsakt ist mit Erlaß wirksam und verändert die rechtliche Stellung des Adressaten. So darf zum Beispiel eine Mineralölraffinerie mit Erteilung der immissionsschutzrechtlichen Genehmigung legal betrieben werden; umgekehrt darf ein Stoff nach dem Chemikaliengesetz nicht in den Verkehr gebracht werden, wenn die Anmeldestelle eine Berichtigung oder Ergänzung der Anmeldung verlangt (§ 8 Abs. 3 ChemG).

Verwaltungsakten ist in der Regel eine „Rechtsbehelfsbelehrung" beigefügt, die zum einen dem Adressaten die Möglichkeit aufzeigt, den Verwaltungsakt durch „Widerspruch" anzufechten, zum anderen aber nach Ablauf der hierin genannten Frist, die in der Regel einen Monat dauert, den Verwaltungsakt unanfechtbar macht, so daß er auf Dauer hinzunehmen ist. Unanfechtbar gewordene Verwaltungsakte sind gegebenenfalls Grundlage einer Zwangsvollstreckung.

8.4.5
Rechtsschutz

Angefochtene Verwaltungsakte werden im Widerspruchsverfahren von der Verwaltungsbehörde nochmals auf ihre Rechtmäßigkeit überprüft. Wird am Ende des Widerspruchsverfahrens der Verwaltungsakt bestätigt, kann der Adressat den Rechtsweg zu den *Verwaltungsgerichten* einschlagen. Dasselbe gilt für den Fall zwar beantragter (z. B. Genehmigungsantrag), aber abgelehnter Verwaltungsakte. Insgesamt besteht gegenüber vorgenommenen oder unterlassenen Maßnahmen der Verwaltungsbehörden gerichtlicher Rechtsschutz. Zuständig sind die Verwaltungsgerichte[26]. Verfassungsrechtlicher Hintergrund ist die Rechtsschutzgarantie in Art. 19 Abs. 4 Satz 1 GG: „Wird jemand durch die öffentliche Gewalt in seinen Rechten verletzt, so steht ihm der Rechtsweg offen."

8.5
Das Recht der Umweltchemikalien und Gefahrstoffe

In die genannten Grundstrukturen und Institutionen der Rechtsordnung fügt sich das Recht der Umweltchemikalien und Gefahrstoffe ein. Es ist freilich gegenüber sonstigen Rechtsmaterien durch einen hohen Grad an Technizität gekennzeichnet, die sich in Detailreichtum und in der umfangreichen Aufnahme naturwissenschaftlich-technischer Sachverhalte und Methoden äußert. Im übrigen steht das Recht der Umweltchemikalien und Gefahrstoffe in engem Zusammenhang mit dem sonstigen Umweltrecht.

8.5.1
Materien des Umweltrechtes

In verhältnismäßig schneller Entwicklung hat sich inzwischen ein Kanon umweltrechtlicher Materien her
ausgebildet, dessen Kodifikation in einem einheitlichen „Umweltgesetzbuch" bereits in Rede steht[27] und dessen Bestandteil auch das Recht der Umweltchemikalien und Gefahrstoffe ist. Vorerst tritt das Umweltrecht im wesentlichen in folgenden Detailmaterien in Erscheinung[28]:

- *Recht des Immissionsschutzes* (Bundes-Immissionsschutzgesetz und Rechtsverordnungen),
- *Wasserrecht* (Wasserhaushaltsgesetz des Bundes und Wassergesetze der Länder),
- *Naturschutzrecht* (Bundesnaturschutzgesetz und Naturschutzgesetz der Länder),
- *Abfallrecht* (Kreislaufwirtschafts- und Abfallgesetz des Bundes und Abfallgesetze der Länder),
- *Atom- und Strahlenschutzgesetz* (Atomgesetz des Bundes und Rechtsverordnungen),
- *Gentechnikrecht* (Gentechnikgesetz des Bundes),
- *Gefahrstoffrecht* (vor allem Chemikaliengesetz des Bundes und Rechtsverordnungen).

Nicht zum unmittelbaren Kanon des Umweltrechtes zählen Rechtsgebiete, deren Regelungsansatz kein umweltspezifischer ist, deren Anwendung jedoch die Umweltqualität nachhaltig bestimmt. Zum einen zählt hierzu das *Energierecht* – das Energieproblem ist geradezu das Schlüsselproblem aller Umweltpolitik –, zum anderen das vielfältige *Recht der raumbeanspruchenden Planung*. Es ist die integrierende und die fachbezogene Raumplanung – von der Raumordnung bis zur kommunalen Bauleitplanung, vom Bundesverkehrswegeplan bis hin zur Planfeststellung für Flughäfen –, in der maßgebliche Daten für die Umweltsituation gesetzt werden und die daher in besonderem Maße gerade auch für die Berücksichtigung und Durchsetzung von Umweltbelangen offen ist.

8.5.2
Instrumente des Umweltrechtes

Im Umwelt- und Planungsrecht kommen durchaus unterschiedliche Handlungsmittel zur Geltung, mit denen die jeweiligen umweltpolitischen und gesetzlichen Ziele erreicht werden sollen. Auch das Recht der Umweltchemikalien und Gefahrstoffe verfügt über spezifische Instrumente.

Planung. Zum ersten läßt sich das Instrumentarium der raumbeanspruchenden Planung – wie Erhebung der Planungsdaten, Entwicklungsprognosen, Plansicherung, Planabwägung, Öffentlichkeitsbeteiligung, Planfeststellung – gezielt auch für Umweltbelange einsetzen.

Umweltverträglichkeitsprüfung. Ein neuartiges Instrument ist entsprechend einer Richtlinie der Europäischen Union die „Umweltverträglichkeitsprüfung" nach dem Bundesgesetz über die Umweltverträglichkeitsprüfung in der Fassung von 2001[29]. Hiernach sind bestimmte Bauprojekte vor ihrer Verwirklichung einer kritischen Prüfung durch medienübergreifende, ökosystemare Methoden auf ihre Umweltfolgen hin zu unterwerfen. Im Recht der Gefahrstoffe ist in einem Teilbereich ebenfalls eine stoffbezogene „Umweltverträglichkeitsprüfung" vorzunehmen[30].

Grenzwerte. Zu den ebenso typischen wie klassischen Instrumenten der Umweltschutzgesetzgebung zählt die Festlegung von „Grenzwerten"[31]. Rechtlich festgelegte „Grenzwerte" bringen das Maß der Schadstoffemissionen zum Ausdruck, die auf Grund von Risikobewertungen und Schadensprognosen toleriert werden. Grenzwerte sind hierbei notwendiger Bestandteil eines ordnungsrechtlichen Regelungsansatzes, der darin besteht, den Betrieb bestimmter mobiler oder stationärer Anlagen von einer behördlichen Genehmigung abhängig zu machen, für die die Einhaltung des Grenzwertes Entscheidungskriterium ist. Grenzwertfestlegungen sind damit letztlich modifizierte Verbote.

Als ausdrückliches Beispiel für eine Grenzwertfestsetzung vergleiche § 11a Abs. 1 der sogenannten Kleinfeuerungsanlagenverordnung:[32] „Einzelfeuerungsanlagen für flüssige Brennstoffe nach § 3 Abs. 1 Nr. 9 mit einer Feuerungswärmeleistung von 10 Megawatt bis weniger als 20 Megawatt dürfen abweichend von den §§ 7 bis 11 nur errichtet und betrieben werden, wenn

1. die Emissionen von Kohlenmonoxid den Emissionsgrenzwert von 80 Milligramm je Kubikmeter Abgas,
2. die Emissionen von Stickstoffoxiden, angegeben als Stickstoffoxid, den Emissionsgrenzwert von
   a) 180 Milligramm je Kubikmeter Abgas bei Kesseln mit einer Betriebstemperatur unter 110°C,
   b) 200 Milligramm je Kubikmeter Abgas bei Kesseln mit einer Betriebstemperatur von 110 bis 210°C,
   c) 250 Milligramm je Kubikmeter Abgas bei Kesseln mit einer Betriebstemperatur von mehr als 210°C,
   bei Heizöl EL jeweils berechnet auf einen Stickstoffgehalt im Heizöl EL von 140 Milligramm je Kilogramm, und
3. die Abgastrübung die Rußzahl 1,
   bei den Nummern 1 und 2 bezogen auf einen Sauerstoffgehalt von 3 vom Hundert, als Halbstundenmittelwert nicht überschreiten."

Verbote. Schließlich ist das Verbot selbst ein wirksames Mittel, umweltschädigende Handlungen und den Eintrag gefährlicher Stoffe zu verhindern. Im Bereich der Umweltchemikalien und Gefahrstoffe hat der Gesetzgeber selbst das Mittel des Verbotes etwa im DDT-Gesetz eingesetzt und im übrigen auch im Wege von Rechtsverordnungen – vgl. etwa § 17 Chemikaliengesetz – oder durch Verwaltungsakt zugelassen; vgl. § 11 Abs. 3 ChemG: „Die Anmeldestelle kann das Inverkehrbringen eines Stoffes oder einer Zubereitung untersagen, wenn ... gegen eine Anordnung ... verstoßen wird."[33].

Sicherheitsstandards. In Analogie zu den stoffbezogenen Grenzwerten stehen gesetzliche Standardisierungen der Anlagensicherheit und der Arbeitsschutz. Auch hier werden bestimmte Sicherheitsbedingungen für den technischen Betrieb einer Anlage festgelegt, deren Einhaltung Genehmigungsbedingung ist und behördlich überwacht wird (vgl. etwa die „Störfallverordnung" zum „Bundes-Immissionsschutzgesetz" und die „Gefahrstoffverordnung" zum Chemikaliengesetz).

Informationspflichten. Ein andersartiges Instrumentarium besteht in Anzeige-, Auszeichnungs- und Kennzeichnungspflichten. Hier geht es nicht vorrangig um materielle Standards der Anlagengenehmigung, sondern um Publizitätsformen, die teils eine Beobachtung und Überwachung erst vorbereiten, teils eine Selbstorientierung dessen, der mit den Stoffen im Arbeitsleben oder als Verbraucher umgeht, ermöglichen sollen. Anzeige-, Auszeichnungs- und Kennzeichnungspflichten sind daher einerseits ein aus verwaltungsrechtlicher Sicht „mildes", aber im Hinblick auf die Arbeitswelt und den Verbrauchermarkt durchaus wirksames Mittel vorbeugenden Umweltschutzes. Anzeige-, Auszeichnungs- und Kennzeichnungspflichten sind die bevorzugten Instrumente des geltenden Chemikalienrechtes nach dem Chemikaliengesetz.

Technische Regeln. Unmittelbar aus der Arbeitswelt und den Bedingungen des Marktes können aber auch Regelungsformen, Normen und Standards entstehen, die – ohne gesetzlich festgelegt zu sein – Verhalten bestimmen und Gefahren vermeiden sollen. Erwähnt worden sind bereits die förmlichen Satzungen der Berufsgenossenschaften; zu ergänzen wären DIN-Normen, „Technische Regeln" von Fachausschüssen u.ä.[34] Die „Gute Laborpraxis (GLP)" ist in der Tat aus der guten Laborpraxis heraus entstanden und hat denn in das Chemikaliengesetz Eingang gefunden (§§ 19a–19d ChemG).

8.5.3
Der Begriff der „Gefahr" im Umweltrecht

Dem Recht der Gefahrstoffe liegt ein unterschiedlicher Begriff von „Gefahr" zugrunde. In einem unmittelbaren Sinne bedeutet Gefahr die reale Möglichkeit eines kurzfristig bevorstehenden Schadenseintrittes; in diesem Sinne kann von einem Stoff unter bestimmten Bedingungen eine Gefahr ausgehen (z. B. Transport von Sprengstoff und Säuren; Tankwagenunfall). Es handelt sich hier um den klassischen polizeirechtlichen Gefahrenbegriff[35]. Bei Eintritt einer polizeirechtlichen Gefahr ist der unmittelbare Zugriff der Polizeibehörden begründet.

Das Recht der Gefahrstoffe will darüber hinaus aber den Eintritt einer aktuellen polizeirechtlichen Gefahr von vorneherein vermeiden. Im Sinne einer Vorsorge wird der Gefahrenbegriff abstrahiert und typisiert. Stoffe, die typischerweise Gefahren und konkrete Schäden verursachen können, werden vorbeugenden, generalisierenden Regeln unterworfen. Der Gefahrenbegriff verlagert sich sozusagen „nach vorne". Sicherheitsstandards und sonstige Regeln für den Umgang mit „gefährlichen" Stoffen werden festgelegt. Die behördliche Kontrolle dieser Standards ist daher nicht Vollzug von Polizeirecht, sondern ordnungsrechtlicher Vollzug des Rechtes der Gefahrstoffe.

Darüberhinaus jedoch hat das dem gesamten Umweltrecht und damit auch dem Recht der Umweltchemikalien und Gefahrstoffe zugrundeliegende Vorsorgeprinzip den Gefahrenbegriff noch weiter ausgedehnt. Es ist nicht mehr nur der Eintritt einer örtlich und gegenständlich begrenzten und daher prinzipiell vorhersehbaren Gefahr und eines entsprechenden Schadens im Blickfeld, sondern eine weitläufige und weiträumige Veränderung der Umweltqualität durch einen Stoffeintrag, der in den Umweltmedien kumuliert, in die Stoffkreisläufe eindringt und Schäden für Mensch und Natur an unvorhersehbaren Orten und zu einem nicht abschätzbaren Zeitpunkt erzeugt. Hier geht es nicht mehr um Gefahrenabwehr im engeren Sinne, hier geht es um langfristige Risikovorsorge. Aus der „Gefahr" ist im Umweltrecht weitgehend das „Risiko" geworden. Das Wasserrecht, das Immissionsschutzrecht und das Chemikalienrecht dienen gewiß auch der konkreten Gefahrenabwehr, definieren aber auch durch Standards und Grenzwerte das Risiko, das man in der industriellen Gesellschaft zu tolerieren imstande und bereit ist.

Die Toxizität eines Gefahrstoffes ist wegen der Einbindung des Gefahrstoffrechtes in das vorsorgende Umweltrecht nicht nur Maßstab für unmittelbare Schadensvorsorge, sondern vor allem Kriterium für die Festlegung spezifischer Grenzwerte und graduell gestufter Sicherheitsstandards. Aus der Sichtweise des Vorsorgeprinzips gilt die alte, fast schon triviale Erkenntnis, daß es die Menge, die Dosis, ist, die die Giftwirkung hervorruft. Die Toxikologie ist daher gleichsam nur Teilmenge des Chemikalien- und Gefahrstoffrechtes. Für das Verbot eines Stoffes ist daher prinzipiell auch nicht erst dessen Toxizität ausschlaggebend, sondern bereits dessen prognostizierte Umweltunverträglichkeit. Dies ist ganz deutlich etwa beim Verbot der Fluorchlorkohlenwasserstoffe durch die entsprechende Verbotsverordnung[36].

8.5.4
Regelungsansatz Wasserqualität: Wasserrecht

Gefahrstoffe sind im weiteren, wenngleich nicht spezifischem Sinne Regelungsgegenstand auch des Wasserrechtes. Die Standards und Grenzwerte für Einleitungen in die Oberflächengewässer sind schadstoffbezogen[37] und sollen daher gerade die Schadwirkungen von Stoffen im Umweltmedium Wasser begrenzen. Unterhalb der Grenzwertschwellen belegt das Abwasserabgabengesetz die Einleitungen zusätzlich mit einer Abgabe, deren Höhe wiederum von Schadeinheiten abhängt, für die stoffliche Parameter gelten.

Das Wasserrecht ist jedoch gegenüber dem Recht der Umweltchemikalien und Gefahrstoffe wegen seines ausgesprochenen Bezuges auf das Umweltmedium Wasser von spezifischer Natur und im übrigen Rechtsgrundlage der klassischen Wasserwirtschaftsverwaltung. Es darf daher insoweit auf dieses Rechts- und Verwaltungsgebiet verwiesen werden[38].

8.5.5
Regelungsansatz Abfälle: Abfallrecht

Sind Gefahrstoffe Abfall, d.h., will sich der Besitzer dieser Stoffe entledigen oder ist deren ordnungsgemäße Entsorgung geboten, gilt das Abfallrecht. Hiernach gilt grundsätzlich, daß Stoffe, die nicht Siedlungsabfälle sind, von der öffentlichen Entsorgung ausgeschlossen sind. In diesem Falle ist grundsätzlich der Abfallbesitzer selbst für die Entsorgung verantwortlich. Die Sonderabfallentsorgung wird dann allerdings regelmäßig von privatwirtschaftlichen Entsorgungsunternehmen übernommen, an denen sich zumeist auch die öffentliche Hand beteiligt. Die Toxizität der Stoffe bestimmt hierbei die Art der Entsorgung. Insgesamt darf auch hier auf das Abfallrecht und die dort grundgelegten Entsorgungssysteme verwiesen werden.

8.5.6
Regelungsansatz Luftqualität: Immissionsschutzrecht

Gefahrstoffe sind selbstverständlich auch Regelungsgegenstand des Immissionschutzrechtes nach dem Bundes-Immissionsschutzgesetz als dem umweltpolitisch und umweltrechtlich vielleicht wichtigsten und wohl auch erfolgreichsten Rechtsbereich. Regelungsansatz sind hiernach gas- oder staubförmige Emissionen, die von mobilen oder stationären Anlagen ausgehen. Auf die Toxizität dieser Emissionen kommt es auch hier wiederum prinzipiell nicht an; der Gesetzgeber folgt konsequent dem Vorsorgeprinzip. Denn gerade die Luftemissionen sind von weiträumiger und langfristiger Wirkung auf die Umwelt; nicht umsonst wird das „Waldsterben" auf die Schwefeldioxid- und Stickoxid-Emissionen zurückgeführt. Auch steigt das Krebsrisiko durch Luftverunreinigungen[39].

Der spezifisch anlagen- und emissionsbezogene Regelungsansatz des Immissionsschutzrechtes hebt dieses Rechtsgebiet vom Recht der Umweltchemikalien und Gefahrstoffe charakteristisch ab; auf diesen Rechts- und Verwaltungsbereich darf wiederum verwiesen werden[40]. Freilich unterliegen alle Produktionsanlagen der chemischen Industrie dem Bundes-Immissionsschutzgesetz, denn hier kommt es auf die mit der Produktion auftretenden Emissionen, nicht auf die Produkte selbst an.

8.5.7
Regelungsansatz Transport: Gefahrgutrecht

Ein anderer schadstofforientierter Regelungsansatz ist im „Gesetz über den Transport gefährlicher Güter"[41] verwirklicht. Hier setzt der Gesetzgeber weder an Stoffen noch an Emissionen, sondern vielmehr am Transport gefährlicher Stoffe an. Der Gefahrenbegriff, der der Regelung zugrundeliegt, ist auf die konkrete Transportsituation bezogen und dem polizeilichen Gefahrenbegriff weitgehend angenähert. Das Gesetz schreibt denn auch bestimmte Formen der Transportsicherung vor, deren Überwachung in die Zuständigkeit der Gewerbeaufsichtsämter fällt, sofern nicht im öffentlichen Straßenverkehr die Zuständigkeit der Polizeivollzugsbehörden gegeben ist.

8.5.8
Regelungsansatz Stoffe I: Chemikalienrecht

Das Recht der Umweltchemikalien und Gefahrstoffe im engeren Sinne ist diejenige Rechtsmaterie, die die Stoffe als solche und den unmittelbaren Umgang mit ihnen zum Ansatzpunkt nimmt. Es kommt nicht auf Anlagen und Emissionen, nicht auf Genehmigungsstandards, sondern auf die Qualität eines Stoffes als solchen im Hinblick auf seine Wirkungen am Arbeitsplatz und seine diffusen, prognostizierten Fernwirkungen in der Umwelt an.

Chemikaliengesetz. Leitgesetz des Rechtes der Umweltchemikalien und Gefahrstoffe ist das *Chemikaliengesetz* des Bundes[42]. Zu diesem Gesetz sind mehrere Rechtsverordnungen ergangen[43]. Es ist in der Praxis unerläßlich, jeweils nach den konkreten Erfordernissen des Arbeitsplatzes das Gesetz und die hierzu ergangenen Rechtsverordnungen mit ihren sehr konkreten und detaillierten Regelungen zur Hand zu nehmen[44]. Arbeitgeber und Berufsgenossenschaften halten hierzu Hilfsmittel vor, die weit über den Inhalt der vorliegenden, unvermeidlich globalen Darstellung hinausgehen.

Gesetzeszweck. Nach § 1 des Chemikaliengesetzes ist es Zweck des Gesetzes, „den Menschen und die Umwelt vor schädlichen Einwirkungen gefährlicher Stoffe und Zubereitungen zu schützen, insbesondere sie erkennbar zu machen, sie abzuwenden und ihrem Entstehen vorzubeugen." Diese Vorschrift enthält bereits das gesamte Programm des Gesetzes und zeigt zugleich, daß Regelungsansatz und -ziel über den rein umweltrechtlichen Bereich hinausgehen. Der Regelungsbereich des Chemikaliengesetzes umfaßt hiernach Umweltchemikalien, Giftstoffe und den Arbeitsschutz.

Legaldefinitionen. Das Chemikaliengesetz enthält, ganz im Interesse juristischer Klarheit in einem diffusen Bereich, zahlreiche Begriffsbestimmungen. So werden zunächst in § 3 Nr. 1 ChemG „Stoffe" als „chemische Elemente oder chemische Verbindungen, wie sie natürlich vorkommen oder hergestellt werden, einschließlich der zur Wahrung der Stabilität notwendigen Hilfsstoffe die der durch das Herstellungsverfahren bedingten Verunreinigungen ...", definiert. Auf die Stoffdefinition folgt in § 3 Nr. 4 ChemG die Definition der „Zubereitungen" als „aus zwei oder mehreren Stoffen bestehende Gemenge, Gemische oder Lösungen". Von zentraler Bedeutung ist dann die Kennzeichnung der „Gefährlichkeit" von Stoffen nach dem Katalog von § 3a Abs. 1 ChemG. Hiernach sind Stoffe „gefährlich", sofern sie:

1. „explosionsgefährlich,
2. brandfördernd,
3. hochentzündlich,
4. leichtentzündlich,
5. entzündlich,
6. sehr giftig,
7. giftig,
8. gesundheitsschädlich,
9. ätzend,
10. reizend,
11. sensibilisierend,
12. krebserzeugend,
13. fortpflanzungsgefährdend,
14. erbgutverändernd oder
15. umweltgefährlich sind."

Die hiernach definierte Gefährlichkeit von Stoffen wird in der „Verordnung zum Schutz vor gefährlichen Stoffen (Gefahrstoffverordnung)"[45] näher präzisiert.

Instrumente. Das Instrumentarium, daß das Chemikaliengesetz zum Schutz der Umwelt und der menschlichen Gesundheit einsetzt, ist differenziert und in vielfacher Weise gegenüber dem sonstigen Umweltrecht atypisch. An Instrumenten lassen sich unterscheiden:

- das Anmeldeverfahren,
- Einstufungs-, Verpackungs- und Kennzeichnungspflichten,
- Verbote und Beschränkungen.

Anmeldeverfahren. Das Anmeldeverfahren besteht in folgender *Grundregel*:

Nach §§ 4 Abs. 1 und 2, 8 Abs. 3 ChemG darf der Hersteller bzw. Einführer eines neuen Stoffes diesen erst nach Ablauf von 60 bzw. 30 Tagen, in Verkehr bringen, nachdem er ihn unter Vorlage bestimmter Prüfnachweise (§§ 6 Abs. 1 Nr. 5, 7, 9, 9a ChemG) bei der Anmeldestelle (§ 12 ChemG; d. i. die Bundesanstalt für Arbeitsschutz und Arbeitsmedizin in Dortmund) angemeldet hat.

Die Frist, während derer ein entsprechend langes Verbot des Inverkehrbringens besteht, soll der Behörde die Möglichkeit zur Prüfung der eingereichten Unterlagen geben. Ist die Frist verstrichen, darf der Stoff ohne weiteres in den Verkehr gebracht werden. Einer ausdrücklichen Erlaubnis oder Genehmigung bedarf es nicht.

Die Anmeldebehörde hat entweder nach § 8 Abs. 1 ChemG die Vollständigkeit und Richtigkeit der Anmeldung als eine Art behördlicher *„Unbedenklichkeitsbescheinigung"* zu bestätigen oder aber nach §§ 8 Abs. 2, 20 Abs. 2 ChemG innerhalb der 30 bzw. 60-Tage-Frist eine Beanstandung auszusprechen. Die Beanstandung kann sich auf Vollständigkeit und Schlüssigkeit der Anmeldung und der beigefügten Unterlagen und Prüfnachweise beziehen. Die Beanstandung unterbricht die Frist, so daß der Stoff solange nicht in Verkehr gebracht werden darf, wie die Beanstandung nicht ausgeräumt ist. Erst mit der Ergänzung oder Berichtigung der beanstandeten Anmeldung beginnt der Fristlauf von neuem.

Die Unbedenklichkeitserklärung und die Beanstandung sind Verwaltungsakte im Sinne des Allgemeinen Verwaltungsrechtes. Sie haben zur Folge, daß der Stoff im ersten Falle in den Verkehr, im letzten Falle nicht in den Verkehr gebracht werden darf. Gegen die Nichterteilung der Unbedenklichkeitserklärung oder die Beanstandung ist der Rechtsbehelf des Widerspruchs und der verwaltungsgerichtliche Rechtsschutz gegeben. Ein Rechtsmittel gegen die Beanstandung hat keine „aufschiebende Wirkung" (§§ 11 Abs. 4, 20 Abs. 2 Satz 3 ChemG), wie sie sonst nach der Verwaltungsgerichtsordnung eintritt (§ 80 Abs. 1 Satz 1 VwGO). *„Aufschiebende Wirkung"* oder *„Suspensiveffekt"* des Rechtsmittels bedeutet, daß in jedem Falle eines belastenden Verwaltungsaktes dessen Rechtswirkung bis zur Entscheidung über das Rechtsmittel aufgeschoben wird; Widerspruch und verwaltungsgerichtliche Klage sind daher in der Hand des Beschwerdeführers und Klägers eine unmittelbar wirksame „Waffe" gegen behördliche Entscheidungen. Diese „Waffe" kann aber vom Gesetz selbst unwirksam gemacht werden, indem es die „aufschiebende Wirkung" in bestimmten Fällen – so eben auch im Falle der chemikalienrechtlichen Beanstandung – ausdrücklich nicht eintreten läßt. Der Sinn der gesetzlichen Ausnahmeregelung des §§ 11 Abs. 4, 20 Abs. 2 Satz 3 ChemG liegt darin, daß im Falle des Eintrittes des Suspensiveffektes der Fristablauf wieder herbeigeführt und damit Sinn und Zweck der gesetzlichen Regelung zunichtegemacht würde.

Die inhaltlichen Kriterien der Prüfung durch die Anmeldestelle ergeben sich im einzelnen aus den detaillierten Vorschriften in §§ 6, 7, 9, 9a, 10 ChemG und der „Anmelde- und Prüfnachweisverordnung"[46]. Die Anmeldestelle kann für die Bewertung der Anmeldungsunterlagen im Sinne von § 12 Abs. 2 ChemG externe Bewertungsstellen wie das Bundesgesundheitsamt oder das Umweltbundesamt einsetzen.

Ausgenommen von der Anmeldepflicht sind nach § 5 Abs. 1 ChemG:

- Polymere unter den Voraussetzungen des § 5 Abs. 1 Nr. 1 ChemG,
- Stoffe, die ausschließlich zu Forschungs- und Erprobungszwecken in den Verkehr gebracht werden (Forschungs- und Entwicklungsprivileg),
- Stoffe in geringeren Mengen von weniger als 10 kg jährlich (Kleinmengenprivileg).

Ausgenommen von der Anmeldepflicht sind vor allem aber auch die sogenannten *Altstoffe*. Das Gesetz unterscheidet zwischen alten und neuen Stoffen, je nach dem, ob sie entsprechend dem Altstoffverzeichnis der Europäischen Union vor oder nach dem 19.9.1981 erstmalig in einem Mitgliedstaat der EG in den Verkehr gebracht worden sind (§ 3 Nr. 2–3 ChemG). Nur Stoffe, die nach diesem Stichtag in den Verkehr gebracht werden sollen, unterliegen der Anmeldepflicht. Gleichwohl besteht im Hinblick auf die Altstoffe ein Regelungs- und Prüfbedarf. Die weitere Aufbereitung der Altstoffe bleibt ein dringendes Anliegen.

In weiterem Zusammenhang mit dem Anmeldeverfahren stehen Mitteilungspflichten des Herstellers nach §§ 16–16e ChemG, die sich im wesentlichen auf Änderungen eines Stoffes beziehen.

Wer einen Stoff nach § 8 ChemG anmeldet, ist nach §§ 6 Abs. 1 Nr. 6, 7, 7a, 9, 9a, 10 ChemG verpflichtet, Prüfnachweise in je stoffspezifischen Prüfungsstufen vorzulegen. Diese Prüfnachweise sind auf der Grundlage einer „*Guten Laborpraxis*" zu erbringen (§§ 19a–19d ChemG). Das Gesetz hat sich hier im wissenschaftlich-technischen Bereich entwickelte Standards zu eigen gemacht und zur rechtlichen Norm erhoben. Es liegt hier ein Beispiel dafür vor, wie eine sachgesetzlich-autonome Praxis – ähnlich wie die „Regeln der Heilkunst" – in die Rechtsordnung inkorporiert wird. Die Grundsätze und Details der „Guten Laborpraxis" gehen aus dem Anhang 1 zu dem Gesetz hervor. Die Lektüre dieser Gesamtdarstellung der „Guten Laborpraxis" ist in der Praxis unentbehrlich[47].

Zur Durchsetzung der mit dem Anmeldeverfahren verbundenen Ziele und zur Erfüllung der Mitteilungs- und Prüfnachweispflichten hält das Gesetz Sanktionen bereit. Unter bestimmten Voraussetzungen kann das Inverkehrbringen eines Stoffes trotz Anmeldung ausdrücklich untersagt werden (§ 11 Abs. 3 ChemG). Eine Verletzung der Anmelde- und Mitteilungspflichten wird mit Geldbuße nach § 26 ChemG geahndet[48].

Einstufungs-, Verpackungs- und Kennzeichnungspflichten. Neben dem Anmeldeverfahren und den hiermit im Zusammenhang stehenden Pflichten statuiert das Chemikaliengesetzt gleichsam als zweites Instrumentenbündel Einstufungs-, Verpackungs- und Kennzeichnungspflichten. Die Rechtsgrundlagen sind darüberhinaus in der u. a. nach § 14 Abs. 1 ChemG erlassenen „*Gefahrstoffverordnung* (GefStoffV)"[49] enthalten. Mit derartigen Einstufungs-, Verpackungs- und Kennzeichnungspflichten wird nicht primär ein ordnungsrechtliches Instrumentarium gesetzt, das die Einhaltung von Standards gebietet und kontrolliert, sondern wird im wesentlichen eine Informationsgrundlage geschaffen, die allen Personen, die mit den entsprechenden Stoffen sachkundig umgehen, selbständige Orientierung und vorsichtiges Handeln ermöglicht. Das Mittel zur Erreichung der gesetzlichen Schutzziele ist die *Information*.

Im einzelnen sind hiernach die Stoffe nach dem Grad ihrer Gefährlichkeit einzustufen. § 4 der Gefahrstoffverordnung enthält hierzu im Anhang I einen „Leitfaden zur Einstufung und Kennzeichnung gefährlicher Stoffe und Zubereitungen". Zur Verpackung gilt grundsätzlich die Norm in § 10 Abs. 1 Satz 1 Gefahrstoffverordnung: „Die Verpackungen gefährlicher Stoffe und Zubereitungen müssen so beschaffen sein, daß vom Inhalt nichts ungewollt nach außen gelangen kann." Konkretisierungen hierzu enthält die Gefahrstoffverordnung. Die Art der Verpackung hängt hierbei vom Grad der Gefährlichkeit des Stoffes ab.

Die Kennzeichnungen auf der Verpackung müssen wiederum der Art und der Gefährlichkeit des Stoffes entsprechen; Details enthält die Gefahrstoffverordnung.

Verbote und Beschränkungen. Am nächsten verwandt mit ordnungsrechtlichen Maßnahmen sind die nach dem Chemikaliengesetz möglichen Verbote und Beschränkungen.

Hinsichtlich der Verbote und Beschränkungen sind zwei Formen zu unterscheiden. Zunächst enthält das Gesetz unmittelbare Handlungsermächtigungen für die Verwaltung, Kraft derer sie Einzelmaßnahmen gegenüber individuellen Adressaten treffen darf. Dies ist zum Beispiel, wie bereits erwähnt, im Anmeldeverfahren nach §§ 8 ff. ChemG der Fall, wonach das Inverkehrbringen eines Stoffes unter bestimmten Voraussetzungen administrativ beschränkt oder verboten werden kann. Eine ähnliche Regelung findet sich in § 23 ChemG. Es handelt sich hierbei um Verbote oder Beschränkungen durch Verwaltungsakt.

Daneben aber ermöglicht es das Gesetz, und dies ist von weiterreichender Bedeutung, durch Rechtsverordnungen generelle Verbote von Stoffen, Zubereitungen, Verwendungs- und Verbreitungsformen oder entsprechende Beschränkungen zu erlassen. Derartige Verbote oder Beschränkungen können sich auf neue und alte Stoffe beziehen. Die Ermächtigungsgrundlage für Verbots- oder Beschränkungsverordnungen ist mit § 17 ChemG gegeben. Der Verordnungsgeber hat von der Ermächtigung in zahlreichen Fällen Gebrauch gemacht. Hiernach gelten Verbote u. a. für folgende Stoffe:

- Stoffe des Kataloges von § 15 GefStoffV,
- Polychlorierte Biphenyle (PCB), polychlorierte Terphenyle (PCT), Vinylchlorid (VC) nach Maßgabe der entsprechenden Verordnung[50],
- Pentachlorphenol (PCP) nach Maßgabe der entsprechenden Verordnung[51],
- Halogenkohlenwasserstoffe (FCKW) nach Maßgabe der entsprechenden Verordnung[52].

Gefahrstoffverordnung. Einer generellen Hervorhebung bedarf im Zusammenhang mit den Regelungen des Chemikaliengesetzes die bereits zuvor zitierte „Gefahrstoffverordnung"[53], die auf verschiedene Ermächtigungsgrundlagen des Gesetzes gegründet worden ist. Die Gefahrstoffverordnung enthält eine moderne, auf hohem Schutzniveau befindliche Gesamtregelung des Umgangs mit gefährlichen Stoffen, von partiellen Verboten bis hin zu Formen und Sicherheitsstandards für die Lagerung, den Transport, die Verpackung und die Kennzeichnung von Stoffen. Es ist in der Praxis unvermeidlich, wegen der Details die Verordnung zur Hand zu nehmen.

Arbeitsschutz. Über den Umweltschutz hinaus enthalten das Chemikaliengesetz und die Gefahrstoffverordnung Regelungen des Arbeitsschutzes. § 19 des Gesetzes und §§ 16 ff. der Gefahrstoffverordnung bieten hierfür die Rechtsgrundlagen. Adressat dieser Vorschriften ist vorrangig der Arbeitgeber, der für die Einhaltung der Sicherheitsstandards die Verantwortung trägt und daher entsprechende innerbetriebliche Vorsorge zu treffen hat. Auf den Arbeitsschutz darf im übrigen an dieser Stelle ganz allgemein verwiesen werden. Ergänzt sei lediglich, daß Schüler und Studenten, soweit sie in den naturwissenschaftlichen Fächern mit Gefahrstoffen in Berührung kommen, nach § 15 Abs. 3 Satz 3 der Gefahrstoffverordnung Arbeitnehmern gleichstehen; die öffentlichen Schul- und Hochschulträger stehen daher in besonderer Pflicht.

8.5.9
Regelungsansatz Stoffe II: Sonstiges Stoffrecht

Ist auch das Chemikaliengesetz als „Leitgesetz" des Rechtes der Gefahrstoffe und Umweltchemikalien vorgestellt worden, erschöpft sich jedoch diese Materie nicht in den Regelungen dieses Gesetzes. Zahlreiche weitere Regelungen des stofflichen Umweltschutzes und verschiedener Nachbargebiete treten hinzu, die allerdings für die spezifische Praxis der chemischen pharmakologischen Forschung und Industrie eher von nachgeordneter Bedeutung sind. Andererseits belegt die Vielfalt der Regelungen die Reichweite des stofflichen Umwelt- und Gesundheitsschutzes und die Verschiedenheit der jeweiligen Gefahren und Schutzziele.

8.5.9.1
Ausschlußkatalog in § 2 ChemG

Zunächst enthält das Chemikaliengesetz selbst einen Katalog von Stoffen, auf die es seine Geltung von vornherein nicht erstreckt und die jeweils besonderer Regelung unterliegen. Der Ausschlußkatalog in § 2 ChemG enthält folgende Gebiete:

- Tabakerzeugnisse und kosmetische Mittel im Sinne des Lebensmittel- und Bedarfsgegenständegesetzes,
- Arzneimittel im Sinne des Arzneimittel- oder Tierseuchengesetzes,
- Abfälle und Altöle im Sinne des Abfallgesetzes,
- radioaktive Stoffe im Sinne des Atomgesetzes,
- Abwasser im Sinne des Abwasserabgabengesetzes.

Teile des Chemikaliengesetzes gelten auch nicht für Pflanzenschutzmittel (§ 2 Abs. 3 Satz 1 Nr. 2 ChemG). Es ergibt sich daher bereits unmittelbar aus dem Chemikaliengesetz ein Verweis auf jeweilige Sondermaterien.

8.5.9.2
Pflanzenschutzrecht

In der chemischen Industrie und in der landwirtschaftlichen Praxis hat immerhin das *Pflanzenschutzrecht* erhebliches Gewicht. Die Rechtsgrundlage für das Pflanzenschutzrecht findet sich im „Gesetz zum Schutz der Kulturpflanzen (Pflanzenschutzgesetz – PflSchG)"[54] und den hierzu ergangenen Rechtsverordnungen[55]. Der Ausgangspunkt der rechtlichen Regelungen besteht darin, daß Nutzpflanzen durch Schadorganismen und Krankheiten bedroht sind, daß aber vor allem die chemische Industrie Pflanzenschutzmittel entwickelt hat und daß deren Anwendungen wiederum anderweitige Gefahren für Umwelt und menschliche Gesundheit hervorrufen können. Gerade die Auswirkungen von Pflanzenschutzmitteln, die in der Landwirtschaft in großer Menge auf die Umwelt, die natürlichen Ökosysteme und den Bestand wildlebender Tier- und Pflanzenpopulationen ausgebracht werden, und die damit verbundene strukturelle Veränderung der landwirtschaftlich genutzten Flächen insgesamt, haben die Landwirtschaft und damit die Pflanzenschutzmittel zu einem Schwerpunkt der umweltpolitischen Auseinandersetzungen werden lassen[56].

Die Zieldefinition des Pflanzenschutzgesetzes ist von dieser Problematik nicht unberührt geblieben. Der Gesetzeszweck besteht darin, „Gefahren abzuwenden, die durch die Anwendung von Pflanzenschutzmitteln oder durch andere Maßnahmen des Pflanzenschutzes, insbesondere für die Gesundheit von Mensch und Tier und für den Naturhaushalt, entstehen können." (§ 1 Nr. 4 PflSchG). Den Grundwiderspruch zwischen landwirtschaftlicher Produktion, die heute ohne Pflanzenschutzmittel nicht mehr auskommt, und stofflichem Umweltschutz hat indes auch das Gesetz nicht zu lösen vermocht.

Immerhin enthält die Definition von Pflanzenschutzmitteln in § 2 Abs. 1 Nr. 9 des Gesetzes gleichsam eine ökologische Öffnung:

Pflanzenschutzmittel sind „Stoffe, die dazu bestimmt sind,

a) Pflanzen oder Pflanzenerzeugnisse vor Schadorganismen zu schützen,
b) Pflanzen oder Pflanzenerzeugnisse vor Tieren, Pflanzen oder Mikroorganismen zu schützen, die nicht Schadorganismen sind,
c) die Lebensvorgänge von Pflanzen zu beeinflussen, ohne ihrer Ernährung zu dienen (Wachstumsregler),
d) das Keimen von Pflanzenerzeugnissen zu hemmen..."

Das wesentliche Instrument des Pflanzenschutzgesetzes besteht in Vorschriften über den Verkehr mit Pflanzenschutzmitteln, über den Umgang mit Pflanzenschutzmitteln und mit deren Kennzeichnung[57]. Ein ordnungsrechtlicher Ansatz besteht in den Vorschriften über die Zulassung von Pflanzenschutzmitteln nach § 15 PflSchG. Bestimmte Pflanzenschutzmittel bedürfen hiernach der ausdrücklichen Zulassung, die bei der Biologischen Bundesanstalt zu beantragen ist; in der Zulassung liegt ein charakteristischer Unterschied zum Chemikaliengesetz, das nicht die ausdrückliche Zulassung eines Stoffes durch Verwaltungsakt, sondern nur – von den Verbotsmöglichkeiten abgesehen – die Anmeldung mit behördlicher Beanstandungsmöglichkeit kennt.

Für das Inverkehrbringen von Pflanzenschutzmitteln gelten bestimmte Kennzeichnungspflichten und Vertriebsbeschränkungen (§§ 20, 22, 23 PflSchG). Der Verweis in § 20 Abs. 1 PflSchG auf die §§ 13–15 ChemG belegt die Verwandtschaft der Sach- und Rechtsmaterie.

Für die Anwendung von Pflanzenschutzmitteln gilt nach § 6 Abs. 1 Satz 1 PflSchG, daß sie nur „nach guter fachlicher Praxis" angewandt werden dürfen; die Anwendungspraxis unterliegt behördlicher Kontrolle. Ein flächenbezogenes Anwendungsverbot ergibt sich aus § 6 Abs. 2 PflSchG: Pflanzenschutzmittel dürfen auf Freilandflächen nur angewandt werden, soweit diese landwirtschaftlich, forstwirtschaftlich oder gärtnerisch genutzt werden. Diese Vorschrift enthält zwar einerseits ein Privileg wirtschaftlicher Nutzung, das zur Landwirtschaftsklausel in § 18 Abs. 2 Bundesnaturschutzgesetz analog

8.5.9.3
DDT-Gesetz

Ein Spezialfall pflanzenschutzrechtlicher Regelung ist mit dem Gesetz über den Verkehr mit DDT (DDT-Gesetz)[58] gegeben. Nach diesem Gesetz unterliegen Stoffe der DDT-Gruppe und ihre Zubereitungen einem Verbot: Diese Stoffe dürfen weder hergestellt noch eingeführt, ausgeführt, in den Verkehr gebracht, erworben oder angewendet werden. Das Gesetz ist eine der bislang konsequentesten Maßnahmen des stofflichen Umwelt- und Gesundheitsschutzes aufgrund erkannter und erwiesener Gefahr.

8.5.9.4
Düngemittelrecht

Mit dem Pflanzenschutzrecht und der entsprechenden Sachmaterie vergleichbar ist das *Düngemittelgesetz*[59], zu dem Rechtsverordnungen ergangen sind. Das Düngemittelgesetz kennt ebenfalls die Zulassung von Düngemitteln und Vorschriften über deren Anwendung.

Das Düngemittelrecht wird durch abfall- und wasserrechtliche Regelungen ergänzt. So finden auch Klärschlämme als Düngemittel Anwendung; Standards hierfür stellt die nach § 15 Abfallgesetz erlassene „Klärschlammverordnung"[60] auf. Der Überdüngung durch organische Düngemittel wie Jauche, Mist und Gülle sollen landesrechtliche „Gülleverordnungen" entgegenwirken, die zugleich auf den Grundwasserschutz abzielen. In Wasserschutzgebieten kann nach § 19 Abs. 2 Wasserhaushaltsgesetz die Anwendung von Düngemitteln wie übrigens auch von Pflanzenschutzmitteln beschränkt werden.

8.5.9.5
Sonstige Materien

Weitere Spezialmaterien des stofflichen Umweltschutzes sind mit folgenden Rechtsvorschriften gegeben, auf die ohne nähere Erläuterung allgemein verwiesen werden darf:

- Futtermittelgesetz mit Rechtsverordnungen[61],
- Gesetz über den Verkehr mit Lebensmitteln, Tabakerzeugnissen, kosmetischen Mitteln und sonstigen Bedarfsgegenständen (Lebensmittel- und Bedarfsgegenständegesetz)[62], auf das immerhin eine derart wichtige Verordnung wie die Trinkwasserverordnung[63] gestützt wird,
- Gesetz über den Verkehr mit Arzneimitteln (Arzneimittelgesetz)[64],
- Tierseuchengesetz[65],
- Gesetz über explosionsgefährliche Stoffe (Sprenstoffgesetz)[66],
- Benzin-Blei-Gesetz[67],
- Wasch- und Reinigungsmittelgesetz[68] mit der Tensidverordnung[69] und der Phosphathöchstmengenverordnung[70].

8.5.9.6
Atomrecht

Gefahrstoffe besonderer Art sind die radioaktiven Stoffe. Radioaktive Stoffe werden zur Gefahr, indem zur Gewinnung von Kernenergie derartige Stoffe konzentriert und eingesetzt werden, der Brennvorgang neue radioaktive Stoffe erzeugt und Reststoffe entstehen, die entsorgt werden müssen. Da diesen Gefahren mit chemischen Mitteln prinzipiell nicht begegnet werden kann und daher radioaktive Gefahrstoffe als solche keiner Veränderung unterliegen, ist die rechtliche Regelung der friedlichen Nutzung der Kernenergie von ausgesprochen spezifischer Natur. Die rechtliche Regelung ist mit dem „Gesetz über die friedliche Verwendung der Kernenergie und den Schutz gegen ihre Gefahren (Atomgesetz)"[71] und den hierzu ergangenen Rechtsverordnungen[72] gegeben. Aus dem Geltungsbereich des Chemikaliengesetzes sind radioaktive Stoffe ausdrücklich ausgenommen (§ 2 Abs. 1 Nr. 4 ChemG). Soweit in Forschung und Lehre sowie in kerntechnischen Anlagen die Gefahr der Berührung mit radioaktiven Stoffen gegeben ist, gelten ausschließlich das Atomgesetz und die hierauf gestützten Rechtsverordnungen wie insbesondere die „Strahlenschutzverordnung"[73].

Im übrigen aber weisen die Sachmaterie und die mit ihr gegebene wissenschaftliche, juristische und politische Grundsatzproblematik weit über das Thema der Umweltchemikalien und Gefahrstoffe hinaus.

8.5.10
Ausblick

Das Recht der Umweltchemikalien und Gefahrstoffe hat sich insgesamt als ein unübersichtliches und weitverzweigtes, zum Teil hochspezialisiertes Rechtsgebiet erwiesen. In dieser rechtlichen Vielfalt spiegelt sich jedoch die Komplexität einer technischen, industriellen und sozialen Wirklichkeit, zu deren Merkmalen die massenhafte Nachfrage nach Konsumgütern gehört. Die Herstellung dieser Konsumgüter erfordert die industrielle Erzeugung und Verwendung künstlich hergestellter Stoffe; deren Konsum setzt diese Stoffe in der Umwelt frei. Das Recht der Umweltchemikalien und Gefahrstoffe will Gefahren, die von den Stoffen ausgehen, eindämmen und ihnen vorbeugen. Hierbei wird es neuen wissenschaftlichen Erkenntnissen und neuen Untersuchungs- und Kontrollmethoden folgen; das Rechtsgebiet wird daher fortlaufender Novellierung unterliegen. Wer sich hiermit befaßt, wird jeweils um den neuesten Stand bemüht sein müssen. Aber die Ursachen selbst, die zur Nachfrage nach diesen Stoffen führen, können durch das Recht der Umweltchemikalien und Gefahrstoffe allenfalls mittelbar, niemals aber als solche beeinflußt werden. Konkrete Veränderungen des geltenden Chemikalienrechtes stehen auf europäischer Ebene unmittelbar an. Die weitläufigen Gefahren und Umweltveränderungen, die mit der Verbreitung von Chemikalien eintreten oder befürchtet werden, haben auf der Ebene der Europäischen Union zu einer neuen Gesamtkonzeption der Chemikalienpolitik geführt. Unter dem Stichwort REACH (= Registrierung, Evaluierung und Autorisierung von Chemikalien) wird ein insgesamt verschärftes Chemikalienrecht verfolgt. Im wesentlichen sollen hiernach die präventiven Prüfanforderungen angehoben, die Schwellenwerte erhöht und in besonderen Fällen ein Zulassungsverfahren eingeführt werden. Der umfangreiche und komplexe Entwurf einer entsprechenden Richtlinie liegt seit Oktober 2003[74] vor. Mit dem Zulassungsverfahren ginge das neue Chemikalienrecht über die gegenwärtige Regelung weit hinaus. Auch im übrigen würde der Prüfaufwand seitens der Unternehmen und auch seitens der Behörden erheblich vermehrt. Die Richtlinie ist daher im politischen Raum äußerst umstritten. Vielleicht liegt hierin das gegenwärtig bedeutsamste Projekt der europäischen Industrie- und Umweltgesetzgebung insgesamt.

Literatur

Allgemeine Literatur zum Recht der Umweltchemikalien und Gefahrstoffe

Arbeitskreis für Umweltrecht (Hrsg.): *Grundzüge des Umweltrechts*, 2. Aufl., Loseblatt-Ausgabe, Berlin, 1997 ff..

Arndt, H.-W. *Umweltrecht*, in: U. Steiner, (Hrsg.): *Besonderes Verwaltungsrecht*, 7. Aufl., Heidelberg, 2003.

Beck, M. (Hrsg.): *Umweltrecht für Nichtjuristen*, 2. Aufl., Würzburg, 1995.

Bender, H. F. *Sicherer Umgang mit Gefahrstoffen – Sachkunde für Naturwissenschaftler*, 3. Aufl., Weinheim 2005.

Borchert, G. *Recht für Chemiker – Einführung in das Chemikalien- und Gefahrstoffrecht*, Stuttgart-Leipzig, 1994.

Böhret, C. *Folgen – Entwurf für eine aktive Politik gegen schleichende Katastrophen*, Opladen, 1990.

Breuer, R. *Öffentliches und Privates Wasserrecht*, 3. Aufl., München, 2004.

Breuer, R. *Umweltschutzrecht*, in: E. Schmidt-Aßmann (Hrsg.): *Besonderes Verwaltungsrecht*, 12. Aufl., Berlin-New York, 2003.

Enquete-Kommission „Schutz des Menschen und der Umwelt" des Deutschen Bundestages (Hrsg.): *Die Industriegesellschaft gestalten – Perspektiven für einen nachhaltigen Umgang mit Stoff- und Materialströmen*, Bonn, 1994.

Erbguth, W.; Schlacke, S. *Umweltrecht*, Baden-Baden, 2004.

Fahr, O.; Prager, H.-M. *Die Sachkundeprüfung nach der Chemikalien-Verbotsverordnung*, Weinheim u.a., 1995.

Frenz, W. *Europäisches Umweltrecht*, München, 1997.

Hennecke, F. J. *Jura für Chemiker – Eine Orientierungshilfe*, Heidelberg, 1997.

Hörath, H. *Giftige Stoffe – Gefahrstoffverordnung. Eine Einführung in die Gesetzes- und Giftkunde, zugleich eine Vorbereitung auf die Sachkenntnisprüfung*, 3. Aufl., Stuttgart, 1991.

Hoppe, W.; Beckmann, M.; Kauch, P. *Umweltrecht*, 2. Aufl., München, 2000.

Kahl, W.; Voßkuhle, A. (Hrsg.): *Grundkurs Umweltrecht – Einführung für Naturwissenschaftler und Ökonomen*, 2. Aufl., Heidelberg u.a., 1998.

Kayser, D.; Schlottmann, U. *GLP – Gute Laborpraxis, Textsammlung und Einführung*, Hamburg, 1991.

Kimminich, O.; Lersner, H. v.; Storm, P.-C. (Hrsg.): *Handwörterbuch des Umweltrechts*, 2. Aufl., Berlin, 1994.

Kitzinger, G.; Beehuizen, S.; Lorenz, G. *Gefahrstoffverordnung – Kommentar und Rechtsvorschriften zum Gefahrstoffrecht*, Loseblatt-Ausgabe, Düsseldorf, 1991 ff..

Kloepfer, M. *Umweltrecht*, 3. Aufl., München, 2004.

Kloepfer, M. *Umweltrecht*, in: N. Achterberg; G. Püttner (Hrsg.): *Besonderes Verwaltungsrecht*, Band II, Heidelberg, 1992.

Kloepfer, M. (Hrsg.): *Umweltrecht – Sammlung von Rechtsvorschriften*, Loseblatt-Ausgabe, 2 Bde., München, Stand: 2005.

Kloepfer, M.; Bosselmann, K. *Zentralbegriffe des Umweltchemikalienrechts*, Berlin, 1985.

Nöthlichs, M. *Gefahrstoffe – Kommentar zu Chemikaliengesetz und Gefahrstoffverordnung*, Berlin, 1992.

Radek, E.; Friedel, H.-P.: *Das neue Chemikaliengesetz*, München, 1981.

Rat von Sachverständigen für Umweltfragen: *Umweltgutachten 2002*, Bundestagsdrucksache 14/8792 vom 15. 4. 2002.

Rengeling, H.-W. (Hrsg.): *Handbuch des Europäischen und deutschen Umweltrechts*, 3 Bde., 2. Aufl. Köln u.a., 2002 f.

Ridder, K. *Gefahrgutüberwachung – Leitfaden für Polizei, Gewerbeaufsicht und Gefahrgutbeauftragte*, München-Zürich, 1988.

Sanden, Joachim: Umweltrecht, Baden-Baden, 1999.

Schiwy, P. *Chemikaliengesetz – Gesetz zum Schutz vor gefährlichen Stoffen. Sammlung des gesamten Chemikalienrechts des Bundes und der Länder*, 3 Bde., Loseblatt-Ausgabe, Starnberg-Percha, 1991 ff..

Schmidt, R. *Einführung in das Umweltrecht*, 6. Aufl., München, 2002.

Schulte, H. *Umweltrecht – Vorlesung für Hörer aller Fakultäten*, Heidelberg, 1999.

Sommer, P.; Schmidt, L.; Töpner, W.; Köppels, K. *Gefährliche Stoffe*, Loseblatt-Sammlung, 6 Bde., Wiesbaden, 1992 ff.

Sparwasser, R.; Engel, R.; Voßkuhle, A. *Umweltrecht*, 5. Aufl., Heidelberg 2003.

Storm, P.-C. *Umweltrecht – Einführung*, 7. Aufl., Berlin, 2002.

Storm, P.-C. (Hrsg.): *Umweltrecht – Wichtige Gesetze und Verordnungen zum Schutz der Umwelt*, 16. Aufl., München, 2004.

Uppenbrink, M.; Broecker, B.; Schottelius, D.; Schmidt-Bleek, F.: *Chemikaliengesetz, Kommentar und Vorschriftensammlung zum gesamten Chemikalienrecht*, Loseblatt-Ausgabe, Stuttgart u.a., 1987 ff..

Weinmann, W.; Thomas, H.-P. *Gefahrstoffverordnung mit Chemikaliengesetz – Textausgabe mit Erläuterungen*, 4 Bde., Kn u. a., 1991 ff.

Welzbacher, U. *Das neue Chemikalienrecht*, 2 Bde., Loseblatt-Ausgabe, Augsburg, 1992 ff..

Wolf, Joachim: Umweltrecht, München, 2002.

Literatur und Referenzen zu Kapitel 8

Die Rechtsvorschriften werden durch die eingeführten Sammlungen von M. Kloepfer (Hrsg.):

Umweltrecht – Sammlung von Rechtsvorschriften, Loseblatt-Ausgabe, 2 Bde., München, Stand: 2005, und P. C. Storm (Hrsg.): *Umweltrecht – Wichtige Gesetze und Verordnungen zum Schutz der Umwelt*, 15. Aufl., München, 2004, und S. Detterbeck (Hrsg.): Basistexte Öffentliches Recht, 2. Aufl., München 2003, in der Weise nachgewiesen, daß jeweils die Bezeichnung „Kloepfer", „Storm" oder „Detterberg" mit Hinzufügung der dortigen Ordnungsnummer angegeben wird.

1 Die Texte sind leicht zugänglich bei: Storm, P.-Ch. (Hrsg.): *Umweltrecht – Wichtige Gesetze und Verordnungen zum Schutz der Umwelt*, 16. Aufl., München, 2004; die „Gute Laborpraxis" in: Bundesministerium für Umwelt, Naturschutz und Reaktorsicherheit (Hrsg.): *10 Jahre Chemikaliengesetz – Bilanz und Perspektiven*, Bonn, 1992.
2 Vgl. Rinze, P. Ausgewählte Rechtsgebiete für Chemiker und Naturwissenschaftler, GIT Fachz. Lab. 1992, 6; Gesellschaft Deutscher Chemiker (Hrsg.): *Zum Chemiestudium an den wissenschaftlichen Hochschulen*, Weinheim, 1992; Bundesarbeitgeberverband Chemie (BAVC) (Hrsg.): *Vorschläge zum Chemiestudium*, Frankfurt am Main, 1992.
3 Perrow, C. *Normale Katastrophen – Die unvermeidlichen Risiken der Großtechnik*, Frankfurt am Main- New York, 1989.
4 Beck, U. *Risikogesellschaft – Auf dem Weg in eine andere Moderne*, Frankfurt am Main, 1986.
5 Vgl. das „Restrisiko" in der Rechtsprechung des Bundesverfassungsgerichts zum Atomrecht, in: *Entscheidungen des Bundesverfassungsgerichts*, Band 49; S. 89 ff.. (141 ff.), und neuerdings auch zum sog. Elektro-Smog, Entscheidung vom 28. 2. 2002, 1 BvR 1676/01.
6 Böhret, C. *Folgen – Entwurf für eine aktive Politik gegen schleichende Katastrophen*, Opladen, 1990; S. 39 ff.
7 Vgl. allerdings Enquete-Kommission „Schutz des Menschen und der Umwelt" des Deutschen Bundestages (Hrsg.): *Die Industriegesellschaft gestalten – Perspektiven für einen nachhaltigen Umgang mit Stoff- und Materialströmen*, Bonn, 1994.
8 Vgl. hierzu eindrucksvoll Kloepfer, M. *Umweltrecht*, 3. Aufl., München, 2004; S 1599 ff.
9 Vgl. auch Korte, F. (Hrsg.): *Lehrbuch der ökologischen Chemie*, Stuttgart, New York, 1992.
10 Vgl. hierzu Hennecke, F.J. *Umweltpolitik – Handlungsformen und Wirkungsfelder*, Köln, 1992; S. 145/146, 149.
11 Terminus von: Schmitt, C. *Verfassungsrechtliche Aufsätze*, 2. Aufl., Berlin, 1985; S. 63.
12 Zum Verhältnis von gesellschaftlicher Freiheit und öffentlicher Eingriffskompetenz vgl. grundlegend: Böckenförde, E.-W. *Die Bedeutung der Unterscheidung von Staat und Gesellschaft im demokratischen Sozialstaat der Gegenwart*, in: ders.: *Recht – Staat – Freiheit – Studien zur Rechtsphilosophie, Staatstheorie und Verfassungsgeschichte*, Frankfurt am Main, 1991; S. 209 ff.; ebenso: Forsthoff, E. Der Staat der Industriegesellschaft, München, 1971; Rupp, H. H. Die Unterscheidung von Staat und Gesellschaft, in: Isensee, J.; Kirchhof, P. (Hrsg.): Handbuch des Staatsrechts der Bundesrepublik Deutschland, 3. Aufl., Bd.II, Heidelberg, 2004; S. 879 ff.
13 Hierzu statt aller, mit umfangreichen Nachweisen Kloepfer, a. a. O. (Anm. 8), S. 115 ff.
14 Vgl. die Atomrechtliche Verfahrensverordnung, Storm 7.1.1., und die Mühlheim-Kärlich-Entscheidung des Bundesverfassungsgerichts, in: *Entscheidungen des Bundesverfassungsgerichts*, Band 53; S. 30 ff.
15 Gesetz über die Haftung für fehlerhafte Produkte (Produkthaftgesetz – ProdHaftG) vom 15. 12. 1989, BGBl. I S. 2198, zuletzt geändert durch Gesetz vom 19.7.2002, BGBl. I S. 2674.
16 Storm 10.2.
17 Zu den umweltpolitischen Kompetenzen der Gemeinden vgl. Hennecke, a.a.O. (Anm. 10), S. 87 ff.; Muskens, E. T. *Umweltschutz in den Gemeinden – Maßnahmen und Begriffe*, Siegburg, 1987; Baumheimer, R. u. a., *Kommunale Umweltpolitik*, Stuttgart, 1992.
18 §§ 324– 330d Strafgesetzbuch (Storm 11.1).
19 Aus der umfangreichen Literatur zum Öffentlichen Recht und zum Verwaltungsrecht vgl. als Hinweis statt aller Maurer, H. *Allgemeines Verwaltungsrecht*, 15. Aufl., München, 2004.
20 § 12 Abs. 1 Chemikaliengesetz (Storm 9.1).
21 Art. 80 Abs. 1 Grundgesetz (Detterbeck 1).
22 Storm 9.1.3.
23 *Vorschriften zur Reinhaltung der Luft – TA Luft –* vom 30.7.2002, in: Gemeinsames Ministerialblatt der Bundesregierung 2002, S. 511 ff.
24 Storm 2.5.
25 Vgl. § 35 Verwaltungsverfahrensgesetz (Detterbeck 5).
26 § 40 Verwaltungsgerichtsordnung (Detterbeck 6).

27 Vgl. Kloepfer, M.; Rehbinder, E.; Schmidt-Aßmann, E.; Kunig, P. *Umweltgesetzbuch – Allgemeiner Teil*, Berlin, 1991; Koch, H.-J. (Hrsg.): *Auf dem Weg zum Umweltgesetzbuch*, Baden-Baden, 1992; Breuer, R. *Empfiehlt es sich, ein Umweltgesetzbuch zu schaffen, gegebenenfalls mit welchen Regelungsbereichen?*, München, 1992; Bundesministerium für Umwelt, Naturschutz und Reaktorsicherheit (Hrsg.): *Umweltgesetzbuch (UGB – KomE)*, Berlin, 1998.
28 Vgl. hierzu die Gesamtdarstellungen des Umweltrechts, vornehmlich Kloepfer, a.a.O. (Anm. 8).
29 Storm 2.5.
30 § 5 Wasch- und Reinigungsmittelgesetz (Storm 4.3).
31 Zu der naturwissenschaftlich und juristisch umstrittenen Festlegung von „Grenzwerten" vgl. Jarass, H. D. *Umweltstandard*, in: Kimminich, O.; von Lersner, H.; Storm, P.-C. (Hrsg.): *Handwörterbuch des Umweltrechts*, Bd. 2, 2. Aufl., Berlin, 1994; Sp. 2414 ff.; Battis, U.; Rehbinder, E. (Hrsg.): *Grenzwerte*, Düsseldorf, 1989; Kortenkamp, A.; Grahl, B.; Grimme, L. H. (Hrsg.): *Die Grenzenlosigkeit der Grenzwerte*, Karlsruhe, 1989; Dieter, H. H. *Grenzwerte und Wertfragen*, in: *Zeitschrift für Umweltpolitik*, 1986, 375 ff.
32 Storm 6.1.1.
33 Vgl. auch § 23 Abs. 2 Chemikaliengesetz.
34 Zu den „Technischen Regeln" vgl. Marbuger, P. *Technische Regeln*, in: Kimminich, O.; von Lersner, H., Storm; P. C. (Hrsg.): *Handwörterbuch des Umweltrechts*, Bd. 2, 2. Aufl. Berlin, 1994, Sp. 2046 ff.
35 Zum polizeirechtlichen Begriff der „Gefahr" vgl. etwa Würtenberger, T. *Polizei- und Ordnungsrecht*, in: Achterberg, N.; Püttner, G. (Hrsg.): *Besonderes Verwaltungsrecht*, Heidelberg, 1992, S. 392 ff.
36 FCKW-Halon-Verbotsverordnung, Kloepfer 433.
37 § 7a Wasserhaushaltsgesetz (Storm 4.1).
38 Vgl. Breuer, R. *Öffentliches und Privates Wasserrecht*, 3. Aufl., München, 2004; Nisipeanu, P. *Abwasserrecht*, München, 1991; Kloepfer, a.a.O. (Anm. 8), S. 812 ff.
39 Vgl. Ministerium für Umwelt, Raumordnung und Landwirtschaft Nordrhein-Westfalen (Hrsg.): *Krebsrisiko durch Luftverunreinigungen*, Düsseldorf, 1992.
40 Statt aller Kloepfer, a.a.O. (Anm. 8), S. 1203 ff.
41 Kloepfer 570.
42 Storm 9.1.
43 Storm 9.1.1. ff.
44 Vgl. zunächst die präzise und umfassende Darstellung von Kloepfer, a.a.O. (Anm. 8), S. 1611 ff.; sodann die eingangs zusammengestellte Spezialliteratur.
45 Storm 9.1.3.
46 Storm 9.1.1.
47 Der Text der „Guten Laborpraxis" ist leicht zugänglich in: Bundesministerium für Umwelt, Naturschutz und Reaktorsicherheit (Hrsg.): *10 Jahre Chemikaliengesetz – Bilanz und Perspektiven*, Bonn, 1992; S. 78 ff.
48 Zu den Sanktionen übersichtlich Storm, P.-C. *Umweltrecht*, 7. Aufl., Berlin, 2002; S. 102 ff.
49 Storm 9.1.3.
50 jetzt § 1 Chemikalien-Verbotsverordnung, Anhang, Abschn. 13, Kloepfer 422.
51 jetzt § 1 Chemikalien-Verbotsverordnung, Anhang, Abschn. 15, Kloepfer 422.
52 FCKW-Halon-Verbotsverordnung, Kloepfer 433.
53 Storm 9.1.3.
54 Storm 9.4.
55 Zum Pflanzenschutzrecht insgesamt vgl. Kloepfer, a.a.O. (Anm. 8), S. 1657 ff.
56 Die Veränderungen in der Landwirtschaft markieren garadezu den Ausgangspunkt der Umweltbewegung, vgl. die klassische Veröffentlichung von Carson, R. *Der stumme Frühling*, München, 1968.
57 §§ 11 – 23 Pflanzenschutzgesetz (Storm 9.4).
58 jetzt § 1 Chemikalien-Verbotsverordnung, Anhang, Abschn. 15, Kloepfer 422.
59 Storm 9.5.
60 Storm 5.1.6.
61 Kloepfer 490.
62 Kloepfer 500.
63 Kloepfer 527.
64 Kloepfer 530.
65 Kloepfer 538.
66 Kloepfer 540.
67 Kloepfer 710; Storm 6.2.
68 Kloepfer 230; Storm 4.3.
69 Kloepfer 234.
70 Kloepfer 236.
71 Storm 7.1.
72 Storm 7.1.1 ff.
73 Kloepfer 915.
74 Vorschlag für eine Verordnung des europäischen Parlaments und des Rates zur Registrierung, Bewertung, Zulassung und Beschränkung chemischer Stoffe (REAXH), zur Schaffung einer Europäischen Agentur für chemische Stoffe sowie zur Änderung der Richtlinie

1999/45/EG und der Verordnung (EG) {über persistente organische Schadstoffe} Vorschlag für eine Richtlinie des Europäischen Parlaments und des Rates zur Änderung der Richlinie 67/548/EWG des Rates im Hinblick auf ihre Anpassung an die Verordnung (EG) des Europäischen Parlaments und des Rates über die Registrierung, Bewertung, Zulassung und Beschränkung chemischer Stoffe, COM 2003 O644 (04).

Glossar

AαC	1H-Pyrido[2,3-b]indol-2-amin (Amino-α-carbolin)
Acidose	Abfall des (arteriellen) Blut-pH auf < 7,36
Adenom	gutartige Neubildung drüsenzelligen Gewebes mit drüsigen, trabekulären oder soliden Strukturen
Adenocarcinom	bösartiger (maligner) Tumor des drüsigen Epithels
aerob	zum Leben freien Sauerstoff benötigend
Ätiologie	→ Etiologie
afferent	zum Zentrum führend
Aglycon	der zuckerfreie Rest eines Glykosids
Alkalose	Anstieg des (arteriellen) Blut-pH auf > 7,44
Amnion	dem Embryo am nächsten liegende dünne Hülle
AMP	Adenosinmonophosphat
anabol	gewebeaufbauend
anaerob	keinen freien Sauerstoff benötigend
Anämie	Erkrankung, bei welcher die Gesamtmenge des Hämoglobins und der roten Blutkörperchen vermindert ist
Anaphase	Abwanderung der Tochterchromosomen zu den Polen der Spindelfigur der sich teilenden Zelle
Androgen	männliches Sexualhormon
Aneuploidie	Abweichung von der normalen Chromosomenzahl
Angiogenese	Neubildung von Blutgefäßen
Anoxie	völliger Sauerstoffmangel, Erstickung
Antagonist	Gegenspieler
antidiuretisch	die Harnsekretion hemmend
Antigen	Substanz, die nach Aufnahme in den Organismus spezifische Immunreaktionen hervorruft
Antikörper	Bezeichnung für besimmte Glykoproteine, die in Blut, Lymphe und Körpersekreten als Folge einer Immunisierung durch Antigene auftreten und mit diesen eine Antigen-Antikörper-Reaktion eingehen. Neben dem sogenannten Komplementsystem Grundlage der humoralen Immunantwort
Applikation	Gabe/Verabreichung/Verabfolgung einer physikalischen Maßnahme oder eines chemischen Stoffes

Toxikologie für Naturwissenschaftler und Mediziner, 3. Auflage.
G. Eisenbrand, M. Metzler und F. J. Hennecke
Copyright © 2005 WILEY-VCH Verlag GmbH & Co. KGaA, Weinheim
ISBN: 3-527-30989-6

Apnoe	Atemstillstand
Apoplexie	schlagartiges Aussetzen der Funktion eines wichtigen Organs wie Gehirn oder Herz
Arthritis	Entzündung eines Gelenkes
Arthrose	degenerative Veränderung eines Gelenkes
Asthma	anfallsweise auftretende Atemstörung mit erschwerter Ausatmung
Aszites	Wassersucht, Ansammlung von Flüssigkeit in der Bauchhöhle
Atonie	Schlaffheit
ATP	Adenosintriphosphat
Atrophie	Verminderung der normalen Größe eines Organs oder Gewebes
autonomes	eigengesetzliches Nervensystem, das die Funktionen der inneren Organe Nervensystem regelt
autochthon	ursächlich durch eigene (interne), nicht durch fremde (äußere) Einflüsse entstanden; bei Tumoren: nicht durch Transplantation von Impftumoren, sondern durch (meist chemische) Induktion entstanden
auxotroph	Zellen, die einen bestimmten Syntheseschritt nicht mehr vollziehen können Avidin ein wasserlöslicher Eiweißkörper des Eiklars; bildet *in vivo* mit dem Vitamin Biotin einen festen, auch durch proteolytische Enzyme nicht angreifbaren Komplex, was vielfach analytisch genutzt wird
Axon	Achsenzylinderfortsatz einer Nervenzelle
basenhomologe Sequenzen	komplementäre DNA- bzw. RNA-Abschnitte
basophil	„Basen liebend". Zell- oder Gewebebestandteile, die sauer reagieren und mit basischen Farbstoffen anfärbbar sind
benign	gutartig
BHK Zellen	baby hamster kidney Zellen
biliäre Exkretion	Ausscheidung mit der Galle
Biotin	Vitamin H (→ Avidin)
Biopsie	Entnahme von Gewebeproben am Lebenden (z. B. mittels einer Spezialkanüle)
Bioverfügbarkeit	Anteil der Dosis, der den Wirkungsort erreicht; (bioavailability) meistens der Anteil, der den Blutkreislauf erreicht
Blastogenese	1.) embryol.: die Keimesentwicklung; beim Menschen die Entwicklung ab der erfolgten Befruchtung der Eizelle bis zum 1. Herzschlag 2.) bakt. virol.: Vermehrung durch Knospung
Blut-(B-)Lymphocyten	Lymphocyten mit der Eigenschaft der Antikörperbildung
Bronchiolus	feiner Ast des Bronchialbaums, ohne Knorpel
Bronchitis	Entzündung der Schleimhaut der baumartigen Verzweigungen der Luftröhre
Bronchus	Seitenast der Luftröhre
Carcinogenese	Entstehung und Entwicklung von Carcinomen (v.a. im englischen Sprachgebrauch: Entstehung von Tumoren)
Carcinom	vom Epithel ausgehende bösartige Geschwulst

Centromer	Stelle, an der die beiden Chromatiden eines Chromosoms miteinander verbunden sind
Chorion	Zottenhaut des Embryos
Chromatid	eine Hälfte eines Chromosoms (DNA-Doppelhelix-Strang), genetisch identisch mit der zweiten Hälfte (Schwesterchromatid)
Chromatin	Desoxyribonukleinsäuren enthaltender, kräftig färbbarer Kernanteil
Clearance	Reinigung oder Klärung. Fähigkeit eines Organs, eine bestimmte chemische Substanz aus dem Blut zu entfernen
Co A	Coenzym A
Colon	Dickdarm
Cornea	Hornhaut des Auges
Cortex	Rinde
CREST-Syndrom	spezielle Verlaufsform der progressiven systemischen Sklerose (Akronym aus **C**alcinosis cutis, **R**aynaud-Phänomen, Motilitätsstörungen des **E**sophagus, **S**klerodaktylie u. **T**eleangiektasien)
Cutis	Haut
Cytoplasma = Cytosol	Zellflüssigkeit, „Zellsaft"
Cytotoxizität	schädigende Wirkung auf die Zelle, die meist zum Absterben führt
Deletion	Verlust von DNA. Dieser kann geringfügig sein (Teile eines Gens) oder umfangreich (mehrere Gene, chromosomale Deletion)
Dendrit	bäumchenförmiger Zytoplasmafortsatz einer Nervenzelle, welcher die Erregung zum Zellkörper leitet
dermal	der Haut zugehörig; bei Applikation: auf die Haut (→ epicutan)
Dermatitis	akute Hautentzündung
Diarrhoe	Durchfall
Differentialblutbild	Durchmusterung eines Blutausstrichs zur Zusammenstellung der prozentualen Anteile der Leukocytenpopulation. Dabei werden unterschieden: myeloische, lymphatische und monocytäre Reihe und ihre Entwicklungsstufen. Pathol. Zellformen (z. B. bei Leukämien) müssen bes. registriert werden. Auch die Erythrocyten (Form, Kernreste usw.) sollten beachtet werden. I.a. werden 100 kernhaltige Zellen ausgewählt
Differenzierung	Entwicklung von Zellen mit spezifischen Eigenschaften, welche die normale Funktion eines Gewebes ermöglichen diploid mit doppeltem Chromosomensatz (Normalzustand aller Säugerzellen mit Ausnahme der Keimzellen)
c-DNA	(= complementary DNA) doppelsträngige DNA-Kopie, komplementär zu m-RNA eines Gens, erhalten durch reverse Transkription. Nach Einbau in einen Vektor kann mit der Doppelstrangkopie eine Bakterienzelle transfiziert werden. Wird die gesamte Population der m-RNA einer Zelle als c-DNA in Bakterien kloniert, spricht man von einer c-DNA Bank.
distal	von der Rumpfmitte entfernt liegend
Diurese	Harnausscheidung

Diuretika	harntreibende Stoffe
Duodenum	Zwölffingerdarm, Anfangsstück des Dünndarms
dys....	Störung eines Zustandes oder einer Funktion
Dysplasie	Tumorvorstufe (Präneoplasie, präkanzeröse Zell- und Gewebsläsion) mit zellulären und geweblichen Abweichungen von der Norm
Dyspnoe	erschwerte Atmung
efferent	vom Zentrum wegführend
Ektoderm	äußeres Keimblatt des Embryo
Embolie	Verstopfung eines Gefäßes durch ein mit dem Blutstrom verschlepptes Gerinnsel
Embryo	Leibesfrucht bis zum Ende des 2. Schwangerschaftsmonats. Vom 3. Monat an spricht man von Fetus. Embryo und Fetus werden jedoch häufig im gleichen Sinn gebraucht
Embryogenese	zusammenfassende Bezeichnung der Entwicklungsstufen des Embryos vom Embryoblasten bis zur Herausbildung der Organanlagen („Organogenese"; beim Menschen Ende des 3. Monats, etwa dem 84. Tag der Schwangerschaft)
endemisch	in einem bestimmten Gebiet über längere Zeit auftretend
Endoderm	inneres Keimblatt des Embryo
endogen	im Körper selbst entstehend
Endometrium	Gebärmutterschleimhaut
Endonuclease	Enzym, das DNA oder RNA im Innern des Moleküls spaltet
endoplasmatisches Retikulum	(= ER) „innerplasmatisches Netz"; Membran, die vom Zellkern ausgehend das Cytoplasma aller tierischen und pflanzlichen Zellen durchzieht. Beim Homogenisieren entsteht aus dem ER die sog. Mikrosomenfraktion
Endothel	Blut-, Lymphgefäße und Körperhöhlen auskleidende Zellschicht
Entdifferenzierung	Verlust spezifischer Eigenschaften und Leistungen von Zellen (Terminus technicus für die Umkehrung der Differenzierung)
enteral	den Darm betreffend
Enteritis	Darmentzündung
enterohepatischer Kreislauf	Kreislauf eines biliär in den Darm sezernierten Stoffes, häufig nach Dekonjugation im Darm. Bei ausreichender Lipophilie gelangt der Stoff über die Pfortader zurück in die Leber
Enterohormone	im Magen-Darm-Trakt gebildete Hormone, z. B. Sekretin, Motilin, Gastrin
Enterocyt	Darmzelle
eosinophil	sich mit Vorliebe mit dem sauren Farbstoff Eosin anfärbend
epicutan	auf die Haut
Epidemiologie	Lehre von der Häufigkeit und Verteilung von Krankheiten und Gesundheitsstörungen sowie von deren Ursachen und Risikofaktoren in Bevölkerungsgruppen (i. Vgl. zur Gesamtbevölkerung oder mit anderen Gruppen)
epidemisch	seuchenartig auftretend
Epidermis	aus Epithel bestehende Oberhaut

epigenetisch	in Zusammenhang mit der Beschreibung eines Kanzerogens oder eines Mechanismus der Kanzerogenese: keine direkte Veränderung des genetischen Materials verursachend
Epithel	begrenzende Zellschicht der äußeren und inneren Oberflächen und Hohlräume des Körpers
Erythropoese	Bildung roter Blutkörperchen
Erythroblast	unreife, kernhaltige Vorstufe des Erythrocyten im Knochenmark
Erythrocyt	rotes Blutkörperchen
Esophagus	Speiseröhre
essentiell	unentbehrlich
Etiologie	Entstehungsgeschichte, Krankheitsursache
Eukaryonten	Zellen mit einem Zellkern
eukaryotisch	Zellkern enthaltend (Gegensatz: prokaryotisch)
exogen	von außen
Exon	die Regionen eines Gens, die in einer (durch Spleißen) prozessierten m-RNA enthalten sind
Exonuclease	Enzym, das DNA oder RNA vom freien Ende her spaltet
extrahepatisch	außerhalb der Leber, ohne Beteiligung der Leber
extravasal	außerhalb des Gefäßsystems
extrazellulär	außerhalb der Zellen
ex vivo	außerhalb des Organismus
Feces	Kot
Fertilität	Fruchtbarkeit
Fetus	Leibesfrucht vom 3. Schwangerschaftsmonat an. Bis zum Ende des 2. Monats spricht man von Embryo.
Fetogenese	embryol.: die mit dem 85. Schwangerschaftstag (in Fortsetzung der Embryogenese) beginnende, bis zum Schwangerschaftsende dauernde Entwicklung der Leibesfrucht, in der die Entwicklung der Organe und deren gewebliche Ausreifung erfolgt
Fibrin	Plasmaprotein, Hauptbestandteil des Systems der Blutgerinnung; gerinnt durch Einwirkung der Serin-Protease Thrombin
Fibrinogen	im Blutplasma enthaltene (0,2–0,4%) Vorstufe des Fibrins
Fibroblasten	Bindegewebszellen
Fibrose	Vermehrung des Bindegewebes
Filialgeneration	genet.: die Generation der Nachkommenschaft eines Elternpaares, oder einer Elterngeneration
Focus	1.) Herd, Sitz eines lokalen Krankheitsprozesses, der über die direkte Umgebung hinaus pathologische Fernwirkungen auslösen kann 2.) Herdbefund
Follikel	Bläschen
Gameten	reife männliche oder weibliche Geschlechtszellen
Gametogenese	Eireifung, Spermatogenese
gastrointestinal	den Magen-Darm-Trakt betreffend

G-Phase	Phase des Zellzyklus (gap = Lücke; d.h. keine DNA-Replikation) G_1-Phase: Massenzunahme der Zelle unter Proteinsynthese und Wasseraufnahme; G_2-Phase: Bildung der Chromatide, RNA-Synthese, Vorbereitung zur Mitose bzw. Beginn der Differenzierung (→ Interphase)
Gen	definierte Nucleotidsequenz der DNA (bei einigen Viren RNA), welche Information für ein Produkt oder eine Funktion enthalten (Transkriptionseinheit)
Genese	Erzeugung, Entstehung, Entwicklung
Genom	der vollständige Satz der Gene im haploiden Chromosomensatz der Zellen eukaryoter Organismen, d.h. die gesamte genetische Information einer Keimzelle
Genamplifikation	Vermehrung der Kopienzahl eines Gens
Genexpression	Umsetzung genetischer Information in Proteinsynthese
Genrearrangement	Veränderung der Lage bzw. Orientierung von Genen bzw. Genfragmenten
Genotyp	Gesamtheit der Erbinformation (→ Phänotyp)
Gestagen	Gelbkörperhormon
glandotrop	auf eine Drüse einwirkend
Glaukom	grüner Star mit Erhöhung des Innendruckes des Auges
Glia	Stütz- und Stoffwechselgewebe des Zentalnervensystems
Gliazellen	Zellen, die zur nicht reizleitenden Gerüstsubstanz des Zentralnervensystems gehören
Glomerulus	von einer Kapsel umgebenes Kapillarknäuel der Niere, Ort der Abgabe des Primärharns
Glu-P-1	6-Methyldipyrido[1,2-*a*:3′,2′-*d*]imidazol-2-amin
Gonaden	Keim- oder Geschlechtsdrüsen (Hoden, Eierstöcke)
gonadotrop	auf die Geschlechtsdrüsen wirkend
Grading	Maß für die Bösartigkeit eines Tumors
Granula	kugelförmige Gebilde in lebenden Zellen
Granulierung	Körnelung
Granulocyt	weiße Blutkörperchen mit Granulierung, aus dem Knochenmark stammend
Gravidität	Schwangerschaft
Hämatokrit	Verhältnis von Blutzellvolumen zu Blutplasmavolumen
Hämatologie	Spezialgebiet der Inneren Medizin, das sich mit der Physiologie und Pathologie des Blutes sowie mit der Erkennung und Behandlung der Blutkrankheiten befaßt
Hämoglobin	roter Blutfarbstoff
hämatopoetisches System	blutbildendes System
Hämolyse	Austreten des roten Blutfarbstoffes aus den roten Blutkörperchen
hämorrhagisch	mit Blutaustritt aus den Gefäßen in das Gewebe verbunden
haploid	mit einfachem Chromosomensatz (z.B. bei Keimzellen)

Hapten	Bezeichnung für ein inkomplettes Antigen, das nur nach Kopplung an einen Carrier die Bildung von Antikörpern induzieren kann
Hepar	Leber
hepatisch	die Leber betreffend
Hepatocyt	Leberzelle
Hepatom	jede Art von Primärtumor der Leber
Hepatopathien	allg. Bezeichnung für Erkrankungen der Leber und der Gallenwege
hepatozellulär	von Leberepithelzellen ausgehend (z. B. Tumor)
heterozygot	eine diploide Zelle bzw. ein diploider Organismus ist heterozygot für ein bestimmtes Merkmal, wenn sie (er) zwei verschiedenartige Erbanlagen für dieses Merkmal besitzt
Histologie	Gewebelehre
Histone	Proteine mit spezifischer Affinität zur DNA, die am Aufbau der Nukleosomen beteiligt sind
Homöostase	Aufrechterhaltung eines normalen physiologischen Zustandes, meist durch Feedback-Mechanismen reguliert
Homologie	Identitätsgrad von Basensequenzen in DNA und RNA
homozygot	eine diploide Zelle bzw. ein diploider Organismus ist homozygot für ein bestimmtes Merkmal, wenn sie (er) zwei gleichartige Erbanlagen für dieses Merkmal besitzt
Hybridisierung	Ausbildung komplementärer Basenpaarung homologer DNA- und/ oder RNA-Sequenzen unter definierten Bedingungen (Temperatur, Ionenstärke)
hyper...	das normale Maß übersteigend
Hyperplasie	regulierte Vergrößerung eines Gewebes oder Organs über die Norm hinaus infolge numerischer Zunahme seiner Zellelemente (prinzipiell reversibel)
Hypertrophie	Zunahme der Größe eines Gewebes und seiner Zellen ohne Zunahme der Zellzahl
hypo...	das normale Maß unterschreitend
Hypoxie	Sauerstoffmangel im Gewebe
Ikterus	Gelbsucht
i.m. = intramuskulär	im Muskel
Immortalisierung	Entstehung einer kontinuierlich wachsenden Zellinie. Normale, nicht immortalisierte Zellen teilen sich in der Kultur nur über eine begrenzte Anzahl von Passagen
Immunität	Unempfindlichkeit gegenüber Krankheitserregern und ihren Giften
Implantation	Einpflanzung, Einnistung
inhal. = inhalativ	über die Atemluft
Inhibitor	Hemmstoff
Insuffizienz	unzureichende Funktionstüchtigkeit
Interferon	Protein (Cytokin), das auf äußeren Reiz hin von Zellen gebildet wird und antivirale (aber Virus-unspezifische) Aktivität hat und bis zu einem gewissen Grad artspezifisch ist

Interphase	der Zeitabschnitt zwischen zwei Mitosen im Zellzyklus, unterteilt in 2 G-Phasen und 1 S-Phase (G_1-, S-, G_2-Phase)
interstitiell	im Zwischengewebe liegend
interstitieller Raum	Raum zwischen den Zellen im Gewebeverband
intestinal	den Darm betreffend
Intoxikation	Vergiftung
i.d. = intradermal	in der Haut
intravasal	innerhalb des Gefäßsystems
intrazellulär	innerhalb der Zellen
Intron	nicht-kodierender Abschnitt eines Gens, dessen Korrelat beim Prozessieren der m-RNA (Spleißen) entfernt wird
in vitro	außerhalb des Organismus, in einer künstlichen Umgebung
in vivo	im lebenden und intakten Organismus
i.p. = intraperitoneal	in der Bauchhöhle (Peritoneum)
IQ	3-*H*-Imidazo[4,5-*f*]chinolin-2-amin
ischämisch	nicht durchblutet
i.v. = intravenös	in einer Vene
Involution	Rückbildung
Kanzerogenese	Entstehung und Entwicklung maligner Tumoren
Kapillare	Haargefäß
Karyotyp	charakteristischer Chromosomensatz einer Zelle bzw. einer Tierart
karyotypische Stabilität	zahlenmäßige und strukturelle Stabilität der Chromosomen innerhalb einer Zellpopulation
Karzinom	→ Carcinom
Kastration	Entfernung oder vollständige Zerstörung der Keimdrüsen
Ketonurie	Acetonurie: das Auftreten übernormaler Mengen von Ketonkörpern im Harn z. B. bei Diabetes mellitus
Kinase	Phosphatgruppen-übertragendes Enzym
Klon	Zellanhäufung, die durch Teilung aus einer einzigen Zelle hervorgegangen ist (klonale Vermehrung)
Klonierung	Gewinnung definierter Abkömmlinge bzw. Kopien von Zellen bzw. DNA-Fragmenten, die genetisch bzw. strukturell mit dem jeweiligen Ausgangsindividuum übereinstimmen
K_M	Michaelis-Konstante (Enzymkonstante)
Koagulation	Gerinnung
Kode, genetischer	die Basensequenz (Triplett) in DNA und RNA, die die Aminosäuresequenz im Protein determiniert
Koma	tiefe Bewußtlosigkeit
Kompartiment	realer oder funktioneller Raum
Kongener	chem.: eng verwandte Molekülvariante
kongenital	angeboren
Kontraktion	Zusammenziehung, Verkürzung
Konvolut	Schlingen, Knäuel
kortikal	die Rinde betreffend
Krypten	Einbuchtungen

Laktation	Produktion und Sekretion von Muttermilch durch die weibliche Brustdrüse i.d.R. im Anschluß an eine Schwangerschaft
Läsion	Verletzung, Störung
Lakrimator	Tränenreizstoff
Larynx	Kehlkopf
letal	tödlich
Leukopenie	verminderte Gesamtzahl der weißen Blutkörperchen
Leukocyt	weißes Blutkörperchen
Leukozytose	erhöhte Gesamtzahl der weißen Blutzellen im strömenden Blut
Ligase	Enzym, das C–C-, C–N-, C–O- oder C–S-Bindungen knüpft mit Verbrauch von energiereichem Phosphat (z. B. ATP)
Lobulus	Läppchen
Lobus	Lappen
Lumen	Lichtung
luminal	dem Lumen (innere Öffnung, Hohlraum) zugewandt
Lyase	Enzym, das C–C-, C–O-, C–N-Bindungen spaltet
lymphatische Organe	Organe, welche Lymphozyten bilden (Thymus, Knochenmark, Milz, Lymphknoten, Mandeln)
Lymphe	Gewebeflüssigkeit
Lymphocyt	weißes Blutkörperchen, das aus lymphatischen Organen herstammt
Lyse (Lysis)	Auflösung von Zellen (Bakterien, Blutkörperchen z. B. Hämolyse) nach Zerstörung der Zellmembran
Lysosom	Organell im Cytoplasma (0,4 µm), das im Golgi-Apparat entsteht, niedrigen pH und hohen Gehalt an hydrolytisch wirksamen Enzymen aufweist
Makrophagen	große Freßzellen, besonders Lysosomen-reich; Retikuloendothelzellen und Monocyten
malign	bösartig
Mamma	Brustdrüse
Mammakarzinom	Brustkrebs, bösartiger epithelialer Tumor
Manifestation	Offenbarwerden, Zutagetreten
Mastzellen	basophile Granulocyten im Blut und Gewebe, deren grobe Körnelung sich mit sauren blauen Farbstoffen violett-rot färbt (Metachromasie). Die Körnelung enthält den Entzündungsstoff Histamin und den gerinnungshemmenden Stoff Heparin
maternal	die Mutter betreffend, mütterlich
MeAαC	3-Methyl-1H-pyrido[2,3-b]indol-2-amin
Medulla	Mark
Megakaryozyt	Knochenmarkriesenzelle. Mutterzelle der Blutplättchen
Meiose	Zellteilung unter Halbierung des Chromosomensatzes, sog. Reifeteilung, z. B. bei der Entstehung der Keimzellen
Membran	dünne Haut, welche eine Grenzfläche bildet
Menopause	Aufhören der Monatsblutung im Klimakterium
Mesoderm	mittleres Keimblatt des Embryo
Mesotheliom	Tumor des Brust- oder Bauchfells

metabolisch	durch den Stoffwechsel bedingt
Metabolismus	Stoffwechsel
Metaphase	Zellteilungsstadium bei eukaryotischen Zellen, in dem die Chromosomen kondensiert und gut erkennbar in der Äquatorialebene der Zelle angeordnet sind
Metaplasien	Ersatz eines Gewebes durch ein nahe verwandtes, meist nach Regeneration
Metastase	Tumorabsiedlung, Tochtergeschwulst
Mikrosomen	bei der Zellfraktionierung aus dem endoplasmatischen Retikulum entstehende Membranfragmente
Miosis	Pupillenverengung
Mitochondrien	Zellorganellen im Cytoplasma, in denen u.a. die Atmungskette abläuft
Mitogen	Stoff, der die Zellteilung auslöst
Mitose	Zellteilung unter Erhalt des Chromosomensatzes (z. B. bei somatischen Zellen)
Monocyt	großes, weißes Blutkörperchen mit nierenförmigem Kern und feinster Granulierung
Morbidität	Erkrankungshäufigkeit
moribund	sterbenskrank, sterbend
morphologisch	das äußere Erscheinungsbild betreffend, gestaltsmäßig
Mortalität	Sterblichkeit
Morula	Keim nach Abschluß der Furchung
mukös	Schleim bereitend
Mukus	Schleim
Mutation	vererbbare Änderung des genetischen Materials, die nicht auf Rekombination oder Segregation beruht
Mydriasis	Pupillenerweiterung
Myoglobin	roter Muskelfarbstoff, der mit dem Hämoglobin verwandt ist
myeloisch	das Knochenmark betreffend
nackte Maus	eine Maus, der kongenital Thymus und reife T-Zellen fehlen; aus unbekannten Gründen sind diese Tiere auch haarlos
NADH	Nicotinamiddinucleotid in der reduzierten Form
NADPH	Nicotinamiddinucleotidphosphat in der reduzierten Form
Nekrose	Absterben von Gewebeteilen, örtlicher Zelltod
Nematoden	Fadenwürmer
neoplastisch	tumorbildend
Nephritis	Nierenentzündung
Nephron	Funktionseinheit der Niere, bestehend aus Glomerulus, Nierenkanälchen (proximaler Tubulus, Henlesche Schleife, distaler Tubulus) und Sammelrohr
nephro...	die Niere betreffend
Neurolemm	äußere Hülle der Nervenfaser
Neurit	langer Fortsatz einer Nervenzelle
Neuron	Nervenzelle
Neuroplasma	Plasma der Nervenzelle

„nick translation"	Technik zur *in vitro* Markierung von doppelsträngigen DNA-Fragmenten nach Setzen von Einzelstrangbrüchen. Die Strangbrüche („nicks") bilden Erkennungspunkte für DNA-Polymerase I, ein Enzym mit 3'-5'-Polymerase- und 5'-3'-Exonuclease-Aktivität. Beginnend am „nick" wird der Einzelstrang abgebaut und die entstehende Lücke mit markierten Nucleotiden aufgefüllt, so daß eine markierte Kopie der Orginalmatrize entsteht
Nidation	Einnistung der befruchteten Eizelle in die Gebärmutterschleimhaut
Northern Blot	Methode zum Nachweis spezifischer m-RNA Sequenzen in Zellen
Noxe	Schadstoff, krankheitserregende Ursache
Nuclease	Nucleinsäuren spaltendes Enzym (→ Endo-/Exonucleasen)
Nucleotid	aus Nucleinbase, Pentose und Phosphorsäure bestehender Grundbaustein der Nucleinsäuren
Nucleolus	Kernkörperchen
Nucleus	Kern
Ödem	Gewebeschwellung durch vermehrte zwischenzellige Flüssigkeit
Östrogen (Estrogen)	weibliches Sexualhormon
Onkogen	ein Gen, dessen Genprodukt in der Lage ist, normale Zellen zu transformieren und Tumorwachstum auszulösen
Ontogenese	Entwicklung des einzelnen Individuums
Operator-Gen	Gen, dessen Konfiguration die Aktivität anderer Gene steuert bzw. kontrolliert
Operon	Bezeichnung für eine Gruppe von unmittelbar hintereinanderliegenden Strukturgenen, die durch gemeinsame Kontrolle in der Expression gesteuert werden
Ophthalmologie	Augenheilkunde
oral	den Mund betreffend, durch den Mund
Organelle	Bezeichnung für typische Feinstrukturen einer Zelle
Organotropie	Spezifität für ein bestimmtes Organ oder Gewebe
Osteozyten	Knochenzellen
Ototoxizität	Schädlichkeit für das Gehörsystem (Ohr und Gehörnerv)
Ovar	Eierstock
Papillom	gutartiger Tumor, gewöhnlich auf einer Oberfläche (z. B. Haut)
PAPS	3'-Phosphoadenosin-5'-phosphosulfat („aktives Sulfat")
Paralyse	vollständige Lähmung
Parasympathikus	Teil des vegetativen Nervensystems, der funktionell und pharmakologisch vom Sympathikus abgrenzbar ist. Der parasympathische Übertragerstoff ist das Acetylcholin
parasympathikolytisch	die Wirkung von Acetylcholin abschwächend oder aufhebend
parasympathikomimetisch	Parasympathikuswirkung entfaltend
Parentalgeneration	(P-Generation); Elterngeneration einer Kreuzungsnachkommenschaft
parenteral	unter Umgehung des Magen-Darm-Traktes

paternal	den Vater betreffend
pathogen	krankheitserregend
Pathogenese	Entstehungsweise krankhafter Veränderungen
Pathologie	Lehre von den abnormen und krankhaften Vorgängen und Zuständen im Körper und deren Ursachen
peri...	um ... herum
peripher	sich am Rande befindend, außen liegend, Gegensatz: zentral
Peritoneum	Bauchfell
Phagozytose	aktive Aufnahme von Partikeln in das Zellinnere
Phänotyp	im Erscheinungsbild eines Individuums manifestierte Anlagen
PhIP	1-Methyl-6-phenyl-1H-imidazo[4,5-b]pyridin-2-amin
Physiologie	Lehre von den normalen Organfunktionen
Placenta	Mutterkuchen
Plasma	Gebildetes, Geformtes: 1. Protoplasma oder Zytoplasma: flüssiges, aber hochorganisiertes inneres Zellmedium; 2. Blutplasma: Blutflüssigkeit
Plasmid	ringförmige DNA, die sich getrennt von chromosomaler DNA vermehren kann Pleura Brust- oder Lungenfell
Plexus choreoideus	Adergeflecht im Gehirn
p.o. = peroral	durch die Mundöffnung bzw. Mundhöhle (d. h. über den Verdauungstrakt) z.B mit Schlundsonde
Postreplikation	nach der Zellteilung
ppb	parts per billion; eine Maßeinheit für die Konzentration einer Substanz, wobei die Menge der Substanz ein Milliardstel der Menge des Lösungsmittels ist; z. B. µg/kg
ppm	parts per million; z. B. mg / kg
Präkanzerose	nach WHO a) Krankheiten (precancerous condition), auf deren Boden vermehrt maligne Neoplasien auftreten b) Zell- und Gewebsveränderungen, die in ein Karzinom übergehen können (z. B. Dysplasien)
Probe (engl.)	kloniertes Gen oder klonierter Genabschnitt, der markiert und zum Nachweis homologer DNA verwendet werden kann; „DNA-Sonde"
Prognose	Vorhersage, Beurteilung des zu erwartenden Krankheitsverlaufs
Proliferation	Vermehrung von Zellen oder Geweben
Proliferationsrate	Maß für die Teilungsgeschwindigkeit von Zellen und Geweben
Prokaryonten	Zellen ohne Zellkern
Promotor (genetisch)	Steuerelement der Transkription; der P. enthält den Startpunkt der Transkription, die Bindungsstelle für die RNA-Polymerase und i.d.R. mehrere Stellen, an die regulatorische Proteine (z. B. Transkriptionsfaktoren) binden können
Promotor (im Mehrstufenmodell der Kanzerogenese)	Stoff, der in der Lage ist, die präferentielle Vermehrung initiierter Zellen zu bewirken
Prophase	Vorbereitungsphase zur Kernteilung

Prophylaxe	Krankheitsvorbeugung
Prostatahypertrophie	Prostataadenom, gutartige (benigne) Vergrößerung der sog. „Innendrüse"
Prostatakarzinom	bösartiger (maligner) Tumor, der sich meist in der „Außendrüse" entwickelt
prosthetische Gruppe	Bezeichnung für niedermolekulare, häufig Metall-Ionen enthaltende Verbindung, die nach ihrer Bindung an Proteine deren biochemische Eigenschaft prägen. An Enzyme gebundene p.G. haben die Funktion von gebundenen Coenzymen
Proteolyse	Abbau von Proteinen und Peptiden durch hydrolyt. Spaltung der Peptidbindung mit Freisetzung der Aminosäuren: 1) enzymatisch durch Proteasen; 2.) nicht enzymatisch durch starke Säuren oder Basen unter längerem Erhitzen
Prothrombin	Vorstufe des Enzyms Thrombin
prototroph	Zellen, deren Syntheseleistungen nicht eingeschränkt sind („Wildtyp")
proximal	bei Kanzerogenen: Metabolit, der der ultimalen Wirkform näher steht als die Ausgangsverbindung
renal	die Niere betreffend
renale Exkretion	Ausscheidung über die Niere
Repressor-Gen	Gen, dessen Genprodukt eine negative Kontrolle über andere Gene ausübt (verhindert Expression)
Resorption	Aufnahme in die Blutbahn oder das Lymphsystem
respiratorisch	die Atmung betreffend
Replikation	= Reduplikation; ident. Verdopplung genet. Materials (DNA oder RNA)
Restriktionsenzyme	DNA-spaltende Enzyme bakteriellen Ursprungs, die den DNA-Doppelstrang an durch spezielle Basensequenzen (Palindrome) definierten Stellen durchtrennen
retikuloendotheliales System	Gesamtheit der Zellen eines Organismus, deren Funktion die Phagocytose und Speicherung ist. Zum RES gehören z. B. die Gewebe- und Blut-Makrophagen, die von Kupffer'schen Sternzellen der Leber und die phagocytose aktiven Zellen der lymphatischen Organe
Reticulum (Retikulum)	Netzwerk
Retina	Netzhaut
Rezeptor	Empfänger; biochem.: Protein, das einen Liganden bindet und damit eine Folgereaktion auslöst
Rezidiv	Rückfall
Ribosom	im Cytoplasma frei bewegliche oder an das rauhe endoplasmatische Retikulum gebundene Zellorganelle, Ort der Proteinsynthese
Sarkom	vom Stütz- und Bindegewebe oder den blutbildenden Organen ausgehende bösartige Geschwulst
s.c. = subcutan	unter der Haut
Sekretion	Absonderung eines Stoffes

serös	dünnflüssig
Serum	Blutflüssigkeit nach Ausfällung des Fibrins durch Gerinnung
Sinus	Vertiefung, Höhle, geschlossener Kanal, Erweiterung von Blut- und Lymphgefäßen
„S-9 mix"	Überstand eines Zellhomogenats (meist aus Leber) nach Zentrifugation bei 9000g
Sklerose	krampfhafte Verhärtung von Geweben oder Organen
somatisch	den Körper betreffend, häufig im Gegensatz zu Keimzellen gebraucht
somatische Zellen	alle Nichtkeimzellen
Southern Blot	Methode zum Nachweis elektrophoretisch getrennter DNA-Sequenzen nach Transfer auf spezielle Membranen durch Hybridisierung (1975 von Southern entwickelt)
Spasmus	Krampf
spastisch	verkrampft
Spermatogenese	Entwicklung der Spermien aus Stammzellen (Spermatogonien) über Spermatozyten, Spermatiden
Spermium	Samenfaden
S-Phase	Phase des Zellzyklus, bei der durch reduplizierende Synthese neue DNA und Histone gebildet werden ($\rightarrow$ Interphase)
Spleen	Milz
Staging	Maß für die Tumorausbreitung
Sterilisation	1. Unfruchtbarmachung; 2. bakteriologische Entkeimung
Stratum	Schicht
subcutan	unter der (die) Haut
sympathikolytisch	Sympathikusreizung abschwächend oder aufhebend
sympathikomimetisch	mit der gleichen Wirkung wie eine Sympathikusreizung
Sympathikus	Teil des autonomen Nervensystems, der funktionell und pharmakologisch vom Parasympathikus abgrenzbar ist. Hauptüberträgerstoffe: Noradrenalin und Adrenalin
Symptom	Krankheitszeichen
Synapse	Kontaktstelle zwischen einem Neuron und einem benachbarten Neuron oder einem Erfolgsorgan
Syndrom	Symptomenkomplex, Gruppe von Krankheitszeichen
Synergist	mit derselben Wirkung
syngen	genetisch identisch
teratogen	Mißbildungen hervorrufend
Testis	Hoden
Tetanie	Muskelkrämpfe infolge Erniedrigung des Calciumspiegels im Blut
Trachea	Luftröhre
Transfektion	Einschleusung von DNA-Fragmenten in Zellen
Transformation	hier: Umwandlung normaler Zellen in Tumorzellen bzw. Vorstufen von Tumorzellen
Translation	Übersetzung der Messenger-RNA in die Aminosäuresequenz

Translokation	Verlagerung eines Gens in einen anderen Genombereich (z. B. von Chromosom zu Chromosom); Verlagerung von Proteinen (Rezeptoren) vom Cytosol in die Membran oder den Kern
Transition	Austausch einer Purinbase bzw. einer Pyrimidinbase gegen eine andere im Rahmen einer Punktmutation
Transkription	Synthese von Messenger-RNA komplementär zur DNA
Transversion	Punktmutation, bei der in der DNA-Kette eines Gens eine Purin- durch eine Pyrimidinbase (oder umgekehrt) ersetzt ist
Trauma	Verletzung, Wunde
Triplett	Anordnung von drei Basen in der DNA, die für eine Aminosäure kodieren
Thrombopenie	Mangel an Blutplättchen
Thrombocyten	Blutplättchen
Thrombus	innerhalb der Blutbahn gebildetes Blutgerinnsel
T-Lymphocyten	thymusabhängige Lymphocyten mit der Eigenschaft der unspezifischen Abwehr
Toxin	Stoffwechselprodukt von Mikroorganismen, Pflanzen oder Tieren mit Giftwirkung auf den Organismus von Warmblütern (Mensch). Es gibt unterschiedlichste Substanzgruppen wie Proteine, Lipopolysaccharide, Alkaloide, Terpenoide, Saponine usw.
toxisch	giftig
tubulär	röhrenförmig
Tumor	gut- oder bösartige autonome Neubildung (Geschwulst, Neoplasie)
UDPGA	Uridindiphospho-α-D-glucuronsäure
Uterus	Gebärmutter
UTP	Uridintriphosphat
vaskulär	das Gefäßsystem betreffend
vegetativ	das autonome Nervensystem betreffend
Wachstumsfaktor	Peptid, das von Zellen erzeugt wird und entweder deren eigene Proliferation oder die anderer Zellen stimuliert. Wachstumsfaktoren wirken über Membran-ständige Rezeptoren
Western Blot	Methode zum Nachweis spezifischer Proteine mit Antikörpern (Blot-Verfahren)
Zentromer	→ Centromer
Zentrosom	Zentralkörperchen der Zelle
zerebral	das Gehirn betreffend
Zilien	bewegliche Wimpernhaare einer Zelle
zirkadian	im Tagesrhythmus
Zirrhose	narbige Schrumpfung, z. B. Leberzirrhose
ZNS	Zentralnervensystem
Zyanose	Blauverfärbung der Lippen und der Fingernägel infolge mangelnder Sauerstoffsättigung des Blutes
Zygote	befruchtete Eizelle

Stichwortverzeichnis

a
Abbau 301
–, abiotischer 301
–, biotischer 303
–, photoinduzierter 301
Abbaubarkeit 313
–, abiotische 310
–, biologische
– – Grundstufe 313
– – Stufe I 314
– – Stufe II 314
–, biotische 310
Abfall **333**, 338
Abfallrecht 330, **333**
ABP → 4-Aminobiphenyl
Abwasserabgabengesetz 316, 333
Abwehrmechanismen 102
AαC 151
acceptable daily intake 169, 216
Acetaminophen → N-Acetyl-p-aminophenol
2-Acetylaminofluoren 67, 150, 156
N-Acetyl-p-aminophenol 70, **199**
Acetylcholin 91, **96**f, 243
Acetylcholinesterase 57, **96**f, 243
Acetylierung 35(Tab), **38**, 41(Tab), 188, 202
Acetyltransferase 188, 202
– N-Acetyltransferase 38, 40
ACh → Acetylcholin
AChE → Acetylcholinesterase
Acidose 58, 61(Tab), 83, 90, 230
Acridinorange 101
Acrolein 77(Tab)
Acrylamid 93

Adamsit → Chlorphenarsazin
Adaptionseffekte 135
Adaptionsmechanismus 28
S-Adenosyl-L-methionin 38
ADH → Alkoholdehydrogenase
ADI → acceptable daily intake
Adjuvans-Test, Freund complete 142f
Aerosole 15, 303
Aerosol-Treibgase 300
Aflatoxin 67, 114, 173
– B$_1$ 43, 67, 71(Tab), 124(Tab), 171, **180**
– in Lebensmitteln 171
– M$_1$ 173
– Verordnung 171
AFMU → 5-Acetylamino-6-formylamino-3-methyluracil
Agent Orange 217
Ah-Rezeptor 102, 109, **218**
Akkumulation **297**, 315
Akkumulationsindikatoren 315
Aktivierung
–, metabolische 18, **42**ff, 46, 69f, 150
Aktivkohle 59
Aldehyddehydrogenase 30, **222**, 223, 232
Aldehydoxidase 30
AlDH → Aldehyddehydrogenase
Aldrin 211(Tab), **214**ff
Aliphaten →
 Kohlenwasserstoffe, aliphatische
Alkene 21, 194
Alkine 21
Alkoholdehydrogenase 30, **222**, 223, 225, 232

Alkohole
–, aliphatische 220ff
– – einwertige 220, 225, 229
– – mehrwertige 229, 232, 233
Alkoholembryopathie 225
Alkylantien 78, 209, **250**ff
Alkylhalogenide 250
Alkylierungsmittel →
 Alkylantien
Alkylphosphate 16, 96, 244f, 249
Alkylsulfate 250, **256**
Allylalkohol 65
Alterung 244
Alte Stoffe → Altstoffe
Altlasten 310
Altöle 338
Altstoffe 315, 336
Altstoffverordnung
–, Chemikalien- 336
Aluminium 76, 92, 275(Tab), 281
Alveolen → Lungenbläschen
Amaranth 207
Ameisensäure 90, 225ff, 252
– -ethylester 241(Tab)
– -methylester 241
Ames-Test **147**ff, 211
Amine
–, aromatische 13, 83, 178, **198**ff
–, heterocyclische 114, 170, 179, **202**
– – in zubereiteten Lebens- mitteln 171
o-Aminoazotoluol 206
4-Aminobiphenyl 170, 171, **178**, 202, 204(Tab)
δ-Aminolävulinsäure 81, 277

Stichwortverzeichnis

Aminooxyessigsäure 70
Aminosäurekonjugation 35(Tab), 40
Ammoniak 14, 294(Tab)
Anämie **81**
Anaphylaxie 104
Androgen 109
Aneugen 150
Aneuploidie 78
Aneuploidogen **150**, 197
Anilin 13, **198**
Anilinkrebs 200
Anisol 235(Tab)
Anmeldepflicht 336
Anmeldeverfahren 310, **335**
Anoxie 93f
Anreicherungsfaktor **298**, 313
Anthracen 101
Antidot 61
Anurie 61(Tab)
Applikation
–, dermale 132, 135f
–, epicutane 138, 142
–, intradermale 142
–, orale **131**, 133f, 236
AP-Stelle 120
Arbeitsschutz 320, 326, 338
Arbeitsstoffe
–, erbgutschädigende 165
–, fruchtschädigende
–, Klassifizierung 165
–, gesundheitsschädliche 163
Arbeitsstofftoleranzwerte
–, biologische 166
Aroclor 29
Aromaten →
 Kohlenwasserstoffe, aromatische
Arsen 77(Tab), 100, 274, 275(Tab), **281**
Arsenik 281
Arsen(V)-Verbindungen 91
Arsenwasserstoff 61, 82, **281**
Arsin → Arsenwasserstoff
Arzneimittel 338
Asbest 76, **78**, 106
Asbestose 76
Aspiration 59
Atmosphäre 288
Atomgesetz 340
Atomschutzrecht 330
Atropin 61, **98**, 244
Auge 87
Augenreizung 139

Auslösebehandlung 142
Ausscheidung 17, **49**
– Beschleunigung der 60
Auszehrungssyndrom 218
Autophagie 7
Axonopathie 93
8-Azaguanin 109
Aziridin 268ff, 270(Tab), **272**
Azobenzol 102, **205**
Azofarbstoff 13, 31, **205**ff
Azomethan 209
Azorubin 207
Azoverbindungen 30, **205**ff
Azoxybenzol 102
Azoxymethan 209
Azoxyverbindungen 207

b

BAL → British Anti Lewisite
BaP → Benzo[a]pyren
Basenpaarsubstitution **147**, 150
Bateman-Funktion 51
BAT-Werte →
 Arbeitsstofftoleranzwerte, biologische
Bauleitplanung 325, 330
Bay-Region 197
BCF → Biokonzentrationsfaktor
BCNU → N,N'-Bis(2-chlorethyl)-N-nitrosoharnstoff
Bedarfsgegenständegesetz 340
Belebtschlamm 315
Benz[a]anthracen 77(Tab), 196(Tab)
Benzidin 31, 199(Tab), **202**, 206
Benzin 60
Benzin-Blei-Gesetz 340
p-Benzochinon 81, 105
Benzoesäure 13(Tab), 40, 196
Benzo[k]fluoranthen 196(Tab)
Benzol 16, 18, 77(Tab), **196**f
Benzo[a]pyren 43, 77(Tab), 105, 119, 124(Tab), 169, **177**, 197
Benzoylchlorid 255
Benzylchlorid → α-Chlortoluol
Bereichsfindungstest 131
Berliner Blau 279
Berufsfreiheit 321
Berufsgenossenschaft der Chemischen Industrie 326
Berufskrebs 113
Beryllium 105(Tab), 275(Tab), **280**

Beryllose 280
Bilirubin 35
Bindegewebe 8
Bindungsspektren 24
Bioakkumulation 310, **313**
– Grundstufe 313
– Stufe I 313
Bioindikatoren 315
Biokonzentrationsfaktor → Anreicherungsfaktor
Biomethylierung 308
Biomonitoring 43, 169, **172**
Biotransformation 9, **18**, 209, 240
– DEHP 242
– Dioxan 236
– Ethanol 222
– Ether 234
– Ethylenglycol 230
– Malathion 248
– Methanol 225
– 2-Methoxyethan 239
– Parathion 247
Bioverfügbarkeit 52, 313
Biphenyle 102, 196(Tab)
–, polybromierte 106, 215(Tab), 218, **220**
–, polychlorierte 29, 106, 215(Tab), 218, **220**, 298, 337
Bis(2-chlorethyl)amin **268**
N,N-Bis(2-chlorethyl)-methylamin 268, 270(Tab)
 →N-Methyl-N,N-bis-(2-chlorethyl)amin
N,N'-Bis(2-chlorethyl)-N-nitrosoharnstoff 260, 263
Bis(2-chlorethyl)sulfid 46, 213, 268, **269**, 270(Tab)
Bis(chlormethyl)ether 78, 119, 250, 255(Tab), **256**
Blastom 111
Blei 17, 71(Tab), 92, 100, 106, 275(Tab), **277**, 308
Bleivergiftung 82
Blutaustauschtransfusion 61
Blutbildung 79f
Blutgerinnung
– Störung der 86
Blutgerinnungsfaktor 60
Blut-Hirn-Schranke 17
Blutkapillaren 14
Blutkörperchen
–, rotes 60, **80**ff, 81
–, weißes 60, 81, 102

Blutplasma 79
Blutplättchen 60, **81**, 86
Blutserum 79
Blutstillung 86
Blutzellen 79f
Boden 289f
Bodenadsorption 297
Bodenadsorptionskoeffizient 296f
Bodenhorizonte 290
Bodenkartierung 290
Bodenprofil 289
Botulinustoxin 98
Bowmansche Kapsel 68
BrdUrd → Bromdesoxyuridin
BrdU → Bromdesoxyuridin
Brillantschwarz BN 207
British Anti Lewisite → Dimercaprol
Brom 74
Brombenzol 65, **215**
Bromdesoxyuridin 153
Bromethan 251(Tab), **253**
Bromfluorkohlenwasserstoffe
–, teilhalogenierte 301
Bromhydrochinon 70
Brommethan 251(Tab), **252**
Bromophos 246(Tab)
Bronchialasthma
–, allergisches 76
Bronchitis 76
Bühler Test 143
Bundesanstalt für Arbeitsschutz und Arbeitsmedizin 326, 335
Bundesgesetz 328
Bundes-Immissionsschutzgesetz 326, 328f, 331
Bundesverfassungsgericht 322
Busulfan 89, 109
1,3-Butadien 194, 195(Tab)
Butan 195(Tab)
Butanol (2-, i-, n-, t-) 221(Tab)
1,4-Butansulton 267
2,4-Butansulton 267
Buttergelb → 4-Dimethylaminoazobenzol
p-tert-Butyltoluol 196(Tab)
β-Butyrolakton 266f
γ-Butyrolakton 267

c

Cadmium 71, 77(Tab), 100, 106, 275(Tab), **278**
Cadmiumoxid 75
Cadmiumschnupfen 278
CAM → Chorionallantois-Membran
Carbamate 96f, 106
Carbaryl 98
Carbogen 60
Carbonsäureester 240ff
Catechol-O-methyltransferase 39, 96
CBI → covalent binding index
CCNU → N-(2-Chlorethyl)-N'-cyclohexyl-N-nitrosoharnstoff
challenge → Auslösebehandlung
Chelatbildner 61, **273**
ChemG → Chemikaliengesetz
Chemikaliengesetz 310, 313, 314, 319, 321, 328f, 331, **334**
Chemikalienrecht 326, **334**
Chlor 74, 293(Tab)
ω-Chloracetophenon 88
Chlorakne **102**, 219, 220
Chloral → 1,1,1-Trichloracetaldehyd
Chlorambucil 269, 270(Tab)
Chloramin 105(Tab)
Chloramphenicol 81, 93, 110
4-Chloranilin 204(Tab)
Chlorate 83
Chlorbenzol 215
2-Chlorbenzylidenmalonitril 88
Chlorchemie 292
Chlordecon 211(Tab), 214
Chlorethan 251(Tab), 253
Chlorethen 211(Tab), **213**
→Vinylchlorid
N-(2-Chlorethyl)-N'-cyclohexyl-N-nitrosoharnstoff 260
N-(2-Chlorethyl)-N'-(4-methylcyclohexyl)-N-nitrosoharnstoff 262(Tab)
Chlorfluorkohlenwasserstoffe 297, **300**, 333, 337
– teilhalogenierte 301
Chlormethan 251(Tab), 252
Chlormethin 269
1-Chlor-2-nitrobenzol 205(Tab)
1-Chlor-4-nitrobenzol 205(Tab)
Chloroform → Trichlormethan

Chlorphenarsazin 88
4-Chlor-o-toluidin 204(Tab)
5-Chlor-o-toluidin 204(Tab)
α–Chlortoluol 251(Tab), 254, **255**
Chlorwasserstoff 14
Cholestase 66
Chorionallantois-Membran 141f
Chrom 71(Tab), 101, 105(Tab), 275(Tab), **279**, 308
Chromatid 152
Chromosomenaberration **150**, 157ff
Chromosomenmutationstest **150**
Chromosomenschäden
– in Säugerzellen 150
– in Somazellen 157
Cisplatin 71(Tab), 72
Clara-Zellen 76
Clofibrat 29(Tab)
Cobalt 101, 275(Tab), **280**
Cocain 110
Coffeinmetabolismus 188
Coffein → 1,3,7-Trimethylxanthin
Cokanzerogen 119
Colchicin 93, 109, 152
COMT → Catechol-O-methyltransferase
Contergan 110
covalent binding index **156**, 174
CREST-Antikörper 157
Ct$_{50}$ 313
Cumarin 86f, 101
Cumol → i-Propylbenzol
Cyanid 85
Cyanidvergiftung 55, 61, **85**
Cyanose 85
Cyanwasserstoff 15
Cycasin 67, 124(Tab), 209
Cyclohexan 195(Tab)
Cyclophosphamid 109, 269, 270(Tab)
Cyclosporin A 71(Tab), 72
Cytochalasin B 158
Cytochrom b$_5$ 24
Cytochrom P-450 **19**, 26
– Eigenschaften 21ff
–, humanes 186f
– Isoenzyme **26**, 28, 186f, 218, 223, 234, 238

Cytochrom P-450-Reduktase 24, 29, 46
Cytokinese 116
Cytokinese-Block-Methode 158
Cytoplasma 5, **8**
Cytoskelett 8, 93

d

Darmbakterien 13
DBP → Dibutylphthalat
DDE → p,p'-Dichlordiphenyldichlorethen
DDT 106, **215**f, 297f, 307
– -Gesetz 340
Debrisoquin 187
Deferoxamin 276
DEG → Diethylenglykol
DEHP → Di(2-ethylhexyl)phthalat
Deposition 296
Desalkylierung
–, oxidative **19**, 236, 247, 305
Desaminierung
–, oxidative 20
Desmosom 10
Desulfurierung
–, oxidative **21**, 247
Deutsche Forschungsgemeinschaft 163
DFG → Deutsche Forschungsgemeinschaft
Dialkylnitrosamin 67
Dialkylphosphat 243
– insektizide 243
2,4-Diaminoanisol 204(Tab)
4,4'-Diaminobiphenyl → Benzidin
4,4'-Diaminophenylmethan 204(Tab)
Dibenz[a,h]anthracen 196(Tab)
Dibenzo-1,4-dioxin
–, polychloriertes 106, **217**ff, 292
Dibenzofuran
–, polychloriertes 102, 106, **217**ff, 292
Dibenzo[a,h]pyren 196(Tab)
1,2-Dibrom-3-chlorpropan 211(Tab), **213**
1,2-Dibromethan 46, 71(Tab), 72, 211(Tab), **213**
N-Dibutylnitrosamin 77(Tab)
→N-Nitrosodibutylamin

Dibutylphthalat 241
Dichloracetylen 46f, 71(Tab), 211(Tab)
→Dichlorethin
3,3'-Dichlorbenzidin 204(Tab)
1,2-Dichlorbenzol 215(Tab)
1,4-Dichlorbenzol 72, 215(Tab)
p,p'-Dichlordiphenyldichlorethen 215
1,1-Dichlorethan 211(Tab), **213**
1,2-Dichlorethan 37, 46, 211(Tab), **213**
1,1-Dichlorethen 211(Tab)
1,2-Dichlorethen 211(Tab)
Dichlorethin 214
→Dichloracetylen
Dichlormethan 19, **211**
2,4-Dichlorphenoxyessigsäure 60, 215(Tab), **217**
α,α-Dichlortoluol 251(Tab), 254, **258**
Dichlorvos 246(Tab)
Dicumarol 86
Dieldrin 211(Tab), 214, 215
Diethylenglykol 221(Tab), 232
Diethylether **234**, 235(Tab)
Di(2-ethylhexyl)phthalat 241ff
Diethylnitrosamin 124(Tab)
→N-Nitrosodiethylamin
Diethylstilbestrol 109, 124
Diethylsulfat 256
Diffusion
–, erleichterte 11
–, passive 11, 14f, 50
Diglykol → Diethylenglykol
Diisopropylether 235(Tab)
Dimercaprol 274
Dimethoat 246(Tab)
4-Dimethylaminoazobenzol 67, **205**
7,12-Dimethylbenz[a]anthracen 105, 124(Tab), 150, 156, 198
Dimethylbenzanthracen 67
3,3'-Dimethylbenzidin 204(Tab), 207
1,1-Dimethylhydrazin 209
1,2-Dimethylhydrazin 209
3,8-Dimethylimidazo[4,5-f]-quinoxalin-2-amin 171, **179**
– -DNA-Addukte 180
Dimethylnitrosamin 65
→N-Nitrosodimethylamin
1,4-Dimethyl-5H-pyrido[4,3-b]indol-3-amin 171, **180**

Dimethylquecksilber 308
Dimethylsulfat 119, 120, 124(Tab), **256**
Dimethylsulfoxid 16
1,3-Dimethylxanthin 188
1,7-Dimethylxanthin 188
1,3-Dinitrobenzol 205(Tab)
2,4-Dinitrophenol 89
Dinitrotoluol (Isomerengemisch) 205(Tab)
Diolepoxid 44, 198
Dioxan 235(Tab), **236**
Dioxigenase 305
Diquat 71(Tab), 72, 75
dissolved organic carbon 314
Distickstoffoxid 288, 294(Tab), **295**
Disulfiram → Tetraethylthiuramdisulfid
Dithiophosphorsäureester 245
Diurese 60
DNA 114
– -Addukte **173**, 202, 249
–, alpha-Satelliten- 157
DNA-Läsion 157
DNA-Reparatur 155
DNA-Reparatursynthese 120
DNA-Schäden 120
DNA-Schädigung 155
DNA-Synthese
–, außerplanmäßige → unscheduled DNA synthesis
DOC → dissolved organic carbon
Dominanter Letaltest 159
Dopamin 91, 96
Doppelstrangbruch 120
Dosimetrie
–, molekulare 169, **172**f
Dosis-Toxizitätsbeziehung 132
Dosis-Wirkungs-Beziehung 56, 168, **189**, 191
Dosis-Wirkungs-Kurve **55**, 56, 128, 311
Dosis-Wirkungs-Zeit-Beziehung **168**, 190
Dosis-Zeit-Beziehung 56, 190
D-Penicillamin 71(Tab), 73, 274
Draize-Test 89, 100, **140**
Drüsenepithel 8
Düngemittelgesetz 340
Durchblutung 16f

2,4-D → 2,4-Dichlorphenoxyessigsäure

e
E 123 → Amaranth
E 122 → Azorubin
E 151 → Brillantschwarz BN
E 110 → Gelborange S
E 605 → Parathion
E 124 → Ponceau 4R
E 102 → Tartrazin
Early-Life-Stage-Test   312
EC_{50} 311 f
ED_{50} 55 f, 129
EDTA → Ethylendiamintetraacetat
EG → Europäische Gemeinschaft
Einstufungspflichten   336 f
Einzelstrangbruch   120
Elementarhilfe   57
Elimination   9, 222
ELISA → Enzyme-linked Immunosorbent Assay
Emission   291
EM-Phenotyp → extensive metabolizer Phenotyp
endemische Balkan Nephropathie   72
Endocytose   12, 15, 102
endoplasmatisches Retikulum   6, 91
Endothel   8
Energierecht   330
enterohepatischer Kreislauf   33, **51**
Entgiftung   304
ENU → N-Ethyl-N-nitrosoharnstoff
Environmental Protection Agency   291
Enzyme-linked Immunosorbent Assay   173, **174**
Enzyminduktoren   28
EPA → Environmental Protection Agency
Epidermis   16, **99**
Epithelgewebe   8
Epoxid   21, 31 ff, 175, 194, **264**
Epoxidhydrolase   33
1,2-Epoxybutan   194
1,2-Epoxypropan   194
→ 1,2-Propylenoxid
Ersatzmethoden   141

Erythem   100
Erythroblast   158
Erythrocyt → Blutkörperchen, rotes
–, normochromatisch   158
–, polychromatisch   158
ER → endoplasmatisches Retikulum
Ester   220, **240**
Esterase
–, phosphorylierte   244
Ester-Glucuronide   35
Estrogen → Östrogen
1,2-Ethandiol   221(Tab), **229**
Ethanol   30, 60, 66, 93, 221(Tab), **222**
– als Tumorpromotor   8, 225
Ethen   194
Etheno-Addukte   43
Ether   220, **234**
Etheralkohole   238
Ether-Glucuronide   35
Ethidiumbromid   120
4-Ethinylbibenzyl   21
Ethinylöstradiol   66, 119
Ethionin   66
2-Ethoxyethanol   235(Tab), **239**
Ethylacetat   241(Tab)
Ethylcarbamat → Urethan
Ethylendiamin   105(Tab)
Ethylendiamintetraacetat   86, 274
Ethylenglykolmonoethylether → 2-Ethoxyethanol
Ethylenglykolmonomethylether → 2-Methoxyethanol
Ethylenglykol → 1,2-Ethandiol
Ethylenoxid   105(Tab), 169, 175, **264**
Ethylformiat → Ameisensäureethylester
Ethylhalogenide   253
N-Ethyl-N-nitrosoharnstoff   123, 262, 262(Tab)
Europäische Gemeinschaft   328
– Richtlinien   163, 310, 328
– – Methoden   314(Tab)
– Verordnung   328
Evasion   51
Existenzminimum
–, ökologisches   323
Exkretion   9, 49 f, 57
– Diethylenglycol   232
– Diethylether   234

– Dioxan   236
– Ethanol   222
– Ethylenglykol   229
– Methanol   225
– über die Leber   50 f
– über die Nieren   49 f
Exocytose   7, 12
Exposition   53, 169, 309, 315
– berufliche   170
Expositionskonzentration   310
Expositionsmodelle   309
extensive metabolizer Phenotyp   187
Extrazellulärraum   12

f
FCA → Adjuvans, Freund complete
FCKW → Chlorfluorkohlenwasserstoffe
Fenton-Reaktion   47
Ferrihämoglobin → Methämoglobin
Fest-Dosis-Methode   132
Festphasen-Immunoassay   174
Fetotoxizität   225
Fettgewebe   17
Fettleber   **66**, 224
Feuerlöschmittel   300
Flavin-abhängige Monooxigenase   30
Flechtenkartierung   316
Fluoranthen   101
Fluorchlorkohlenwasserstoffe → Chlorfluorkohlenwasserstoffe
Formaldehyd   73, 101, 105(Tab), 293(Tab)
Formiat   226, 230, 239
Formulierung   130
Forschungsfreiheit   321
frame shift → Rasterschub
Fremdstoffmetabolismus   18, 21, 28, 42
Fugazität   296
Fugazitätsmodell   296
Funktionalisierungsreaktion   19
Futtermittelgesetz   340

g
Gallengang   63
Gallensäure   66
Gastrointestinaltrakt   12 f
GC/MS   174

gealtert 244
Gebietskörperschaften, kommunale 325
Gefahr 320, **332**
Gefahrgutrecht 334
Gefahrstoffe 319
Gefahrstoffrecht **326**, 330
Gefahrstoffverordnung 328, 332, **337**
Gelborange S 207
Genmutation 122f, 157
Genmutationstest 145, **147**f
genotoxisch 123
Gentechnikrecht 330
Gesetzeszweck 334
Gesetzgebungskompetenzen 323
gesundheitsschädlich 163
Gewebearten 8
Giftentfernung
–, primäre 57
–, sekundäre 57
giftig 132, **163**
–, minder- 132
–, sehr 132, **163**
Giftigkeit → Wirkungsstärke
Giftung 18
Gliazellen 17, 92
Glomerulus 49, 68
GLP → Gute Laborpraxis
Glucocorticoid 58, 75, 89, 109
β–Glucuronidaseaktivität 33
Glucuronidierung 35(Tab), **35**, 41(Tab), 50, 243
Glucuronsäure 18
Glucuronyltransferase 35
Glutathion 37, 84
Glutathionkonjugation 35(Tab), **37**, 211f, 214, 252
Glutathion-S-transferase 37
Glykolether → Etheralkohole
Glykol → 1,2-Ethandiol
Golgi-Apparat 7
G$_1$-Phase **114**, 152
G$_2$-Phase **114**, 152
GPMT → Meerschweinchen Maximierungstest
Granulocyten **81**, 102
Grenzwert 331
Grundgesetz 328
Grundrecht 321
Grundstufe 158, **310**
Grundwasser 289
Gute Laborpraxis 332, 336

h
Haarbälge 16
Halbwertszeit 53
Halothan 64, 105(Tab)
Hämangiosarkome 43, 67f, 213
Hämatokrit 80
Häm B 24
Hämodialyse **60**, 229
Hämoglobin 24, **81**, 82, 174
Hämoperfusion **60**, 230
Hämorrhagie 87
Hämostase → Blutstillung
Häm → Hämoglobin
Harnsäure 79
Harnstoff 79
Haut 16, **99**
Hautreaktionsskala 139
Hautreizung 138
HCBD → Hexachlorbutadien
HCH (α-, β-, γ-) → Hexachlorcyclohexan
Heinz'sche Körperchen 84
Henle'sche Schleife 68
Hepatocyten 22, **63**
–, centrilobuläre 22, **64**, 65
–, periportale 22, **64**, 65
Herbizid 48, 72, 216f
HET-CAM-Test 142
Heterophagie 7
HET-Test → Hühnerei Test
Hexa-CDD → Hexachlordibenzo-1,4-dioxin
Hexa-CDF → Hexachlordibenzofuran
Hexachlorbenzol 215(Tab), 297
1,1,2,3,4,4-Hexachlor-1,3-butadien 211(Tab), 214
Hexachlorbutadien 37, 46, 71, 71(Tab), 214
Hexachlorcyclohexan 211(Tab), 214
Hexachlorethan 211(Tab)
Hexachlorophen 94
n-Hexan 93, 194
Hexan (Isomeren) 195(Tab)
n-Hexanol 221(Tab)
H-FBKW → Bromfluorkohlenwasserstoffe, teilhalogenierte
H-FCKW → Chlorfluorkohlenwasserstoffe, teilhalogenierte

Hippursäure 40
Höchstmengen 171
Homöostase 67, 79
HPB → 4-Hydroxy-1-(3-pyridyl)-1-butanon
HPGRT → Hypoxanthin-Guanin-Phosphoribosyltransferase
HPLC 171, 174
HPLC/MS 174
HPRT → Hypoxanthin-Guanin-Phosphoribosyltransferase
Hühnerei-Test 141
Huminstoffe 290
–, Nicht- 290
Hydrazin 105(Tab), **207**f
Hydrochinon 70
Hydrolyse 18, 31, 304f, 307
4-Hydroxydebrisoquin 187
2-Hydroxyethoxyessigsäure 232, 236
Hydroxylierung 18f, 29(Tab), 41(Tab), 305
4-Hydroxy-1-(3-pyridyl)-1-butanon 182
Hyperbilirubinämie 66
Hyperventilation 60
Hypochlorit 78
Hypoxanthin-Guanin-Phosphoribosyltransferase 149
Hypoxie 58

i
IARC → International Agency for Research on Cancer
Immission **291**, 296
Immissionsschutzrecht 333
Immunabwehr 102
Immunglobuline **103**
Immunsuppression 102, **105**
Immunsystem **102**f
Indomethacin 89
Informationspflichten 331
Inhalation 132, 134, 136
Inhibitor 232
Initiation 116
Insektizid 98, 243
Intermediärfilament 8
International Agency for Research on Cancer 166
interstitieller Raum 52
Intoxikation 57, 252
intravasaler Raum 52

intrazellulärer Raum 12, **52**
Invasion 51
Inverkehrbringen 335
Iodethan 251(Tab)
Iodmethan 251(Tab), 252, **253**
4-Ipomeanol 76
Iproniazid 64
IQ 171, 204
Irritation-score 142
Isocyanate 76
Isoniazid →
 Isonicotinsäurehydrazid
Isonicotinsäurehydrazid 64,
 93, 189
Isopren 194
Isosafrol 29(Tab)
IS → Irritation-score
Itai-Itai-Krankheit 278

k
Kältemittel 300
Kanzerogen
–, chemisches 116 ff
–, direktes 119, 123
–, komplettes 117, 123
–, proximales 119
–, ultimales 119
–, Umwelt- 169
Kanzerogenese 110, 123
–, transplazentare 123
Kanzerogenität 145, **160**, 225
– Anilin 200
– Benzidin 202
– heterocyclische Amine 205
– 2-Naphthylamin 201
Kaolin 76
Kapillartypen 17
Kapsel 68
Karzinom 111
Katalase 7, 47, 90, 223, 226
KB-Test → Kenacid Blue Test
Keimbahnmutation 145
Keimzellmutation 158
Kenacid Blue Test 141
Kennzeichnungspflichten 331,
 336 f
Kepone → Chlordecon
Keratinocyten 99
Ketonreduktasen 31
Ketonurie 229
Kinetochor 157
Kinetochor-Region 152
Klärschlammverordnung 340
Klastogene **150**, 196

Knochengewebe 17
Kohlendioxid 82, 227, 252, 288,
 292, 294(Tab)
Kohlenmonoxid 15, 55, 82, **293**,
 294(Tab), 303
Kohlenmonoxidvergiftung 54,
 57, **82**
Kohlenwasserstoffe 194,
 294(Tab), 294
–, aliphatische 72, **194** f, 294,
 305
– – halogenierte 72, **209** ff
–, aromatische 29(Tab), 35,
 114, **196** ff, 305
– – halogenierte 214 ff
– – polycyclische 101, 105, 120,
 173, 177, **197**, 305
–, bromierte 209 f
–, chlorierte 209 f
Kometabolismus 305
Kompetenzordnung,
 förderalistische 324
Kongorot 31
Konjugationsreaktion 18, **34** f,
 35(Tab), 46, 50, 245, 305
Kontaktdermatitis
–, allergische 142
Konzentrationsgifte 56
kosmetische Färbemittel 207
Kreatinin 79
Krebs 110 ff
Krebsentstehung 114, 123
Krebsrisikofaktoren 113
Kumulation 17, **54**
Kumulationswirkung 135
KW → Kohlenwasserstoffe
K → Bodenadsorptionskoeffizient

l
Laktone 266
Läppchen-Test 142
Latenz 54
Latenzzeit 61
LC_{50} **128**, 311
LCt_{50} 249
LD_{50} 57, **128**
Lebensmittelfarbstoffe 207
Lebensmittelgesetz 340
Leber 50, **63**
Leberarterie 63
Leberbalken 63
Leberkrebs 64, **67**
Leberläppchen 63

Lebernekrose 31, **64**
Leberpforte 63
Leberplatten 63
Lebersinusoide 64
Leberzirrhose 64, **66**, 224
Lederhaut 16, 99
Legaldefinition 334
Leichtmetalle 280 f
Leitorganismen 315
Leserastermutation 147
Letaldosis 131
Leukämie 196
Leukocyten → Blutkörperchen,
 weiße
–, polymorphkernig 48, **81**
Leukopenie 81
Limit-Test-Konzept **131**, 134,
 137, 159
Limonen 71(Tab), 194
Lindan → γ-
 Hexachlorcyclohexan
Lipidperoxidation **46**, 211, 213
Liposomen 66
Lithiumsalz 60
liver first pass effect 41
LOEC → lowest observed effect
 concentration
log-Probit-Skala →
 Wahrscheinlichkeitsnetz
Lost → Bis(2-chlorethyl)sulfid
lowest observed effect
 concentration 312
Luft 288
Lunge 14, **73**
Lungenbläschen 14, **73**
Lungenemphysem 76
Lungenfibrose 76
Lungenkapillaren 74
Lungenkrebs 76
Lungenödem 252
–, toxisches 15, 61(Tab), **75**
Lutrol® → Polyethylenglykol 400
β-Lyase 37, 46, **70**, 211
Lymphe 11
Lymphocyten 81
–, B- **103**, 105
–, T- 101, **102**, 105
Lysosom 7

m
Magen-Darm-Trakt 12 f
Magenspülung 59
Makrophagen 15, 48, 75, 102 f
MAK-Werte-Liste 163 f

MAK → Maximale Arbeitsplatz-Konzentration
Malaoxon 247
Malathion 245, 246(Tab)
Malondialdehyd 47
MAO → Monoaminoxidase
margin of safety → Sicherheitsabstand
Mastzellen 10, **104**
Maximale Arbeitsplatz-Konzentration 163f
maximal tolerierte Dosis 135, 161
MeCCNU → N-(2-Chlorethyl)-N'-(4-methylcyclohexyl)-N-nitrosoharnstoff
Meerschweinchen-Maximierungstest 142
MEHP → Mono(2-ethyl-hexyl)phthalat
MeIQx → 3,8-Dimethylimidazo[4,5-f]quinoxalin-2-amin
Melanin 99, 101
Melanocyten 99, 101
Melanotoxizität 101
Melphalan 269, 270(Tab)
Membran
–, biologische 10
Menadion → 2-Methylnaphthochinon
6-Mercaptopurin 109
Mercaptursäure 37, 46
Mesosphäre 288
Mesotheliom 78
Metabolismus 18ff, 41
– Anilin 199
– Benzidin 203
– 2-Naphthylamin 200
Metalle 273ff
–, biotische Umwandlungen 307f
Metalloide 280f
Metallvergiftung 61
– Therapie 273
Methämoglobin **82**, 198, 204
Methämoglobinämie 31, 61, **82**, **85**, 199
Methämoglobinbildner 61, **83**, 202
Methan 289, 294(Tab), **294**, **303**
Methanol 60, 90, 93, 221(Tab), **225**ff
Methanolvergiftung 90, **228**

Met-Hb → Methämoglobin
2-Methoxyanilin 204(Tab)
4-Methoxyanilin 204(Tab)
Methoxyessigsäure 238f
2-Methoxyethanol 235(Tab), **238**
Methoxyfluran 72
Methoxypropanol 235(Tab), **240**
Methylaziridin 270(Tab)
Methylazoxymethanol 209
N-Methyl-N,N-bis(2-chlorethyl)amin 271
→ N,N-Bis(2-chlorethyl)me-thylamin
3-Methylcholanthren 28, 29(Tab), 105
Methylcyclohexan 195(Tab)
Methyldiazohydroxid 209
Methylenblau 85
Methylformiat → Ameisensäuremethylester
O^6-Methylguanin 120
Methylhalogenide 252f
Methylhydrazin 208
Methylierung 35(Tab), **38**
– von Schwermetallen 308
2-Methylnaphthochinon 47
N-Methyl-N'-nitro-N-nitrosoguanidin 109, 262(Tab)
4-(N-Methylnitrosamino)-1-(3-pyridyl)-1-butanol 173
4-(N-Methylnitrosamino)-1-(3-pyridyl)-1-butanon 78, 170, 173, **182**
N-Methyl-N-nitrosoharnstoff 124(Tab), 262, 262(Tab)
→ N-Nitrosomethylharnstoff
Methylparathion 246(Tab)
4-Methylpyrazol 229, 230
Methylquecksilber 92, 308f
Methylstyrol 194, 195(Tab)
1-Methylxanthin 188
2-ME → 2-Methoxyethanol
Migrationsstudien 113
Mikrofilament 8
α$_2$-Mikroglobulin 72
Mikrokerntest 157
Mikrophage 102
Mikrosom 25
Mikrotubuli 8
Minamata 277
Mineralien 295

Mitochondrien 5
Mitomycin C 71(Tab), 109
Mitose 114, **116**, 152
MNNG → N-Methyl-N'-nitro-N-nitrosoguanidin
MNU → N-Methyl-N-nitrosoharnstoff
Monitoring **169**, 309, 315
–, aktives 315
–, passives 315
Monoaminoxidase **30**, 96
Monochlordimethylether 250, 255(Tab), **256**
Monocyte 48, 81, 102
Mono(2-ethylhexyl)phthalat 242
Monooxigenase 19
→ Cytochrom P-450
MTD → maximal tolerierte Dosis
trans,trans-Muconaldehyd 81, 105
Muskarin 98
Muskelgewebe 9
Mutagenität 145, 237
– Anilin 200
– Benzidin 202
– heterocyclische Amine 205
– 2-Naphthylamin 201
Muttermilch 49, 173
MX → 1-Methylxanthin
Mycotoxine 43, 67, 71(Tab), 72, 169, 180f
Myelinopathie 94
Myoglobin 83

n

NAB → N'-Nitrosoanabasin
Nachbarrecht 325
NADPH-Cytochrom P-450-Reduktase 23
Naphthalin 89, 102, 196(Tab)
2-Naphthylamin 77(Tab), 198, **200**f
Naphthylisothiocyanat 66
1-Naphtylamin 201
Narkosegas 15
Naturschutzrecht 330
NAT → N'-Nitrosoanatabin
NCE → normochromatischer Erythrocyt
NDBA → N-Nitrosodibutylamin
NDEA → N-Nitrosodiethylamin
NDELA → N-Nitrosodiethanol-amin

NDMA → *N*-Nitrosodimethyl-
  amin
NEL → no effect level
Nephrokanzerogen 71
Nephron → Nierenkörperchen
Nervengewebe 9
Nervenkampfstoffe 249
Nervensystem 90ff
–, peripheres 9, **91**
Nervenzelle 9, **91**
Neue Stoffe 310, 336
Neuroglia 9
Neuron → Nervenzelle
Neurotoxizität 71, 92f, 244, 249
Neutralrot-Test 141
Nickel 71(Tab), 101, 105(Tab), 275(Tab), **280**
Nickeltetracarbonyl 75, 280
Nicotin 66, 98
Niere 50, **67**
Nierenkörperchen 50, **68**
Nierenrinde 70
Nierenschädigung 70
Nierentubulus 50
Nierenversagen 58
NIH-Shift 21
Nissl-Schollen 91
4-Nitroanilin 205(Tab)
p-Nitroanisol 19
Nitrobenzol 198, 205(Tab)
4-Nitrobiphenyl 205(Tab)
1-Nitronaphthalin 205(Tab)
2-Nitronaphthalin 205(Tab)
N-Nitrosamide 259ff
N-Nitrosamine 170, **257**
– tabakspezifische 77f, **170**f, 258
Nitrose Gase 15, 61(Tab), 106, 170
N-Nitrosoacylalkyl(aryl)-amin 257
N-Nitrosoalkyl(aryl)alkoxyamin 257
N'-Nitrosoanabasin 78, 170
N'-Nitrosoanatabin 170
N-Nitrosobutyl-3-carboxypropylamin 184
N-Nitrosobutyl-4-hydroxybutylamin 184
N-Nitroso-*N*-(2-chlorethyl)-harnstoff 257
N-Nitrosodialkyl(aryl)amine 257

N-Nitrosodibutylamin 184, 259(Tab), 260(Tab)
  →*N*-Dibutylnitrosamin
N-Nitrosodiethanolamin 173, 258, 260(Tab)
N-Nitrosodiethylamin 77(Tab), 184, 189, 258, 259(Tab), 260(Tab)
  →Diethylnitrosamin
N-Nitrosodiisopropylamin 259(Tab), 260(Tab)
N-Nitrosodimethylamin 77(Tab), 150, 170, 171(Tab), **257**, 258, 259(Tab), 260(Tab)
  →Dimethylnitrosamin
N-Nitrosodipropylamin 259(Tab), 260(Tab)
N-Nitrosoethylphenylamin 262(Tab)
N-Nitroso-β-ketopropylalkyl-amin 187
N-Nitroso-*N*-methoxy-*N*-methylamin 257
N-Nitrosomethylalkylamin 184
N-Nitrosomethyldecylamin 184
N-Nitrosomethyldodecylamin 184
N-Nitrosomethylethylamin 184, 259(Tab), 260(Tab)
N-Nitrosomethylharnstoff 120, **257**ff
  →*N*-Methyl-*N*-nitrosoharnstoff
N-Nitrosomethylphenylamin 259(Tab)
N-Nitrosomethylurethan 262(Tab)
N-Nitrosomorpholin 170, 260(Tab)
N'-Nitrosonornicotin 78, 170
N-Nitrosopiperidin 77(Tab), 170, 171(Tab), **257**, 260(Tab)
N-Nitrosopyrrolidin 77(Tab), 170, 171(Tab), **257**, 260(Tab)
N-Nitrosoverbindungen 169, **257**ff
Nitrotoluol 205(Tab)
Nitroverbindungen
–, aromatische 82, 83, 198, **205**
NMEA → *N*-Nitrosomethylethylamin
NMH → *N*-Nitroso-*N*-methylharnstoff

NMOR → *N*-Nitrosomorpholin
NNK → 4-(*N*-Methylnitrosamino)-1-(3-pyridyl)-1-butanon
NNN → *N'*-Nitrosonornicotin
NOAEL → no observed adverse effect level
NOEC → no observed effect concentration
no effect level **128**, 169
NOEL → no observed effect level
no observed adverse effect level **129**, 239
no observed effect concentration 312
no observed effect level **128**, 169, 243
Noradrenalin **91**, 96
NPIP → *N*-Nitrosopiperidin
NPYR → *N*-Nitrosopyrrolidin
NR-Test → Neutralrot-Test

O

Oberflächenwasser 289
Obidoxim 244
Octan 195(Tab)
OECD → Organisation of Economic Cooporation and Development
Öffentliches Recht 325
Öko- 287
Ökofaktoren 287
Ökologie 287
Ökosystem 291
Ökotoxikologie 287
Onkogen 123
–, Anti- 123
–, c- 123
–, Proto- 123
Ontogenese 106f
orale Gabe → Applikation, orale
Organisation of Economic Cooperation and Development 291, 310, 313, 315
Organotropie 63, **184**
Organspezifität **184**, 259
Orotsäure 66
Östrogen 109
Ouabain-Resistenz 149
Oxalsäure 86
Oxetan-2-on → β-Propiolakton
Oxidationen 19, 29(Tab), 223, 226ff, 301, 304f
–, mikrobielle 305f

Oxim 98, 244
Oxiran → Epoxid
Oxyhämoglobin 82
Ozon 15, 288, 300f, 303, 316
Ozonabbau 292, 295, **300f**
Ozonschicht 288

p

P-450-Isoenzyme → Cytochrom P-450 Isoenzyme
PAH → polycyclic aromatic hydrocarbons
PAK → Kohlenwasserstoffe, aromatische polycyclische
Pancytopenie **81**, 105
Paraffinöl 60
Paraoxon 21, 95, **247**
Paraquat 48, 54, 72, 75
Parathion 16, 21, 54, 57, 98, 246(Tab), **247**, 307
Paraxanthin → 1,7-Dimethylxanthin
Parenchym 8
Passivrauchen 77, 258
Patch-Test → Läppchen-Test
PBB → Biphenyle, polybromierte
PCB → Biphenyle, polychlorierte
PCDD → Dibenzo-1,4-dioxin, polychloriert
PCDF → Dibenzofuran, polychloriert
PCE → Erythrocyt, polychromatisch
PCP → Pentachlorphenol
PCT → Terphenyle, polychlorierte
Penicillin 105(Tab)
Penta-CDD → 1,2,3,7,8-Pentachlordibenzo-1,4-dioxin
Penta-CDF → 2,3,4,7,8-Pentachlordibenzofuran
Pentachlorphenol 215(Tab), **216f**, 337
Pentan 195(Tab)
n-Pentanol 221(Tab)
Perchlorat 83
Perchlorethen 21
Perferryl-Ion 25
Perikaryon 91
Peroxidasen 8, **30**, 202
Peroxisom **7**, 243
Peroxyacylnitrat 89
Persistenz 298f

Pestizid 243, 299
Pflanzenschutzgesetz 310, **338**
Pflanzenschutzmittel 338
Pflanzenschutzmittel-Höchstmengen-Verordnung 248
Pflanzenschutzrecht 338
Pfortader 14, **63**
Phagocytose 102
Pharmakodynamik 54
Pharmakon 9
Phase-II-Reaktion **18**, 245, 304f
→ Konjugationsreaktion
Phase-I-Reaktion **18**, 245, 304
→ Funktionalisierungsreaktion
Phenacetin 70, 72
Phenobarbital 28, 29(Tab), 35, 119
Phenylendiamin 101, 105(Tab), 204(Tab)
Phenylhydrazin 208(Tab)
Phenylhydroxylamin 31, 199
PhIP 171, 204
Phosgen 15, 54, 61(Tab), 212
Phosphathöchstmengenverordnung 340
Phosphorsäureester 31, 244, 307
–, organische 243
Phosphorsäuretrikresylester → Trikresylphosphat
Phosphorylierung
–, oxidative 6
Photoallergene 101
Photomineralisierung 303
Phthalat 241
Pinocytose 102
Planung 330
Plasmahalbwertszeit 53
Plasmaprotein 16f, 50
Platten-Inkorporations-Test 148
Plazenta-Schranke 17
PM-Phenotyp → poor metabolizer phenotyp
PNS → Nervensystem, peripheres
polycyclic aromatic hydrocarbons → Kohlenwasserstoffe, aromatische polycyclische
Polyethylenglykol 232
– Polyethylenglykol *400* 59
Polymorphismus 187

Ponceau 4R 207
poor metabolizer phenotyp 187
Postlabelling 155
^{32}P-Postlabelling-Technik 174
Präkanzerogen **119**, 123
Pralidoxim 57, 98, 244
Probenecid 70
Probit-Transformation 129, 311
Produkthaftungsgesetz 323
Progression **117**, 163
Promotion 117
Promotor 117ff
Propan 195(Tab)
1,2-Propandiol → 1,2-Propylenglykol
i-Propanol 221(Tab), **229**
n-Propanol 221(Tab), **229**
1,3-Propansulton 267
Propenol-3 229
β-Propiolakton 119, 156, **266f**
i-Propylbenzol 196(Tab)
Propylen 293(Tab)
1,2-Propylenglykol 221(Tab), **233**
Propylenglykolmonomethylether → Methoxypropanol
1,2-Propylenoxid 264
→ 1,2-Epoxypropan
Prostaglandin 67
Prostaglandin-H-Synthase 201
Prostaglandin-Synthase 30, 46
Protein-Addukte 173
Protoporphyrin IX 24
Prüfnachweise 336
– Grundstufe 310
– 1. Stufe 310
– 2. Stufe 310
Prüfverfahren 313
Psoralene 100
Punktmutation 121, 147
PVC 293(Tab)
Pyrolyseprodukte 114, 179, **202**
Pyrrolizidinalkaloide 67
P_{OW} → Verteilungskoeffizient, n-Octanol/Wasser

q

Quecksilber 71, 101, 106, 275(Tab), **276**, 308f
– -verbindungen 105(Tab)

r

Radioimmunoassay 173
Radioimmunosorbent Technik 174
randomisieren **131**
Rasterschub 147
– -mutation 122, **147**
Raumordnung 330
Reaktion
–, allergische 101, **103**f
–, cyctolytische Reaktion → Typ II-Reaktion
–, phototoxische 100
Reaktionsindikatoren 315
Rechtsbehelfsbelehrung 329
Rechtsmittel 335
Rechtsquellen 327
Rechtsschutzgarantie 329
Rechtsverordnung 328, 334
Redox-Cycling 47
Reduktion 18, 22, 31, 304f
–, mikrobielle 307
Reinbenzol 293(Tab)
Reinigungsmittelgesetz 310, 340
Reizwirkung 138
Reparatur 156
– SOS- 148
Reproduktionstoxizität **143**ff, 238f, 243
Resorption 9, 57, 222, 225, 229, 232, 234, 236, 239
– aus dem Magen-Darm-Trakt 12f
– Diethylenglykol 232
– Diethylether 234
– Dioxan 236
– durch die Haut 16
– Ethanol 222
– Ethylenglykol 229
– Methanol 225
– über die Lunge 14f
–, Verhinderung der 58
– von Chemikalien 10
Resorptionsepithel 8
Resorptionsquote 52
Reversion 148
Rhodanese 85
Ribosomen 7f
Risiko **168**, 320, 332
Risikoabschätzung 191
Risikobewertung 319
Risikoermittlung 168

Risikovorsorge 332
risk assessment → Risikoabschätzung
RIST → Radioimmunosorbent Technik
R-Sätze 163
Rückwärtsmutation 147

s

Saccharin 119
Safrol 67
Salicylsäure 60
Salzsäure 293(Tab)
Saprobienindex 316
Saprobiensystem 316
Sarin 98, **249**
Sarkom 111
Satzungen 328
Sauerstoff 288
Sauerstoffspezies
–, reaktive **47**, 78
– – in der Troposphäre 303
Sauerstofftransport
– Störung des 82ff
Sauerstoffverwertung
– Störung der 85
SCAS-Test → Semicontinuous-Activated-Sludge-Test
SCE → sister chromatid exchange
SCF → Scientific Committee on Foods
Scharlachrot 206
Schrader-Formel 244
Schwefeldioxid 14, 294(Tab), **295**
Schwefelkohlenstoff 90, 93f
Schwefel-Lost → Bis(2-chlorethyl)sulfid
Schwefelsäure 293(Tab)
Schweiß 49
Schweißdrüsen 16
Schwellendosis 189
Schwellenwert 110, 123
Schwellenwertproblem 189
Schwermetalle 276
Schwesterchromatid-Austausch **153**, 254
Scientific Commitee on Foods 233
Scleroderma pigmentosum 157
Semicontinuous-Activated-Sludge-Test 314

Senfgas → Bis(2-chlorethyl)sulfid
Senke 297
Sensibilisierung **142**
Seveso-Unfall 219
Sexualhormone 109
Sicherheitsabstand 130
Sicherheitsstandard 331
Silikose 76
Sinnesepithel 8
sister chromatid exchange → Schwesterchromatid-Austausch
Smog 292
–, photochemischer 88
Solitärkanzerogen 117
Soman 249
Sonderabfälle 333
Sozialpflicht 321
Speichel 49
Speicherung 9
Sperma 49
S-Phase → Synthesephase
Sprengstoffgesetz 340
S-Sätze 163
Stäube 15
Steatose → Fettleber
Steroidhormon 35
Stickstoff 288
Stickstoffdioxid 76, 295
Stickstoff-Lost → Bis(2-chlorethyl)amin
Stickstoffmonoxid **295**, 303
Stickstoffoxid 288, 294(Tab), **295**
Stoffbewegungen
– durch biologische Membranen 10f
– in der Umwelt 295f
Stoffdefinition 334f
Stoffe
–, anorganische → Mineralien
–, radioaktive **295**, 338
Stoffwechsel 9
Störfallverordnung 331
Strahlenschutzrecht 330
Strahlenschutzverordnung 341
Stratosphäre **288**, 295
Stroma 8
Stufensystem 310
Stützgewebe 8
Styrol 16, 194, 195(Tab)
S-9-Überstand 29

Suizidal-Substrat 42
Sulfatierung 35(Tab), **35**, 41(Tab), 50
Sulfonamid 100
Sulfonsäuren 14
Sulfotransferase 35, 206
Sulton 267
Summationsgifte 56
Superoxid-Dismutase 47
Suspensiveffekt 335
Synthesephase 114, 152, 157

t
Tabakerzeugnisse 338
Tabakrauch 77f, 106, 113, 170
Tabun 98, 249
28-Tage-Test → akute Toxizität
90-Tage-Test → chronische Toxizität
Talg 49
Talgdrüsen 16
Talk 76
TA-Luft → technische Anleitung Luft
Target-dose-Prinzip 184
Tartrazin 207
Taxol 93
TCDD → 2,3,7,8-Tetrachlordibenzo-1,4-dioxin
TCDF → 2,3,7,8-Tetrachlordibenzofuran
TD_{50} 129
TEA-Detektor → Thermal Energy Analyser
Technische Anleitung Luft 328
Technische Regeln 332
Technische Richtkonzentration 123, **166**
Tensidverordnung 340
Teratogen 109
Teratogenese 106f
Terphenyle
–, polychlorierte 337
Testbatterien 145
1,2,4,5-Tetrachlorbenzol 215(Tab)
2,3,7,8-Tetrachlordibenzo-1,4-dioxin 17, 35, 101, 109, 119, 130, 215(Tab), **218**ff
1,1,2,2-Tetrachlorethan 211(Tab)
Tetrachlorethen 71(Tab), 211(Tab)
Tetrachlorethylen 75

Tetrachlorkohlenstoff 16, 61(Tab), 65f, 71(Tab), 211(Tab), **213**, 297
Tetrachlormethan → Tetrachlorkohlenstoff
12-O-Tetradecanoyl-phorbol-13-acetat 119
Tetraethylthiuramdisulfid 224f
Tetrahydrofolat 227
Tetrahydrofolsäure 227
Tetrahydrofuran 235(Tab), 237
Tetrazyklin 66, 100, 105(Tab)
Thalidomid 110
Thallium 58, 92, **279**
Thallium(I)salz 61(Tab), 89, 101
Theophyllin → 1,3-Dimethylxanthin
therapeutischer Index 130
Thermal Energy Analyser 173
Thioacetamid 67
Thiolase 226
Thionin 85
Thiophosphorsäureester 245
Thio-TEPA 269
Thrombocyten → Blutplättchen
Thrombocytopenie 60, **81**, 104
Thymidin-Kinase 149
Tierseuchengesetz 340
TI → therapeutischer Index
TK → Thymidin-Kinase
TOCP → Tri-o-kresylphosphat
Toluidin 204(Tab)
Toluol 76, 196
2,4-Toluylendiamin 204(Tab)
Toxikodynamik 9, **54**
Toxikokinetik 9f
Toxizität 235, 310, 316
–, akute **128**ff, 132f, 138, 163, 237
– – am Regenwurm 312
– – Ethanol 224
– – für Daphnien 312
– – für Fische 311
– – Methanol 228
– – Phthalate 243
– – TCDD 218
– – THF 237
–, aquatische 311
– – Grundstufe 311
– – Stufe I 312
–, chronische 135, **137**, 163
– – Ethanol 224
– – Langzeitversuch 137

– – Methanol 229
–, dermale 131
– Diethylenglykol 232
– 1,4-Dioxan 237
– Ethylenglykol 230
– 2-Methoxyethanol 238
–, terrestrische
– – Grundstufe 312
– – Stufe I 312
Toxizitätsprüfung 128
Toxizitätstest **311**, 316
– Stufe II 312
TPA → 12-O-Tetradecanoyl-phorbol-13-acetat
Transmission 296
Transport
–, aktiver 11, 50
–, passiver 50
Transport gefährlicher Güter 334
Treibhauseffekt 292
–, natürlicher 289
Treibhausgase 289
Trenimon → Tris(1-aziridinyl)-para-benzochinon
Triarylphosphat 93
1,1,1-Trichloracetaldehyd 213
1,1,1-Trichlorethan 211(Tab), 213
1,1,2-Trichlorethan 211(Tab)
Trichlorethen 46, 71(Tab), 211(Tab), **213**
Trichlormethan 71(Tab), **212**
Trichlormethylradikal 31
2,4,5-Trichlorphenoxyessigsäure 72, 215(Tab), **217**
α,α,α–Trichlortoluol 251(Tab), 254, **255**
Triethylzinn 94
Trikresylphosphat 249
Tri-o-kresylphosphat 93, **250**
2,4,5-Trimethylanilin 204(Tab)
1,3,7-Trimethylxanthin 188
Trimethylzinn 92
2,4,6-Trinitrotoluol 205(Tab)
Trinkwasserverordnung 249, 340
Tris(1-aziridinyl)-para-benzochinon 269, 270(Tab)
TRK → Technische Richtkonzentration
Troposphäre **288**, 295

Trp-P-1 → 1,4-Dimethyl-5*H*-pyrido[4,3-*b*]indol-3-amin
Trypanblau 206
Tubulus
–, distaler 68
–, proximaler 50, **68**
Tumoren 111ff
Tumorinduktion 243
Tumorinzidenz 189
Tumorspektrum 112
Tumorsupressor-Gene 123
Typ I-Reaktion 104
Typ I-Substrat 24
Typ II-Reaktion **104**, 142
Typ II-Substanz 24
Typ III-Reaktion **104**, 142
Typ IV-Reaktion 101, **104**, 142
2,4,5-T → 2,4,5-Trichlorphenoxyessigsäure

u

Überempfindlichkeit 142
UDS → unscheduled DNA synthesis
Ultrasensitive Enzymatic Radioimmunoassay 174
Umverteilung 17
Umwelt 287, 291
Umweltanalytik 169
Umweltchemikalien **287**, 319
– ökologische Bewertung 309
Umweltexposition **287**, 315
Umweltgesetzbuch 330
Umweltgifte 287
Umwelthaftungsgesetz 323
Umweltkanzerogene 169
– in der Luft 170
– in Lebensmitteln 171
Umweltkompartimente **288**, 295
Umweltnoxen 287
Umweltproben 292
Umweltprobenbank 315
Umweltrecht 329ff
Umweltrelevanz 287, 291
Umweltschadstoffe 287
Umweltschutz 320
– im Grundgesetz 322
Umweltstrafrecht 326
Umweltverhalten
–, von Chemikalien 287
Umweltverträglichkeitsprüfung 329, 330

Unbedenklichkeitsbescheinigung 335
Unfallverhütungsvorschriften 328
unscheduled DNA synthesis 120, **156**
Urethan 44f, 67, 106
USERIA → Ultrasensitive Enzymatic Radioimmunoassay

v

Variabilität
–, individuelle 187
Vehikel 130f
Verabreichung 128
Verbote 331, 337
Vergiftung 264
–, akute 198, 200
Vergiftungsbehandlung 16, **57**
Verhältnismäßigkeitsgrundsatz 322
Verpackungspflichten 336f
Verteilung 9, 297
– Diethylenglykol 232
– Ethanol 222
– Ethylenglykol 229
– im Organismus 16
– Methanol 225
Verteilungskoeffizient 12
–, *n*-Octanol/Wasser- 296, **298**, 310, 312
Verteilungsraum 52
Verteilungsvolumen 52
Verwaltung
– Gesetzmäßigkeit der 327
Verwaltungsakt 329, 335
Verwaltungsbehörden 326
Verwaltungsgericht 329
Verwaltungsrecht 326
Verwaltungsvorschriften 329
Vincristin 95
Vinylchlorid 43, 67, 169, 211(Tab), 293(Tab), 337
→Chlorethen
virtually safe dose → virtuell sichere Dosis
virtuell sichere Dosis 191
Vitalfunktion 57
– Aufrechterhaltung der 58
Vitamin A 110
Vitamin K 61
Volatilität 296

Vorwärtsmutation 148
VX 249

w

Wachstumshemmung
– an der Alge 312
– an höheren Pflanzen 312
Wahrscheinlichkeitsnetz 57, **128**
Waldsterben 333
Warfarin 61, 86
Waschmittelgesetz 310, 340
Wasser 289
Wasserdampf 289
Wasserrecht 330, 333
Weinskandal 232
Weltgesundheitsorganisation 166
WHO → Weltgesundheitsorganisation
Widerspruchsverfahren 329
Wirkung 57
–, akute 54
–, biologische 57, 234
–, chronische 54
–, genotoxische Wirkung 145, 157
–, hepatotoxische 257
–, irreversible **54**, 100, 189
–, lokale 54
–, primäre 55
–, resorptive 54
–, reversible 9, 53, **54**
–, sekundäre 55
–, systemische **54**, 249
Wirkungsdauer 55
Wirkungserfassung 315
Wirkungsqualität 55
Wirkungsstärke **55**, 57

x

Xenobiotika 10
2,4-Xylidin 204(Tab)
Xylol 196

y

Yusho-Vorfall 106

z

Zahn-Wellens-Test 314
Zellfunktion 5f
Zellgift 85
Zellkern 5

Zellmembran 5
Zellorganellen 5
Zellstruktur 5f
Zelltransformationstest 154f
Zellzyklus 114

Zentralnervensystem 9, **91**, 108(Tab)
Zentralvene 63
Zentromer **152**, 157
Zentrosom 8

Zigarettenrauch 76, 258
Zivilrecht **323**, 326
ZNS → Zentralnervensystem
Zonula occludens 10